现代遗传学丛书

微生物遗传学

(第三版)

盛祖嘉　编著

科学出版社

北　京

内 容 简 介

本书是现代遗传学丛书之一。1981年出版第一版，1987年再版，本书是第三版。

第三版中除删去第二版中的“经典遗传学概论”一章，把“遗传的物质基础”一章并入绪论，把“形态建成和分化发育”一章的内容并入有关章节，并在“非孟德尔式遗传”一章增加转座因子和遗传工程概要两节的内容以外，其余部分基本上保持原貌，作为本书的上篇。下篇包括新增的三章(“特殊类型微生物的遗传学研究”、“普遍细胞功能的遗传学研究”、“微生物基因组学”)以及在原有基础上更新扩充的“进化”一章。

本书在系统介绍微生物遗传学的基础知识及基本原理的基础上，反映了近年这一领域的研究成果。它可以作为大专院校微生物遗传学课程的教材，也可供分子生物学、微生物学、遗传工程学等专业师生及相关专业科研人员参考。

图书在版编目(CIP)数据

微生物遗传学/盛祖嘉编著. —3版. —北京：科学出版社，2007
(现代遗传学丛书)
ISBN 978-7-03-015597-9

I. 微… II. 盛… III. 微生物遗传学 IV. Q933

中国版本图书馆CIP数据核字(2005)第051670号

责任编辑：罗 静 莫结胜 王 静 刘 安 孙晓洁 刘 晶
责任校对：刘亚琦/责任印制：徐晓晨/封面设计：王 浩

科学出版社 出版
北京东黄城根北街16号
邮政编码：100717
http://www.sciencep.com
北京凌奇印刷有限责任公司印刷
科学出版社发行 各地新华书店经销
*
1981年7月第 一 版 开本：787×1092 1/16
1987年7月第 二 版 印张：30 1/4
2007年1月第 三 版 字数：686 000
2024年9月第九次印刷

定价：105.00元

(如有印装质量问题，我社负责调换)

《现代遗传学丛书》序

《现代遗传学丛书》诞生于我国“科学的春天”。1978 年，在中国遗传学会成立大会上，经科学出版社罗见龙、蒋伯宁先生提议，大会代表一致同意由我的老师——中国遗传学的先驱和奠基人之一李汝祺教授和本人主编这一套遗传学基础理论系列书，以供生命科学领域的科研人员、教师、研究生和高年级大学生阅读。根据当时的约定，本丛书的组稿原则是按学科发展的需要与可能，成熟一本列选一本。

本丛书的第一个分册是 1981 年出版的盛祖嘉教授的《微生物遗传学》，此书出版后曾经过修订再版，印数已超过 27 000 册。紧接着，发育遗传学创始人之一李汝祺教授亲自完成的《发生遗传学》(上、下册)于 1985 年问世，被我国遗传学界誉为“中国遗传学的经典著作”。我和李汝祺先生曾请李竞雄院士撰写《植物细胞遗传学》，此书在 1993 年由李竞雄与宋同明二位教授合作完成。本丛书于世纪之交又出版了童克中、刘良式、盛志廉、陈瑶生和孟金陵等教授分别撰写的《基因及其表达》、《植物分子遗传学》、《数量遗传学》、《植物生殖遗传学》4 个分册，受到读者的欢迎。今年内本丛书还将出版张玉静教授主编的《分子遗传学》、童克中教授所著的《基因及其表达》第二版、吴常信院士主编的《动物遗传学》、盖钧镒教授主编的《植物数量性状遗传体系》、顾万春教授主编的《统计遗传学》，以及为推动遗传学出版物中符号的使用与国际接轨，由王金发教授主译的《TIG 遗传命名指南》等。接下来将出版的还有吴旻院士主编的《肿瘤遗传学》、印木泉教授主编的《遗传毒理学》、刘良式教授主编的《植物分子遗传学》第二版、杜若甫教授主编的《中国人群体遗传学》、陈竺和强伯勤院士主编的《基因组学》，以及盛祖嘉在陈永青教授等协助下编著的《微生物遗传学》第三版等等。借本丛书扩大开本之际，特作此序，并感谢童克中教授为丛书封面的设计提出反映学科内涵的创意。

希望上述遗传学家的这些著作能引出我国年轻一代遗传学者层出不穷的佳作，为推动我国生命科学基础学科更加健康和迅速地发展，为我国的科技现代化做出应有的贡献。

谈家桢
2000/4/19

第三版前言

世界上第一本微生物遗传学教科书是由 D. G. Catcheside 所写、1951 年在英国出版的 *The Genetics of Micro-organisms*，篇幅只有 32 开本 200 页。1956 年青岛遗传学座谈会以后，应普及遗传学知识的需要，由作者翻译出版中文版。之后，作者应国内首次开设微生物遗传学课程的需要于 1962 年编写了《微生物遗传学基础》一书，该书于 1981 年作为科学出版社的《现代遗传学丛书》的首卷改写为《微生物遗传学》，1987 年修改重印，迄今又经历了 19 年，再度修订已刻不容缓。

Catcheside 在其所写一书的序言中指出，微生物遗传学在生命科学中的重要意义部分在于用遗传学研究方法帮助解决微生物学中的问题，而主要方面在于结合生物化学、生理学及遗传学方法解决基因的功能和变化问题。这两点在今天依然是正确的，所不同的无非是当时所说的生理学方法在今天应改为分子生物学方法罢了。

按照这一思想，本书的改写主要体现在增加下列三章方面：① 特殊类型微生物的遗传学研究。所谓特殊类型微生物是指在生存环境(如高温、低温、高压、高酸、高碱、高盐等)、生活方式(如专性寄生、兼性寄生、共生等)或代谢方式方面(如自养代谢、分解和利用特殊物质等)不同于常见的微生物如大肠杆菌、枯草芽孢杆菌等腐生细菌的微生物。在微生物学研究中它们因为这些特性而受到注意，在微生物遗传学研究中它们则因为其所涉及的特殊的基因功能而受到注意；② 普遍细胞功能的微生物遗传学研究。所谓“普遍”是说这些细胞功能几乎为一切高等动植物和微生物所共有，如分泌、主动吸收、信号传导、DNA 损伤修复、应急反应、细胞分裂等。在微生物中，应用遗传学(包括分子遗传学)研究手段特别有利于这些细胞功能的研究，因而它们同样是微生物遗传学中深受注意的课题；③ 微生物基因组学研究。基因组学研究是分子遗传学中的一个新兴的研究方向。人类基因组研究已经取得了重要成果，在微生物学研究中也已经有不少通过基因组研究取得新发现的事例，因此这方面的研究正以崭新的面貌受到重视。

本书原有的第八章关于分化、发育方面的内容与新增的两章有较多的重复，所以除了把其中一些内容纳入其中外，剩下的部分都删了。第二章的内容都已包含在先修课遗传学中，所以也删了。第三章“遗传的物质基础”这部分内容并入第一章“绪论”中。此外对原第十章“进化”则作较大幅度的更新、扩充，作为新版的第十章。至于原书的第四章到第八章，因其涉及微生物遗传学的基本概念和知识，所以除了增加转座因子与遗传工程概要两节的内容外，基本上保持原状，只是作一些必要的修改和订正而极少增加第二版以后相关的新的研究成果(因此在某些方面难免观念陈旧，还望读者谅解)，把它们作为新版的上篇，而把新增的三章和改写的进化一章作为下篇。

由于上篇偏重于介绍基本概念和基础知识，所以在每章的末尾都列有习题以便巩固所学的知识。下篇则在上篇的基础上介绍当前微生物遗传学中的一些主要研究方向，其中涉及不少分子遗传学的内容，而且较多地反映了当前的知识水平。读者可以从中了解微生物遗传学的研究动向，熟悉更多的研究对象和研究方法，所以下篇重在拓宽视野，启发思考，习题就没有必要了。

在编排方面本书也有一些更新之处，包括在正文后增加索引，把参考文献分列在各章末尾，在中文名词后面加注英文名词。除少数例外，仍按第一版只引用出现在图和表中的文献。

近年来遗传学方面的新书、好书不少。我应出版社要求改写本书，自知心有余而力不足。好在有复旦大学生命科学学院陈永青、毛裕民和季朝能几位老师协助，勉力而为，才得交稿，他们不仅撰写了个别章节，而且还做了不少事务性工作。希望这一老书能以新的面貌跻身于新书行列而为读者所喜爱。错误或不妥之处还望读者指正。

盛祖嘉

2006 年

第二版前言

《微生物遗传学》于 1981 年出版以来，不少院校先后把它作为教材。为了能更好地发挥本书的作用，作者根据读者的意见和教学过程中发现的不妥之处，对它进行了必要的修改，作为第二版出版。

这一版基本保持了原书的风格，只在必要的地方进行了增、删、修改及订正。内容增加较多的是“调控基因的作用”一章；删节较多的是“染色体外遗传”一章中的遗传工程部分；其他的一些章节，如关于细胞质遗传的判断、转导和转化等方面也进行了修改；对错误的地方则进行了订正。

此外，作者对书中的图表、文字、标点等也作了一些修改，把不必要的图删去，同时也作了必要的增补；对文字表达欠妥的句子也作了适当的修改。

修改过程中，作者得到了多方面的帮助，在此表示谢意。尽管作了一些修改，但错误和不妥之处仍然难免，敬请读者指正。

作　者

1985 年 4 月

第一版前言

作者在写这本书时，对自己提出了三个要求。首先要求形式遗传学方面的内容和生化遗传学或分子遗传学方面的内容有适当的比例，同时各类微生物方面的内容也要有适当的比例，从而使读者对于微生物遗传学有比较全面的了解；其次要求在介绍知识的同时，说明研究工作的来踪去迹，努力做到既介绍知识，又启发思考；最后，在取材上要求经典的内容和新近的内容有一适当的比例。但本书偏重的方面是经典的内容，因为本书主要是作为教科书用的，而教材与专著不同，它对于稳定性要求较高而及时性则在其次。

在章节安排上，本书一反常规地把突变放在分离、重组等遗传学分析之前。这样做的原因有三：①从概念和研究方法来讲，微生物遗传学的任何研究几乎都离不开突变和突变型；②从学习的难易程度来讲，本书各章由易到难，便于学习；③虽然高等动物、植物的遗传学研究是从杂交开始的，可是在20世纪40年代发展起来的近代微生物遗传学研究中，突变的研究却占有重要的位置。

本书共分十章，基本内容是第四到第八章。第一章绪论不能说不重要；第二和第三章主要是复习性质的；最后两章所讨论的问题虽然比较错综复杂，可是就基本概念和研究方法来讲，却很少有超出前几章的内容。所以如果将本书作为一本教科书，则由于学时有限而讲授内容取材于第四到第八章也就差不多了，而且每一章中的内容还有主次之分。

关于文献的引用，本书采用折中的办法，即只引用出现在图和表中的文献。

限于作者的水平，以上的要求不一定能够完全实现，内容也可能存在错误之处，请读者批评指正。

作　者

1978年8月

目录

上篇

下　　篇

上　　篇

第一章 绪　　论

第一节 微生物遗传学的发展简史

一、在成为一门独立的学科以前

在微生物学发展的早期，有关微生物的遗传和变异的现象早已为许多人所注意。L. Pasteur(1822~1895)曾经观察到炭疽杆菌(*Bacillus anthracis*)在高温条件下培养以后毒性大减而抗原性不变的现象。这一变异现象被成功地应用到炭疽杆菌的疫苗制造。

R. Koch(1843~1910)在研究疾病和微生物关系的时候，为了要证实某一疾病确实由某一细菌所引起而将由病体所分离得到的细菌重新接种在健康的动物体上，然后观察是否引起同一病症，并且是否能从得病的动物中再分离得到原来的细菌。通过这些深入细致的工作，许多疾病的原因得以证实，微生物的种的概念也从此得以初步确立。

19 世纪末叶，在小麦锈病的研究过程中发现了微生物的生理族，从而增加了人们对于自然界中微生物的变异的认识。

1907 年，在睡眠病虫中发现了微生物的抗药性变异。随着药物治疗的发展，陆续发现了细菌对于各种药物的抗药性。不过由于 40 年代以前遗传学的研究基本上只限于高等动物和植物，所以对于能否将在高等动物和植物中所发现的遗传学规律应用到微生物中去这一点许多人持有怀疑态度。一般认为细菌的核是分散的，细菌的变异不同于高等动物和植物的突变，抗药性是药物所引起而不是基因突变的结果。

1928 年已经发现肺炎双球菌中的转化现象，可是它的重要意义直到 40 年代中期阐明了转化因子的化学本质以后才开始被认识到。

20 世纪 30 年代，酵母菌、草履虫和脉孢菌是仅有的几种进行较为系统的遗传学研究的微生物，不过研究的内容基本只限于基因重组和定位。

总而言之，40 年代以前的微生物遗传学的研究是不系统的、有局限性的。从生物对象来看，较为系统的研究只限于那些进行有性生殖，特别是产生有性孢子的微生物，这是因为对不进行有性生殖的微生物进行遗传学研究的手段还没有建立。就研究的内容来讲，一般只限于形式遗传学(formal genetics)分析，这是因为虽然早已有人在高等动物和植物中注意到了基因的作用机制和基因与酶的关系这类问题，可是还没有人注意到只有应用微生物作为材料才能在这些问题的研究中有所突破。

即使是这样，40 年代以前的大量的关于微生物遗传和变异现象的观察，以及酵母菌和脉孢菌中的经典遗传学(classical genetics)研究都为以后微生物遗传学的发展打下了基础。在高等动物和植物的遗传学研究中，人们也逐渐认识到在研究基因的作用机制这一类问题时很有必要采用微生物作为研究材料。此外，40 年代初期抗生素工业的兴起也给微生物遗传学研究以很大的推动力。这些因素汇合在一起，促成了 40 年代时微生物遗传学的大发展。

二、发展成为一门独立的学科

20 世纪 40 年代时主要有五个方面的工作促使微生物遗传学发展成为一门独立的学科。

脉孢菌中营养缺陷型的研究

在 40 年代以前，人们已经发现 X 射线能诱发霉菌细胞的突变。曾经对果蝇进行过基因作用机制研究的遗传学家 G. W. Beadle 和生物化学家 E. L. Tatum 意识到采用微生物作为研究这一课题的材料时所具有的优越性，于是他们用 X 射线处理脉孢菌的分生孢子，得到了预期的营养缺陷型。这一工作的重要意义有以下这几个方面：①开辟了生化遗传学(biochemical genetics)研究的广阔天地，它一方面为基因作用机制的研究确立了基础，另一方面为阐明代谢途径提供了有效方法；②在基因作用机制的研究过程中提出了一个基因一种酶的假设(one gene one enzyme hypothesis)，可以认为这是分子遗传学的前奏；③ 利用营养缺陷型探索代谢途径这一思想方法在微生物遗传学中得到广泛的应用，应用于包括基因重组、发育、分化、形态建成等方面的研究；④营养缺陷型除推进了基因作用的研究以外，在基因结构、基因突变等的研究中也是良好的材料，此外也应用在人类遗传学、植物育种等研究中；⑤营养缺陷型的发现使得细菌的基因重组得以发现，从此以后遗传学研究得以普及到几乎任何一种生物。

细菌的抗性突变的研究

细菌的变异在本质上是否相同于高等动物和植物的基因突变这一问题，对于认识微生物的遗传变异规律与高等动植物的遗传变异规律有没有本质区别这一点具有重要意义。

1943 年以前，对于细菌的抗性是否来源于基因突变这一问题早有许多讨论，可是还缺乏严密的实验论证。1943 年，S. E. Luria 和物理学家 M. Delbrück 用严密的实验证实细菌的抗性是基因突变的结果。这一实验有以下几方面的重要意义：①使人们认识到可能所有的生物都有着基本上相同的遗传变异规律；②严密的实验方法开始被应用到微生物遗传学领域，特别是关于细菌变异的研究中。总之，从概念和思想方法上来讲，这一实验对于微生物遗传学的发展都有重要意义。长期从事果蝇遗传学研究的 M. Demerec 也注意到细菌这一材料的优越性，进行了细菌基因突变方面的系统性和开创性的研究。

细菌基因重组的发现

细菌能否通过有性生殖而导致基因重组这一问题早在 20 世纪 20 年代时期便曾有人提出并企图用实验解答。可是由于方法的局限而没有得到预期的结果。1946~1947 年，J. Lederberg 和 E. L. Tatum 以细菌中的营养缺陷型为材料报道了大肠杆菌中的基因重组现象。这一工作的重要意义在于：①使人们更为明确地认识到微生物和高等动植物在遗传规律上的一致性；②通过使用基本上相同的方法，以后陆续在霉菌、放线菌等各种微生物中发现了基因重组现象，遗传学研究从此便遍及几乎任何一种微生物；③在探索其他细菌中是否也发生基因重组的过程中，在 50 年代初发现了转导，遗传学研究的手段因此大为扩充；④推动了分子遗传学的发展。

转化因子的化学本质的鉴定

1928 年 F. Griffith 在肺炎双球菌(*Diplococcus pneumoniae*)中发现转化现象以后，转化因子的本质直到 1944 年才被 O. T. Avery 等所鉴定。这是能说明遗传的物质基础是 DNA 的第一个明确的实验，它的发现是 1953 年 DNA 分子双螺旋模型提出及以后分子遗传学发展的前奏。

噬菌体遗传学研究的开展

噬菌体是最简单的生物。一方面，噬菌体遗传学的研究把遗传学规律推广到最简单的生物，另一方面，温和噬菌体及其转导作用的发现使其成为微生物遗传学、分子遗传学研究的有效手段， M. Delbrück 是这方面的先驱者。

三、分子遗传学的发展

分子遗传学是着眼点和研究方法都区别于经典遗传学的一个遗传学分支；微生物遗传学则是研究对象区别于经典遗传学的一个遗传学分支。

20 世纪 40 年代时遗传学家就意识到基因有两个基本的属性：自我催化和异体催化。所谓自我催化便是 DNA 和染色体复制的问题。1953 年 DNA 分子结构现代模型的提出为这方面的研究开辟了广阔的前景。

所谓异体催化便是蛋白质合成的问题。通过对微生物营养缺陷型的研究，提出了一个基因一种酶的假说，该假说首先指出了基因在蛋白质合成中所起的作用。分子遗传学的一个中心课题是遗传密码，而遗传密码也是蛋白质合成问题的关键。

由此可见，遗传学家所意识到的关于基因的两个基本属性也是生物化学的两个重要课题，也只有当遗传学发展到应用微生物作为研究材料以后，关于这两个基本属性的认识才有一定的基础，在这些基础上分子遗传学才能发展起来。

从以上简短的叙述中可以看到，微生物遗传学是在经典遗传学的基础上发展起来的，在它的基础上又进一步发展出了分子遗传学。但是这绝不是说微生物遗传学代替了经典遗传学，也不是说分子遗传学代替了微生物遗传学和经典遗传学。从研究对象来看，微生物无论如何也不能代替高等动植物，因为微生物没有高等动植物所特有的复杂的器官分化，也没有它们所特有的复杂的行为，而且高等动植物的遗传学研究还有其特有的实际意义，所以有关这些方面的遗传学问题的研究最终必须在高等动植物中进行。

另外，从着眼点来看，许多遗传学问题必须从分子水平去寻求解答。但是也有一些遗传学问题(例如，群体遗传学)需要把群体作为单位进行研究，它的着眼点和研究方法不能为分子遗传学所完全取代。

虽然从长远的观点来看，分子遗传学最终要解决的问题将是真核生物的遗传学问题。但是至少在目前，分子生物学中许多课题还得应用微生物作为材料来进行研究。

第二节　微生物作为遗传学研究材料的优越性

一、为什么在基因作用的研究中要采用微生物作为研究材料——从果蝇到脉孢菌

从遗传学的整个发展史来看，从大约 1900 年到 1910 年这一段时间中的主要成就便是在微生物以外的各种生物中证实了孟德尔定律的普遍性；从大约 1910 年到 20 世纪 30 年代的主要成就则是和细胞学相结合来阐明遗传物质的传递规律，包括染色体变异与进化的关系；40 年代开始则主要是阐明基因突变的机制和基因作用的机理，而微生物方面的研究在这些研究中占有重要的位置。

20 世纪 30 年代甚或更早的年代中关于基因作用机制的研究并不是没有，不过这些研究一般成效不大。Beadle 等在 30 年代时用果蝇为材料研究基因的作用机制，在工作中他们逐渐意识到采用微生物作为材料进行这一课题的研究可能效果会更好。下面讲一讲这种想法的由来。

在果蝇的研究中科学家们发现基因突变有影响翅的、影响刚毛的、影响触角的、影响复眼色素的等等，而研究色素改变比形态改变更容易着手也更容易见效。另外，在果蝇复眼色素的研究工作中还应用了高等动物发育生物学研究中常用的组织移植(tissue transplantation)方法。

在果蝇的幼虫中有一些称为原基(anlage)的组织块，它们以后分别发育成为成虫的翅、触角、复眼等器官。如果通过手术将一只果蝇幼虫的复眼原基移植到另一只幼虫的腹部，则当幼虫发育成为成虫时，就可以看到它的腹部长有一只复眼。通过这一方法可以研究各种复眼色素突变型之间的相互关系。

关于黑腹果蝇(*Drosophila melanogaster*)中朱红色(vermilion, v)、辰砂色(cinnabar, cn)突变型复眼和野生型复眼原基移植的部分实验结果见表 1.1。

表 1.1　果蝇的复眼原基移植实验结果[1]

实验	原基的基因型(供体)	受体的基因型(受体)	额外复眼的颜色
1	+/+、*v/v*、*cn/cn*	+/+	暗红色
2	+/+	+/+、*v/v*、*cn/cn*	暗红色
3	*v/v*	*cn/cn*	暗红色
4	*cn/cn*	*v/v*	辰砂色

野生型复眼色素的合成必须通过一系列酶促反应进行，可以设想它的中间产物呈现或者转变成为朱红色或辰砂色的色素。上述实验 1 的结果暗示 *v/v* 或 *cn/cn* 基因型果蝇的复眼原基移植到+/+基因型果蝇的幼虫腹部后，从后者获得某些自身所不能合成的物质，从而使其腹部额外长出的复眼具有野生型所特有的暗红色。

例如，可以设想野生型色素的合成必须通过 V^+物质，由于 v^+基因发生突变便使 V^+物质不再能合成。把 *v/v* 型的复眼原基移植到野生型幼虫的腹部后，*v/v* 原基便能从野生

型果蝇中获得 V^+物质，并进一步合成野生型色素。( )表示该物质不存在。

供体　v/v 原基：$\overset{v}{\nrightarrow}$ (V^+物质)⟶…⟶野生型色素(暗红色复眼)

↑

受体　+/+幼虫：⟶V^+物质⟶…⟶野生型色素(暗红色复眼)

同样地，cn/cn 型复眼原基移植实验结果可以这样表示：

供体　cn/cn 原基 $\overset{cn}{\nrightarrow}$ (Cn^+物质)⟶…⟶野生型色素(暗红色复眼)

↑

受体　+/+幼虫：→Cn^+物质⟶…⟶野生型色素(暗红色复眼)

v^+基因和 cn^+基因的关系可以用实验 3 和 4 的结果来说明。假定野生型色素通过下列反应合成：

$\xrightarrow{v^+}$ V^+物质 $\xrightarrow{cn^+}$ Cn^+物质⟶…⟶野生型色素(暗红色复眼)

那么实验 3 的结果可以这样表示：

供体　v/v 原基：$\overset{v}{\nrightarrow}$ (V^+物质)⟶Cn^+物质⟶…⟶野生型色素(暗红色复眼)

↑

受体　cn/cn 幼虫：⟶V^+物质 $\overset{cn}{\nrightarrow}$ (Cn^+物质)(辰砂色复眼)

也就是说 v/v 原基可以从 cn/cn 幼虫中获得 V^+物质，然后利用 V^+物质合成野生型色素。

实验 4 的结果可以这样表示：

供体　cn/cn 原基：⟶V^+物质 $\overset{cn}{\nrightarrow}$ (Cn^+物质)(辰砂色复眼)

受体　v/v 幼虫：$\overset{v}{\nrightarrow}$ (V^+物质)⟶(Cn^+物质)(朱红色复眼)

也就是说 cn/cn 原基无法通过从 v/v 幼虫获得它自己不能合成的 Cn^+物质来合成野生型色素，因此它呈现辰砂色复眼。v/v 幼虫则因为不能合成 V^+物质，继而也就不能合成 Cn^+物质而呈现朱红色复眼。

如果假定 cn^+基因作用在前，那么实验 3 和 4 的结果就无法解释。读者可自行验证。

上述这些实验结果明确地说明每一个基因控制着一个酶促反应，如果某一个基因发生了突变，则与之相应的那个酶促反应便不能进行。对这一现象的最简单解释便是每一个基因决定一种酶的特异性分子结构。

在上述事实基础上怎样进一步研究基因的作用机制问题呢？要得到足够量的复眼色素就必须要饲养成百万只果蝇。能不能用别的生物来代替果蝇呢？由于微生物是最便于大量培养的生物，所以是用于进行遗传学研究的理想生物。

从果蝇的各种特性来看，复眼的颜色是最便于分析的遗传性状，可是复眼色素还是十分复杂的物质，能不能用更便于分析的性状来进行基因作用的研究呢？氨基酸、维生素这类物质的生物合成没有理由不为基因所控制，而这些物质分子结构都比较简单，所以是理想的研究对象。

可是能不能以果蝇为材料来研究氨基酸、维生素等的生物合成过程中的基因作用呢？首先，必须保证野生型能合成这些物质，只有这样才能得到导致失去合成这些物质的能力的突变型。可是动物一般都不能自己合成全部氨基酸和维生素，因而获得这类突变型的可能性较小。其次，要验证是否发生了预期的一个突变，例如，使生物不能合成某一种氨基酸的突变，就必须以含有某种氨基酸和不含有这种氨基酸的饲料来饲养，观察该种生物是否能在给予前一种饲料时生存而在给予后一种饲料时不能生活繁殖，要做到这一点，首先必须有一种全部成分已知的饲料，可是对于果蝇来说当时还没有这个条件。

相反，许多微生物能够合成其所需的全部氨基酸和维生素，而且配制一定成分的培养基来培养它们也不难，所以不难在这些微生物中获得营养缺陷型，而且不难找出各个营养缺陷型所需要的物质。在外加这些物质的培养基上，这些“致死”的突变型可以被保存起来，作为研究基因作用的材料。

由于当时已经知道了脉孢菌的营养需求(它所需要的唯一的生长因子是生物素)，而且已经在脉孢菌中进行了一些形式遗传学的分析，所以就选择了脉孢菌作为进行研究的生物对象。而且 20 世纪 30 年代时已经在一些霉菌中进行了辐射诱变工作。在这样的基础上便开始用 X 射线和紫外线照射脉孢菌的分生孢子，把照射过的分生孢子放到未经照射的原子囊果上去受精，然后随机地挑取成熟的子囊孢子并个别地接种到补充有全部氨基酸和维生素的培养基上使其发芽生长，接着再个别地接种到不含有任何一种氨基酸以及维生素(生物素除外)的培养基上观察其是否生长。不能生长的菌株(就是缺陷型)再被接种到补充有某种氨基酸或维生素的培养基上以测定它所需求的氨基酸或维生素。就这样一个一个地分离测验，到第 299 个子囊孢子时发现了一个营养缺陷型——维生素 B_6 缺陷型。于是，遗传学新的一页被揭开了。

二、微生物作为一般遗传学研究和分子遗传学研究材料的优越性

从以上的例子中可以看到，在基因作用这一课题的研究中使用微生物作为研究材料比使用果蝇更为有利。实际上在其他许多问题的研究中微生物材料都具有特殊的优越性。

微生物不同于高等动物和植物的生物学特性主要有以下这些：① 单细胞体制或多细胞而极少分化的体制；② 营养体多数是单倍体；③ 多数能在含有一定成分的培养基上生长繁殖；④ 在固体培养基上能从单个细胞通过无性繁殖方式形成菌落；⑤ 繁殖迅速；⑥ 代谢作用旺盛，在液体培养基中能在短时间内积累大量代谢产物；⑦ 环境因素对于分散的细胞能起均匀而直接的作用；⑧ 有性世代同样在较短时间内完成；⑨ 微生物中间有最简单的类型，如病毒。

以上这些特性带来了微生物作为研究材料的优越性。例如：

(1) 便于获得营养缺陷型。这一点在上一节中已经详细叙述了。

(2) 便于作为基因作用的研究材料。在基因作用的研究中常常用到营养缺陷型；在基因作用的研究中也常常需要对于代谢产物或菌体本身进行化学分析。以上⑤、⑥两个

特性特别有利于这方面的工作；特性⑦对于基因作用的研究也很重要。

(3) 便于作为研究基因突变的研究材料。基因突变发生在极个别的个体或细胞中，因此必须观察大量的个体或细胞才能发现突变型。以上①、②、③、④、⑤等特性都有利于这类工作；特性⑦则更有利于研究诱变作用。除此以外，采用选择性培养方法可以进一步提高研究工作的效率。

例如，在一个培养皿上一般只能生长几百个菌落，而自发突变率一般在 10^{-5} 以下，所以要至少有几十个培养皿才有可能观察到一个突变型。如果我们所研究的是抗链霉素突变型，则在培养基中加入链霉素后野生型敏感细菌就不能形成菌落，而那些发生了抗性突变的细菌则能在培养皿上形成菌落，因此不难在一个培养皿中发现若干亿细菌中所发生的少数突变。这种选择性培养方法是微生物遗传学中的一个最基本的方法。

(4) 便于作为研究杂交、转导、转化等现象的材料。微生物中的杂交、转导、转化等现象和突变现象有一个共同的地方，那就是频率同样都是很低的。因此微生物中凡是有利于突变研究的这些特性也都有利于杂交、转导、转化等现象的研究。

(5) 便于作为研究基因精细结构的研究材料。遗传学可以不必借助化学分析而对基因进行精细结构分析。这一方法的原理便是获得大量的某一基因不同位点的突变型，然后通过重组分析来测定它们的位置，由于这些突变发生在同一基因中，它们的位置非常接近，所以必须观察大量的子代个体才能发现少数重组体。20 世纪 40 年代以前，人们一般认为重组只发生在基因和基因之间；40 年代时，才在果蝇中发现基因内部也可以发生重组，那时在 16 098 只果蝇中发现四个重组体，重组频率为 0.025%。用微生物作为研究对象则不难在一个培养皿中测定 0.001%的重组体；如果以果蝇为材料，要达到相同的重组频率则需要观察大约 50 万只果蝇。

由于容易培养和观察大量的微生物，尤其是选择性培养方法的使用使得在一个培养皿中的几十万或上百万个子代细胞中发现一个重组体变得很容易，所以基因精细结构的研究在 20 世纪 50 年代中取得很大的发展，这些发展改变了人们对于基因的认识。

(6) 能被用作研究复杂体制的生物的简单模型。高等动物和植物具有复杂的体制，比较难以对其着手进行一些复杂的遗传学问题的研究，例如，代谢作用的调节控制问题、发育分化和形态建成问题等。而微生物则体制简单，便于着手。当然，在微生物中所得到的结论不一定能应用到高等生物中，但是可能从中得到启发而推动高等生物中这些问题的研究。

除了以上这些方面以外，微生物作为遗传学研究材料还有许多方便之处，例如，微生物一般是单倍体生物，因而便于建立纯系，便于观察基因分离；微生物便于长久保藏，这一点对于那些必须应用几百或几千个微生物品系进行研究的课题来讲也是不可忽视的一点。

总之，在遗传学领域中应用了微生物作为研究对象以后，在较短时间内就积累了在高等动物和植物的遗传学研究中所难以积累的资料，从而极大地推进了遗传学基础理论研究工作，这些基础理论方面的研究成果也开始在工、农、医等实践中得到应用。

三、微生物遗传学研究方法在高等动植物的遗传和育种研究中的应用

上面已经指出，正是因为人们意识到在基因作用机理的研究中微生物是比果蝇更为

有利的材料，微生物遗传学才发展起来。在20世纪50年代中又有人意识到，如果能把微生物遗传学的研究方法应用到高等动物和植物的研究中，那将会大大地推动高等动物和植物的遗传学研究。这就是所谓的高等动物和植物遗传学研究的微生物化，它包括以下这些方面：

(1) 高等生物细胞的集落生长。集落生长是在细胞水平上建立纯系(在高等生物中便是细胞株)、筛选突变型、研究细胞纯系的生理和生化特性以及其他相关工作的基础。20世纪50年代时人的子宫颈癌上皮样细胞株——HeLa细胞的集落生长的成功对于高等生物的体细胞遗传学研究具有重要的意义。

(2) 合成培养基的应用。在微生物遗传学中，合成培养基的应用对于营养缺陷型的筛选及其生化遗传学方面的研究等都是不可缺少的。而在高等动物和植物的体细胞遗传学研究中合成培养基也具有同样重要的意义。用于培养高等动物细胞的合成培养基比较复杂，尽管如此，适合于培养HeLa细胞的合成培养基很快就配成了，它包括13种氨基酸、8种维生素和一些无机盐以及葡萄糖和血清，可以作为人体细胞株的基本培养基。

(3) 液体培养。上面已经指出了在微生物遗传学的某些方面的研究(例如，酶的诱导合成)中必须采用液体培养。人体细胞也可以进行液体培养。在培养液中可以得到比较均匀的细胞群体，这些细胞适合于进行像酶的诱导合成等类型的研究工作。

(4) 突变型筛选。在微生物遗传学中，突变型(包括营养缺陷型)的筛选是许多研究工作的基础。微生物多数是单倍体，比较容易得到突变型，而高等生物的体细胞一般是二倍体，所以不容易得到突变型。不过在离体培养的过程中往往会出现缺失一条或几条染色体的细胞株，在这些细胞株中不难得到各种突变型，可供各种研究用。

(5) 单倍体细胞培养。高等生物的体细胞一般是二倍体，它们的生殖细胞则是单倍体，可是没有受精的生殖细胞一般不能分裂。上面已经指出，微生物和高等生物的一大差别便是其单倍体细胞能不断分裂，因此，可以说，20世纪60年代时花药培养的成功进一步推动了体细胞遗传学(somatic genetics)的发展。

(6) 体细胞融合和体细胞杂交。高等动物和植物细胞融合的成功又进一步推动了体细胞遗传学研究的发展。70年代时已经通过体细胞融合得到烟草的体细胞杂交种。人类遗传学研究和癌症病因等的研究中也经常采用这一方法。20世纪50年代，G. Pontecorvo在构巢曲霉中发现有丝分裂定位方法，与其基本相同的方法后来被应用在人类染色体的基因定位工作中。

第三节　遗传的物质基础

遗传的单位是基因。基因是由什么物质构成的呢？遗传的物质基础是什么呢？它们具有怎样的结构呢？它们的结构和功能之间有什么关系呢？这些物质和遗传性状之间有什么关系呢？

一、认为DNA是遗传物质的依据

对于高等动物和植物染色体的化学分析结果都说明染色体由蛋白质和核酸，而且主要是脱氧核糖核酸所组成。

蛋白质由20余种氨基酸所构成，而且每一种蛋白质有它特有的氨基酸成分和排列顺序。核酸由四种核苷酸所构成，而且在20世纪50年代以前人们一般都认为核酸中的核苷酸排列顺序是单调的重复。因此许多学者曾认为蛋白质在遗传中作为遗传信息的载体。

要弄清楚究竟是蛋白质还是核酸对于遗传起着决定性的作用，最好采用这样一种生物作为研究材料，它的化学组成非常简单，最好只含有蛋白质和核酸，而且它的这些组成成分容易分开，以便于分别观察它们的作用，符合这一要求的生物便是噬菌体和动物及植物病毒。下面将用在这些生物中所进行的实验结果来说明对于遗传起着决定性作用的物质并不是蛋白质而是核酸。

转化实验

转化是一个品系的生物在吸收了来自另一品系生物的遗传物质以后获得了后一品系生物的某些遗传性状的现象。

肺炎双球菌中存在着几十种血清型，它们的物质基础是构成荚膜的多糖。某一型的抗血清只对这一型的细菌有凝集作用。某些菌株能产生荚膜，它们形成的菌落是光滑的，称这种菌株为光滑型菌株；不产生荚膜的菌株形成的菌落是粗糙的，称这种菌株为粗糙型菌株。光滑型细菌是有毒的，它能在人体中导致肺炎，在小鼠中导致败血症；粗糙型细菌是无毒的。

光滑型细菌能转变为粗糙型细菌，同时失去了特异性的血清型；粗糙型细菌能重新转变为光滑型细菌，而且它这时的血清型仍然和原来的血清型相同。

在Griffith的实验中，他将大量的经加热杀死了的III型光滑型(有毒)细菌以及少量的粗糙型(无毒)活菌注射入同一小鼠体内，这一粗糙型细菌是由II型光滑型细菌转变得来的。注射后发现这一小鼠出乎意外地死亡了，而且从其心血中分离得到III型光滑型细菌，这一光滑型细菌一再传代都保持不变。

这一实验结果可以有三种解释：①III型细菌可能并未完全杀死，这一解释可以很容易地排除了；②粗糙型细菌可能转变为光滑型细菌。但是如果确是这样的话，从心血中所分离得到的细菌必然应该属于II型，因为注射入小鼠的粗糙型细菌原来是从II型光滑型细菌转变得来的。因此粗糙型(无毒)细菌转变为光滑型(有毒)细菌这一可能性也被排除了；③粗糙型细菌从杀死的III型光滑型细菌中获得遗传物质，从而产生了III型的荚膜。这就是最早发现的转化现象。

这一现象以后又在离体条件下得到证实；接着在1944年便鉴定了导致转化的物质的化学本质。

上面已经指出导致肺炎双球菌型别的物质基础是构成荚膜的多糖，而多糖的生物合成须通过酶的作用，而酶是蛋白质。可是从肺炎双球菌中抽提得到的多糖和蛋白质都不能引起转化，最后发现只有DNA能引起转化，而且转化的效率随着DNA纯度的增高而提高；经DNA酶处理的DNA丧失转化作用。能起到转化作用的DNA称为转化因子。

为了排除是少量杂质起着转化作用这一可能性，曾把转化因子纯化到所含蛋白质不高于0.02%这一纯度，这时的转化效率非但不降低反而提高。因此可以确信，在肺炎双球菌中决定型别的遗传物质是DNA。

病毒重建实验

烟草花叶病毒(tobacco mosaic virus,TMV)由蛋白质衣壳和核糖核酸(RNA)核心构成。可以从 TMV 病毒中分别抽提得到它的蛋白质部分和 RNA 部分。把这两个部分放在一起可以得到具有感染能力的病毒颗粒。TMV 有不同的变种，各个变种的蛋白质的氨基酸组成有细微但却明显的区别。

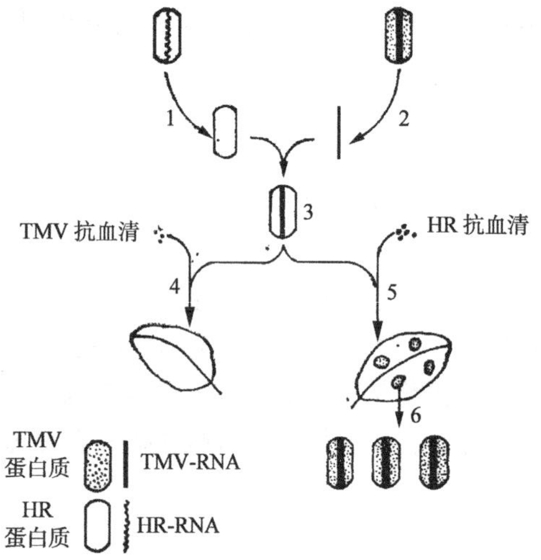

图 1.1　病毒重建实验示意图[2]

1. 通过表面活性剂处理得到 TMV 的蛋白质；2. 通过弱碱处理得到变种 HR 的 RNA；3. 通过重建获得杂种病毒；4. TMV 抗血清使杂种病毒失活；5. HR 抗血清不能使杂种病毒失活，杂种病毒感染烟草产生 HR 所特有的病斑；6. 从病斑分离得到的病毒含有 HR 蛋白质和 HR-RNA

病毒重建实验可以用图 1.1 表示。杂种病毒的蛋白质是 TMV 蛋白质，核酸是来自 HR 的核酸，可是杂种病毒感染寄主以后，在寄主中一再繁殖得到的子代病毒的蛋白质却是 HR 蛋白质。这一实验结果说明病毒蛋白质的特性由其核酸所决定，而不是由其蛋白质所决定。可见，这一实验同样说明遗传物质是核酸而不是蛋白质,不过 TMV 的遗传物质是 RNA 而不是 DNA。

噬菌体感染实验

在以上这两个例子中核酸是抽提得来的。在噬菌体感染实验中，它的 DNA 和蛋白质是在感染过程中自然分开的，所以这是一个天然的实验。

T2 是感染大肠杆菌的一种噬菌体，它由蛋白质衣壳和 DNA 核心所构成。蛋白质中含有硫元素而不含磷元素，DNA 中含有磷元素而不含硫元素，所以用 ^{32}P 和 ^{35}S 标记 T2，并用这些标记噬菌体进行感染实验，就可以分别测定 DNA 和蛋白质的功能。

首先让 T2 在含有 ^{32}P 或 ^{35}S 的培养液中感染大肠杆菌，从而得到标记噬菌体，然后让标记噬菌体感染培养在一般培养液中的大肠杆菌。经过短时间的保温以后，在组织搅碎器中搅拌，已经知道这一短时间的保温只是给噬菌体以恰恰可以完成感染作用的时间。搅拌以后分别测定沉淀物和上清液中的同位素标记。细菌都包含在沉淀物中，上清液只含有游离的噬菌体。测定结果表明在用 ^{32}P 标记噬菌体的实验中几乎全部 ^{32}P 都和细菌在一起，而在用 ^{35}S 标记噬菌体的实验中则几乎全部 ^{35}S 都在上清液中。这一结果说明在感染过程中，噬菌体的 DNA 进入细菌细胞中，而它的蛋白质衣壳则并不进入细菌细胞中去。

电子显微镜观察证实了这一结论。在电子显微镜下可以看到，噬菌体以它的尾部一端吸附在细菌表面，而且始终不进入细胞中去。

噬菌体感染寄主细胞时只把它的 DNA 注射到细胞中去，可是经过短短的二十几分钟以后就从细胞中释放出大约几百个噬菌体。这些子代噬菌体的蛋白质衣壳(capsid)的形状、大小与留在细胞外的噬菌体衣壳一模一样。因此这一实验结果同样说明对于噬菌体

T2 来讲，决定它的蛋白质衣壳特性的遗传信息的携带物是 DNA。

二、脱氧核糖核酸

DNA 分子结构的多样性

遗传物质必须具备的两个特性是多样性以及自我复制特性。

1944 年发现转化现象以后，许多人对于遗传物质是脱氧核糖核酸(deoxyribonucleic acid, DNA)而不是蛋白质这一点仍持怀疑态度。原因在于已经知道蛋白质的分子结构是多样性的，可是人们一般认为 DNA 分子只是由 4 种核苷酸单调重复排列组成的大分子。后来人们发现各种生物的 DNA 中 4 种碱基的含量往往是不均等的，而且这四种碱基的含量之比在各种生物中反映着种的特性。

以碱基成分相差较大的几种微生物为例(表 1.2)，可以看到各种 DNA 分子的碱基含量之间的差别和共同之处。

从表 1.2 中的数据可以看出，在各种微生物中腺嘌呤(adenine, A)的含量都等于胸腺嘧啶(thymine, T)的含量，鸟嘌呤(guanine, G)的含量都等于胞嘧啶(cytosine, C)的含量，即：

$$A = T，G = C$$

因此，必然地

$$\frac{A+G}{T+C} = \frac{\text{嘌呤(Pu)}}{\text{嘧啶(Py)}} = 1，\frac{G+T}{A+C} = \frac{\text{6-酮基碱基}}{\text{6-氨基碱基}} = 1$$

表 1.2　几种微生物的 DNA 分子的碱基含量比较[3]

微生物名称	碱基摩尔百分值/%				碱基含量比		
	G	A	C	T	$\frac{Pu}{Py}$	$\frac{G+T}{A+C}$	$\frac{G+C}{A+T}$
产气荚膜杆菌 (*Clostridium perfringens*)	15.8	34.1	15.1	35.0	1.00	1.03	0.45
金黄色葡萄球菌 (*Staphylococcus aureus*)	17.3	32.3	17.4	33.0	0.98	1.01	0.53
大肠杆菌 (*Escherichia coli*)	26.0	23.9	26.2	23.9	1.00	1.00	1.09
摩氏变形杆菌 (*Proteus morganii*)	26.3	23.7	26.7	23.3	1.00	0.98	1.13
粪产碱杆菌 (*Alcaligenes faecalis*)	33.9	16.5	32.8	16.8	0.98	1.03	2.00
绿脓杆菌 (*Pseudomonas aeruginosa*)	33.0	16.8	34.0	16.2	0.99	0.97	2.03
灰色链霉菌 (*Streptomyces griseus*)	36.1	13.4	37.1	13.4	0.98	0.98	2.73

而$\frac{G+C}{A+T}$则随着生物种类的不同而不同，就表 1.2 所列的几种微生物来看，这一数值小到接近于 0.5，大到接近于 3，也有接近于 1 或接近于 2 的。

依据 Watson-Crick DNA 分子结构模型，碱基含量比值的这些特点说明：①DNA 两个单链的相对位置上的碱基有严格的配对关系。如果一条单链的某一位置上的碱基是嘧啶，那么另一条单链上的相对位置上必定是嘌呤；②6-氨基嘌呤(腺嘌呤 A)的相对位置上必定是 6-酮基嘧啶(胸腺嘧啶 T)，6-酮基嘌呤(鸟嘌呤 G)的相对位置上必定是 6-氨基嘧啶(胞嘧啶 C)；③DNA 链上的碱基的排列则没有一定的规律。例如，表 1.2 中的第一、第二这两种细菌的 DNA 分子中 AT 碱基对比 GC 碱基对多出约一倍，而在第三、第四这两种细菌中，两者几乎相等，在第五、第六这两种细菌中 GC 碱基对比 AC 碱基对多出约一倍。由此可知 DNA 分子中四种碱基的排列并不是单调的重复。

表 1.2 中的数据只反映了各种微生物的 DNA 分子中四种碱基的含量之比。该比值相同的生物，其 DNA 中的碱基还可以在排列顺序上发生变化，所以 DNA 结构的变化方式是无穷无尽的。

DNA 分子结构见图 1.2 和 1.3。两对配对碱基(碱基对，basepair, bp)的分子结构见图 1.4。

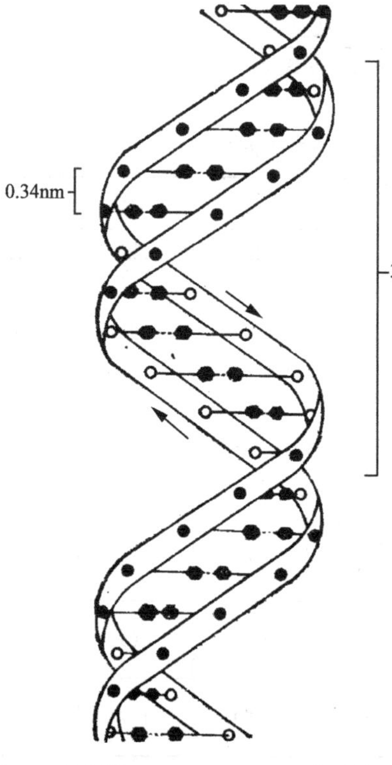

图 1.2 双螺旋(double helix)DNA 分子的立体模式

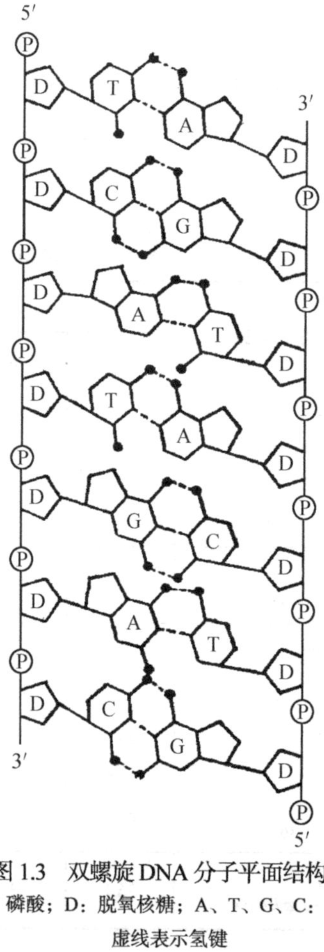

图 1.3 双螺旋 DNA 分子平面结构图

Ⓟ：磷酸；D：脱氧核糖；A、T、G、C：四种碱基；虚线表示氢键

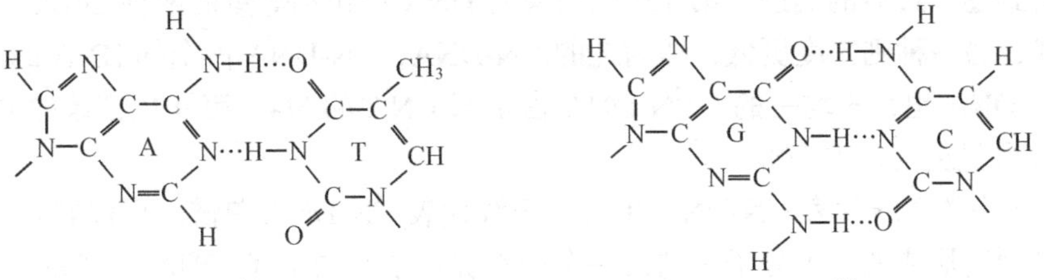

(a) (b)

图 1.4 DNA 分子的碱基对

(a) AT 碱基对；(b) GC 碱基对

DNA 的自我复制(self replication)

早在 DNA 分子结构的 Watson-Crick 模型提出以前，遗传学家就已意识到遗传物质必须具有自我复制这一特性。所谓自我复制并不是说遗传物质的复制不依靠细胞中酶的作用，而只是说遗传物质分子结构的特异性由它本身所决定。

说明 DNA 分子的自我复制特性的一个经典实验是利用同位素标记方法在大肠杆菌中进行的。实验的过程是这样的：首先将大肠杆菌培养在以 $^{15}NH_4Cl$ 作为氮源的培养液中，经过十几个小时以后细菌 DNA 中的碱基氮几乎全部被置换成 ^{15}N，这时再将细菌放入 $^{14}NH_4Cl$ 为氮源的培养液中，其新合成的 DNA 中便出现 ^{14}N。

在 $^{15}NH_4Cl$ 和 $^{14}NH_4Cl$ 培养液中，细菌繁殖的速率不变。每隔一定时间，即每隔一定细胞分裂代数取一定量的培养物，抽提其中的 DNA 进行密度梯度离心(density gradient centrifugation)。

所谓密度梯度离心，是将要分析的样品放在一定浓度的 CsCl 溶液中进行长时间(例如，20h)高速(例如，140 000*g*)的离心。一方面这样强大的离心力使 CsCl 分子下沉，同时 CsCl 分子又有向上扩散的趋势，当这两种力量达到平衡时，CsCl 浓度呈现一个梯度，密度略有不同的物质(例如，^{15}N-DNA 和 ^{14}N-DNA)在离心达到平衡时便处在离心管中的一定位置。对于 DNA，便可以用紫外线摄影和紫外线吸收光谱法进行分析。实验结果见图 1.5 所示。

从图 1.5 中可以看到，0(零)代(即在从 $^{15}NH_4Cl$ 培养液中转向 $^{14}NH_4Cl$ 培养液中时)细菌的 DNA 是均一的，全部都是 ^{15}N-DNA。第 1 代(即在 $^{14}NH_4Cl$ 培养液中分裂一次时)细

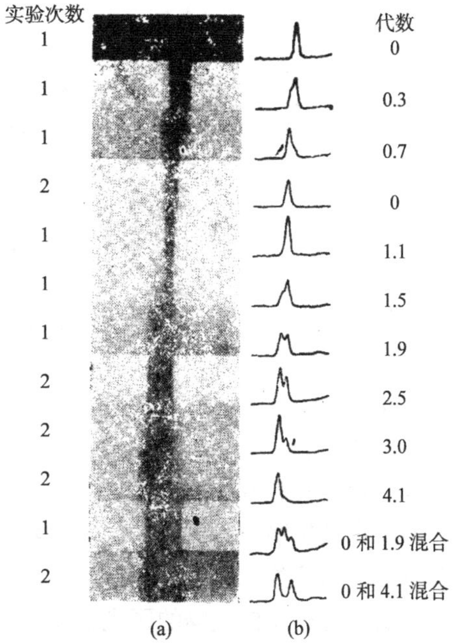

(a) (b)

图 1.5 验证大肠杆菌 DNA 复制的密度梯度离心实验结果[4]

(a) 紫外线吸收光谱照相；(b) 紫外线吸收光谱照相的微量光密度曲线，愈向右表示密度愈大

菌的 DNA 也是均一的，它的密度介于 ^{15}N-DNA 和 ^{14}N-DNA 之间，在 0 代和第 1 代之间则可以看到逐渐过渡的痕迹。第 1.9 代细菌的 DNA 中包括等量的两种 DNA，一种相当于第 1 代，另一种则密度更低，即为纯的 ^{14}N-DNA，^{14}N-DNA 占全部 DNA 的 1/2。第 3 代细菌的 DNA 也是不均一的，^{14}N-DNA 占全部 DNA 的 3/4，第 4 代细菌的 DNA 中的 ^{14}N-DNA 含量更高，占 7/8。

图 1.6 中的实线代表 ^{15}N-DNA 单链，虚线代表 ^{14}N-DNA 单链。可以看到，DNA 的每一次复制所形成的两个分子中的每一个中都保留了它的亲代 DNA 分子的一个单链，也就是说保留了它的亲代 DNA 分子的一半。这种复制被称为半保留复制(semiconservative replication)，以区别于 DNA 修复过程中的 DNA 合成。

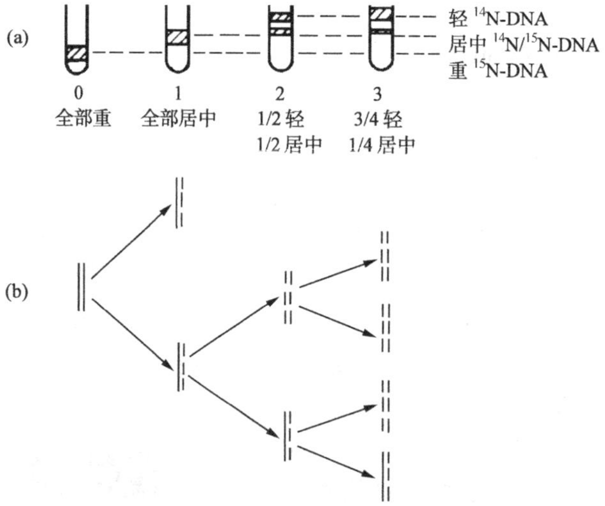

图 1.6　密度梯度离心实验结果以及半保留复制模型[4]

(a) 三种 DNA 在密度梯度离心管中的位置；(b) 对(a)的解释

第四节　遗传物质的存在状态

上面已经指出，除一部分病毒的遗传物质是 RNA 以外，其余病毒以及全部不具或具有典型细胞结构的生物的遗传物质都是 DNA。此外还须指出，遗传物质的一个基本性质是自我复制。因此可以预期，细胞中一切能进行自我复制的结构中都含有 DNA；同样地，一切含有 DNA 的结构都能进行自我复制。

从细胞结构观点来看，可以将生物区分为原核生物(prokaryote)和真核生物(eukaryote)两大类。真核生物包括所有的高等动物和植物以及一部分微生物——原生动物、真菌及多数单细胞的藻类；原核生物包括大部分的微生物——细菌、放线菌、噬菌体。

真核生物和原核生物的区别就遗传物质方面来讲主要是：①真核生物的遗传物质是 DNA，原核生物的遗传物质是 DNA 或 RNA；②真核生物的染色体由 DNA 及蛋白质构成，原核生物的染色体是单纯的 DNA 或 RNA；③真核生物的染色体不止一个，原核生物的染色体往往只有一个；④真核生物的许多染色体为核膜所包被，原核生物的染色体外没有膜包被。⑤真核生物的细胞分裂过程中出现纺锤体(spindle)，而原核生物则没有，与此相关的一点是真核生物的染色体上有一个着丝粒而原核生物则没有。关于两者在其他方面的区别将在另外的章节中讨论。

一、DNA 在真核微生物中的存在状态

就染色体 DNA 的含量来讲，真核生物高于原核生物，而高等动物和植物则又高于真核类微生物(表 1.3)。

由于真核类微生物的染色体形状较小，所以关于它们的染色体的研究进行得远比高等动物和植物的要少。粗糙脉孢菌是其染色体研究进行得较为深入的一种真核类微生物。

粗糙脉孢菌有七条染色体(图 1.7)，它的核型(karyotype)模式图见图 1.8。

表 1.3　一些真核生物和原核生物的染色体 DNA 特性比较

(真核生物的染色体 DNA 按单倍体计算)

生物	分子质量/Da	碱基对约数	长度/mm
蛙	—	2.3×10^{10}	6700
人	—	3×10^{9}	870
果蝇	—	8×10^{7}	24
脉孢菌	2.8×10^{10}	4.5×10^{7}	—
大肠杆菌	2.5×10^{9}	3×10^{5}	1.1
噬菌体 T2	1.3×10^{8}	3×10^{5}	0.056
噬菌体λ	3.2×10^{7}	5×10^{4}	0.016
多瘤病毒	3×10^{4}	—	—

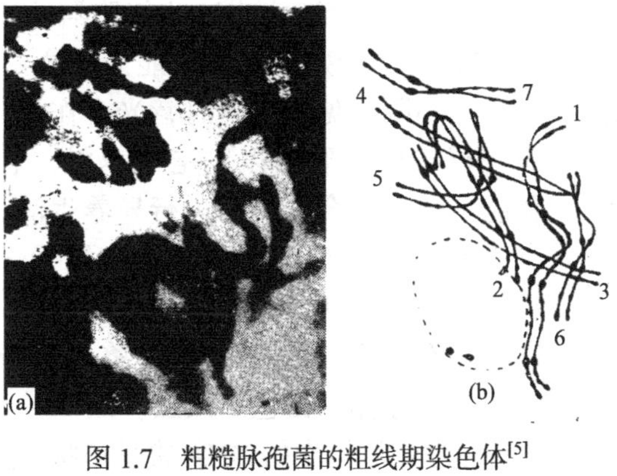

图 1.7　粗糙脉孢菌的粗线期染色体[5]

(a) 显微镜照相；(b) 描绘图

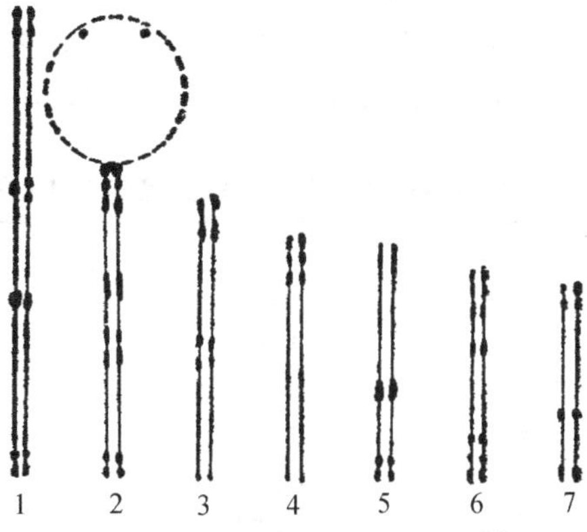

图 1.8　粗糙脉孢菌的核型模式[5]

染色体上的黑点是染色粒；虚线是核仁(nucleolus)；核仁边缘的两个黑点是随体(satellite)

从图 1.7 和图 1.8 中可以看到每一条染色体特有的染色粒、随体以及核仁组织中心，每一条染色体的着丝粒则不易辨认。

真核微生物中除染色体以外的 DNA 主要以细胞器的形式存在，此外也有关于共生生物和质粒的报道，而且近年来有些学者认为，从进化的角度来看，许多细胞器都来源

于远古时期的共生生物。

无论是共生生物也好，是细胞器也好，真核生物中染色体外的 DNA 一般都和其他物质一起构成具有特定形态的结构。这类细胞器包括叶绿体、线粒体、中心粒、毛基体等。关于这些细胞器的亚显微结构和生理功能的讨论不属于本书范围，而关于细胞器的遗传学问题则将在第四章中讨论，这里只作一些概括性的说明。概括起来，这些结构具有以下几种特性：

(1) 成分复杂。真核生物的染色体由 DNA 和蛋白质构成，上述几种细胞器中则包括 DNA、蛋白质、糖类、脂质类及 RNA 等成分。

(2) 结构复杂而多样。各种真核生物的染色体或者同一生物的各条染色体虽然在长短、大小上常不相同，但是它们的结构都是基本上相同的。上述的那些细胞器则具有复杂而多样的结构，例如，叶绿体和线粒体具有复杂的膜结构，而中心粒和毛基体都具有微管或微纤丝结构。

(3) 功能不一，而且对于生物体的生命活动常是不可少的。叶绿体为依靠光合作用生活的生物所必需，线粒体为细胞呼吸所必需，中心粒为细胞分裂所必需。

(4) 数目多少不一。每一细胞中有两个中心粒。叶绿体在进行光合作用的微生物细胞中多少不等，例如，小眼虫(*Euglena gracilis*)具有 8~12 个叶绿体、莱因衣藻(*Chlamydomonas reinhardi*)只有一个叶绿体。同样地，线粒体的数目在各种微生物中也很不相同，例如，一种进行光合作用的鞭毛虫(*Micromonas*)只有一个线粒体和一个叶绿体，而酿酒酵母(*Saccharomyces cerevisiae*)的每一个细胞中大约有 20 个线粒体。

(5) 自我复制。这些细胞器中都含有 DNA，实验证明线粒体 DNA 和叶绿体 DNA 都能进行半保留复制。除此以外，许多实验和观察的结果都说明这些细胞器通过分裂产生。

(6) 一旦消失，后代细胞中不再出现。按照自我复制这一特性，可以预期这些细胞器一旦消失以后，后代细胞中将不再出现，可是上面的论述指出这些细胞器往往是这些微生物的正常生命活动所不可缺少的，所以只有在特殊情况下才能证明这一论点。小眼虫见光培养时营光合作用，而在黑暗中只要给以一定的养料，它就能不依靠光合作用而进行异养生活。有人曾经发现小眼虫的叶绿体能为链霉素所破坏，从而使小眼虫成为白色，这些白色小眼虫的后代细胞将永远成为缺乏叶绿体的白色小眼虫。

这些细胞器中的 DNA 常呈环状，它们的含量以及细胞核中的 DNA 的含量如表 1.4 所示。

表 1.4　几种微生物的几种细胞器的 DNA 含量[6]

生物	细胞器	DNA 量/10^{-16}g
酵母菌	线粒体	1
四叶虫	线粒体	3.7
脉孢菌	线粒体	0.2~1.8
伞藻	叶绿体	1~10
眼虫	叶绿体	110
四膜虫	毛基体	2
酵母菌(二倍体)	核	500
脉孢菌(单倍体)	核	900

从表 1.4 中可以看到，除个别例子以外，细胞器 DNA 只占染色体 DNA 的 1%以下。

除了上述各种细胞器以外，许多真核生物细胞中也存在着质粒以及转座因子(详见第四章)。

二、DNA 在原核生物中的存在状态

原核生物的染色体 DNA 的量远较真核生物为少(表 1.3)。原核生物中的细菌和放线菌等的遗传物质都是双链 DNA，在病毒中则有 DNA 或 RNA，呈双链或单链，线状或环状(表 1.5)。

表 1.5　一些代表性病毒的染色体 DNA 或 RNA[7]

病毒名称	寄主	温和或烈性	核　酸			构型
			DNA 或 RNA	单链或双链	分子质量 $/10^{-6}$ Da	
T2	大肠杆菌	烈性	DNA	双	130	线状
T4	大肠杆菌	烈性	DNA	双	130	线状
T5	大肠杆菌	烈性	DNA	双	75	线状
T7	大肠杆菌	烈性	DNA	双	26	线状
*ΦX*174	大肠杆菌	烈性	DNA	单	1.7	环状
R17	大肠杆菌(F^+)	烈性	RNA	单	1.1	线状
MS2	大肠杆菌(F^+)	烈性	RNA	单	1.1	线状
f1	大肠杆菌(F^+)	“分泌”1)	DNA	单	2.0	环状
P1	大肠杆菌 志贺氏菌	温和	DNA	双	58	线状
P22	沙门氏菌	温和	DNA	双	27	线状
λ	大肠杆菌	温和	DNA	双	31	线状 2)
Mμ-1	大肠杆菌	温和	DNA	双	28	线状
多瘤病毒	哺乳动物		DNA	双	3	环状
疱症病毒	人		DNA	双	68	
小儿麻痹病毒	人		RNA	单	2.2	线状
呼肠孤病毒	哺乳动物		RNA	双	12	线状
烟草斑纹病毒	烟草		RNA	单	2	线状

注：1) 细菌产生噬菌体但并不死亡；2) 在噬菌体中呈线状，感染寄生后呈环状。

无论是 DNA 或是 RNA，是双链或是单链，是线状或是环状，病毒的核酸都不和蛋白质相结合。病毒本身不能在光学显微镜下观察到，它们的染色体当然也只能在电子显微镜下观察。细菌的染色体虽然只能在电子显微镜下观察，但是经过一定的染色方法处理后，在光学显微镜下也可以观察到一团染色质，这团染色质称为核质体(nucleoid)。

染色体外的 DNA

原核生物中染色体以外的 DNA 称为细菌质粒。关于细菌质粒的遗传学问题将在第四章中进行讨论，这里只作概括性的说明。细菌质粒与真核生物中自我复制的细胞器的相同处在于：①自我复制；②一旦消失以后，后代细胞中不再出现；③它们的 DNA 只

占染色体DNA的一小部分。

细菌质粒与真核生物中自我复制的细胞器的不同之处主要是：①成分和结构较细胞器简单，一般都是较小的环状DNA分子，而且不和其他物质一起构成一些复杂的结构；②它们的功能比自我复制的细胞器更为多样化，但一般并不是必需的。例如，研究得最多的细菌质粒如致育因子(F)质粒、抗药性因子(R)质粒和大肠杆菌素因子(Col)质粒等，它们分别决定细菌的致育性、抗药性和产生大肠杆菌素的能力等，它们的存在赋予宿主细菌以这些遗传特性，而它们的消失并不影响宿主细菌的生存；③许多细菌质粒能通过细胞的接合而自动地将一个拷贝转移到另一个细菌中，从而使两个细菌都成为带有质粒的细菌。

第五节　染色体倍性和生活史

一、染色体倍性

每一个细胞中的核或核质体数可以是一个或是许多个。例如，许多霉菌的每一个菌丝细胞中常含有许多细胞核，它们所产生的分生孢子中的细胞核的数目则常随着霉菌种类的不同而不同。例如，粗糙脉孢菌的小型分生孢子是单核的，大型分生孢子则是多核的；米曲霉(*Aspergillus oryzae*)的分生孢子只有一种，是多核的；构巢曲霉(*Aspergillus nidulans*)的分生孢子是单核的；酵母菌是单核的；细菌，至少就许多杆菌来讲，常含有两个核质体；在正要分裂以前的细胞中可以发现四个核质体，这是原有的两个核质体各自进行复制分裂的结果。

每一个细胞中的各个细胞核中的染色体数目一般是相等的。如果一个细胞的每一个细胞核中只有一套染色体(这就是说每一特定形状大小的染色体都只有一条)，那么这一个细胞就称为一个单倍体(haploid)细胞，不管这一细胞中含有多少个核。由单倍体细胞所组成的生物是单倍体生物。如果一个细胞的每一个细胞核中含有两套染色体(这就是说每一特定形状大小的染色体都有一对)，那么这一个细胞就被称为二倍体(diploid)细胞，也不管这一细胞中含有多少个核。由二倍体细胞组成的生物是二倍体生物。

就单细胞的生物来讲，一个单倍体细胞就是一个单倍体生物。就多细胞生物来讲，如果它是一个单倍体生物，那么它的营养体的全部细胞都是单倍体细胞，只在有性生殖过程中出现少数二倍体细胞(例如，脉孢菌的分生孢子核进入受精丝后形成的二倍体合子细胞)；如果一个多细胞生物是一个二倍体生物，那么它的营养体的全部细胞都是二倍体细胞，只有在有性生殖过程中它所产生的少数配子属于单倍体细胞。

高等动物和植物的营养体多数是二倍体。高等植物中也有许多种类是多倍体(polyploid)，它们的体细胞中的每一种染色体不只有一对而是有几个。微生物中的原生动物也常是二倍体，例如，草履虫便是二倍体。细菌和放线菌一般是单倍体，真菌也常是单倍体。酵母菌有两种类型，一类在自然界中通常以二倍体状态出现，而另一类在自然界中则通常以单倍体状态出现。

对于多细胞微生物来讲，如果其营养体是单倍体，那么它的二倍体细胞并不独立生活，而常是单倍体营养体的一个部分；如果其营养体是二倍体，那么它的单倍体细胞并不独立生活，而常是二倍体营养体的一个部分。

在自然界中以单倍体状态出现的酵母菌也能产生二倍体细胞，而且虽然它们在自然界中不常被发现，但至少在实验室中却可以生长繁殖。同样地，在自然界中以二倍体状态出现的酵母菌也可以产生单倍体细胞，而且这些单倍体细胞同样可以在实验室中培养。

以单倍体和二倍体状态交替生存的现象是生物界中的一个普遍现象，可以说细菌和噬菌体以及不产生有性孢子的真菌等都不例外。

二、生 活 史

生活史(life cycle)有时指某种生物一生中的变化，这里指的是生物的单倍体和二倍体的交替生存。从这一意义上讲，生物的生活史可以划分为两个阶段或两个相，即双元相(diprophase)和单元相(haplophase)，对于许多植物来讲就是孢子世代(sporophyte)和配子世代(gametophyte)。以生活史为标准，可以将生物划分为三种类型，即二倍性生物(diplont)、单倍性生物(haplont)和双单性生物(diplo-haplont)。

高等动物是典型的二倍性生物。它们的营养体是二倍体，通过减数分裂产生单倍体配子，这些配子不再进行分裂，而是通过受精作用形成二倍体合子，合子再通过多次有丝分裂形成二倍体营养体。

多数微生物的生活史属于单倍性类型，这些微生物的营养体是单倍体，所以它们的配子无须通过减数分裂产生。事实上在某些情况中(例如，在脉孢菌的以受精丝和小型分生孢子作为配子的受精过程中，详见生活史实例以及第三章)可以区别体细胞和配子，但在更多的情况中[例如，在脉孢菌中，属于不同接合型的任何两个细胞的结合可以形成合子，准性生殖(parasexual reproduction)也属于这种情况]，体细胞本身可以接合成为合子，二倍体合子细胞又能产生单倍体营养体，这就完成了整个生活史。

不产生有性孢子的真菌则可以通过准性生殖来完成它的生活史。细菌和放线菌则通过半合子(hemizygote)的形成来完成它的生活史。不过这些生物的生活史不能通过形态上的观察而只能通过遗传学分析来理解，这些都将在第三章中讨论。

可见，在二倍性生物中只有二倍体细胞能分裂并独立生活；在单倍性生物中则只有单倍体细胞能无限制地分裂并独立生活；在双单性生物中则单倍体细胞和二倍体细胞都能无限制地分裂。苔藓植物是以单元相的配子体为营养体的一类双单性生物，它的双元相的孢子体着生在配子体上；种子植物是以二元相的孢子体为营养体的一类双单性生物，它的单元相的配子体(胚囊和花粉管)着生在孢子体上；蕨类是配子体和孢子体都能独立生活的一类双单性生物。

可以认为微生物中的酵母菌的生活史属于双单性类型，它们的单倍体细胞和二倍体细胞一般都能进行无限制的分裂。不过在自然界中，某些酵母菌以单倍体状态生存着，它们的情况近似于苔藓植物；而另一些酵母菌则以二倍体状态生存着，它们的情况近似于种子植物。

以二倍体细胞为主的酵母菌称为二倍体酵母，例如，酿酒酵母和路氏酵母(*Saccharomyces ludwigii*)；以单倍体细胞为主的酵母菌称为单倍体酵母，例如，粟酒裂殖酵母(*Schizosaccharomyces pombe*)。

几种典型的、本书中常见的微生物的生活史见图 1.9 到图 1.15 所示。这里面不包括通过准性生殖或半合子形成来完成的生活史。

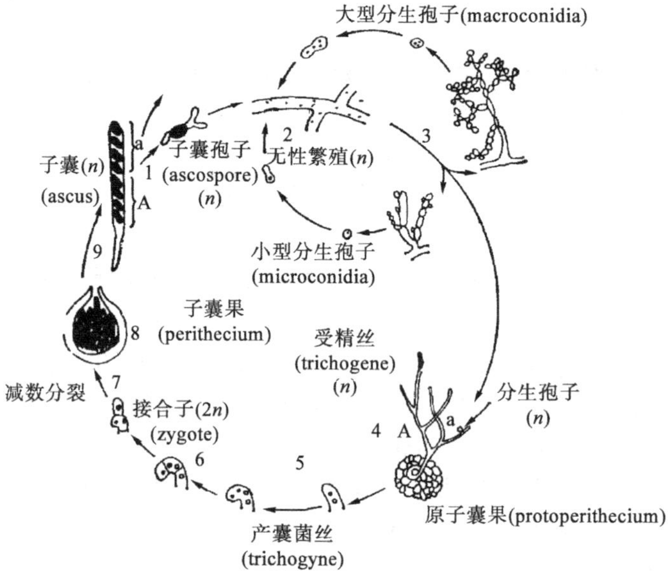

图 1.9 粗糙脉孢菌(*Neurospora crassa*)的生活史

1~3 无性繁殖；4~8 有性繁殖。在 25℃时核的融合和减数分裂在受精后 4~5 天中进行，子囊孢子从第九天开始从子囊果中射出。1. 发芽的子囊孢子，子囊孢子大小为 17μm×26μm；2. 多核的菌丝；3. 分生孢子，大型的是多核的，小型的是单核的；4. 分生孢子落到受精丝上进行受精，受精丝的下部是产囊细胞，它被构成原子囊果的菌丝所缠绕包围；5. 包含着接合型 A 和 a 两种细胞核的异核体产囊菌丝；6. 通过大约 7~10 次双核并裂；7. 最后两个核融合并随即进行减数分裂，产生子囊孢子；8. 子囊果里面是子囊；9. 每一子囊约 20 μm×200 μm，每一子囊中含有八个按顺序排列的子囊孢子，这些子囊常来自同一受精丝，子囊壁纯由母本菌丝构成

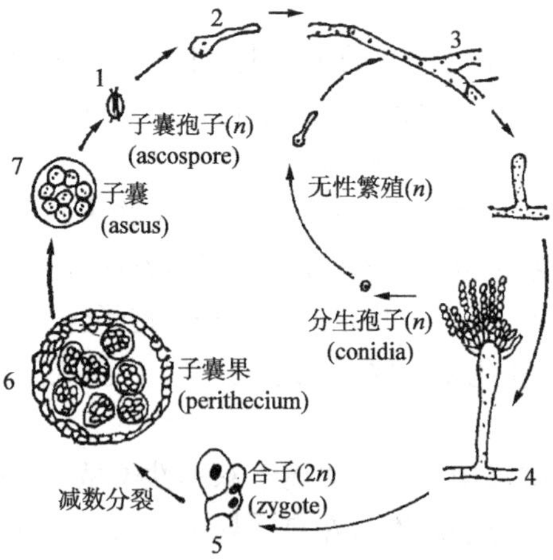

图 1.10 构巢曲霉(*Aspergillus nidulans*)的生活史

1. 子囊孢子；2. 发芽，生长菌丝；3. 多核的菌丝；4. 产生单核的分生孢子，分生孢子发芽又长菌丝；5. 产囊菌丝中的细胞核融合成为合子核；6. 子囊果，里面包含着多达 105 个子囊，每一个子囊中有八个排列不规则的子囊孢子(与粗糙链孢霉相同，这些子囊可能都来源于同一产囊菌丝)；7. 包含八个子囊孢子的子囊，每一子囊孢子有两个核

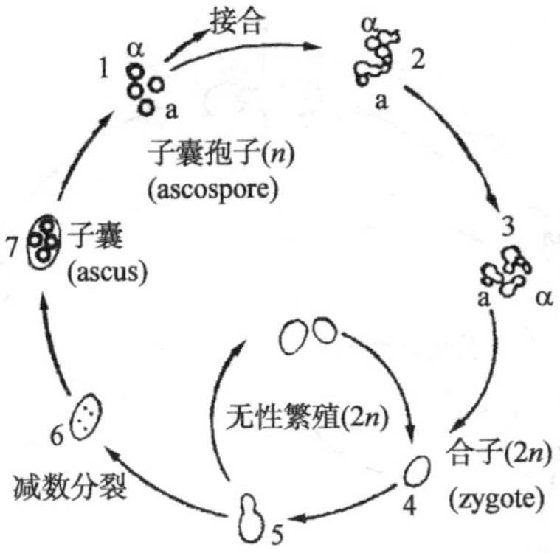

图 1.11　酿酒酵母(*Saccharomyces cerevislae*)的生活史

1. 由一个子囊所释放出来的四个子囊孢子；2. 子囊孢子发芽并进行出芽繁殖；3. 经过少数几次细胞分裂后，属于接合型α和 a 的两个细胞融合，一般随即进行细胞核的融合；4. 形成一个椭圆形的较大的二倍体细胞；5. 二倍体细胞出芽，进行无限制的无性繁殖；6. 在一定条件下二倍体细胞进行减数分裂，成为包含有四个单倍体核的细胞；7. 成熟成为一个包含着四个子囊孢子的子囊

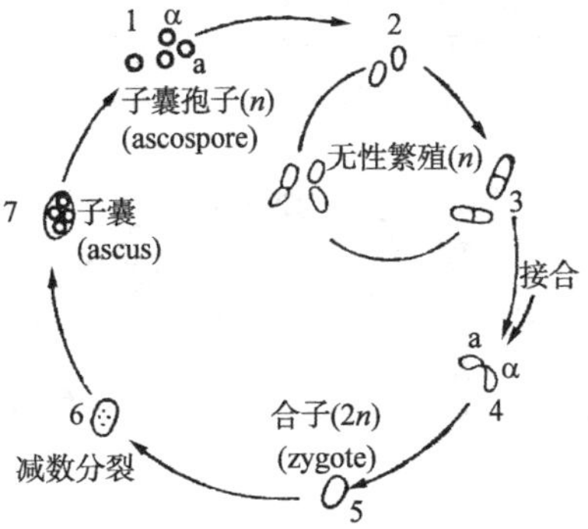

图 1.12　粟酒裂殖酵母(*Schizosaccharomyces pombe*)的生活史

1. 子囊孢子；2. 发芽成为单倍体细胞；3. 裂殖，进行无限制的无性繁殖；4. 两个单倍体细胞接合；5. 成为一个椭圆形的较大的二倍体细胞，二倍体细胞立即进行减数分裂；6. 产生四个单倍体核；7. 成熟成为包含着四个子囊孢子的子囊

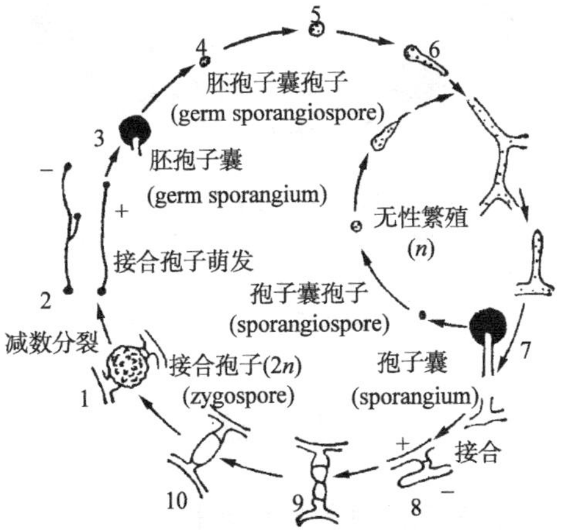

图 1.13　冻土毛霉(*Mucor hiemalis*)的生活史

1. 厚壁的接合孢子，其中含有很多属于两个接合型(+和−)的核，这些核可能成对地融合成为许多二倍体核；2. 接合孢子发芽，一般认为在发芽过程中进行减数分裂；3. 形成胚孢子囊。对于冻土毛霉来讲，每一胚孢子囊中的孢子属于一种接合型；4. 从胚孢子囊释放出来的胚孢子囊孢子；5. 胚孢子囊孢子萌发；6. 生长成为多核的不分隔的菌丝体；7. 菌丝体上生长孢子囊，孢子囊孢子释放后又发芽形成菌丝体，这是它的无性繁殖；8. 属于不同接合型的菌丝相接触；9. 菌丝顶端膨大；10. 融合，形成接合孢子

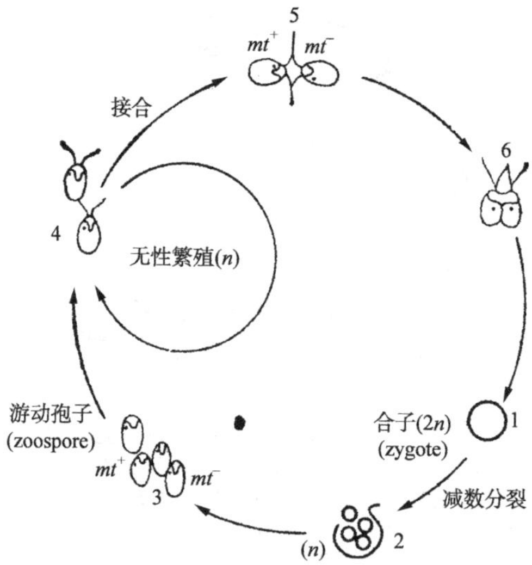

图 1.14 莱哈衣藻(*Chlamydomonas reinhardi*)的生活史

1. 合子；2. 通过减数分裂形成四个游动孢子；3. 孢子发芽产生四个衣藻细胞，其中半数属于接合型 mt^+、半数属于接合型 mt^-；4. 无性繁殖；5. 属于不同接合型的两个细胞开始接合；6. 细胞融合

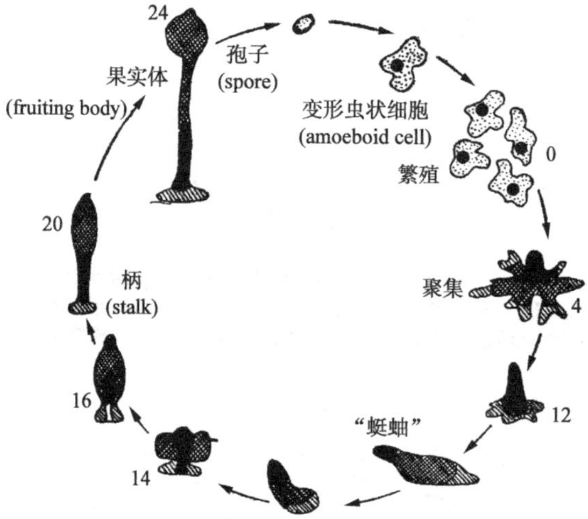

图 1.15 盘状细胞黏菌(*Dictyostelium discoides*)的生活史

数字表示以小时计的由孢子萌发产生的变形虫细胞从繁殖聚集到成长成为含有孢子的果实体的各个阶段。0：变形虫细胞繁殖；4：变形虫细胞聚集；12~14：向上生长并转变为能缓缓移动的"蜓蚰"；14~20：停止移动，向上形成柄和基部；24：柄的顶端长成含有孢子的果实体

习　题

1. 在空格中填入适当的核苷酸或氨基酸的名称

C …	… …	… TGA	… …	双链 DNA
.CA	…	U..	…	mRNA
…	…	…	GCA	tRNA 反密码子
…	trp	终止	arg	氨基酸

2. 某一双链 DNA 分子中 T 占 15%，问 C 占多少？

3. 一个细胞生长过程中先进行有丝分裂，然后进行减数分裂。画一曲线表示整个过程中的 DNA 的量的变化。

4. 根据下表数据说明：① DNA 和 RNA 的结构关系(RNA 从一条链还是从两条链转录？)；② RNA 是否全部形成双链？

微生物	DNA 碱基比	RNA 碱基比	
	$\frac{A+T}{G+C}$	$\frac{A+U}{G+C}$	$\frac{A+G}{U+C}$
枯草芽孢杆菌	1.36	1.30	1.02
大肠杆菌	1.00	0.96	0.80

5. 大肠杆菌噬菌体 $\varPhi X174$ 的 DNA 的碱基组成是 25%A、33%T、24%G 和 18%C。怎样解释这一现象？

6. 大肠杆菌的染色体的长度是 1.1mm，根据 DNA 双螺旋结构模型，计算它的碱基对数。它的分子质量是 2.5×10^9Da，根据碱基对的平均分子质量，计算它的碱基对数。

7. 某一细菌的 DNA 含有 20%的 A＋T，问它的 mRNA 中 G＋C 含量是多少？

参 考 文 献

[1] Beadle G W. The differentiation of eye pigments in Drosophila as studied by transplantation. Genetics, 1936, (21): 225

[2] Fraenkel-Conrat H, Singer B A, Williams R C. The nature of the progeny of virus reconstituted from protein and nucleic acid of different strains of Tobacco mosaic virus. *In*: McElroy W D, Glass B. A Symposium on the Chemical Basis of Heredity., Baltimore, Maryland: The Johns Hopkins Press, 1957

[3] Belozersky A N, Spirin A S. A correlation between the composition of desoxyribonucleic acids.Nature, 1958, (182): 111

[4] Meselson M, Stahl F W. The replication of DNA in *Escherichia coli*. Pro. Nat. Acad. Sci. U.S.A., 1958, (44): 671

[5] Perkins D D, Barry E G. The cytogenetics of Neurospora. Adv. Genet., 1977, (19): 133

[6] Du Praw E J. DNA and Chromosomes. Holt, Reinhart and Winston Inc. 1970

[7] Strauss E G, Strauss J H. Baterial viruses of genetic interest. *In*: King R C. Handbook of Genetics. 1974, 11, 259

第二章 基因突变

如果豌豆没有红、白、高、矮等相对性状，便不可能有孟德尔定律，也不可能有表示基因位置的染色体图。这些相对性状由相对的等位基因所控制，而这些等位基因便是野生型基因通过基因突变而产生的。

突变基因为基因定位提供了材料，也为基因作用的研究提供了材料。不但在基因和蛋白质合成的关系的研究以及在基因表达的调节控制等等方面的研究中要用到突变型，就是在基因突变的研究中也常常要应用影响基因突变的突变型作为研究材料。

突变过程本身也是遗传学中的一个重要课题，理论上它与人们对于遗传物质及生物进化的了解有密切的关系；实践中，有关突变的研究是诱变育种的理论基础，而且与癌变的研究也有密切的关系。

突变包括基因突变和染色体畸变两大类。在粗糙脉孢菌中，染色体畸变的研究已经相当深入了，现在已经可以在电子显微镜下观察病毒的染色体畸变。不过，就遗传学研究较为深入的大肠杆菌、沙门氏菌、枯草芽孢杆菌等细菌以及其他多数微生物来讲，有关突变的研究主要是在基因突变方面。本章所讨论的内容也将以基因突变为主。

第一节 突变类型和基因符号

一、突 变 类 型

基因突变(gene mutation)

基因突变又称点突变(point mutation)。从分子遗传学的角度来看，许多突变其实只涉及一对碱基的改变，可以把它看成一个点。

从突变所带来的表型的改变来看，突变型可以分为以下几种：

(1) 形态突变型(morphological mutant) 造成形态改变的突变型，包括影响细胞形态的突变型，影响细菌、霉菌、放线菌等的菌落形态的突变型以及影响噬菌体的噬菌斑形态的突变型。前者如影响孢子颜色、鞭毛的有无等的突变型，后者如影响细菌菌落表面光滑或粗糙、影响噬菌斑的大小和清晰程度等的突变型。

(2) 致死突变型(lethal mutant) 造成个体死亡或生活力下降的突变型，后者称为半致死突变型(semilethal mutant)。一个隐性的致死突变基因可以在二倍体生物中以杂合状态被保存下来，可是在单倍体生物中不能被保存下来，所以致死突变在微生物中研究得不多。

(3) 条件致死突变型(conditional lethal mutant) 在某一条件下具有致死效应，而在另一条件下没有致死效应的突变型。广泛应用的一类是温度敏感突变型(temperature sensitive mutant)，这些突变型在某一个温度条件下并不致死，所以可以在这一温度条件下保存下来，但它们在另一温度条件下是致死的，可以利用它们的致死作用来研究基因的作用等问题。

(4) 生化突变型(biochemical mutant) 指没有形态效应的生化突变型。最为常见的是营养缺陷型(auxotroph)。营养缺陷型是由于代谢过程的缺陷而导致必需某种物质才能生活的突变型，它们在微生物遗传学研究中应用非常广泛。抗药性突变也是微生物遗传学中常用的一类生化突变型。

这几类突变型并不是彼此排斥的。某些营养缺陷型具有明显的形态改变，例如，粗糙脉孢菌和酵母菌的某些腺嘌呤缺陷型会分泌红色色素。营养缺陷型也可以认为是一种条件致死突变型，因为在没有给它们补充所需要的物质的培养基上，它们是不能生活的。所有的突变型都可以认为是生化突变型，因为任何突变，不论是影响形态的或是致死的，都必然有它的生化基础。所以突变型的上述区分不是本质性的。

以遗传物质的结构改变为依据，基因突变包括碱基置换(base substitution)、移码(frame shift)、DNA 片段的缺失(deletion)和插入(insertion)，它们的意义都将在本章的有关部分中进行讨论。

从突变所引起的遗传信息意义的改变来看，又可以将基因突变区分为错义突变(missense mutation)和无义突变(nonsense mutation)，它们的意义将在第五章中进行讨论。

染色体畸变(chromosome aberration)

染色体畸变涉及染色体的较大范围的结构改变，包括缺失、重复、易位和倒位。

有一类移码突变由失去一对或少数几对核苷酸所造成。缺失突变中的失去部分则包括许多对核苷酸，在真核微生物中甚至达到光学显微镜下可见的程度。在一个缺失杂合体中，染色体联会时正常染色体上相当于缺失的这一段将找不到它的配对部分，所以在显微镜下可以看到一个缺失环(deletion loop)[图 2.l(a)]。

另一类移码突变是由于增加了一对或少数几对核苷酸所造成的。重复指染色体上较大范围的一部分的两次出现，重复部分同样包括许多对核苷酸，甚至达到光学显微镜下可见的程度。在一个重复杂合体中，染色体进行联会(synapsis)时，染色体重复的这一段在正常染色体上找不到它的配对部分，所以在显微镜下同样可看到一个重复环(duplication loop)[图 2.l(b)]。

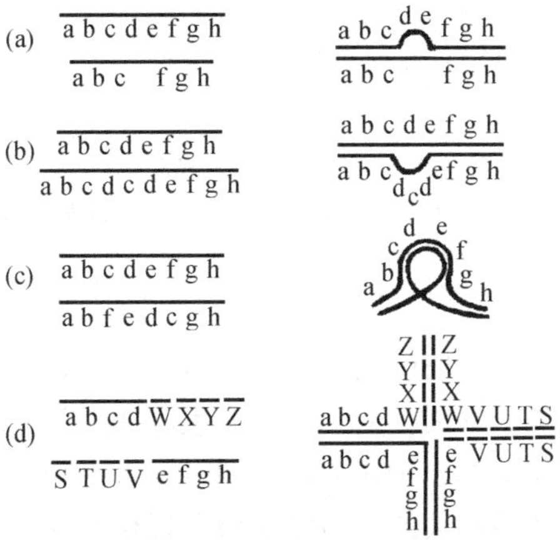

图 2.1　几种常见的染色体畸变

在每一幅图中，上面的一条染色体是正常的，下面的一条染色体是发生畸变的

(a) 缺失；(b) 重复；(c) 倒位；(d) 相互易位

左边是正常和畸变染色体的比较，右边是正常和畸变染色体联会图像

倒位是染色体的一部分发生了顺序颠倒。在一个倒位杂合体中，染色体联会时会出现一个倒位环(inversion loop)[图 2.1(c)]。

易位是指非同源染色体间的部分的交换。相互易位(reciprocal translocation)是指两个非同源染色体间相互交换一个部分。一个相互易位的杂合体在进行染色体联会时会出现一个十字图像[图 2.1(d)]。与高等植物的相互易位相同，相互易位的杂合体粗糙脉孢菌在进行减数分裂的过程中也会出现相同的十字图像(图 2.2)。

图 2.2　粗糙脉孢菌染色体 1、6 相互易位菌株和正常菌株杂交子代的减数分裂粗线期

虚线表示核仁[2]

缺失环图像不仅在真核微生物中有报道，而且在原核微生物中也有报道，不过这些图像只能在电子显微镜下看到(图 2.3)。

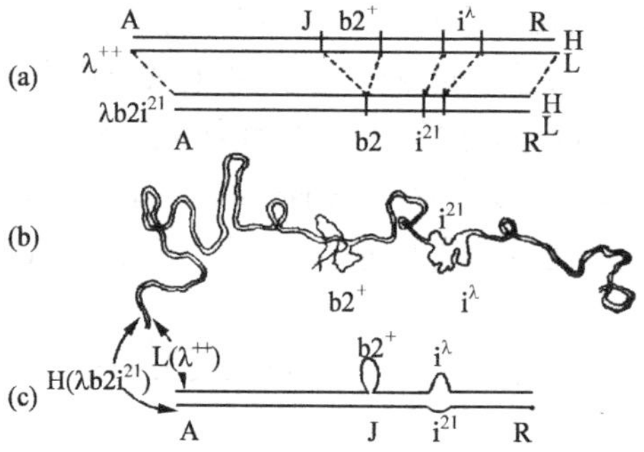

图 2.3　噬菌体λ的缺失环的电镜照相描绘图，表示一个正常噬菌体 DNA 单链(各图中的上边的单链)与一个 b2 及 i 部分缺失的λ噬菌体 DNA 单链(下边的单链)所形成的杂种分子[1]

(a) λ噬菌体的野生型(λ^{++})染色体和缺失型($\lambda b2i^{21}$)染色体的比较；(b) 杂种分子的电镜照相描绘图，表示了两个缺失环；(c) 杂种分子的模式图。A、J、R：噬菌体基因；H：重链；L：轻链

细菌的染色体不便于观察，所以细菌的染色体畸变大多通过遗传学方法检出。基因缺失的遗传学效应一般相当于基因突变，如果染色体缺失部分不止包括一个基因，那么该染色体缺失的遗传学效应就相当于几个基因同时发生突变。不过正像下面即将指出的那样，各个基因的突变是各不相关的，因此如果发现相邻的几个基因同时发生突变，那么就须考虑这不是一般的基因突变，而是包括几个基因在内的一小段染色体的缺失。再者，由缺失所造成的突变型不会发生回复突变，而一般的突变型则可以发生回复突变，这也是区分它们的又一个指标。具体例子将在染色体畸变的诱发这一节中介绍。

染色体重复有多种遗传学效应，其中最明显的一个效应就是基因剂量效应，即通过测定基因产物，往往就可以检出染色体重复。这一效应以及另一些重复检出方法将在有关章节中介绍。

在高等植物中，相互易位的杂合子会产生半数不育配子。

在粗糙脉孢菌等子囊菌中，由于减数分裂的产物以一定次序排列在子囊中，所以通过观察不育孢子(白色或灰色孢子，正常孢子呈黑色)就可以检出不同类型的染色体畸变。下面举一个相互易位的例子来说明这一原理。

图 2.2 是粗糙脉孢菌(*Neurospora crassa*)染色体 1、6 相互易位菌株和正常菌株杂交子代在子囊发育过程中的减数分裂粗线期的显微镜描绘图，这一细胞在中期时以图 2.4 中所示的十字图形排列在赤道板上。此后，根据着丝粒和易位部分之间有没有发生交换，以及根据后期 I 中 4 个着丝粒(centromere)的离开(disjunction)是交替的(alternative)或是邻接的(adjescent)，就可以得到像图 2.4 中所示的那样的 4 种孢子排列型式。

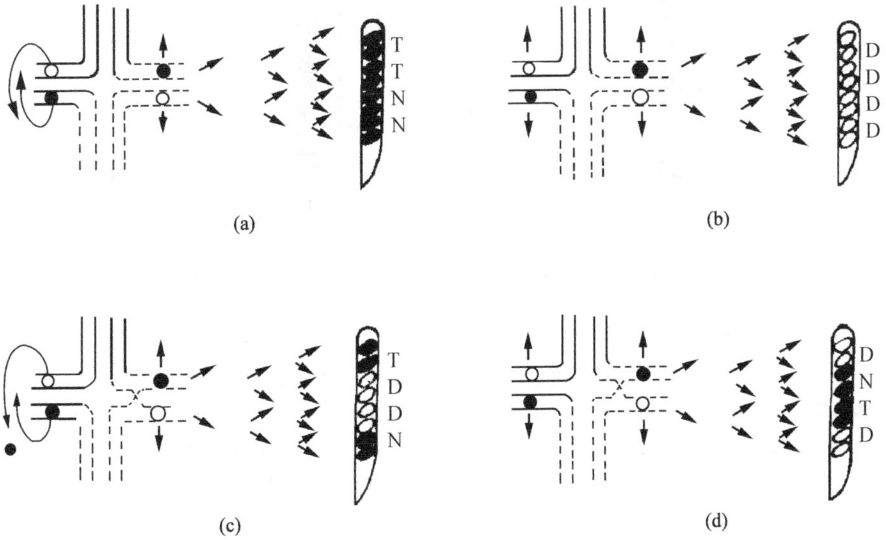

图 2.4　粗糙脉孢菌的易位杂合体的子囊类型[3]

白色孢子不育；黑色孢子正常。箭头指向着丝粒离开时的移动方向。T：染色体易位的正常孢子；N：染色体不易位的正常孢子；D：不正常孢子，染色体一部分缺失，另一部分重复

(a) 不发生交换，交替离开；(b) 不发生交换，邻接离开；(c) 发生交换，交替离开；(d) 发生交换，邻接离开

就各种类型的子囊孢子的总数来看，半数孢子是不育的，这种情况和高等植物中的相互易位杂合子没有什么不同。可是，由于脉孢菌的每一次减数分裂产物都按一定顺序排列在子囊中，所以就单个子囊来看，要么全部孢子都是正常的(不发生交换，着丝粒离开是交替的)，或者都是不育的(不发生交换，着丝粒离开是邻接的)，要么半数孢子是不育的(着丝粒和易位位置之间发生了一次交换)(图 2.4)。

此外，还可以通过计数大量子囊中的不育孢子数来初步鉴定易位的性质。例如，对于相互易位来讲，如果易位断裂点离着丝粒较近，那么将出现以 4∶4 占多数的分布型式[图 2.5(a)]；如果易位断裂点离着丝粒较远，那么将出现以 8∶0 和 0∶8 占多数的分布型式[图 2.5(b)]；易位 × 易位则与野生型 × 野生型一样，所产生的子囊则都以 8∶0 占绝大多数[图 2.5(c)、(d)]。其他更为复杂的型式的易位这里不再讨论。

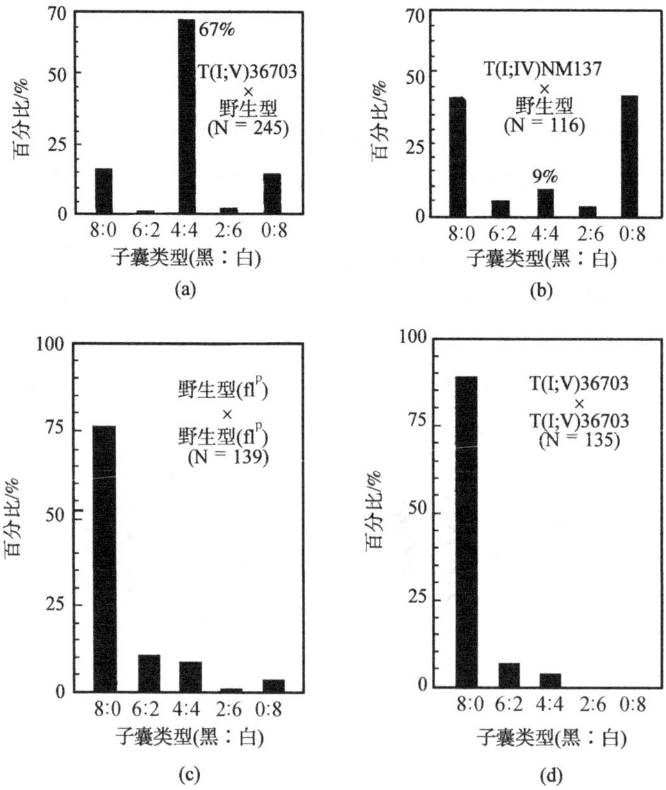

图 2.5 脉孢菌中相互易位菌株的杂交子代的子囊分布型式[3]

横坐标表示每一个子囊中的正常孢子(黑色)和不育孢子(白色)的比数；纵坐标表示各类子囊的百分数。T 表示易位，括号中的数字表示发生易位的染色体。(a) T(I; V)36703×野生型；(b) T(I; IV)NM137×野生型；(c) 野生型×野生型；(d) T(I; V)36703×T(I; V)36703

二、基 因 符 号

1946 年 J. Lederberg 发现细菌的杂交时，大肠杆菌中所报道的突变型不过只有十几个。大约 20 年以后，1967 年大肠杆菌中已经定位的基因有 650 个。大约又过了 10 年以后，1976 年大肠杆菌中报道的突变型大约又增加了 200 个。1983 年这数目已经增加到 1027 个。一个统一的基因符号规则因此显得非常必要。

1946 年所用的基因符号比较简单，营养缺陷型基因用其英文首字母的大写表示，如 T 代表苏氨酸，L 代表亮氨酸，T$^+$代表野生型(wild type)，T$^-$代表苏氨酸缺陷型。随着突变型愈来愈多时，这一套符号已不够用了。于是 M. Demerec 等 1966 年提出大肠杆菌的基因命名规则，其要点是：①基因座(locus)用三个斜体小写英文字母表示，说明这一基因的特性；②产生同一突变型表型的不同基因用三个小写字母后加一大写字母表示；③同一基因的不同突变位点(mutation site)用符号后的阿拉伯数字表示。如果突变位点所属的基因不确定，大写字母用一连字符代替。基因的表型和产物命名由三个正体字母组成，而首字母大写。如野生型 Ara^+和缺陷型 Ara^-。经过40年学人的约定俗成，此规则已于1995年发展成包括18种模式生物的与细菌规则大同而各有小异的《TIG 遗传命名指南》，近年来已被广泛运用。本书除了一些图，例如图 3.13、图 3.14、图 8.20、图 8.22 等照录原图(或表)未做更正者外，其余全部采用 TIG 的符号。

其他还有一些有关质粒的命名规则将在第四章中说明。

根据上述命名规则，组氨酸基因用 *his* 表示，各个组氨酸基因分别用 *hisA*、*hisB* 等表示；色氨酸基因用 *trp* 表示，各个色氨酸基因分别用 *trpA*、*trpB* 等表示，基因 *trpA* 的各个位点的突变型分别用 *trpA23*、*trpA46* 等表示。

由于某些基因特性不能用一个字表示，就用两个或三个字的前三个字母表示。例如，某些基因与核糖体中较大的蛋白质亚基有关，因此称之为 *rpl*(由 ribosomal protein large 三个单词的第一个字母组成)；某些基因与核糖体中较小的蛋白质亚基有关，因此称之为 *rps*(由 ribosomal protein small 三个字的第一个字母组成)；还有一些基因与核糖体的装配、成熟有关，则称之为 *rim*(由 ribosomal modification 的前三个字母组成)。

基因是根据基因突变的表型效应来命名的，因此有时会在对于表型效应的理解方面发生混淆。例如，从对于链霉素的敏感状态的改变方面来看，决定链霉素的抗药性的基因符号应该是 *str*(streptomycin 的简写)，但从影响链霉素抗药性的蛋白质方面来看，这个基因决定核糖体中某一个较小的蛋白质亚基的结构，所以应该称为 *rpsL*。同样地，壮观霉素抗性基因也可以由 *spcA*(spectinomycin 的简写)改为 *rpsE*。另外，一些抑制基因原来被称为 *sup* 或 *su*(suppressor 的缩写)，现在有人建议改用造成抑制的 tRNA 来命名这些基因，例如，将 *supF* 改为 *tyrT* 等。

在基因座符号上加上加号或其他符号来表示突变型的基因符号，例如，用 *hisA* 表示某一组氨酸缺陷型基因，用 $hisA^+$表示相应的野生型基因。根据同样的原则，如果把与链霉素抗性有关的基因座称为 *strA*，那么抗药性突变型的基因符号是 str^r(或 *str-r*)，依赖型的基因符号是 str^d(或 *str*-d)，而敏感型基因则是 str^s(或 *str*-s)。这几个等位基因属于位置在 72min 的 *strA* 基因座。另外在 7min 位置上有一个决定链霉素低度抗性的基因座 *strB*。

用三个小写字母来表示基因符号的规则现在已经通用，但是为了简明并尽可能少改动原作起见，本书中有时还采用单个字母来表示，例如，用 T^-表示苏氨酸缺陷型，用 T^+表示相应的野生型。

这里顺便还要讲一讲菌株(strain)的名称问题。为了便于管理和书写，对每一突变型菌株往往另外给以一个菌株编号，这对于具有许多突变基因的菌株来讲尤其必要。例如，鼠伤寒沙门氏菌(*Salmonella typhimurium*)中有几个供致癌物质检测用的菌株，它们都具有一个深度粗糙型突变基因 *rfa*，都缺失了紫外线损伤修复基因(用*ΔuvrB* 表示，其中*Δ*符号表示缺失)，而且具有不同的组氨酸营养缺陷型基因，为了简便起见，把具有突变位点 *hisG46* 的 *rfaΔuvrB* 菌株编号为 TA1535，把具有突变位点 *hisC3076* 的 *rfaΔuvrB* 菌株编号为 TA1537 等。

在粗糙脉孢菌中，相互易位用 T(I；IV)等表示，括号中的数字表示参与易位的染色体。非相互易位用 T(I→IV)等表示，后一数字表示接受易位的染色体，箭头指示易位的方向。

第二节　基因突变的规律

基因突变不论发生在什么种类的微生物中，不论其所影响的表型是什么，不论是置换或移码，不论由于这一突变带来的遗传信息改变的性质是什么，它们都符合于同样的规律。这些规律对于高等动物和植物来讲也都适用，不过在高等动物和植物中没有像在微生物中那样便于得到确切的实验根据。下面主要以细菌的抗药性突变为例来说明这些规律。

一、抗药性突变的发生和药物的存在无关

细菌抗药性的来源有三：抗性基因突变(drug resistant mutation)、抗药性质粒(drug resistant plasmid)(即 R 因子，R factor)的获得以及生理适应。

抗药性质粒是一些带有抗药性基因的小型共价闭合环状 DNA 分子。敏感细菌通过质粒的转移而获得了抗药性质粒以后就转变成了抗药性细菌。可以通过吖啶橙、溴化乙锭或高温处理使带有抗药性质粒的细菌失去它的抗药性质粒，这些细菌于是便由抗药的转变为敏感的。因此，由于抗药性质粒而呈现的抗药性不难和由于基因突变或生理适应而呈现的抗药性相区分开来，特别是带有几个不同的抗药性基因的质粒也不在少数，所以一旦某种细菌经过吖啶橙等的处理以后就变得对于几种药物同时呈现敏感状态时，一般就可以较为确切地判断这些抗药性是来源于抗药性质粒了。

那么，怎样区分由于基因突变和由于生理适应而呈现的抗药性呢？要知道细菌是否抗药，就得使细菌接触药物，而在接触药物以后，又怎样能判断细菌的抗药性是否是发生在接触药物以后呢？实际上，正是因为人们发现细菌往往在接触药物后变为抗药的，所以人们长久以来都认为细菌的抗药性并不是来自基因突变，而是适应或驯化的结果。1943 年 S. E. Luria 和 M. Delbrück 首先用波动测验论证了大肠杆菌对于噬菌体的抗性并不是由噬菌体所引起的。接着又通过涂布实验和影印培养实验进一步证实细菌对于许多药物的抗性的出现都是基因突变的结果，而不是适应的结果。

波动测验(fluctuation test)

该测验的逻辑是这样的(图 2.6)，如果说细菌的抗药性是由药物所引起的，或者说抗药性的出现是细菌对于药物所发生的适应性的反应，那么分装在许多小管中的细菌中将出现大致相等数目的抗性细菌；而如果抗药性的出现是由于基因突变造成的，而基因突变只发生在极个别的细菌中，而且它可以在任何时间发生，那么在一系列含有较少细菌的试管中，在测定其中的细菌的抗药性时，可能某些试管中还没有发生抗性突变，也可能正在这时发生了一个突变，也可能早已发生了突变并通过细胞分裂出现了许多具有抗性的后代细菌。因此只要观察一系列小试管中的抗性细菌数目的波动情况，我们就可以推断细菌抗性的来源。实验中同时要另外从一个大试管中取样并分别测定其中抗性细菌数目以作为对照。

具体实验如图 2.7 所示。用大小试管将对于噬菌体 α 呈敏感状态的大肠杆菌菌株

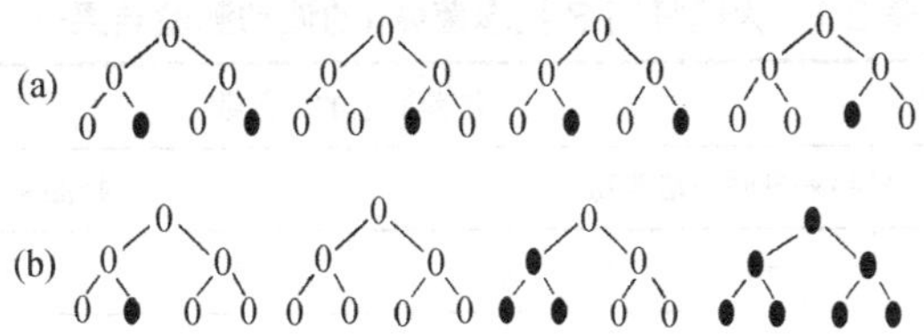

图 2.6　细菌生理适应和基因突变的比较

(a) 生理适应；(b) 突变

以 10ml 一份以及 0.5 或 0.2ml 一份分为若干份，其中细菌的浓度都是 10^3 个/ml。为了证明实验开始时细菌确呈敏感状态，另外取 10^5 个细菌，加入噬菌体后涂布在培养皿上，经培养以后确认并没有出现任何抗性菌落。将上述大管和小管中的细菌培养 24~36h 后，各分别取样，加入大量的噬菌体，然后分别涂在一系列的培养皿上以测定其中的抗性细菌数目。

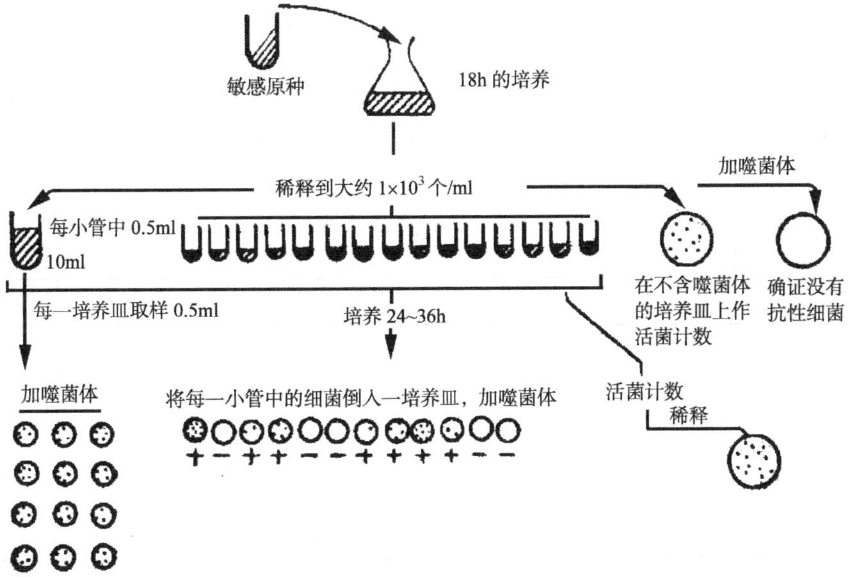

图 2.7　大肠杆菌 B 对于噬菌体α的抗性变异的波动测验实验图解

从表 2.1 可以看到，从同一培养物取样的培养皿上的抗性菌落数比较接近，同一次实验中各个培养皿上的菌落的平均值和方差值(standard deviation)非常接近。可是测定每一小管中的抗性细菌时发现各个小管中的抗性菌落数相差很大，平均值虽然和来自同一培养皿的平均值相似，可是方差值则远较前者为大。

如果抗性的出现是由于细菌对于噬菌体的适应，那么为什么从同一培养物取样时出现的抗性细菌数目比较接近，可是不同的小管中的抗性细菌的数目却相差很大呢？不能想像培养器皿的大小对于细菌接触噬菌体时的适应能力会有这样大的影响。相反地，如

表 2.1　大肠杆菌 B 抗噬菌体α的波动测验结果[4]

培养皿编号	培养皿上的菌落数					
	样品来自同一培养物			样品来自不同培养物		
1	14	46	4	1	1	0
2	15	56	2	0	0	0
3	13	52	2	3	0	0
4	21	48	1	0	7	0
5	15	65	5	0	0	8
6	14	44	2	5	303	1
7	26	49	4	0	0	0
8	16	51	2	5	0	1
9	20	56	4	0	3	0
10	13	47	7	6	48	15
11				107	1	0
12				0	4	0
13				0		19
14				0		0
15				1		0
16				0		17
17				0		11
18				64		0
19				0		0
20				35		
平均值	16.7	51.4	3.3	11.35	30	3.8
方差	15	27	3.8	694	6620	40.8

果认为抗性的出现和噬菌体无关,那么这些现象无非说明突变的发生在时间上是随机的。许多培养皿上一个菌落都不出现，那是因为该培养皿上的细菌在接触噬菌体以前还没有发生突变；而同时，在另一个培养皿可能出现几百个抗性菌落，那是因为该培养皿上的细菌突变发生得较早。

同样的实验曾经用来证明细菌对于链霉素、磺胺药等的抗性突变的发生也都和这些药物的存在无关。

再涂布测验(respreading test)

说明抗药性突变的来源的另一个实验是再涂布测验。实验的操作很简单，先在成对的培养皿上涂布上相等数目的大量的敏感细菌，经过不同时间的培养以后，在半数的培养皿上喷上噬菌体，另外半数的培养皿上则用灭菌的玻棒将这上面的细菌重新涂布，然后同样喷上噬菌体。再经培养以后，观察两组培养皿上的菌落数。

这一实验所根据的原理和波动测验相似。如果抗性是在接触噬菌体以后产生的，那么喷噬菌体以前的重新涂布无非只是使细菌所处的位置发生改变，按理不会因为涂布而大大地改变细菌对于噬菌体的反应，因此两组培养皿上出现的抗性菌落数应该是近似的。但是如果抗性可以在接触噬菌体以前发生，那么在喷上噬菌体以前，某些菌落中的抗性突变型细菌已经分裂若干次，它们将在不经重新涂布的培养皿上形成一个菌落，而在重新涂布的培养皿上则形成许多菌落。因此在喷噬菌体前进行涂布这一组培养皿上就会出现更多抗性菌落。此外，正是由于抗性突变可以在接触噬菌体前发生，所以突变的发生或迟或早，因而各次实验所得到的抗性菌落数也必然比未经涂布的培养皿上有更大的波动。

表 2.2　大肠杆菌品系 B/r 对于噬菌体 T1 的抗性突变的再涂布测验结果[5]

项　目	重新涂布前的培养时间							
	3h		4h		5h		6h	
接种细菌数	5.1×10^4		5.1×10^4		5.1×10^4		5.1×10^4	
重新涂布时细菌数	1.7×10^6		2.3×10^7		2.6×10^8		2.8×10^9	
增加倍数	33		480		5100		54 900	
抗性菌落数	A	B	A	B	A	B	A	B
实验 1	0	0	0	0	5	194	46	2254
实验 2	0	0	3	0	3	14	25	1434
实验 3	0	1	0	6	4	16	45	3294
实验 4	0	0	2	0	8	13	49	3719
实验 5	0	0	1	0	2	4	26	1538
实验 6	0	1	2	2	6	112	49	399
总计		2	8	8	28	353	240	12 638

表 2.2 便是一系列涂布实验的结果。表中 A 是未经涂布的培养皿上的抗性菌落数，B 是培养一定时间以后再经涂布的培养皿上的菌落数，后者大于前者，而且在数值上有较大的波动。此外重新涂布前的培养时间愈长，则两者的差别愈大，这说明大肠杆菌 B 对于噬菌体 Tl 的抗性突变的发生和 T1 的存在无关。也可以用同样的方法证明细菌对于药物的抗性突变和药物的存在无关。

影印培养(replica plating)

关于抗药性突变的发生和药物的存在无关这一结论的更为直观的证据来自影印培养实验结果。影印培养这一非常简单而十分有用的方法是细菌基因重组的发现者 Lederberg

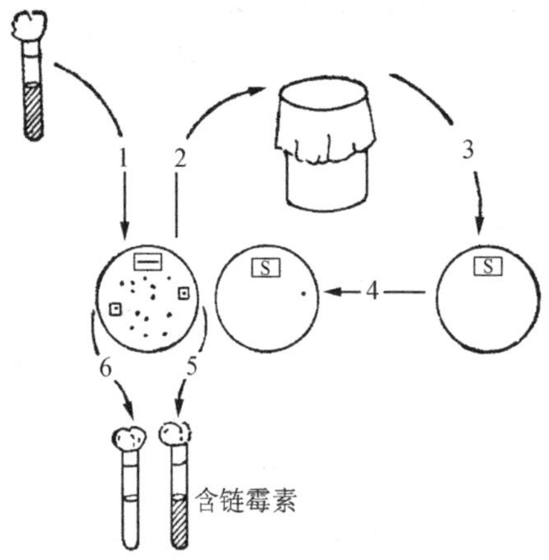

图 2.8 通过影印培养，从没有接触链霉素的敏感细菌中取得链霉素抗性细菌的实验图解[6]
培养皿上的方框中的—表示不加链霉素；S 表示加链霉素。以后的图中都用方框中的字母表示培养基成分

所首创的。通过影印培养实验证明链霉素的存在和抗药性突变的发生无关的实验过程见图 2.8。

①把敏感的细菌涂在不含链霉素的培养基表面；②把该培养基上面的菌落印到灭菌的丝绒上面；③把丝绒上面的细菌印到含有链霉素的培养基表面，灭菌丝绒所起的作用是把前一培养皿上的菌落按原有的位置都接种到后一培养皿上；④经培养以后，含有链霉素的培养皿上就会出现个别菌落。把这两个培养皿进行比较，就可以在不含链霉素的培养皿上找出一些菌落，它们的位置分别相应于含有链霉素的培养皿上那些抗性菌落；⑤将这些抗性菌落分别接种到含有链霉素的培养液中，可以看到培养液由于细菌的生长而变得混浊了；⑥任意取同一培养皿上一个其他菌落进行试验作为对照，可以看到它们只能在不含有链霉素的培养液中生长，而不能在含有链霉素的培养液中生长。

图 2.8 只表示实验的原理。实际上，由于抗链霉素突变型不可能出现在几百个细菌中间(参见表 2.4)，所以最初涂在培养皿上的细菌不是几个、也不是几百个，而是长成一片的大量的细菌。因此，两个培养皿经过比较以后，也只能获得包括某一个抗性菌落在内的一片细菌，然后重复同一过程，每一次减少涂上去的非抗性细菌的数量，最后便能在涂有几百个细菌的培养皿上取得少数的抗性菌落。

从以上三个实验的结果可以看到，许多抗药性突变都可以在接触药物以前发生。这也就是说，细菌抗药性变异的产生并不是由药物所引起的。可是为什么细菌会在接触各种药物以前发生针对各种药物的抗性突变呢?

这一点可以从突变所造成的细胞结构的变化中去找寻答案。有人曾经发现抗链霉素细菌的核糖体 30S 亚基中某一蛋白质成分(S12)与敏感的野生型大肠杆菌不同，而链霉素能和敏感细菌的 S12 蛋白结合，从而使翻译过程发生差错或者使翻译过程的启动作用失效；与此相反，实验证明抗链霉素突变型的 S12 蛋白不再能和链霉素相结合，因此抗性突变细菌可以在链霉素存在的情况下进行正常的翻译作用和正常的分裂繁殖。这些事实说明，细菌并不针对某些药物而产生了抗药性突变。可以想像，如果世界上没有链霉素，细菌也会由于基因突变而使它的 S12 蛋白质改变结构，也就是说，即使世界上没有链霉素，细菌同样也会发生抗链霉素突变。已经知道通过影响蛋白质合成的翻译过程而起作用的抗生素大约有 20 种，包括链霉素(streptomycin)、氯霉素(chloramphenicol)、新霉素(neomycin)、红霉素(erythromycin)、四环素(tetracycline)、嘌呤霉素(puromycin)、壮观霉素(spectinomycin)、梭链孢酸(fusidic acid)等。细菌对于这些药物的抗性突变和这些药物的存在无关，这也都可以从同一角度去理解。

二、抗药性突变以一定的突变率发生

突变的随机性和突变率(mutation rate)

波动测验结果说明了突变的随机性。突变发生的时间是随机的，否则各个小管中的抗药性细菌的数目将不会有这样大的差别。

在数以亿计的细菌中只有个别细菌发生突变，这也正说明对于细胞来讲，哪一个细胞将发生突变也是随机的。

但是随机性并不说明突变是没有原因或是不可知的，偶然性的事物也有它的必然性，突变的必然性首先表现在它的特定的突变率上(表 2.3)。可以预期在一定数量的野生型细菌中将在一定时间内出现大致上相等数量的突变型细菌。

表 2.3　一些细菌的抗药性基因的突变率[7]

细菌	抗性对象	突变率
绿脓杆菌(*Pseudomonas aeruginosa*)	链霉素(1000μg/ml)	4×10^{-10}
大肠杆菌(*Echerichia coli*)	链霉素(1000μg/ml)	1×10^{-10}
大肠杆菌，链霉素依赖型(*E. coli*, streptomycin dependent)	链霉素(1000μg/ml)	1×10^{-10}
志贺氏菌(*Shigella* sp.)	链霉素(1000μg/ml)	3×10^{-10}
百日咳嗜血杆菌(*Bordetella pertussis*)	链霉素(1000μg/ml)	1×10^{-10}
百日咳嗜血杆菌(*Bordetella pertussis*)	链霉素(25μg/ml)	6×10^{-6}
伤寒沙门氏菌(*Salmonella typhi*)	链霉素(1000μg/ml)	1×10^{-10}
伤寒沙门氏菌	链霉素(25μg/ml)	5×10^{-6}
大肠杆菌	紫外线	1×10^{-5}
大肠杆菌	噬菌体 T3	1×10^{-7}
大肠杆菌	噬菌体 T1	3×10^{-8}
金黄色葡萄球菌(*Staphylococcus aureus*)	磺胺噻唑	1×10^{-9}
金黄色葡萄球菌	青霉素	1×10^{-7}
巨大芽孢杆菌(*Bacillus megaterium*)	异烟肼	5×10^{-5}
巨大芽孢杆菌	对氨基柳酸	1×10^{-6}
巨大芽孢杆菌	异烟肼以及对氨基柳酸	8×10^{-10}

突变率的计算

关于突变率的计算的问题，首先应该说明的是突变率计算中的时间单位。实验证明不分裂的细菌中很少发生突变，所以突变率计算中应采用生物学时间单位，而不能采用绝对时间单位。突变一般定义为每一个细胞每一个世代中发生突变的概率。

一个细菌分裂一次产生两个细菌，两个细菌再经一次分裂产生四个细菌，这时从一个细菌开始总共经历了 1 + 2 即三个世代，以此类推。所以，细菌繁殖过程中的世代总数等于细菌数减 1。如果细菌总数和开始时的细菌数相差很大，那么可以认为细菌世代数等于细菌数(表 2.4)。

表 2.4　从一个细菌开始细菌世代数和细菌数的关系

分裂次数	1	2	3	4	5
细菌数	2	4	8	16	32
世代总数	1	1+2 = 3	1+2+4 = 7	1+2+4+8 = 15	1+2+4+8+16 = 31

突变率的最直接的估计可以用噬菌体(或药物)抗性突变为例来说明。在两组培养皿上接种相同数量的敏感细菌，培养一定时间以后取两个(或两组)培养皿，把其中一个(或一组)培养皿上的细菌用灭菌水洗下，用菌落计数法计算其中的细菌数，在另一个(或一组)培养皿上喷上噬菌体以后再继续培养并计数该培养皿上面的噬菌体抗性细菌的菌落数。同一菌落中发生两次突变的概率很小，可以忽略不计，所以每一抗性菌落代表一次抗性突变。利用两次不同时间所获得的活菌计数数值和抗性菌落数值就可以计算突变率。

$$突变率 = (M_2-M_1)/(N_2 - N_1)$$

M_1 和 M_2 代表前后两个时间中各出现的抗性菌落数，N_1 和 N_2 代表前后两个时间各自的细菌总数。

例如，在大肠杆菌 B/r 菌株对于噬菌体 T1 的抗性突变的两次测定中得到下列数据：

接种细菌数	测定时细菌数	抗性菌落数
2.7×10^5	15.7×10^8	12.00
4.5×10^3	17.1×10^8	11.75

接种的细菌中并没有抗性细菌，所以根据前一数据计算突变率是$(12.00 - 0)/(15.7\times10^8 - 2.7\times10^5) \approx 12.00/(15.7\times10^8) = 0.76\times10^{-8}$；根据后一数据计算突变率是$(11.75 - 0)/(17.1\times10^8 - 4.5\times10^3) \approx 11.75/(17.1\times10^8) = 0.69\times10^{-8}$。

应该注意的是，在这一实验中细菌是在固体培养基表面生长的，所以一个细菌经突变成为一个抗性细菌以后，不管它分裂多少次最后只出现一个抗性菌落，所以突变型菌落数等于突变发生的次数。如果细菌在液体培养基中培养，那么在一定数目的野生型细菌中出现的突变型的数目只能称之为突变型频度(mutant frequency)。虽然对于某一突变来讲，突变型频度也是一个相对固定的数值，可是不能用它来直接计算突变率，因为在培养液中所出现的两个抗性细菌可能是两次突变的结果，也可能是由一个突变细菌经过一次细胞分裂而产生的两个细菌。

但是可以根据表 2.5 的分析，通过测定液体培养中的突变型细菌数来计算突变率。在这一计算中必须假定：①野生型细菌和突变型细菌的细胞分裂速度相同；②突变率(m)是很低的，因此野生型细菌数和野生型细菌数减去突变型细菌数可以认为是相等的；③由于突变型数目很小，所以回复突变可忽略不计。在一般情况下，这三个假定都是符合实际情况的。

表 2.5　液体培养中的细菌数与突变型数之间的关系

分裂次数		1	2	3	4
野生型细菌总数	N →	$2N$ →	$4N$ →	$8N$ →	$16N$
原有突变型数			$2mN$	$8mN$	$24mN$
			+	+	+
			} $4mN$	} $12mN$	} $32mN$
新增加突变型数		mN	$2mN$	$4mN$	$8mN$
突变型/野生型		$\frac{1}{2}m$	m	$\frac{3}{2}m$	$2m$

实验若从包含 N 个细菌的培养物开始，则分裂一次后细菌数是 $2N$，突变率是 m，这时的突变型数是 mN。再分裂一次后细菌总数是 $4N$，这时原有的 mN 个突变型分裂成为 $2mN$ 个，同时又出现 $2mN$ 个新的突变型细菌，所以突变型总数是 $4mN$，则突变型/野生型比数是 $4mN/4N = m$。依次类推，分裂 g 次后的比数是 $\frac{g}{2}m$。

以细菌分裂次数 g 作为横坐标，以 M'/N(N 代表细菌总数，M' 代表突变型细菌总数)作为纵坐标作图，得到一条直线，它的斜率便是突变率 m。所以突变率

$$m = 2\left(\frac{M_2'}{N_2} - \frac{M_1'}{N_1}\right)/(g_2 - g_1)$$

表 2.6 是关于鼠伤寒沙氏菌的鞭毛抗原相突变(fragellar antigenic phase mutation)的分析数据。

表 2.6　鼠伤寒沙门氏菌 C77 中鞭毛抗原相突变(由群相到专一)[8]

培养物编号	分裂次数	菌落总数	突变型菌落数	突变型比数
21	80	550	10	0.018
22	80	1192	25	0.021
23	80	1044	10	0.009
24	80	692	9	0.013
25	80	846	25	0.030
	总数	4324	79	

每一培养物都由少数几个细菌开始，所以 $M_1' = 0$，
所以

$$m = \frac{2\times 79}{4324} \div 80 = \frac{0.036}{80} = 4.6\times 10^{-4}$$

突变率的另一计算方法并不根据突变型的细胞数，而是根据一系列较小的样品中不出现任何突变型细菌的样品数。在这些样品中突变次数的分布是随机的，所以，平均突变数可以根据泊松分布(Poisson distribution)来计算。

$$P_0 = e^{-m}$$

P_0代表不含任何突变型细菌的样品的比数，m代表平均突变型细菌数。

根据表 2.2 中的一个实验的数据，在 20 个试管中有 11 个试管不含任何突变型细菌，所以 $P_0 = 11/20 = 0.55$

$$m = -\ln P_0 = -\ln 0.55 = 0.60$$

每一试管的平均细菌数经测定是 5.6×10^8，所以突变率是

$$\frac{0.60}{5.6\times10^8} = 0.12\times10^{-8}$$

在以上的突变率计算过程中，把细菌的分裂看成是同步的，如果假定细菌的平均世代时间是 30min，那么 10^8 个细菌经 30min 后分裂成为 2×10^8 个。可是在一般情况下细菌的分裂是不同步的，所以在 30min 里面细菌数将不断地增加，10^8 个细菌在 30min 里面所经历的世代数并不是 10^8 而是 $\frac{10^8}{\ln 2}$，即 $\frac{10^8}{0.69}$。所以对于一个不是进行同步分裂的细菌群体来讲，以细菌世代数作为时间单位计算突变率时一般都要乘以 0.69，因此所得到的突变率都比以上计算得到的略小。

三、各种抗性突变的发生各不相关

上面已经充分论证了细菌对于各种药物的抗性突变和药物的存在无关。在一个包含有亿万个细菌的群体中，可以得到抗链霉素的突变型，也可以得到抗这一种或那一种药物的突变型。可是抗某一种药物的突变型细菌往往并不抗另一种药物，也就是说各个抗性突变的发生是独立无关的。

例如，表 2.3 中所示的，巨大芽孢杆菌对于异烟肼的抗性突变的突变率是 5×10^{-5}，对于对氨基柳酸的抗性突变的突变率是 1×10^{-6}，同时兼抗两者的突变率是 8×10^{-10}，大约等于两者的乘积。这正好说明这两个基因发生突变是各不相关的两个事件，这也就是说突变的发生不仅对于细胞来讲是随机的，对于基因来讲也是随机的。

一个表面上看似和上述规律不符的现象是交叉抗性(cross resistance)。所谓交叉抗性便是细菌对于两种抗生素等药物同时由敏感状态转变为抗性状态。交叉抗性一般都可以从生理机制上找到原因。例如，曾经发现酵母菌中某一突变型由于透性的改变而使得它能同时抗四环素和氯霉素，大肠杆菌中也有类似的报道。又例如，抗四环素的突变型往往也抗金霉素，这是由于两种抗生素具有相似的分子结构，因而也具有相似的生理功能的缘故。

各种抗性突变的发生彼此各不相关以及交叉抗性这两种现象对于药物治疗都有重要的意义。细菌可能会由于与带有 R 因子的细菌接触而呈现抗药性，这是由于 R 因子上常常同时带有几个不同的抗药性基因，所以敏感细菌可以通过获得 R 因子而对几种药物呈现抗性状态。但是基因突变一般都是个别地发生的，所以对于那些并非由于 R 因子而引起的抗药性来讲，同时使用两种抗生素等药物就可以提高疗效。在肺结核的治疗中常同时使用异烟肼(雷米风)和对氨基柳酸或者再加以链霉素，所根据的便是这一原理。当然，

同时使用的药物必须是没有交叉抗性的药物。

抗药性有各种不同的程度。以决定抗性的基因的数量为依据，抗药性可以分为两种类型：单基因型和多基因型。金黄色葡萄球菌和大肠杆菌等许多细菌对于链霉素、红霉素等的抗药性属于单基因类型，对于青霉素、四环素和氯霉素等的抗药性则属于多基因类型。前者的不同程度的抗药性是同一基因的不同突变的结果，一次突变可以使抗药性提高达1000倍；后者的不同程度的抗药性则是不同基因发生突变的累积的结果。例如，对于抗四环素的抗药性来讲，达到1000倍于敏感细菌的抗药性大约需要通过五个基因的突变；另外，野生型的大肠杆菌K12对于氯霉素的抗性大约是5~10μg/ml，每一次突变提高抗性大约不过两倍，经过多次选择可以获得抗药性达1280 μg/ml的菌株。这些事实与对于两种药物同时呈现抗药性的现象一样，也说明了各个基因的突变是各不相关的。

从药物治疗的角度来看，不管是单基因抗性药物或多基因抗性药物，都应该一次使用较大的剂量而不宜小量多次，这样可以在病菌的抗药性得到逐步提高以前就把它消灭。

四、抗药性突变型的稳定性

由于基因突变所引起的抗药性和由于生理适应所引起的抗药性的一个重要区别是药物不存在时抗药性是否保持。实验证明，用影印培养方法筛选得的链霉素抗性突变型(也就是确定的并非由于链霉素所引起的抗药性菌株)，在不含有链霉素的培养基上接种传代无数次以后，它的抗药性丝毫没有改变。从基因突变的机制来分析，这是丝毫不值得奇怪的，因为这无非说明突变基因和野生型基因一样，是一个相对稳定的结构。

可是，由于生理适应而造成的抗药性则是不稳定的。例如，蜡状芽孢杆菌(*Bacillus sereus*)等中的青霉素酶是一种诱导酶，细菌接触青霉素后细胞中便会出现大量的青霉素酶，对于青霉素的抗性因而便相应地提高。可是这种抗性在程度上不及由于基因突变而造成的抗性，而且是不稳定的，细菌停止接触青霉素后这种抗性便很快地消失。

五、抗药性突变型的回复突变

野生型基因可以通过突变而成为突变型基因，那么突变型基因会不会通过突变而成为野生型基因呢?

野生型基因变为突变型基因的过程称为正向突变(forward mutation)，突变型基因变为野生型基因的过程称为回复突变(back mutation 或 reverse mutation)。

要回答抗药性细菌是否会变为敏感细菌这一问题，首先需要分析一下怎样能测定抗药性突变型的回复突变。

抗药性突变发生在极个别的细菌中，在含有链霉素的培养皿上我们可以观察到个别抗链霉素细菌所长成的菌落，这是因为接种上去的亿万个敏感细菌都不能在含有链霉素的培养皿上生长的缘故。

抗药性突变型的回复突变率同样是很低的，所以必须要找到一种使抗药性细菌不生长而使发生回复突变的细菌生长的培养条件才能检出个别的发生了回复突变的细菌。可是对于一般的抗药性细菌来讲，没有这样一种培养条件。

幸而在链霉素抗性突变型中有一类称为依赖型的突变，它不仅能在含有一定量的链霉素的培养基上生长，而且必须在存在链霉素的条件下才能生长(图 2.9)。

把大量的野生型细菌接种在含有链霉素的培养皿上，经过培养以后出现的少数菌落属于抗药型或依赖型；把大量的依赖型细菌接种在不含链霉素的培养皿上，经过培养以后出现的少数菌落便是发生了回复突变的细菌所形成的菌落，其中包括野生型敏感细菌的菌落以及非依赖型的抗性细菌的菌落(图 2.10)。

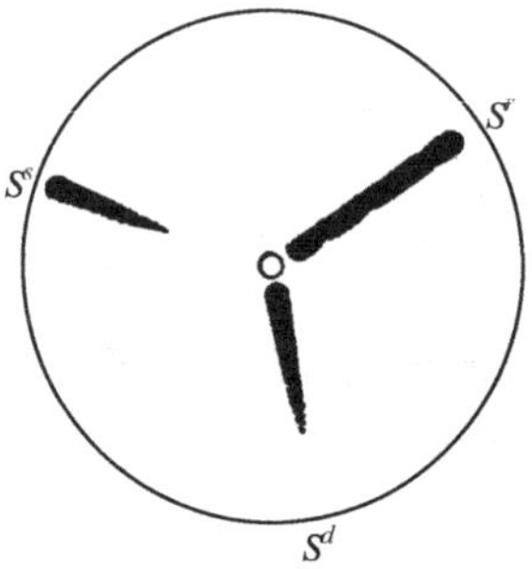

图 2.9　链霉素依赖型(streptomycin dependent mutant)(S^d)、抗药性(streptomycin resistant mutant)(S^r)和敏感型(S^s，即野生型)的表型。培养皿中间的小纸片上放有链霉素

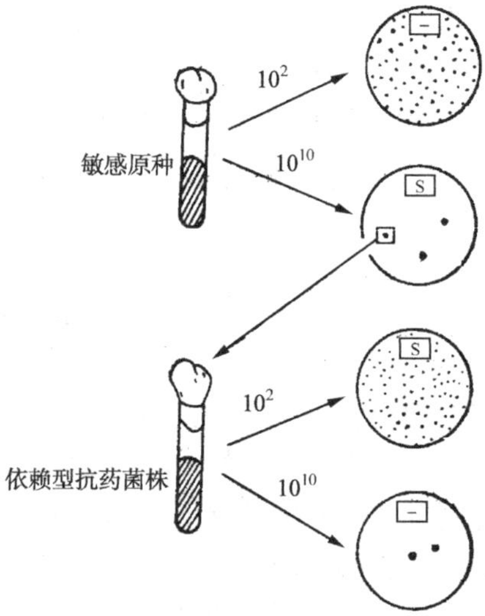

图 2.10　链霉素依赖型和它的回复突变，说明见正文

−：不含链霉素的培养基；S：含链霉素的培养基

链毒素依赖型在疫苗制造领域有它的特殊意义。活菌疫苗的免疫效果一般要比死菌疫苗好，可是活菌疫苗在身体中一般有繁殖致病的危险性，而利用致病菌的链霉素依赖型作为活菌疫苗可以避免这一危险，因为人体或动物体内不可能含有大量的链霉素以供依赖型的生长。

六、抗药性突变率可通过理化因素处理而提高

图 2.11 表示大肠杆菌 B 的一个链霉素依赖型 B/Sd-4 细菌的回复突变数随着细菌群体所接触的紫外线剂量的提高而增加的情况。

紫外线这类能够提高突变率的因素称为诱变剂(mutagen)。接触诱变剂而发生的突变称为诱发突变(induced mutation)，没有接触诱变剂而发生的突变称为自发突变(spontaneus mutation)。

许多实验结果都说明通过诱发突变和自发突变得来的突变型没有本质的差别，诱变剂无非起着提高突变率的作用。关于诱变剂的作用机理以及自发突变的机理将在下面几节中去讨论。

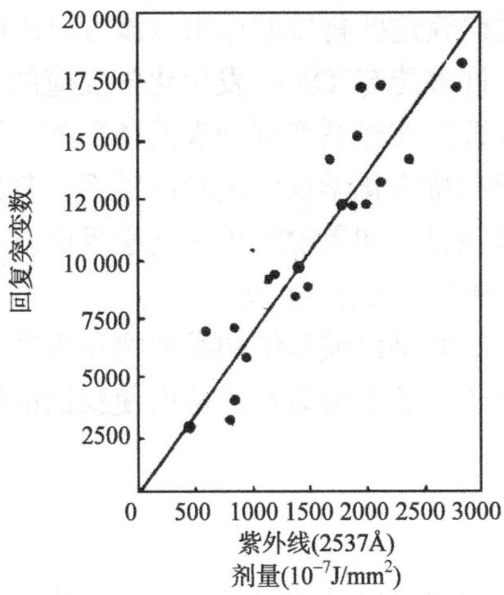

图 2.11　大肠杆菌 B/Sd4 的回复突变(包括敏感型和抗药型)数和紫外线剂量的关系[9]

七、抗药性突变是 DNA 分子某一特定位置的结构改变的结果

已知大肠杆菌的染色体是一个巨大的环状 DNA 分子，链霉素抗性突变是 DNA 分子上某一位置的结构改变的结果。由于一些特殊的原因(详见第三章)，大肠杆菌的染色体全长定为 100min。决定对高浓度链霉素的抗性的基因(*rpsL*)的位置是 72min。每一突变是染色体的某一特定位点的某一结构改变的结果。

以上这些规律不限于抗药性突变，也不限于细菌，实际上一切生物的一切突变都符合这些规律。这些规律是有关突变的发生的规律，不涉及到突变型的表型效应以及突变的分子结构变化。根据以上这些基因突变的规律，可以为基因突变过程概括出三个特性：稀有性、随机性和可逆性。如果就突变型的表型效应来讲，那么突变型对于野生型来讲一般常是隐性的(操纵基因是例外，详见第六章)，而且常常是不利于生存的。不过所谓的有利和不利还要相对于生物所处的环境而言，在含有药物的环境中，则抗药性突变便是有利于生存的突变。因此可以认为以上所讨论的突变的规律才是本质性的。

第三节　诱 变 机 制

从突变的规律的讨论中可以看到，基因突变是 DNA 分子某一位置的结构改变的结果。不过这种结构的改变很难通过一般的化学分析方法来研究。

在自然科学的研究中，往往通过改变某一事物去理解这一事物。对于基因突变的机制的研究，主要也是通过改变自发突变的过程来进行的，也就是说是通过诱变过程来研究。所以下面首先讨论诱变机制，然后再进一步讨论自发突变的机制。

一、碱 基 置 换

既然基因突变是 DNA 分子结构的改变，所以可以想见，和 DNA 分子能发生化学反应的物质应该是诱变剂，通过研究这些物质的作用应该可以说明诱变作用的机理。

这里有两个困难。首先，许多能与 DNA 发生化学反应的物质也会和细胞中的一些其他成分发生化学反应，而且即使在经诱变剂处理的情况下，诱发突变的基因仍然是稀少的，因此很难研究基因突变和特定化学反应之间的关系。其次，细菌在漫长的进化历史中必然曾经和许多诱变剂接触过，如果说简单的化学反应就能引起基因突变的话，那么为什么现在的细菌的 DNA 中仍然只有四种碱基呢？

最能说明诱变剂的作用机制的是以碱基结构类似物作为诱变剂的实验的结果，这些结构类似物能够取代 DNA 分子中正常的碱基，从而使我们能够通过这一结构的改变去研究诱变机制。

碱基类似物(base analogue)

5-溴尿嘧啶(5-bromouracil, BU)是胸腺嘧啶的结构类似物，是一种诱变剂。

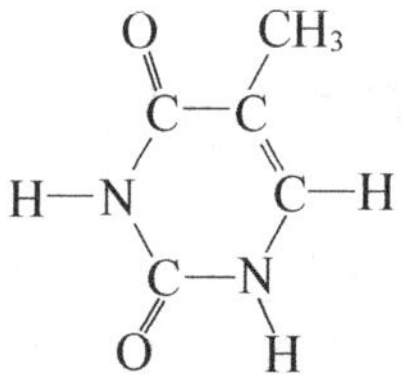

胸腺嘧啶(T)

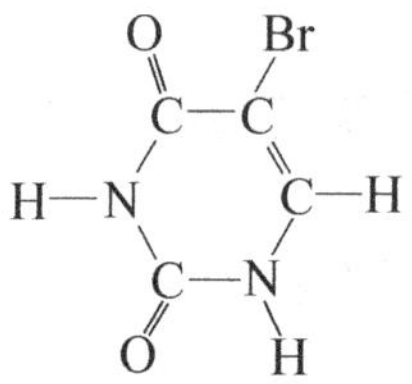

5-溴尿嘧啶(BU)

将大肠杆菌培养在含有 5-溴尿嘧啶的培养基中时，这些细菌的 DNA 中的一部分胸腺嘧啶便会被 5-溴尿嘧啶所代替。如果不是用一般的大肠杆菌而是用胸腺嘧啶缺陷型(thymineless mutant)作为实验材料，那么大肠杆菌 DNA 中取代的 5-溴尿嘧啶就更多了(这是因为这种缺陷型自己不能合成胸腺嘧啶，所以更多地把 5-溴尿嘧啶作为胸腺嘧啶来合成它的 DNA)，而且哪一个培养物的 DNA 中参入的 5-溴尿嘧啶越多，则这一培养物中出现的突变型细菌也越多。这一实验结果说明胸腺嘧啶到 5-溴尿嘧啶这一结构的改变必然和 5-溴尿嘧啶的诱变作用有关。

那么是否一个正常的野生型基因中的胸腺嘧啶变为 5-溴尿嘧啶以后便使该基因成为一个突变型基因呢？如果确是这样，那么从含有 5-溴尿嘧啶的培养物中所分离得到的突变型细菌必须在含有 5-溴尿嘧啶(或者至少含溴)的培养基上接种传代才能保持它的突变型性状。可事实上，这种突变型和其他突变型一样，在任何培养基上接种传代时都能无限制地保持突变型性状。更值得注意的是，如果将所分离得到的突变型细菌再在含有 5-溴尿嘧啶的培养基中培养时，反而诱发其中一部分细菌发生回复突变，因此可以设想 5-溴尿嘧啶好像是一种催化剂，它促使基因发生突变，然而本身并没有在突变型基因中取代胸腺嘧啶的位置。

怎样理解 5-溴尿嘧啶的催化作用呢？在 DNA 分子中胸腺嘧啶(T)和腺嘌呤(A)相配对，胸腺嘧啶或 5-溴尿嘧啶的 6 位上是一个酮基，所以属于这一形式(酮式，ketoform)的 BU 能和相对位置上的腺嘌呤的 6 位上的氨基之间形成氢键(hydrogen bond)。胸腺嘧啶也可以另一互变异构形式烯醇式(enol form)出现，不过在正常的生理条件下还是酮式占绝对优势。

5-溴尿嘧啶分子中 5 位上的溴原子改变了酮式和烯醇式之间的平衡关系，使烯醇式较为经常地出现。烯醇式的 5-溴尿嘧啶不能和腺嘌呤 6 位上的氨基形成氢键，可是却能和鸟嘌呤 6 位上的酮基形成氢键[图 2.12(a)]。

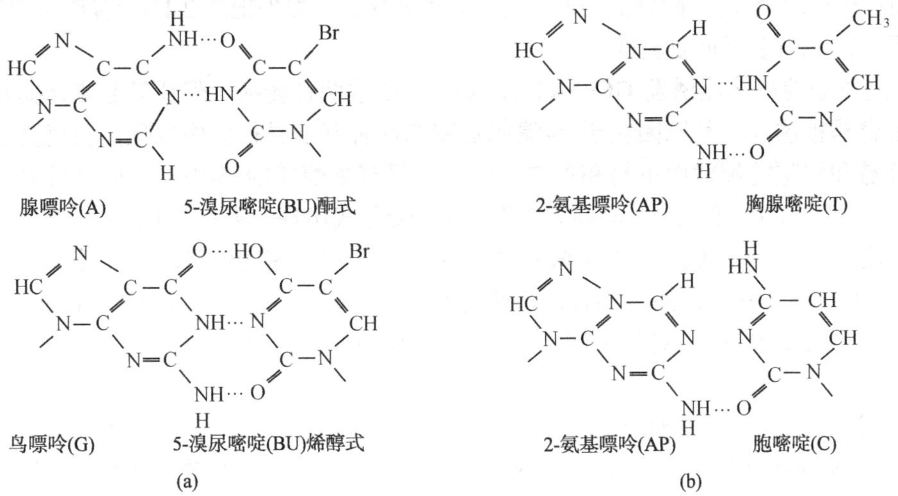

图 2.12

(a) 酮式(上)和烯醇式(下)的 5-溴尿嘧啶与腺嘌呤或鸟嘌呤的配对关系；(b) 2-氨基嘌呤与胸腺嘧啶或胞嘧啶的配对关系

由于溴原子的这种影响，所以通过两次 DNA 复制以后，原来的一对碱基 AT 便会转变为另一对碱基 GC[图 2.13(a)]。

图 2.13(a)中，第一次复制时 BU 代替 T 参入 DNA 分子中，第二次复制时 G 出现在 BU 的相对位置上，第三次复制时 C 出现在 G 的相对位置上。就这样，5-溴尿嘧啶的存在促使一部分细菌中 DNA 的某些位置上的一对碱基 AT 转变为另一对碱基 GC。

同样地，如果 DNA 分子的某一位置上有一对碱基 GC，在复制时 BU 代替 C 参入 DNA 分子中，那么再经过两次复制以后就在这位置上出现了一对碱基 AT[图 2.13(b)]。

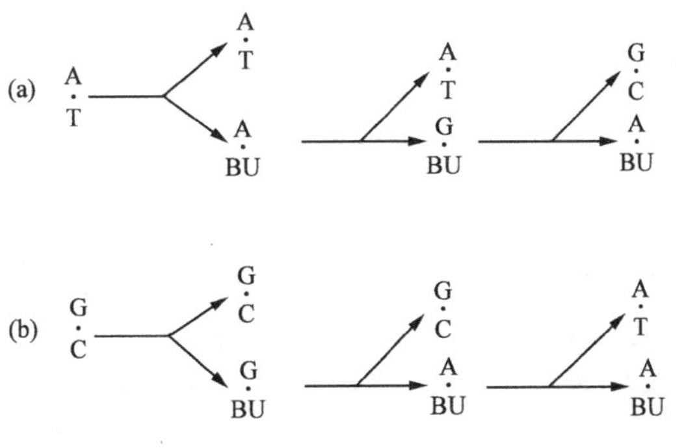

图 2.13　5-溴尿嘧啶的诱变机制[10]

(a) AT 转变为 GC，复制错误；(b) GC 转变为 AT，参入错误关于 5-溴尿嘧啶的诱变作用的这一解释足以说明几方面的现象，它说明了突变的诱发是 5-溴尿嘧啶所引起的，可是在突变型细菌中却并没有由 5-溴尿嘧啶代替了胸腺嘧啶的位置。

其次，它还说明 5-溴嘧啶不但能诱发正向突变，而且还能诱发回复突变。如果把图 2.13(a)看作正向突变，那么图 2.13(b)就表示回复突变；如果把图 2.13(b)看作正向突变，那么图 2.13(a)就表示回复突变。

5-溴尿嘧啶虽然能诱发 GC→AT 和 AT→GC 这两种转换，但比较起来却是前一种转换更容易被诱发，其原因在于 5-溴尿嘧啶的两种互变异构体中以酮式占优势，因此它更容易和腺嘌呤配对而不易和鸟嘌呤配对，只有烯醇式的 5-溴尿嘧啶才能和鸟嘌呤配对。溴原子的存在使得 5-溴尿嘧啶较多地以烯醇式出现，从而在 DNA 复制中较多地取代了胞嘧啶(C)而形成 G∶BU 碱基对。可是当 5-溴尿嘧啶已经取代了胞嘧啶而参入 DNA 分子以后，它的溴原子的作用将部分地被邻近的基团抵消，因此，由 A∶BU 碱基对转变为 G∶BU 碱基对的可能性就减少了，所以推测这就是 GC→AT 多于 AT→GC 的原因。

在这些变化中，一个嘌呤(A)为另一个嘌呤(G)所置换，同时一个嘧啶(T)为另一个嘧啶(C)所置换的这种变化称为转换(transition)。而一个嘌呤为一个嘧啶所置换，同时一个嘧啶为一个嘌呤所置换的这种变化则称为颠换(transversion)(图 2.14)。不论是颠换或转换，如果它发生在 72min 位置上，则就能产生一个从原来敏感的细菌变为链霉素抗性的突变型；如果它发生在另一个位置上，则就会形成另一个突变型。

碱基结构类似物中除了 5-溴尿嘧啶以外，还有 2-氨基嘌呤(2-aminopurine, AP)等也都具有诱变作用(图 2.15)。2-氨基嘌呤是腺嘌呤的结构类似物，它和胸腺嘧啶能形成两个氢键而和胞嘧啶只能形一个氢键[图 2.12(b)]。2-氨基嘌呤和 5-溴尿嘧啶一样，能诱发两个方向的转换，不过它更容易诱发 AT→GC 这一转换。

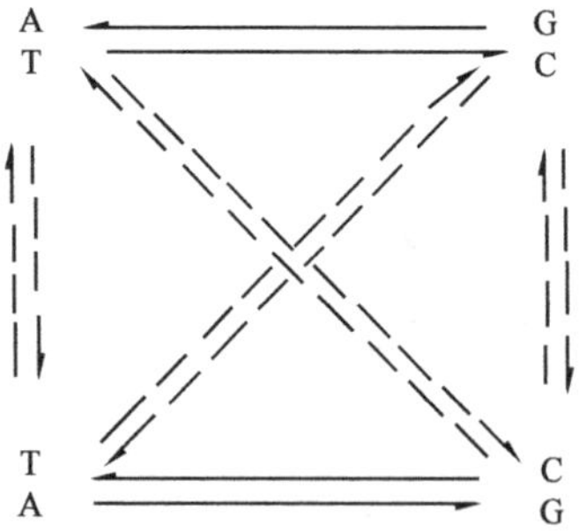

图 2.14　各种类型的转换和颠换

实线表示转换，虚线表示颠换

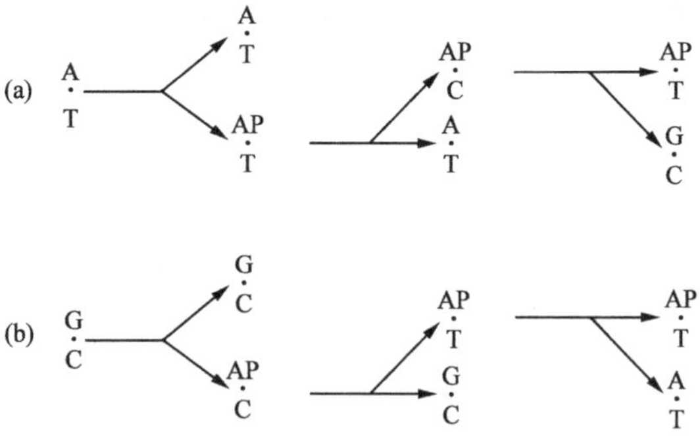

图 2.15　2-氨基嘌呤的诱变作用机制[10]

(a) AT 转变为 GC；(b) GC 转变为 AT

参入错误(incorporation error)**和复制错误**(replication error)

烯醇式的 5-溴尿嘧啶是稀有的形式，而烯醇式的 5-溴尿嘧啶和鸟嘌呤配对。酮式的

BU 所形成的 A∶BU 称为正确配对，烯醇式的 BU 所形成的 G∶BU 称为错误配对。DNA 在复制时参入 BU 而形成 G∶BU 的过程称为参入错误(图 2.13b)，在复制过程中参入 BU 而形成 A∶BU 的过程称为复制错误(a)。参入了 BU 的错误配对 G∶BU 进行 DNA 复制时必然出现 A∶BU 正确配对并导致 G∶C→A∶T 转换(b)；参入了 BU 的正确配对 A∶BU 在每一复制中都可能发生错误而成为 G∶BU，而每一 G∶BU 的出现都最终导致突变(a)。因此可以预期，参入错误细菌分裂两次后突变不再继续出现，复制错误(即正确参入)细菌则每一次细胞分裂过程中都可能出现突变，所以分裂两次以后还可以继续发生突变。

这一预期曾在大肠杆菌品系 15 胸腺嘧啶和氨基酸双重缺陷型(*thy met2* 和 *thy arg2*)中得到证实。为了区别突变的发生和由于细胞分裂而回复突变细菌数的增加这两种情况，把参入了 BU 并且再经一次分裂的细菌大量稀释，然后分装在一系列含有少量甲硫氨酸或精氨酸的试管中，这里面的氨基酸含量分别只容许细菌再进行一次、两次或三次分裂。大部分试管中都不出现回复突变细菌，只有少数试管中出现了回复突变细菌而使培养液变为混浊。计数呈现混浊的试管数，由泊松分布中的 P_0 项 $P_0=e^{-m}$ 可以计算每一试管中平均发生的突变数，结果见图 2.16。

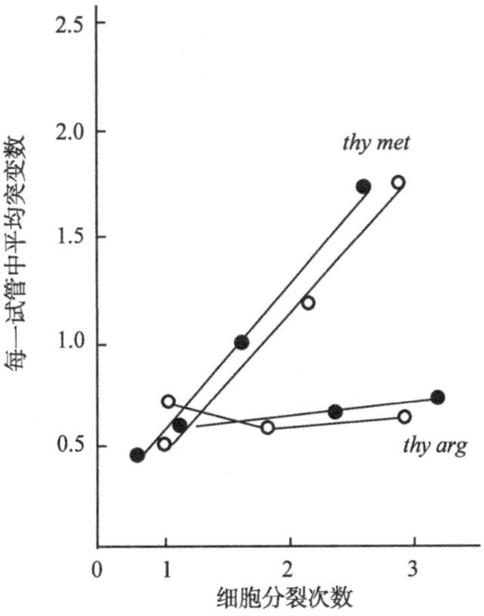

图 2.16　参入了碱基类似物以后，大肠杆菌品系 15 的细胞分裂次数和回复突变数之间的关系[11]

○：参入了 5-溴尿嘧啶的细菌(×10)；●：参入了 2-氨基嘌呤的细菌

从图 2.16 可以看到，*met* 的回复突变属于复制错误，所以可以用 AT→GC 表示；*arg* 的回复突变属于参入错误，所以可以用 GC→AT 表示。同一图还说明用 2-氨基嘌呤作为诱变剂的实验中得到同样的结论。

还可以预期，经羟胺处理后(详见下节)，*arg* 的回复突变率能提高，可是 *met* 的回复突变率则并不能通过羟胺处理而显著地提高。这些预测的证实可以说明置换机制理论是可信的。

亚硝酸(nitrus acid)

亚硝酸也是一种诱变剂，它对 DNA 的碱基的主要作用是氧化脱氨基作用。胞嘧啶经氧化脱氨后成为尿嘧啶，腺嘌呤经氧化脱氨以后成为次黄嘌呤，鸟嘌呤经氧化脱氨以后成为黄嘌呤。这些反应以及由它们所引起的转换见图 2.17 所示。

羟胺(hydroxylamine)

和以上几种诱变剂比较起来，羟胺(NH_2OH)这一种诱变剂的作用有一个重要的特点，这便是它几乎只引起 GC→AT 这一转换，而不引起 AT→GC 这一转换。这是因为羟胺几乎只和胞嘧啶发生反应而不和其他三种碱基发生反应。不过羟胺还能和细胞中的一些其

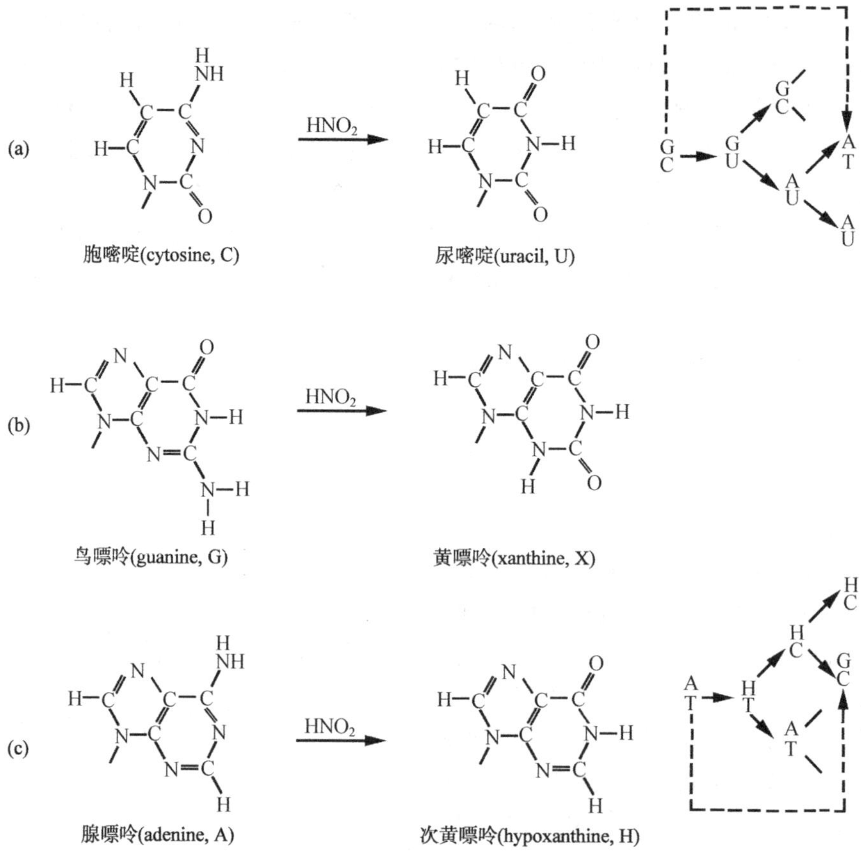

图 2.17　亚硝酸的诱变机制

(a) 作用于胞嘧啶引起 GC→AT 这一转换；(b) 作用于鸟嘌呤不引起突变；(c) 作用于腺嘌呤引起 AT→GC 这一转换

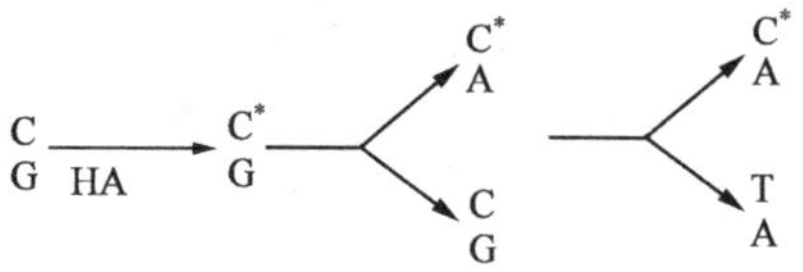

图 2.18　羟胺的诱变机制

C*表示改变了结构的胞嘧啶

他物质发生反应而产生过氧化氢等，而过氧化氢则是一种非专一性的诱变剂，所以羟胺作用于游离的噬菌体和转化因子等能引起非常专一性的突变，可是作用于活体时则专一性就比较低了。羟胺的诱变机制可以用图 2.18 表示。

烷化剂(alkylation agent)

烷化剂是一类重要的诱变剂。最常用的诱变烷化剂见表 2.7。

过去认为烷化剂对于点突变的诱变作用在很大程度上是由于脱嘌呤作用的结果。许多烷化剂和碱基的反应产物主要是 7-烷基鸟嘌呤(7-alkyl guanine)。7-烷基鸟嘌呤是不稳定的，它或是又分解成鸟嘌呤从而使 DNA 分子恢复原状，或是引起脱氧核糖-碱基键的分解，从而使鸟嘌呤从 DNA 分子上脱下。DNA 分子上脱去一个鸟嘌呤的位置用 O 表示，则 DNA 复制时和 O 相对的位置上可以出现任何一种核苷酸。如果出现了 T，那么再经一次复制时原来的一对核苷酸 GC 就转变为 AT；如果出现 C，那么这并不引起变化；如果出现 A，则再经过一次复制后 GC 转变为 TA；如果出现 G 则再经过一次复制后 GC

表 2.7 常用的诱变烷化剂

名 称		分子式
烷基硫酸酯类(alkyl sulfate)		
硫酸二乙酯(diethyl sulfate)	DES	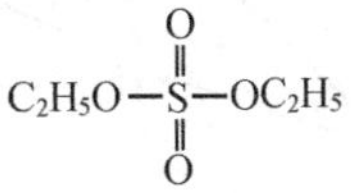
烷基磺酸烷酯类(alkyl alkanesulfonate)		
甲基磺酸乙酯(ethyl methane sulfonate)	EMS	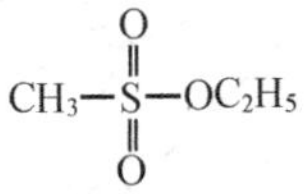
乙基磺酸乙酯(ethyl ethane sulfonate)	EES	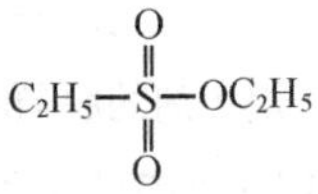
甲基磺酸甲酯(methyl methane sulfonate)	MMS	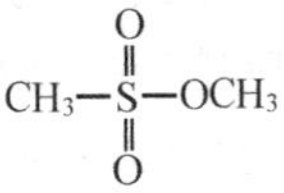
亚硝基化合物类(nitroso compounds)		
N-甲基-*N*′-硝基-*N*-亚硝基胍 (*N*-methyl-*N*′-nitro-*N*-nitrosoguanidine)	NG(NTG、MNNG)	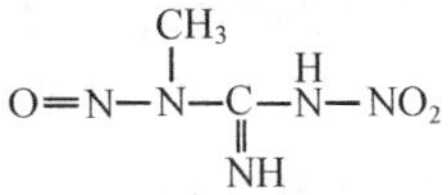
二乙基亚硝基胺(diethyl nitrosamine)	DEN	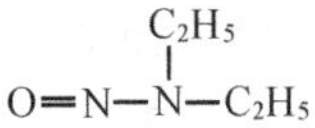
N-甲基-*N*-亚硝基脲(*N*-methyl-*N*-nitrosurea)		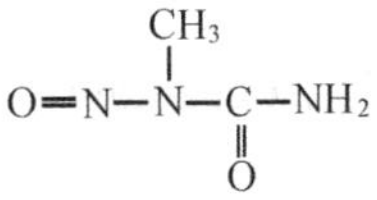
N-亚硝基-*N*-甲基-氨基甲酸乙酯 (*N*-nitroso-*N*-methyl-urethane)	NMU	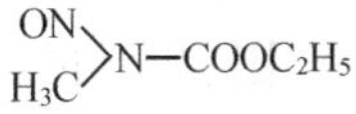
环氧化合物类(epoxides)		
环氧乙烷(ethylene oxide)	EO	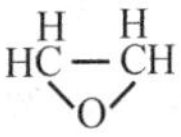
二环氧丁烷(diepoxybutane)	DEB	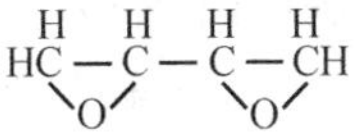
乙烯亚胺类(ethyleneimines)		
乙烯亚胺(ethyleneimine)	EI	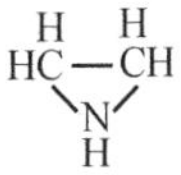
三乙撑三聚氰酰胺(triethylene melamine)	TEM	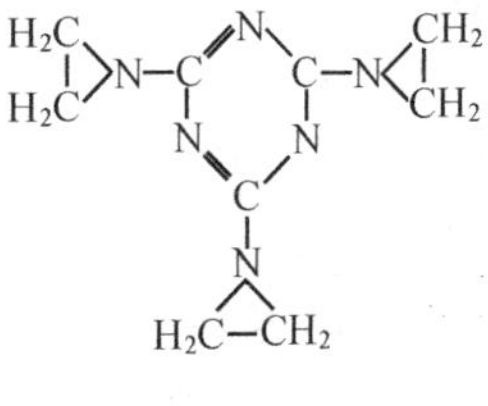
重氮化合物类(diazo compounds)		
重氮甲烷(diazomethane)	—	$N^{-}=N^{+}=CH_2$
β-内酯类(*β*-lactones)		
β-丙酸内酯(*β*-propylactone)	—	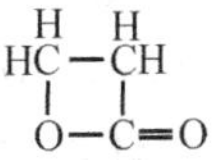
硫芥类(sulfur mustards)		
芥子气(mustard gas)	SM	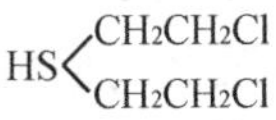
氮芥类(nitrogen mustards)		
氮芥(nitrogen mustard)	NM	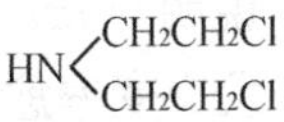

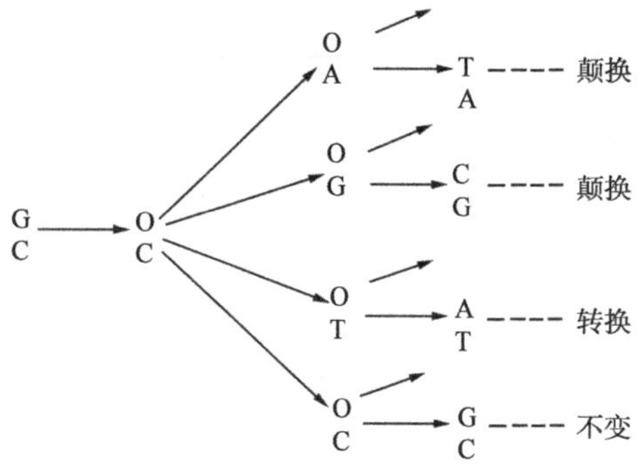

图 2.19　烷化剂的脱嘌呤诱变机制

转变为 CG(图 2.19)。

但是近年来有一些实验结果否定了这一解释。例如，将经烷化剂处理过的噬菌体稍稍加热就可以专一性地引起脱嘌呤，可是得到的是致死效应而不是诱变效应，而且这些致死效应似乎与脱嘌呤带来的 DNA 链的断裂或少数核苷酸的缺失有关。一般情况下，甲基化比乙基化会造成更多的 DNA 断裂或缺失，所以 MMS 的毒性高于 EMS。

现在一般倾向于认为烷化剂对于点突变的诱变作用主要是由于它能引起碱基的错误配对。虽然鸟嘌呤的 *N*-7 最易被烷化，但是鸟嘌呤的其他位置以及其他碱基的许多位置也能被烷化，而烷化后的碱基也像上面所说的天然碱基结构类似物一样能引起碱基配对的错误。

许多烷化剂(例如，氮芥、硫芥、环氧己烷等)除了能诱发点突变以外，还能诱发染色体畸变。由于染色体畸变常为辐射所诱发，所以这些物质又被称为拟辐射物质(radiomimic substance)。拟辐射物质除了诱发染色体畸变和基因突变以外，还有其他一些和辐射相类似的生物学效应，包括抑制有丝分裂、抑制抗体形成、诱发肿瘤和抑制肿瘤细胞的生长等，关于辐射和拟辐射物质的诱变效应下面还要讨论。

亚硝基胍(nitrosoguanidine)

N-甲基-*N*-硝基-*N*-亚硝基胍(*N*-methyl-*N*′-nitro-*N*-nitrosoguanidine, NG, NTG, MNNG)是一种诱变作用特别强的诱变剂，许多人称它为超诱变剂。除了较强的诱变作用以外，亚硝基胍还有一个特点，那便是它能诱发邻近位置的基因同时发生突变，即所谓的并发突变，而且它特别容易诱发复制叉(replication fork)附近的并发突变。

已知大肠杆菌 K12 的叠氮化钠抗性基因(*azi*)和亮氨酸缺陷型(*leu*)、阿拉伯糖发酵缺陷型(*ara*)、苏氨酸缺陷型(*thr*)、丝氨酸缺陷型(*serB*)是邻近的，而且它们的排列顺序和距离也是知道的。因此可以将经亚硝基胍处理(100μg/ml、37℃、30min)的细菌接种到含叠氮化钠(250 μg/ml)的培养基上，然后逐一测定该培养基上的菌落有没有发生以上这些突变。结果发现大约 3%的抗叠氮化钠细菌是亮氨酸缺陷型，而且阿拉伯糖发酵缺陷型和苏氨酸缺陷型也高于对照(即处理后接种到不含叠氮化钠的培养皿上，然后测定其上生长的菌落)。结果说明与 *azi* 基因越是接近的基因，其并发突变率愈高(图 2.20)。

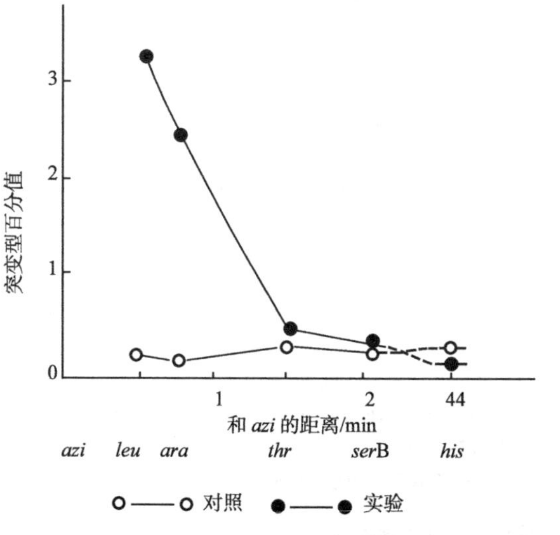

图 2.20　亚硝基胍在大肠杆菌 K12 中所诱发的并发突变[12]
纵坐标表示突变型百分值，横坐标表示所测的各个发生突变的基因与选择性标记基因 *azi* 的已知距离(min)。*azi*：叠氮化钠；*leu*：亮氨酸；*ara*：阿拉伯糖，*thr*：苏氨酸；*ser*：丝氨酸；*his*：组氨酸

上面曾经指出包括几个基因的染色体缺失在表型效应上和几个基因同时发生突变没有区别。但是缺失是不能回复的，而上一实验中所得到的突变型则是能回复的，所以它们确是并发突变。其他一些实验结果指出，亚硝基胍对于大肠杆菌的某些基因的诱变作用特别强，而且诱变作用特别强的部位并不是固定的，而是按照基因的排列顺序而改变。因此一般认为亚硝基胍主要作用于 DNA 复制叉位置处的基因，随着复制叉的移动，它的作用位置也在移动。

辐射(radiation)

X 射线对于微生物的诱变作用在 20 世纪 30 年代就已有报道，其他电离辐射以及非电离辐射紫外线等也都能在微生物中诱发突变。有一部分经辐射诱发的突变型都能发生回复突变，可见它们是点突变而不是缺失。

一般认为辐射的诱变作用有直接的和间接的两个方面。所谓间接作用是指辐射使细胞中染色体以外的物质发生变化，然后这些物质再作用于染色体而引起突变。间接作用又有两种可能情况。X 射线的杀菌和诱变作用可以被氧所强化，一般认为氧效应的发生是由于氧能促使细胞中产生过氧化氢和游离基(free radicle)。

$$H_2O+O_2 \xrightarrow{\text{电离辐射}} OH^{\cdot} + HO_2$$

而过氧化氢和这些游离基以及由它们参与的其他连锁反应才是真正的诱变剂。

间接作用的另一个可能途径是首先由于辐射使细胞中形成一些碱基类似物，然后这些碱基类似物再诱发突变。

所谓直接作用是指辐射直接作用于染色体。这里又有两种可能的情况。首先，辐射可能引起 DNA 骨架的断裂，从而造成染色体畸变，电离辐射和紫外线都有这种作用。另外，辐射也可以像在离体情况下一样，使 DNA 分子上相邻的胸腺嘧啶之间形成二聚体(图 2.21)。

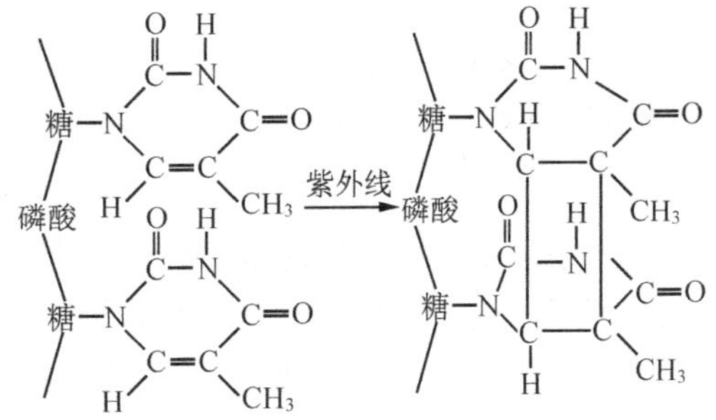

图 2.21　在紫外线作用下 DNA 分子中所形成的胸腺嘧啶二聚体

胸腺嘧啶二聚体(thymine dimer)可以造成 DNA 分子构形的扭曲，从而影响正常的复制和转录并从而致死，它也可能使 DNA 复制出现差错从而诱发突变。关于胸腺嘧啶二聚体和紫外线的诱变作用下面还要讨论。

环境条件可以影响辐射的直接作用。在高等植物的研究中发现，断裂的染色体可以愈合，而氧对于电离辐射的影响可能就是部分由于它对于愈合的影响。紫外线作用时 DNA 分子中所产生的胸腺嘧啶二聚体可以被可见光所消除。由此可见，所谓的直接作用和间接作用一样并不很容易从环境条件的影响来区别。

突变的诱发是一个复杂的过程。研究得比较多的是紫外线的诱变过程。这些过程下面还要讨论。

靶子学说(target theory)

靶子学说是把辐射的作用看作是一种直接作用的学说，它把辐射看作像射击一样，而把突变或致死的关键性的结构看作靶子。

考虑射线的致死效应，假定每一次击中关键性结构时都可以致死，在开始处理时细菌数目很大而射线的剂量很小，所以每一单位剂量的辐射(即每一次射击)都可以造成死亡，这时辐射剂量和存活细胞数呈直线关系。但是随着存活细胞数目逐渐减少时，越来越大一部分的辐射被已经死亡的细胞所吸收，因此，射线的杀伤效率越来越低，曲线逐渐变为平坦(图 2.22a)。

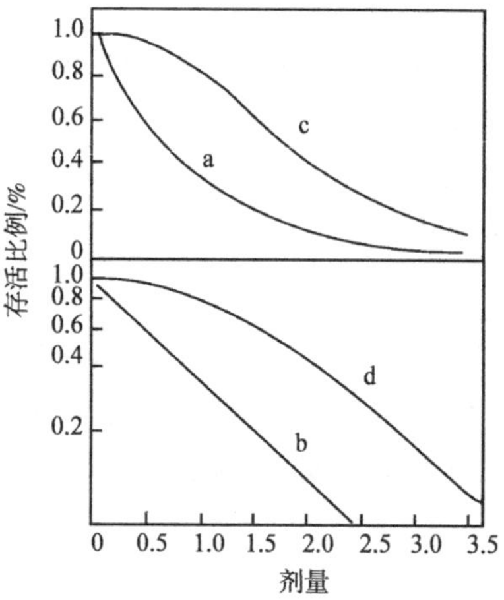

图 2.22 杀菌曲线

a. 普通坐标，单击曲线；b.半对数坐标，单击曲线；c.普通坐标，多击曲线；d.半对数坐标，多击曲线

具体地讲就是每一单位剂量的射线杀死当时还活着的某一百分值的细菌，也就是说

$$-\frac{dN}{dD} = kN$$

$$或\ S = \frac{N}{N_0} = e^{-kD}$$

$$\ln S = \ln\frac{N}{N_0} = -kD$$

其中 N_0 表示细菌总数，N 表示活菌数，D 表示剂量，k 是常数，S 代表存活比数。

如果将图 2.22a 这一条曲线改为用存活比数的对数作为纵坐标作图，则得到的便是一条直线(图 2.22b)。k 是直线的斜率，它的大小由微生物的辐射敏感性所决定。

把结集成团的金黄色葡萄球菌培养物充分搅拌，使它的细胞分散并均匀分布在悬浮液中，然后进行辐射处理，则可以得到像图 2.22a、b 那样的曲线。

如果把结集成团的金黄色葡萄球菌作为处理对象时，所得到的是另一曲线。

假定平均每四个细菌结成一团。在照射开始后较短一段时间中死亡的细菌不可能都属于同一团，所以低剂量时菌落数并不减少，这时的杀菌曲线几乎和横坐标平行，当辐射剂量逐渐增加到平均每一集团中杀死了三个细菌时，以后菌落数的减少便和曲线 a 相似了(图 2.22c)。

同样，就每一细菌来讲有：

$$S = \frac{N}{N_0} = e^{-kD}$$

假定每一个细菌集团由 n 个细菌所组成，那么能形成菌落的细菌集团的比数是：

$$S = 1-(1 - e^{-kD})^n$$

当 D 较大时，上式可简化为：

$$S = ne^{-kD}$$

或
$$\ln S = \ln n - kD$$

同样，用 D 做横坐标，用 $\ln S$ 做纵坐标作图时也得到一条直线[图 2.22(d)]。当 $D = 0$ 时，$n = S$。所以延长曲线的直线部分和纵轴相交这一点的数值就是每一集团中的平均细菌数。

在这一例子中，靶子就是细菌细胞或者细胞中的某一结构。

曾经有人在粗糙脉孢菌中分析紫外线对于细胞核数不相同的分生孢子的杀菌曲线。粗糙脉孢菌的分生孢子有两种，小型分生孢子中只有一个核，大型分生孢子中则有几个核。在不同的培养条件下可以得到平均核数分别为 2.3、4.2 和 5.9 的大型分生孢子。在相同的紫外线处理情况下得到图 2.23 这一组曲线。

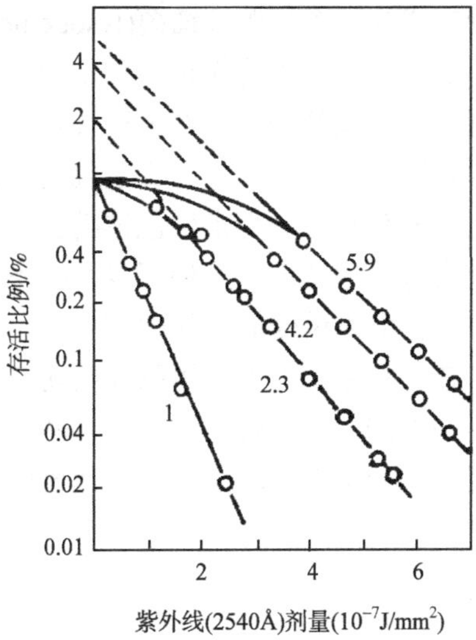

图 2.23 粗糙脉胞菌的含有不同细胞核数的分生孢子的紫外线杀菌曲线[13]

每一曲线旁的数字是每一样品的平均核数

各条曲线和纵坐标相交点的数值和每一样品的平均核数相符，所以在这一例子中的靶子是细胞核。有人在酵母菌中用单倍体、二倍体和多倍体进行实验，曾经报道靶子数相当于染色体的倍数。

不过也有许多人报道，生物的杀菌曲线的形状常随着培养或处理条件的改变而改变，所以对于这一类实验结果的解释必须谨慎。此外，根据泊松分布

$$P_0 = e^{-m}$$

当 $m = 1$ 时，$P_0 = e^{-1} = 0.37$

这就是说，假定一次击中就能致死，则当辐射的剂量为平均每一靶子击中一次时则存活率为 37%，这一剂量称为 37%存活剂量或平均致死剂量(mean lethal dose)。

热

短时间的高温处理可以诱发突变。根据少数报道看来，热似乎专一性地作用于 GC 碱基对，不过它所诱发的突变可以是 GC→AT 转换或是 GC→CG 颠换。

在 GC→AT 转换中，据推测热的作用是使胞嘧啶脱氨基而成为尿嘧啶，从而通过引起碱基配对错误而引起突变。

在 GC→CG 颠换中，据推测热能引起鸟嘌呤-脱氧核糖键的移动，从而使 DNA 在复制过程中出现包括两个鸟嘌呤的碱基对(参看图 2.29)，在再一次复制中这一碱基错配则就会造成 GC→CG 颠换。

这一热诱变作用的解释还没有得到充分的验证。从下面关于自发突变的讨论中我们将会看到，现在认为的天然碱基的配对确实存在着许多可能的方式，所以这一解释也同

样是可能成立的。

转座因子(transposable element)

转座因子是一类能够转移位置的遗传因子，包括大肠杆菌的温和噬菌体 Mu-1、各种转座子(transposon，Tn)和各种插入序列(insertion seguence，IS)。

转座因子可以在同一染色体上改变位置，也可以在染色体和质粒间改变位置。当一个转座因子插入到一个基因中时，便使这一基因成为一个突变基因(称为插入突变，insertion mutation)。IS 不带有任何使细菌表现某种性状的基因，而 Tn 常带有抗药性基因，所以当 Tn 插入某一基因时，它一方面使这一基因发生突变，另一方面又会导致这一基因座上出现了一个抗药性基因；Mu 噬菌体的插入则除了使细菌成为某一突变型以外，还使它成为一个溶源性细菌(lysogenic bacterium)。

插入突变可以看作是一种染色体畸变。转座因子除了能引起插入突变以外，还能使邻近插入位置的染色体发生种种畸变，包括缺失、倒位、易位等。这些染色体畸变还常发生在转座因子从插入位置上脱离，即切离(excision)的过程中。

切离有时并不带来染色体畸变，这种切离称为准确的切离，它使发生突变的基因恢复成为野生型基因。这种回复突变不同于碱基置换或移码突变型的回复突变，因为它的频率不会由于诱变剂的处理而提高。不准确切离则常造成上面指出的各种畸变。

在实验室里可以利用已知的转座因子来取得插入突变，在这里，转座因子可以被看作是一种诱变剂，转座因子在自然界的生物中是广泛存在着的，所以可能有一部分自发突变实际上是转座因子插入所造成的。对于转座因子还将在第四章中作较为深入的讨论。

二、移　　码

移码突变是由于 DNA 分子中一对或少数几对核苷酸的增加或缺失而造成的基因突变。遗传信息是以三对核苷酸为一组的密码形式进行表达的，所以一对或少数几对核苷酸的增加或缺失往往导致增加或缺失位置后面的密码意义的全部错误(当然除了三对核苷酸的增加或缺失以外)，于是就造成了基因突变。

吖啶类染料(acridine dye)是有效的移码突变诱变剂，常用的有：

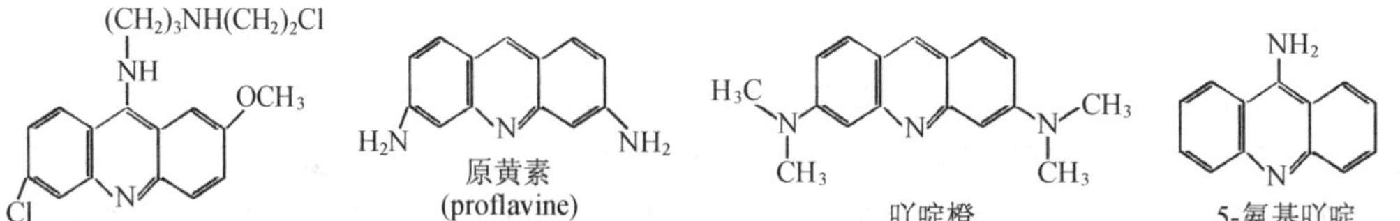

ICR-191　　原黄素 (proflavine)　　吖啶橙 (acridine orange)　　5-氨基吖啶 (5-amino acridine)

一系列烷化剂和吖啶类相结合所形成的化合物(称为 ICR，它是美国一个癌症研究所的简称)也都是有效的移码突变诱变剂。吖啶橙(acridine orange)和 5-氨基吖啶(5-amino acridine)是噬菌体的有效的诱变剂，而 ICR-191 是细菌的良好的移码突变诱变剂。

一般认为吖啶类的诱变机制和它能嵌入 DNA 分子中间的这一特性有关。虽然对于吖啶类怎样诱发移码突变目前还不清楚，可是至少已经有两个方面的证据可以说明移码突变的发生和碱基的重复有关。

一个证据来自由噬菌体 T4 的一系列原黄素(proflavine)诱发的移码突变型的研究。这些突变型都是内溶菌素(endolysin)突变型。野生型和突变型的内溶菌素蛋白的一部分氨基酸序列已经分析清楚，比较两者的氨基酸差别以及这些氨基酸的密码(表 5.7)可以发现，在突变型蛋白质中氨基酸 ser 以后的氨基酸全都改变了，这一改变可以用 mRNA 中核苷酸 G 和 U 的增加来说明，它相当于 DNA 的有义链(sense strand)[图 2.24(b)中两个 DNA 单链中下面的一条单链]上核苷酸 C 和 A 的增加。图 2.24(b)就是用来说明关于造成这一增加的设想中的诱变过程。这里的关键是 A · T 碱基对的多次重复。

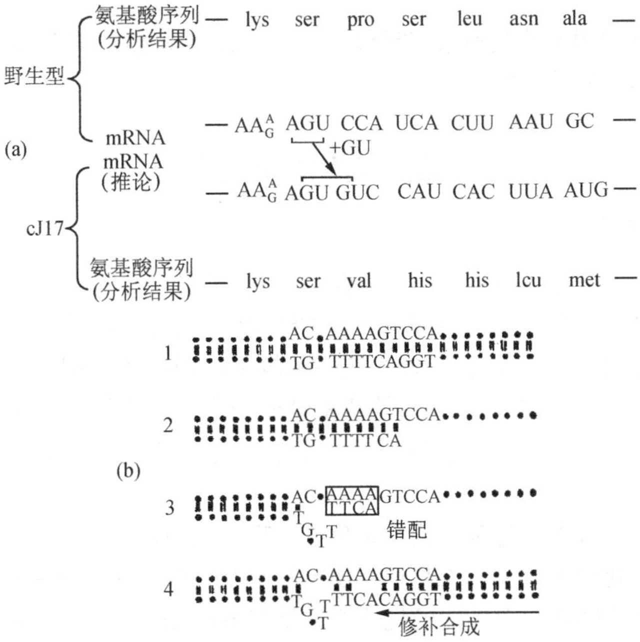

图 2.24 噬菌体 T4 的溶菌酶突变型 eJ17 和野生型中内溶菌素蛋白的氨基酸差别，以及说明这一移码突变的来源的假设[14]

(a) 野生型和突变型的氨基酸序列的差别以及相应的 mRNA 的差别；(b) 关于移码突变型 eJ17 两个核苷酸 C、A 的增加的解释。1. 野生型染色体 DNA；2. 一部分单链缺失；3. 由于多个 A · T 碱基对的存在，使三个核苷酸成为不配对的环状突出部分；4. 修补合成，结果使下面这一条单链由原来的…CA…变为…CACA…

由图 2.24(b) 4 这一 DNA 分子再经过一次 DNA 复制后便可以得到一个编码突变蛋白质的核苷酸序列。

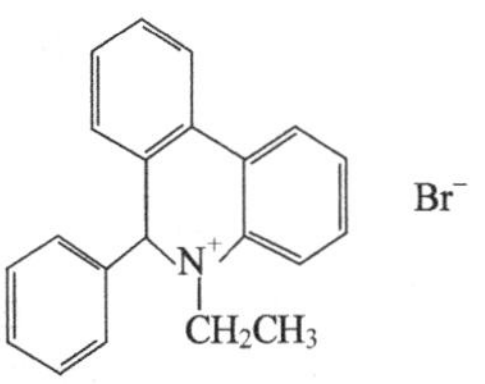

溴化乙锭

在曾经分析过的 12 个原黄素诱发的移码突变中有 8 个是包括一对以上的核苷酸的增加或缺失，而且增加或缺失的核苷酸的旁边常是同一核苷酸的多次重复，这些都是这一模型所预期的结果。下面将要讲到的热点的核苷酸序列分析的结果为这一假设提供了另一证据。能够嵌入 DNA 分子中的物质还有溴化乙锭(ethidium bromide)等，溴化乙锭是酵母菌的小菌落突变型(petite, 一种细胞质基因突变型)的有效的诱变剂。除了吖啶类以外，亚硝基胍和硫酸二乙酯也有微弱的移码诱变作用。不过由于它们的作用很弱，所以一般只能通过移码突变的回复子来发现它们。

一对核苷酸的增加或缺失会带来这一对核苷酸以后的整个密码的移动，这就是移码突变的作用机制。如果在离增加一对核苷酸(写作+1)不远的地方又缺失了一对核苷酸(写作−1)，那么在后一变化之后的密码的句读就可能恢复正常，所以只要+1 和−1 这两个位点距离不是太远，而且中间这一小段核苷酸所编码的氨基酸对于这一基因所编码的蛋白质并不重要，那么这一双重突变型就恢复了野生型表型。由于在这种情况下的回复子比正向突变更便于筛选，所以移码突变最易于通过一个移码突变型的回复来检出。

曾有人在果蝇中用不等交换来解释包括整个基因的染色体局部重复；也有人用同样的机制来解释脉孢菌的移码突变。

三、染色体畸变

辐射和拟辐射化合物

电离辐射能诱发染色体畸变，这在高等植物中早已引起人们注意并进行了许多研究。由于紫外线的穿透力较弱，不易引起高等植物细胞的突变，因此其诱发畸变的作用也较少受到注意。对于微生物来讲，紫外线是一种较早应用的诱变剂，可是由于过去缺乏从微生物中检出畸变的方法，所以它的诱发畸变的作用同样没有受到注意。近来应用子囊中不育孢子进行直接观察的方法至少在粗糙脉孢菌中发现了紫外线是有效的易位诱变剂。

上面已经指出，许多烷化剂能诱发染色体畸变，因而称之为拟辐射化合物。这种诱变作用和它们的烷化作用有关。烷化剂中像重氮甲烷这样的化合物只有一个可以烷化的“甲基”，这类化合物称为单功能的烷化剂。氮芥[nitrogen mustard, $HN(CH_2CH_2Cl)_2$]是双功能的，$H_2N(CH_2CH_2Cl)$是单功能的，$N(CH_2CH_2Cl)_3$ 则是三功能的。甲基磺酸甲酯(methylmethane sulfonate, MMS)虽然有两个甲基，可是只有一个甲基具有烷化作用，所以也是单功能的。甲基磺酸乙酯(ethylmethane sulfonate, EMS)和硫酸二乙酯(diethyl sulfate)同样也是单功能的。

一个双功能烷化剂分子能烷化 DNA 分子上的一个碱基或两个碱基，这两个碱基可以属于一条单链或两条单链。如果是属于两条单链，那么就会造成两条单链的交联。DNA 修复系统中的内切核酸酶作用于这两个部位时便导致染色体断裂。在噬菌体 T7 中曾经测得由芥子气所产生的烷化作用中大约 20%是双烷化的(即同一芥子气分子作用于两个碱基)，其中的 1/4 作用于两条单链而引起交联。过去认为交联是造成染色体断裂的必要条件，但是后来发现单功能烷化剂同样也能引起染色体畸变，因此设想内切核酸酶首先作用于一条单链，然后再进一步引起另一条单链的断裂。甲基化一般比乙基化更容易引起染色体断裂，这或许可以说明为什么在具有相同的杀菌效应时 ，甲基磺酸乙酯比甲基磺酸甲酯具有更强的诱变作用。一些单功能烷化剂(例如，NG 和 EMS)都具较低的杀伤力和较强的诱变作用，所以常被称为超诱变剂。

亚硝酸

某些不属于拟辐射物质的化合物也可以诱发染色体畸变。亚硝酸对于细菌是一种很有效的诱发缺失的诱变剂，在鼠伤寒沙门氏菌中，它诱发缺失的频率比自发缺失高 56 倍，快中子只高出 8 倍，氮芥只高出 5 倍，而紫外线、亚硝基胍、硫酸二乙酯、氯化锰，β-丙酸内酯以及吖啶染料衍生物 ICR191 等约 30 种诱变剂则几乎没有诱发缺失的作用(以比自发缺失高 4 倍为指标)。

在鼠伤寒沙门氏菌中测定缺失突变诱发的原理是这样的：半乳糖发酵基因(*gal*)和氯酸基因(*chlA*)在染色体上的位置非常接近，它们的位置分别是 16.7min 和 17.3min，在这两个基因中间还有生物素基因(*bio*)和紫外线损伤修复基因(*uvrB*)等少数几个基因。

半乳糖基因的作用可以使 2-脱氧-D-半乳糖(2DG)转变成为具有制菌作用的 2-脱氧葡萄糖磷酸。氯酸基因的作用能使氯酸还原成为次氯酸，次氯酸同样对于沙门氏菌具有制菌作用。

在厌氧培养条件下，培养在含有 2DG 和氯酸盐的培养基上的鼠伤寒沙门氏菌由于受到抑制而不能生长，所以在上述培养条件下出现的菌落必定属于下列两种情况之一，要么是两个基因同时发生突变，要么是包括这两个基因的一段染色体缺失。

这两个基因的突变率都在 10^{-6}~10^{-5}，所以在一个细胞中这两个基因同时发生突变的概率超出了实验范围以外。再加上在上述培养基上得到的菌落都是需要生物素的，并且对于紫外线格外敏感，这说明 *gal* 和 *chlA* 基因座之间的 *bio* 和 *uvrB* 这两个基因要么是都发生了突变，要么是也都缺失了。两个基因同时发生突变已经是非常难得，4 个基因同时发生突变几乎是不可能的，因此可以肯定上述培养基上得到的抗性菌落都是染色体缺失突变。

虽然曾经报道过两个在大肠杆菌中由氮芥诱发染色体内部易位的例子，可是这一实验出乎意外地发现氮芥只有很弱的诱发缺失的能力。

第四节　突变的诱发过程

除了一部分病毒的遗传物质是 RNA 以外，其余的生物的遗传物质都是 DNA，而且除了少数例外，DNA 都由相同的四种核苷酸所构成的，因此我们似乎有理由设想，任何一种生物，一种生物中的任何基因型的个体，或者是任何一个个体以及一个菌株中处于任何生理状态的细胞，对于相同的诱变剂将会有相同的反应。可是事实并不是这样的。原因在于诱变剂所作用的对象并不是游离的 DNA。诱变剂在接触 DNA 以前必得经过细胞表面和细胞质等屏障；而且在接触 DNA 并造成 DNA 损伤以后，细胞中的各种修复系统会对 DNA 进行修复，而各种修复系统对于最终导致的突变又有很不同的影响。再者，突变型细胞必须充分表达突变型性状，并且在大量野生型细胞中间形成克隆后才能被察觉到。此外，某些基因的突变的诱发似乎还和细胞的生理状态有关，因此也和某些环境因素有关。

由接触诱变剂到在野生型细胞群体中出现一个突变型克隆的过程可以这样来表示：

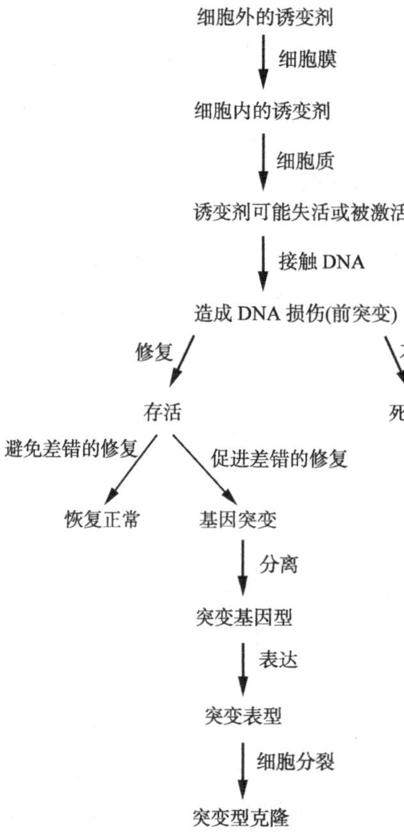

下面将分别讨论造成诱变效应的差别的各种影响因素。

一、诱变剂接触 DNA 分子前

诱变剂首先必须进入细胞才能诱发突变。许多生物的细胞对于辐射的杀伤和诱变反应各不相同，这在很大程度上是由于细胞表面的辐射穿透性的不同。细胞的透性同样也影响化学诱变剂的诱变效应。这一点尤其可以从影响细胞透性的突变型的诱变效应中看到。

细菌细胞膜的一个重要成分是脂多糖。在鼠伤寒沙门氏菌中有一个突变型称为深度粗糙(deep rough，*rfa*)突变型，由于它的脂多糖是不正常的，所以诱变剂能很容易地通过它的细胞膜而进入细胞，因此许多诱变剂对于这一菌株的诱变率要比野生型菌株高出大约 10 倍(参见下文关于 Ames 测验一节)。

进入细胞的诱变剂在接触 DNA 之前先要经过细胞质，在这里它们又将受到许多因素的影响。离体实验结果说明，在有丙酮存在的情况下，长波紫外线(365nm)照射时出现的嘧啶二聚体以胸腺嘧啶二聚体为主。又例如，亚硝酸除了能引起碱基的氧化脱氨基反应以外，同样能引起蛋白质或游离氨基酸的氧化脱氨基反应。所以这些物质的存在都能影响基因突变。此外，某些物质本身不具诱变作用，但是经细胞中的羟化酶作用后就可以转变为诱变剂，例如，陆蒽酮(lucanthone)本身对于沙门氏菌没有诱变作用，但经肝脏抽提物处理后便成为具有诱变作用的海蒽酮(hycanthone)。

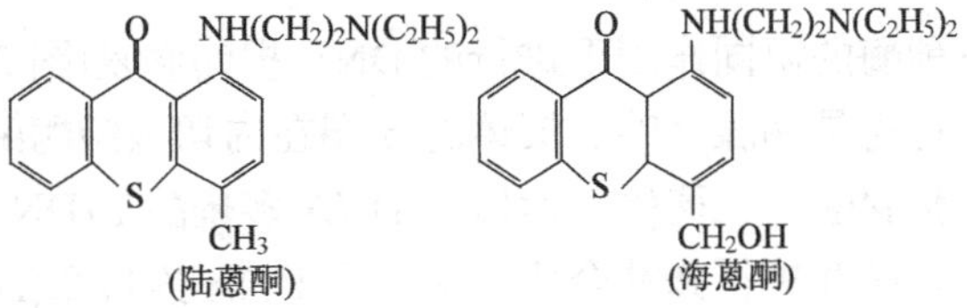

从它们的结构式来看，可以相信肝脏中的羟化酶使陆蒽酮转变成了海蒽酮，从而使其呈现诱变作用。陆蒽酮曾经被用作寄生虫病的治疗药物，由于发现了它可以转变成为具有诱变作用的物质，现在已不再应用了。

突变的诱发和基因是否处于转录状态有关，而基因的转录又和一些培养条件有关。例如，大肠杆菌乳糖发酵基因 *lacZ* 的回复突变与乳糖或某些其他半乳糖苷的存在有关，这些诱导物能促使乳糖发酵基因处在转录状态，从而提高它对于某些诱变剂的反应。曾经发现，在乳糖衍生物 *p*-硝基半乳糖苷存在的情况下，硫酸二乙酯、甲基硫酸乙酯和亚硝基胍这三种诱变剂对于乳糖发酵基因 *lacZ* 的回复突变的诱变效应都比这一诱导物不存在时提高了 6~8 倍，不过 γ 射线、5-溴尿核苷和 2-氨基嘌呤的诱变效应则没有差别。据推测，转录时 DNA 双链解开，在这种情况下，以上这三种诱变剂更能发挥作用。已知亚硝基胍对于复制叉位置的基因具有特别强的诱变作用，这现象似乎也可以通过它对于双链解开的 DNA 的作用来解释。值得注意的是甲基磺酸乙酯和硫酸二乙酯却并不突出地作用于复制叉位置的基因。

二、DNA 损伤修复

DNA 损伤的修复和基因突变有着密切的关系，所以在讨论从前突变到突变这一过程之前，先对于几种 DNA 损伤修复系统作一说明。

所谓的 DNA 损伤包括上面讲到的任何一种不正常的 DNA 分子结构。到目前为止，在 DNA 损伤方面研究得较多的是紫外线所引起的胸腺嘧啶二聚体这一种损伤，在修复系统中研究得较多的是光复活、切除修复、重组修复和 SOS(紧急呼救)修复系统。

光复活(photoreactivation)

光复活作用首先于 1949 年在放线菌中被发现。在一个偶然的场合下人们发现，经紫外线照射过的放线菌孢子如果在可见光下培养则其存活数将显著大于在黑暗中培养的同一批处理样品。接着人们又发现嗜血杆菌(*Haemophilus* sp.)没有光复活能力，可是经来自具有光复活能力的大肠杆菌的抽提物处理以后，嗜血杆菌便具有了光复活能力。进一步的研究证明有一种为可见光所激活的酶在起作用，这种酶能在黑暗中和经紫外线照射过的 DNA 相结合；当把这种复合物暴露在可见光下时，酶和 DNA 又复解离，解离下来的 DNA 分子中将不再能找到原来的胸腺嘧啶二聚体[图 2.25(a)]。大肠杆菌中有一种光复活缺陷突变型(*phr*，photoreactivation 的简写)，这种缺陷型细菌失去了光复活能力，同时在它的细胞中找不到光复活酶。

切除修复(excision repair)

切除修复是在三种酶的协同作用下进行的 DNA 损伤修复[图 2.25(b)]，这三种酶都不需要可见光来激活。首先是胸腺嘧啶二聚体的 5′端在内切核酸酶(endonuclease)的作用下产生单链断裂并切除胸腺嘧啶二聚体，然后在 DNA 多聚酶 I (DNA polymerase I)的作用下继续切除一部分核苷酸并进行修补合成，最后在 DNA 连接酶(DNA ligase)的作用下形成一个完整的双链结构。

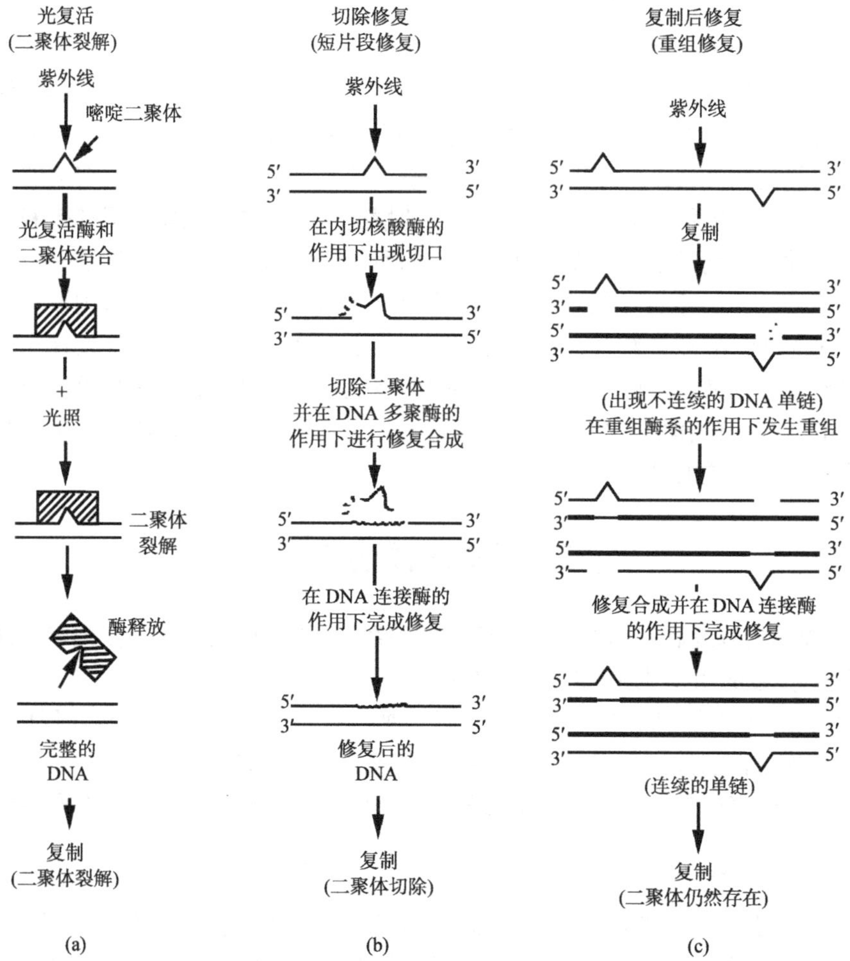

图 2.25　三种 DNA 修复作用[15]

(a) 光复活；(b) 切除修复；(c) 重组修复

⋏：胸腺嘧啶二聚体；~：通过修补合成出现的多核苷酸链；▬：通过一般复制所合成的多核苷酸链，为了和发生重组的单链相区别，所以用粗线条表示

大肠杆菌等微生物中至少有三个基因与切除修复中的二聚体切除有关，这三个基因是 *uvrA*、*uvrB* 和 *uvrC*(*uvr* 是紫外线修复 UV repair 的简写)，它们分别编码内切核酸酶的三个亚基。野生型大肠杆菌细胞中的切除修复酶系不但能修复自身 DNA 的紫外线损伤，

而且也能修复外来的噬菌体 T1、T3 等的 DNA 的紫外线损伤。例如，将噬菌体 T1 或 T3 先用紫外线进行处理，然后用处理后的噬菌体感染大肠杆菌，结果发现一部分经照射致死的噬菌体可以复活，细菌的这种作用称为寄主细胞复活作用。大肠杆菌中有一些称为 *hcr* 的突变型(*hcr* 是 host cell reactivation 的缩写)，它们失去了寄主细胞复活作用，同时对于紫外线的杀伤也特别敏感，*uvrA*、*uvrB*、*uvrC* 三个基因中的任何一个发生突变时，都会使大肠杆菌 K12 呈现 Hcr 表型。

重组修复(recombination repair)

重组修复必须在 DNA 进行复制的情况下进行，所以又称为复制后修复(postreplication repair)。光复活作用使胸腺嘧啶二聚体复原为两个胸腺嘧啶，切除修复则将胸腺嘧啶切除，而重组修复是在不改变胸腺嘧啶二聚体的情况下进行的修复作用。所以可以把这三种修复作用看作生物对于外界因素造成的遗传物质的损伤所设置的层层屏障。

实验证明大肠杆菌可以在不切除胸腺嘧啶二聚体的情况下，以带有二聚体的这一单链为模板来合成互补的单链，但在每一个二聚体附近会留下一个空隙。人们对于重组修复的机制并不像切除修复那样了解得很具体，一般认为通过染色体交换以后，空隙部位就不再面对着胸腺嘧啶二聚体而是面对着正常的单链，在这种情况下，DNA 多聚酶和连接酶便能起作用而把空隙部分进行修复[图 2.25(c)]。

细菌对于紫外线所造成的损伤的修复部分地依靠重组作用，所以和正常切除缺陷的突变型 *uvrA*、*uvrB*、*uvrC* 对于紫外线的杀伤作用格外敏感一样，重组作用发生缺陷的突变型 *recA*、*recB*、*recC*，(*rec* 是 recombination 的缩写)同样对紫外线格外敏感(表 2.8)。

表 2.8　大肠杆菌的一些紫外线敏感突变型的比较[16]

基因型		特征	造成 37%存活的 U.V.剂量 (10^{-7}J/mm^2)	造成 37%存活时每 10^7 碱基中的胸腺嘧啶二聚体数
uvrA	*recA*			
+	+	野生型	500	3200
−	+	切除缺陷	8	50
+	−	重组缺陷	3	20
−	−	切除和重组缺陷	0.2	1.3

从表 2.8 的数据可以看到，如果细菌的切除和重组修复基因都发生了突变，那么 0.2×10^{-7}J/mm^2 的紫外线就足以杀死 63%的丧失了两种修复功能的细菌。这一剂量的紫外线可以在每 10^7 碱基中产生 1.3 个胸腺嘧啶二聚体。对于两种修复系统都完好的野生型细菌来讲，造成同等量的死亡需要 5×10^{-5}J/mm^2 的紫外线，这一剂量的紫外线可以在每 10^7 碱基中产生 3200 个二聚体。这些数据说明，如果不被修复的话，少数几个胸腺嘧啶二聚体的存在就可以造成死亡，野生型细菌即使其 DNA 中产生了大量的二聚体却仍然能大量地存活，就是因为它有多种有效的修复系统。

除了以上几种对于紫外线格外敏感的突变型以外，另外一种增变突变型(*mut*，mutator的缩写)也属于紫外线敏感类型，它们的作用机制将在第八章中说明。以上几种突变型对于 X 射线的敏感性都和野生型相同。此外还有对于 X 射线格外敏感的突变型。

在这里可以看到，如果就对于紫外线的敏感性来看，那么重组缺陷型、寄主细胞复活突变型和增变突变型应给以同一符号来表示，所以上述各种基因符号只是表明从事某一项研究工作时所着眼的某一特性罢了。

SOS(紧急呼救)修复系统

这是细胞经诱导产生的一种修复系统。用经紫外线处理的噬菌体λ感染大肠杆菌，一部分噬菌体可以证明已被杀死，在存活的噬菌体中可以得到突变型。如果用经紫外线处理的噬菌体感染经紫外线轻度照射的大肠杆菌，那么可以看到存活噬菌体和突变型噬菌体数都增加了。这一实验结果说明，轻度的紫外线照射使大肠杆菌细胞中出现一种对于噬菌体 DNA 的紫外线损伤的修复功能，可是在修复过程中却带来了基因突变。这种功能在紫外线处理后的 25min 内逐渐增加，然后在两小时内又逐渐下降。如果把感染后的大肠杆菌在含有氯霉素的培养基中培养，那么修复效应和诱变效应都不再出现。这些事实说明修复功能依赖于某些蛋白质的诱导合成，就像细菌的诱导酶合成一样。SOS 系统也作用于细菌本身的 DNA。

SOS 修复功能和细菌的一系列生理活动有关，除了 DNA 损伤修复和促进突变功能以外，还有细胞的分裂抑制(因而使细胞呈丝状)和λ噬菌体的诱导释放等功能。引起 SOS 反应的因素也有多种，实际上引起 DNA 损伤的因素和抑制 DNA 复制的许多因素都能引起 SOS 反应。SOS 反应将在第八章中作深入介绍。

DNA 聚合酶的校读(proof-reading)作用

除了上述种种修复作用以外，细胞还具有对于复制过程中出现的差错的校正功能。在大肠杆菌中，DNA 复制依赖于三种 DNA 聚合酶(聚合酶 I、II、III)的作用。这三种聚合酶除了具有对于多核苷酸的多聚作用以外，都具有 3′到 5′的外切核酸酶作用。一般认为 DNA 聚合酶的这一作用可使复制过程中出现的不正常的核苷酸随时被校正。DNA 复制是从 5′向 3′方向进行的。如果复制过程中出现一个不正常的核苷酸，那么，依靠 DNA 聚合酶的 3′到 5′外切核酸酶的作用把它切除后复制就可以继续进行[图 2.26(a)、(b)]。同图(c)、(d)表示如果 DNA 复制按 3′向 5′方向进行，那么不正常核苷酸被切除以后复制就不可能继续进行了。

另一种酶——尿嘧啶-*N*-糖苷酶(uracil-*N*-glycosidase)能够切除 DNA 分子中偶然出现的尿嘧啶，因此同样具有对于复制差错的校正作用。

在大肠杆菌噬菌体 T4 中曾经发现基因 43 发生突变时能影响噬菌体专一的 DNA 聚合酶的特性，在这些突变型中 *rII* 突变基因的回复突变率都和野生型不同，或者较高或者较低。这一实验结果可以和上述 DNA 聚合酶的校正作用相互印证。可以想见，如果突变使 DNA 聚合酶的外切核酸酶活性减弱，那么它切除不正常核苷酸的能力就会减弱，突变率也就相应地提高了，反之就减低。DNA 聚合酶为切除修复和重组修复作用所必需，所以增变突变型也常对紫外线格外敏感。

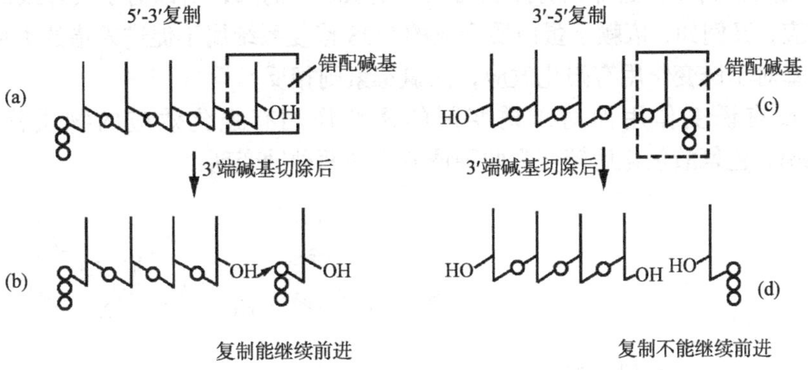

图 2.26　DNA 多聚酶在 DNA 复制过程中的校读作用[17]

(a)和(b)的复制由 5′向 3′方向进行；(c)和(d)的假定复制从 3′向 5′方向进行

DNA 修复与基因突变

光复活使胸腺嘧啶二聚体恢复成为两个胸腺嘧啶，它不引起任何 DNA 分子结构的变化，是一种避免差错的修复功能；切除修复和重组修复都属于同一类型。SOS 修复系统促使存活的细胞发生基因突变，它包含某些促进差错的修复功能。

不论哪一种 DNA 损伤修复功能发生缺陷的突变型都对紫外线的杀伤作用格外敏感[图 2.27(a)]，可是对于紫外线的诱变作用的反应却可以区分为两种类型，一类比野生型更为敏感，它们是避免差错(error proof)修复功能丧失的结果；另一类则是较不敏感，它们是促进差错(error prone)修复功能丧失的结果[图 2.27(b)]。

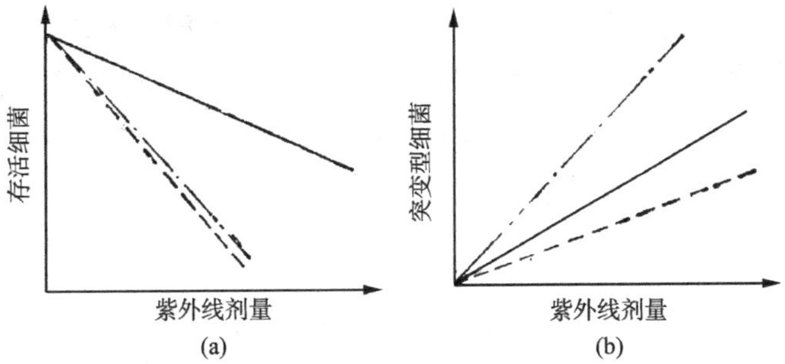

图 2.27　紫外线对两种类型的丧失修复功能的突变型的杀伤及诱变效应

(a) 紫外线对于两种类型的丧失修复功能的突变型的杀伤效应；(b) 紫外线对于两种类型的丧失修复功能的突变型的诱变效应　—：野生型；—·—：避免差错修复功能发生缺陷的突变型；----：促进差错修复功能发生缺陷的突变型

从图 2.27(a)及(b)的比较中可以明显地看到两类修复功能的区别。

三、环境因素的影响

基因突变和 DNA 损伤的修复有关，所以影响修复系统中的酶活性的环境因素都能影响基因突变。例如，咖啡碱能抑制切除修复系统中的酶，所以对于紫外线的诱变作用有强化效应；又例如，依赖于蛋白质合成的SOS修复系统属于促进差错的类型，所以丰富的培养基对于诱变作用有强化效应，而氯霉素则相反。

本身没有诱变作用而对于诱变剂的诱变作用有强化效应的物质称为助变剂(comutagen)。色氨酸焦化后转变为两种诱变剂和两种助变剂：

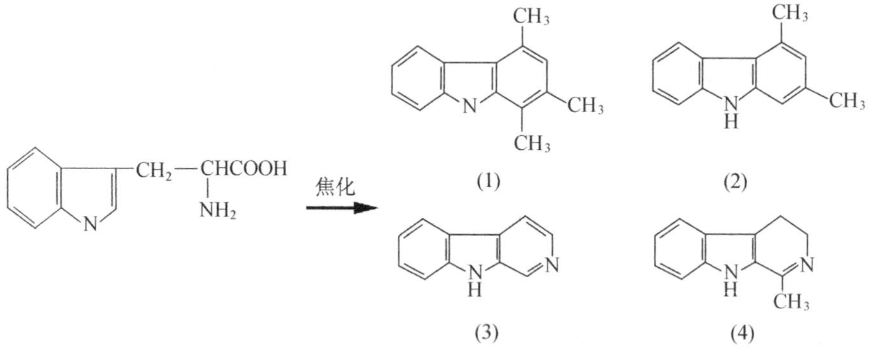

(1)、(2)是诱变剂，(3)、(4)助变剂

能减弱诱变剂的诱变效应的物质称为抗变剂(antimutagen)。例如，NG的诱变效应能为氯化钴和红细胞中的含硫化合物所减弱。

四、诱变作用的专一性

回复突变的专一性

回复突变的诱发对诱变剂具有高度的专一性，这是因为回复突变涉及特定核苷酸对的改变。例如，由羟胺所诱发的突变不能再由羟胺诱发它的回复突变；而由吖啶类所诱发的突变只能由吖啶类诱发它的回复突变；插入突变虽然能由于转座子的切离而发生回复突变，可是任何诱变剂都不能提高它的回复突变率；缺失突变一律都不能发生回复突变，不论是自发的或是诱发的。所以根据突变型对于各种诱变剂的反应，我们可以了解该突变型的性质。

正向突变的专一性

一个基因中突变率特别高的位点称为热点(hot spot)。在大肠杆菌噬菌体T4的*rII*突变中首先发现了这一现象。在分离得到的2400个自发的突变型*rII*中，通过基因定位(详见第三章)测定它们分属于308个位点，在多数位点上突变只发生一次、两次或十几次，在*r17*位点上突变发生了517次，在*r131*位点上发生了298次。用5-溴尿嘧啶诱发的*rII*突变同样也有热点，不过自发突变的热点不一定是诱发突变的热点。碱基置换只涉及一对碱基，而DNA中又只有4种碱基，所以热点的存在说明某一位点上突变发生的频率必然和与它邻近的核苷酸序列有关，大肠杆菌基因*lacI*中的热点的核苷酸序列分析结果证实了这一观点。在*lacI*基因中有一个热点具有4个碱基对的三次重复这一特殊结构：CTGG CTGG CTGG，两个突变型是CTGG的4次重复和两次重复。这一实验结果对于上面讨论的移码突变的诱发理论也是一个有力的支持。即便如此，对于5-溴尿嘧啶在

rII 突变中的热点还没有适当的解释，因为5-溴尿嘧啶所诱发的是碱基置换而不是移码突变。

热点是同一基因内部突变率特别高的位点。另外也曾经发现同一种生物的不同基因有十分悬殊的突变率。在粪链球菌(*Streptococcus faecalis*)中曾发现同一剂量的紫外线在 10^6 细菌中诱发链霉素抗性突变0.2个、氨基蝶呤抗性突变5个、噬菌体抗性突变15个、四环素抗性突变400个，最高和最低的相差达2000倍。此外在许多不同的细菌中都曾发现链霉素抗性突变的自发突变率极低。

紫外线所造成的DNA损伤主要是形成胸腺嘧啶二聚体。如果说二聚体的数量便是造成各个基因间的突变率差别的原因，那么除非各个基因间的胸腺嘧啶的数量有这样大的区别。但目前还缺乏这方面的正面或反面的证据。

除了DNA的区别以外，基因所编码的蛋白质的性质也是决定这一基因突变率的一个因素。如果某一蛋白质的多数改变所带来的致死效应是不能补偿的，那么这一基因的突变率必然较低，链霉素抗性突变可能属于这一类型。另外，如果某一蛋白质的多数改变都不影响它的活性，那么这一基因的可以观察到的突变率也必然很低。

五、从突变到突变型

突变基因的出现并不意味着突变表型的出现，表型的改变落后于基因突变的发生的现象称为表型迟延(phenotypic lag)。表型迟延的原因有二，即分离性迟延和生理性迟延。

大肠杆菌细胞中一般含有二个核质体。突变基因常是隐性的，所以在一个核质体中发生了一个突变的细菌的表型还是属于野生型，直到通过细胞分裂出现同一细胞的两个核质体中都带有这一突变基因时，这一细胞的表型才是突变型。这是分离性迟延(segregational lag)。

突变基因由杂合状态变为纯合状态时也还不一定立即出现突变表型，因为往往还须经历一个生理性迟延(physiological lag)。这可以用营养缺陷型和噬菌体抗性突变型来说明。

营养缺陷型是必须在其培养基中补充某一种氨基酸、碱基或维生素等物质才能生长的突变型。它们不能自己合成这些物质的原因是由于突变所造成的某一种酶的缺陷。一个已经发生了突变，可是其酶的成分还没有改变的细胞所表现的是野生型表型。直到通过细胞分裂而使正常的酶已经足够稀释或被分解时，才出现表型属于缺陷型的细胞。

噬菌体抗性突变型是突变使细菌细胞表面噬菌体受体改变的结果。同样地，这些受体必须通过细胞分裂而减少，因而从抗噬菌体基因型的出现到抗噬菌体表型的出现之间也有一个生理性迟延过程。

第五节　自发突变机制

一、背景辐射和环境污染

早在20世纪30年代时人们就已经发现果蝇的性连锁突变的频率和X射线的剂量呈

正比关系，而且表示两者的关系的直线通过坐标的原点，所以人们认为任何剂量的 X 射线都足以诱发突变。因此早已有人认为宇宙间到处都有的短波辐射是自发突变的原因之一，不过根据计算，这一原因至多只能说明自发突变的 1%。

自然界中除了能诱发突变的辐射以外，还存在着能诱发突变的物质，这主要是环境污染的结果。虽然很难估计有多少突变是由这些诱变剂所诱发的，但是从诱变作用的测定这一节的内容可以看到，可能有一部分自发突变是由于偶然接触自然界中的诱变物质所造成的。

热对于自发突变也不无影响。有人估计噬菌体 T4 在 37℃中每天每一 GC 碱基对以 4×10^{-8} 这一概率发生变化。可以设想修复作用经常在消除这些由热造成的前突变，同时也不难想像，部分自发突变来自热的诱变作用。

此外，还有转座因子随机插入基因的诱变作用。

二、微生物自身所产生的诱变物质的作用

在许多高等植物中曾经发现，种子储藏得越久则其中出现的突变也越多。在长久储藏的洋葱和烟草等的种子中都曾经得到具有诱变作用的抽提物。对于脉孢菌等微生物来说，同样也能在其陈旧的培养物中获得细胞质基因突变型。

在一些高等植物和微生物中，还曾经发现已知的具有诱变作用的物质，例如，咖啡碱、硫氰化合物、二硫化二丙烯、重氮丝氨酸等。

过氧化氢是一种诱变剂，但它也是一种正常的代谢产物。下面这些实验事实可以说明过氧化氢可能是自发突变的原因之一。过氧化氢对于脉胞菌具有诱变作用，在诱变处理过程中加入过氧化氢酶可以降低诱变率；KCN 是过氧化氢酶的抑制剂，所以同时又加入 KCN 时突变率又复提高；另外，KCN 可以提高自发突变率。这些事实说明细胞中的过氧化氢是自发突变的原因之一。

这里也包括微生物自身所带有的转座因子所造成的插入突变。

三、互变异构和环出效应

讨论互变异构(tautomerism)和自发突变的关系之前，不妨先分析一下以上所讨论的自发突变的原因。由背景辐射和自然界中的诱变物质所引起的自发突变实际上并不是自发突变而是诱发突变；微生物自身所产生的诱变物质对于由它引起自发突变的细胞来讲是自发突变，可是对于突变基因来讲却可以认为是诱发突变。那么有没有真正的自发突变呢？唯物辩证法的宇宙观把事物的发展看作是事物内部的必然的自己的运动。是不是 DNA 分子内部的必然的自己的运动会引起突变呢?

在 5-溴尿嘧啶的诱变作用机制的讨论中已经说明 5-溴尿嘧啶主要是通过促使发生酮式→烯醇式这一变化而诱发突变的。酮式和烯醇式的互变是一个普遍的现象，DNA 分子中的胸腺嘧啶和鸟嘌呤都同样可以发生这一互变。关于 5-溴尿嘧啶的诱变作用机制的研究启发人们去思考自然发生的这些互变异构会不会是自然突变的原因呢。下面介绍的就是基于这一设想而提出的自发突变机制。

如果考虑四种碱基的第 6 位上的酮基和氨基，则胸腺嘧啶和鸟嘌呤可以酮式或烯醇式出现，胞嘧啶和腺嘌呤可以氨基式(amino form)或亚氨基式(imino form)出现。平衡一般倾向于酮式和氨基式，因此，在 DNA 双链结构中以 AT 和 GC 碱基对为主[图 2.28(a)、(b)]。如果胸腺嘧啶(T)以稀有的烯醇式出现在 DNA 复制到达这一位置的一瞬间，那么通过 DNA 多聚酶的作用，在它的相对位置上就不再出现腺嘌呤(A)而是出现鸟嘌呤(G)[图 2.28(d)]。同样地，如果胞嘧啶(C)以稀有的亚氨基式出现在 DNA 复制到达这一位置的一瞬间，那么新的一条 DNA 单键的相对位置上就将是 A 而不是 G[图 2.28(c)]，依此类推，这些碱基对的错配都可以促成碱基置换突变的发生。

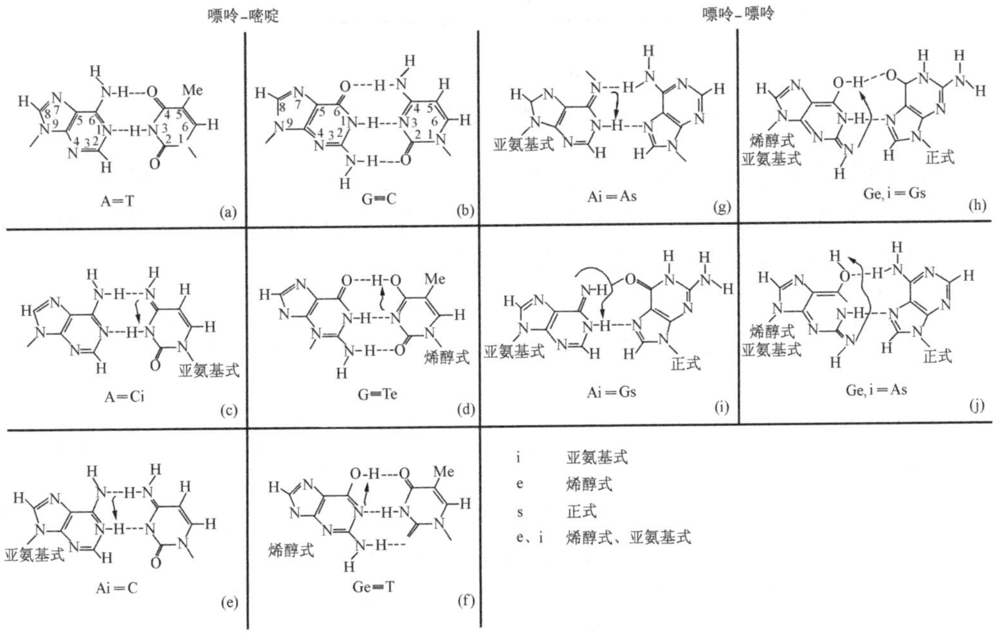

图 2.28 各种碱基错配[18]

(a)、(b) 正常配对；(c)、(d)、(e)、(f) 嘌呤-嘧啶错配；(g)、(h)、(i)、(j) 嘌呤-嘌呤错配

除了由于酮式-烯醇式互变(keto-enol tautomerism)和氨基式-亚氨基互变(amino-imino tautomerism)而造成的碱基错配以外，还可能发生另一种嘌呤错配。这种错配来源于另一种称为正(syn)-反(anti)的互变。正-反互变(syn-anti tautomerism)是碱基-脱氧核糖键旋转的结果。根据 DNA 模型制作的结果可知腺嘌呤的亚氨基式能和腺嘌呤或鸟嘌呤的正式配对[图 2.28(g)、(i)]，鸟嘌呤的烯醇式兼亚氨基式能和鸟嘌呤或腺嘌呤的正式配对[图 2.28(h)、(j)]。这些错配也能通过 DNA 复制而造成转换或颠换(图 2.29)。

从图 2.29 可以看到，由酮式-烯醇式互变或氨基式-亚氨基式互变可以引起转换，由正式-反式互变可以引起颠换。正式-亚氨基式配对或正式-烯醇式兼正式配对不容易形成，所以颠换应少于转换。这一预测和实验结果是符合的。

近来还有人提出了另一种造成自发突变的原因，可以称之为环状突出效应或简称环出(loop out)效应。在吖啶类诱变机制的论述中已经讨论了一种基于个别核苷酸向外环出的移码突变机制。有人指出这种环出现象同样可以造成其他突变。

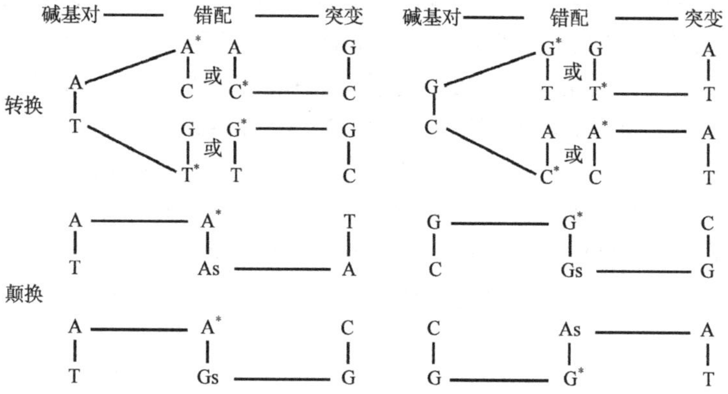

图 2.29　由错配所引起的突变[18]

*表示稀有的形式，即烯醇式或亚氨基式；s 表示正式

例如，图 2.30(a)表示当 DNA 复制到 C 时，模板链 G 向外环出，当复制继续进行时模板又恢复正常。结果在原来应出现 GC 碱基对的地方出现了 GA 碱基对。再经一次 DNA 复制时便会出现 TA，最终造成了 GC→TA 的颠换。

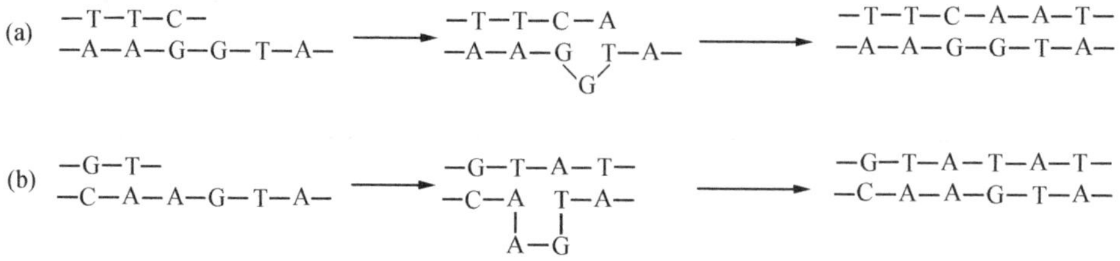

图 2.30　核苷酸环出诱变[19]

(a) 单个核苷酸环出，再经一次 DNA 复制后导致 CG→AT 颠换；(b) 两个核苷酸环出，再经一次 DNA 复制后导致 TA→AT 颠换和 CG→TA 转换

图 2.30(b)中环出的是两个核苷酸，这样就会导致相邻的两对碱基发生变化。如果这两对碱基属于两个密码子，那么一次突变可以使两个密码子发生变化，从而带来两个氨基酸的改变。

关于这一突变机制模型还缺乏实验根据，但它同样指出，DNA 结构的另一种瞬时的可逆性变化可能导致基因突变。

自发突变的偶然性在这里可以得到解释。在任何一瞬间，一个碱基是酮式或烯醇式，是氨基式或是亚氨基式，以及 DNA 分子中各种可能的局部构形的变化都是无法预见的，所以在任何时间，任何一个基因都可能发生突变，可是在什么时候，什么基因将发生突变却是无法预见的。

突变的偶发性并不意味着突变是没有原因的。以上所讨论的就是自发和诱发突变的原因。

偶然的事件不是没有规律的。我们虽然不能预见哪一个细菌在哪一个时间将发生一个链霉素抗性突变，但是我们可以预见在一定的时间中若干细菌中将出现一个这种突变。

偶然的事件也并不是不能控制的。诱变剂处理使突变率提高就是对于突变的一种控制，而且从以上的讨论中可以看到，随着研究工作的深入，人们对于突变的控制将越来越有效，更不用说遗传工程中的定点诱变(directed matagenesis)了。

第六节　致癌物质的检测

诱变作用对于人类的生活有两方面的实际意义。诱变剂一方面被用在诱变育种工作中，在这些工作中我们希望有高效率的诱变剂；另一方面，在日常生活中我们要求避免接触诱变剂。不论从什么角度来讲，都需要可靠简便的测定诱变作用的方法。

一、诱变作用测定方法概述

诱变作用测定方法的选用应该从几个方面加以考虑，主要是方法的灵敏度、代表性和是否简便易行。

首先是灵敏度。回复突变一节中曾指出，我们之所以能测得链霉素依赖型的个别回复突变，是因为有一种筛选或选择性培养的方法使极个别的回复子能在这种培养基上生长成菌落，而数以亿万计的非突变细菌则不能形成菌落。根据这一原则，应用链霉素依赖型→非依赖、药物敏感→抗药、营养缺陷型→非缺陷型等突变系统作为测定诱变作用的指标都将具有极高的灵敏度。相反地，应用菌落或细胞形态突变作为测定的指标则灵敏度就很低了，这是因为没有一种培养基可以使某一种形态突变型形成菌落而只使野生型不形成菌落。

突变型一般都是隐性的，而且像大肠杆菌等杆菌一般都含有两个核质体，所以突变型表型的表现有迟延现象。这些因素会给测定手续带来一些不便。例如，将经过射线处理的大肠杆菌直接接种在含有链霉素的培养皿上时，几乎得不到抗性突变菌落。必须将经处理的细菌接种在不含链霉素的培养皿上培养两小时或更长时间以后再喷上链霉素，才能得到抗性菌落。而链霉素依赖型的回复突变的测定却没有这一困难，这是因为依赖型细菌在不含链霉素的培养基上能进行少数几次分裂。大肠杆菌的缬氨酸抗性突变型是显性的(原因详见第六章)，所以将它作为诱变测定的材料可以避免分离性迟延的影响。

其次要考虑代表性。测定诱变作用的目的是要了解某一物质是否能引起人体细胞的突变或者是否能引起某种抗生素生产菌的有关产量的基因的突变，因此这里就有一个代表性问题。例如，用细菌的抗链霉素突变或者某一缺陷型的回复突变作为指标进行测定时认为具有较强诱变作用的药物是否可以用来作为微生物育种工作的诱变剂呢？是否应该避免将其用作治疗疾病的药物呢？

这里面有两方面的问题。首先，对于一种微生物具有诱变作用的药物对于其他生物是否同样具有诱变作用呢？对于一种生物具有较强诱变作用的药物对于其他生物是否同样具有较强的诱变作用呢？其次，对于某种生物的某一基因具有较强的诱变作用的药物是否对于同一种生物的其他基因也具有较强的诱变作用呢？

对于第一个问题，在诱变作用的专一性这一节中已经作了答复。所有生物的遗传物质都是 DNA 或 RNA，所有的 DNA 或 RNA 都有相同的碱基，突变的诱发归根到底是诱变剂所造成的 DNA 分子结构的改变。由此可见，诱变剂对于各种生物来讲，它们的作用基本上是一致的。据不完全的统计，至少下列这些诱变剂对于高等动物及植物和微生物来讲都同样有效：环氧乙烷(cycloethane)、甲基磺酸乙酯(ethyl methane sulfonate)、硫酸二乙酯(diethyl sulfate)、乙烯亚胺(ethylene imide)、羟胺(hydroxy amide)、氮芥(nitrogen mustard)、吖啶橙(acridine orange)、5-溴尿嘧啶(5-bromouracil)、8-氮鸟嘌呤(8-azoguanine)、丝裂霉素 C(mitomycin C)、亚硝基胍(nitrosoguanidine)、X 射线、紫外线、γ射线。不过由于突变的诱发是一个复杂的过程，所以同一种诱变剂对于各种生物的诱变效应的强弱会有所不同。

另外从基因的角度考虑，用回复突变作为测定指标时代表性较差，这是因为回复突变是 DNA 分子的某一种特定结构的改变，一种诱变剂能诱发某一种结构改变，但不一定能诱发另一种结构的改变。但是如果用一组已知性质的突变型作为测定指标，那么就另当别论了。在下一节中将进一步讨论这一方面的诱变作用测定工作。

用正向突变作为测定指标更具有代表性。这里又可以分为诱发某一特定基因和诱发许多基因发生突变这两种情况。同一表型的形态改变可能是许多不同的基因发生突变的结果。例如，枯草芽孢杆菌(*Bacillus subtilis*)的 40 余个基因中的任何一个发生突变以后，都会使它不产生正常的芽孢，而且在某些培养基上野生型菌落呈棕色，而产生芽孢的细菌的菌落则呈浅棕色或无色，所以可以在一个培养皿上检出上千个菌落中的个别突变型菌落。

同一表型的改变也可能是个别基因突变的结果。链霉素抗药性突变和缬氨酸抗性突变都属于这一类。即使在这种情况下，这一基因的突变也可以代表各种不同性质的结构改变。各种类型的诱变剂都能诱发大肠杆菌的链霉素抗性突变，这一事实足以说明这一点。因此，用什么突变型作为测定诱变作用的指标才具有代表性这一问题，在用回复突变作为指标的情况中是最需要考虑的。下一节中还将讨论这一问题。

实际进行测定时，可以在含有药物的溶液中进行一定时间的诱变处理，然后洗去药物将细菌接种在培养基上，培养以后计数突变型菌落。这种方法是定量的，手续则较繁。另一种比较简便的半定量方法是将待测的微生物混合在培养基中一起倒培养皿，待培养基凝固以后将待测的药品放在中央一个小圆纸片上，经培养以后，如果看到围绕着纸片出现菌落就表示这药品具有诱变作用。如果用营养缺陷型作为测试材料，那么可以看到图 2.31 这样的结果。完全培养基上不长细菌的部分表明了诱变剂的杀菌(或制菌)作用，不加诱变剂的基本培养基上出现的是自发回复子菌落。

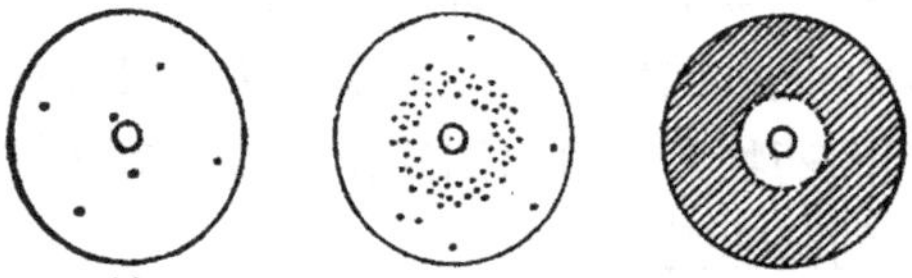

(a) (b) (c)

图 2.31 固体培养基上诱变作用的测定

(a) 基本培养基，不加诱变剂；(b) 基本培养基，加诱变剂；(c) 完全培养基，加诱变剂

二、Ames 测验和λ-诱导释放测验

关于癌的起因长久以来就有几种假设，其中一种假设认为癌细胞是发生了突变的体

细胞。如果确是这样的话，一切致癌物质应该都是诱变剂。为了验证这一假设，人们曾经设计了许多诱变作用检测方法，Ames 测验(Ames test)是一种广泛应用的方法。

用 Ames 测验对几百种致癌药物进行检测，总的符合率达到 90%左右，一般认为这一结论支持上述观点，并且认为在 Ames 测验中具有阳性反应的物质有致癌的潜在危险性。

这一测验系统中所用的微生物是鼠伤寒沙门氏菌，所测定的突变是组氨酸缺陷型的回复突变。可是上面已经指出回复突变是某一特定结构的改变，所以缺乏代表性。考虑到这一情况，所以所用的组氨酸缺陷型菌株不是一个而是几个，而且每一个菌株代表一种结构改变。例如：

TA1535(*rfa ΔuvrB hisG46*)，*hisG46* 是碱基置换；

TA1536(*rfa ΔuvrB hisC207*)，*hisC207* 是移码突变，可能是 GC 对缺失；

TA1537(*rfa ΔuvrB hisC3076*)，*hisC3076* 是移码突变，GC 对的增加；

TA1538(*rfa ΔuvrB hisD3052*)，*hisD3052* 是移码突变，GC 和 CG 对的缺失。

此外，为了提高测试系统的灵敏度，每一个缺陷型菌株中还包括另外两个突变，一个是造成细胞表面透性增进的深度粗糙突变型(*rfa*)，另一个是丧失切除修复能力的缺失型(*ΔuvrB*)。几个不同的菌株对于同一种诱变剂的不同反应见图 2.32。

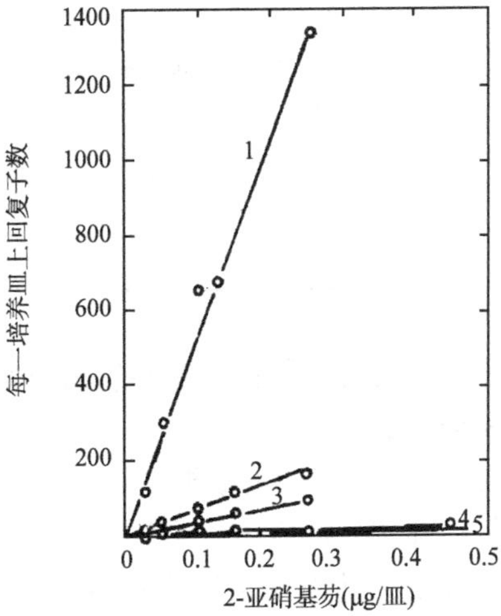

图 2.32　几个组氨酸缺陷型菌株对于诱变剂 2-亚硝基芴(2-nifrosofluorene)的反应[20]

1. TA1538(*rfa ΔuvrB*); 2. TA1954(*Δgal ΔuvrB*); 3. TA1534(+*ΔuvrB*); 4. TA 1978(*rfa* +); 5. *his D3052*(+ +); *Δgal*: 半乳糖基因缺失，轻度粗糙

从图 2.32 可以看到，由于切除修复机能的丧失，诱变效果提高了几十倍；由于细胞表面的改变，诱变效果又提高了大约 10 倍。

在突变诱发过程的讨论中曾经提到，某种物质本身不是诱变剂，可是进入人体或动物体中能转变为诱变剂。应用细菌作为测定诱变剂的材料时，这种所谓前诱变剂的诱变作用便测不出来。为了弥补这一缺点，可以在测试系统中加入鼠的肝脏提取物，肝脏提取物中包含着一些能使前诱变剂(promutagen)转变为诱变剂的酶。肝脏提取物对于四个氨酸缺陷型的诱变反应的影响见表 2.9。

从表 2.9 所示实验结果中可以看到，只加致癌物质对于四个缺陷型菌株都没有诱变作用，只有把致癌物质和肝脏抽提物同时加入时才有诱变作用。

此外还可以看到，只有 2-氨基蒽和β-萘胺对于置换突变型 TA1535 具有诱变作用，而四种致癌物质对于两个移码突变型 TA1537 和 TA1538 则都有或多或少的诱变作用，对于移码突变型 TA1536 则只有 2-氨基蒽才有微弱的诱变作用。这些结果一方面说明致癌物质往往容易引起移码突变而较为不容易引起置换突变，另一方面说明各种致癌物质对于不同的移码突变的作用各具有相对的专一性。一般认为致癌物质较易诱发移码突变

表 2.9　几种致癌物质的诱变作用测定结果[21]

致癌物质	实　验	每 10^9 个细菌中的 H^+ 回复子数			
		TA1535	TA1536	TA1537	TA1538
(1) 2-氨基蒽(2-aminoanthracene) 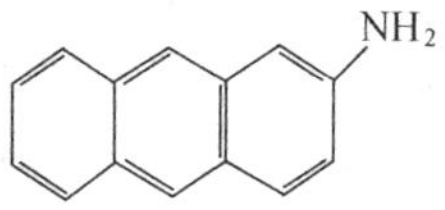	1. 肝提取物	16	3	12	46
	2. 致癌物质(20μg)	21	0	17	27
	3. 1+2	318	11	180	11 200
(2) *β*-萘胺(*β*-aminonaphthaline) 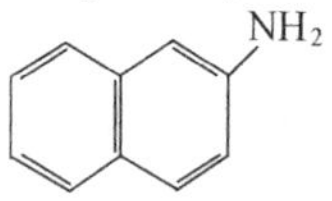	1. 肝提取物	16	2	18	21
	2. 致癌物质(100μg)	20	0	8	15
	3. 1+2	330	2	34	85
(3) 苯芘(benzopyran) 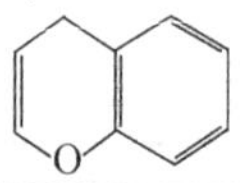	1. 肝提取物	48	1	28	44
	2. 致癌物质(5μg)	77	1	16	34
	3. 1+2	46	4	148	505
(4) 7, 12-二甲基苯并蒽(7,12-dimethylazoanthracene) 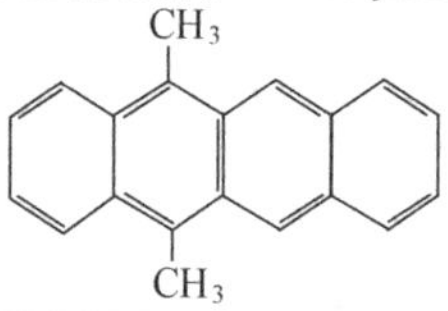	1. 肝提取物	29	1	11	36
	2. 致癌物质	35	0	15	20
	3. 1+2	25	1	225	88

是由于移码突变比置换突变不容易被修复，并且诱发置换的物质(例如，烷化剂)容易为细胞所破坏。

Ames 测验的理论根据是认为癌变是某些基因发生突变的结果。如果确实是这样的话，每一种诱变剂应该都是致癌剂。可是某些诱变剂(如 2-氨基嘌呤)却不是致癌剂，因此另一观点认为基因突变和癌变有共同的原因，但并不是前者造成后者。这共同的原因被认为是 SOS 反应，有一部分突变的诱发剂并不通过 SOS 反应(如 2-氨基嘌呤诱发的突变)，所以这些诱发剂便不一定是致癌物，这就是符合率并不是 100%的原因。λ噬菌体诱导释放是一种 SOS 反应，而且是一种结果明显又便于快速检测的反应，因此某些学者认为λ诱导释放测验(λ-inductest)是比 Ames 测验更为理想的致癌物质检测系统，预期应该有更高的符合率。

第七节　突变型筛选

在科学研究和生产实践中常要求得到具有特定表型效应的突变型。上文已经指出，不论是抗药性突变或其他突变，就突变过程来讲它们都有共同的规律，任何一种诱变剂也都能诱发任何一种突变型。所以要得到特定表型效应的突变型，主要不是靠选用不同的诱变剂，而是靠采用高效率的筛选方法。

一、营养缺陷型的筛选

营养缺陷型的浓缩

在微生物遗传学研究和微生物育种工作中应用较广的一类突变型便是营养缺陷型。营养缺陷型的筛选一般通过四步工作：诱变剂处理、浓缩缺陷型、检出缺陷型、鉴定缺陷型。

营养缺陷型的筛选中的诱变处理和一般处理没有不同。在经处理的群体中往往野生型仍占多数，因此必须设法把野生型淘汰掉，使缺陷型得以浓缩以便于检出。浓缩的方法有青霉素法、菌丝过滤法、差别杀菌法、饥饿法等。

1. 青霉素浓缩法

青霉素只能杀死生长繁殖中的细菌，却不能杀死停止分裂的细菌。在只能使野生型生长而不能使营养缺陷型生长的基本培养基(minimal medium)中野生型被青霉素杀死而缺陷型则不被杀死，这便是用青霉素浓缩法淘汰野生型细菌的原理。

青霉素浓缩法的基本方法包括下列步骤：①细菌经诱变剂处理；②将处理后的细菌放在完全培养基(complete medium)(完全培养基是能使各种营养缺陷型生长的培养基)中培养。这一培养的目的是通过细胞分裂使突变型表型充分表现，否则，由于表型迟延的缘故，在接触青霉素时基因型为突变型而表型仍属野生型的细菌同样将被杀死；③几个小时后把细菌转入不含氮源物质的基本培养基(在这种培养基中细菌只能分裂几次)中培养。这一培养的目的是使细菌细胞中所吸收的完全培养基成分都充分消耗，同时避免野生型细菌的大量繁殖，否则即使基因型和表型都属缺陷型的细菌在接触青霉素时也都将被杀死；④然后培养在含有无机氮源以及青霉素的溶液中，使几个样品中的青霉素的浓度相同，而细菌数则不同(例如，三管中细菌数各相差 10 倍)；⑤培养几个小时后从每一样品取等量的菌液，各涂在一个含有基本培养基和一个含有完全培养基的培养皿上，留下的菌液储藏在冰箱中；⑥培养皿经培养以后观察菌落数，基本培养基和完全培养基上菌落数相差最大的这一样品中含有最高比数的营养缺陷型，可以从这一样品进一步分离缺陷型细菌。

青霉素所以能杀死细菌，是因为它能抑制细菌合成它的细胞膜。在含有青霉素的基本培养基中，野生型细菌细胞中的蛋白质等物质继续在合成增长，可是细胞膜却不再增大，细菌因此破裂死亡。如果野生型细菌过多的话，由破裂的细菌所释放出来的营养物质就可能为缺陷型所吸收，从而使缺陷型细菌也能为青霉素所杀死。所以青霉素处理时控制细菌的浓度可以减弱这一作用。

用一种改进的青霉素浓缩法可以大大地增加细菌浓度而不至于因野生型的死亡而带来缺陷型的死亡。这方法是在含有青霉素的基本培养基中加入约 20%的蔗糖，使它成为高渗溶液。在高渗溶液中，失去了细胞外膜的细菌细胞变成一个只有一层细胞膜的较大的球状原生质体(protoplast)，由于这些原生质体在高渗溶液中并不破裂，所以不会带来缺陷型的死亡。接着把培养物转入不含青霉素的低渗溶液中，这时原生质体破裂，可是因为没有青霉素，所以缺陷型并不会由于吸收了野生型细菌所释放的营养物质而致死。

霉菌和酵母菌的营养缺陷型都可以用制霉菌素代替青霉素来进行筛选。

2. 菌丝过滤法

野生型霉菌或放线菌的孢子能在基本培养液中萌发并长成菌丝，缺陷型的孢子则一般不能萌发，或者虽能萌发却不能长成菌丝。所以把经诱变剂处理的孢子悬浮在基本培养液中，振荡培养液若干小时后滤去菌丝，则缺陷型孢子便得以浓缩。振荡培养和过滤应重复几次，且每次培养时间不宜过长，这样才能具有充分浓缩的效果。

3. 差别杀菌法

细菌的芽孢远较营养体耐热。使经诱变剂处理的细菌形成芽孢，把芽孢在基本培养液中培养一段时间，然后加热(如 80℃15min)杀死营养体。由于野生型芽孢能萌发所以被杀死，而缺陷型芽孢不能萌发所以不被杀死而得到浓缩。

酵母菌和子囊菌的孢子虽然不像细菌芽孢那样耐热，但是比起它们的营养体来也较为耐热，所以可以用类似的方法(如 58℃ 4min)来浓缩缺陷型。

4. 饥饿法

微生物的某些缺陷型菌株在某些培养条件下会自行死亡，可是如果在某一细胞中发生了另一营养缺陷型突变，则这一细胞反而可以避免死亡，从而可被浓缩。

上文曾经指出，在不给以胸腺嘧啶时胸腺嘧啶缺陷型细菌在短时间会大量死亡，而在残留下来的细菌中可以发现许多营养缺陷型。我们暂且不管这些突变是怎样发生的，但是只要发生了另一氨基酸缺陷型突变以后，它们往往就能避免死亡，便会积累起来。为什么发生了另一突变就可以避免死亡呢？胸腺嘧啶缺陷型丧失了合成 DNA 的能力，但是仍然具有合成蛋白质的能力，这种代谢作用上的不平衡状态便是死亡的原因。而发生另一个氨基酸缺陷型突变就使它丧失合成蛋白质的能力，这种代谢作用上的平衡状态可以使它避免死亡。

另一个例子是大肠杆菌的二氨基庚二酸(diaminopimelic acid)缺陷型。二氨基庚二酸是大肠杆菌合成赖氨酸和细胞外膜物质的共同前体，在不给以赖氨酸的情况下这一缺陷型不生长也不死亡，这是因为它既不能合成细胞膜物质也不能合成蛋白质。可是，在给以赖氨酸的情况下它反而会在短时间内大量死亡，这是因为这时它能合成蛋白质，可是仍然不能合成细胞膜物质的缘故。这种情况正像细菌在含有青霉素的培养基上生长一样。

如果二氨基庚二酸缺陷型细胞中发生了另一个氨基酸缺陷型突变，那么它又丧失了合成蛋白质的能力，代谢作用又恢复平衡状态，这时即使给以赖氨酸它也不会死亡。所以在含有赖氨酸的培养基中可以分离得到各种氨基酸缺陷型。

在粗糙脉孢菌和酵母菌中利用肌醇缺陷型，在构巢曲霉中利用生物素缺陷型，都曾经通过饥饿法筛选得到许多营养缺陷型。

营养缺陷型的检出

缺陷型的检出可以采用以下几种方法：

1. 逐个测定法

把经过缺陷型浓缩的菌液接种在完全培养基上，待长出菌落后将每一菌落分别接种在基本培养基和完全培养基上。凡是在基本培养基上不能生长而在完全培养基上能生长的菌落就是营养缺陷型。

2. 夹层培养法

先在培养皿上倒上一层不含细菌的基本培养基，待其冷凝以后再加上一层含菌的基本培养基，冷凝以后又再加上一层不含菌的基本培养基。经培养出现菌落以后在培养皿底上把菌落做上标记，然后加上一层完全培养基，再经培养以后出现的菌落多数是营养缺陷型。上下两层基本培养基的作用是使菌落夹在中间，以免细菌为完全培养基所冲散。这种方法也被称为延迟补给法。

3. 限量补给法

将经诱变剂处理的细菌接种在含有微量补充养料(例如，0.01%蛋白胨)的基本培养基上。野生型迅速长成为较大的菌落，缺陷型则较慢地长成较小的菌落。如果只需要某一种缺陷型，则可以在基本培养基中加入微量的单一氨基酸、碱基等物质。所补充的量最好先用已有的缺陷型进行测定。

4. 影印培养法

将经处理的细菌涂在完全培养基的表面，待出现菌落以后用灭菌丝绒将菌落影印接种到基本培养基表面。待菌落出现以后比较两个培养皿，凡在完全培养基上出现菌落而在基本培养基上的同一位置上不出现菌落者，这一菌落便可以初步断定为是一个缺陷型。

以上这些方法都可以应用于细菌以外的微生物的营养缺陷型的检出，不过具体方法往往应随着所研究的对象而改变。例如，在霉菌的营养缺陷型的检出中，首先碰到的是菌落的扩散生长问题，在培养基中加入脱氧胆酸钠(0.5%左右)往往可以防止菌丝的蔓延；在合成培养基中用山梨糖作为主要碳源，再略为补给一些蔗糖也可以使菌落长得紧密而小。另一困难是用影印方法检出霉菌的缺陷型时必须要等到完全培养基上的菌落产生了孢子才行，可是这时又容易造成污染。因此可以采用下面这一影印方法：在完全培养基上的菌落还没有产生孢子时把一张灭菌的薄纸盖在上面，等到菌丝长到纸上以后再把纸拿起放在基本培养基表面，这时纸上的菌丝又会向培养基上长去，这样就完成了影印接种。

营养缺陷型的鉴定

营养缺陷型的鉴定方法可以分为两类。一类方法是在同一培养皿上测定一个缺陷型对于多种化合物的需要情况；另一类方法是在同一培养皿上测定许多缺陷型对于同一化合物的需要情况。

前一类方法就是生长谱法。方法是把待测微生物(大约 10^6~10^8)混合在基本培养基中倒入培养皿，待培养基冷凝后在标定的位置上放置少量氨基酸、碱基等的结晶或粉末。经培养以后就可以看到在缺陷型所需要的化合物的四周出现混浊的生长圈。

生长谱(auxenograph)方法和在培养液中测定的方法比较起来有以下这些优点：①方法简便，在一个培养皿上可以测定许多种化合物；②污染不影响测定结果，因为污染使培养皿上出现个别的菌落，而真正的生长反应则是一个混浊的区域，可是在培养液中则个别污染细菌便会造成整个培养液的混浊；③回复突变不影响结果，和污染一样，回复突变在固体培养基上会形成个别菌落，可是在培养液中将造成混浊；④不必考虑浓度，由于化合物的扩散使得固体培养基上自然而然地形成浓度梯度，不像液体培养基实验中每一个试管中一种化合物只能有一个浓度。

为了进一步简化工作，可以把几种化合物合成一组进行测定，例如，可以把 21 种氨基酸合成六组：

组别	化合物代号					
甲	1	7	8	9	10	11
乙	2	7	12	13	14	15
丙	3	8	12	16	17	18
丁	4	9	13	16	19	20
戊	5	10	14	17	19	21
己	6	11	15	18	20	21

图 2.33　营养缺陷型的生长谱鉴定

(a) 需要化合物 3；(b) 需要丙、丁两组中的化合物各一种；(c) 需要化合物 16

在一个培养皿上放上六组氨基酸，就可以测定一个营养缺陷型菌株对于 21 种氨基酸的需要情况。例如，如果只在放有丙组氨基酸的地方有生长反应，则就可以知道这一缺陷型需要氨基酸 3 [图 2.33(a)]；如果生长反应出现在丙、丁之间，则就说明这一缺陷型需要丙、丁这两组中的氨基酸各一种[图 2.33(b)]；如果在丙组和丁组位置上都出现生长反应，那就说明这一缺陷型需要氨基酸 16[图 2.33(c)]。

如果要测定的不是一两个缺陷型，而是几十个营养缺陷型的营养需要，那么采用另一类测定方法更为有效。这一方法是在一个培养皿中加入一种化合物，把许多待测菌株都接种在上面。

不过这种方法无法测定同时需要两种化合物的缺陷型菌株。如果要测定需要两种甚至三种化合物的缺陷型菌株，可以采用另一种方法，那就是使每一培养皿中缺少一种化合物。如果一个缺陷型菌株在缺 A 的培养基上不能生长而在缺 B、C 等的培养基上都能生长，那么就可以知道它需要化合物 A。如果某缺陷型在缺 A 的培养基和缺 B 的培养基上都不能生长，而在其他培养基上都能生长，则可以知道它需要化合物 A 和 B。

此外，为了节约劳动力和时间，可以采用影印接种方法来代替多次重复接种。

二、其他突变型的筛选举例

用上述各种浓缩营养缺陷型的方法可以取得需求任何氨基酸或其他生长因子的缺陷型。可是在许多研究工作中要求得到某一特定种类的突变型，而且不一定是营养缺陷型。下面将用一些具体例子来说明通过什么方法可以得到特定种类的突变型。

胸腺嘧啶缺陷型的筛选和利用

在诱变机制这一节中曾经指出，胸腺嘧啶缺陷型细菌比野生型能参入更多的 5-溴尿嘧啶，它也能参入更多的胸腺核苷。在胸腺嘧啶缺陷型和野生型的混合培养物中加入氨基蝶呤(aminopterin)以及胸腺核苷，则在培养过程中胸腺嘧啶缺陷型细菌便会处于优势而逐渐在数量上超过野生型细菌。

根据这一现象，把经诱变剂处理过的细菌培养在含有氨基蝶呤和胸腺核苷的培养液中，则这里面的胸腺嘧啶缺陷型就能被浓缩。

利用胸腺嘧啶缺陷型筛选营养缺陷型的原理已经在上文有关饥饿法的一节中说明过。简单地讲，在不给以胸腺嘧啶时，由于发生了另一氨基酸缺陷突变的胸腺嘧啶缺陷型可以免于死亡，而胸腺嘧啶缺陷型则很快地死亡，因而可以达到浓缩氨基酸缺陷型的目的。

胸腺嘧啶缺陷型的死亡是由代谢作用中的不平衡状态所造成的，所以阻止蛋白质合成就会使胸腺嘧啶缺陷型免于死亡。不过阻止蛋白质合成可以通过氨基酸合成发生缺陷或者其他原因，例如，氨基酸活化酶(amino acid activating enzyme)发生缺陷。氨基酸缺陷型可以通过在培养基中供给其所需要的氨基酸而使它存活，可是对于氨基酸活化酶缺陷型来讲则没有什么培养基能使它存活。下面举例说明怎样可以取得氨基酸活化酶这一特殊类型的突变型。

把经诱变剂处理的大肠杆菌的胸腺嘧啶缺陷型在不供给胸腺嘧啶的情况下在 42℃中培养，如果这里面有温度敏感的氨基酸活化酶突变型，则它们虽然不能生长，但在这一温度中可免于死亡，可是原来的胸腺嘧啶缺陷型却大量死亡，从而使得温度敏感的氨基酸活化酶突变型得以浓缩。然后将已经死去大部分细菌的菌液取样涂在含有胸腺嘧啶的培养基上，再在 30℃中培养。在这一条件下温度敏感的突变型能形成菌落，不过原来的胸腺嘧啶缺陷型也能形成菌落。进一步把培养皿上的菌落影印到含有胸腺嘧啶的完全培养基上，把两个培养皿中的一个放在 42℃中培养，把另一个放在 30℃中培养。菌落出现以后比较两个培养皿，凡是在 30℃培养皿上出现菌落而在 42℃培养皿的同一位置上不再出现菌落者，便是一个所需要的突变型。原来的胸腺嘧啶缺陷型细菌和诱发产生的营养缺陷型不论是否温度敏感都能在两种温度中形成菌落，所以可以加以区别。

在一个实验中一共得到 60 个温度敏感突变型，其中有 14 个是氨基酸活化酶缺陷型。

其他特殊类型的突变型的筛选

在 DNA 的损伤修复一节中已经指出，紫外线修复缺陷型、寄主细胞复活缺陷型、重组缺陷型、增变突变型以及光复活缺陷型等都对于紫外线格外敏感。根据这一特性可以筛选这些缺陷型。

其他可以利用差别杀菌筛选的例子很多。抗药性突变型可以在含有药物的培养基上选得，上面已经指出许多这些突变型是核糖体缺陷型；利用渗透压的差别杀菌可以选出细胞膜缺陷型；在枯草芽孢杆菌中，利用高温的差别杀菌可以选出芽孢形成以及发芽的缺陷型；在酵母菌中乙醚能杀死不产孢子的细胞，从而可以筛选出不产孢子的突变型，其中包括影响减数分裂的突变型。

筛选抗药性突变型的一种常用方法称为梯度培养皿(gradiant plate)法。把培养皿斜放，将没有药物的培养基倒入作为底层，培养基凝固后将培养皿平放，然后再将含有药物的培养基倒入作为上层。这样便得到药物浓度由一边向另一边逐渐降低的培养基[图2.34(a)]。在这上面涂上大量的敏感细菌，经培养后可以看到像图 2.34(b)这样的现象。

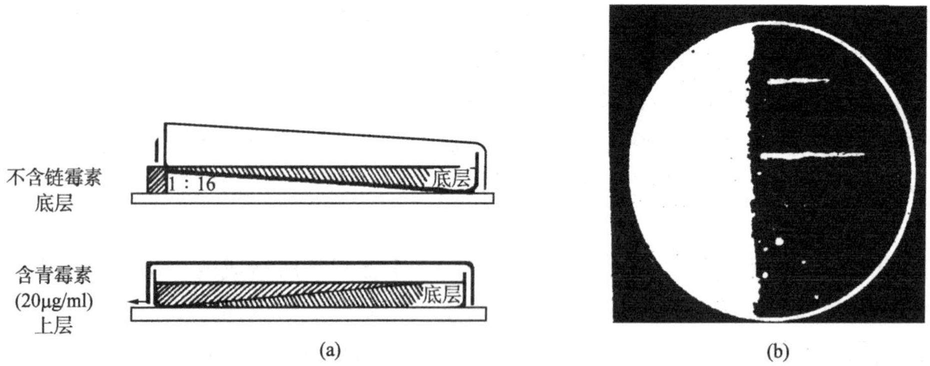

图 2.34 大肠杆菌 B/r 在青霉素梯度培养皿上的生长情况[22]
(a) 梯度培养皿的制作；(b) 细菌生长情况

图 2.34(b)中的白色部分长满敏感细菌，接近白色部分有大约 20 个抗性菌落。将其中两个菌落向高浓度方向涂布，在第一次涂布后没有出现菌落的地方现在又出现了菌落。这些便是由于第二个抗性基因发生突变而使抗性进一步提高的突变型。

鉴别性培养方法的利用

筛选突变型的最有效的办法是利用差别杀菌，或者利用对于野生型能抑制生长的条件来进行筛选。但是也有一些突变型无法利用差别杀菌方法进行筛选，在这种情况下可以尽量利用菌落的某些可鉴别的特性来进行筛选。例如，在霍乱弧菌中要求筛选毒力降低的突变型，此时如果将经过诱变剂处理的细菌逐个地通过活体接种或者毒素滴定来进行毒力测定，那将需要很大的工作量。一种利用菌落的可以鉴别的特性的方法是这样的：首先用霍乱弧菌的毒素制备抗毒素，然后将经诱变剂处理后的细菌接种在含有抗毒素的培养皿上。结果在能产生毒素的菌落周围可以看到毒素和抗毒素反应所生成的混浊圈子，而在不产毒素的菌落周围则没有这样的反应圈。应用这一方法可以比较简便地得到毒力降低的突变型。

以上所讨论的一些筛选方法是对于各种突变型来讲的。在同一基因的突变中，它的 DNA 分子结构的改变则可以是碱基置换、移码或者缺失等。对于某一具体目的来讲，这些不同的结构改变则有时具有不同的意义。例如，在诱变作用测定的实际意义一节中已经说明，同一组氨酸缺陷型的不同的突变型的回复突变的诱发具有不同的意义，对于某些突变型菌株则稳定性的要求较高。例如，上面所讲的霍乱弧菌的无毒菌株在作为活菌疫苗的应用中则要求菌株十分稳定。在所有的各种突变中，只有缺失突变型不会发生回复突变，所以作为活菌疫苗用的无毒菌株最理想的是缺失突变，而在这种情况下亚硝酸可能是一种理想的诱变剂。

第八节 诱变育种

诱变育种可以说是一类特殊的突变型的筛选工作，这些突变型的共同的要求往往是产量的提高。在绝大多数情况下，这些突变型不能用上面所讲的那些方法来筛选。下面主要就诱变处理和高产菌株筛选两个方面进行讨论。

一、诱变处理

诱变剂所处理的微生物一般要求呈悬浮液状态，并使细胞尽量地处于分散状态。分散状态有利于细胞均匀地接触诱变剂，而且可以部分避免不纯的菌落的出现。因为如果突变发生在连在一起的两个细胞中的一个中，那么这两个细胞在培养皿上便将形成一个不纯的菌落。

诱变剂所处理的细胞中的细胞核(或核质体)越少越好，最好是单核的细胞。理由和上面所说的一样，如果突变发生在细胞中两个细胞核中的一个，那么这一细胞在培养皿上也将形成一个不纯的菌落。根据这一原则，如果所处理的是霉菌和放线菌，则应该处理它们的孢子而不是菌丝，而且在处理前应用灭菌的玻璃珠把结成团的孢子打散。如果所处理的是芽孢杆菌，那么处理营养体和芽孢也有区别，一般芽孢杆菌细胞中有两个细胞核或核质体而芽孢中只有一个，而且芽孢悬液久藏不变，所以处理芽孢可以避免出现不纯菌落，并且可以得到重复性较高的数据。

微生物的生理状态对于诱变的效果也有影响。一般是对数期的细菌对于诱变剂的反应最为灵敏。用抗缬氨酸突变为指标，曾经测得大肠杆菌在对数期中所诱发的突变比在停滞期中高出 4~10 倍。

霉菌和放线菌的成熟的分生孢子都处于休眠状态，所以培养时间对于诱变效果影响不大。但是如果使孢子稍稍萌发，则可以提高诱变效果。

诱变剂的剂量对于诱变效果有较大的影响。突变的诱发常有一个最适的剂量，这主要是因为诱变剂一般都有杀菌作用，在接触低剂量诱变剂的细胞群体中，突变必定发生在受到较多 DNA 损伤(也就是造成较多前突变)的细胞中，可是在接触高剂量诱变剂的细胞群体中，突变却必定发生在受到较少 DNA 损伤的细胞中，因为这种情况下受到过多损伤的细胞不能生存。对于一般的突变，在药物诱变中是这样(图 2.35)；对于影响产量的突变，在辐射诱变中也是这样(图 2.36)。

每一种诱变剂的最适剂量主要和所用诱变剂造成的 DNA 损伤的性质以及对于这些损伤细胞所启用的修复功能有关。由此可以归纳出两个哪怕是暂时性的结论：①每一种诱变剂对于每一种生物有它特定的最适剂量；②可以用一个便于测定的突变来测定最适剂量，以便决定在提高产量的诱变工作中所采用的适当剂量。

图 2.36 告诉我们：①诱变剂的作用不是提高绝对产量而是扩大变异幅度；②最适剂量(320 000R)的 X 射线处理下变异幅度最大；③高于最适剂量的射线处理下首先消失的是高产菌株，这些就是受到 DNA 损伤较多的细胞。

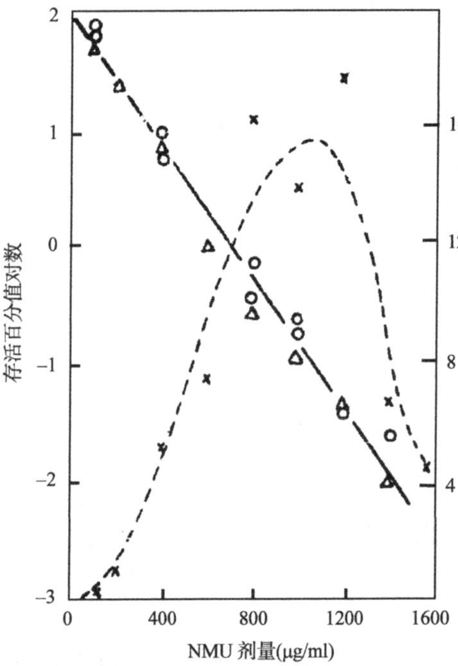

图 2.35　亚硝基甲基脲(methylnitrosourea)对于短小芽孢杆菌的杀菌和诱变作用[23]

pH7.0, 30℃, 处理 60min。——存活；-------诱变

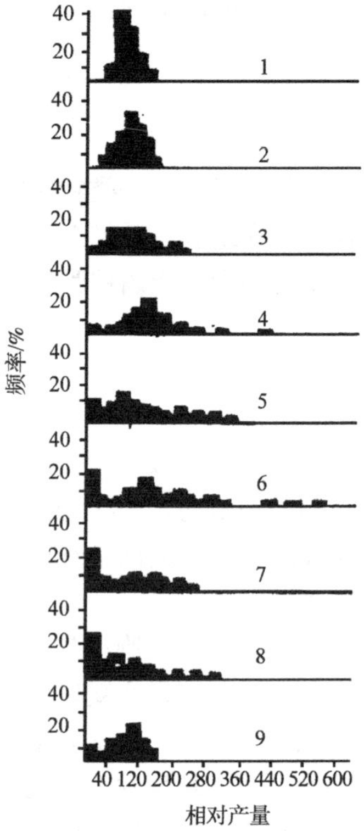

图 2.36　不同剂量的 X 射线对于橄榄色放线菌(*Actinomyces oliavacens*)的产量分布的影响[24]

1. 对照; 2. 20 000R; 3. 40 000R; 4. 80 000R; 5. 160 000R; 6. 320 000R; 7. 480 000R; 8. 560 000R; 9. 640 000R

二、高产菌株筛选

产量突变一般不能用选择性培养方法筛选，因为高产菌株和低产菌株一般都在培养基上同样地生长，也没有一种因素能对于高产菌和低产菌株显示差别性的杀菌作用。

一般测定一个菌株的产量高低时都采用摇瓶培养，然后测定发酵液中的产物的量这一方法。如果把诱变剂处理后出现的菌落逐一用上述方法进行产量测定需要很大的工作量。因此在诱变育种工作中应该尽量利用菌落的可以鉴别的特性来选行初筛，初筛选得的菌株再用摇瓶方法测定，这样就可以提高工作效率。

对于产酸(例如，柠檬酸)的菌种，可以在固体培养基中(或者在浸有培养液的纸片上)加入 pH 指示剂，待菌落生长以后再观察菌落四周指示剂变色的圈的大小，根据指示剂变色圈和菌落直径之比来初步判断各个菌落的产量。对于许多产水解酶(例如，蛋白酶)的菌种来讲，可以把底物加入培养基中，根据透明圈和菌落直径之比来判断酶的产量。对于抗生素来讲，则可以在菌落出现以后把敏感的指示菌加到培养皿上，根据制菌圈和菌落直径之比来判断抗生素的产量。

上述这一类方法所碰到的困难是，产量相当高的菌株的作用圈直径和产量并不呈直线关系(图 2.37)。

为了克服这一困难，在抗生素生产菌株的育种工作中可以采用抗药性的菌株作为指示菌，或者在菌落和指示菌中间加一层吸附剂吸去一部分抗生素。

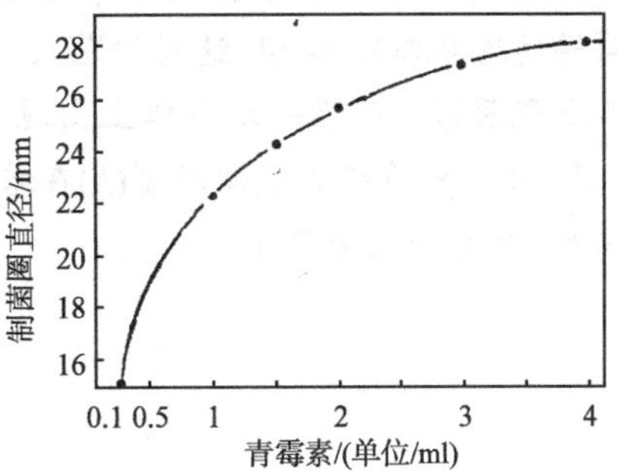

图 2.37　青霉素浓度和制菌圈直径的关系

在固体培养基上，一个菌落的产量越高，则它的产物必然扩散得也越远。对于特别容易扩散的抗生素来说，即使其产量不高，同一培养皿上各个菌落之间也会相互干扰。为了克服产物扩散所造成的困难，可以采用琼脂挖块法。这种方法是在菌落开始出现时就用打孔器将其连同一块琼脂一起打下，然后把许多小块放在空的培养皿中培养，待菌落长到合适大小时再把小块移到含有指示菌的培养皿上。由于每一个菌落所分泌的抗生素最初都集中在小块中，所以只要控制每一培养皿上的琼脂小块数和培养时间，或者再利用抗药性指示菌，就可以得到彼此不相干扰的制菌圈。

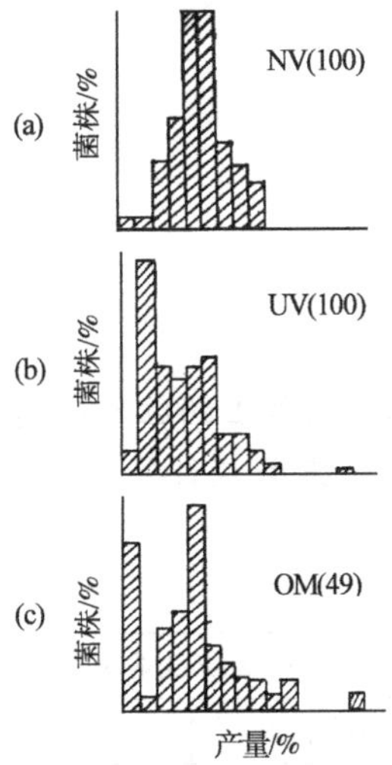

图 2.38　金霉素生产菌的摇瓶发酵产量分布[24]

(a) 不经处理，菌落随机取样；(b) 孢子经紫外线处理，菌落随机取样；(c) 孢子经紫外线处理，菌落根据制菌圈大小选取

摇瓶培养是在实验室条件下和发酵罐条件比较接近的培养方法，培养皿的培养条件则和发酵罐很不相同。所以可以用摇瓶方法测定通过初筛和不通过初筛的两组菌落的产量分布从而判断以上这些初筛方法是否可行。

例如，为了要考察在金霉素生产菌株的诱变育种工作中选取制菌圈较大的菌株这一方法是否有利于得到高产菌株，可以把随机取样的菌落和根据制菌圈大小选取的菌落进行摇瓶发酵产量比较。从图 2.38 可以看到经紫外线处理而随机取样的菌落的产量分布幅度比不经处理的菌落的产量分布幅度为广，而根据制菌圈选取的菌落的幅度则又较随机选取的菌落的幅度为大(注意如果前者也取样 100 个则幅度将更大)。这一实验结果说明了按制菌圈大小选取高产菌株这一方法对于金霉素生产菌株的选育来说是可行的。

习　　题

1. 说明突变型 *metA1*、*metB1*、*metA2*、*metB2*、*met-3*、*met-4* 的关系。

2. 接种培养液中的 3.00×10^5 个细菌中没有一个抗噬菌体 T4 突变型，培养 5h 后在 3.07×10^8 个细菌中发现了 307 个抗性细菌。计算突变型频度和突变率。

3. 在时间 0 时取 3.00×10^5 个细菌涂在培养皿上，立即喷上噬菌体 T4 然后培养。另取同样的培养皿培养 5h(这时细菌数为 3.07×10^8)，然后喷上噬菌体再培养，前一培养皿上不出现菌落，而后一培养皿上出现 307 个菌落。计算突变率。

4. 大肠杆菌组氨酸缺陷型(h)在培养液中培养的过程中其回复子增加的过程见下图。计算 $h\rightarrow h^+$的回复突变率。

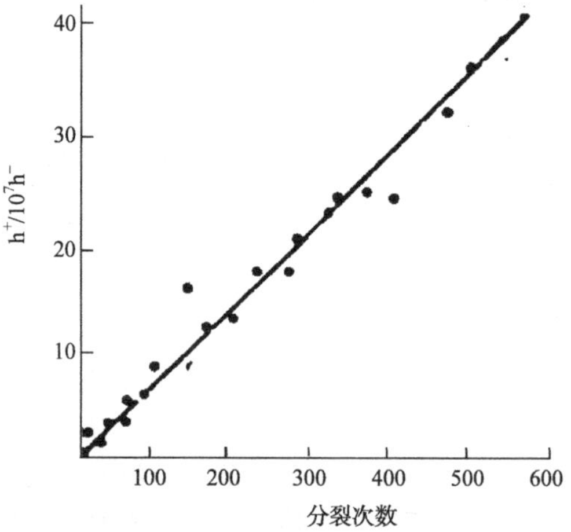

5. 在乳糖 EMB 培养基上，乳糖发酵突变型形成白色菌落，菌落上的红色突起是回复突变细胞所形成的次生菌落，一个突起代表一次突变。根据下表数据计算 $lac^-\rightarrow lac^+$的自发突变率和诱发突变率。

自发			5-OH,7-NO_2-苯并咪唑(85μg/ml)诱发		
菌落直径/mm	细菌/菌落	突起/%	菌落直径/mm	细菌/菌落	突起/%
1.04	1.3×10^7	0.273	1.04	1.3×10^7	1.26
1.20	1.7×10^7	0.446	1.20	1.7×10^7	1.73
1.28	1.9×10^7	0.478	1.28	1.9×10^7	1.82

6. 大肠杆菌 $h\rightarrow h^+$的自发突变率大约是 10^{-8}/细菌/世代，$h^+\rightarrow h$ 的自发突变率大约是 10^{-6}/细菌/世代。两者差别的原因是什么？

7. 为什么同一大肠杆菌群体经 NTG 处理后，在叠氮化钠抗性突变型中出现较多的 *leu* 和 *ara* 突变型，可是在非抗性细菌中并不是这样？

8. 大肠杆菌经某一诱变剂处理后出现双重突变型的可能原因是什么？如何区别它们？

9. 设计一种利用青霉素筛选 lac^-突变型的方法。

10. 设计一种利用青霉素从抗药细菌中筛选敏感回复子的方法。

11. 设计一种利用青霉素筛选除含甲硫氨基酸以外的氨基酸缺陷型的方法。

12. 碱基重复和移码突变的发生有什么关系？

参 考 文 献

[1] Westmorel B C, Szybalski W, Ris H. Mapping of deletions and substitutions in heteroduplex DNA molecules of bacterial phage λ by electron microscope.Science, 1969(163): 1343

[2] Fincham J R S, Day P R, Radford A. Fungal Genetics. 4th ed.Blackwell Scientific Publications, 1979

[3] Perkins D D. The cytogenetics of *Neurospora.* Adv. Genet, 1977(19): 133~285

[4] Luria S E, Delbrück M. Mutation of bacteria from virus sensitivity to virus resistance.Genetics, 1943(28): 491

[5] Newcombe H B. Origin of bacterial variants. Nature, 1949(164): 150

[6] Lederberg J, Lederberg E M. Replica plating and indirect selection of bacterial mutants. J. Bacteriol., 1952(63): 399

[7] Braun W. Bacterial Genetics.W. B. Saunders Company, 1965

[8] Stocker B A D. Measurements of rate of mutation of flagellar antigenic phase in *Salmonella typhimurium.* J. Hyg., Camb., 1994 (47): 398

[9] Demerec M. Studies of Streptomycin-resistant system of mutations in *Escherichia coli.*Genetics, 1951(36): 585

[10] Freese E. The specific mutagenic effect of base analogues on phage T4. J. Mol.Biol., 1959(1): 87

[11] Strelzoff E. Identification of base pairs involved in mutations induced by base analogues, Biochem. Biophys. Res. Comm., 1961(5): 384

[12] Guerola N, Ingraham J L, Gerda'-Olmedo E. Induction of closely linked multiple mutations by nitrosoguanidine. Nature New Biol., 1971(230): 122

[13] Norman A. The nuclear role in the ultraviolet inactivation of *Neurospora* conidia. J. Cell. Comp. Physiol., 1954(44): 1

[14] Streisinger G et al. Frameshift mutations and the genetic code. Cold Spring Harbor Symp.Quant.Biol., 1966(31): 77

[15] Witkins E M. Ultraviolet mutagenesis and the inducible DNA repair in *Escherichia coli.* Bacteriol. Rev., 1976(40): 869

[16] Howard-Flanders P. DNA repair. Ann. Rev.Biochem., 1968(37): 175

[17] Watson J D. Molecular Biology of the Genes.3rd. ed. Benjamin Inc, 1976, 9~21

[18] Topal M D, Fresco J R. Complementary base pairing and the origin of substiution mutation. Nature, 1976(263): 285

[19] Drake J W, Baltz R H. The biochemistry of mutagenesis, Ann. Rev. Biochem., 1976(45): 11

[20] Ames B N, Lee F D, Durston W E. An improved bacterial test system for the detection and classification of mutagens and carcinogens. Proc. Nat. Acad. Sci. U.S.A., 1973(70): 782

[21] Ames B N, Durston W E, Yamasaki E *et al.* Carcinogens are mutagens:A simple test system combining liver homogenates for activation and bacteria for detection. Proc. Natl. Acad. Sci. U.S.A., 1973(70): 2281

[22] Szybalski W, Bryson V. Genetic studies on microbial cross resistance to toxic agents. I. Cross resistance of *Escherichia coli* to fifteen antibiotics. J. Bacteriol., 1952(64): 489

[23] 徐功巧，赵根楠，薛禹谷. 亚硝酸甲基胍对短小芽孢杆菌 ASI 721 的诱变作用. 微生物学报，1976, (16): 304

[24] 阿里汗扬等. 放射性同位素在农业和生物学上的应用. 见：微生物放射遗传学与选种学. 上海：上海科学技术出版社，1959

[25] 王金发等译. 遗传学进展编辑部编. TIG 遗传命名指南(Trends in Genetics Genetic Nomenclature Guide). 2002

第三章　孟德尔式遗传

符合孟德尔定律的遗传称为孟德尔式遗传(Mendelian inheritance)。它的物质基础是染色体上的基因，所以又称为染色体遗传(chromosomal inheritance)；对于真核生物来讲，染色体处在细胞核内，所以又称为核遗传(nuclear inheritance)。

高等动物和植物的遗传体制比较单纯，它们的生活史差别很少，它们的基因重组都通过典型的有性生殖(细胞株的体细胞融合又当别论)。各种微生物的遗传体制差别很大，而且在同一种微生物中基因重组往往可以通过不同的途径发生。在分别讨论各种微生物的遗传体制和基因重组以前，下面先就微生物的遗传体制作一概括性的说明。

第一节　微生物遗传体制概论

在高等动物和植物中，只有通过有性生殖才导致基因重组*，而且基因重组必定涉及整个染色体组。微生物则不同。产生有性孢子的微生物如子囊菌和酿酒酵母等的基因重组也通过典型的有性生殖，而且基因重组同样涉及整个染色体组。在这些生物中，受精作用也和高等植物一样，包括两个生殖细胞的融合。所不同于高等植物的是两个体细胞的结合往往也能带来受精作用，从而产生有性孢子。

不进行典型的有性生殖，并且不产生有性孢子的一些真菌中也有基因重组，而且重组也涉及整个染色体组，这种生殖方式过程中不进行典型的减数分裂，称为准性生殖(parasexual reproduction)。在产生有性孢子的真菌中，也发现有能同时进行准性生殖的。

细菌的基因重组通过细胞的暂时沟通，而且重组只涉及染色体的一部分，所以接合(conjugation)以后的细胞称为半合子(hemizygote)，以区别于典型的有性生殖中细胞融合以后所形成的合子(zygote)。放线菌同样形成半合子，但是在形成半合子过程中，菌丝连接在一起而不是发生暂时的沟通。

细菌细胞通过暂时的沟通也可能只带来个别或少数基因的转移。F 因子转导(F-duction)和 R 因子转移属于这一形式的基因重组。

类似于 F 因子转导所造成的基因重组也可以在细胞根本不接触时发生。如果这一基因重组以噬菌体为媒介而发生则称为转导(transduction)，如果这一基因重组通过游离的 DNA 的吸收而发生则称为转化(transformation)。

微生物中的上述种种导致基因重组的过程总结如表 3.1。

表 3.1 中不包括经过酶的处理而去除细胞壁的原生质体融合，以及由融合而带来的基因重组。在细菌接合、F 因子转导、转导、转化等过程中，基因重组不涉及整个染色体组，所形成的都是半合子。在半合子的形成中，提供部分染色体或少数基因的细胞称为供体(donor)细胞，提供整个染色体的细胞称为受体(recipient)细胞。在合子的形成中，

---

* 实验室中，在特定的情况下可以观察到果蝇偶然发生的体细胞基因重组现象。

表 3.1　微生物中导致基因重组的种种形式

基因重组涉及范围 供体和受体细胞的关系	整个基因组	部分染色体	个别或少数基因
细胞融合或连接	真菌的有性生殖		
	真菌的准性生殖	放线菌接合	
细胞暂时沟通		细菌接合	F 因子转导
细胞不接触			转导
			转化

两个细胞都提供整个基因组，就无所谓供体和受体了。不过在某些情况中，双方提供不等量的细胞质，从而呈现细胞质遗传现象(详见第四章)。某些微生物中存在着类似于高等动物和植物的性别的接合型，详细情况将在有关部分中说明。

第二节　产生有性孢子的微生物的遗传学分析

一、按顺序排列四分体的遗传学分析

粗糙脉孢菌(*Neurospora crassa*)的接合型

较为详细地说明粗糙脉孢菌的生活史对于了解它的遗传学分析很有必要。粗糙脉孢菌的菌丝体是单倍体，每一菌丝细胞中含有几十个细胞核。野生型粗糙脉孢菌的分生孢子(conidia)有两种，小型分生孢子(microconidia)中含有一个核，大型分生孢子(macroconidia)中含有几个核。

单一粗糙脉孢菌菌株只产生不含子囊(ascus)的原子囊果(protoperithecium)。属于不同接合型(mating type)*A* 和 *a* 的两个菌株的细胞接合以后，原子囊果成熟为含有子囊的子囊果(perithecium)，每一子囊中含有 8 个子囊孢子(ascospore)。

受精作用可以通过两种方式进行。一种方式是一种接合型菌株的分生孢子落在另一种接合型菌株的原子囊果的受精丝(trichogyne)上。分生孢子的细胞核进入受精丝中后经过一段时间的有丝分裂，两种接合型的细胞核融合成为合子核。接着合子核进行减数分裂，结果使每一成熟为子囊的细胞中含有 4 个单倍体核。每一单倍体核接着又进行一次有丝分裂，结果使每一成熟的子囊中含有 8 个孢子，每一孢子中含有两个核。邻接的每一对孢子具有相同的基因型。

受精作用的另一方式是通过两种接合型的菌株的菌丝连接进行。通过菌丝的连接，两种接合型的细胞核发生融合。由这些合子核同样可以形成成熟的子囊。

前一种接合方式好像高等植物的受精作用(它们相像之处在细胞质遗传一章中还将进一步讨论)，但是两种接合型并不相当于雌雄两性，因为属于两种接合型的菌株都产生分生孢子和原子囊果。两种接合型只能看作类似于高等植物中的不亲和因子，因此它们不用♀、♂表示而用 *A*、*a* 或 mt^+、mt^-(mt 是接合型 mating type 的简写)表示。

分离(segregation)

将粗糙脉孢菌的一个子囊中的 8 个子囊孢子依次序分离培养，可以得到 8 个单孢子菌株。如果在这 8 个菌株的斜面上都放上属于接合型 *a*(或 *A*)的分生孢子，经过培养以后可以看到 4 个斜面上出现成熟的子囊果，4 个斜面上没有子囊果，说明 4 个菌株的接合型属于 *A*(或 *a*)，4 个属于 *a*(或 *A*)。这种现象可以用染色体行为说明(图 3.1)。

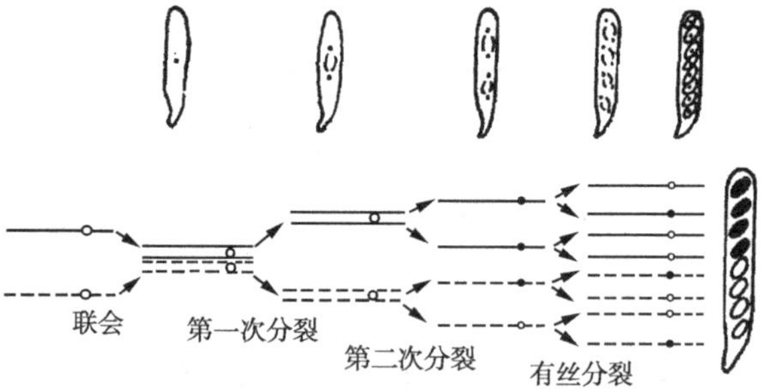

图 3.1　粗糙脉胞菌中接合型的分离和它的染色体基础

只有减数分裂中的染色体具有这样有规律的行为。接合型也作这样有规律的分离，说明接合型为染色体基因所控制。如果决定接合型的物质与染色体无关，它就不会作这样的分离。

粗糙脉孢菌中这一基因分离现象和高等动物和植物中的基因分离有三点主要的区别：①粗糙脉孢菌的子囊孢子是单倍体细胞，由它发芽长成的菌丝体也是单倍体，所以两个相对基因的性状都在杂交子代中表现出来。在高等动物和植物中则只有在杂交子二代中才能观察到基因分离现象。②在粗糙脉孢菌中，一次减数分裂产物包含在一个子囊中，所以很容易看到一次减数分裂所产生的一个二价体(bivalent)中一对基因的分离。在高等动物和植物中许多减数分裂的产物混杂在一起，所以只能通过杂交子代和隐性亲本回交，才能看到回交子代中具有相对性状的个体以大致相等的数目出现。所以在粗糙脉孢菌中可以直观地证明基因的分离，并从而直观地证明基因在染色体上；在高等动物和植物中，这种证明比较不那么直观。③在粗糙脉孢菌中，8 个子囊孢子按顺序地排列在子囊中。这一事实使着丝粒距离(centromere distance)的测定得以进行，基因转变现象容易被发现。

粗糙脉孢菌子囊中的子囊孢子的排列一共有 6 种方式：①*AAAA aaaa*；②*aaaa AAAA*；③*AA aa AA aa*；④*aa AA aa AA*；⑤*AA aaaa AA*；⑥*aa AAAA aa*。

第①、②两种方式称为第一次分裂分离(first division segreagtion)，其他方式称为第二次分裂分离(second division segregation)。

粗糙脉孢菌中有一些产生不同颜色的子囊孢子的突变型。在这些突变型和野生型的杂交子囊中，可以在放大镜下直接观察各种子囊孢子排列方式(图 3.2)。

减数分裂包括一次染色体分裂和两次细胞核分裂。如果来自同一亲本的两个基因(图 3.3 中用黑圈表示)在第一次分裂中趋向一极，而来自另一亲本的两个基因(图 3.3 用白圈表示)趋向另一极，这种分裂方式称为还原分裂(reductional division)(意思是还原到受精以前的状态)；如果来自双亲的各一个基因趋向一极，而来自双亲的另两个基因趋向另一极，这种分裂方式称为均等分裂(equational division)(意思是分裂后的两个细胞核的内容是均等的)。从图 3.3 可以看到如果减数分裂的第一次核分裂属于还原分裂，那么第二次必定属于均等分裂；如果第一次核分裂属于均等分裂，那么第二次必定属于还原分裂。从图 3.3 还可以看到，前者黑、白基因的分离发生在第一次分裂中，后者黑、白基因的分离发生在第二次分裂中，因此，前一种排列方式称为第一次分裂分离，后一种排列方式称为第二次分裂分离。

图 3.2 粗糙脉胞菌中野生型和赖氨酸缺陷型的杂交子囊[1]，由于突变型孢子成熟较慢所以是灰色。在各种排列方式中缺少第 4 种

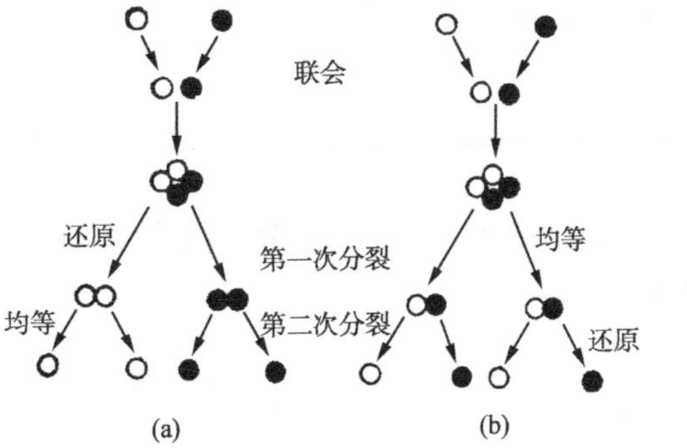

图 3.3 减数分裂的两种方式以及由此造成的二种子囊的示意图

(a) 第一次分裂分离(第二次分裂均等)子囊；(b) 第二次分裂分离(第一次分裂均等)子囊

着丝粒距离

已经知道，在减数分裂的第一次核分裂中着丝粒并没有分裂，因此正像图 3.1 所表示的那样，任何一个基因的分离似乎都只可能属于第一次分裂分离。既然这样，为什么会出现属于第二次分裂分离的子囊孢子和排列方式呢？

显然，只有某一基因所在的这一部染色体在第一次核分裂前就不再和它原来的着丝粒相连，而是和来自另一亲本的染色体的着丝粒相连，才能出现有关基因的第二次分裂分离排列方式。这也就是说只有有关基因与着丝粒之间发生了一次交换(crossing over)时，才能出现第二次分裂分离排列方式(图 3.4)。

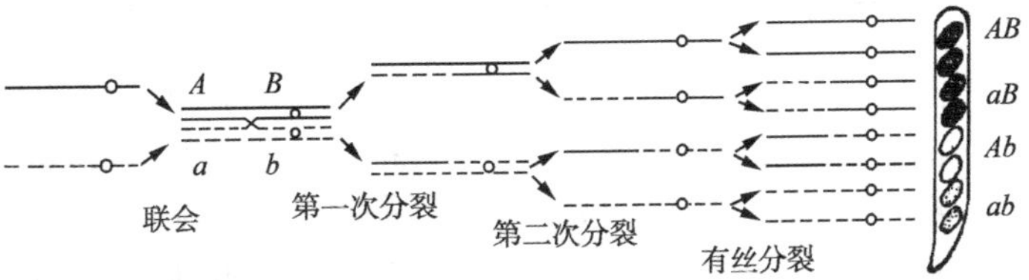

图 3.4 第二次分裂分离的染色体基础

A. 无点；*B*. 黑色；*a*. 有点；*b*. 白色

染色体上两点之间的距离愈远则这两点之间发生交换的频率愈高。因此第二次分裂分离子囊愈多，则有关基因与着丝粒的距离愈远。所以由第二次分裂分离子囊频度，可以计算某一基因和着丝粒之间的距离，该距离称为着丝粒距离(ceritromere distance)。

表 3.2 粗糙脉孢菌接合型基因孢子囊类型数据[2]

子囊类型				
第一次分裂分离	*AAAA*	*aaaa*	105	234
	aaaa	*AAAA*	129	
第二次分裂分离	*AAaa*	*AAaa*	9	40
	aaAA	*aaAA*	5	
	AAaa	*aaAA*	10	
	aaAA	*AAaa*	16	

着丝粒距离和第二次分裂分离在数值上有怎样的关系呢？已经知道交换发生在4个染色单体的两个单体中，所以有关的基因和着丝粒之间的每一次交换产生两个发生了交换和两个没有发生交换的染色单体；可是从子囊中孢子排列的形式来讲，则每一次交换产生一个第二次分裂分离子囊。所以为了使着丝粒距离和用杂交子代中按重组百分值所表示的距离一致起见，

$$\text{着丝粒距离} = \frac{\text{第二次分裂分离子囊数}}{\text{子囊总数}} \times \frac{1}{2} \times 100$$

早在 1932 年，粗糙脉孢菌的接合型基因的着丝粒距离已经测定。所根据的数据见表 3.2。

$$\text{着丝粒距离} = \frac{40}{(40+234)\times 2} \times 100 = 7.3 \text{ 图距单位(map unit)}$$

第二次分裂分离子囊的出现，是由于有关基因和着丝粒之间发生了一次交换的结果，这是关于第二次分裂分离现象的一种解释。着丝粒距离的计算，便是根据这一解释进行的。所以如果这一计算是可靠的，也就说明这解释是正确的。

在所有曾经进行遗传学分析的动物及植物和微生物中，都已经证实杂交子代中重组百分值是基因之间的距离的可靠估计。如果用第二次分裂分离数据计算得到的着丝粒距离是可靠的，那么两个基因之间用重组百分值估计的距离必定是这两个基因的着丝粒距离之和(如果它们处在着丝粒的两侧)或差(如果它们处在着丝粒的同一侧)。下面这一实验数据的分析证实了这一点。

表 3.3A 是粗糙脉孢菌接合型 A 的缓慢生长突变型 v 与接合型 a 的正常生长野生型 v^+的杂交子代子囊类型的数据。

表 3.3A 粗糙脉孢菌($Av\times av^+$)杂交子代的子囊类型[3]

(子囊总数 1161，I 表示第一次分裂分离，II 表示第二次分裂分离)

子囊类别	1	2	3	4	5	6	7
	$A\ v$	$A\ v^+$	$A\ v$	$A\ v^+$	$A\ v$	$A\ v^+$	$A\ v$
	$A\ v$	$A\ v^+$	$A\ v^+$	$a\ v^+$	$a\ v^+$	$a\ v$	$a\ v^+$
	$a\ v^+$	$a\ v$	$a\ v$	$A\ v$	$A\ v$	$A\ v^+$	$A\ v^+$
	$a\ v^+$	$a\ v$	$a\ v^+$	$a\ v$	$a\ v^+$	$a\ v$	$a\ v$
分离类型	I I	I I	I II	II I	II II	II II	II II
四分体类别	PD	NPD	T	T	PD	NPD	T
子囊数	888	1	126	128	5	3	10

表 3.3 中分离类型按 A-a 或 v^+-v 分别考虑。例如，在第 1 和第 2 类子囊中两者都属第一次分裂分离；在第 5、6、7 这三类子囊中两者都属第二次分裂分离；在第 3 和第 4 这两类子囊中则都分别属于第一次分裂分离和第二次分裂分离。

不考虑孢子排列而只考虑性状组合时，双基因杂交子囊可以分作 3 种四分体(tetrad)类型，即亲代双型(parental ditype, PD)、非亲代双型(nonparental ditype, NPD)和四型(tetratype, T)。它们的来源见图 3.5。从图中可以看到 PD 可以来自不交换二价体(bivalent)或二线双交换二价体。第一类子囊为数多，来自前者；第五类子囊为数很少，来自后者。同样地 T 可以来自单交换或三线双交换二价体。第三和第四这二类子囊为数较多，属于前者。所不同的是在第三类子囊中交换发生在着丝粒和 $v^+(v)$之间，而在第四类子囊中交换发生在着丝粒和 $A(a)$之间。由此可见 $v^+(v)$和 $A(a)$必然处在着丝粒的两侧。第七类子囊为数很少，来自三线双交换二价体，从 $A(a)$和 $v^+(v)$都属于第二次分裂分离看来，可以知道两个交换分别发生在着丝粒和 $A(a)$以及着丝粒和 $v^+(v)$之间。

NPD 四分体只能来自四线双交换二价体，可是为什么它们分属于第 2、6 两类呢？在第六类中，$A(a)$和 $v^+(v)$都属于第二次分裂分离，可见两个交换发生在着丝粒的两侧(参看图 3.5)；在第二类中，两个交换必然都发生在着丝粒的一侧。

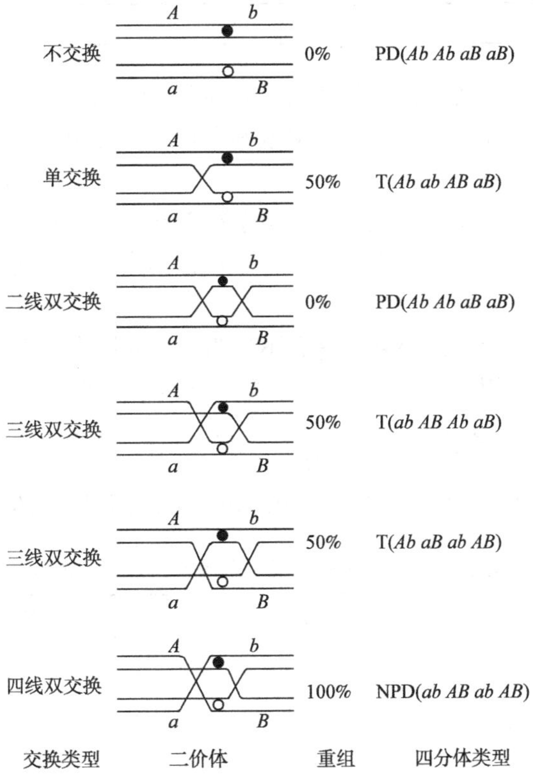

图 3.5　染色体交换和重组及四分体类型的关系

比较由着丝粒距离测定方法测得的图距和由重组频率测得的图距：

$$A(a)\text{的着丝粒距离} = \frac{1}{2}\times\frac{(128+5+3+10)}{1161}\times 100$$

$$= 6.28 \text{ 图距单位}$$

$$v^{+}(v)\text{的着丝粒距离} = \frac{1}{2} \times \frac{(126+5+3+10)}{1161} \times 100$$

$$= 6.20 \text{ 图距单位}$$

每一子囊中包含 4 对基因型相同的子囊孢子，代表一次减数分裂的 4 个产物(染色单体)，所以染色单体的总数是 4×1161=4644。把各个子囊中发生了基因重组的孢子乘以子囊数就可以得到重组子代总数。所以

$$A\text{–}v \text{ 图距} = \frac{(4\times1+2\times126+2\times128+4\times3+2\times10)}{4\times1161} \times 100$$

$$= \frac{544}{4644} \times 100 = 11.71 \text{ 图距单位}$$

比较这三个数值，可以看到 *A* 和 *v* 处在着丝粒的两侧。

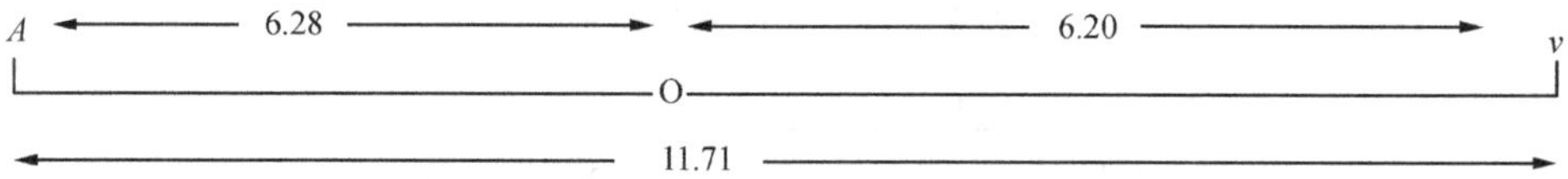

由第二次分裂分离测得的 *A* 到 *v* 的距离是 6.28+6.20 = 12.48 图距单位，由重组频率得到的距离是 11.71 图距单位。这两个数值基本上相符，说明着丝粒距离测定所根据的假定是可信的。

可是为什么这两个数值不全等呢？那是由于在着丝粒距离测定中，着丝粒是作为一个基因座来考虑的，可是在重组频率计算中，着丝粒不作为一个基因座考虑，因而把图距估计偏低了。

比较把着丝粒作为一个基因座来考虑和不作为一个基因座考虑时所得到的重组染色单体数(表 3.3B)，可以看到在前一计算中得到的重组单体多于后一计算 292+288−544 = 36 个，即多于后一计算 $\frac{36}{4644} \times 100 = 0.77$ 图距单位。把这一数值加到由重组频率计算得来的图距值 11.71，就得到由着丝粒方法测得的数值 12.48。

表 3.3B　把着丝粒作为或不作为一个基因座考虑时所得到的各类子囊中的重组单体数的比较[3]

子囊类别	二价体交换类型	子囊数	重组染色单体数，重组发生在		
			A 和 *O* 间	*O* 和 v^{+} 间	*A* 和 v^{+} 间
1	不交换	888	0	0	0
2	四线双交换	1	0	0	4
3	单交换	126	0	252	252
4	单交换	128	256	0	256
5	二线双交换	5	10	10	0
6	四线双交换	3	6	6	12
7	三线双交换	10	20	20	20
	总数	1161	292	288	544

注：*O* 表示着丝粒。

连锁(linkage)和定位函数(mapping function)

连锁是基因随机组合规律的例外现象。在粗糙脉孢菌中，野生型菌株(*AB*)和突变型菌株(*ab*)的杂交子代中如果 *AB*、*Ab*、*aB*、和 *ab* 这 4 种类型的子囊孢子数相等，就说明这是随机组合，也就是说 *A* 和 *B* 并不连锁。如果重组 *Ab* 和 *aB* 的总数小于 50%，那么这两个基因有连锁关系。例如，在以上这一例子中重组型 Av^+和 *av* 占子代总数的 11.71%，说明它们有连锁关系。基因距离愈远，那么子代中重组型愈多。不过同一染色体上的基因不论它们之间的实际距离是多远，杂交子代中的重组类型的百分值不会超过 50%。例如在粗糙脉孢菌的包括 6 个突变基因的杂交(*cr thi nit aur_nic os* × +)中，各个基因和 *cr* 基因的实际图距和重组百分值见表 3.4。

表 3.4　在 *cr thi nit aur nic os* × + 这一杂交中各个基因和 *cr* 基因的实际图距和重组百分值之间的关系[4]

项目＼基因	*cr*	*thi*	*nit*	*aur*	*nic*	*os*
和 *cr* 基因的实际图距	—	10.2	33.2	52.7	67.7	78.3
和 *cr* 基因的重组百分值	—	10.2	29.6	42.9	44.7	46.0

注：基因符号 *cr* 为卷缩 crisp 的缩写；*thi* 为硫胺缺陷 thimineless 的缩写；*nit* 为硝酸盐不利用 nitrate nonutilizer 的缩写；*aur* 为白色 aurescent 的缩写；*nic* 为烟碱酸缺陷 nicotinicless 的缩写；*os* 为渗透压突变 osmotic 的缩写。

图距是通过重组百分值的测定而得来的。既然这样，表 3.4 中的实际图距不同于重组百分值，这实际图距又是怎样得来的呢？原来这是通过测定相邻近的基因的图距，然后相加得来的。例如 *thi* 和 *nit* 的图距是 23，所以 *cr* 和 *nit* 的图距是 10.2+23 = 33.2；*nit* 和 *aur* 的图距是 19.5，所以 *cr* 和 *aur* 的图距是 10.2 + 23 + 19.5 = 52.7，余类推。

那么为什么只有当两个基因相距较近时，实际图距才和重组百分值相等，而不论它们相距多远，重组百分值只会逐渐接近而不会超过 50%呢？

染色单体的两个基因之间发生一次交换时，染色单体中有 50%是重组类型。发生两次交换时，染色单体中有 1/4 是非重组类型，2/4 的染色单体在两个基因之间发生了一次交换，而另外 1/4 的染色单体则在两个基因之间发生了两次交换(图 3.5)。可是发生两次交换的染色单体和不发生交换的染色单体一样，从基因型来讲都属于非重组类型。所以发生两次交换时有 50%的染色单体属于重组类型，也就是说重组百分值是 50%。

分析发生三次、四次或更多次交换的情况，可以得到这样一个一般性的规律；那就是不论有关的两个基因之间发生的是单交换或多次交换，就染色单体来讲，奇数交换染色单体和偶数交换染色单体数总是相等的。就基因重组来讲，染色单体的奇数交换造成基因重组，而偶数交换则并不造成基因重组，因此不论发生多少次交换，重组百分值不超过 50%(表 3.5)。

在同一染色体上的基因称为属于同一连锁群(linkage group)。从以上的讨论可以看到，由于同一染色体上的基因的重组以 50%为极限，所以只有当两个基因之间的距离显然小于 50 图距单位时，才能在杂交子代中看得出它们的连锁关系。

表 3.5 染色体交换类型和染色单体类型的关系

二价体交叉数	不同交换次数染色单体数					重组百分值/%
	不交换	一次交换	两次交换	三次交换	四次交换	
0	1					0
1	1	1				50
2	1	2	1			50
3	1	3	3	1		50
4	1	4	6	4	1	50

定位函数(maping function)也称作作图函数，表示图距和重组百分值之间的关系。在一次减数分裂中，每一个二价体上出现的交叉是不多的。例如，在粗糙脉孢菌每一个二价体上所观察到的交叉数是 1~3，而且出现交叉的位置一般是不固定的。因此在许多细胞中同一染色体上某两个基因之间发生的交换的平均次数必然很小，所以交换数的分布可以用泊松分布的各项表示。

按照泊松分布，某两个基因间不发生交换的概率是

$$P_0 = e^{-m}，m \text{ 表示平均交换数}$$

至少发生一次交换的概率是

$$P = (1-e^{-m})$$

由于一次交换导致半数染色单体上有关的基因间发生重组，所以

$$P = (1-e^{-2x})$$

这里 x 是有关的两个基因之间用图距单位表示的距离。

在表 3.5 中已经指出，两个基因间发生一次或任何次交换时都有 50%的染色单体是发生了重组的，而其余 50%则并没有发生重组，因此

$$\text{重组百分值} = \frac{1}{2}(1-e^{-m}) = \frac{1}{2}(1-e^{-2x})$$

它可以用图 3.6 中的曲线表示。

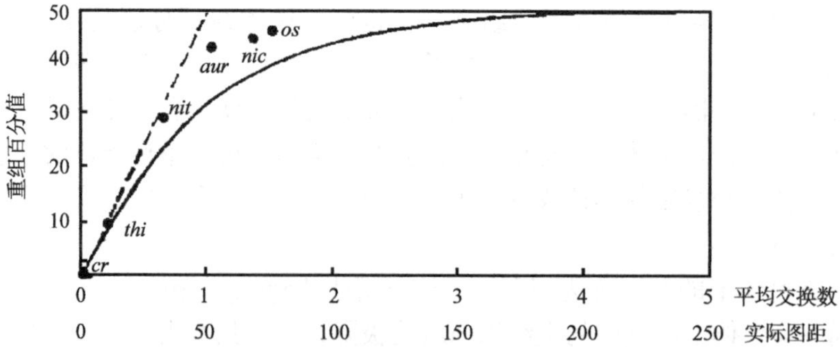

图 3.6 表示重组百分值和图距以及交换次数关系的曲线

黑点表示表 3.4 那几个基因

图中虚线表示如果全部二价体的某两个基因之间都发生一次交换，那么重组百分值是 50，图距也是 50 单位。如果每两个二价体中有一个发生一次交换，那么重组百分值是 25，图距是 25 单位。可见只有在交换至多发生一次的情况下，也即只有两个基因的距离十分近而不可能发生两次交换的情况下图距才等于重组百分值。如果两个基因之间的距离较远，因而可以发生不止一次交换，那么重组百分值和图距的关系便像图中的实线所表示的那样。随着两个基因间实际图距的增加，重组百分值也相应地增加，但是两者的关系不呈直线，而且不论相距多远，只是逐渐接近于 50%。表 3.4 这几个基因在图中所处的位置可以说明这一关系。

二价体上一个交叉(chiasma)的发生减少邻近位置上另一交叉的发生，这种现象称为交叉干涉(chiasma interference)或染色体干涉(chromosome interference)。一次交换中发生交换的这两个染色单体以较少的机会再次交换，这种现象称为染色单体干涉(chromatid interference)。如果没有染色单体干涉，那么双交换中的二线、三线和四线双交换之比是 1∶2∶1；如果有染色单体干涉，那么四线双交换将偏多而二线双交换将偏少。从表 3.3A 可以看到二线、三线和四线双交换之比是多 5∶10∶4，似乎并不存在着染色单体干涉。当然如果要得到确切的结论，必须分析更多的四分体。由于脉孢菌等子囊菌中一次减数分裂的 4 个产物顺序排列在一个子囊中，所以便于用来进行这方面的研究。

连锁群(linkage group)

在同一染色体上的基因属于同一连锁群。从以上讨论可以看到，只有当两个基因的距离显然小于 50 图距单位时，才能确定它们的连锁关系。相距愈远的基因间的重组值与预期图距愈不相符；所以连锁群的建立一般是一个长期积累的过程。下面介绍在粗糙链孢菌中不通过图距测定的连锁群的判断。

在粗糙脉孢菌中已经积累了足够数量的突变型，利用这些突变型可以测定连锁群数。测定的原理是选取着丝粒距离愈近愈好的突变型，把每两个这种突变型菌株进行杂交，如果杂交子代中重组类型接近于 50%(连锁基因的重组百分值极限，也是非连锁基因的预期值)，则说明这两个基因不属于同一连锁群，如果重组值明显地小于 50%就说明这两个基因属于同一连锁群。

理由是如果一个基因的着丝粒距离是 X，另一个基因的着丝粒距离是 Y，那么它们之间的距离或是 X−Y(假定它们处于着丝粒的一侧)或是 X+Y(假定它们处于着丝粒的两侧)。由于 X 和 Y 的数值都很小，所以如果这两个基因在同一染色体上，那么杂交子代中重组百分值至多不过 X+Y。如果这两个基因在不同染色体上，那么重组百分值应该是约 50。由于选取的突变型都根据它们与着丝粒较近这一原则，所以 X+Y 和 50 必然在数值上相差很远，不会由于实验机误而混淆。表 3.6 数字说明这样一些分析的实验数据。

表 3.6 中的 *P* 值表示假定 *a*、*b* 两个基因在同一染色体上，在一次实验中得到表中所列实际重组百分值的概率。例如，*mt* 的着丝粒距离是 7.0，*pyr-1* 的着丝粒距离是 8.2，假定它们在同一染色体上，那么重组百分值至多是 15.2。如果确是这样，由于实验机误还是可以得到 41.3 这一重组百分值，但是它的概率小于 1%。在其他几个测定中，*P* 值都小于 0.2‰。这也就是说由表 3.6 实验结果得出错误结论，即 *a*、*b* 两个基因是在同一染色体上的这一可能性都是很小的。换句话说，上表的实验结果说明每一对基因属于两

表 3.6 粗糙脉孢菌的连锁群分析[5]

基因		着丝粒距离		着丝粒距离之和	实际测得重组百分值	P	a.b.基因所属连锁群
a	*b*	*a*	*b*				
gap	*pe*	5.5	16.0	21.5	52.4	<0.001	I，II
mt	*thi-4*	7.0	5.0	12.0	46.0	<0.001	I，III
mt	*pyr-1*	7.0	8.2	15.2	41.3	<0.01	I，IV
mt	*lys-1*	7.0	6.6	13.6	42.9	<0.002	I，V
mt	*rib-1*	7.0	6.0	13.0	72.5	<0.002	I，VI
mt	*sfo*	7.0	0.7	7.7	81.3	<0.001	I，VII

注：*gap* 为分生孢子生长习性突变型；*pe* 为分生孢子桃红色；*mt* 为接合型；*thi*-4 为硫胺缺陷型；*pyr*-1 为吡哆醇缺陷型；*lys*-1 为赖氨酸缺陷型；*rib* 为核黄素缺陷型；*sfo* 为硫胺抗药性。

个连锁群。表中最后一行表示由其他实验所证实的各个基因所属的连锁群；细胞学观察结果也说明粗糙脉孢菌有 7 个染色体。

二、非按顺序排列四分体的遗传学分析

四分体和基因连锁

构巢曲霉(*Aspergillus nidulans*)的每一个子囊中也有 8 个子囊孢子，但是它们是杂乱的而不是按顺序排列的。衣藻和酿酒酵母也属于这一类型。这些微生物中进行遗传学分析可以采用非顺序排列四分体分析方法。

粗糙脉孢菌的子囊孢子虽然属于顺序排列类型，可是依次序逐个取出培养在操作上比较困难，所以同样可以采用非顺序排列四分体的分析方法。

考虑两个不连锁基因的三种分离形式(PD、NPD、T)，它们的染色体基础见图 3.7 至图 3.9。在这几个图中用大圈和小圈分别表示两对染色体。

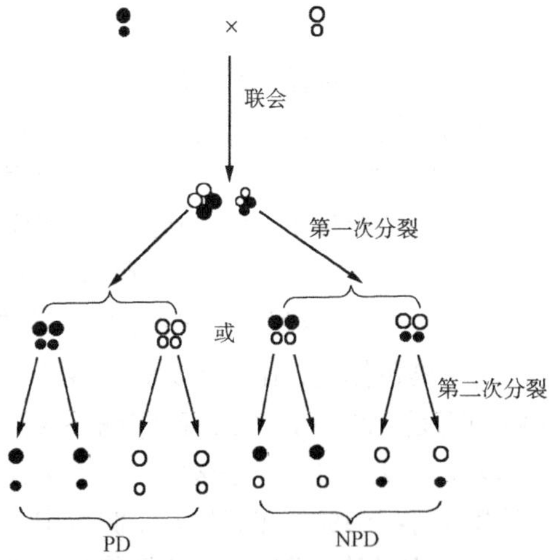

图 3.7 两个不连锁基因和各自的着丝粒之间都不发生交换的结果

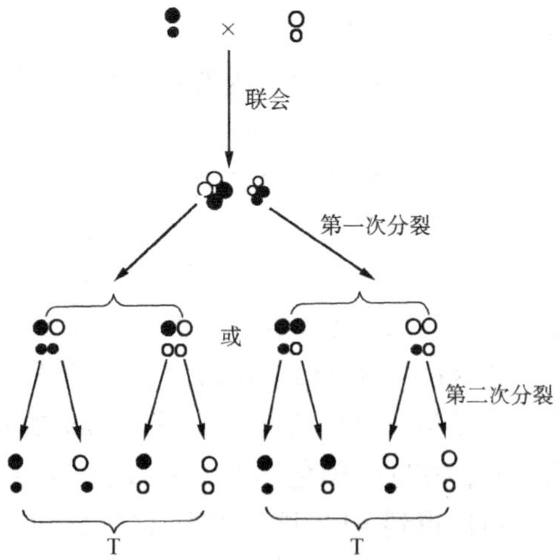

图 3.8 两个不连锁基因中的一个和着丝粒之间发生一次交换的结果

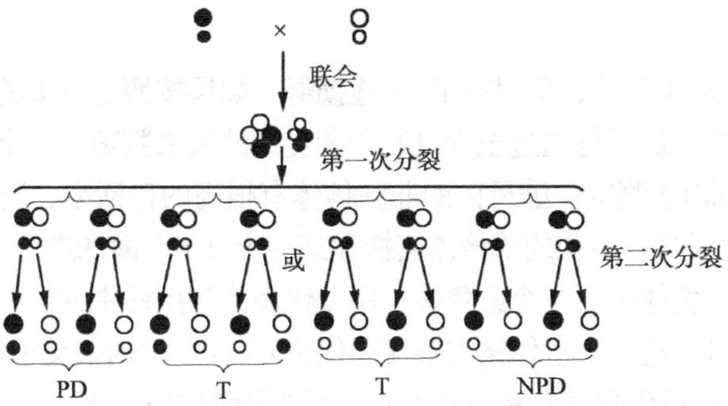

图 3.9　两个不连锁基因和各自的着丝粒之间都发生一次交换的结果

把图 3.5 和图 3.7~3.9 合在一起得表 3.7，由表可以推测两个基因是否连锁并且计算它们的重组频率。

图 3.7~图 3.9 和表 3.7 都只说明两个连锁基因之间不发生或者发生一次或者两次交换的结果。当两个连锁的基因之间发生的不是双交换而是很多交换时，3 种四分体的比是 1PD∶4T∶1NPD。

表 3.7　染色体交换和四分体类型之间的关系

基因连锁		基因不连锁	
交换	四分体类型	和着丝粒之间的交换	四分体类型
不交换	PD	两个染色体都不发生交换	1PD∶1NPD
单交换	T	一个染色体发生交换	T
双交换	1PD∶2T∶1NPD	两个染色体都发生交换	1PD∶2T∶1NPD

根据表 3.7 可以看到判断两个基因是否连锁，可以根据下面这两个标准：①PD 数接近于 NPD 数呢，还是 PD 数远远大于 NPD 数，前者意味着不连锁而后者意味着连锁；②NPD/T 比值的大小。这比值显然大于 1/4 意味着不连锁，这比值显然小于 1/4 则意味着连锁。

如果两个基因是连锁的话，还可以根据 3 种四分体子囊数计算图距。每一 T 型子囊中有两个发生基因重组的染色单体，每一NPD型子囊中有4个发生基因重组的染色单体，PD 型子囊中则没有，所以发生基因重组的染色单体总数是 2T + 4NPD = 2(T+2NPD)，染色单体的总数是 4(T + PD + NPD)，因此

$$\text{图距}=\frac{\text{发生重组的染色单体数}}{\text{染色单体总数}}\times 100\%$$

$$=\frac{2(\mathrm{T}+2\mathrm{NPD})}{4(\mathrm{T}+\mathrm{PD}+\mathrm{NPD})}\times 100\%$$

$$=\frac{1/2\mathrm{T}+\mathrm{NPD}}{\mathrm{T}+\mathrm{PD}+\mathrm{NPD}}\times 100\%$$

连锁群

酿酒酵母有 17 对染色体，所以有 17 个连锁群。如果按照上一节的原理来测定一个未知基因属于哪一连锁群，那就得通过至少 17 个杂交的结果来判断。一个简便有效的方法是利用非整倍体(aneuploid)来测定。酵母菌的非整倍体有很高的存活率，所以便于取得一系列的 $n+1$ 菌株。把发生了某一突变的单倍体菌株和某一个 $n+1$ 菌株进行杂交。用 a 代表 $n+1$ 测交菌株的具额外染色体的那一个染色体，用 a'代表待测菌株中的同源染色体，它带有一个待测的突变基因。对于这一染色体来讲杂交子代是 $a/a/a'$。根据杂交子代中是否出现 3∶1 或 1∶3 子束，就可以判断待测突变基因是否属于额外染色体(表 3.8)。

表 3.8　利用 n+1 菌株测定连锁群的原理[6]

项目	待测基因和着丝粒之间				
	不发生交换		发生交换		
末期 I	(*a-a*, *a-a*) (*a′-a′*)	(*a-a*, *a′-a′*) (*a-a*)	(*a-a*) (*a-a′*, *a-a′*)		(*a-a′*) (*a-a′*, *a-a*)
末期 II	(*aa*)　(*aa*) (*a′*)　(*a′*)	(*aa′*)　(*aa′*) (*a*)　(*a*)	(*a*)　(*a*) (*aa*)　(*a′a′*)	(*a*)　(*a*) (*aa′*) (*aa′*)	(*a*)　(*a′*) (*aa*) (*aa′*)
表型比 如果 *a′*是显性 如果 *a* 是显性	 2∶2 2∶2	 2∶2 4∶0	 1∶3 3∶1	 2∶2 4∶0	 2∶2 3∶1

第三节　大肠杆菌的遗传学分析

不产生有性孢子的微生物中的基因重组首先在大肠杆菌中发现，这一发现的重要意义已在绪论中说明。为了说明这一发现中所用的方法对于以后微生物遗传学发展的重要意义，下面先简单说明在这以前一些人对于细菌有没有基因重组这问题的探讨，然后再讨论基因重组的发现以及细菌接合的研究。

一、细菌基因重组的发现和证实

早在 1937 年曾有人把大肠杆菌的各种糖发酵菌株进行混合培养，然后从培养物中分离菌落，观察这些菌落中有没有关于糖发酵的新的组合出现。可是由于出发菌株的糖发酵特性本身不很稳定，所以从实验结果中不能得出确切的结论。1942 年又有人在斯氏植物假单胞菌(*Phytomonas stewartii*)中混合培养菌落颜色和表面形态不同的菌株进行试验，分离观察了上万个菌落，可是由于出发菌株本身的变异，同样不能得到确切的结论。

细菌基因重组的发现

从以上的早期探索中可以看到困难在于两个方面。首先是出发菌株的稳定性。如果出发菌株本身的特性不稳定，那么就无法知道混合培养中出现具有两个出发菌株的性状的细菌的原因是基因重组呢，还是本身的变异。另一困难是工作量的限制。观察上万个菌落要花相当大的工作量。可是正像下面就将指出的，大肠杆菌基因重组的频率大约是 10^{-6}，所以要观察一百万个菌落才能发现一个由于基因重组而出现的不同于亲本性状的菌落。这就是为什么用形态特征作为对象的研究工作得不到确切结论的又一原因。

为了克服上述两个困难，J. Lederberg在1946年的工作中采用营养缺陷型作为观察的指标。在大肠杆菌中营养缺陷型的回复突变率一般都低于10^{-6}，是比较稳定的。更重要的是在基本培养基上营养缺陷型不能形成菌落，只有在混合培养中发生了基因重组，才能在基本培养基上出现原养型菌落。由于采用这一选择性培养原理，所以不难观察一百万个细菌中出现的一个重组细菌。图3.11说明这一实验的基本原理。

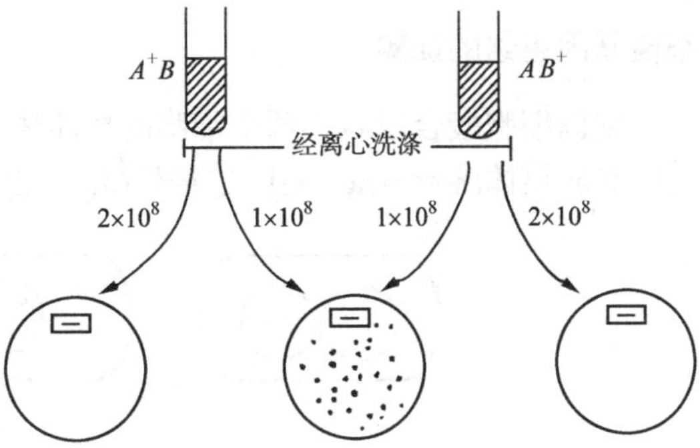

图3.10　大肠杆菌中应用营养缺陷型检出重组细菌的基本原理[7]

上述实验结果可以解释为细菌接合以后发生基因重组的结果，但是还可以有下列解释：①细菌细胞并没有接合，而是交换了DNA(转化因子)；②细菌细胞并没有接合，而是通过培养基交换了养料；③细菌细胞并没有接合，而是亲本细菌发生了回复突变。下面简单地说明怎样排除这些解释。

把上一实验中所用的两个营养缺陷型菌株分别培养在一个中间用烧结玻璃隔开的U形试管的两端(图3.11)。烧结玻璃使两种细菌不能接触，可是能容许培养基以及其中的大分子物质流通。在培养过程中还可以在一端间息地压入灭菌空气，使两边的培养液更好地流通。培养一定时间以后，把两边的细菌分别取出洗净，然后分别大量接种到基本培养基表面，结果并没有看到有营养要求相当于野生型的原养型细菌菌落出现。和上面这一实验合在一起来看，说明细菌细胞的接触对于原养型的出现是必须的。这就否定了转化因子的交换这一解释。

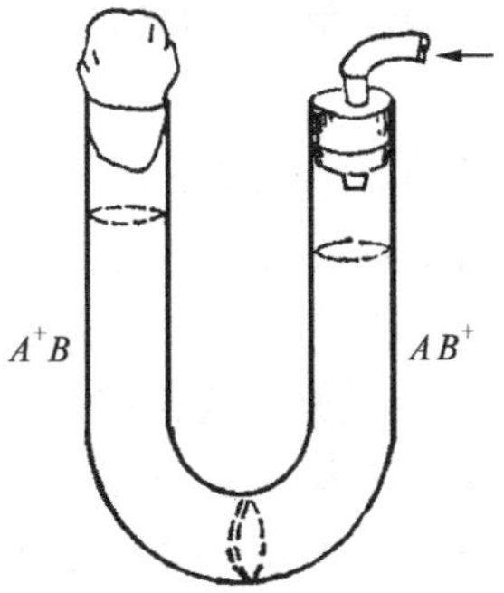

图3.11　用来证明细菌细胞的接触对于原养型的出现为必需条件的实验装置

营养缺陷型细菌通过交换养料而生长的现象称为互养(syntrophism)。将基因型为A^+BT1^r和AB^+T1^s的这两种缺陷型细菌大量混合接种在基本培养基表面，允许两种细菌有短时间的接触，之后喷上噬菌体T1把AB^+T1^s细菌杀死。经培养以后同样没有原养菌落出现。这实验结果说明原养型菌落的出现并非由于互养。

为了排除原养型的出现由于回复突变这一可能性，采用双重缺陷型菌株进行试验。例如，把基因型为ABC^+D^+的菌株和为A^+B^+CD的菌株进行试验。结果发现同样有原养型菌落出现。如果说在$AB^+\times A^+B$接合试验中原养型的出现是由于AB^+菌株中发生A^-基因的回复突变或A^+B菌株中B^-基因的回复突变，那么很难说明双重缺陷型接合试验中原养型的出现，因为这里必须两个基因同时发生回复突变，而这是很不可能的。

从以上这些事实可以看到，两个营养缺陷型的混合培养中出现原养型菌落是由于细菌细胞接触的结果。可是细胞接触以后究竟是发生了基因重组呢，还是两个细胞融合成为含有全部遗传信息的细胞。从下面即将讨论的细菌中的分离连锁等现象看来，显然不可能用简单的细胞融合来解释。

细菌基因重组的证实

细菌细胞接合以后，两个细胞的核质体究竟发生了什么使它们成为原养型呢？可能情况有异核体(heterocaryon)、二倍体(diploid)、单倍重组体(haploid recombinant)(图 3.12)。

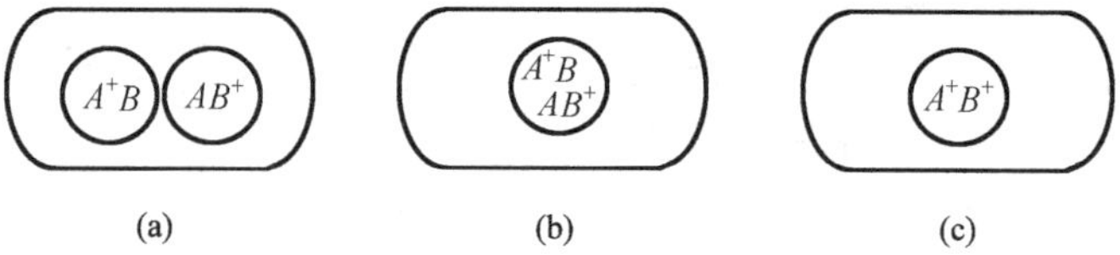

图 3.12　原养型细菌的三种可能情况

(a)异核体；(b)二倍体；(c)单倍重组体

在异核体这种情况中，两个核质体分别存在于同一细胞中。在二倍体这一情况中，则两个核质体合在一起。不论是哪一种情况，基因 A、B 和 a、b 同时存在，只是由于 A、B 是显性，所以这两个细胞都是原养型。在单倍重组体这一情况中，原养型是基因发生了重组的细胞。

在前两种情况中，由于细胞中有隐性基因的存在，所以在继续培养过程中或多或少会出现分离现象，也就是说在原养型的后代中会出现缺陷型细菌。相对地讲，异核体比二倍体更不稳定。

可是营养缺陷型细菌的混合培养中所出现的原养型细菌除个别情况以外都是十分稳定的，所以较为可能的是单倍重组体。不过更可靠的证据来自杂交子代类型的分析。

双基因杂交子代中将会出现 4 种基因组合。例如，在 $AB^+ \times A^+B$ 杂交中将会出现 A^+B^+、A^+B、AB^+和 AB 这 4 种类型。怎样说明这 4 种杂交子代类型的存在呢？

细菌杂交实验之所以能成功，是由于采用了排斥大量的亲本 A^+B 和 AB^+，而容许个别原养型 A^+B^+得以形成菌落的培养条件。在这培养条件下，如果另一重组类型 AB 确实存在，同样也将被排斥。起着选择作用的这些基因称为选择性标记(selected marker)。只有在非选择性标记(nonselected marker)中，才能发现各种基因组合的存在。

例如，在下面这一杂交实验(图 3.13)中两个亲本菌株的基因型是 $ABC^+D^+lacS^rT1^s$ 和 $A^+B^+CDlac^+S^sT1^r$。

图中 A、B、C、D 表示 4 个营养缺陷型。lac 表示乳糖发酵缺陷型，S^r 表示链霉素抗性突变型，$T1^r$ 表示噬菌体 T1 抗性突变型。它们的测定方法是把细菌划线接种在含有乳糖的伊红美蓝(eosin methylene blue)培养基表面，在这上面乳糖发酵细菌的菌落呈带金属光泽的紫红色，乳糖发酵缺陷型(即不发酵)细菌的菌落呈白色或浅红色。在划种以后进行培养前再在垂直方向划上链霉素和噬菌体 T1，经培养以后可以看到抗性细菌在接触到链霉素或噬菌体的地方仍然能生长，可是敏感细菌则不能生长。

在基本培养基上只有 $A^+B^+C^+D^+$细菌能够形成菌落，因为在这种条件下 A、B、C、D 都是选择性标记。如果把这些菌落分别划线接种在含有乳糖的伊红美蓝培养基表面，而且交叉划上链霉素和噬菌体 T1，可以看到每一个菌落属于 8 种类型中的一种。这 8 种类型是三对基因的各种可能组合。为什么每一种类型都能出现呢？这是因为培养条件并不对它们起选择作用，在这一培养条件下它们是非选择性标记。

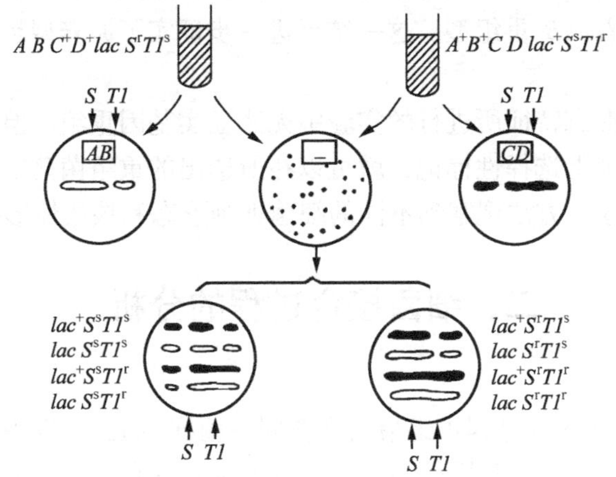

图 3.13　非选择性标记的分离，*A*、*B*、*C*、*D* 作为选择性标记[8]

培养皿上方框中字母表示培养基中所含成分，每一划线接种来自一个菌落

选择性和非选择性决定在基因本身以及培养条件。如果把以上两个菌株的大量细菌混合接种在含有链霉素的培养基上并喷上噬菌体 T1，经培养以后出现的菌落必定属于基因型 $S^{r}T1^{r}$。再把每一个菌落分别划线接种在 4 种培养基(含 A 和 B、含 A、含 B、不含 A 不含 B)上，就可以看到每一个菌落属于 4 种类型($A^{+}B^{+}$、$A^{+}B$、AB^{+}、AB)中的一种(图 3.14)。

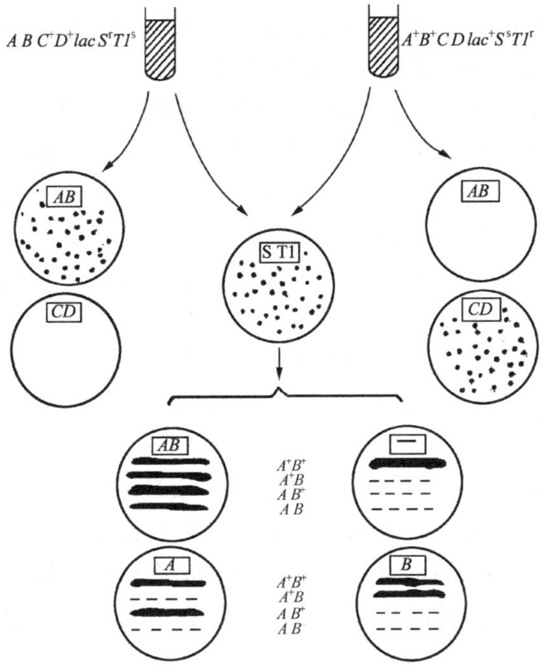

图 3.14　非选择性标记的分离，*S* 和 *T1* 作为选择性标记。4 个培养皿的同一位置上所接种的是同一菌落[8]

在这一实验中基因 S 和 $T1$ 成了选择性标记，A、B、C、D 成了非选择标记。这一实验结果说明在 $A^+B^+CD \times ABC^+D^+$ 杂交子代中 4 种类型都是存在的。同样在 $A^+B \times AB^+$ 杂交子代中必然也存在着 AB 重组型。这一结果进一步证实了原养型是单倍重组体这一结论。

早期的实验中用形态特征所进行的实验中无法证实基因重组。但是如果把两个形态特征不同的菌株分别加上选择性标记，就可以在所选出的重组菌落中观察到形态特征的重组。例如，曾经用这一方法观察到不同的细菌细胞形态和核质体形态的重组型。

二、细菌接合过程的分析

细菌接合的普遍性

细菌接合(conjugation)和基因重组最初都在同一菌株 K12 中发现。以上所讲到的许多突变型都是通过诱变处理，从野生型的 K12 菌株中得来的。

细菌接合和基因重组是否只限于大肠杆菌这一菌株呢？在大肠杆菌中，曾对于 2000 个菌株进行接合试验。不过如果要在 2000 个菌株中选择 4000 个突变型来进行试验，那工作量将是太大了。

实际工作的进行因此按照另一设计，只须在同一菌株中得到一个抗链霉素突变型和一个营养缺陷型，就可以对于 2000 个菌株进行试验。

已经发现大肠杆菌 K12 是能接合的，所以只要在大肠杆菌 K12 中筛选突变型 S^rA，便能用它来和野生菌株 S^sA^+ 进行接合试验。由于在含有链霉素的基本培养基上两者都不能形成菌落而只有重组型 S^rA^+ 才能形成菌落，所以混合大量的 K12S^rA 和待测细菌接种在含有链霉素的基本培养基上，凡能出现菌落的就说明这一菌株能和 K12 接合而得到重组子。实验结果说明大约 2.5%的菌株能和 K12 接合。

在大肠杆菌以外还发现其他能通过接合而导致基因重组的细菌。在以下几节中将说明大肠杆菌的细胞接合依赖于一种称为致育因子(fertility factor, F)的质粒。绿脓杆菌能通过接合而导致基因重组，并且发现有三个类似于 F 因子的质粒 FP2、FP5 和 FP39。用带有质粒 FP2 的绿脓杆菌作为材料，曾绘制出它的遗传学图。

沙门氏菌(*Salmonella* sp.)是和大肠杆菌同属于肠道杆菌科的一种细菌。可以通过细胞接合而将大肠杆菌的 F 因子引进沙门氏菌中去，从而使沙门氏菌也像大肠杆菌一样能通过接合而导致基因重组。鼠伤寒沙门氏菌的遗传学图便是这样绘制出来的。类似的情况包括另一些和大肠杆菌具有相近亲缘关系的细菌如弗氏柠檬酸杆菌(*Citrobacter freundii*)、菊花欧氏杆菌(*Erwinia chrysanthemi*)等。

能够带动染色体转移的质粒为数很多。由于这些质粒的存在而导致基因重组的细菌还有乙酸钙不动杆菌(*Acinetobacter calcoaceticus*)、肺炎克氏杆菌(*Klebsiella pneumonia*)、奇异变形杆菌(*Proteus mirabilis*)、苜蓿根瘤菌(*Rhizobium meliloti*)、黏质赛氏杆菌(*Serratia marcescens*)等。不过到现在为止还没有在革兰氏阳性细菌中发现通过接合导致重组的现象。

大肠杆菌的性别和 F 因子

在大肠杆菌遗传学分析的早期工作中所常用到的两个菌株是甲硫氨酸和生物素缺陷型(A-*MB*)和苏氨酸、亮氨酸和维生素 B_1 缺陷型(B-*T L* B_1)，从这两个菌株分别可以得到抗链霉素突变型 S^r。在不含链霉素的基本培养基上进行这两个菌株的正反杂交时结果没有不同，但是如果在含有链霉素的培养基上进行时，只有 $AS^s \times BS^r$ 杂交得到基本上相同的结果，可是 $AS^r \times BS^s$ 杂交中却并不出现重组菌落。

这一结果说明菌株 A 和 B 虽然来自同一野生型菌株 K12，可是显然似乎在杂交中起着不同的作用。被链霉素杀死以后不能得到杂交子代的这一亲本($AS^r \times BS^s$ 杂交中的 B)可以认为相当于雌性亲本；被链霉素杀死以后仍然能得到杂交子代的这一亲本($AS^s \times BS^r$ 杂交中的 *A*)可以认为相当于雄性亲本。这正像动物中的情况一样，两个亲体一旦交配以后杀死雄体不会影响杂交子代的产生，可是杀死雌体以后不再会出现杂交子代。

把相当于雌性动物的大肠杆菌称为 F^-，把相当于雄性动物的大肠杆菌称作为 F^+，在许多方面 F^+菌株和 F^-菌株显然不同于动物的雌雄性别：使 F^-细菌和 F^+细菌相接触，在一小时内有 70%或更多的 F^-细菌转变为 F^+细菌；F^+细菌经低浓度的吖啶橙(大约 30μg/ml，这浓度不足以抑制生长)处理后许多 F^+细菌转变为 F^-细菌；F^+细菌偶尔也能自发地转变为 F^-细菌，F^-细菌则从来没有发现过自发地转变为 F^+细菌。

根据以上这些事实，可以认为 F^+和 F^-细菌的区别在于前者有一种称为 F 因子(F-factor)的物质，而后者则没有这一物质。F 因子可以通过细胞接合而转移；F 因子可以由于吖啶橙的处理而消失(称为消除，curing)；F 因子一旦消失以后，在细胞中不再出现。可以认为原来的 K12 菌株是 F^+，在诱变剂处理的过程中出现消失了 F 因子的 F^-菌株。

F^+是一种遗传性状，因为由 F^+细菌分裂繁殖得到的一般都是 F^+细菌。F 因子的存在使细菌成为 F^+，F 因子的消失使 F^+细菌转变为 F^-细菌，在这一点上 F 因子类似于染色体基因。F 因子必然能自我复制，因为一旦消失以后它不再出砚，正像缺失突变从不发生回复突变一样。那么 F 因子是不是就是一个染色体基因呢？

染色体基因一般不这样容易消失。更为重要的是大肠杆菌的通过接合的染色体基因转移频率不过 10^{-6}，可是 F 因子转移频率高达 70%以上。根据这些特性看来，F 因子是一种染色体外的遗传结构。可以设想细菌接合以后，在染色体还没有转移以前 F 因子首先转移了。

从 F^+菌株中曾经得到重组频率高出于 F^+菌株几百倍的菌株，这些菌株称为高频重组菌株(Hfr，high frequency recombination 的缩写)。相对于这些菌株来讲，F^+是低频重组菌株。分析这两类菌株的特性，可以帮助我们认识 F 因子的特性。它们的主要相同和不同之处是：

(1) F^+和 F^-能杂交，Hfr 和 F^-也能杂交，F^-和 F^-则不能杂交；

(2) F^+和 Hfr 细胞表面有一种称为性菌毛(sex pilus, 多数 sex pili)的毛状突起，F^-细胞表面则没有这种菌毛。性菌毛不同于鞭毛，因为某些所谓雄性专一的噬菌体(例如 MS2、R17、fl 等)能吸附在性菌毛上，可是不能吸附在鞭毛上。性菌毛和细胞的接合有关，因为人为地使失去性菌毛的 F^+或 Hfr 细菌不能和 F^-细菌接合。

(3) Hfr 细菌经吖啶橙处理以后性质不变，F^+细菌经吖啶橙处理后变为 F^-细菌；

(4) Hfr 细菌和 F^-细菌杂交以后 F^-细菌性质不变，F^+和 F^-细菌杂交以后 F^-细菌常转变为 F^+；

(5) Hfr 细菌曾一再从 F^+细菌中得到，可是从来没有从 F^-细菌中得到过。

根据以上(5)、(1)、(2)三点，可以认为 Hfr 细菌和 F^+细菌一样，在细胞中含有 F 因子。从(3)、(4)两点可以看到，在 Hfr 细胞和 F^+细胞中 F 因子的存在状态必然有所不同，似乎在 Hfr 细胞中 F 因子变得更为稳定了。通过下面所讲的实验结果，可以看到 F 因子在 F^+细胞中是不和染色体相结合的，在 Hfr 细胞中则和染色体相结合；因此 F 因子称为附加体(episome)。附加体是质粒的一种，它可以是游离状态或是和染色体相结合的状态存在于细胞中。关于质粒的讨论详见第四章。

怎样知道在 Hfr 细胞中 F 因子结合在染色体上呢？ 一个可靠的证据是曾经发现从 Hfr 细菌得来带有某些染色体基因的 F 因子。

下面将要说明 Hfr 细菌和 F^-细菌接合以后 Hfr 细菌的染色体从一端开始逐渐进入 F^-细菌中，而且还将说明 F 因子处在染色体的末端。因此一般在细胞接合大约两小时后 F 因子才有可能出现在 F^-细菌中。可是在这以前染色体往往已经断裂，这说明为什么 Hfr 细菌和 F^-细菌接合以后多数 F^-细菌并不转变为 F^+细菌。

染色体基因的转移有方向性和顺序性，所以在染色体末端而和 F 因子相接近的基因在接合后两小时内同样难得出现在 F^-细胞中。已经知道 Hfr2 菌株中的乳糖发酵基因位置在染色体的末端(表 3.9)。在 Hfr lac^+S^s× F^-lacS^r杂交实验中，一般在 2h 内把菌液涂在含有乳糖和链霉素的伊红美蓝培养基表面时不会出现发酵乳糖的紫红色菌落。可是曾经选得个别在杂交 30min 时出现的红色菌落，这些菌落属于 F^+而且具有下列一些特殊的性质：把它接种在含有乳糖的伊红美蓝培养基上，可以看到大约在 1000 个红色菌落中出现一个白色菌落，这些白色菌落属于 F^-；把它和属于上述 30min 出现的乳糖发酵菌株的细菌一起培养，前者以相当高的频率转变为 F^+，而且同时由乳糖不发酵转变为乳糖发酵细菌。

从以上这些事实看来，这些菌株中的乳糖发酵基因已经和 F 因子结合成为一体，所以它们消失时一起消失，转移时一起转移。这样一个菌株的基因型写作 *lac*/F-lac^+，这里用一斜线把染色体基因和 F 因子隔开，并且表示 F 因子上带有乳糖发酵基因。

从其他的 Hfr 菌株可以得到带有半乳糖发酵基因的 F 因子(F-gal^+)和带有脯氨酸基因的 F 因子(F-pro^+)等。这些 F 因子分别从半乳糖发酵基因或脯氨酸基因处在染色体末端的 Hfr 菌株得来。带有不同基因的 F 因子统称为 F′附加体(F′-episome)，带有这些 F′因子的菌株也常用 F′表示。

各种 F′菌株的存在以及它们各自来自特定的 Hfr 菌株这一事实充分地说明在 Hfr 菌株中 F 因子结合在染色体上，同时也说明了在 F^+细菌中 F 因子处在非整合状态。

通过 F′因子的转移而使受体细菌改变它的遗传性状的现象称为 F 因子转导(F-duction)或性因子转导(sexduction)，或简称性导。

中断杂交(interrupted matting)实验、连锁分析和遗传学图绘制

上面曾提到在 Hfr × F^-杂交中 Hfr 细菌的染色体以结合着 F 因子的相反的一端开始逐渐进入 F^-细胞中。这一结论是通过所谓中断杂交这一实验方法得来的。这一方法还可以用来测定大肠杆菌的基因连锁。下面用一具体例子来说明这一方法。

将大约 4×10^8 个 F^-和大约 2×10^7 个 Hfr 对数期细菌混合，在肉汤培养液中进行通气培养。前者的基因型是 $F^-TLAz^rT1^r lac\ gal\ str^r$；后者是野生型，相对于上述菌株其基因型可以写作 $HfrT^+L^+Az^sT1^s lac^+gal^+str^s$。两种细菌混合后，每隔一定时间取样，将菌液样品放在组织搅碎器中搅拌以分散接合着的 F^-和 Hfr 细菌，稀释以后接种一定量到含有链霉素的基本培养基上使 $T^+L^+S^r$重组体形成菌落，然后将每一菌落的非选择性标记全部进行测定。实验结果总结在图 3.15 中。

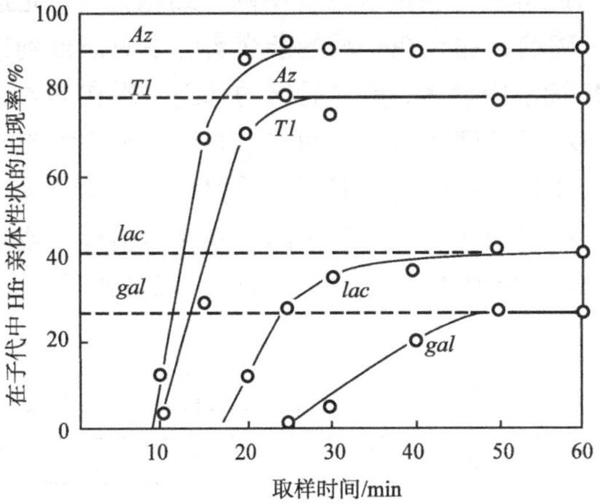

图 3.15　大肠杆菌中断杂交实验结果[9]

$HfrT^+L^+Az^sT1^s lac^+gal^+str^s\times F^-T\ L\ Az^rT1^r lac\ gal\ str^r$(HfrH×P678Sr)

T：苏氨酸；*L*：亮氨酸；*Az*：叠氮化钠；*T1*：噬菌体 T1；*lac*：乳糖；*gal*：半乳糖

可以看到在混合 8min 后取样时，所得到的菌落的非选择性标记全部和 F^-菌株相同，说明还没有任何 Hfr 细菌的基因进入受体细菌中。混合 9min 后取样时，开始出现少数叠氮化钠敏感菌落，说明叠氮化钠敏感基因已经进入少数 F^-细菌中。这时对于噬菌体 T1 来讲，全部 F^-细菌还是都属抗性类型，这说明 Hfr 的 *T1* 敏感基因还没有进入 F^-细菌中。混合 11min 取样时，开始出现 T1 敏感的 F^-细菌。混合 18min 和 24min 取样时，又陆续出现乳糖发酵和半乳糖发酵基因，而在这以前，全部菌落都属于不发酵类型。

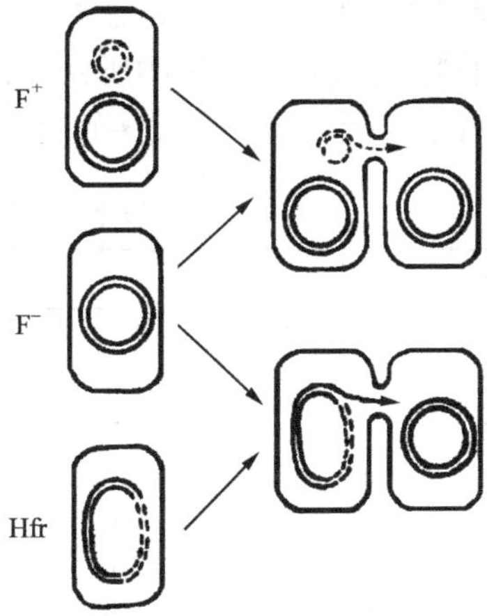

图 3.16　大肠杆菌的 F^+、F^-和 Hfr 细菌细胞中的染色体和 F 因子的存在状态和转移示意图

虚线表示 F 因子；实线表示染色体

以上这些事实说明 Hfr 细菌的基因按一定的时间顺序依次地出现在 F^-细菌中。基因是在染色体上，因此也就是说染色体以一端开始逐渐进入 F^-细胞中。

从图 3.15 还可以看到，从 Hfr 基因出现于 F^-细菌开始，随着时间的推移具有这一

Hfr 基因的菌落数逐渐增加，直到某一百分值为止，而且某一基因出现的时间愈早，它所到达百分值也愈高。例如，叠氮化钠敏感基因出现最早，在 24min 时就达到大约 90%。半乳糖发酵基因出现最迟，即使混后 60min 时取样，也不到 30%的菌落属于发酵类型，70%以上仍属于半乳糖不发酵类型。这一事实又怎样解释呢？

上面已经指出 Hfr×F^-杂交子代都属于 F^-类型，说明虽然 F 因子是在染色体上，可是由于最先转移的是染色体 DNA，而绝大部分的 F 因子 DNA 都在最后转移(参看图 3.16)，所以即使对于接合中的细菌不加任何扰动而容许无限制地接合，F 因子一般也没有机会进入 F^-细胞中去。这只能解释为在接合过程中两个细胞会自发地脱离。

如果这一解释是正确的，那么在一般的杂交实验中应该得到这样的结果：愈在染色体前端的基因出现在 F^-细菌中愈多，愈在后端的基因出现在 F^-细菌中愈少。把中断杂交实验中 Hfr 基因开始进入 F^-细菌的时间，和非中断杂交实验中 Hfr 基因出现在 F^-细菌中所能达到的百分值加以比较(图 3.17)，就可以看到两个实验结果是符合的，不论用中断杂交实验中 Hfr 基因开始出现在受体细菌中的时间作为指标，或是用非中断杂交实验中 Hfr 基因出现在受体细菌中所达到的百分值为指标，都得到同一染色体图。

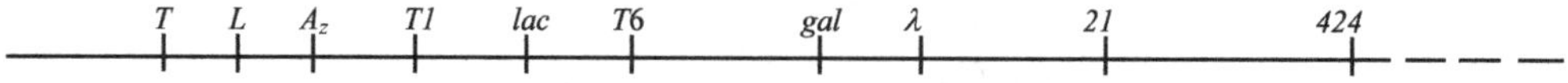

A	—	—	90	70	40	35		25	15		10		3	
B	8	85	9	11	18	20		24	26		35		72	

图 3.17　上图两种实验数据的比较，以及根据这些数据所得到的染色体图[9]

A. Hfr 基因在 $T^+L^+Str^r$ 重组体中所达到的百分值；B. Hfr 基因开始进入 F^-细菌的时间(min)

上面所讲到的是 HfrH 菌株和 F^-菌株的杂交结果。在不同的实验室中，或者在不同的场合中曾经得到许多 Hfr 菌株，它们在基因转移的时间顺序、转移起点和转移方向上都不相同。经过比较系统的研究，到现在为止发现的 Hfr 只有大约 22 种，表 3.9 是 5 种 Hfr 菌株的基因转移先后次序的比较。

表 3.9　几个 Hfr 菌株的基因排列顺序[9]

菌株	基因转移顺序 1)								
HfrH	0	*T*	*L*	*Az*	*T1*	*pro*	*lac*	*Ad*	*gal*	*try*
Hfr1	0	*L*	*T*	B_1	*M*	*ilv*	*mtl*	*xyl*	*mal*	*str*
Hfr2	0	*pro*	*T1*	*Az*	*T*	*T*	B_1	*M*	*ilv*	*mtl*
Hfr3	0	*ad*	*lac*	*pro*	*T1*	*Az*	*L*	*T*	B_1	*M*
Hfr7	0	*T1*	*Az*	*L*	*T*	B_1	*M*	*ilv*	*mtl*	*xyl*
HfrH	*H*	*S-G*	*str*	*mal*	*xyl*	*mtl*	*ilv*	*M*	B_1	
Hfr1	*S-G*	*H*	*try*	*gal*	*ad*	*lac*	*pro*	*T1*	*Az*	
Hfr2	*xyl*	*mal*	*str*	*S-G*	*H*	*try*	*gal*	*ad*	*lac*	
Hfr3	*ilv*	*mtl*	*xyl*	*mal*	*str*	*S-G*	*H*	*try*	*gal*	
Hfr7	*mal*	*str*	*S-G*	*H*	*try*	*gal*	*Ad*	*lac*	*pro*	

1) Hfr3:Hfr C; 0：转移起点；*ad*：腺嘌呤，*H*：组氨酸，*S-G*：丝氨酸和甘氨酸，*M*：甲硫氨酸，B_1：硫胺等基因。

为什么各个 Hfr 菌株有这样的差别呢？Hfr 菌株是从 F^+菌株得来的，F^+细菌转变为Hfr细菌的过程就是F因子结合到染色体上的过程。上述结果因此可以解释为 F 因子可以结合到染色体的不同位置上，而且可以不同方向结合上去，因此各个基因的转移先后次序也就不相同。图 3.16 表示 F^+、F^-和 Hfr 细菌中的遗传物质的存在状态，并且表示 F^+细菌和 F^-细菌接合以后的 F 因子转移情况，以及 Hfr 细菌和 F^-细菌接合以后的染色体转移情况。大肠杆菌接合的实际形象见图 3.18。

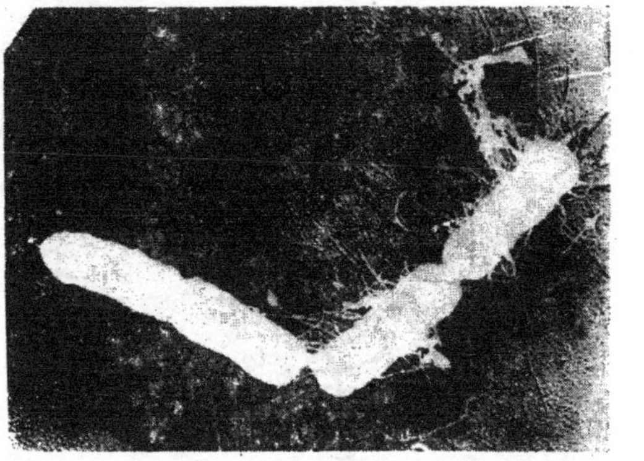

图 3.18　大肠杆菌 K12 的接合的电子显微镜照片[9]

$HfrH\lambda^s \times F^-\lambda^r$，可以看到左边的一个 Hfr 细菌表面吸附着 6~7 个噬菌体，右边的两个 F^-细菌表面有许多鞭毛，但是没有λ噬菌体吸附在上面

大肠杆菌中有一种称为微型细胞(*min*，minicell 的缩写)的突变型，它产生一种不包含染色体 DNA 的小形细胞。这些小细胞能和正常细胞进行接合。用这种小细胞作为接合受体，发现由 Hfr 细菌转移过去的 DNA 是单链的，而且始终处于单链状态；F 因子同样以单链转移，可是在小细胞中部分地转变为双链。通过小细胞研究和其他一些研究结果，认为在大肠杆菌的染色体或 F 因子转移过程中 DNA 都以单链形式转移。图 3.16 形象化表示了这些过程。

在 F^+细菌中 F 因子是单独存在的，所以它的一个单链转移到受体细菌中去时，以滚环式(roling circle)复制方式合成另一单链，而使供体和受体细菌中同时出现一个 F 因子。对于 Hfr 细菌来讲，则存在着两种可能，或通过滚环式复制而在受体细菌中出现一个双链片段，然后和受体染色体发生交换，或是以单链形式取代受体染色体的一个单链片段，然后通过染色体修补合成而出现基因重组。现在一般倾向于认为后一情况是真实的。如果确是这样的话，那么细菌接合和某些细菌的转化中的基因重组过程存在着本质上相同之处，而和高等动、植物不同。

根据中断杂交实验和 P1 噬菌体转导实验(详见下文)结果，在 1976 年已经绘制出包括 52 个准确定位的基因座的染色体图(图 3.19)，而初步定位的基因已经有一千个以上。

在中断杂交实验中根据基因转移的先后次序来测定基因的连锁关系。这和一般测定连锁的方法在原则上是不同的，一般的方法根据基因重组来测定基因的连锁关系。这两种方法得到的结果是不是相符呢？

在讨论这一问题以前，可以先仔细分析一下中断杂交实验所用的方法。从表 3.9 可以看到，图 3.15 这一中断杂交实验所用的 Hfr H 菌株的基因转移顺序是 *T*、*L*、*Az*、*T1*、*lac*、*gal*、*str*。在 Hfr$T^+L^+Az^sT1^slac^+gal^+str^s \times F^-T\,L\,Az^rT1^rlac\,gal\,str^r$这一杂交中，选择性标记是 T^+L^+和 str^r，str^r这一标记属于受体细菌。所以在杂交过程中只要 Hfr 细菌的前端两个选择性标记进入 F^-细菌就能得到一个重组体，不管其他基因有没有进入 F^-细菌。接近前端的基因进入 F^-细菌的机会较多，因此 F^-细菌中出现 Hfr 基因的频率主要决定于它们进入 F^-细菌的时间。

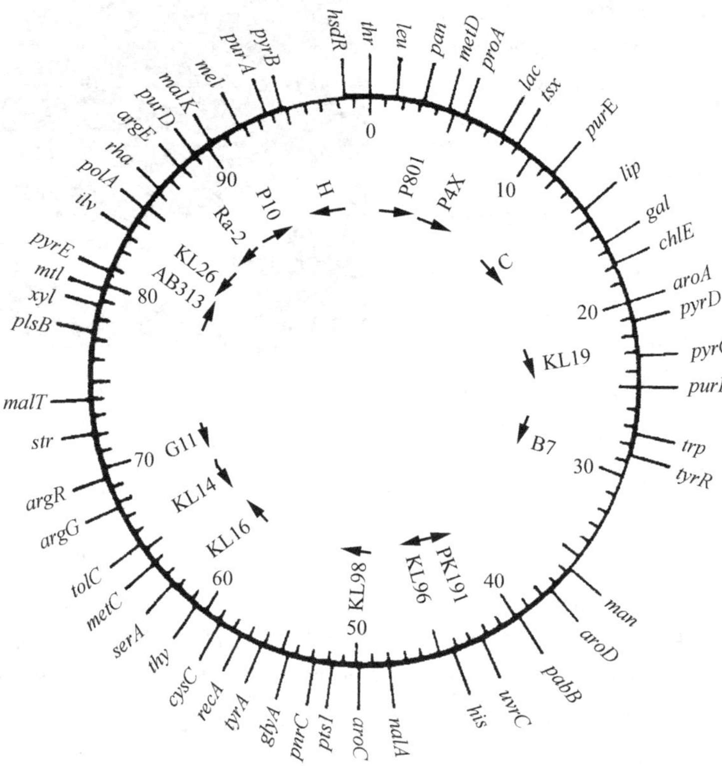

图 3.19　大肠杆菌的简化环状染色体简图，包括 52 个准确定位的基因座[10]

细线部分表示并发转导数据缺乏的部分；箭头表示各 Hfr 菌株的染色体转移起点和方向。请对照表 3.9

thr：苏氨酸，*leu*：亮氨酸，*pan*：泛酸，*met*：甲硫氨酸，*pro*：脯氨酸，*lac*：乳糖，*tsx*：抗 T6，*pur*：嘌呤，*lip*：硫辛酸，*gal*：半乳糖，*chl*：氯酸盐，*aro*：芳香族氨基酸，*pyr*：嘧啶，*trp*：色氨酸，*tyr*：酪氨酸，*man*：甘露糖，*pab*：对氨基苯甲酸，*uvr*：紫外线抗性，*nal*：萘啶酮酸，*pts*：磷酸转移酶系，*gly*：甘氨酸，*rec*：重组，*cys*：半胱氨酸，*thy*：硫胺，*ser*：丝氨酸，*tol*：大肠杆菌素抗性，*arg*：精氨酸，*str*：链霉素抗性，*mal*：麦芽糖，*pls*：磷酯，*xyl*：木糖，*mtl*：甘露醇，*ilv*：异亮氨酸缬氨酸，*pol*：聚合酶，*rha*：鼠李糖，*mel*：蜜二糖，*hsd*：寄主专一性基因等

如果要测定基因重组，就得在以同等机会进入受体细菌的一段 Hfr 染色体上测定重组。具体地讲，在 Hfr HS^s×F^-PA209S^r这一杂交中，已经知道 Hfr 染色体上待测基因的转移顺序是 *T*、*L*、*T1*、*lac*、*gal*、*try*、*H* 和 *S*，用 Hfr 细菌的后端的基因 H^+和 F^-受体细菌的 S^r 作为选择性标记选取重组体细菌，这样就保证了每一个 F^-细菌中都有相同的一段 Hfr 染色体(即从前端基因 *T* 开始到 *H* 为止的这样一段染色体)转移进去。分析这一杂交的重组体中的基因组合，才能告诉我们基因重组的情况。

在这样一个杂交中选取 H^+str^r 重组子，逐个测定它们的非选择性标记。在 200 个重组子中出现 6 对基因的 38 种组合。分析这些组合中哪两个亲本基因之间发生了重组，计算出它们的重组频率。把这些重组频率和由中断杂交实验所测定的这些基因的位置作一比较(图 3.20)，可以看到除了 *T-L* 这一距离不符(原因可能是由于 *T* 和 *L* 距离非常接近，所以难以准确测定)外，其余的 c/b 比值都很接近。这一事实说明由 *Hfr* 基因进入 F^-细菌的时间先后所测得的基因之间的距离和用重组频率所测得的距离是基本上符合的。

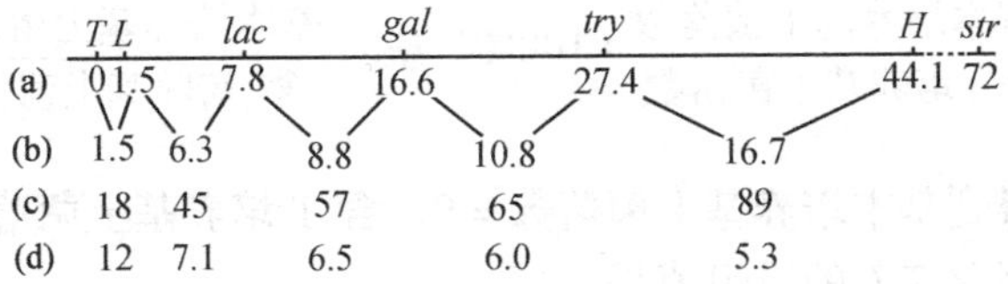

图 3.20 在杂交 Hfr$T^+L^+Az^sT1^slac^+gal^+trp^+H^+str^s \times F^-T^-L^-Az^rT1^rlac\ gal\ trp\ H\ str^r$(Hfr$Hs^s \times F^-PA209S^r$)中用重组频率作为指标所测得的基因距离，以及和用中断杂交实验所测得的距离的比较

(a)根据中断杂交实验所测得的基因位置；(b)由这些位置得来的基因间距离；(c)由重组实验所测得的基因间的相对距离；(d)c/b 比值

在这样一个杂交中，每一供体基因都以大约 50%这一频率出现在受体细菌中。例如在 200 个重组子中得 47%的 T^+、44%的 L^+、45%的 $T1^s$、47%的 lac^+、49%的 gal^+，57%的 trp^+。这一事实说明已经进入受体细菌的每一个基因都有 50%的机会出现在受体染色体上。

附带指出，我们不可能用分析顺序排列四分体或者非顺序排列四分体的方法对于大肠杆菌进行遗传学分析，可是相反地可以应用大肠杆菌中的分析方法来分析顺序排列的四分体。当这样做时我们既不能估计着丝粒距离，也无从观察四分体类型。不过这一方法便于分析大量的杂交子代，而且工作也比用顺序排列四分体分析方法更为简便。下面以粗糙脉孢菌为例来说明这一分析方法。

收集大量充分成熟的子囊孢子，洗净后在 60℃中加热半小时使孢子活化，然后取样混合在各种成分的培养基中倒培养皿。为了避免菌丝蔓延，可以把 0.1%的蔗糖作为合成培养基的碳源。

所分析的 *trpI*×*leuI*(或者写作 $L^+T \times LT^+$)这一杂交。为了简便起见，下面用 $f(T^+L^+)$ 表示基因型是 T^+L^+ 的菌落数，余类推。

含有色氨酸(T)和亮氨酸(L)的培养皿上的菌落数 $=f(T^+L^+)+f(T^+L)+f(TL^+)+f(T^-L^-)$；

含有 T 的培养基上的菌落数 $=f(T^+L^+)+f(TL^+)$；

含有 L 的培养基上的菌落数 $=f(T^+L^+)+f(T^+L)$；

不含 T 和 L，即基本培养基上的菌落数 $=(T^+L^+)$。

$$\text{重组频率}=\frac{\text{重组孢子数}}{\text{孢子总数}}\times 100\%$$

假定 $f(T^+L^+)=f(TL)$，即两种互补的重组类型数相等，

$$\text{重组频率}=\frac{2f(T^+L^+)}{f(T^+L^+)+f(TL^+)+f(TL)+f(T^+L)}\times 100\%$$

再假定 $f(TL^+)=f(T^+L)$

$$\text{则重组频率}=\frac{f(T^+L^+)}{f(T^+L^+)+f(TL^+)}\times 100\% \quad \text{或} \quad \frac{f(T^+L^+)}{f(T^+L^+)+f(T^+L)}\times 100\%$$

$$=\frac{\text{基本培养基上菌落数}}{\text{含T培养基上菌落数}}\times 100\% \quad \text{或} \quad \frac{\text{基本培养基上菌落数}}{\text{含L培养基上菌落数}}\times 100\%$$

在一次实验中得到基本培养基上菌落数＝9，含 T 培养基上菌落数＝74，含 L 培养基上菌落数＝67，因此 *T-L* 的重组值是

$$\frac{2\times 9}{74+67}\times 100\% = 12.8\%$$

或

$$\frac{9}{74}\times 100\% = 12.2\%$$

或

$$\frac{9}{67}\times 100\% = 13.4\%$$

根据顺序四分体分析方法所得的数值是 11.8%，说明这方法是可行的。

第四节　真菌中通过准性生殖的遗传学分析

所谓准性生殖是真菌的一种导致基因重组的过程。这一过程和有性生殖的区别主要是以下两个方面：

(1) 有性生殖过程导致有性孢子的产生，这些有性孢子在形态、生理上都和营养体细胞不同，而且往往产生在特殊的囊器中。准性生殖过程虽然也导致基因重组，可是重组体细胞和一般的营养体细胞没有不同，而且并不产生在特殊的囊器中。

(2) 在有性生殖中通过减数分裂过程中的染色体交换和它的随机分配而导致基因重组；减数分裂中染色体交换和每一对染色体的减为半数是一个很有规律的协调过程。在准性生殖过程中染色体交换和染色体的减少是不规则的而且不协调的。

准性生殖过程包括异核体的形成、二倍体的形成以及染色体单倍体化(haploidization)和体细胞交换(somatic crossing over)。下面将就这三个阶段分别进行讨论。准性生殖首先在构巢曲霉中发现，所以讨论将主要以构巢曲霉为例。

一、异核体的形成

把构巢曲霉的两个不同的营养缺陷型菌株所产生的分生孢子大量混合接种在基本培养基表面，往往可以得到少数原养型菌落，这些菌落是异核体。在大肠杆菌接合和重组的讨论中曾经指出，两个营养缺陷型菌株的混合培养中出现原养型菌落的可能是异核体、二倍体或单倍重组体。

两种缺陷型孢子接种在一起时，菌丝间可能通过培养基互相供应养料，从而出现少数能在基本培养基上生长的菌落。为了证实原养型菌落的出现并非由于互养，可以从原养型菌落上取下一些菌丝，把它接种在养料贫乏的培养基上。在放大镜下把从接种处向外长出的菌丝的尖端连同小块培养基割下，放入含有基本培养基的试管中。如果原养型菌落的出现是由于互养，那么单个菌丝尖端就不会生长。然而只要割取的菌

丝尖端不是太短而妨碍生长，往往可以得到一个新的培养物，因此可以排除互养这一可能。

把构巢曲霉的两个缺陷型菌株 A 和 B 的分生孢子混合接种在基本培养基上，取这上面出现的菌落的单个菌丝尖端接种在基本培养基上，得到由单个菌丝尖端所长成的培养物。收集这培养物上的分生孢子，各取大约 100 个孢子接种在基本培养基以及含 A 的培养基或含 B 的培养基上，经培养后可以看到在前一种培养基上没有菌落，在后两种培养基上各出现几十个菌落。

单倍重组体 A^+B^+和二倍体 $\dfrac{A^+B}{A\,B^+}$ 孢子都能在基本培养基上生长，而构巢曲霉的分生孢子是单核的。因此基本培养基上不出现菌落这一事实说明在基本培养基上混合大量基因型为 AB^+和 A^+B 的菌株的分生孢子所形成的菌落是异核体，而由异核体产生的分生孢子属于 AB^+和 A^+B 两种，它们都不能在基本培养基上形成菌落，却可以在含 A 或含 B 的培养基上形成菌落。

异核体不只是实验室里的人为产物，在自然界里也是一种普遍的现象。早在 1938 年就发现在 35 属半知菌中 32 属有异核体。

许多真菌都有这样一种生活习性：同一种真菌的菌丝接触时菌丝之间连接起来，细胞质和细胞核就混合在一起。由菌丝连接处长出的菌丝细胞中便含有来自两个菌丝体的细胞质和细胞核。如果这两个菌丝体的细胞核属于不同的基因型，那么就成为一个异核体菌株。细胞质混合的遗传学后果将留在非孟得尔式遗传一章中讨论。

异核体在自然界中这样普遍并不是偶然的，从两个营养缺陷型的异核体菌株可以在基本培养基上生长这一点可以看到，异核体具有生长优势，类似于高等植物的杂种优势。可是许多真菌的分生孢子是单核的，而自然界真菌的传播主要靠分生孢子，那么这些真菌又怎样经常保持它们的异核体状态呢？事实上曾经发现从空气中落下的孢子所长成的青霉菌也有异核体，说明孢子飞散时常是几个连在一起，这种孢子传播方式有助于异核体的保持。即使从单个分生孢子长起来的菌株，也可以成为异核体，那是通过菌丝中个别细胞核发生突变而造成的。

异核体在自然界这样普遍的一个原因是异核体常具有生长优势，另一个原因是异核体中可以储备隐性突变。某些突变型在一个环境中不利于生存，可能在另一环境中就变得有利于生存。异核体中包含着不同基因型的细胞核，这可以使它们具有更好的适应潜力。

在粗糙脉孢菌中，曾经观察到同一个由亮氨酸缺陷型(L^-)和野生型(L^+)组成的异核体在不同的培养基上的生长速率各不相同，在含有亮氨酸的培养基上它相同于缺陷型，在不含亮氨酸的培养基上相同于野生型(图 3.21)。类似的现象在其他真菌中也经常发现。这些结果都说明异核体对于环境的适应性。

同一种真菌的不同菌株形成异核体的难易程度为基因型所决定。粗糙脉孢菌的不同接合型的菌丝可以连接在一起而产生子囊孢子，可是对于形成异核体来讲，则相同接合型的菌株反而更容易形成异核体。在粗糙脉孢菌中已经发现至少有 10 个与异核体形成有关的基因。

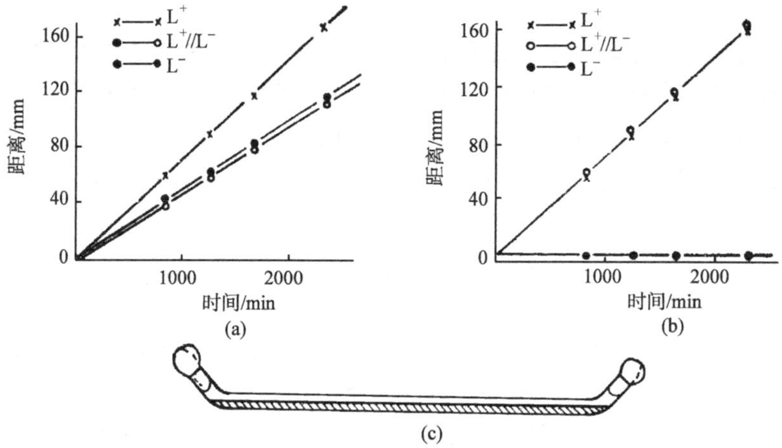

图 3.21　粗糙脉胞菌的同一异核体 $L^+//L^-$和两个纯核体 L^+和 L^-，在含有或不含亮氨酸的培养基上的生长速率的比较[11]

(a) 培养基中含有亮氨酸；(b) 培养基中不含亮氨酸；(c) 测量生长用的生长管

异核体虽然在许多真菌中普遍存在，可是在粗糙脉孢菌以及构巢曲霉、土曲霉菌(*Aspergillus terreus*)、异宗曲霉(*A.heterothallicus*)、杂色曲霉(*A.versicolor*)等真菌中，却发现许多从自然界得到的菌株都属异核体形成不亲和的类型。这些现象的生物学意义同样值得注意。

二、二倍体的形成

真菌在自然界中一般都以单倍体状态生存着，但是在实验室中可以获得稳定的二倍体菌株。

如果把大量的异核体所产生的分生孢子接种在基本培养基上，就可以得到少数菌落。这些菌落不同于第一次混合接种 AB^+和 A^+B 菌株的孢子在基本培养基上所出现的原养型菌落，因为从现在得到的少数菌落上取得的分生孢子都能在基本培养基上形成菌落。可见这些菌株是二倍体菌株而不是异核体。

在从异核体的分生孢子中检出二倍体孢子的过程中，可能会出现重新由两种孢子结合起来形成的异核体菌落或者由于回复突变而出现的菌落。为了避免将这些异核体菌落误认为二倍体菌落，可以采取两种措施。

第一，采用十分纯净的基本培养基，使得两种缺陷型亲本的孢子都不能在这上面发芽，这样就可以避免异核体菌落的出现。在这里必须附带指出，由于同样理由在检出异核体时，所用的基本培养基应该是能使这两个缺陷型亲本的分生孢子发芽，但是不能在这上面分别形成菌落的培养基。

第二，采用具有分生孢子颜色突变标记的缺陷型菌株作为亲本。例如，构巢曲霉菌的分生孢子是绿色的。可以得到产生黄色孢子的突变型(w^+y)和产生白色分生孢子的突变型(wy^+)。由产生黄色孢子的某一营养缺陷型(AB^+w^+y)和产生白色孢子的另一缺陷型

$(A^+ B\, w\, y^+)$所组成的异核体$\left(\dfrac{A\, B^+ w^+ y}{A^+ B\ w\, y^+}\right)$所产生的分生孢子有黄、白两种，可是由二倍体菌株$\left(\dfrac{A\ \ B^+ w^+ y}{A^+\ B\ \ w\ y^+}\right)$所产生的分生孢子则都是绿色的。原因是异核体所产生的分生孢子就是两个亲本所产生的孢子，而二倍体孢子则只有一种，而且因为黄色突变型和白色突变型对于绿色野生型来讲都是隐性的，所以孢子是绿色的。

大量异核体分生孢子中出现少数二倍体孢子，这一事实说明在异核体菌丝中，少数单倍体细胞核融合成为二倍体细胞核。二倍体细胞核出现的频率可以由于某些理化因素的处理而提高。例如，用樟脑蒸气处理构巢曲霉的菌丝，可以提高二倍体菌落的频率 10 倍。米曲霉的多核分生孢子经紫外线处理后，同样可以提高二倍体菌落的频率，在存活率为 1%时，二倍体菌落的频率比不处理的样品提高 100 000 倍。

二倍体所产生的分生孢子常和单倍体(包括异核体)所产生的分生孢子不同。在某些真菌中二倍体孢子大于单倍体孢子。在另一些真菌中孢子大小没有改变，可是每个孢子中的核的数目则不相同，二倍体孢子中细胞核数约为单倍体孢子的一半(表 3.10)。

表 3.10　几种真菌的分生孢子的比较[12]

真菌	单倍体分生孢子			二倍体分生孢子		
	直径/μm	体积/μm^3	核数/孢子	直径/μm	体积/μm^3	核数/孢子
构巢曲霉菌 (*Aspergillus nidulans*)	3.15	16.3	1.0	4.0	33.5	1.0
黑曲霉菌 (*Aspergillus niger*)	4.5	47.7	1.0	5.4	82.4	1.0
酱油曲霉菌 (*Aspergillus sojae*)	—	135.0	4.22	—	128.0	2.21
米曲霉菌 (*Aspergillus oryzae*)	—	—	3.5	—	—	1.9
产黄青霉菌 (*Aspergillus chrysogenum*)	3.7	26.9	1.0	4.9	61.9	1.0

三、体细胞交换和单倍体化

二倍体比异核体稳定。从异核体所取得的分生孢子属于两个亲本菌株，从二倍体取得的分生孢子则一律都是二倍体。可是稳定性是相对的，正像从异核体中可以得到少数二倍体分生孢子一样，从大量的二倍体分生孢子中也可以得到少数体细胞分离子(somatic segregant)。所谓分离子包括重组体(recombinant)和非整倍体(aneuploid)或单倍体。在这里，产生非整倍体或单倍体的过程称为单倍体化，产生重组体的过程称为体细胞交换(somatic crossing over)。

体细胞重组体和非整倍体的检出

正像异核体分生孢子中出现二倍体是偶然的事件一样，在二倍体分生孢子中出现体细胞重组体和非整倍体也是偶然的事件。重组体和非整倍体除了可以根据分生孢子的颜色检出以外，主要还得依靠更有效的选择性培养方法检出。它们是：

1. 由菌落颜色检出

上面已经指出，在构巢曲霉等真菌中，可以从分生孢子的颜色来区别二倍体和异核体。同样可以从分生孢子的颜色来检出二倍体中所出现的体细胞重组体和非整倍体。例如$\frac{w^+y}{wy^+}$杂合二倍体的孢子是绿色的，重组体$\frac{w^+y}{wy}$的孢子是黄色的，重组体$\frac{wy^+}{wy}$的孢子是白色的。

2. 由抗药性检出

在构巢曲霉中对于对氟苯丙氨酸(*p*-fluorophenylalanine)呈抗性的突变型是隐性的，对于吖啶黄呈抗性的突变型有隐性的也有半显性的。对于隐性的抗药性突变型来讲，杂合二倍体$\frac{P^r}{P^s}$对于对氟苯丙氨酸是敏感的，单倍体P^r是抗药的，重组体$\frac{P^r}{P^r}$也是抗药的，因此在含有对氟苯丙氨酸的培养基上，可以检出这些分离子。

3. 由抑制基因检出

抑制基因是对于另一突变型具有抑制作用的突变型。例如，在构巢曲霉中有一个基因型为 *su-ad20* 的突变型，当这个突变基因存在时腺嘌呤缺陷型(*ad20*)菌株便成为原养型。杂合二倍体$\frac{su\text{-}ad20\quad ad20}{+\quad\quad ad20}$是腺嘌呤缺陷型，因为对于腺嘌呤缺陷来讲它是纯合体，而抑制基因则是隐性的，所以没有抑制作用。单倍体 *su-ad20 ad20* 是原养型，重组体$\frac{su\text{-}ad20\ ad20}{su\text{-}ad20\ ad20}$也是原养型，因此便于检出。

4. 用饥饿方法检出

在突变型的筛选一节中已经说明生物素缺陷型的孢子在基本培养基中很快地死去，如果出现另一缺陷型而成为双重缺陷型则较不易死亡。所以杂合二倍体$\frac{biA^+}{biA}$很快地死去，而单倍体 *biA* 或重组体$\frac{biA}{biA}$便不易死亡。因此，只要把这样一个杂合二倍体产生的分生孢子接种在基本培养基上，随着饥饿时间的推移，会出现愈来愈多的需要 A 的缺陷型，这些便是单倍体或重组体。

5. 从反式杂合子选顺式组合

同一基因的两个不同位点的突变型处于反式的杂合二倍体在基本培养基上不能生长。通过体细胞交换而出现的顺式杂合子则能在基本培养基上生长，因此可以选出。关于顺式(*cis*-)和反式杂合子(*trans*-heterozygote)，详见第五章。

图 3.22 形象化地表示分离子的几种选取方法。

体细胞重组体的来源

从以上各种检出重组体的方法中可以看到，不论采用什么方法都可以从原来的杂合体得到某一基因的体细胞重组体或单倍体。

图 3.23 说明体细胞重组体的来源。

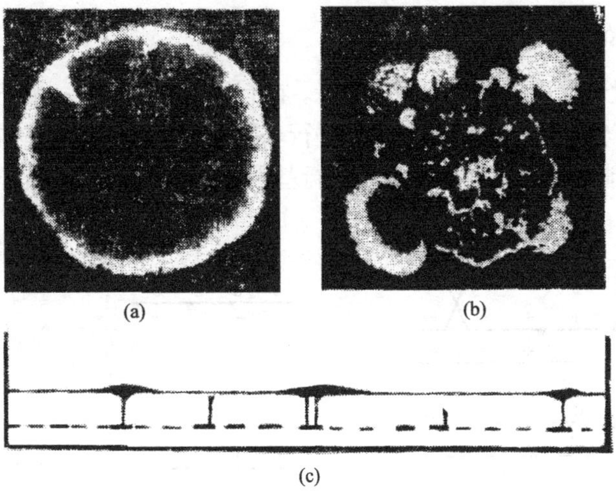

图 3.22 从构巢曲霉的杂合二倍体选取分离子的方法[13]

(a) 从$\frac{w^+ y}{w\, y^+}$二倍体(绿色)选取黄色孢子的分离子($\frac{y}{y}$或 y)菌落的左上角是黄色分离子；

(b) *acr-1* 是一个亚显性吖啶黄素(acriflavine)抗性突变型，就对于吖啶黄素的抗性而言，$\frac{acr\text{-}1}{acr\text{-}1} > \frac{acr\text{-}1}{acr\text{-}1^+} > \frac{acr\text{-}1^+}{acr\text{-}1^+}$，所以可在含适当浓度的吖啶黄素的培养基上,从$\frac{acr\text{-}1}{acr\text{-}1^+}$杂合子选取$\frac{acr\text{-}1}{acr\text{-}1}$体细胞重组子或 *arc-1* 单倍体。图中菌落向四周生长的就是这些分离子；(c) 从$\frac{su\text{-}ad20\ ad20}{+\quad ad20}$腺嘌呤缺陷型(二倍体)选取非缺陷型分离子($\frac{su}{su}$或 su)。这是一个培养皿的剖面图。二倍体以一薄层菌丝长在第一层基本培养基表面，加上第二层基本培养基后分离子向上生长成为菌落

一般体细胞在进行有丝分裂过程中，同源染色体间不发生交换，因此杂合二倍体$\frac{d\,a\,b\,c}{+\,+\,+\,+}$细胞的子细胞都是$\frac{d\,a\,b\,c}{+\,+\,+\,+}$，杂合二倍体$\frac{d\,a\,b\,+}{+\,+\,+\,c}$的子细胞都是$\frac{d\,a\,b\,+}{+\,+\,+\,c}$。

所谓体细胞交换，就是在有丝分裂过程中同源染色体间发生交换，由于染色体的交换就导致部分基因的纯合化。例如，图 3.23 中，在杂合二倍体$\frac{paba\ \ y\ \ +\ \ ad8\ \ +}{+\ \ +\ ad16\ +\ \ bi}$的有丝分裂中出现 $ad8^+$ 和 bi 呈纯合状态的二倍体温表$\frac{paba\ \ y\ \ +\ \ +\ bi}{+\ \ +\ ad16\ +\ bi}$。正像高等植物杂交子二代中隐性性状个体的出现一样，杂合二倍体的无性繁殖子代中由于隐性基因纯合状态的出现而呈现隐性性状的现象也称为分离，这些菌株称为体细胞分离子。

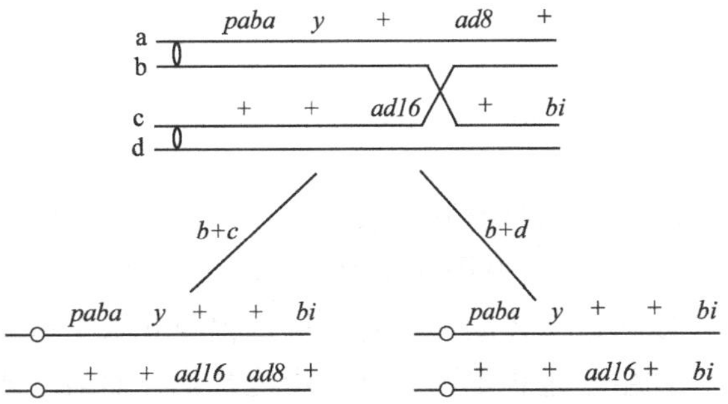

图 3.23 构巢曲霉的杂合二倍体$\frac{paba\ \ y\ \ +\ \ ad8\ \ +}{+\ \ +\ ad16\ +\ \ bi}$的体细胞重组体[14]

有丝分裂定位(mitotic mapping)

基因定位一般通过重组频率的测定进行。在有丝分裂过程中一般不发生基因重组，所以过去在不进行有性生殖的丝状菌中不能进行基因定位工作。自从在构巢曲霉中发现体细胞重组后，就有可能不通过有性生殖过程进行基因定位。图 3.24 表示有丝分裂定位的原理。

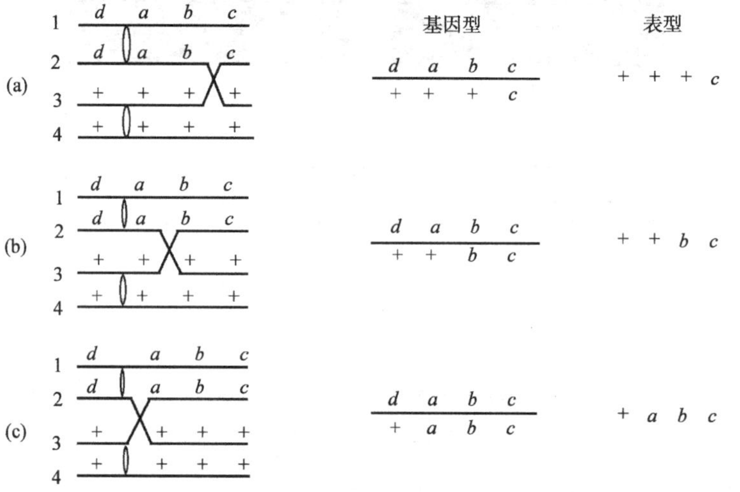

图 3.24　有丝分裂定位的原理

如果交换发生在 *b* 和 *c* 之间，那么带来 *c* 的纯合化(homozygosis)；如果交换发生在 *a* 和 *b* 之间，那么带来 *b* 和 *c* 的纯合化；如果交换发生在着丝粒和 *a* 之间，那么带来 *a*、*b* 和 *c* 的纯合化。可以看到离着丝粒愈近的基因的纯合化的机会愈小，愈远则愈大，而且着丝粒一侧的纯合化不影响着丝粒另一侧的基因 *d* 的纯合化。

根据表 3.11 数据和图 3.24 的原理，可见着丝粒位置在 *an1* 和 *pro1* 之间。各个基因之间或着丝粒和邻近的基因之间的距离可以由每一类型的频度来计算。例如在黄色孢子重组体中，表型属 *y pro paba ad* 的分离子占 $\frac{9}{154}$=6%。这一类型的分离子是着丝粒和 *pro* 之间的交换的结果。所以如果把这一基因所在的染色体臂的从着丝粒到选择性基因 *y* 之间的距离作为 100 时，着丝粒–*pro* 这一距离是 6。通过有丝分裂定位得来的构巢曲霉的第一染色体是：

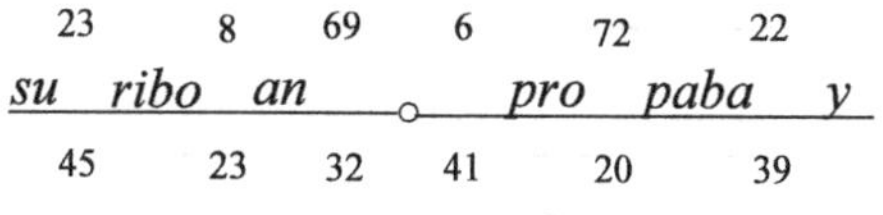

染色体上面所写的是有丝分裂定位数据，下面所写的是一般的减数分裂定位数据。可以看到虽然数值相差较大，可是基因的排列顺序是一致的。

一个杂合二倍体可以通过上述的体细胞交换过程而导致某些基因的纯合化。这一局部纯合化的菌株在无性生殖过程中可以进一步纯合化，而最终成为完全纯合的菌株(图 3.25)。在逐步纯合化过程中的这些菌株分别称为一级分离子、二级分离子等。

表 3.11　构巢曲霉有丝分裂定位的一个例子[15]

二倍体 $\dfrac{su-ad20\ riboI\ \ anI\quad +\quad +\quad +\ \ ad20\ \ bi}{+\quad +\quad +\quad pro\ \ pabaI\ \ y\ \ ad20\ \ +}$

选黄色孢子重组体 $\dfrac{y}{y}$

表型	基因型	
YAd	$\dfrac{su\ \ ribo\ \ an\ \ +\ \ +\ \ y\ \ ad\ \ +}{+\ \ +\ \ +\ \ pro\ \ paba\ \ y\ \ ad\ \ +}$	35
Y paba Ad	$\dfrac{su\ \ ribo\ \ an\ \ +\ \ paba\ \ y\ \ ad\ \ +}{+\ \ +\ \ +\ \ pro\ \ paba\ \ y\ \ ad\ \ +}$	110
Y pro paba Ad	$\dfrac{su\ \ ribo\ \ an\ \ pro\ \ paba\ \ y\ \ ad\ \ +}{+\ \ +\ \ +\ \ pro\ \ paba\ \ y\ \ ad\ \ +}$	$\dfrac{9}{154}$
	选腺嘌呤非缺陷型 $\dfrac{su\text{-}ad20}{su\text{-}ad20}$	
Su-Ad20	$\dfrac{su\ \ +\ \ +\ \ pro\ \ paba\ \ y\ \ ad\ \ bi}{su\ \ ribo\ \ an\ \ +\ \ +\ \ +\ \ ad\ \ +}$	59
Su-Ad20 Ribo	$\dfrac{su\ \ ribo\ \ +\ \ pro\ \ paba\ \ y\ \ ad\ \ bi}{su\ \ ribo\ \ an\ \ +\ \ +\ \ +\ \ ad\ \ +}$	21
Su-Ad20 Ribo An	$\dfrac{su\ \ ribo\ \ an\ \ pro\ \ paba\ \ y\ \ ad\ \ bi}{su\ \ ribo\ \ an\ \ +\ \ +\ \ +\ \ ad\ \ +}$	$\dfrac{181}{261}$

注：*su-ad*$_{20}$: *ad*$_{20}$的抑制基因；*ribo*:核黄素；*an*:维生素 B_1；*pro*:脯氨酸；*paba* 对氨基苯甲酸；*y*:黄色孢子；*ad*:腺嘌呤；*bi*:生物素。

单倍体化(haploidization)和连锁群

减数分裂使每一对染色体减为半数，通过减数分裂由一个母细胞产生 4 个单倍体细胞。在构巢曲霉等真菌中，通过准性生殖同样可以由二倍体细胞产生单倍体细胞。所不同的是①在减数分裂过程中一般每一个染色体都发生至少一次交换，但是在单元化过程中，体细胞交换是一个偶然发生的事件；②在减数分裂过程中，每一对染色体都同时减为半数，但是在单倍体化过程中则在每一次细胞分裂中只有个别染色体可能由一对变为一个。因此所谓单倍体化过程，实际上可以看作在一系列有丝分裂过程中一再发生的染色体不离开(nondisjunction)行为的结果。

$\dfrac{a\ \ b}{+\ \ +}$	$\dfrac{c\ \ d}{+\ \ +}$	杂合子
$\dfrac{a\ \ b}{a\ \ +}$	$\dfrac{c\ \ d}{+\ \ +}$	第一级分离子
$\dfrac{a\ \ b}{a\ \ +}$	$\dfrac{c\ \ d}{c\ \ +}$	第二级分离子
$\dfrac{a\ \ b}{a\ \ b}$	$\dfrac{c\ \ d}{c\ \ +}$	第三级分离子
$\dfrac{a\ \ b}{a\ \ b}$	$\dfrac{c\ \ d}{c\ \ d}$	第四级分离子

图 3.25　杂合二倍体的逐步纯合化过程

在正常的有丝分裂中一个染色体分裂为两个，这两个各自趋向一极，结果使两个子细胞中各有一个。染色体不离开行为是指一个染色体分裂为二以后都趋向一极，结果是一个细胞缺少了这一染色体($2n–1$)，而另一细胞则多了一个染色体($2n+1$),它们都称为非整倍体(aneuploid)。$2n+1$ 非整倍体称为三体(trisomic)，它常失去一个染色体而成为二倍体。在这一过程中杂合体 *a*/*A* 可以转变成为纯合体 *a*/*a*(图 3.26 的上部)。$2n–1$ 非整倍体称为单体(monosomic)，它常进一步失去染色体而成为单倍体(haploid)。在这过程中由于显性基因的消失而使隐性性状逐个地得以表现(图 3.26 的下半部)，所以这现象也称为分离，表现隐性性状的非整倍体或单倍体也称为分离子(segregant)。

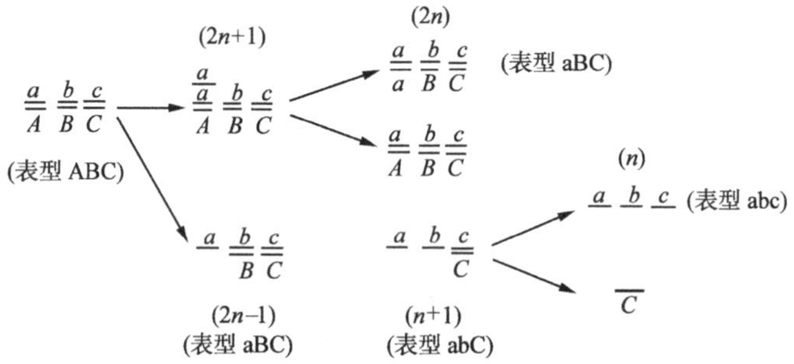

图 3.26　单倍体化过程示意图

从以上这两节以及图 3.26 可以看到分离子可以是二倍体也可以是单倍体，可以来源于体细胞交换，也可以来源于单倍体化。在构巢曲霉以及某些真菌中二倍体孢子的体积大约二倍于单倍体孢子，所以测量孢子的大小往往就可以区别二倍体分离子和单倍体分离子。不过非整倍体孢子的大小有时和二倍体不易区别。一些其他指标，包括观察分离子的无性繁殖子代中是否继续出现另一基因的分离，也可以用来区别二倍体和非整倍体分离子。

单倍体还可以根据杂合二倍体的分离的规律来检出。根据数以千计的分离子的分析，发现在准性生殖过程中异核体产生二倍体的概率是 10^{-6}，二倍体产生单倍体的概率是 10^{-3}，二倍体核中发生体细胞交换的概率是 10^{-2}。体细胞交换和单倍体化是两个独立无关的事件，二者发生在同一细胞中的概率很小。

上面已经指出，着丝粒一侧的一次染色体交换可以带来这一染色体臂上的某些基因的纯合化，可是不会带来另一染色体臂的基因的纯合化。因此如果发现两个染色体臂上的基因同时出现了纯合化现象，十分可能是一条染色体丢失的结果。对于一个还不知道属于哪一个连锁群的基因来讲，如果它随着上面所讲的两个染色体臂上的基因的纯合化而呈现纯合化现象，那么就可初步判断这一基因属于这一连锁群。这是初步判断基因所属连锁群的一种简便的方法。

构巢曲霉是一种能进行有性生殖的子囊菌，它也能进行准性生殖。上面已经指出了在构巢曲霉中由准性生殖分析所得到的数据基本上符合于由有性生殖分析所得到的数据。黑曲霉菌(*Aspergillus miger*)、产黄青霉菌(*Penicilliurm chrysogenum*)、酱油曲霉菌(*Aspergillus sojae*)和红花尖镰孢菌(*Fusarium oxysporum*)等真菌都不进行有性生殖，对于这些真菌来讲就只能通过准性生殖过程来进行遗传学分析和杂交育种。

第五节　放线菌的遗传学分析

放线菌中以天蓝色放线菌[*Streptomyces coelicolor* A3(2)]的遗传学分析最为深入，所以在这一节中主要以天蓝色放线菌为例来说明放线菌的遗传体制和基因重组。

一、性别和致育因子

天蓝色放线菌具有和大肠杆菌相类似的性别体制。

在天蓝色放线菌中曾经用下列方法证实染色体转移的方向性。使一个营养缺陷型菌株加上抗链霉素标记，把它和另一链霉素敏感的营养缺陷型的孢子大量混合接种在半透性膜上，将这半透性膜放在完全培养基上，每隔一定时间再把它移到选择性培养基上。结果发现在完全培养基上培养时间愈久，则在选择性培养基上生长的重组体菌落中出现其中另一个菌株的标记也愈多，说明这一菌株的染色体以一端开始逐渐转移到另一菌株的细胞中去。

经过深入研究，发现天蓝色放线菌中有三种不同的性别。它们分别称为原始致育型(initial fertility, IF，相当于大肠杆菌的 F^+)、正常致育型(normal fertility, NF，相当于大肠杆菌的 Hfr)、超致育型(ultra-fertility, UF，相当于大肠杆菌的 F^-)。

认为原始致育型 IF 相当于大肠杆菌的 F^+，而超致育型 UF 相当于 F^-的理由是：①IF 以 0.3%的频率转变为 UF，经紫外线处理的 IF 群体中曾经选得作为受体高度可育的 UF 菌株，这情况类似于从 F^+菌株中得到 F^-菌株；②IF×UF 杂交中 UF 受体菌株全部转变为 IF，染色体基因重组频率大约 10^{-4}，两者相差万倍，这情况正像 $F^+\times F^-$的杂交中 F 因子的转移和染色体无关一样。认为正常致育型 NF 相当于 Hfr 的理由是：①IF 和 NF 菌株都产生对于 UF 菌株具有抑制作用的物质，而 UF 菌株则不产生这一物质；②IF×UF 杂交子代全部是 IF，这种转变和染色体基因的转移无关。但是 NF×UF 杂交则不同，在这里 UF 转变为 NF 都伴随着染色体重组；③NF 菌株来自 IF 或是 IF 的杂交子代，正像大肠杆菌的 Hfr 菌株来自 F^+菌株一样。

这些现象可以解释为 UF 菌株细胞中没有致育因子，而 IF 和 NF 菌株细胞中都有致育因子；IF 细胞中致育因子不和染色体相结合，而 NF 细胞中则致育因子和染色体相结合。天蓝色放线菌的三种致育类型相当于大肠杆菌的三种致育类型。但是两者之间有不相同的地方：①大肠杆菌中 $F^-\times F^-$是不育的，但是在天蓝色放线菌中可以从 UF×UF 杂交中得到较低频率的重组体，说明它是可育的。这一事实或者可以解释为杂交可以在没有致育因子作用下进行，或者可以解释为另外还有一个致育因子在起着作用，实际上以后发现的 A3(2)菌株中除了致育因子 SCP1 以外还有 SCP2；②在大肠杆菌中 $F^+\times F^+$或 Hfr×Hfr 杂交的可育性都很低，除非使其中的一个菌株在表型上暂时成为 F^-状态(称为 F^-表型模拟, F^- phenocopy)才成为高度可育。在这种情况下染色体转移按照 Hfr 或 F^+到表型模拟菌株方向进行。在天蓝色放线菌中，则 NF×NF 和 IF×IF 杂交中一部分是高度可育的；③在大肠杆菌中 $F^+\times F^-$杂交子代中多数都是 F^+，但是 Hfr×F^-杂交子代多数是 F^-。在天蓝色放线菌中 IF×UF 的杂交子代是 IF，而 NF×UF 杂交子代是 NF。因此可以认为在 NF 菌株中致育因子和染色体相结合，可是在所转移的染色体片段中经常包括结合有致育因子的这一部分染色体。

在大肠杆菌中，由于发现带有染色体基因的 F 因子而使我们深信在 Hfr 菌株中 F 因子处于和染色体相结合的状态。在天蓝色放线菌中同样曾经从 IF×UF 杂交中选得对于某一基因 *pabA*$^+$或 *cysB*$^+$或 *uraA*$^+$等的转移能力特别高的菌株，这些菌株相当于大肠杆菌的 F′菌株。天蓝色放线菌的致育因子称为 SCP1，上述那些菌株称为 SCP1′，而带有 *cysB* 的致育因子就称为 SCP1-*cysB*$^+$。

通过和 SCP1-*cysB*$^+$细胞的接触，*cysB* UF 菌株可以转变为 IF 致育型，同时由半胱氨酸缺陷型转变为原养型。这种原养型菌株可以将它的 SCP1-*cysB*$^+$再转移给其他菌株，也可以由于 SCP1-*cysB*$^+$的消失而又成为半胱氨酸缺陷型的 UF 菌株。

二、杂交分析和遗传学图

染色体转移的两向梯度

天蓝色放线菌中的 NF×UF 杂交相当于大肠杆菌的 Hfr×F$^-$杂交，但是就杂交子代的基因型来看则两者是有区别的。在大肠杆菌的 Hfr×F$^-$杂交子代中所出现的 Hfr 基因频率有一个单向的梯度，表示 Hfr 染色体从一端开始逐渐进入 F$^-$细胞中去，而且染色体随时可以发生断裂。在 NF×UF 杂交子代中所出现的 NF 基因频率呈现两向梯度现象(图 3.27)。

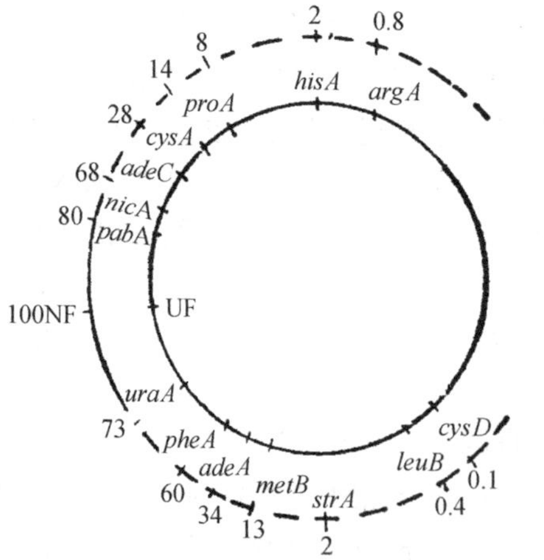

图 3.27　天蓝色放线菌 NF×UF 杂交子代中 NF 基因的出现频率[16]

内圈表示 UF 染色体；外圈表示 NF 染色体；实线部分包括子代中经常出现的 NF 基因；虚线部分表示不经常出现的基因，它们以二向梯度逐渐减少。*arg*：精氨酸，*his*：组氨酸，*pro*：脯氨酸，*cys*：半胱氨酸，*ade*：腺嘌呤，*nic*：烟酰胺，*pab*：对氨基苯甲酸，*ura*：尿嘧啶，*phe*：苯丙氨酸，*met*：甲硫氨酸，*str*：链霉素，*leu*：亮氨酸等基因

对于这一现象怎样解释呢？要知道图 3.27 是许多杂交子代的汇总结果，所以正像大肠杆菌的情况一样，就每一个 F$^-$细菌来讲，所得到的 Hfr 染色体的部分各不相同，在这里 UF 细菌所得到的 NF 染色体也各不相同。

一种可能是每一个 UF 细胞都从 NF 细胞得到整合有 SCP1 而以图中 100NF 为中心的长度不等的片段。这些片段都包括由 100NF 向左右两个方面延伸的部分，向两边延伸部分的长度大致相等。

另一种可能是每一个 UF 细胞都得到包括整合有 SCPl 的 100NF 部分，但是一些片段向左延伸而另一些片段向右延伸。向两个方向延伸的部分的长度大致相等。

如果放线菌的染色体转移基本上相同于大肠杆菌，那么第二种解释更可能被接受。两者的区别只在于大肠杆菌的 Hfr 染色体转移前只在整合着的 F 因子的一端的 DNA 被切断，而且大部分 F 因子都在最后转移；放线菌的 NF 染色体则在 SCP1 两端都可被切断，而且转移总是从 SCP1 结合的部位开始而不是最后转移。

杂核系(heteroclone)

在放线菌的杂交子代中常常出现一种特殊类型的菌落，它的形状较小，它所产生的分生孢子包括很多重组类型。

举一个具体例子来看，在+ *str* + + + *pro hisC arg* NF×*tps* + *ura nic cys* + *hisA* + UF 杂交中得到许多产生各种重组类型的分生孢子的杂核系菌落，分析其中一个杂核系菌落所产生的 138 个单孢子菌落的基因型，得到下列结果：

UF 标记：	*tps*	+	*ura*	*nic*	*cys*	+	*hisA*	+
	(138)	(138)	(138)	(137)	(34)	(43)	(60)	(81)
NF 标记：	+	*str*	+	+	+	*pro*	*hisC*	*arg*
	(0)	(0)	(0)	(1)	(104)	(95)	(78)	(57)

这一杂核系菌落的来源可以用图 3.28 解释。仍旧用里面的实线圆圈表示 UF 菌株的染色体，用外圈的实线部分表示进入 UF 细胞的 NF 染色体片段[图 3.28(a)]。假定 NF 染色体片段进入 UF 细胞以后并不通过两次交换而整合到 UF 染色体上，而只在 b 区域中发生一次交换，得到一个线状的杂合系染色体[图 3.28(b)]。

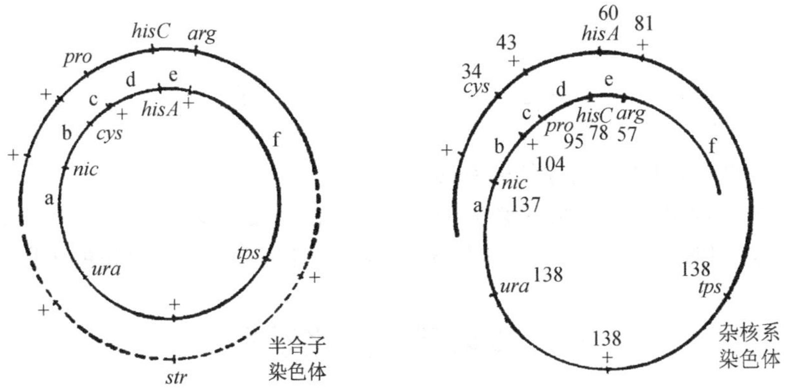

(a) (b)

图 3.28 杂合系的来源[17]

(a) 半合子染色体；(b) 杂核系染色体

杂核系染色体在进行复制过程中，可以再次在 a、b、…f 等各个区域中发生染色体交换，通过这些交换的结果可以形成环状的染色体。可以看到如果交换发生在 a 区，那么所得到染色体包括全部 UF 标记；发生交换的区域离 a 区愈远，那么出现 NF 标记愈多。各个 NF 标记出现的频率 cys^+(104)、*pro*(95)、*hisC*(78)、*arg*(57)，正好符合于图 3.27 的基因排列顺序。

从杂核系的来源可以看到在一般情况下放线菌和大肠杆菌的半合子都经过染色体的两次交换才能够得到一个正常的环状的染色体。由这样一个染色体复制出来的都是相同的染色体。这说明为什么重组体菌落的分生孢子一般都是一律的，大肠杆菌的重组体菌落中的每一个细菌的基因型也是相同的。

但是如果半合子中两个染色体间只发生一次交换,那么所得到的是一个线状染色体。这一线状染色体中的部分基因呈杂合状态，因此在复制过程中不同区域中的再一次交换便造成基因型不同的一系列环状的染色体的出现，形成一系列基因型不同的分生孢子。

在大肠杆菌中把形态上可以区别的 Hfr 细菌和 F^-细菌混合培养，在显微镜下可以看到成对活动的细菌。用显微操纵器(micromanipulator)可以把成对的细菌放在一滴培养液里面，等到两个细菌分开以后把两个细菌又分别放在两滴培养液里。就这样，甚至可以把分裂 5~10 次过程中的细菌分别进行系谱分析。这些实验结果首先说明重组体总是出现在 F^-细菌的后代，而不是出现在 Hfr 细菌的后代中。这一观察证实了通过中断杂交实验得来的结论。特别值得注意的是在一些实验中一个接合后的 F^-细菌只产生一种重组体；而在另一些实验中，一个接合后的 F^-细菌产生不止一种重组体。这一实验结果说明在大肠杆菌存在着类似于天蓝色放线菌的杂核系的情况。此外在大肠杆菌中曾经发现这样一个菌株：在划线接种中经常可以看到一些基因的分离现象。例如，在麦芽糖 EMB 培养基上经常出现红、白以及红白混杂的菌落。这一菌株来自 $F^+ \times F^-$杂交，所以不是一个 F'菌株而可能是一个杂核系菌株。

所以遗传学分析充分论证了这样一种观点：虽然放线菌和细菌在形态上有显著的区别，在染色体转移行为方面两者也不完全相同，可是从遗传体制看来可以认为两者有相近的亲缘关系。

第六节　转　　化

转化是由游离的 DNA 所导致的基因重组。

1928 年转化现象以及 1944 年转化因子的发现的重要意义已经在绪论一章中说明了。在不能进行接合和转导的细菌中，转化还提供了一种进行遗传学分析的手段。

一、转化因子的化学本质

转化因子是 DNA，这一结论是 1944 年提出的。当时所根据的事实是转化因子的 N/P 比值，转化因子用脱氧核糖核酸酶处理后转化活性的消失，血清学分析以及紫外线吸收光谱分析等。不过一切分析都有灵敏度的限制，为了更进一步说明转化因子确实是 DNA 而不是其他混杂物质，曾经把肺炎双球菌的转化因子逐步提纯，同时进行一系列的化学分析和转化活性测定(表 3.12)。

从尿嘧啶含量的改变，可以看到转化因子粗抽提物中含有 RNA；在逐步纯化过程中，一些分析数据逐渐趋向于恒定而且接近于小牛胸腺 DNA，说明 DNA 达到较纯的程度。随着纯度的提高，到达半最高活性时每毫升所含的微克数逐渐下降，说明活性逐渐提高。

腺嘌呤水解后产生甘氨酸。为了进一步证实经水解后的α-氨基酸全部来自腺嘌呤而不是来自蛋白质，所以将纯度最高的转化因子和腺嘌呤以及牛血清白蛋白进行比较(表 3.13)。从表 3.13 数据可以看到转化因子水解后所产生的α-氨基酸全部是甘氨酸，也就是说全部来自腺嘌呤。据计算，如果说经纯化后的转化因子中还混杂少量蛋白质的话，它所占的分量不会超过 0.2%。从以上的实验结果看来，可以十分肯定地说转化因子是 DNA。

表 3.12　肺炎双球菌的转化因子在逐步提纯过程中的测定数据[18]

分析项目	转化因子				
	转化因子粗提物	经 RNase 处理后	氯仿、乙醇沉淀	钙加乙醇沉淀	小牛胸腺 DNA
N/P	1.97	1.66	1.88	1.72	1.72
P/2600Å 吸收	3.6	6.8	4.5	4.4	4.2
脱氧核糖/2600Å 吸收	0.013	0.074	0.081	0.086	0.093
半最高活力时的μg/ml	0.30	0.08	0.075	0.07	—
转化活性留存部分	1.00	0.87	0.66	0.46	—
胞嘧啶含量/mg	9.8	1.7	1.8	1.7	—
腺嘌呤含量/mg	10.5	1.9	1.8	1.9	—
尿嘧啶含量/mg	5.0	0.0	0.0	0.0	—
胸腺嘧啶含量/mg	2.3	2.7	2.7	2.7	—
水解后α-氨基酸氮占总氮的百分含量	2.01	1.83	1.17	0.86	1.09

表 3.13　纯化转化因子和腺嘌呤及牛血清白蛋白经水解后的氨基酸测定[18]

水解物	占总氮量的百分比		
	α-氨基酸	甘氨酸	
腺嘌呤	1.75	1.78	1.80
转化因子	0.69	0.69	0.71
牛血清白蛋白	69.6	1.59	1.75

高温能使 DNA 分子变性，随着分子的变性它对紫外线的吸收也增加了。DNA 的变性是可逆的，加热后的 DNA 逐渐冷却时对紫外线的吸收也逐渐恢复原状。变性过程是 DNA 双链拆开成为单链的过程，在逐渐冷却的过程中单链又结合成为双链。

肺炎双球菌的转化因子在 100℃中逐渐失去转化活力，在逐渐冷却过程中又逐渐恢复转化活力(图 3.29)。

这一结果说明进入受体细胞的转化因子必须是双链的。

非转化因子 DNA 对于转化因子 DNA 的转化有干扰作用。例如在用对链霉素敏感的肺炎双球菌作为转化受体，用链霉素抗性菌株的 DNA 作为转化因子的实验中如果加入来自敏感细菌的 DNA，那么转化频率(即受体细菌由敏感

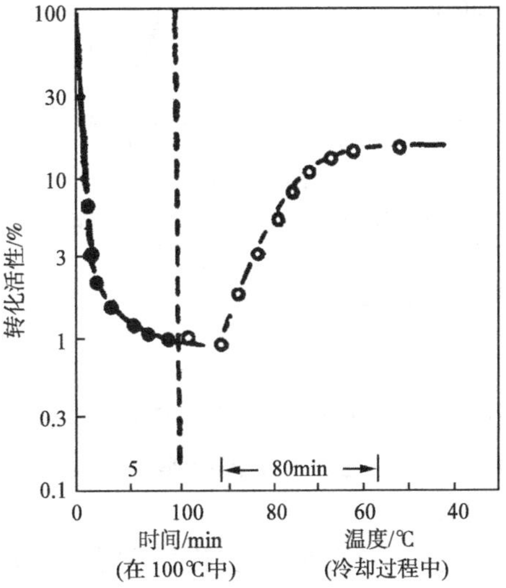

图 3.29　肺炎双球菌(*Diplococcus pneumoniae*)的转化因子在 100℃中和逐渐冷却过程中的转化活性的变化[19]

变为抗性的比数)将会下降。可是如果把它们混合在一起加热并逐渐冷却，那么来自敏感细菌的 DNA 便不再有干扰作用。这实验结果进一步说明双链结构对于转化的必要性，同时也暗示我们 DNA 分子中只要一个单链带有抗性信息已经足以使受体细胞发生转化。

二、转化因子的吸收和整合

感受态(competence)

在一个生长过程中的细菌培养物中，只有某一阶段中的细菌才能作为转化的受体。能接受转化的这一生理状态称为感受态。肺炎双球菌和枯草芽孢杆菌等细菌的感受态都出现在对数期的后期。

在肺炎双球菌生长的各个时期取一定量的菌液，加入过量的从抗链霉素菌株得来的 DNA，几分钟后加入 DNA 酶使未吸收的转化因子失活，然后接种到含有链霉素的培养基上，经培养以后计数转化子，结果见图 3.30。

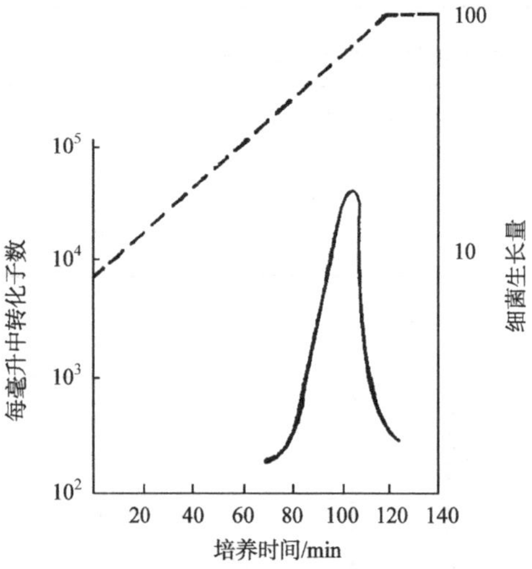

图 3.30　肺炎双球菌对于链霉素抗性的转化的感受态曲线[20]

虚线表示受体细菌的生长曲线；实线表示每毫升中转化子数的变化

可以看到处于感受态顶峰的细菌比不处于感受态的细菌的转化率高出约 100 倍。这一感受态出现在对数期的后期，从出现到消失大约经过 40min。

图 3.30 的感受态曲线可以通过另外两个实验分解成为感受态出现曲线和感受态消失曲线(图 3.30)。

在一个实验中，实验开始时在菌液中加入转化 DNA，每隔一定时间取样；并加入 DNA 酶使没有进入细胞的转化因子失活，然后接种到含有链霉素的培养基上，经培养后计数各个时间出现的抗链霉素转化子(transformant)菌落。结果得到图 3.31c 那样的曲线。已经知道感受态的肺炎双球菌和转化因子接触几分钟后转化因子便能被吸收，可是在 80min 以前 DNA 酶的处理使得没有一个转化子出现。可见从 80min 开始转化因子才能进入受体细胞，感受态出现的时间便是细胞从不吸收转化因子变为能够吸收的时间。

在另一个实验中，实验开始时并不加入转化因子，而是在不同时间取样，并加入过量的转化因子；90min 以后接种到含有链霉素的培养基上，经培养以后计数转化子数。实验结果见图 3.31b。如果感受态一旦出现以后不再消失，那么实验结果应是一条和横轴平行的线；因为在这一实验中细菌的转化因子接触的时间长达 90min，而且又不经 DNA 酶处理。可是事实上大约 100min 以后转化子数便逐渐下降，在 120min 时下降到感受态出现以前的水平。这一实验结果说明感受态出现以后又逐渐消失。

图 3.31 这一感受态曲线因此说明开始培养时的细菌不能吸收转化因子，只有培养到达对数期后期才逐渐地变为能吸收，而以后又变为不能吸收的状态。

感受态可以诱导产生，常用的诱导方法只是把培养在养料丰富的培养液中的细菌转移到养料贫乏的培养液中。抑制核酸但不抑制蛋白质合成的适当处理能使 100%的流感嗜血杆菌(*Haemophilus influenzae*)处于感受态。大肠杆菌可以通过把细菌转移到丰富的培养液中并在低温下(但是吸收必须在较高温度中进行)加入 0.02mol/L $CaCl_2$ 来诱导它们的感受态。在肺炎双球杆菌和枯草芽孢杆菌中都发现感受态的出现伴随着细胞表面新的蛋白质成分的出现，这种蛋白质被称为感受态因子(competence factor)。把感受态因子加到不处在感受态的同种细菌中的培养物中，可以使它转变成为处于感受态的细菌。

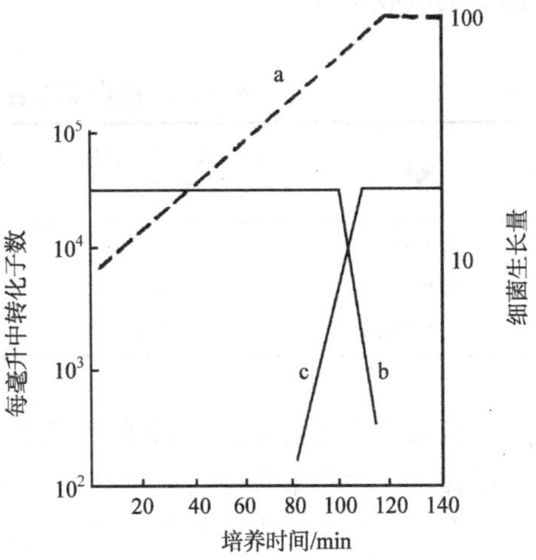

图 3.31 感受态的出现和消失[20]

a. 受体细胞的生长曲线；b. 感受态消失曲线；c. 感受态出现曲线

处于感受态的细菌表面的正电荷增加了，细胞膜的通透性增加了，细胞表面的 DNA 分解能力增加了。这些改变都有利于 DNA 分子的吸附和吸收。这些都是由感受态因子所引起的变化。

转化因子的吸收和整合

不处于感受态和处于感受态的细胞都能吸附 DNA，但是只有后者所吸附的 DNA 才不能被洗去，才是稳定的。据估计一个细菌的细胞表面大约有 50 个吸附位点。这些被稳定吸附的 DNA 能为外加的 DNA 酶所分解，DNA 酶的处理减少了最后得到的转化子数。再隔了一定的时间以后，DNA 酶的处理不再影响转化子数，说明转化因子已经进入细胞里面。

肺炎双球菌和枯草芽孢杆菌对于 DNA 的吸附没有专一性，甚至鲑鱼的 DNA 也能被吸附。流感嗜血杆菌的 DNA 吸附有高度专一性，它能吸附别的嗜血杆菌的 DNA，可是不能吸附大肠杆菌的 DNA。

细胞表面的两种 DNA 酶在转化中起着作用。细胞膜上的一种内切核酸酶把吸附着的 DNA 切成大约 10^7Da 长度的片段。然后细胞膜上的另一种核酸酶把一条单链切除而使一条单链进入细胞。转化因子的这一吸附和吸收过程也通过突变型的分析证实。例如在肺炎双球菌中有两种转化缺陷菌株(表 3.14)。

突变型 *ntr* 所影响的是吸附，转化因子不能吸附也就不能被吸收，它对于转化频率有很大的影响。不过它的 DNA 酶还是正常的，说明酶的作用和吸附无关。

突变型 *noz* 所影响的是吸收，这是一个渗漏突变型(leaky mutant)，因此转化频率比 *nts* 稍高。它细胞表面的内切核酸酶活性下降了，说明细胞表面的内切核酸酶活性和转化因子的吸收有关。

表 3.14　肺炎双球菌两个转化缺陷突变型的一些特性[21]

菌株	细胞表面的内切核酸酶	DNA 吸附(10^{-9} g/10^8 细胞)	DNA 吸收(10^{-9} g/10^8 活菌)	转化频率(转化子数/10^2 活菌)
野生型	+	3~6	20~30	2.1~2.4
突变型 *ntr*	+	0	0	<0.0001
突变型 *noz*	−或 ±	4~55	1~7	0.0007~0.26

低浓度溶菌酶(lysozyme)的处理可以提高转化频率，而且经处理的细菌细胞膜的通透性增加了。这些事实说明可能有一部分转化因子并不通过吸附位点而进入受体细胞。

在肺炎双球菌中曾经用抗 B 菌株(A^sB^r)作为受体，用 ^{32}P 标记的抗 A 菌株(A^rB^s)作为供体进行转化因子的整合前状态的研究。使 A^sB^r 菌株接触从 A^rB^s 菌株抽提得来的 ^{32}P-DNA，接着用 DNA 酶处理以除去未经吸收的 DNA。受体细菌在吸收 DNA 后立即抽提它的 DNA，发现 50%的供体 DNA 出现在抽提物中。可是立即抽提得来的 DNA 只能转化标记 B^r 但是不能转化标记 A^r，说明立即抽提得来的转化因子是受体细菌 A^sB^r 的 DNA，而供体细菌 A^rB^s 的 DNA 则没有转化作用。只有培养一段时间以后抽提得来的 DNA 才对于标记 B^r 和标记 A^r 都有转化作用。

根据上一节和关于转化因子的变性和失活方面的实验结果，可以解释为刚进入受体细胞而还没有整合以前的转化因子是单链 DNA 分子，因而把它重新抽提出来时并没有转化功能。转化因子被吸收到受体细胞中后失去转化活性这一段时间称为转化的隐晦期。

在枯草芽孢杆菌中除了上述两类影响 DNA 吸收的突变型以外，还曾经在射线敏感的突变型中发现一部分使转化频率下降的突变型。这些突变型不影响 DNA 的吸附和吸收，可是转化频率却显著地下降。在第二章中已经指出，一部分射线敏感突变型是重组缺陷型，它们又是转化缺陷型，可见转化过程的完成依赖于某些和染色体重组有关的酶的作用。根据突变型的研究以及转化过程中受体细胞中抽提出来的 DNA 的物理特性的研究等，现在一般认为转化因子的整合(integration)至少就肺炎双球菌和枯草芽孢杆菌来讲包括下列过程：

(1) 转化因子的单链 DNA 和受体染色体的某一部分形成一个供体-受体复合物，DNA 的同源性是转化效率高低的一个重要因素，换句话说，转化因子总是和碱基顺序相同或相近的受体 DNA 相配合。设想这种配合是一个供体 DNA 单链和一个受体 DNA 单链的配合，所以也可以设想配合部位的受体 DNA 由于进行转录、复制或是由于其他原因而呈局部双链解开状态。这时供体 DNA 和受体 DNA 之间还没有形成共价键，所以供体单链可以抽提得到。

(2) 供体 DNA 和受体 DNA 形成共价键，同时被替代的一小段 DNA 为酶所分解，在这过程中有核酸酶、DNA 聚合酶和 DNA 连接酶等参与作用。这些酶和 DNA 的修复合成有关，也与重组有关，这就说明了为什么某些射线敏感突变型和重组缺陷型也是转化缺陷型。

总的来讲，可以看到转化的效率决定在下列三个内在因素：①受体细胞的感受态，它决定转化因子进入受体细胞；②受体细菌的限制酶系统和其他核酸酶(例如大肠杆菌的由 *recBC* 基因编码的外切核酸酶 V 分解线状的但不分解环状的 DNA，所以经 $CaCl_2$ 处理的大肠杆菌更容易为质粒 DNA 而不易为染色体 DNA 所转化)，它们决定转化因子在整合前是否被分解；③受体和供体染色体的同源性，它决定转化因子的整合。这里所说的同源不只是指整个染色体的核苷酸序列的近似程度，更重要的是所转化的特定基因的核苷酸序列。实验证明同样一对供体、受体细菌的转化效率随着所转化的性状而不同，相差可以在 1000 倍以上。

三、转化与遗传学分析

连锁检测

上一节中已经指出两个连锁的基因可以同时转化。可是同时转化不一定意味着基因连锁，因为包含着两个不连锁基因的两个 DNA 片段可以为同一个细菌所吸收。不过根据计算，确实看到一个 DNA 片段上也可以带有若干个基因。例如，枯草芽孢杆菌的染色体的全长大约 1700μm，分子质量大约 3.3×10^9Da。它的转化 DNA 片段大约长 10 μm，分子质量大约是 2×10^7Da。所以整个染色体大约在抽提过程中断成 170 个片段。1700μm 长的 DNA 分子大约含有 10^7 对碱基，假定每一个基因包含 1000 对碱基，那么枯草芽孢杆菌大约有 10 000 个基因。每个转化 DNA 片段大约应包含 60 个基因。不管这计算是否准确，但是一个 DNA 片段上可以包含若干个基因是毫无疑问的。

那么根据什么可以认为两个基因是连锁的呢？一个可靠的证据是观察 DNA 浓度降低时的转化频率的改变。如果 A 和 B 是连锁的，那么当 DNA 浓度下降时，AB 转化频率的下降和 A 或 B 的转化频率的下降相同。假知 A 和 B 并不连锁，那 AB 转化频率的下降将远远超过 A 或 B 的转化频率(图 3.32)。

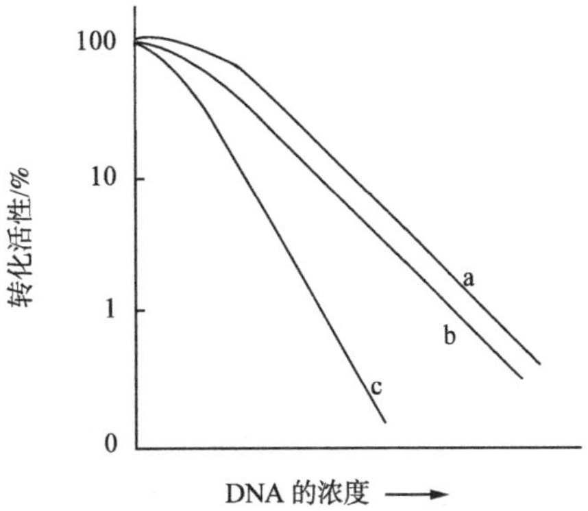

图 3.32　两个基因同时转化是否由于连锁的实验判断[22]

a. *A* 和 *B* 的转化；b. *AB* 同时转化，假定 *A* 和 *B* 在同一 DNA 片段上；c. *AB* 同时转化，假定 *A* 和 *B* 不在同一 DNA 片段上

这是因为在较低浓度范围内，转化频率和转化 DNA 的浓度成正比关系。如果两个基因在同一 DNA 分子上，那么浓度降低 10 倍时两个基因同时转化的几率也将减小 10 倍。但是如果两个基因不在同一 DNA 分子上，那么 DNA 浓度下降 10 倍时两个基因同时转化的几率将减小 100 倍而不是 10 倍，因此正像图 3.32 中的曲线 c 它的斜率将大于 b 和 a。

遗传学图绘制

枯草芽孢杆菌中不存在像大肠杆菌那样的细胞接合系统，它的遗传学分析主要依靠转化和转导。在发现两个基因可以同时转化，而且证实了它们确实是在同一 DNA 片段上以后，就可以从共转化(cotransformation)频率的分析中测定基因的位置。

在同一 DNA 片段上的两个基因位置愈近则同时转化的机会愈多，也就是共转化的频率愈高。在表 3.15 这一典型的例子中，可以看到基因的排列是 *gua-dnaH*···*pac*。这排列次序确实是这样而不是 *dnaH-gua*···*pac* ，还可以从下面这一分析中得到证实。如果排列是 *gua-dnaH*···*pac*，那么 $gua^{+}pac$ 转化中将很少不是 dna^{+}，事实确是如此。如果排列次序是 *dnaH-gua*···pac，那么 $dna^{+}pac$ 转化将很少不是 gua^{+}，而事实和这一推测不符。由此可见基因排列次序确是 *gua-dnaH*···*pac*。

表 3.15　枯草芽孢杆菌转化实验数据分析[23]

供体菌株		gua^{+} *pac-4* dna^{+}	
受体菌株		*gua-1* pac^{+} *dnaH*151	
选择性标记 gua^{+}			
	转化子	*pac-4* dna^{+}	6
		pac-4 dnaH151	1
		pac^{+} dna^{+}	44
		pac^{+} *dnaH151*	56
			107
	共转化频率	gua^{+} *pac-4*	6.5%
		gua^{+} dna^{+}	47%
选择性标记 dna^{+}			
	转化子	gua^{+} *pac-4*	6
		gua^{+} pac^{+}	30
		gua-1 pac-4	5
		gua-1 pac^{+}	55
			96
	共转化频率	dna^{+} *pac-4*	11%
		dna^{+} gua^{+}	38%

由于在大肠杆菌的细胞接合过程中可以有 30%~50%的染色体 DNA 发生转移，而枯草芽孢杆菌的转化 DNA 片段最多不过大约相当于染色体 DNA 的 1%，所以应用转化来绘制遗传学图的效率较低。即使这样，枯草芽孢杆菌的一个包括大约 200 个基因的环状的遗传学图已经在 20 世纪末用转化和转导方法绘制成功。

第七节　转　　导

转导是以噬菌体为媒介所导致的基因重组。

噬菌体原来指细菌病毒，近年来发现真菌、藻类都有噬菌体。病毒是化学成分最简单的生物，它没有一般的细胞结构，它的染色体和细菌一样并不和蛋由质结合在一起，所以同属于原核生物。它是一类专性寄生生物，只能在寄主细胞内繁殖。它可以离开寄主细胞而保持它的生命，可是不能繁殖。

病毒的研究对于认识遗传物质的本质方面所起的作用已经在绪论一章中说明。由于病毒简单的体制和它与寄主细胞的特殊关系，它已成为分子遗传学研究中最普遍采用的材料之一，在遗传工程的研究中它也是一种重要的工具。

噬菌体就它的化学本质来讲，有 RNA 噬菌体、DNA 噬菌体、单链噬菌体、双链噬菌体等(参见表 1.5)；就它和寄主的关系来讲，可以分为烈性的和温和的两大类。

一、噬菌体简介

(一) 烈性噬菌体(virulent phage)

烈性噬菌体的类别

噬菌体具有寄主专一性。感染葡萄球菌的噬菌体不感染大肠杆菌，所以称为葡萄球菌噬菌体。但是这种专一性并非绝对的，许多感染大肠杆菌的噬菌体也能感染痢疾杆菌，所以这些噬菌体可以称为大肠杆菌-痢疾杆菌噬菌体。

感染同一品系的大肠杆菌的噬菌体可以有许多品系(表 3.16)。这里值得注意的是 T-偶数噬菌体的 DNA 中不含有一般的胞嘧啶而含有 5-羟甲基胞嘧啶(5-hydromethylcytosine)。噬菌体遗传学研究中应用得最早而且广泛的是 T 系列噬菌体(表 3.16)。

细菌同样有无数品系。同一种噬菌体能感染大肠杆菌的某一品系，不一定能感染另一品系。

此外，噬菌体和寄主细菌都能通过基因突变而改变它们之间的相互关系。寄主细菌可以发生抗噬菌体突变而使它不为该噬菌体所感染，噬菌体可以发生寄主范围突变而感染原来所不能感染的抗性细菌。

表 3.16　大肠杆菌品系 B 的 T 列噬菌体[24]

血清反应群							
噬菌体	T1	T2	T4	T6	T3	T7	T5
头部直径/nm	50		95×65		45		65
尾部/nm	150×10		100×25		15×10		150×10
噬菌斑直径/mm	3	1	1.5	1	4	4	1.5
37℃中潜伏期/min	13	21	24	26	13	13	40
释放量	150	150	250	250	300	300	200
5-羟甲基胞嘧啶	–	+	+	+	–	–	–

一级生长实验(one step growth experiment)**和单菌释放实验**(single burst experiment)

一级生长和单菌释放是噬菌体遗传学分析中两种常用的实验方法。

表 3.16 中区别 T 系列噬菌体的一个特性是潜伏期(eclipse period)。潜伏期通过一级生长实验测定。潜伏期的测定不仅可以用来区别 T 系列噬菌体，而且可以用来说明烈性

噬菌体的特性。

一级生长实验是这样进行的：将噬菌体和细菌以 1∶10 混合以保证每一噬菌体都有感染细菌的机会。吸附几分钟后将感染的细菌稀释到抗噬菌体血清中以除去游离的噬菌体，接着又稀释到培养液中进行培养，在培养过程中取样测定噬菌斑数。实验结果见图 3.33。

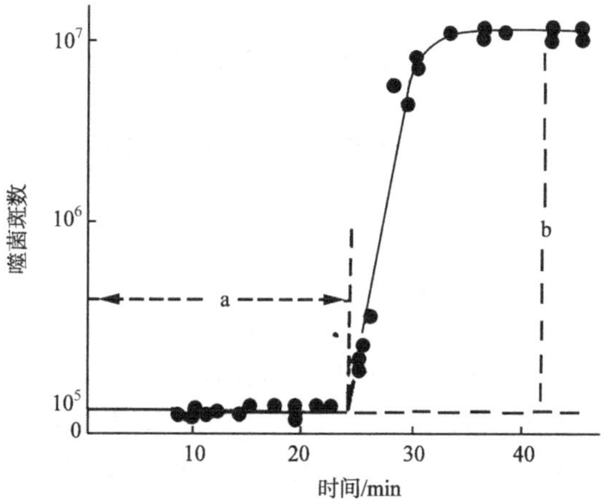

图 3.33　噬菌体 T4 的一级生长曲线[25]

a. 潜伏期；b.释放量

从感染到噬菌斑数上升前的一段时间称为潜伏期，从图 3.34 可以看到 T4 的潜伏期是 24min。在潜伏期的噬菌斑数就是感染有噬菌体的细菌数，噬菌斑的最大数值是这些被感染的细菌所释放的全部噬菌体数；所以后一数值除以潜伏期噬菌斑数就可以得到每一被感染的细菌所释放的噬菌体的平均数，即释放量(burst size)。

从一级生长实验结果可以看到，一个烈性噬菌体进入寄主细菌以后在十几分钟或者较长时间后繁殖成为几百个噬菌体，随即细菌破裂而使这些噬菌体被释放出来。

单菌释放实验是噬菌体遗传学研究中另一基本实验方法。它的目的是测定单个细菌所释放的噬菌体的数量或分析单个细菌所释放的噬菌体的基因型。测定单菌释放的实验是这样进行的：混合敏感细菌和噬菌体，吸附 5min 后立即将菌液稀释到每毫升中只含有 2~3 个被感染细菌，并立即取少量(例如 0.2ml)分装到一系列试管中，使每试管平均只含有 0.4~0.6 个被感染细菌。经 30min 培养后将每一样品混合大量敏感细菌涂在培养基上。经培养以后可以看到大部分培养皿上没有噬菌斑，少数培养皿上出现个别的噬菌斑，这些是游离噬菌体所形成的噬菌斑；另外少数培养皿上出现几十甚或 1000 以上的噬菌斑，大部分是单个细菌所释放的噬菌斑。噬菌体 T1 的单菌释放量多数是 100~200。

基因重组和连锁

噬菌体的基因重组在 20 世纪 40 年代中首先在大肠杆菌噬菌体 T2 中发现。

为了检测噬菌体中的基因重组，首先必须要有突变型。在噬菌体中最先发现的突变型有快速溶菌(rapid lysis, *r*)、寄主范围(host range, *h*)和小形噬菌斑(minute plaque, *m*)等。

r 突变型的噬菌斑比野生型的噬菌斑大而且边缘清晰，*m* 突变型的噬菌斑比野生型的噬菌斑较小而边缘模糊，*h* 突变型能在抗野生型噬菌体的细菌上形成噬菌斑。

h 突变型和野生型 h^+ 可以用混合指示菌方法鉴别。h^+ 只能裂解品系 B 的野生型大肠杆菌，*h* 能裂解野生型细菌及抗 T2 细菌(用 B/2 表示)。把 *h* 和 h^+ 噬菌体和大量的野生型细菌和抗 T2 细菌混合接种。经过培养以后就可以看到两种噬菌斑，透明的一种是 *h* 突变型的噬菌斑，半透明的一种是野生型(h^+)的噬菌斑(图 3.34)。

现在如果把寄主范围突变型(*h* 即 hr^+)和快速溶菌突变型(*r* 即 h^+r)噬菌体对寄主细菌 B 进行混合感染，把释放出来的噬菌体接种在混合指示菌上。结果可以看到培养皿上出现的噬菌斑不是 2 种而是 4 种，小而透明的(hr^+)、大而半透明的(h^+r)、小而半透明的(h^+r^+)以及大而透明的(*hr*)。前两种是亲本组合，后两种是重组类型(图 3.35)。

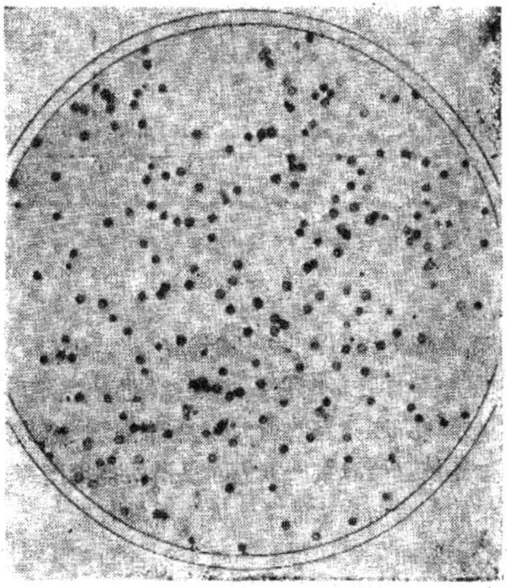

图 3.34　在 B 和 B/2 混合指标菌上 *h* 和 h^+ 形成的噬菌斑[26]

突变型 *h* 形成透明噬菌斑；野生型 h^+ 形成半透明噬菌斑

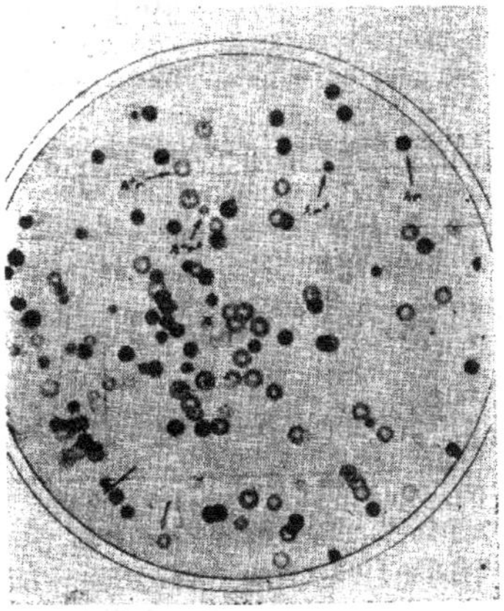

图 3.35　在 B 和 B/2 混合指示菌上的 4 种噬菌斑[26]

和高等动物、高等植物一样，在噬菌体中也可以进行三点测交。下面是大肠杆菌噬菌体 T4 的一个三点测交数据(表 3.17)。

从表 3.17 的数据可以看到亲本占最多数，单交换子代比数较少，双交换比数最少，各个互补类型的比数则几乎相等。根据表 3.17 数据，可以画出噬菌体 T4 的包括 3 个基因的染色体图。

下面即将说明，由于噬菌体遗传体制的特殊性，这一数值只能代表近似的图距。

表 3.17　大肠杆菌噬菌体 T4 的三点测验(*m r tu*×+ + +)结果[26]

基因型	噬菌斑数	百分值
1. *m* *r* *tu*	3467	0.335
2. + + +	3729	0.361
3. *m* + +	520	0.050
4. + *r* *tu*	474	0.046
5. *m* *r* +	853	0.082
6. + + *tu*	965	0.093
7. *m* + *tu*	162	0.016
8. + *r* +	172	0.017

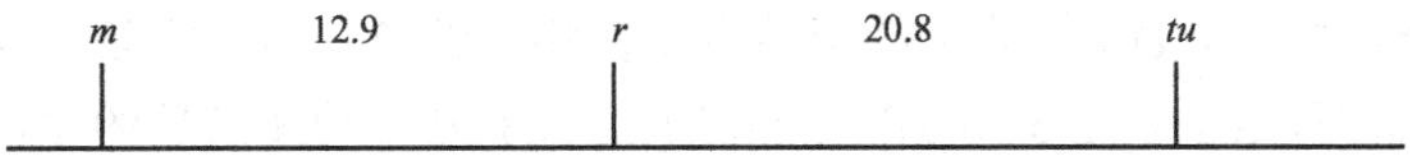

烈性噬菌体的遗传体制

噬菌体 T4 和它的寄主大肠杆菌都有一个环状的染色体，但是从遗传体制来看，二者却大不相同。噬菌体基因重组的一些特殊现象是：

(1) 从单个混合感染的细菌中可以得到亲本和重组噬菌体。以上两节的实验结果是根据许多细菌所释放的大量噬菌体的分析得来的。如果把上述实验中的被感染的细菌进行大量稀释，然后分析单个细菌所释放的噬菌体，那么就可以发现从一个细菌中可以释放出亲本噬菌体和重组噬菌体。这一实验结果说明基因重组必然发生在噬菌体 DNA 复制以后而不是复制时或复制以前。所以不应该把一个细菌中所感染的两个不同类型的噬菌体看作是两个亲本，而应该把由它们复制得来的许多噬菌体 DNA 看作许多亲本。

(2) 三亲本重组体的出现。把三种突变型对同一细菌群体进行混合感染。例如把 xy^+z^+、x^+yz^+和 x^+y^+z 进行混合感染。从混合感染的细菌中可以获得基因型为 *xyz* 的噬菌体。这说明至少在三个噬菌体间重复发生了两次基因重组才能得到这样的结果。

(3) 重组型比值随着寄主细胞破裂的时间的推移而改变。被感染的细菌经过一段潜伏期后自动破裂而释放出噬菌体。用 10^{-3}mol/L KCN 处理被感染的细菌可以人为地使它提前裂解。在一个双基因杂交中在感染后不同时间取样并人为地使细菌裂解，然后分析单个细菌所释放的噬菌体的类型，就可以发现随着裂解时间的推移，子代噬菌体中重组体的比数逐渐增加(表 3.18)。这一实验结果同样说明基因重组在细菌细胞中重复进行。

表 3.18　在噬菌体 T4 的双基因杂交($r47tu^+ \times r^+tu43$)实验中，重组体的比值随着寄主细胞裂解时间的改变而改变的情况[27]

每一细菌中的噬菌体数①	0.09	0.41	1.9	8.6	21	44	70	97
重组百分值②	0.32	0.33	0.35	0.36	0.39	0.38	0.40	0.40

注：① 正常释放量是 197；② 正常重组百分值是 0.42。

为了说明以上这些现象。必须设想噬菌体的基因重组不同于其他生物。无数其他实验结果都指出噬菌体的繁殖也不同于细菌的二等分裂。事实上噬菌体感染细菌时只是把它的 DNA(或 RNA)注入细菌细胞中而把蛋白质衣壳留在外面。各方面的实验结果说明在被感染的细菌细胞中进行噬菌体 DNA 复制，同时在细菌细胞中还合成噬菌体的衣壳，最后 DNA 和蛋白质衣壳装配成为完整的噬菌体颗粒。必须设想在装配以前的 DNA 分子间可以一再进行重组，直到装配成为完整的颗粒时重组才终止。

大肠杆菌噬菌体 T4 的 DNA 是线状的，可是它的连锁图却是环状的。这现象可以用环状排列(circular permutation)和末端冗余(terminal redundancy)来解释。所谓环状排列是指各个 T4 DNA 分子的核苷酸排列虽然是不变的，可是从哪一核苷酸开始则有种种可能。所谓末端冗余是指 T4 DNA 分子的两端有少数相同的核苷酸的重复。经变性并复性的 T4 DNA 中出现环状结构[图 3.36(a)]。经外切核酸酶 III 部分酶解后的 T4 DNA 中也出现环状结构[图 3.36(b)]。以上两个方面的实验曾被用来证明上述模型。

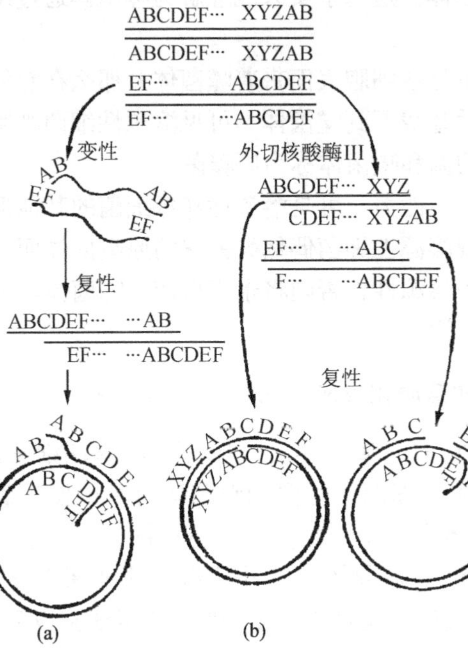

图 3.36 证明 T4 DNA 的环状排列和末端冗余特性的实验结果示意图

(a) 变性、复性后出现环状结构；(b) 经外切核苷酸酶部分消化后出现环状结构

(二) 温和噬菌体(temperate phage)

在噬菌体研究的早期(1921 年)，就有人发现了从自然界分离得到的大肠杆菌等细菌中有许多菌株没有用噬菌体去感染却能够产生噬菌体，这些菌株称为溶源性菌株(lysogenic strain)。为了证明噬菌体确实由细菌所产生而不是带在细菌的表面，曾经进行许多研究，但是直到 1943 年才由 A. Lwoff 所证实，并提出原噬菌体这一概念。

溶源性(lysogeny)**和原噬菌体**(prophage)

溶源性首先在巨大芽孢杆菌(*Bacillus megaterium*)中得到证实。实验方法是这样的：在微滴中把单个细菌在显微镜下进行培养，观察到细菌分裂为两个时把其中的一个接种到培养基表面使它长成菌落；同时取出少量培养液，加入敏感细菌以测定有没有游离的噬菌体。细菌再一次分裂以后重复同一过程。这样一直观察通过 19 次分裂得来的单个细菌所长成的菌落，以及分裂过程中培养液中噬菌体的有无。

实验结果指出 19 个菌落都是溶源性的，而培养液中却都没有噬菌体。如果噬菌体并不是由细菌所产生而是带在细菌表面，那么必须假定第一个细菌的表面带有 2^{19} 或者大约 1 000 000 个噬菌体才能使分裂 19 次后的细菌的表面仍然至少带有一个噬菌体。这显然是不可能的。

培养液中没有噬菌体说明细菌并不经常产生噬菌体。在同一实验中偶尔发现个别单个细菌的培养液中不再能看到细菌，而同时出现上百个噬菌体。每一微滴中或是没有噬菌体或是出现上百个噬菌体。这一事实只能理解为噬菌体通过细菌裂解释放而并不是通过分泌产生。

溶源性细菌既然并不是在细胞表面带着噬菌体，那么在它们的细胞里面必然含有噬菌体。可是把细胞弄破后却找不到噬菌体。可见溶源性细菌细胞中必然含有没有感染能力的噬菌体，这种状态的温和噬菌体称为原噬菌体。

原噬菌体虽然没有感染能力，可是溶源性却像细菌的其他遗传性状一样可以稳定地遗传下去。此外，还发现溶源性细菌偶然失去它的原噬菌体而成为非溶源性细菌；这些细菌除非再度感染而成为溶源性，否则将永不再产生噬菌体。这些事实说明原噬菌体必然是一种能自我复制的结构。

裂解反应(lytic response)**和溶源化反应**(lysogenic response)

溶源性细菌失去了它的原噬菌体后就成为非溶源性细菌。自然界中当然也存在着非溶源性细菌。非溶源性细菌接触温和噬菌体时可以发生裂解反应或溶源化反应。裂解反应和烈性噬菌体感染寄主细菌后的反应相同，噬菌体 DNA 进入细菌细胞后进行复制，并在短时间内许多噬菌体成熟并从裂解的细菌中释放出来。溶源化反应则是烈性噬菌体所没有的反应，噬菌体 DNA 进入细菌细胞以后成为隐藏着的原噬菌体状态。

上面已经指出，从人为弄破的溶源性细菌中找不到能感染细菌的噬菌体。那么又怎样知道一个细菌确实已被感染呢?

溶源性细菌至少可以从两个方面去和非溶源性细菌相区别。溶源性细菌经紫外线、丝裂霉素 C 等处理后会大量地释放噬菌体。溶源性细菌也会自发地释放噬菌体。但是一般大约 10^2~10^5 细菌中才有一个进行自发释放，而经处理后释放噬菌体的细菌可多达 90%。不过并不是所有的溶源性细菌都能被诱导释放噬菌体，这一处理称为诱导(induction)。这种能被诱导而释放噬菌体的特性主要是温和噬菌体的特性，因为同一个细菌菌株为一种温和噬菌体所感染时不能诱导，而为另一种温和噬菌体所感染时便能被诱导。此外，能在一个寄主中被诱导的噬菌体在另一些寄主中同样能被诱导。不过，这并不意味着寄主细胞不能由于发生某些突变而影响溶源化和噬菌体的诱导释放。

溶源性细菌的另一特性是对于同一种噬菌体所表现的免疫性(immunity)，即不能再为同一种噬菌体所裂解或溶源化。免疫性和对噬菌体的抗性不同。抗性细菌由于细胞表面受体结构的改变而使噬菌体不能吸附。免疫性细菌能够吸附同一种噬菌体，但是噬菌体进入细胞以后它的复制被已有的原噬菌体所抑制，它成为原噬菌体状态的可能性也被排除。因此当被感染的细菌分裂成为两个时，这一个噬菌体只能进入一个细胞，当分裂成为无数个细胞时，它也只存在于一个细胞中，所以实际上等于消失了；而且也可能在这过程中早已被寄主细胞的酶所分解。免疫性是专一性的。免疫性只对同一种或另一近缘的噬菌体有效，对于不是近缘的噬菌体则无效。所以一个细菌细胞中可以有若干个非近缘的原噬菌体共存着。从图 3.37 可以看到，抗性细菌不带有噬菌体并且对噬菌体不敏感，敏感细胞不带有噬菌体同时对于噬菌体是敏感的，溶源性细菌本身带有噬菌体而对于外来的噬菌体则不敏感。此外溶源性菌株能自发释放少量噬菌体，所以接触敏感细菌时出现局部溶菌现象。

在涂满敏感细菌的培养皿上接种少量溶源性细菌并经培养以后，可以看到出现了中央长有细菌的噬菌斑。这种噬菌斑是由繁殖到达一定数量后的少数溶源性细菌所自发释放的噬菌体感染敏感细菌后形成的。这种噬菌斑不同于由烈性噬菌体感染敏感细菌后所形成的全部清晰的噬菌斑。

图 3.38 总结以上两节的内容，说明温和噬菌体和寄主细菌的一般关系。不过如果从生理上和结构上进行深入考察，可以看到两者之间有着更为密切的关系。

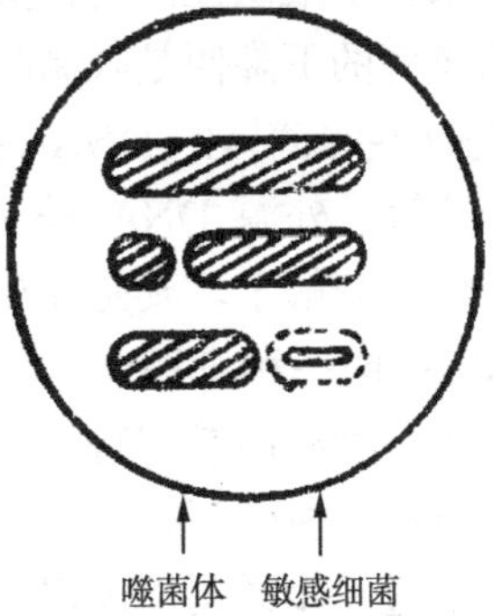

图 3.37 抗性细菌、敏感细菌和溶源性细菌的表型

斜线部分表示生长有细菌的部分；虚线部分表示接触噬菌体以后的溶菌部分

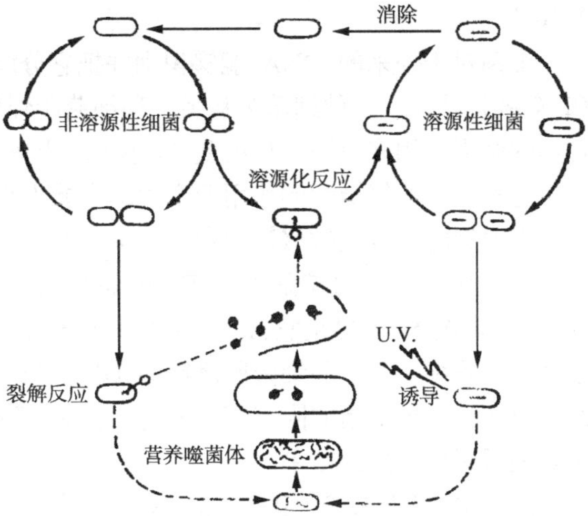

图 3.38 温和噬菌体和溶源性细菌的关系[28]

温和噬菌体和寄主细菌在生理上的关系

温和噬菌体除了都为溶源性细菌带来对于同一种噬菌体的免疫性以外，还按照各种噬菌体的特性为寄主细胞带来某些其他特性。

大肠杆菌的 P1 噬菌体为溶源性细菌带来 Pl 所特有限制-修饰系统(restriction-modification system)(表 3.19)。

表 3.19 不同来源的λ对于不同细菌的出斑率[29](表中数字表示出斑率)

噬菌体 \ 细菌	K12	K12(P1)	B	C，K12r^-，Br^-
λ · K, λ · Kr^-	1	2×10^{-5}	10^{-4}	1
λ · K(P1)	1	1	10^{-4}	1
λ · B，λ · Br^-	4×10^{-4}	10^{-7}~10^{-6}	1	1
λ · C，λ · Kr^-m^-，λ · Br^-m^-	4×10^{-4}	10^{-7}~10^{-6}	10^{-4}	1

出斑率(plaque forming efficiency)是噬菌斑数/被感染细菌数的比值。如果每一被感染的细菌都能形成噬菌斑，那么出斑率是 1，如果每一百万个被感染的细菌中只有一个形成噬菌斑，那么出斑率是 10^{-6}。K12、B、C 是大肠杆菌的 3 个不同菌株，K12(Pl)是 K12

的 Pl 溶源性菌株。λ · K 是 K12 细菌所释放的λ，λ · C 是 C 细菌所释放的λ，余类推。r^- 是限制酶(restriction enzyme)缺陷型，*m* 是修饰酶(modification enzyme)缺陷型。

从表 3.19 的结果可以得到下列结论：①用某一菌株的细菌所释放的λ去感染同一菌株的细菌时出斑率是 1；②不论从哪一菌株的细菌释放的λ去感染细菌 C 时出斑率都是 1；③用它们感染 K12*r* 或 B*r* 时出斑率也是 1；④但是凡是用从一株大肠杆菌所释放的λ去感染另一株大肠杆菌时，出斑都是 10^{-4} 或更低；⑤用 K12(Pl)细菌所释放的λ去感染 K12 细菌时出斑率是 1；⑥而用 K12 细菌所释放的λ去感染 K12(Pl)时出斑率只有 2×10^{-5}。

细菌对于外来的 DNA 能够识别并把它分解，这种限制作用来源于限制性内切核酸酶(简称限制酶)。一种细菌为从另一种细菌所释放的λ所感染时出斑率的下降便是限制酶作用的结果。用来自同一种细菌的λ感染时出斑率是 1，这是因为这些噬菌体的 DNA 都经过这种细菌的修饰酶的作用而变为不再能为它自身的限制酶所分解。外源 DNA 进入一个细菌细胞时或是被修饰而免于分解，或是在没有被修饰以前便被分解了。凡是能免于分解而成为成熟的噬菌体的 DNA 都已被修饰。这些噬菌体感染同一种细菌时它的 DNA 便不被分解。可是它去感染别种细菌时出斑大为下降，说明每一种细菌有它特有的限制修饰系统，为一种细菌所修饰的 DNA 只能避免被这种菌的限制酶所分解，可是不能避免为另一种细菌的限制酶所分解。限制缺陷型 *r* 的出斑率是 1，进一步说明出斑率的下降是限制酶作用的结果。

λ · K(Pl)对于 K12 细菌的出斑率 1，说明λ · K(Pl)已经为 K12(P1)细菌的修饰酶所修饰。这种限制修饰系统就是温和噬菌体 Pl 为寄主细菌所带来的特性。λ · K 对于 K12(Pl)的出斑率是 4×10^{-5}，说明 K12(P1)细胞中有与 K12 细菌不同的限制修饰系统。

白喉棒状杆菌(*Corynebacterium diphtheria*)能为一种温和噬菌体所感染而成为产白喉毒素的细菌。温和噬菌体的消失总是伴随着产白喉毒素能力的消失。凡是由于溶源化而带来的遗传性状的改变现象称为溶源转化(lysogenic conversion)。

溶源转化现象不同于转导。在溶源转化中使寄主细胞改变特性的是噬菌体的基因，所以当噬菌体从细胞中消失时这一性状也随着消失；细菌受噬菌体感染而成为溶源化细菌时这一性状便随着出现。转导过程中受体细菌的某些性状的改变是获得了由噬菌体所携带的供体细菌的某些基因的结果。转导子中噬菌体的消失一般并不伴随着有关基因的丧失。

温和噬菌体和寄主细菌的染色体结构上的关系

某些温和噬菌体(如大肠杆菌的λ)以整合到寄主染色体上的方式存在于溶源性细菌中。大肠杆菌的 P1 主要以非整合状态存在于溶源性细菌中。不论是哪一种情况，温和噬菌体和寄主细菌染色体都进行同步复制。

下面这些事实可以用来说明λ噬菌体整合在大肠杆菌染色体上，而且一般情况下有一定的整合位置。

(1) 杂交定位。把分别带有不同选择性标记的溶源性和敏感的非溶源性细菌进行杂交，得到像表 3.20 那样的数据。

表 3.20　大肠杆菌有关溶源性的杂交结果[30]

杂交	子代($M^+T^+L^+$)			
	*gal-4*$L_p^{+1)}$	*gal-4*$^+L_p^{+2)}$	*gal-4* $L_p^{+1)}$	*gal-4*$L_p^{+2)}$
$F^+MT^+L^+$ *gal-4*$^+L_p^s$ × F^-M^+TL *gal-4* L_p^+	1	83	90	2
$F^+MT^+L^+$ *gal-4* L_p^s × F^-M^+TL *gal-4*$^+L_p^+$	55	0	5	53

1) L_p^+ 溶源性；2) L_p^s 非溶源性，即敏感。

这一实验结果说明λ原噬菌体位置在 *gal* 基因附近，因此它们呈现连锁现象。

(2) 接合诱导。比较 Hfr(λ$^+$) × F$^-$(λ$^-$)和 Hfr(λ$^-$) × F$^-$(λ$^+$)这两个杂交，可以看到有三个方面的区别：前一杂交中所得到的子代重组体是非溶源性的，后一杂交中则出现溶源性的重组体；在前一杂交中 F$^-$细胞中很少出现位置在 *gal* 以后的基因，后一杂交中则出现这些基因；在前一杂交的培养液中出现游离的λ，后一杂交中则不出现。

以上这些现象可以这样解释：在 Hfr(λ$^+$)溶源性细菌中λ因为被它本身所编码的阻遏蛋白所阻遏，所以不进行无限制的复制，而是随着细菌染色体的复制而复制。当λ原噬菌体随着 Hfr 细菌的染色体的转移而进入没有阻遏蛋白的 F$^-$(λ$^-$)细菌中后它便不受阻遏，于是便脱离染色体而进行和染色体不同步的复制并产生游离的λ。这种由于细胞接合而造成的诱导现象称为接合诱导(zygotic induction)。

基因重组发生在 F$^-$细胞中，凡是从 Hfr 细菌获得了λ的 F$^-$细胞中λ都被诱导了，所以在前一杂交中不出现溶源性的重组体，也很少出现获得了 *gal* 基因以后的基因的重组体。这些事实因此都说明λ原噬菌体位置在 *gal* 基因的旁边。

(3) λ只能转导 *gal* 和 *bio* 基因。

(4) 溶源化带来基因之间距离的改变。如果λ原噬菌体附着在寄主染色体的 *gal* 和 *bio* 基因之间，那么它不改变 *gal* 和 *bio* 之间的距离。如果λ原噬菌体插入在 *gal* 和 *bio* 基因之间，那么随着细菌的溶源化两者之间的距离将会增大。杂交结果说明λ溶源性细菌的 *gal-bio* 距离确实增大了，说明λDNA 插入在染色体上。

此外还发现在游离的λ噬菌体的环状染色体上位置邻近的基因的距离在溶源性细菌中也增大了。这一现象的解释见图 3.39(a)，它同样说明λ以插入方式整合到寄主染色体上。大肠杆菌的另一温和噬菌体 Φ80 整合在 *tonB*(Tl 抗性基因，*T-one* 的简写)和色氨酸基 *trpA* 的旁边，能对这两个基因进行转导。

大肠杆菌的另一温和噬菌体 Pl 只以极低的频率(10^{-5})整合到寄主染色体上。虽然它经常以非整合的状态存在于溶源性细菌中，但是它的复制仍然受到阻遏，因此在不经诱导的每一个 Pl 溶源性细菌中只有 1~2 个 Pl 噬菌体。沙门氏菌的噬菌体 P22 和 Pl 一样也能以非整合的状态或者以整合的状态存在于寄主细菌中。不过它可以整合到比较多的位置上，所以和λ相比可以转导更多的基因。

由于λ和 P1 在寄主细菌中存在状态的不同，它们的转导方式也因而不同。λ和ϕ80 等噬菌体只能转导位置在它旁边的少数基因，这种转导称为局限性转导。Pl、P22 等噬菌体能够转导任何基因，这种转导称为普遍性转导。

在第七章中还将对于烈性噬菌体 T4 和温和噬菌体λ作更为深入的介绍。

细菌杂交发现 5 年以后，发现了转导现象。细菌杂交是在大肠杆菌中发现的，为了验证沙门氏菌中是否有同样的现象，把鼠伤寒沙门氏菌的一个突变菌株 LT22A(*trp*)和另一突变菌株 LT2(*his*)在基本培养基上进行混合培养，结果在 10^7 细胞中得到大约 100 个原养型菌落。

为了进一步验证鼠门氏菌是否通过细胞接合而产生重组体，又进行了 U 形管实验(图 3.11)。出乎意料之外，在接种 LT22 的一端出现了原养型细菌。这一事实说明沙门氏菌的基因重组并不通过细胞接合，而是通过某些可过滤因子而发生的。

通过一系列的实验，发现可过滤因子具有下列一些特性：①可过滤因子并不由于 DNA 酶的处理而失活；②可过滤因子和从溶源性的 LT22 菌株得来的噬菌体(称为 P22)具有相同的大小和质量；③可过滤因子加热后失活，用抗 P22 血清处理后也失活；④把抗 P22 的 LT2 菌株和 LT22 菌株混合培养，在基本培养上不出现原养型菌落。

这些结果证实了可过滤因子是温和噬菌体 P22。

上述 LT 22 和 LT 2 的混合培养中出现原养型菌落或 U 形管实验结果因此可以这样解释：LT22 是溶源性的，LT2 是非溶源性的，在培养过程中 LT22 自发释放出温和噬菌体 P22，这些噬菌体感染了 LT2 细菌。当 P22 从 LT2 细菌中释放时，某些成熟的噬菌体可能携带着 trp^+基因。当这些噬菌体再度感染 LT22 细菌时，便带着这一基因进入细菌细胞从而使 LT22A 细菌成为 trp^+。

通过噬菌体作为媒介，把一个细菌的基因导入另一细菌，这一过程称为转导。转导分为普遍性和局限性两类。

二、局限性转导

局限性转导(specialized transduction)包括低频转导和高频转导。

低频转导(low frequency transduction)

按照 A. M. Campbell 在 1962 年所提出的模型，λ感染寄主细菌后它的染色体便由线状转变为环状。在溶源化过程中这一环状的 DNA 分子以它的附着位点(attachment site, *attP*)(或者写作 PP′或 POP′)和细菌染色体 DNA 的同源序列 *attB*(或者写作 BB′或 BOB′)发生联会，然后通过位点专一重组而整合到寄主染色体上[图 3.39(a)]。

通过相反的过程，λ可以脱离寄主染色体而成为游离的噬菌体。但是如果在这过程中发生交换的位置(即切离酶作用位点)稍有偏差，那么就形成了带有 *gal* 基因或带有 *bio* 基因的噬菌体，这些就是转导噬菌体(transducing phage)[图 3.39(b)]。

外源 DNA 从染色体上脱离的过程称为切离(excision)，不正常的切离导致转导噬菌体的形成。不正常的切离很少发生，大约 10^6 个λ中才出现一个转导噬菌体。因此用诱导λ溶源性菌株得来的噬菌体进行转导时转导频率不过 10^{-6}，这种转导称为低频转导。

每一种噬菌体的头部有一定的大小，能够容纳一定量的 DNA(对于λ来讲是λDNA 量的 75%~109%)，所以转导噬菌体在带有寄主细胞的一部分 DNA 的同时必然失去了它自己的一部分 DNA，从而使它丧失了某些功能而不能形成正常的噬菌体。*gal* 基因的转导噬菌体称为λ*dgal* 或λ*dg*，这里 *d* 表示缺陷的意思。

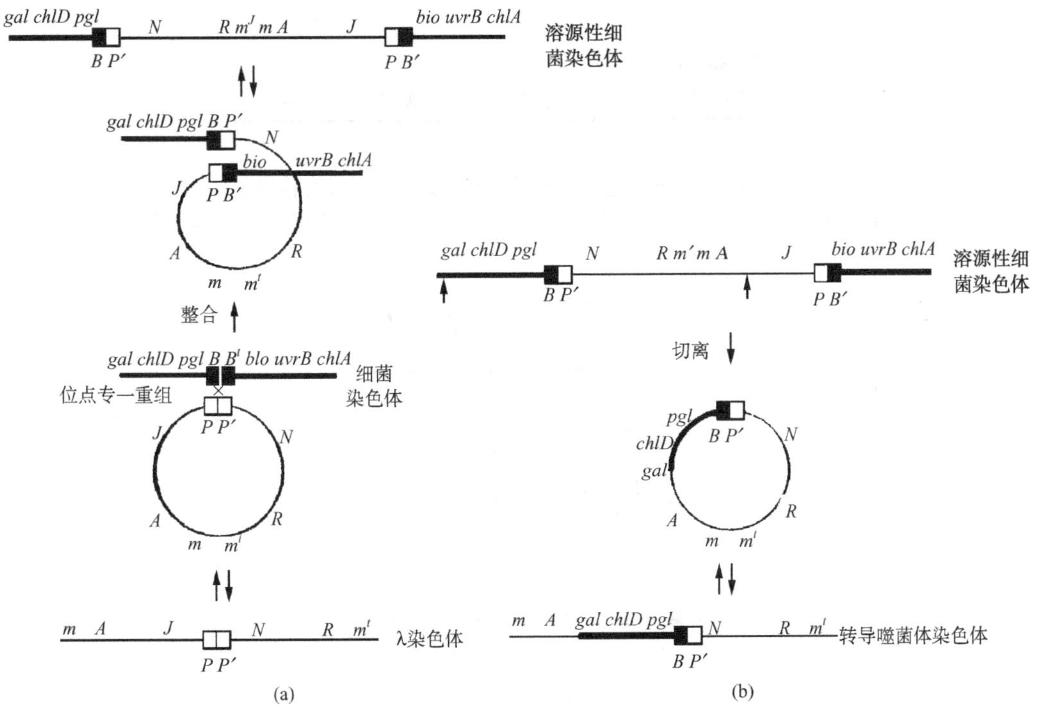

图 3.39　λ的整合过程和转导噬菌体形成过程[31]

(a) λ的整合过程(自下向上)；(b) 转导噬菌体形成过程(自上向下)，溶源性细菌染色体下面的两个箭头表示切离酶作用位点。*gal*：半乳糖基因；*chlD*：氯酸敏感性基因；*pgl*：磷酸葡糖内酯酶基因；*bio*：生物素基因；*uvrB*：紫外线敏感性基因；噬菌体基因符号参见图 7.8

高频转导(high frequency transduction)

如果λ*dgal* 转导噬菌体感染 *gal* 受体细菌，并且通过 *gal* 基因位置的两次交换，而使转导噬菌体所带着的 gal^+基因取代了受体细菌的 *gal* 基因，这样就得到一个 gal^+转导子，这转导子是非溶源性的、稳定的。gal^+转导子中大约 1/3 是稳定的[图 3.40(a)]。如果通过 *gal* 基因位置的一次交换而使λ*dgal* 整合到受体染色体的 *gal* 基因旁边，这样一个 gal^+转导子便是不稳定的，会经常地分离出 *gal* 细胞。这种转导子是一种杂基因子(heterogenote)[图 3.40(b)]。

如果转导噬菌体和非转导噬菌体同时感染一个 *gal* 受体细菌，而且通过 *att* 位点的重组而使非转导噬菌体首先整合到上面[图 3.41(a)]，接着转导噬菌体λ*dgal* 整合上去[图 3.41(b)]；于是染色体上就有两个邻接着的λ，而且这上面既有一个 gal^+，也有一个 *gal* 基因[图 3.41(c)]。

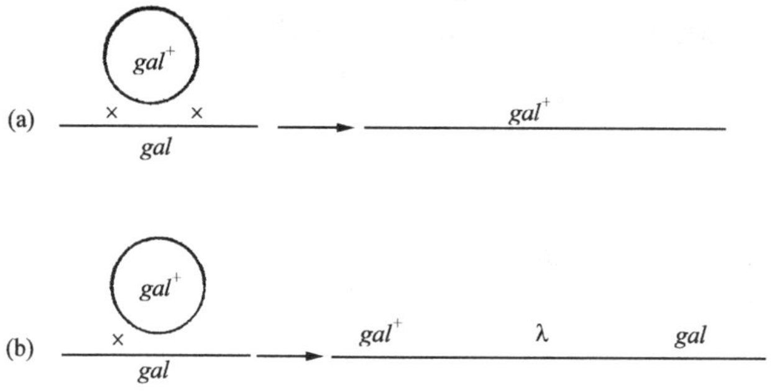

图 3.40　λ*dgal* 通过 *gal* 基因位置的交换所形成的转导子

(a) 两次交换产生稳定的 gal^+转导子；(b) 一次交换产生不稳定的 gal^+转导子，一种杂基因子

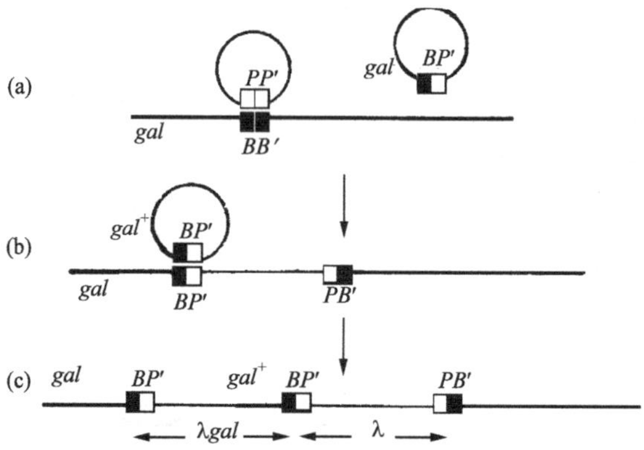

图 3.41　λ*dgal* 通过 *att* 位置的重组所形成的转导子

(a) 非转导 *gal* 噬菌体λ的整合；(b) λ$dgal^+$的继续整合；(c) 形成双重溶源化细菌

这种表型为 gal^+的双重溶源性细菌也是不稳定的，它是另一种类型的杂基因子。杂基因子可用来作进行顺反位置效应测定(详见第五章)。

用紫外线等诱导这些双重溶源性细菌可以得到大约半数的转导噬菌体，因为这里通过正常的切离就可以从每一个细菌得到一个非转导噬菌体和一个转导噬菌体，而且由于正常的λ的存在，有缺陷的λ*dgal* 也能由于功能上得到补偿而复制(这里正常的噬菌体称为辅助噬菌体，helper phage)。用这样得来的噬菌体进行的转导称为高频转导。

在遗传学研究中有时需要带有特定基因的噬菌体。λ在正常情况下只能带有 *gal*、*bio*，以及邻近的少数其他基因。用 λ 感染 *attB* 位点缺失的细菌(*ΔattB*)，λ就会以较低的频率整合到一些其他次级位点上。诱导这些溶源性细菌就可以得到带有这些位点旁边基因的转导噬菌体。

一个噬菌体 DNA 插入到一个基因中时便使这一基因发生突变，所以如果 *ΔattB* 细菌由于感染了λ而成为溶源性细菌的同时某一基因发生了突变，这突变很可能是由于λ插入的结果。应用这一原理可以得到λ插入在特定基因旁边的溶源性细菌。诱导这些细菌便能得到带有特定基因的转导噬菌体。

三、普遍性转导

λ在寄主细菌染色体上有固定的整合位置，所以它只能转导少数特定的基因。噬菌体P1和P22在染色体上没有固定的整合位置，所以它们能够转导几乎任何基因，这种转导称为普遍性转导(generalized transduction)。

流产转导(abortive transduction)

在沙门氏菌通过P22的转导中曾发现一种称为流产转导的特殊现象。在营养缺陷型菌株的转导中，发现在基本培养上除了正常大小的菌落以外，还有一些微小的菌落，数目大约10倍于正常菌落。

把感染了转导噬菌体的受体细菌涂在一系列培养皿上，每隔一定时间在一组培养皿上加上少许灭菌水，涂布后再行培养。随着取样涂布时间的推移，可以看到正常菌落的数目急剧上升，可是微小菌落的数目保持不变(图3.42)。

这一现象称为流产转导，它说明由转导噬菌体所引入的野生型基因并没有整合到受体细菌的染色体上，因而不能复制。当受体细菌分裂成为两个时，只有一个细菌获得了这一基因，而另一细菌则并没有获得这一基因，因而是一个缺陷型细菌。只不过由于它是由一个野生型的亲本细菌分裂产生的细菌，所以细菌中还有足够的酶使它能分裂几次，最后产生若干个不能在基本培养基上继续分裂的细菌。于是许多细菌加上一个始终带有不复制的野生型基因的细菌形成了一个微小菌落(图3.43)。

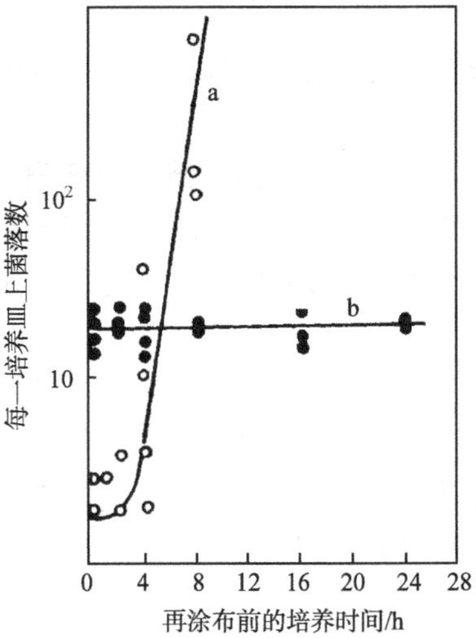

图3.42 鼠伤寒沙门氏菌的流产转导现象[32]

受体细菌是腺嘌呤硫胺缺陷型

a. 正常菌落；b. 微小菌落

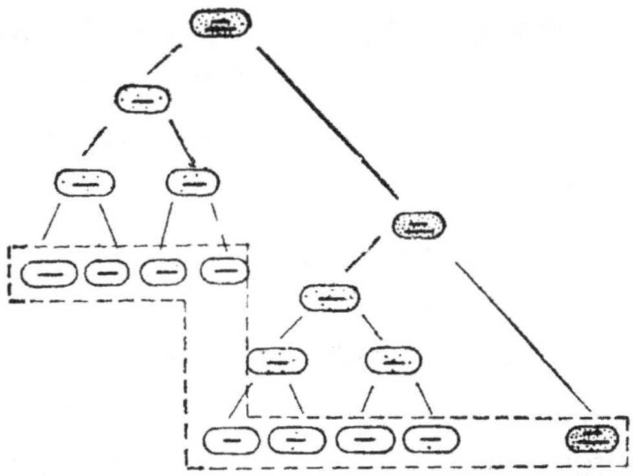

图3.43 流产转导中所形成的微小菌落的示意图[32]

细胞中的长线表示染色体，短线表示由转导噬菌体引入的野生型基因，黑点表示酶分子，虚线范围内是一个微小菌落中的全部细菌

共转导(cotransduction)

无论是局限性或是普遍性转导，转导噬菌体总是占绝对少数。所以两个转导噬菌体

进入同一受体细胞是十分难得的事件。实际上在普遍性转导中可以看到在选择性培养基上出现各种转导子，可是一般不出现使两个基因同时改变的转导子。

对于大肠杆菌的 P1 噬菌体来讲，最初发现的例外现象是以 $T^{+}L^{+}$细菌作为供体、以 TL 细菌作为受体的实验中得到大约 1%的转导子是 $T^{+}L^{+}$。这一现象称为共转导。

已经知道 T 和 L 距离很近，只有 2min，可见共转导的两个基因在同一 DNA 片段上。大肠杆菌染色体的全长是 100min，分子质量是 2.5×10^{9}Da，所以噬菌体 Pl 至少能包装 $2.5 \times 10^{9} \times 0.02$ 即 5×10^{7}Da 的大肠杆菌染色体 DNA。Pl 噬菌体的 DNA 的分子质量是 5.8×10^{7}Da。可见这样一个转导噬菌体所包装的几乎全部都是寄主细菌的 DNA。

Pl 转导噬菌体和λ转导噬菌体的区别反映这两种噬菌体形成机制方面的区别。λ转导噬菌体是λ原噬菌体不正确切离的结果，它只能通过诱导λ溶源性细菌得到，但不能在敏感细菌感染λ后通过裂解反应得到。Pl 噬菌体多数以不整合的方式存在于细胞中。溶源性细菌经诱导后，Pl 噬菌体 DNA 开始大量复制，同时在细胞中合成它的头部和尾部蛋白。其 DNA 通过滚环式的合成方式复制，所形成的是一个包括若干基因组的多联体。多联体一边被切断，一边被蛋白质衣壳包装起来成为成熟的噬菌体。在噬菌体包装过程中偶尔把寄主细胞的染色体 DNA 包装起来，而这些噬菌体里面不同时包装它本身的 DNA。转导噬菌体的这一形成机制模型称为选择包装。这一形成机制不依赖于噬菌体的整合，所以普遍性转导噬菌体既可以通过溶源性细菌的诱导，也可以通过裂解反应得到。

Pl 能够对基因 T 和 L 进行共转导。事实上它能对任何两个相邻近的基因进行共转导。两个基因愈是接近，被包装在一个噬菌体中概率就愈大，共转导的频率就愈高。根据公式共转导频率$=(1-\frac{d}{L})^{3}$，因此可以由共转导频率计算两个基因之间的距离，公式中的 L 是指 Pl 所能包装的 DNA，相当于大肠杆菌遗传学图上 2min 范围内的 DNA，d 是指以分钟计算的两个共转导基因之间的距离，也以分钟表示。

中断杂交实验操作复杂，结果精确性不高；共转导实验操作较简便，结果较精确。中断杂交实验有利于测定许多基因的相对位置，共转导实验有利于测定邻近基因间的精确距离。在大肠杆菌染色体上现在只有很小一部分的基因没有通过共转导来进行基因定位(参看图 3.19)。

P1 已被广泛应用于大肠杆菌的遗传学分析中。不过 Pl 溶源性细菌有一个明显的缺点，那便是它获得了 Pl 的限制修饰系统。这就使得如果它以后再要通过任何方式从另一细菌中得到它的任何基因时，这另一细菌必须是具有 P1 限制—修饰系统的 P1 溶源性细菌，否则进入 Pl 溶源性受体细菌中的 DNA 将会遭到分解。为了避免这一困难，常用 P1 噬菌体的烈性突变型 Pl*vir* 作为转导噬菌体。

由于上面已经说明 Pl 转导噬菌体中没有其本身的 DNA，所以被这样一个噬菌体所感染的受体细胞将不会成为一个溶源性的转导子，但是如果同时被另一非转导 Pl 噬菌体所感染，那么就会使转导子成为溶源性细菌，从而带来上述困难。如果在转导实验中受体细菌经噬菌体吸附以后立即去除钙离子，便可以在一定程度上防止混合感染，不过这并不能保证完全没有混合感染。如果所用的 Pl 是野生型的(即非烈性的)，那么混合感染将带来溶源性的转导子。如果所用的是烈性突变型，那么混合感染将引起裂解反应。这样就能保证转导子都是没有被混合感染的非溶源性细菌。

流产转导也可以应用于顺反位置效应测验(详见第五章)。

烈性噬菌体感染细菌以后一方面引起寄主细胞的 DNA 的剧烈分解，另一方面通过 DNA 复制和装配而形成大量的噬菌体，最后导致寄主细胞的裂解。烈性噬菌体一般不能用来进行转导，只有经过一定的改造才能用于转导。

发生了一个琥珀突变(amber mutation)的 T1 噬菌体能在带有抑制基因的寄主细胞中复制。在成熟过程中它偶尔会把寄主细胞的 DNA 包装在内，于是形成了转导噬菌体。用释放出来的噬菌体去感染不带有抑制基因的细菌，成熟的噬菌体在这些细菌中不能形成，细胞也不裂解，少数转导子可以被检出。在烈性噬菌体 T4 中也曾有过关于转导的报道。

第八节　二倍性微生物的遗传学分析

在微生物中二倍性生物是比较少见的。在遗传学方面研究得较多的二倍性生物有草履虫和四膜虫，它们都是单细胞的原生动物。草履虫方面的研究工作以双小核草履虫(*Paramecium aurelia*)为最多，四膜虫方面则几乎集中在梨形四膜虫(*Tetrahymena pyriformis*)这一种上。这两种原生动物具有基本相同的接合过程。

草履虫遗传学研究的开始比果蝇的研究还早些，不过直到 20 世纪 30 年代 T. M. Sonneborn 发现了草履虫的接合型并开始了杂交分析以后才取得了较大的进展。

草履虫的生活史

双小核草履虫细胞中有一个大核(macronucleus)和两个小核(micronucleus)，每一个小核都是二倍体核，大核是多个二倍体核的集合物，是所谓的营养核(vegetative nucleus)，它在遗传中不起作用。

草履虫的无性繁殖可通过细胞横裂进行，有性繁殖有两种方式，接合(conjugation)和自合(autogamy)(图 3.44)。

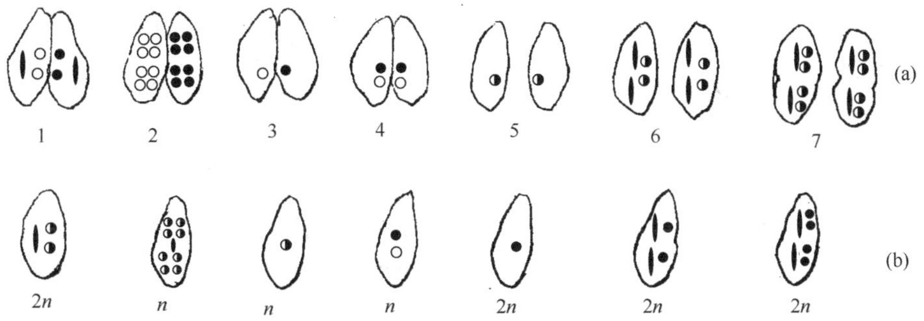

图 3.44　双小核草履虫的接合和自合

(a) 接合；(b) 自合

接合过程:1. 每一个细胞中都有一个大核和两个小核；2.每一小核通过减数分裂产生 4 个单倍体小核，黑色或白色的小核代表二种接合型；3.7 个单倍体小核消失，留下一个，大核也消失；4.留下的一个单倍体小核通过有丝分裂产生两个单倍体小核，接合中的两个草履虫互相交换一个小核 ；5.两个小核融合成为一个二倍体小核；6.小核进行有丝分裂，并产生大核；7.细胞开始分裂，大核分到两个子细胞中，小核再进行分裂并分到两个子细胞中双小核草履虫有许多变种，变种间不会发生细胞接合或接合后杂交不育。所以这些变种可以看作是不同的种，不过它们在形态上不易区别。

草履虫也有接合型，把属于同一变种但属于不同接合型的细胞悬浮液混合在一起，便可以看到发生凝集，随即一对一对的草履虫分散出来，每一对以口沟部分相连。接合中的草履虫细胞开始减数分裂。减数分裂和受精过程以及接合后体的细胞分裂见图 3.44。

草履虫还能进行一种特殊的自体受精——自合[图 3.44(a)]。在自合过程中单个草履虫细胞中可发生减数分裂以及单倍体配子核的融合。

草履虫是二倍性的真核生物，它和高等动物的有性生殖的主要区别在于它的授精作用是相互的，每一个草履虫既是一个雌性个体又是一个雄性个体，所以它的接合型也像粗糙脉孢菌那样不代表雌雄两性。

草履虫的遗传学分析

如果某一性状由单个基因所控制，那么两个纯系草履虫的杂交第一代(注意草履虫细胞还是两个亲代细胞，可是基因型已经通过互相受精而改变)可称为接合后体(excongugant)，它们都是杂合体(heterozygote)。杂交第二代出现 3∶1 分离现象(图 3.45)。

为了证实杂交子二代中的显性个体中有半数是杂合体，可以将它们和隐性纯系亲本进行回交，在回交子代中出现 1∶1 分离现象(图 3.46)。

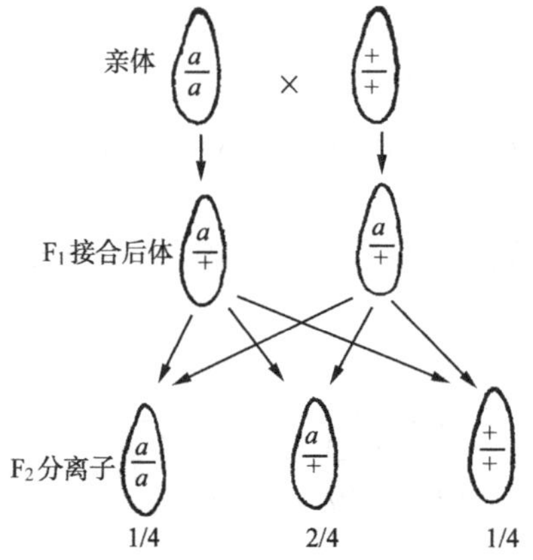

图 3.45　草履虫的杂交图解

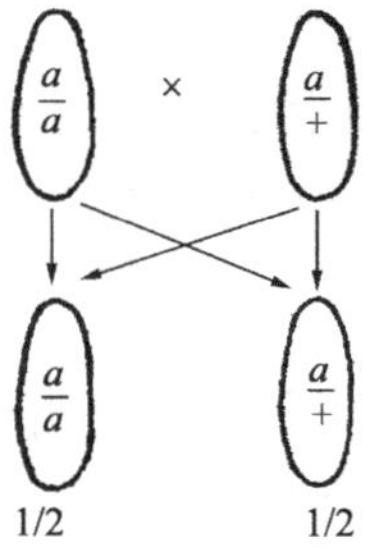

图 3.46　草履虫的回交图解

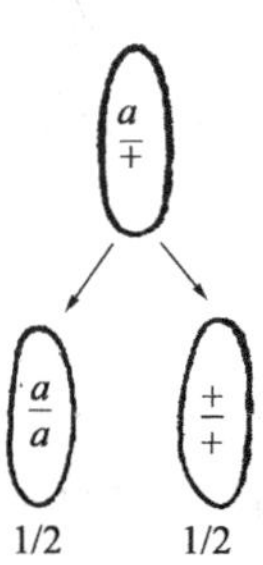

图 3.47　草履虫的自合图解

这些结果都符合孟德尔定律。

自合的结果见图 3.47。如果进行自合的是杂合体，那么自合后体就变成纯合体，其中隐性和显性各占 50%。这一结果可以通过图 3.44(a)来理解；杂合体 A/a 经减数分裂产生四个单倍体核 A，四个单倍体核 a，其中七个小核消失时所留下的一个核是 A 或是 a 的概率是相等(图 3.44b)的，因此这一小核再经过有丝分裂和自体受精后得到的隐性和显性纯合个体各占 50%。

第九节　重 组 机 制

在 1909 年已经有人观察到了减数分裂中的染色体交叉(chisma)，而且指出了在这里染色体发生了交换(crossing over)。在这以后的 30 年中对于染色体交换曾进行了大量的研究，但是对于交换机制的深入了解还是以微生物为研究对象以后才开始的。这主要是因为采用了体制简单的噬菌体和四分体按顺序排列的子囊菌作为研究对象的缘故。

断裂重接(break reunion)模型和复制选择(copy choice)模型

在 20 世纪 30 年代中就出现了与染色体交换有关的两种假设或模型：断裂重接模型和复制选择模型(图 3.48)。

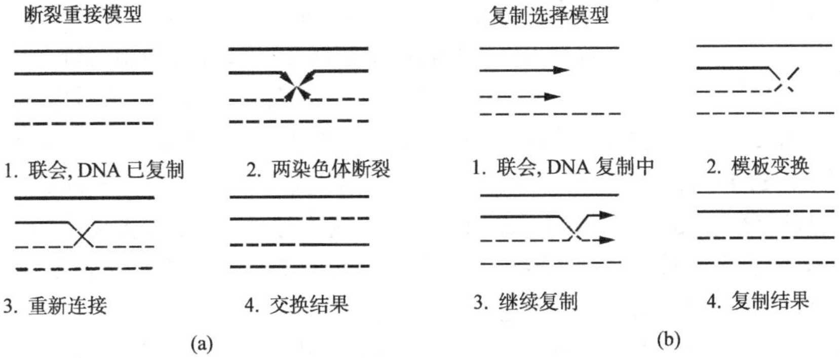

图 3.48　关于重组的两种假设

(a) 断裂重接假设；(b) 复制选择假设

按照断裂重接模型，两个染色单体在同一位置上断裂，然后彼此和另一染色单体重新连接起来。按照复制选择模型，两个染色单体交换复制的模板，再各以一个单体作为模板进行复制而产生两个新的染色单体，在复制过程中相互交换模板从而引起交换。

这两个模型的一个重要的区别是断裂重接模型认为重组可以在 DNA 不进行复制时进行，复制选择模型则认为重组必须在 DNA 复制时进行。

有两个方面的事实较为有力地支持了断裂重接模型。现在已经知道染色体复制是在间期中完成，而交叉则出现在减数分裂的早期。这一事实和复制选择模型不相容但支持断裂重接模型。

另外，用标记噬菌体所进行的实验结果也支持断裂重接模型。首先把λ感染含有 ^{13}C 和 ^{15}N 的培养液中的大肠杆菌裂解后取得含 ^{13}C 和 ^{15}N 的重噬菌体，把带有不同基因标记(例如 *AB* 和 *ab*)的两种重噬菌体去感染含 ^{12}C 和 ^{14}N 的培养液中的大肠杆菌。如果染色体交换按照复制选择模型进行，那么重组噬菌体不可能是重的。然而事实上出现了重的重组噬菌体，所以实验结果同样支持断裂重接假设。

不正常分离和基因转变(gene conversion)

在粗糙脉孢菌中杂交子代的子囊不外乎表 3.2 中所列的 6 种类型，其中每对孢子都是相同的。从 1940 年开始在酿酒酵母、脉孢菌和粪生粪壳菌(*Sodaria fumicola*)等子囊菌中发现了一些不正常的分离现象。例如在粪生粪壳菌中的有关孢子颜色的杂交 $g^{+} \times g$ 中，曾经观察了 200 000 个子囊，其中绝大部分属于正常的 4∶4 类型，不正常的分离包括

5∶3　　120 个，占 0.06%；

6∶2　　100 个，占 0.05%；

不规则 4∶4　16 个，占 0.008%。

20 世纪 40 年代中发现不正常分离现象时，认为这是由于在减数分裂过程中同源染色体上的相对基因紧密接触，一个染色体上的基因受另一染色体上的等位基因的影响而发生改变的结果，因而把它称为基因转变。以后发现发生转变的基因的两旁的基因往往发生重组，因此基因转变现象逐渐变成了重组机制研究的一个有用的材料。

一个能够说明基因转变机制的理论必须要求至少能说明一对孢子的表型不同，以及发生转变的基因的两旁的基因常同时发生重组这两个事实。前一事实可以用部分杂合双链(heteroduplex)的出现来解释。图 3.49 表示了如何在减数分裂中出现部分杂合双链，从而导致一对孢子的表型不同以及其他各种不正常分离现象的出现。这里用 AT 表示野生型。CG 表示突变型，用 CT 表示部分杂合双链，即含有错配碱基的双链部分。错配的碱基 CT 可能通过 DNA 复制而形成 CG 和 AT。在这里基因的分离发生在减数分裂以后，所以称为减数后分离(postmeiotic segregation)。错配碱基对 CT 可以先被切除一部分单链，然后通过修复合成而被校正。被切除的单链可以是包含 C 的一段或是包含 T 的一段，因而通过校正得来的可以是野生型 AT 也可以是突变型 CG。

图 3.49 表示一个部分杂合双链发生减数后分离而另一个部分杂合双链发生 CT 到 AT 的校正所形成的 5∶3 不正常分离子囊。

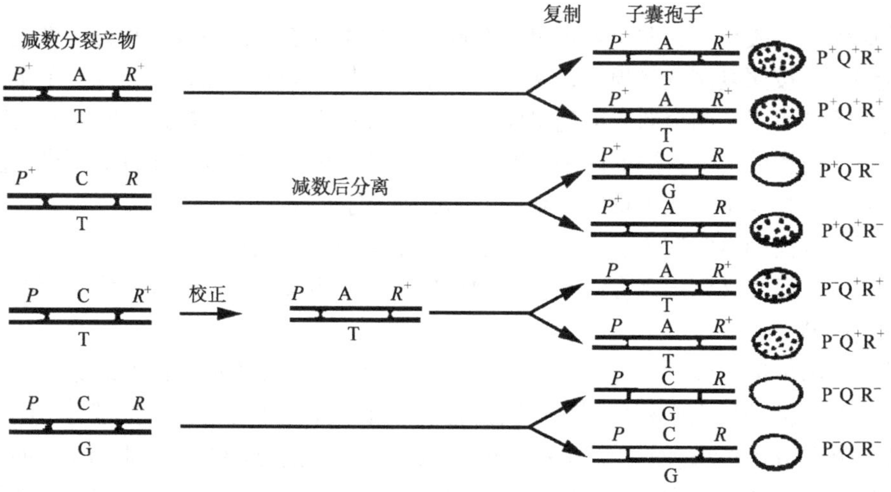

图 3.49　减数后分离和错配校正

两个部分杂合双链的行为是互不相关的，所以除了可以出现上图所表示的不正常分离以外，还可以出现其他种种不正常的分离现象(表 3.21)。

表 3.21　两个部分杂合双链通过减数后分离和校正所带来的各种不正常分离

		一个杂合双链		
		校正为 AT	校正为 CG	减数后分离
另一杂合双链	校正为 AT	6∶2	4∶4 正常	5∶3
	校正为 CG		2∶6	3∶5
	减数后分离			4∶4 不正常

Holliday 模型

基因转变也和基因突变及基因重组一样，并不是以一个基因为单位，而是以一个突变位点为单位进行的。一个基因的不同位点发生结构改变可以导致同一突变表型的出现，它们也都能通过基因转变而成为野生型基因。一个基因的不同位点的转变频率常呈现一个梯度，在基因的一端转变频率最高，转变频率向另一端逐渐下降。基因转变频率呈现梯度的一个区域称为一个极化子(polaron)。

1964 年 R. Holliday 提出了一个关于部分杂合双链来源的模型(图 3.50)。

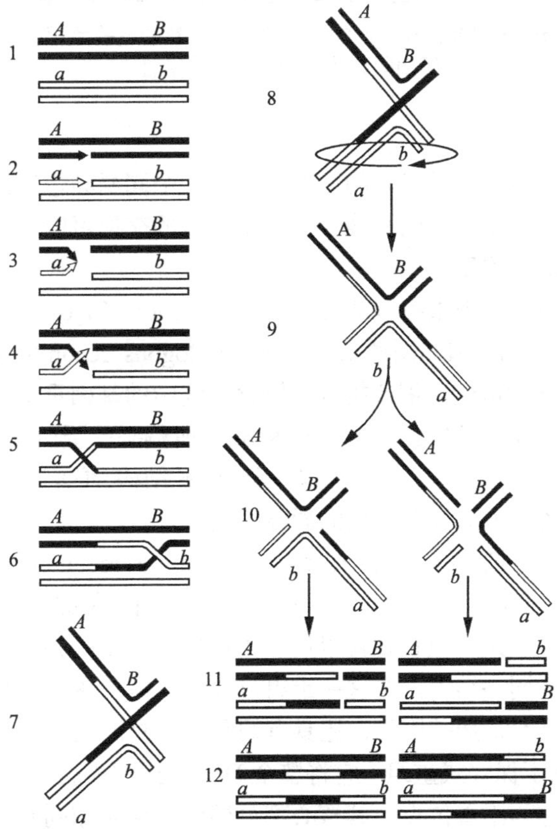

图 3.50　用来解释部分杂合双链来源的 Holliday 模型[33]

1. 发生重组前的二价体；2. 在内切核酸酶的作用下造成单链切口；3~5. 两个单链对接，形成半交叉(即包括两个 DNA 单链而不是包括两个染色单体的交叉)；6. 半交叉的位置移动；7. 4 个臂张开的十字图像；8. 两个臂按箭头所指方向旋转；9. 旋转后形成中空的十字图像；10. 左右或上下两个单链在内切核酸酶作用下断裂；11~12. 在 DNA 连接酶的作用下，上下或左右两个单链相连接。在左右两个二价体中每一个 DNA 分子都包含着中央杂合双链部分，所不同的是左边的二价体中 $A(a)$ 和 $B(b)$之间没有发生重组，右边的二价体中则发生了重组在酵母菌中曾经对于三个染色体上的 6 对基因进行过分析，发现在 907 个发生基因转变的例子中两旁基因同时发生重组的占 49.1%，不发生重组的占 50.9%。假定图 3.50-10 中左右两个单链和上下两个单键切断的机会相等，那么应该预期在半数基因转变的例子中将发生两旁基因的重组。上述酵母菌的实验结果正好和预期相符。不过关于 Holliday 模型的最直观的证据还是来自电子显微镜的观察，从带有质粒 ColEl 的大肠杆菌的 DNA 抽提物中可以看到连接在一起的两个质粒，连接处呈现出图 3.50-9 中那样中空的十字形(图 3.51)，图中的质粒 DNA 已经用限制酶处理，并经部分变性处理，从 4 个臂的长短以及长臂上对称位置的泡状变性部分可以确认中央十字位置代表了两个质粒发生重组的位置。虽然 Holliday 模型基本上得到证实，但是还在不断地加以修改以符合于新发现的现象。

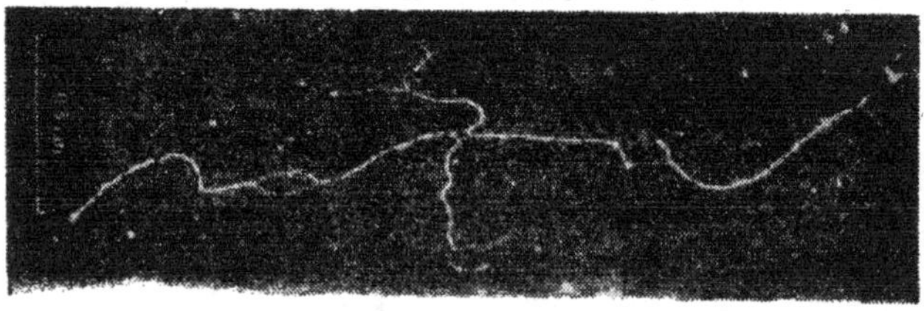

图 3.51　通过重组连接在一起的两个 ColE1 质粒的电镜照相，质粒 DNA 已经用限制酶处理并经部分变性[34]

重组的类型

在真核生物中染色体交换是对等的，在交换中两个同源染色体都不增加或减少任何基因。可是偶尔可以发生不对等的交换，通过不对等的交换可能会在一个染色体上出现缺失而另一染色体上出现重复。

原核生物大肠杆菌的基因重组有两类：同源重组(homologous recombination)[即一般重组(general recombination)]和非同源重组(nonhomologous recombination)[即位点专一重组(site specific recombination)]。细菌接合、转化过程中的基因重组属于一般重组，它们依赖于广泛的同源结构及大肠杆菌的重组基因 *recA* 所编码的蛋白质。

非同源重组不依赖于重组基因 *recA* 和广泛的同源结构，它们依赖于另一些蛋白质的作用，并且发生重组的双方只涉及少量的同源结构。

非同源重组又分为两类：复制式重组(replicative recombination)和保守式重组(conservative recombination)。许多转座子、插入序列和噬菌体 *Mu-1* 从一个位置转移到另一位置一般通过复制式重组，位置转移以后原来位置上的结构并不消失，只是通过复制使得在新的位置上出现同一结构。在这一重组过程中不需要 RecA 蛋白；已经有一些例子说明转座子上除了具有抗药基因外，还具有编码进行复制式重组的酶的结构基因。

λ噬菌体的整合属于保守式重组。它将整个 DNA 分子插入到细菌染色体上。它和细菌染色体的同源部分称为附着位点，其核心部分即碱基绝对相同并且是真正发生重组的部分只有 15 个碱基对。λ噬菌体和细菌染色体间的重组并不依赖于细菌的 *recA* 基因而是依赖于噬菌体的编码整合酶的整合基因(*int*，intergration 的缩写)。整合基因发生突变的λ噬菌体(λ *int*)由于进行整合所需要的酶的缺乏而不能整合；附着位点缺失的λ噬菌体(例如λint^+ b2)则由于失去了和细菌染色体进行联会和重组的结构而不能整合。如果把λ *int* 和λ int^+b2 对大肠杆菌进行混合感染，那么λ *int* 便能由于λint^+的互补作用而整合，整合

的位置在正常的 *gal* 和 *bio* 基因之间。

λ*int* 单独感染时可以发生少量的整合，这里基因 *recA* 或其他重组基因会在一定程度上代替λ的整合基因的作用。整合位置也就不在正常的位置。

λ和Φ80 整合的位置一般是固定的。*Mu-1* 和许多转座子及插入序列的重组位置具有不同程度的专一性。例如，*Mu-1* 可以整合到许多不同位置上，从而使许多不同的基因发生插入突变。

真核生物的染色体交换和大肠杆菌的接合过程中的基因重组有共同的地方，它们的染色体交换对等的部分(虽然在大肠杆菌中经过重组以后只有受体染色体是完整的)，这种重组方式又可以称为替换式重组(substitutional recombination)。λ噬菌体、转座子、插入顺序通过重组插入到染色体或质粒上，使染色体或质粒上增加了一部分 DNA，可是并不失去对等的部分，这种重组方式又可以称为插入式重组(insertional recombination)。

上一节中所介绍的 Holliday 复制模型适用于各种形式的重组过程(参见第七章关于λ的整合)。

基因重组是生物界中的一个普遍的基本的现象，是遗传学中的一个古老的课题。基因重组的研究不但具有重要的理论意义，而且还具有重要的实践意义。在植物育种工作中有时要求把野生植物的有利基因引入到作物中去，这就得通过染色体交换和基因重组的过程。在微生物中，特别是在遗传工程中，除了应用离体的反应来连接不同来源的 DNA 以外，还可以应用各种形式的活体内的基因重组来达到同样的目的。

第十节　杂 交 育 种

菌种选育的一个先决条件是变异，有了变异才能从中选择符合于生产要求的菌株。在诱变育种工作中，通过诱变剂的处理而使出现变异菌株。从这一章的讨论中，可以看到凡是能导致基因重组的过程，都能使在子代中出现不同于亲代性状的个体，因而杂交也可以作为菌种选育的一种手段。

在这一节中，将着重讨论杂交育种的一般原理，而较少介绍具体的育种方法。

一、取得特定基因组合的杂交育种

酿酒酵母和酒精酵母是同一个种 *Saccharomyces cerevisiae* 的不同菌株，酒精酵母又有适合于制造不同类型的酒的各种菌株，它们各有一些特殊的性能，它们和生产酒精、制造面包用的酵母菌都属于同一个种。生产酒精的酵母菌产酒率高，可是对于麦芽糖和葡萄糖的发酵力不强，所以酒精厂生产酒精以后的酵母菌不能供面包厂或家庭用，而面包厂或家庭用的酵母菌则取材于对于麦芽糖和葡萄糖发酵力强的面包酵母。

酒精厂的原料主要有山芋和糖厂的下脚料即糖蜜。为了使酒精发酵的酵母菌能充分地利用糖蜜，并且使产酒精后的酵母菌还能供面包厂和家庭用，可以通过杂交而得到对于麦芽糖和葡萄糖发酵力强且产酒率高的酵母菌。

酿酒酵母是双单性微生物，二倍体生活力较单倍体强。特别是因为发酵对于不发酵来讲以及产酒率高对于低来讲都是显性的，所以只要通过杂交得到二倍体就可以达到预期的目的。

方法主要包括分别取得酵母菌的单倍体细胞，然后通过两个单倍体菌株的混合培养得到二倍体细胞。单倍体和二倍体的识别见表 3.22。

表 3.22　酵母菌的单倍体和二倍体的识别

项目	二倍体	单倍体
细胞	大、椭圆形	小、球形
菌落	大、形态较一律	小、形态多变化
液体培养	繁殖快、细胞较分散	繁殖慢，常聚集成团
在孢子培养基上	形成子囊	不形成子囊

曾经报道通过杂交得到了使麦芽糖活性提高约一倍而产酒率并不下降的酿酒酵母。酿酒酵母在发酵液中浮在表面，所以常称为上层酵母；卡氏酵母(*Saccharomyces carlsbergensis*)在发酵液中沉在下面，所以常称为底层酵母。前者产酒率高，主要用在酒精生产上；后者产酒率低，主要用在啤酒酿造上。

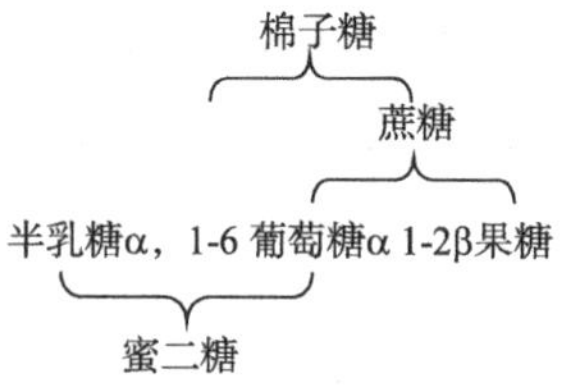

在用糖蜜作为原料的酒精生产中，面临的一个问题是甜菜糖蜜中含有棉子糖(raffinose)(约 0.5%~2%)，而酿酒酵母则因为只有蔗糖酶而没有α-半乳糖苷酶，所以不能利用蜜二糖(melibiose)，因而只能部分地利用棉子糖。

卡氏酵母则能够利用蜜二糖，所以能充分地利用棉子糖。通过杂交可以得到能利用棉子糖而产酒率又高的杂种酵母。

二、不涉及特定基因组合的杂交育种

在以上这两个例子中通过杂交可得到具有特定基因组合的杂种。在育种工作中更多的情况是要求提高产量，但产量基因较多，而且不像糖发酵特性那样便于识别，因此在这种情况中杂交所起的作用只是促使子代中出现多种基因组合，至于哪一种组合有利于产量的提高，那就像诱变育种那样，要靠筛选测定来取得了。

在灰黄霉素生产菌荨麻青霉菌(*Penicillium urticae*)和土霉素生产菌龟裂链霉菌(*Streptomyces rimosus*)等微生物中都曾通过准性生殖或半合子的形成而选育得到高产菌株。荨麻青霉菌的遗传体制类似于构巢曲霉、龟裂链霉菌则类似于天蓝色放线菌。

由于它们都是不产生有性孢子的微生物，所以基因重组都必须在营养缺陷型的混合培养中取得。而且正像上面已经指出的，在准性生殖过程中最初得到的常是异核体，而重组子常从二倍体中得来，所以实际工作往往包括下列步骤：异核体的取得，二倍体的取得，处理二倍体取得分离子，在分离子中选取高产菌株。

对于放线菌来讲，往往在营养缺陷型的混合培养中就可以得到分离子。如果在混合培养中出现杂核系菌落，那么在一个菌落所产生的分生孢子中，就可以得到许多不同的分离子，在这些分离子中就可以筛选高产菌株。

此外，曾经报道在金霉素生产菌龟裂链霉菌中首先取得原养型孢子，然后用诱变剂处理这些孢子，发现它们的金霉素产量的变异幅度超过亲本的变异幅度，并且从中筛选得到高产菌株。

在许多提高发酵产品产量的育种工作中，一般并不知道所需要的基因和可供筛选的基因之间的连锁关系。在这种情况下可以首先取得任一供体选择性标记的转化子，然后在这些转化子中筛选高产菌株。这样做所根据的原理可以概括为一个词——汇合。具体地讲，能接受选择性标记的细菌必然是一个感受态细菌，而一个感受态细菌才是能接受供体细菌的高产基因的细菌，所以在接受了供体细菌的选择性标记的细菌中筛选高产菌株的效果，必然超过没有选择性标记的转化群体中的筛选效果。

三、多倍体育种

在高等植物中多倍体一般通过秋水仙素处理取得。在米曲霉菌 (*Aspergillus oryzae*) 中多倍体曾经通过杂交取得。多倍体育种的原理可以简单地用图 3.52 表示如下：

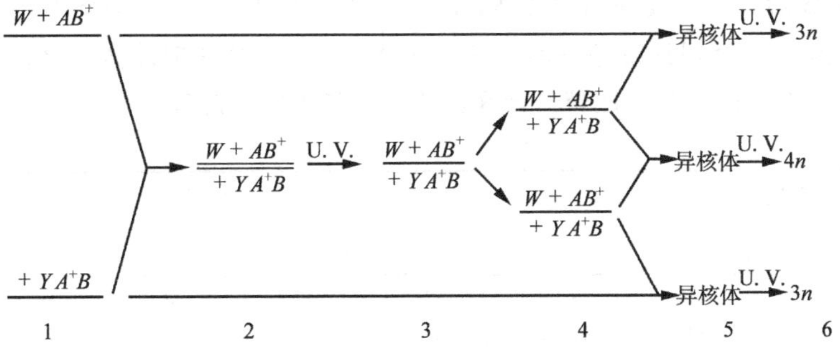

图 3.52 多倍体育种过程示意图[35]

1. 营养缺陷型亲代菌株 A^-和 B^- (分别带有孢子颜色标记 W 或 Y)；2. 异核体；3. 二倍体；4. 二倍体分离子 A^-和 B^-；5. 由单倍体和二倍体以及由两个二倍体组成的异核体；6. 三倍体和四倍体

单倍体亲本和二倍体、三倍体、四倍体菌株的蛋白酶活性测定结果见表 3.23。

表 3.23 米曲霉单倍体菌株和多倍体菌株的蛋白酶活性[35]

菌株	平均活性
单倍体亲本 No.23	22.7
单倍体亲本 No.22	33.1
二倍体 No.37	33.3
二倍体 No.166	45.1
三倍体 No.3	25.1
四倍体 No.1	50.9

从表 3.23 可以看到多倍体的酶活性并不一定高出于单倍体，但是总的来讲多倍体的酶活性有提高的趋势。

习 题

1. 从子囊菌杂交 $XY \times xy$ 子代的下列 4 种类型的子囊数，判断这两个基因的位置。

1) *XY XY xy xy* 41

2) *xy xy XY XY* 38

3) *Xy Xy xY xY* 42

4)　xY　xY　Xy　Xy　43

2. 从子囊杂交菌中 $xy\times++$子代的下列 6 种类型的子囊数，判断这两个基因的位置。

(1)　xy　xy　xy　xy　++　++　++　++　53

(2)　xy　xy　++　++　++　++　xy　xy　46

(3)　xy　xy　++　++　xy　xy　++　++　56

(4)　++　++　++　++　xy　xy　xy　xy　48

(5)　++　++　xy　xy　xy　xy　++　++　49

(6)　++　++　xy　xy　++　++　xy　xy　47

3. 脉孢菌的基因 A/a 和 B/b 位于同一染色体臂上，它们的第二次分裂频率分别是10%和 6%。

计算 $Ab\times aB$ 杂交子代中的 AB 孢子数。

4. 脉孢菌 $ab\times++$杂交子代见下表(表中 I、II、III、IV 这 4 个杂交中的 a 和 b 分别代表不同的基因)。①分别说明每一类子囊的四分体类型；②分别计算着丝粒距离；③推断两个基因是否连锁；④如果连锁，计算图距，并指出它们是否在同一臂上。

子囊类别 / 实验	1	2	3	4	5	6	7
	ab ab ++ ++	$a+$ $a+$ $+b$ $+b$	ab $a+$ ++ $+b$	ab $+b$ ++ $a+$	ab ++ ++ ab	$a+$ $+b$ $+b$ $a+$	$a+$ $+b$ ++ ab
I	34	34	32	0	0	0	0
II	84	1	15	0	0	0	0
III	6	7	20	22	12	11	22
IV	80	0	9	1	9	1	0

5. 画出上题各类子囊所来自的二价体，并说明所根据的原理。

6. 根据下列各类子囊数，判断杂交 I、II、III、IV 中两个基因是否连锁。

四分体类别 / 杂交	PD	NPD	T
I	22	3	21
II	10	10	9
III	10	11	1
IV	18	15	50

7. 从下列酵母菌(非顺序排列四分体)杂交 $a+\times+b$ 的结果计算两个连锁基因 a 和 b 的距离。

$2a+$：$2+b$	415
$2ab$：$2++$	45
$1ab$：$1a+$：$1+b$：$1++$	186
	646

8. 根据定位函数公式，从下列粗糙脉孢菌的各个基因和 *cr* 基因的重组百分数值计算它们的预期图距。

	cr	*thi*	*nit*	*aur*	*nic*	*os*
和 *cr* 基因的重组百分值	–	10.2	29.6	42.9	44.7	46.0

9. 已知大肠杆菌 HfrH 的基因转移顺序是 *O　T　L　T1　lac　gal　trp　H　str*。在 Hfr$T^+L^+T1^s lac^+ gal^+ trp^+ H^+ str^s$×$F^-$ $T\ L\ T1^r lac\ gal\ trp\ H\ str^r$ 杂交子代中选取 H^+str^r 重组子 156 个，分别测得它们的菌落数如下：

重组子							菌落数
(1)	T^+	L^+	$T1^s$	lac^+	gal^+	trp^+	31
(2)	–	+	*s*	+	+	+	1
(3)	–	–	*s*	+	+	+	4
(4)	–	–	*r*	+	+	+	7
(5)	–	–	*r*	–	+	+	20
(6)	–	–	*r*	–	–	+	20
(7)	–	–	*r*	–	–	–	39
(8)	+	–	*r*	–	–	–	4
(9)	+	+	*r*	–	–	–	2
(10)	+	+	*s*	–	–	–	2
(11)	+	+	*s*	+	–	–	9
(12)	+	+	*s*	+	+	–	17

①写出各个标记的+、–或 *r*、*s* 之比；②写出得到每一类重组子所必须发生的交换(记得必须发生偶数交换)；③并由此计算各个非选择性标记的相对距离。

10. 比较上一杂交结果和选取 $T^+L^+str^r$ 重组子的实验结果。说明①重组子中+、–或 r、s 比值有什么区别；②为什么会有这区别？③比较两个实验中所测得的各个基因间的距离。

11. 大肠杆菌染色体的长度是 100min，它的 DNA 分子质量是 2.5×10^9Da，假定染色体的转移是匀速的，问每秒钟转移多少核苷酸(注意只有一个单链发生转移)。

12. 已知大肠杆菌 HfrX 的染色体转移以 *e* 为起点，并且已知 *s* 位置在 *a*…*e* 等全部基因的后端(*a*…*d* 的相对位置是未知的)。在 Hfr X$a^+b^+c^+d^+e^+s^s$×F $a\ b\ c\ d\ e\ s^r$ 杂交中，在含有链霉素和 *a*、*b*、*c*、*d* 的培养基上选取重组子 165 个，并分别测定重组子的标记：a^+70、b^+0、c^+85、d^+10。写出基因的排列顺序。

13. 在基本培养基上选取大肠杆菌 $F^+B\ M\ T^+P^+V^r$×$F^-B^+M^+T\ P\ V^s$ 杂交重组子 57 个，测得 V^r49 个，V^s8 个。①这一结果说明什么？②怎样验证你的假设？

14. 用什么实验可以说明性菌毛对于细菌接合是必要的？

用什么实验可以说明性菌毛是或不是细菌染色体转移的通道？

15. 从下列噬菌体 T4 杂交 *m　r　tu*×+ + + 的结果计算图距。

m r tu	3467
+ + +	3729
m r +	853
m + *tu*	162
m + +	520
+ *r tu*	472
+ *r* +	172
+ + *tu*	965
	10 342

16. 粗糙脉孢菌杂交 *ab*×+ +的一个子囊中有 3 对孢子不能在基本培养基上发芽生长。①问它们的基因型是什么？②怎样通过异核体形成试验来验证？

17. 从构巢曲霉的二倍体菌株+ + +/*pro fpa paba*(*pro*：脯氨酸缺陷型、*fpa*：对氟苯丙氨酸抗性、*paba*：对氨基苯甲酸缺陷型)选得 154 个抗对氟苯丙氨酸的二倍体菌株。通过进一步测定的下表中所列出的结果分析它们的连锁关系。

培养基中加入	菌株数
脯、苯	154
脯	9
苯	119
—	9

18. 从构巢曲霉的二倍体菌株 *acr w*/+ +(*acr*：吖啶黄抗性，*w*：白色分生孢子)选取得到的白色二倍体全部都抗吖啶黄，而抗吖啶黄的二倍体中的 82%产白色分生孢子，18%产绿色孢子。分析它们的连锁关系。

19. 比较大肠杆菌和天蓝色放线菌的遗传体制。

20. 把以下这几个名词组成一句话：免疫性、溶源性、非溶源性、温和噬菌体、原噬菌体、裂解反应、溶源化反应、溶源化细菌。

21. 如果 Luria 和 Delbrück 当初用λ噬菌体进行细菌抗性变异本质问题的研究，问会得到什么结论？这结论和它们当初所得的结论是否矛盾：为什么？

22. 从下列酵母菌杂交+*bc*×*a*++的结果，判断这三个基因是否连锁，如果连锁则计算图距。

四分体成分	子囊数
(1) 2+ +*c*，2*ab*+	407
(2) 2+*bc*，2*a*+ +	395
(3) 1+*bc*，1+*b*+，1*a*+*c*，1*a*+ +	104
(4) 1+ +*c*，1+ + +，1*abc*，1*ab*+	92
(5) 2+*b*+，2*a*+*c*	1
(6) 2+ + +，2*abc*	1

23. 假定 a 和 b 不在同一染色体臂上，画出由杂交 $a+\times+b$ 所得到的下列子囊所来自的二价体并说明所根据的原理。

(1) $a+$，$a+$，$+b$，$+b$；　　(2) ab，ab，$++$，$++$；

(3) $a+$，$+b$，$a+$，$+b$；　　(4) ab，$++$，ab，$++$；

(5) ab，$++$，$a+$，$+b$。

24. 替代式重组和插入式重组有什么区别？

参 考 文 献

[1] Fincham J R S, Day P R, Radford A. Fungal Genetics 4th ed. Blackwell Scientific Publications. 1979

[2] Lindegren C C. The genetics of *Neurospora* II.Segregation of the sex factors in the asci of *N.crossa,N sitophila* and *N. tetrasperna.* Bull. Torrey Botan.Club., 1932, (59): 119

[3] Howe H B Jr. Crossing over in a nuclear passing in *Neurospora crossa*. Genetics, 1956, (41): 610

[4] Perkins D D. Crossing over in a multiply marked chromosome arm of *Neurospora.* Microb.Genet.Bull., 1956, (13): 22

[5] Barratt R W. Newmeyer, D., Perkins, D. D. and Garnjobst, L., Map construction in *Neurospora crassa*. Adv.Genet., 1954, (6): 1

[6] Martimer R K, Hawthorne D C. Genetic mapping in *Saccharomyces*. IV. Mapping of temperature sensitive genes and use of disomic strains in localizing genes.Genetics, 1973, (74): 33~54

[7] Lederberg J. Gene recombination and linked segregations in *Escherichia coli.* Genetics, 1947, (32): 505

[8] Braun W. Bacterial Genetics,W.B.Saunders Company, 1965, 124

[9] Jacob F, Wollman E L. Sexuality and the Genetics of Bacteria.Acadamic Press, 1961, 21

[10] Bachman B J, Low K B, Taylor A L. Recalibrated linkage map of *Escherichia coli*. Bacteriol Rev, 1976, (40): 116

[11] Ryan F J. Back mutation and adaptation of nutritional mutants. Cold Spring Harbor Symp.Quant.Biol, 1946, (11): 215

[12] 蔡金科. 微生物的杂交及其应用. 见：微生物育种学术讨论会论文集(国外资料评述). 北京：科学出版社. 1974, 33

[13] Pontecorvo G, Kafer E. Trends in Genetic Analysis,Columbia University Press. 1958, 104~105

[14] Roper J A, Pritchard R H. Recovery of complementary products of mitotic crossing over.Nature, 1955, (175): 634

[15] Pontecorvo G, Kafer E. Genetic analysis by means of mitotic recombination.Adv Genet, 1958, (9): 71

[16] Hopwood D A, Chater K F, Dowding J E *et al.* Advances in *Streptomyces coelicolor* genetics. Bacteriol Rev, 1973, (37): 371

[17] Hopwood D A. Genetic analysis and genome structure in *Streptomyces coelicolor*. Bacteriol. Rev, 1967, (31): 373

[18] Hotchkiss R D. The role of desoxyribonucleates in bacterial transformation.A Symp. on Phosphorus Metabolism, Glass, B. ed., 1952, (2): 426

[19] Marmur J, Lane D. Strand separation and specific recombination in desoxyribonucleic acids:biological studies. Proc Natl Acad Sci U S A, 1960, (46): 453

[20] Hayes W. The genetics of bacteria and their viruses. Blackwell Scientific Publications. 1963, 106

[21] Locks S, Greenberg B, Neuberger M. Role of a desoxyribonuclease in the genetic transformation of *Diplococcus pneumococcus*. Proc Natl Acad Sci U S A. 1974, (71): 2305

[22] Goodgal S H. Studies on tansformation of *Hemophilus influenzae*, IV. linked and unlinked transformations. J Gen Physiol, 1961, (45): 205

[23] Trowsdale J, Chen S M H, Hoch J A. Genetic analysis of a class of polymyxin resistant partial revertants of atage o sporulation mutants of *B. subtilis.* Mol Gen Genet, 1979, (173): 61~70

[24] Luria S E. General Virology. John Wiley and Sons. Inc. 1953

[25] Doermann A H. The intraceliular growth of bacteriophages.I.Liberation of intracellular bactriophage T4 by premature lysis with another phage or with cyanide.J Gen physiol, 1952, (35): 645

[26] Stent G S. Molecular biology of Bacterial Viruses, W. H. Freeman and Company, 1963. Fig. 8-2

[27] Doermann A H. The vegetative state in the life cycle of bacteriophage:evidence for its occurance and its genetic characterization. Cold Spring Harbor Symp. Quantit. Biol, 1953, (18): 3

[28] L woff, A Lysogeny. Bacteriol.Rev., 1953, (17): 269

[29] Arber W. Host controlled modification of bacteriophage. Ann Rev Microbiol, 1965, (19): 365

[30] Lederberg E M, Lederberg J. Genetic studies of lysogenicity in *Escherichia coli.*Genetics, 1953, (38): 51

[31] Campbell A. Genetic Structure, *In* Hershey A D The Bacteriophage Lambda. Chapter 2 Cold Spring Harber Laboratory, New York: Cold Spring Harbor, 1971

[32] Ozeki H. Abortive transduction in purine-requiring mutants of *Salmonella typhimurium.* Carnegie Instiution of Washington Publication, 1956, (612): 97

[33] Holliday R. A mechanism for gene conversion in fungi. Genet Res Camb, 1964, (5): 282~304

[34] Potter H, Dressler D. On the mechanicm of genetic recombination:eletron-microscopic observation of recombination intermediates. Proc Natl Acad Sci U S A, 1976, (73): 3000~3004

[35] Ikeda Y, Nakamura K, Uchida K, Ishitani C. Two attempts upon improving an inmproving an industrial strain of *Aspergillus oryzae* through somatic recombination and polyploidization. J Gen Appl Microbiol, 1957, (3): 93

第四章　非孟德尔式遗传

生物细胞中的遗传物质可以分为两部分，大部分存在于核或核质体(nucleoid)中，小部分存在于核或核质体外。

与染色体外的遗传物质有关的遗传现象称为染色体外遗传(extrachromosomal inheritance)或非孟德尔式遗传(non-Mendelian inheritance)。在真核生物中，染色体和染色体以外的遗传物质被一层核膜所隔开，而后者处于细胞质中，所以非孟德尔式遗传常称为细胞质遗传(cytoplasmic inheritance)。

染色体遗传的单位是核基因，染色体外遗传也有相应的物质基础，我们将真核生物中的这些单位总称为细胞质基因(plasmagene)。关于原核生物的遗传物质的各种形式下面将对其进行讨论。

这一章主要讨论的是染色体外遗传现象及其物质基础。

第一节　非孟德尔式遗传的检验

正如上一章中所讨论的孟德尔式遗传的情况一样，微生物中的非孟德尔式遗传现象也远较高等动物和植物中的复杂，所以可以用来检验染色体外遗传的方法也有多种。

一、根据杂交子代性状是否分离的检验

母体遗传

高等植物中的孟德尔式遗传的一个特点就是正反杂交的结果中除了与 X 连锁遗传(X-linked inheritance)有关的以外其余都是相同的。在高等植物中就是因为发现了正反交不相同的现象才发现了细胞质遗传。在高等植物中合子的细胞质几乎全由胚囊所提供，所以在细胞质遗传中子代性状与雌性亲本都相同，这就是所谓的母体遗传(maternal inheritance)。

粗糙脉孢菌的配子接合有两种方式，其中小型分生孢子和受精丝相接合的方式很像高等植物的受精方式，因为合子的细胞质几乎全部由受精丝所提供。

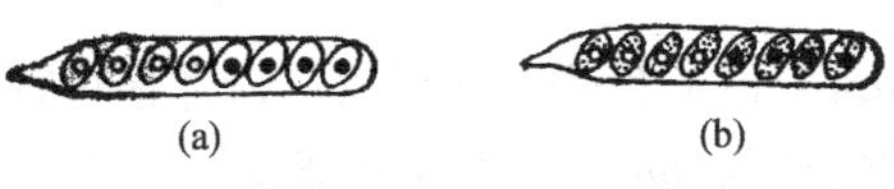

图 4.1　粗糙脉胞菌(*Neurospora craasa*)的母体遗传现象[1]

接合型用黑、白小圈表示。

(a) *po*♀×　+♂；(b) + ♀×*po*♂

粗糙脉孢菌有一个生长缓慢的突变型 *po*，突变型 *po* 的分生孢子和野生型的受精丝

相接合的杂交结果完全不同于野生型的分子孢子和突变型 *po* 的受精丝相接合的杂交结果，前者得到的全是野生型，后者得到的则全是突变型(图 4.1)。这个情况和高等植物的母体遗传现象完全相同。

在图 4.1 中，这两个杂交中接合型按 4∶4 分离，这说明它为核基因所控制。杂交子代是属于 *po* 还是野生型则完全由母体所决定，不论是哪一种情况，*po* 和 po^+都并没有在杂交子代中分离。

莱哈衣藻的一种链霉素突变型(*sr 500*)和野生型杂交的子代都呈现抗性，这说明这一性状的遗传同样属于染色体外遗传。例如 *sm-r* mt^+×*sm-s* mt^-杂交得到的每一个接合子都产生 4 个游动孢子，它们都是抗链霉素的，但是对于接合型来讲则可以看到 2∶2 的分离(图 4.2 上部)。

如果把接合型为 mt^+的抗链霉素的 F_1 菌株(*sm-r* mt^+)和 *sm-s* mt^-亲本回交，那么子代仍然全部都是抗性的。但是如果把接合型为 mt^- 的抗性菌株(*sm-r* mt^-)和 *sm-s* mt^+菌株杂交，则子代都是敏感性的(图 4.2 下部)。

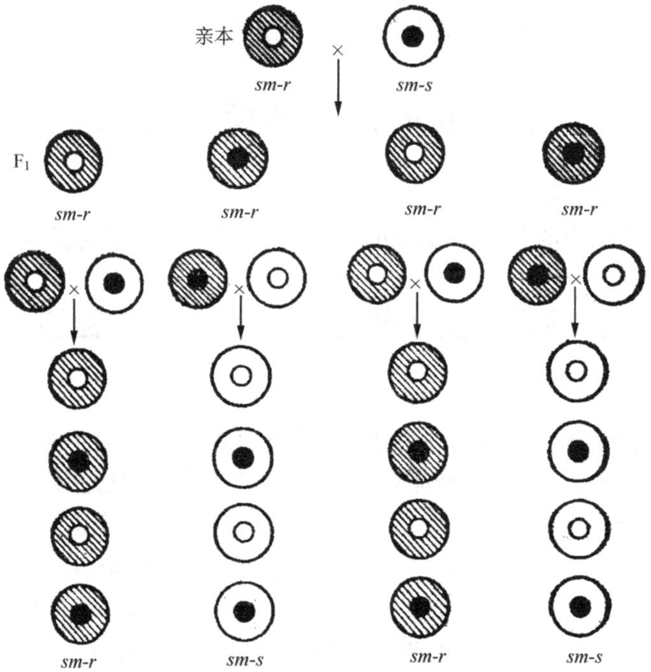

图 4.2　莱哈衣藻(*Chlamydomonas reinhardi*)的链霉素抗性(*sr*500)的母体遗传现象[2]

接合型用黑(mt^-)、白(mt^+)小圈表示。斜线表示链霉素抗性，白色表示敏感性

衣藻是同型配子(homogamous)生物。所以这一母体遗传现象显然不同于粗糙脉孢菌的母体遗传。子代细胞的性状与 mt^+亲本相同的原因显然并不是由于它提供了大量的细胞质。

这一特殊的母体遗传现象并不限于链霉素抗性，其他一些性状的遗传也服从于相同的规律，可见它决定于 mt^+和 mt^-细胞的某些特性。有一种观点认为这一特殊的母体遗传

现象的原因是由于 mt^+ 细胞中存在着限制-修饰酶系，它能分解来自于 mt^- 细胞的 DNA，可是却不能分解它自身的 DNA，因为自身的 DNA 已被修饰。

不属于母体遗传的不分离现象

酿酒酵母中有一种称为小菌落的突变型(ρ^-)，它所形成的菌落明显比野生型小，它的线粒体中缺少细胞色素 a、α_1、α_3 和 b。上面所讲的粗糙脉孢菌的 *po* 突变型的线粒体也缺少这几种细胞色素成分，不过 *po* 线粒体中的细胞色素却比野生型中的含量还高。小菌落突变型不能在甘油作为唯一碳源的培养基上生长，而且即使在葡萄糖作为唯一碳源的培养基上生长时，它的菌落也较小。

中性小菌落(neutral petite)和野生型的杂交子代都是野生型[图 4.3(a)]。抑制性小菌落(suppressive petite)突变型和野生型的杂交子代根据杂交条件而有所不同，如果把合子立即接种到产子囊培养基上，那么子代全部是小菌落突变型[图 4.3(b)]，如果使合子进行一定时期的分裂，然后接种到产子囊培养基上，那么子代全部都是野生型[图 4.3(c)]。此外，即使在相同的条件下，不同的抑制性小菌落突变型菌株的杂交子代中的小菌落数也常不相同。这些现象在下面还将讨论。

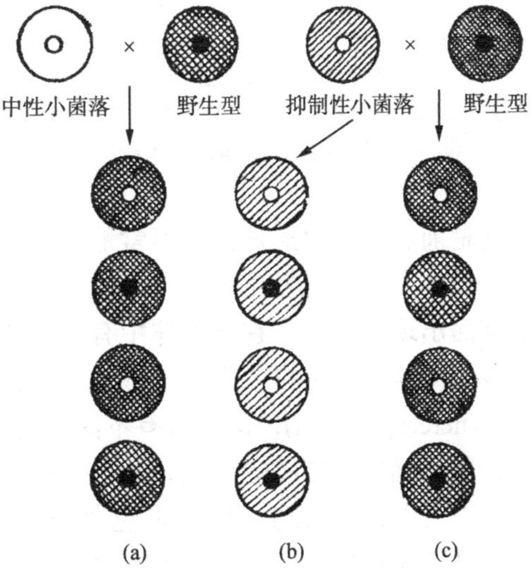

图 4.3 酿酒酵母(*Saohromyces cerevisiae*)的不分离现象[3]
接合型用黑、白小圈表示

在以上这两个杂交中，接合型都表现出 2∶2 的分离，可见核基因的分离是正常的。此外，酵母菌中也有由于核基因突变而造成的小菌落突变型。由于这些突变型在杂交中可表现出正常的分离现象，所以称为分离性小菌落(segregational petite)，表现染色体外遗传现象的小菌落突变型则称为营养性小菌落(vegetative petite)。粗糙脉孢菌中的母体遗传现象也是一种不分离现象。所不同的是在粗糙脉孢菌这一例子中是两个亲本提供不同量的细胞质，而在酿酒酵母这一例子中则是两个亲本提供等量的细胞质。所以如果母体遗传现象解释为由于一个亲本几乎对于合子没有提供细胞质，那么酿酒酵母的这一不分离现象在形式上只能解释为一种细胞质成分对于另一种是显性的，或者可以解释为一种细胞质成分的作用被另一种成分所抑制，这就是抑制性小菌落这一名词的来源。

酵母菌中另一普遍的染色体外遗传现象是有关放毒性状的遗传。在酵母属(*Saccharomyces*)、球拟酵母属(*Torulopsis*)、毕赤酵母属(*Pichia*)、假丝酵母属(*Candida*)等各种酵母菌中常发现某些菌株对于野生型有致死作用。研究得较多的是酿酒酵母的放毒性状的遗传。

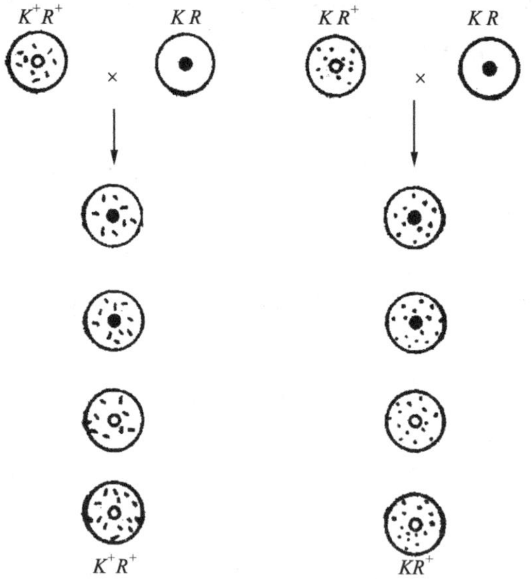

(a)　　(b)

图 4.4　酵母菌的放毒者遗传现象[4]

接合型用黑、白小圈表示。(a) 放毒者(K^+R^+)×野生型敏感型(KR)；(b) 中性者(KB^+)×野生型敏感型(KR)

用K^+R^+表示放毒者，放毒者对于本身所产的毒素不敏感。用KR表示野生型敏感者，敏感者不放毒。用KR^+表示中性，中性酵母菌既不放毒也不敏感。放毒者和敏感者的杂交子代全部都是放毒者[图 4.4(a)]，中性的和敏感型的杂交子代全部都是中性的[图 4.4(b)]。

这些结果和小菌落性状的遗传一样，都是一种染色体外遗传现象。放毒者(K^+R^+)和中性者($R\,R^+$)的杂交子代全部是放毒者，这样看来似乎放毒者对于中性者是显性。

二、通过细胞质交换的检验

通过异核体的检验

微生物和高等动物、高等植物的一个区别是前者可以普遍地而且经常地进行无性繁殖。在微生物中细胞融合不只是发生在有性生殖中，而且也发生在无性繁殖中。霉菌或放线菌在无性繁殖过程中经常由于菌丝的连接而出现异核体。在异核体中有不同类型的细胞核共处在混合的细胞质中。如果形成异核体的这两个菌株不仅是细胞核不同，而且细胞质也不相同，那么就会出现所谓的异质体(heteroplasmon)，即包含有不同细胞质基因的菌丝体。

马铃薯疮痂病链霉菌(*Streptomyces scabies*)可产生黑色色素。在不经处理的野生型菌株的孢子中可以得到大约 0.2%的白色菌株，从经 X 射线处理的孢子中可以得到大约 5%的白色菌株，这些白色菌株从来不发生回复突变。

将黑色双重标记菌株 *nic bio*(烟酰胺和生物素缺陷型)和白色的双重标记菌株 *arg met*(精氨酸和甲硫氨酸缺陷型)的分生孢子混合接种到基本培养基上。这上面出现的异核体菌落是黑色的，然后再取异核体菌株的分生孢子分别接种到含烟酰胺加生物素和含精氨酸加甲硫氨酸的培养基上。结果发现在两种培养基上所出现的菌落也全部都是黑色的。这一实验结果只能解释为马铃薯疮痂病链霉菌的黑色素的产生为细胞质中的遗传物质所控制(图 4.5)。因为重新分离的两个菌株的核基因所控制的性状是不同的。

相反，如果从异核体中由于重新分离而得到的单孢子菌株的一切性状都和原来的菌株相同，那么就说明有关的性状为核基因所控制。例如在青霉素生产菌中就曾用这一方法来说明菌种衰退的最终原因是基因突变。

实验从一个所谓高产的(3000 单位/ml)菌株出发，从这菌株中得到两个标记菌株 *br bio nic*(棕色分生孢子、生物素和烟酰胺缺陷型)和 *w thi met*(白色分生孢子、硫胺和甲硫氨酸缺陷型)，它们仍然也都是高产的。后一菌株在 4℃中保藏半年，产量并不下降。前一菌株每隔两周接种传代一次，到第 10 代时产量下降到原来的 75%；第 11 代时下降到多于 50%；第 14 代时下降到 33%。把 4℃中保藏的菌株和产量下降达 33%的菌株的分生孢子混合接种到基本培养基上使形成异核体，然后从异核体中分离单孢子的 *w thi met* 菌落和 *br bio nic* 菌落各 200 个，并分别测定它们的青霉素产量。结果发现全部 *w thi met* 的菌株都是高产的，全部 *br bio nic* 的菌株都是低产的(图 4.6)。

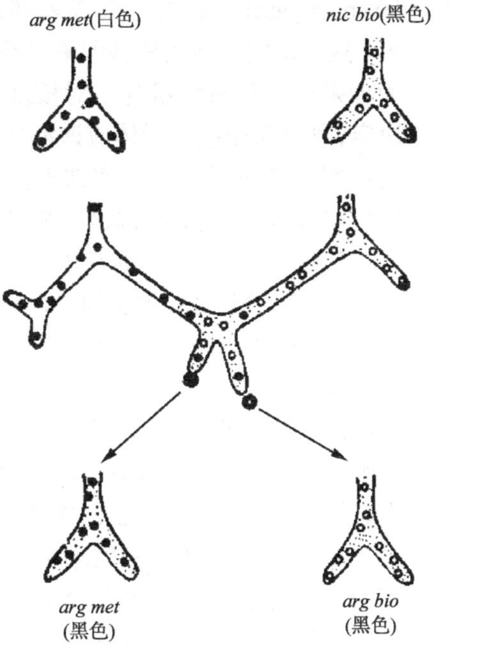

图 4.5 马铃薯疮痂病链霉菌(*Streptomyces scabie*)的异核体测验[5]

菌丝中的白色圈代表带有 *nic bio* 标记的核；黑色圈代表带有 *arg met* 标记的核

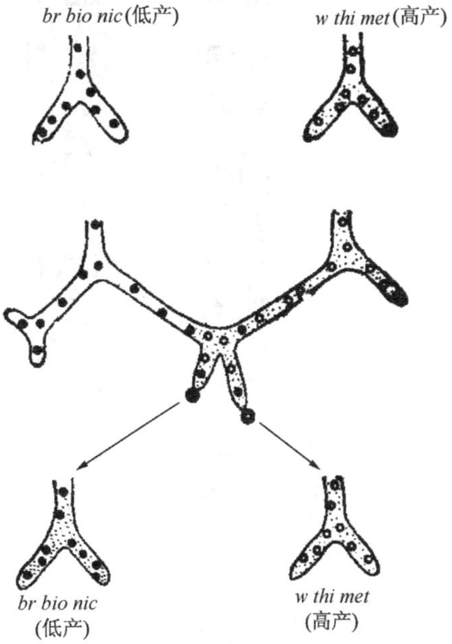

图 4.6 产黄青霉菌(*Penicillium chrysogenum*)的低产性状的异核体测验[6]

菌丝中的白色圈代表带有 *w thi met* 标记的高产菌株的核，黑色圈代表带有 *br bio nic* 标记的低产菌株的核

这一实验结果说明青霉菌菌种退化的最终原因是核基因突变。在传代过程中，突变逐渐积累而使产量逐渐下降。

在构巢曲霉菌、灰绿曲霉菌(*A. glaucus*)、粗糙脉孢菌等 7 种子囊菌中，曾经用异核体测验方法证明不下 15 种性状是属于细胞质遗传范畴的。

酿酒酵母中一般不存在异核体，因为酿酒酵母的两个单倍体细胞接合以后其细胞核往往立即融合。但是，曾经发现在某些菌株中细胞接合以后核并不立即融合。这些异核体细胞可以出芽而产生单倍体单核细胞，在这些单倍体细胞中同样可以进行异核体测验，而且，从另一角度也证实了小菌落突变型的染色体外遗传本质。

由于细胞质基因的混杂，具有新的表型的菌株也曾从异核体分离得到。

接合转移检验

在微生物中，细胞的暂时沟通可以引起染色体的转移，同样也可以引起染色体外遗传物质的转移而呈现染色体外遗传现象。

在第三章中早已说明大肠杆菌的 F 因子可以通过细胞的暂时沟通而转移。抗药性因子(R)、大肠杆菌素因子(colicin factor, Col)等同样也能由于细胞的暂时沟通而转移。

早在 20 世纪 40 年代初就在草履虫中发现了类似的现象。草履虫的接合和自合已在上一章中说明。双小核草履虫有放毒品系和敏感品系。放毒者的培养液中含有一种草履虫素，它能杀死敏感品系的草履虫，但是对于自己则无害。在新鲜的培养液中能使两者接合，所以可以进行放毒性状的遗传学分析。

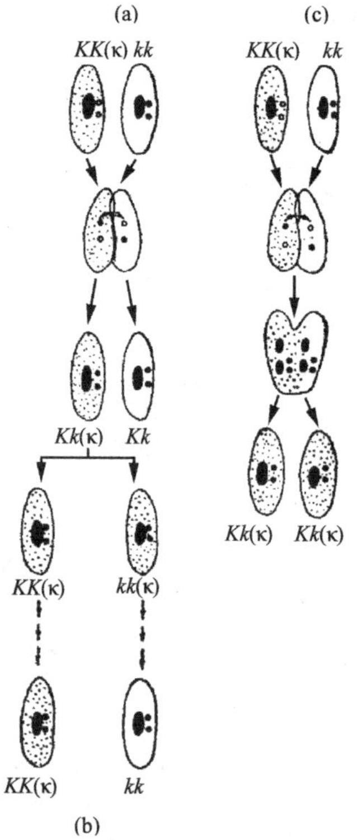

图 4.7　双小核草履虫(*Paramecium aurelia*)的放毒者性状的遗传[7]

(a) 放毒者 *KK*×敏感者 *kk*，接合时间 3~4min；(b) 接合后体 *Kk* 的自合；(c) 放毒者 *KK*×敏感者 *kk*，接合时间为 30min，密集小黑点表示卡巴。

放毒者和敏感者杂交的接合后体(excongugant)一般仍是放毒者和敏感者。这一事实不能用核基因来解释，因为如果这一相对性状为一对核基因所决定，那么两个接合后体应该都是放毒者或都是敏感者，而事实却不是这样[图 4.7(a)]。不过如果说这一相对性状和核基因无关，那么放毒者亲代草履虫和放毒者接合后体草履虫的自合的结果应该是相同的，即应该全部都是放毒者。可是事实上亲代放毒者自合结果得到的全部都是放毒者，而接合后体自合的结果则只得到 167 个放毒者∶139 个敏感者，符合于 1∶1 这一比率[图 4.7(b)]。这一事实又说明通过和敏感草履虫的接合，放毒者已经成为杂合子了。

细胞质中有某些称为卡巴(κ)的物质，它是草履虫素合成的必要条件,可是卡巴的存在依赖于基因 *K*。放毒者基因 *K* 是显性，敏感者基因 *k* 是隐性。所以细胞质中含有卡巴的显性纯合个体 *KK*(κ)是放毒者，细胞质中不含卡巴的隐性纯合个体 *kk* 是敏感者。接合以后两者都成为 *Kk* 这一基因型的接合后体，可是草履虫一般在接合过程中并不交换细胞质，所以其中一个接合后体 *Kk*(κ)是放毒者，而另一接合后体 *Kk* 却是敏感者[图 4.7(a)]。*Kk*(κ)接合后体自合后产生的 *KK*(κ)草履虫半数是放毒者，半数草履虫虽然同样含有卡巴，可是它们的基因型是 *kk*，所以经过几次分裂以后，终于成为敏感者[图 4.7(b)]。

这一解释得到几方面的证实。例如草履虫接合的时间一般是 3~4min，这时出现的接合后体中一个是放毒者，一个是敏感者。可是少数草履虫的接合时间长达 30min，这时出现的两个接合后体便都是放毒者[图 4.7(c)]。又例如如果使放毒者 *KK*(κ)进行很快的细胞分裂，最后就能使这放毒者变为敏感者。通过接合试验，可以证明它的基因型并没有改变，因此这一事实只能解释为卡巴的复制跟不上细胞分裂，因此数目逐渐减少以至于消失。这一实验结果还说明基因 *K* 的作用只能维持细胞中的卡巴的水平，但不能从无到有地产生卡巴。

上述结论还可以由下列事实所证明：由于在高温中培养而使卡巴消失的草履虫 *KK*(κ)

的后代都是敏感者。这些事实只能认为卡巴是草履虫所感染的一种微生物。这问题将留到以后进行讨论。

通过回交的检验

在高等植物中，常常根据雌雄配子提供不等量的细胞质这一原理，通过多次回交而使一个植物品系的全部染色体为另一品系所替代，而细胞质则保持不变。这样就可以研究某一性状的遗传是否属于染色体外遗传范畴。在脉孢菌中曾经进行过类似的研究。

在粗糙脉孢菌中，曾经通过吖啶黄的处理而得到一个发芽和生长都较缓慢的突变型(*SG*)。把野生型好食脉孢菌(*N. sitophila*)作为父本(即提供分生孢子的亲本)，把 *SG* 作为母本(即提供原子囊果的亲本)进行多次回交：

SG♀×野生型♂
↓
F_1×野生型♂
↓
F_2×野生型♂
↓
F_3×野生型♂
↓
F_8

通过 8 次回交，得到的染色体可能全是野生型菌株的，而细胞质则为 *SG* 菌株所取代的杂交子代。这一杂交子代仍然保持生长缓慢的特性；用 *SG* 作为父本进行相同的多次回交所得到的子代的生长特性则都属于野生型。这一事实说明这一特性取决于细胞质而不是取决于染色体基因。

通过核移植的检验

在变形虫这一类微生物中，细胞质的取代可以不通过回交而通过核移植来进行。在大变形虫(*Amoeba proteus*)和盘状变形虫(*Amoeba discoides*)中，曾经通过核移植方法研究了九种遗传性状。结果发现多数性状都为细胞核和细胞质所共同控制。对于在抗血清中的形态特征这一遗传性状，则细胞质起着较重要的作用，而且核质杂种培养达 8 年之久而它的形态特征则不改变。

三、通过基因定位的检验

核基因在染色体上都占有一定的位置。如果决定某一性状的基因不能在染色体上找到它应有的位置，这就说明它不在染色体上，也就是说它可能位于染色体外的遗传结构上。

在委内瑞拉链霉菌(*Streptornyces venezuelae*)中曾经通过基因重组分析，证实氯霉素基因和黑色素基因的位置不在染色体上。

两个实验菌株除了产生或不产生氯霉素以及产生或不产生黑色素以外，还带有 8 个营养缺陷型标记。在放线菌杂交过程中形成半合子，通过偶数交换才能得到重组子，而且两次交换的数目应该多于 4 次交换。根据这一原则，并且暂时不考虑氯霉素基因和黑色素基因，可得到 8 个基因的染色体图(表 4.1)。

然后再假定氯霉素基因(*cpp*)或黑色素基因(*mpp*)是在染色体上，那么它们的位置只可能是 8 个缺陷型基因中的任何两个的中间。不论它们位于任何一个位置，可以看到都必须要假定有更多的 4 次交换才能保持 8 个基因的这一排列顺序。

例如，在一个杂交中(表 4.1)，如果不考虑氯霉素基因，那么在总共 127 个交换中只要四个(3.2%)4 次交换，就可以得到 8 个基因的这一排列顺序。如果 *cpp* 位置在 *his* 和 *ade* 的中间，而仍然要得到 8 个基因的这一排列顺序的话，4 次交换的频率就得增加到 15.8%；如果假定位置在 *ade* 和 *str* 中间，就得增加到 18.9%等。

在三个类似的杂交中如果不考虑 *cpp* 和 *mpp* 这两个基因，那么 4 次交换的频率是 3.2%、4.9%和 3.6%；如果假定 *cpp* 和 *mpp* 在染色体的任何位置，4 次交换频率就得增加到 12.2%~64.2%。要使 4 次交换的频率下降到原来水平的话，必须把这些基因的位置重新排列。可是一个染色体上的基因排列次序不可能因新的基因的发现而改变。因此只能认为 *cpp* 和 *mpp* 不在染色体上。显然，这只是一个反面证据。

表 4.1　委内瑞拉链霉菌(*Streptomyces venezuelae*)的基因重组频率分析[8]

杂交	重组子总数	加入标记	加入 *cpp* 或 *mpp* 标记后的 4 次交换/%								没有 *cpp* 或 *mpp* 时的 4 次交换/%
			his—*ade*	—*str*	—*leu*	—*lys*	— *met*	—*ilv*	—*pro*	—(*his*)	
I	127	*cpp*	15.8	18.9	17.3	35.4	40.2	40.9	46.5	38.6	3.2
II	123	*cpp*	33.3	23.6	19.5	29.3	54.5	52.9	47.2	39.0	4.9
		mpp	12.2	13.8	28.5	49.6	64.2	43.9	28.5	17.9	
III	140	*cpp*	55.7	31.4	18.6	39.3	15.7	38.6	60.7	62.1	3.6

注：*cpp*：氯霉素基因；*mpp*: 黑色素基因。

四、根据专一性诱变和消除的检验

在第二章中我们说明了核基因突变的性质。核基因突变的两个最基本的特性是稀有性和非专一性。即使在所谓的超诱变剂亚硝基胍的作用下，突变的发生充其量不过 50%左右，而且我们也无法预见出现的是什么突变型。染色体外遗传因子的诱变行为却有一些特殊的现象。

吖啶黄(浓度 10^{-6})对于酿酒酵母能专一性地诱发小菌落突变，在最合适的条件下能使小菌落突变型的诱变率达到 100%。在粗糙脉胞菌中它也能诱发细胞质基因突变。在构巢曲霉中，10^{-5} 浓度的吖啶黄能专一性地诱发一种小菌落突变型的出现，而且同样在没有任何致死作用的条件下以很高的频率出现。这些突变型的遗传都经证明是服从于染色体外遗传规律。

除了吖啶黄以外，对于酵母菌的小菌落细胞质基因具有专一性的诱变作用的还有

5-氟尿嘧啶(5-fluorouracil)、2，3，5-三苯基四氮唑(2, 3, 5-triphenyltetrazole)等，此外在40℃的条件下生长也都能诱发100%的突变。

一些对核基因突变有效的诱变剂如紫外线、亚硝基胍、亚硝基甲基脲烷等也能诱发小菌落突变；可是亚硝酸和X射线却不能诱发小菌落突变。

在莱哈衣藻中，链霉素能诱发细胞质基因突变。把衣藻接种在含100μg/ml和500μg/ml链霉素的培养基上，都可以得到抗链霉素的突变型。抗100μg/ml链霉素的突变型(*sr-100*)和野生型杂交子代中出现了2∶2分离，抗500μg/ml链霉素的突变型(*sr-500*)和野生型的杂交子代都表现出母体遗传现象，说明前者是核基因突变的结果，而后者则不是。

为了考察这些突变是自发的还是链霉素所诱发的，还进行了波动测验，结果见表4.2。比较两者的方差，可以看到*sr-100*并不由链霉素所诱发，是核基因随机突变的结果，可是*sr-500*则是链霉素的专一性诱变作用的结果。

表4.2 莱哈衣藻的抗链霉素突变的波动测验[9]

项目	在AC中培养后接种在AC100上		在AC中培养后接种在M300上		在M中培养后接种在M100上
试管数	37	34	37	34	30
每一试管中细胞数					
实验开始时	200	82.5	37	270	800
实验结束时	5.5×10^6	9.9×10^5	5×10^7	3.8×10^7	1.5×10^7
每一试管中平均sr-100突变型数	1.4	3.0	2.1	5.3	5.3
方差	6.0	39.0	27.0	250.0	48.0
每一试管中平均sr-500突变型数	0.1	0	0.19	0.32	0.1
方差	0.09	—	0.17	0.23	0.093

AC：含有醋酸盐的基本培养基；AC100：含有100μg/ml链霉素的醋酸盐培养基；M300：含有300μg/ml链霉素的基本培养基；M：基本培养基；M100：含100μg/ml链霉素的基本培养基。

对于衣藻和细菌的核基因突变，链霉素都不是一种诱变剂。可是对于细胞质基因来讲，链霉素不只可以在衣藻中诱发抗链霉素突变，也可以诱发抗红霉素、醋酸缺陷型、温度敏感、链霉素依赖等突变。此外，链霉素还能使眼虫的叶绿体变成无色。所以链霉素也是一种作用于细胞质基因的专一性的诱变剂。此外还发现衣藻的链霉素依赖型在不含链霉素的培养基上培养时能分裂4~5次，这时会出现许多细胞质基因突变型。总的来讲，虽然染色体和叶绿体基因都由DNA构成，可是某些诱变剂却只能诱发细胞质基因突变，且某些诱变剂对于某些类型的突变的诱变效率几乎可以高达100%。

另外与专一性诱变有一定关系的一种现象是消除(curing)，这在第三章中已经指出，F^+菌株的一个特性便是经吖啶橙处理后变为F^-菌株。吖啶橙的这种使F因子消失的作用称为消除。具有消除作用的药物还有Co^{2+}、Ni^{2+}、丝裂霉素C、SDS、亚硝基胍、利福平、溴化乙锭、环已亚胺等。此外在较高温度中培养也常能消除细胞质因子。

能被消除的细胞质因子有F因子、大肠杆菌素因子、ColV-K94、酵母菌的放毒者因子卡巴、噬菌体λ的一种不能整合到寄生染色体上的突变型λ*dv*(*dv* 是缺陷烈性 defective virulent 的简写)等。

曾经报道大肠杆菌素因子(colicinogenic factor)Co1I 以及 ColE1 等不能被消除。但是某些能被一种药物所消除的细胞质成分不能为另一些药物所消除,例如酵母菌的放毒者因子能为环己亚胺、吖啶橙和高温(37~40℃)所消除但不能为吖啶黄、原黄素和溴化乙锭所消除。所以所谓不能消除的例子，可能只是没有找到合适的消除剂而已。

此外，质粒的消除也和宿主有关。曾经报道在某些宿主中 F 因子不能被消除。

消除作用并不是药物对于质粒 DNA 的破坏作用,而是由于它对于 DNA 复制的抑制。质粒消除也常自发地发生，在这种情况中，可能是由于细胞中某些特殊的情况使质粒不能进行正常的复制所造成。草履虫在高温中培养时其卡巴颗粒的消失，一般认为也是高温对于草履虫和卡巴颗粒的复制的差别性影响所致。

如果几种性状都为质粒基因所控制，那么质粒的消除必然带来这几种性状的同时消失。所以如果发现某一种微生物的某几种性状因为消除剂的处理而同时消失，这就是一个相当有力的证据，初步说明这几种性状的遗传都属于染色体外遗传。

第二节　非孟德尔式遗传的物质基础

一、染色体外遗传因子概论

核基因或染色体基因是孟德尔式遗传的物质基础，那么非孟德尔式遗传的物质基础是什么呢？以上这许多遗传现象都可以用染色体外的遗传因子来解释，可是怎样能够证实这些遗传因子的存在呢？

在电子显微镜下可以观察到酵母菌的小菌落突变型细胞中的线粒体形态是不正常的，而酵母菌的细胞色素 a、α_1、α_3 等成分都在线粒体中。因此可以认为线粒体就是小菌落突变的染色体外遗传的物质基础。可是怎样才能否定不正常线粒体的出现不是细胞质中某些物质作用的结果，而这些物质是来自核基因呢？所以正像 R. Koch 确证某一疾病是由于某一病原体所造成一样，证明某一染色体外遗传的物质基础是某一物质的可靠证据应该是：①去除细胞中的某一物质以后某一遗传性状随之消失或改变；②把这一物质重新引入后这一遗传性状又随之出现。

在粗糙脉孢菌中曾发现有类似于酵母菌的小菌落那样的突变型。把突变型菌丝体的线粒体抽提出来，注射到一个正常的菌丝中，就得到了具有突变型性状的菌株。同时还把从突变型菌丝体得来的细胞核进行注射，结果并没有得到突变型菌株。这些实验结果证实了这里的线粒体便是相关的染色体外遗传因子。

细菌的抗药性和质粒的关系可以通过消除和转化实验来证实。在琼脂糖凝胶电泳图谱上，可以看到在某一抗卡那霉素的嗜热脂肪芽孢杆菌(*Bacillus stearothermophilus*)的 DNA 抽提物中除了出现染色体 DNA 带以外的两条 DNA 带。一部分经溴乙锭处理的细菌不再抗卡那霉素，同时电泳图谱上看不到染色体 DNA 以外的条带。用抗卡那霉素细菌的 DNA 抽提物去转化消失了抗性的细菌，又可以得到一些抗卡那霉素的转化子，它们的 DNA 抽提物中又会出现染色体 DNA 以外的条带(图 4.8)，从而确证了染色体外遗传因子卡那霉素抗性质粒的存在。

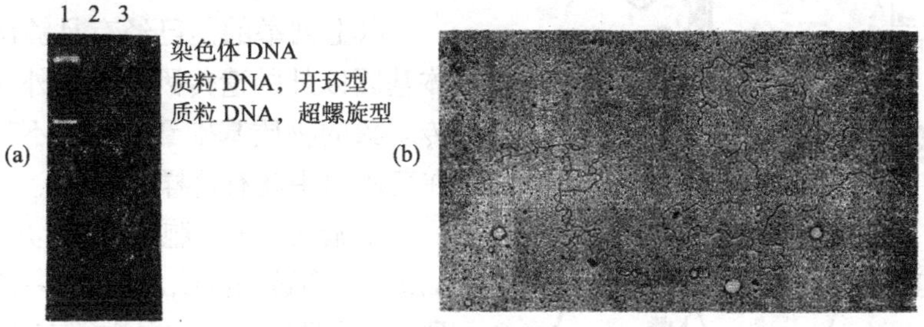

图 4.8　嗜热脂肪芽孢杆菌(*Bacillus stearothermophilus*)的卡那霉素抗性质粒[10]

(a) 电泳图谱；(b) 电镜照相

1. 原来的抗性细菌的 DNA；2. 经溴乙锭处理的敏感细菌的 DNA；3. 抗药的转化子的 DNA

质粒 DNA 的存在还可以通过密度梯度离心的方法来显示。不过如果质粒 DNA 和染色体 DNA 的浮力密度相同，那么只有把质粒通过细菌接合而转移到另一种染色体 DNA 的浮力密度不同的细菌中，才能通过离心方法说明它的存在。例如大肠杆菌的染色体 DNA 和 F 因子的浮力密度是相同的，黏质沙雷氏菌(*Serratia marcescens*)的染色体 DNA 的浮力密度则显然不同。把大肠杆菌的 F 因子转移到黏质赛氏杆菌中，抽提它的 DNA 并进行密度梯度离心，便可以看到 F 因子的存在(图 4.9)。

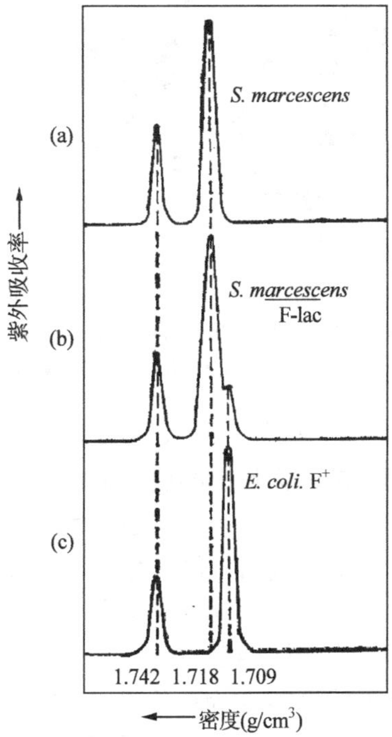

图 4.9　大肠杆菌、黏质沙雷氏菌(*Serratia marcescens*)和获得了 F 因子的黏质沙雷氏菌的 DNA 的比较[11]

(a) 黏质赛氏杆菌的 DNA；(b) 获得了 F 因子的黏质赛氏杆菌的 DNA；(c) 具有 F 因子的大肠杆菌的 DNA

染色体外遗传因子包括哪一些呢？早在 1924 年就有人用细胞质基因这一名词来概括全部的染色体外遗传因子，包括叶绿体基因和线粒体基因等。以后在微生物中又发现了其他染色体外遗传因子。1952 年 J. Lederberg 提出了质粒这一名词，用来概括全部的染色体外的遗传因子。

质粒
- 共生生物
- 细菌质粒
- 细胞质基因
  - 线粒体中的线粒体基因
  - 叶绿体中的叶绿体基因
  - 中心粒

虽然质粒这一名词最初用来指任何染色体外遗传因子，但是现在已经被用来专指染色体外的能独立复制的 DNA 分子。最初发现的质粒是细菌中的小型共价闭合环状 DNA(covalently closed circular DNA)分子。以后在酵母菌中也发现了称为 2u 的共价闭合环状分子。在某些细菌

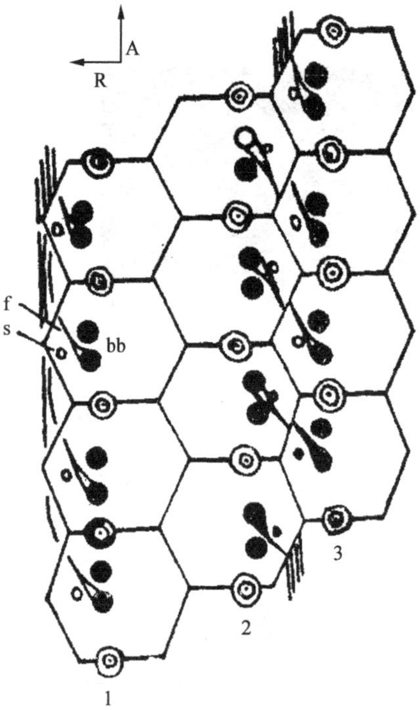

图 4.10　一个畸形草履虫的三行纤毛、中间一行和旁边两行的方向相反[12]

bb：毛基体；f：动粒联丝；s：囊体；A：前端；R：右方

中还发现了并不是环状的染色体外的DNA分子。

以上列举的是已经有足够认识的染色体基因以外的遗传因子。此外还有一些遗传现象的物质基础到现在还不甚了解，如在草履虫中就有这样的例子。

草履虫的细胞表面有几千个纤毛(cilium，多数 cilia)，它们以一定的行列排列着，并且向同一方向进行有节奏的扇动。纤毛的基部有毛基体(basal granule)，每一个毛基体连着一个纤丝，旁边还有一个小小的囊体。偶尔出现少数行列颠倒了的草履虫(图 4.10)，这种畸形可以一代一代地通过无性繁殖遗传下去。

使畸形草履虫和正常草履虫接合，所得到的两个接合后体都没有改变，即一个畸形的和一个正常的。这一实验结果说明畸形并不来源于核基因突变。即使接合时间长达半小时，接合后体仍然没有改变。这一实验结果同样也说明了畸形和染色体外遗传因子无关。所以虽然构成纤毛的物质无疑是由核基因所编码，可是纤毛的排列方式似乎另有它的遗传基础。

草履虫的表面抗原的遗传也属于同一类型。草履虫的表面抗原为三个核基因 *s*、*d*、*g* 所编码，每一个又有若干等位基因，它们随着品系的不同(例如品系 156、品系 168 等)而不同。例如，基因 *g* 包括有 156*g*、168*g* 等。由于温度的改变，草履虫的表面抗原会发生相应的改变。在 30℃中纯合体 156*g*/156*g* 的表面抗原是 156G，纯合体 168*d*/168*d* 的表面抗原是 D，因为在这个温度下 *g* 基因被阻遏而 *d* 基因被激活。纯合体 156*g*/156*g* 和 168*d*/168*d* 接合后成为两个杂合体 168*d*/156*g*。虽然它们的基因是相同的，可是在 30℃中它们的表面抗原却不相同，原来是 D 的仍然是 D，原来是 G 的仍然是 G。在这一情况下看来，杂合体的表面抗原似乎并不由它的基因型所决定，而是由接合以前的表型所决定。

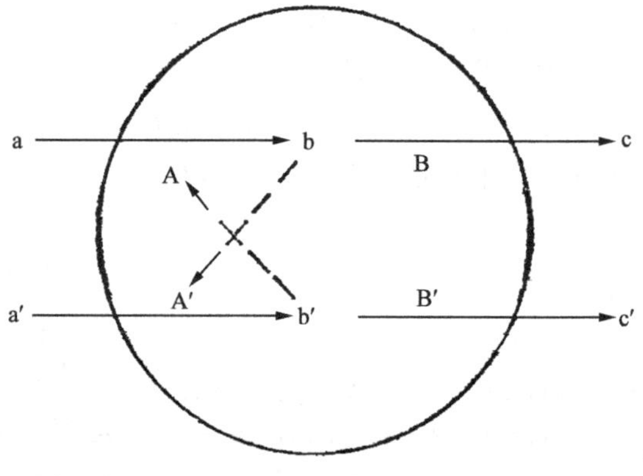

图 4.11　试图说明表型遗传机制的一个模型

这一类基因型相同而表型不同的遗传现象可以称为表型遗传(epigenesis)，相应的研究称表型遗传学或表现遗传学(epigenetics)。早在20世纪40年代末便有人提出一个模型(图4.11)，企图说明表型遗传的机制。即假定一个细胞中两种互相排斥的表型分别由物质c和c′所决定，它们分别由两个反应系列a→b→c和a′→b′→c′产生；这两个反应系列分别由酶A、B和A′、B′所催化。假定前一反应系列的中间产物b对于酶A′有抑制作用，后一反应系列的中间产物b′对于酶A有抑制作用，那么当这细胞的表型是c时，c′便自然地被排除。如果某一特定条件有利于后一反应系列，那么细胞的表型便可能由前一稳定状态c转变为c′，而一旦发生这转变，表型c便自然地被排除。这种稳定状态可以不随着基因型的改变而遗传。大肠杆菌的β-半乳糖苷酶的某些遗传现象类似于上述模型。大肠杆菌中和乳糖利用有关的两种酶(β-半乳糖苷酶和β-半乳糖苷透性酶)都是诱导酶。β-半乳糖苷透性酶位于细胞膜上，用于催化乳糖的吸收(详见第六章)。在以甘油作为碳源的培养液中培养时，在大肠杆菌细胞中几乎找不到β-半乳糖苷酶。在甘油培养液中加入诱导物10^{-3}mol/L的甲基硫代β-半乳糖苷(thiomethyl-β-galactoside, TMG)时，大量的酶便被诱导合成，但是10^{-6}mol/L的TMG则不足以诱导酶的合成。

把培养在10^{-6}mol/L的TMG的培养液中的细菌接种到同一培养液中时，细胞中不出现大量的β-半乳糖苷酶，可是把培养在10^{-3}mol/L的TMG的培养液中的细菌接种到10^{-6}mol/L的TMG的培养液中时，细菌细胞中却保持有大量的β-半乳糖苷酶，而且在同一培养液中至少经1600次细胞分裂而保持不变。这种在基因型不改变的情况下表型发生变化，而且长久遗传下去的原因是什么呢？这现象可以这样解释：10^{-3}mol/L的TMG可以诱导大肠杆菌合成β-半乳糖苷透性酶。由于透性酶的出现，细胞中的TMG的浓度会远远超过培养液中的浓度。因此曾经在10^{-3}mol/L的TMG中培养过的细菌便能在含10^{-6}mol/L的TMG的培养液中继续吸收TMG，达到一定浓度使之能足以继续诱导β-半乳糖苷透性酶和β-半乳糖苷酶，从而使它们能继续不断地合成β-半乳糖苷酶。这种“表型遗传”现象容易理解，但不能用来解释草履虫的那种现象。

另外，在小鼠中曾发现由于DNA甲基化程度的不同而导致毛色的变化，而且这种变化以母体遗传的方式表现在子代小鼠中。在果蝇中也有类似的报道。然而这一机制也不能用于解释草履虫中的表型遗传现象。下面所讨论的范围只限于以一定的已知实体作为其遗传的物质基础的非孟德尔式遗传。

二、共生生物

早在1938年，T. M. Sonneborn发现了与草履虫放毒者品系有关的细胞质遗传现象，到1970年为止类似的放毒者已发现了约有10种。

根据以下各方面的事实，现在已经公认草履虫的放毒者性状的染色体外遗传的物质基础是共生生物，这些事实是：①在显微镜下可以看到放毒者草履虫细胞中有形状、大小和细菌相类似的颗粒，敏感者草履虫细胞中则没有这些颗粒；②电子显微镜下可以看到这些颗粒为二层膜所包被，里面一层是典型的细胞膜结构；③在一种称为μ的颗粒中含有二氨基庚二酸，已经知道这是细菌的细胞外膜成分。除此以外μ颗粒中还可能含有胞壁酸(muramic acid)；④颗粒λ、σ、δ上都长有鞭毛；⑤从草履虫细胞中分离得到的卡巴颗粒有呼吸作用，能利用葡萄糖，并含有糖酵解、五碳糖支路和三羧酸循环中的大部分的酶；⑥这些颗粒都含有 DNA、RNA、蛋白质和脂质类，而且它们的含量都和一般细菌中的含量相似；⑦这些颗粒中的 DNA 的碱基比与草履虫的核及线粒体中的 DNA 的碱基比不同；⑧这些颗粒含有核糖体 RNA，这些核糖体 RNA 的沉降系数和细菌的核糖体 RNA 的相同而和草履虫的细胞质中的核糖体 RNA 不同；⑨颗粒μ含有依赖于 DNA 的 RNA 聚合酶，这种酶能为利福平和放线素 D 所抑制，这一性质是细菌的 RNA 聚合酶所特有的，而和草履虫不同；⑩某些颗粒中含有缺陷性的温和噬菌体，至少其中一种可以为紫外线所诱导。

除了以上这些特性以外，还有不少关于卡巴颗粒(κ)突变的报道。κ突变对于放毒者的特性所造成的影响包括对于敏感者的损害情况，对于放毒草履虫本身所产毒素的抗性，κ的复制速率以及κ对于抗菌素的抗性等。除了一个例子以外，所有的放毒者突变经证实都是κ本身的突变而不是草履虫的核基因突变所造成的结果。

草履虫的卡巴颗粒的复制显然依赖于基因 *K*。可是除非卡巴通过接合引入，否则一个具有基因 *K* 的敏感细胞不会自行产生卡巴。这一事实说明卡巴颗粒不是核基因产物，而是来自于外界的共生生物。

酵母菌中的放毒者品系的细胞质遗传现象已经在上面说明了。在同一个放毒者酿酒酵母中可以发现三种双链 RNA(double strand RNA, dsRNA)，可是只有分子质量为 1.4×10^6~1.7×10^6Da 这一种双链 RNA(称为 M)和放毒特性有关。这些 RNA 分子都包被在病毒状颗粒中，因此酵母菌的放毒特性可能是某种病毒感染的结果。

正像草履虫的卡巴一样，K^+R^+颗粒的复制也和染色体基因有关，并且放毒性状的表现也和染色体基因有关，而且 K^+R^+颗粒也会发生突变。

现在有一种生物进化学说认为真核生物的线粒体是由侵入原始细胞的原核生物演变而成的(参见第十章)。

三、叶　绿　体

在 1908 年已经在高等植物中发现叶的花斑性状的遗传不符合于孟德尔定律而呈现所谓的母体遗传现象，可是关于叶绿体或线粒体的遗传学研究却远远落后于染色体基因的遗传学研究。其主要的原因在于：①叶绿体 DNA 直到 1963 年才发现；②叶绿体和线粒体很少有突变型标记；③这些 DNA 的复制和分裂不像染色体那样便于观察；④在染色体基因遗传中，两个亲本提供等量的 DNA，可是在叶绿体和线粒体遗传中双亲各提供多少 DNA 人们并不清楚，这些 DNA 在子代中怎样分配也不清楚。叶绿体的遗传学研究从 1954 年开始才由 R. Sager 在衣藻中开展起来。

母体遗传和基因重组

在细胞质遗传现象一节中已经指出，虽然莱哈衣藻是一种同形配子生物，可是在链霉素抗性遗传中却表现出母体遗传现象。从图 4.2 可以看到，如果 mt^+配子是抗链霉素的，那么子代都是抗链霉素的，如果 mt^+配子是敏感的，那么子代都是敏感的。在这里母体遗传现象的原因显然和粗糙脉孢菌不同。在粗糙脉孢菌的受精过程中由分生孢子提供的细胞质的量是微不足道的，所以子代性状都与原子囊果亲本相同。莱哈衣藻的受精过程包括两个形状大小相同的细胞的融合，所以 mt^+和 mt^-配子提供相等的细胞质。因此在衣藻中，母体遗传现象可以解释为在合子中 mt^-亲本所提供的细胞质基因遭到破坏而造成的。

在衣藻的母体遗传中，曾经发现有少数例外的现象。例如在 $sd\ mt^+ \times ss\ mt^-$中，mt^+亲本是链霉素依赖型(*sd*)，mt^-亲本是敏感的(*ss*)，所以子代应该都是依赖型。可是将合子接种在基本培养基时，发现有 0.07%的合子能形成菌落，这说明其中含有 *ss* 细胞。实验证明这些菌落中不但有 *ss* 细胞而且还有 *sd* 细胞，而且如果亲本带有两个细胞质基因标记时，还有重组子细胞出现，这些合子称为杂合性合子。

这一例外现象的发现证实了细胞质基因的重组，为细胞质基因的研究开辟了新的途径。可是由于这些例外的杂合性合子数量稀少，因此不便于进行定量的工作。接着又发现 mt^+细胞在和 mt^-细胞混合以前如果先经适当剂量的紫外线照射，可以使全部合子成为杂合性合子。应用这一发现，在 20 世纪 80 年代中已经在叶绿体 DNA 上标定了不少于 10 个基因的位置。

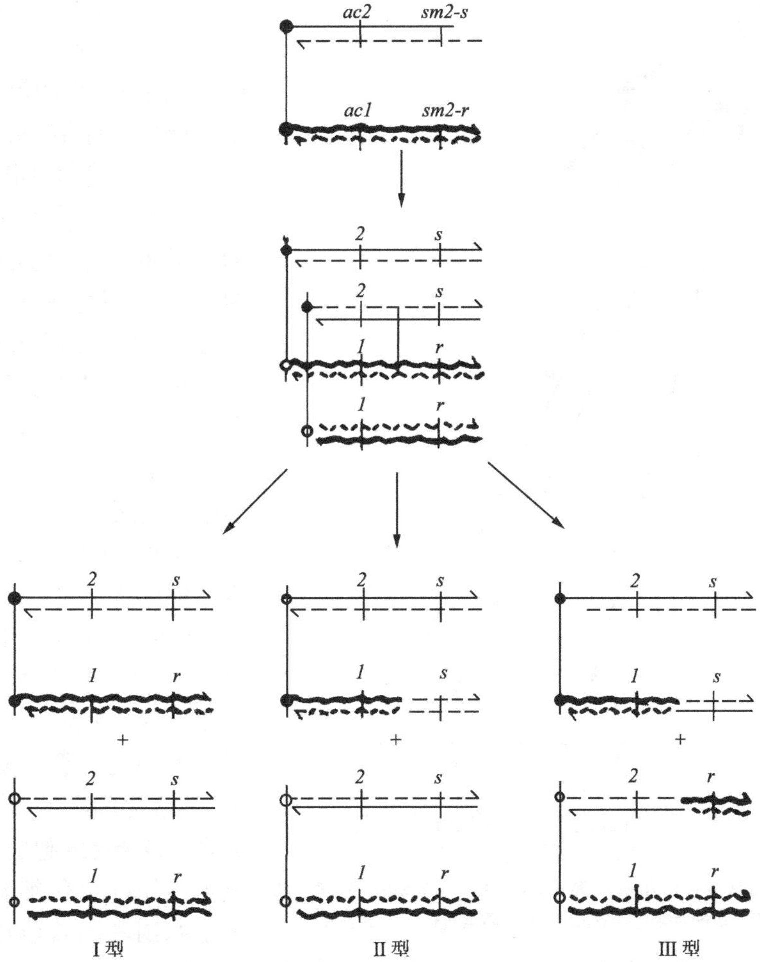

图 4.12　莱哈衣藻的杂合性合子的分离型式[13]

上文曾经指出，衣藻的杂交子代细胞一般只表现出 mt^+配子的细胞质基因性状，这似乎是因为 mt^-配子所提供的 DNA 被 mt^+配子的限制酶所破坏，因此子代细胞中不出现 mt^-亲本的性状。在一些例外的情况下杂合性合子中 mt^- DNA 偶尔得以保存下去，这样一个杂合二倍体细胞在进行有丝分裂的过程中，DNA 之间可以发生重组。如果这一解释是正确的话，上述实验结果就意味着紫外线或许会使 mt^+配子中限制酶不再合成，也许对于限制酶或限制酶 mRNA 具有破坏作用。限制酶在衣藻细胞中的确曾经被发现。

纯合化(homozygosis)**分析**

如果对每一个杂合性合子通过有丝分裂所产生的16和32个细胞的基因型进行分析，可以看到有三种型式的分离。

图 4.12 显示了对于 *sm2-s*/*sm2-r* 和 *ac1*/*ac2* 这两对基因来讲，这三种型式的合子是怎样得来的。

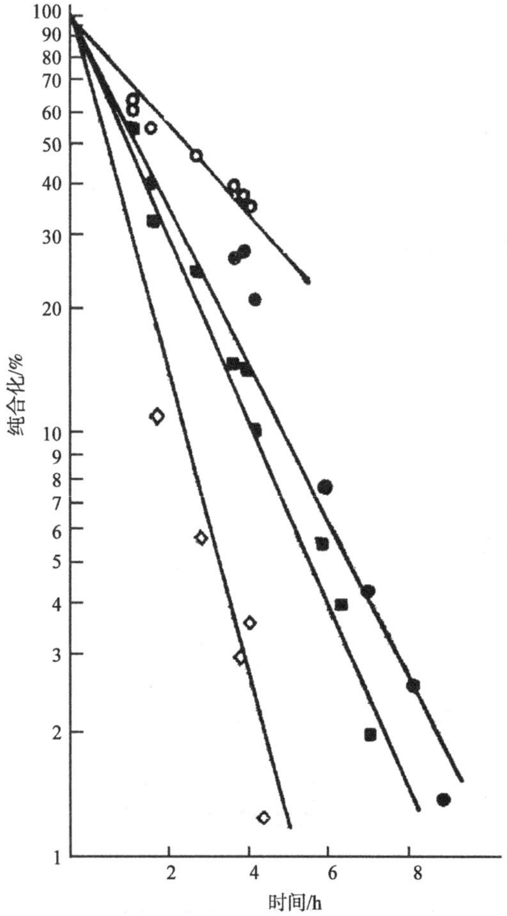

图 4.13　莱哈衣藻的 4 个不同的细胞质基因的杂交合子的纯合化[14]

○：温度敏感突变型(*tm1*)；■：链霉素抗性突变型(*sm2*)；●：壮观霉素抗性突变型(*spc*)；◇：红霉素抗性突变型(*ery*)

直线表示从一个亲本(*ac2 sm2-s*)来的 DNA；曲线表示从另一亲本(*ac1 sm2-r*)来的 DNA，它们各以一个特定的位点附着在膜上；附着位点用黑点表示；膜用连接黑点的直线表示。

在这里我们假定 DNA 复制以后平均分配到两个子细胞中的机制和细菌染色体相类似。设想 DNA 以它的一个附着点(attach point, *ap*)附着在膜上，随着叶绿体膜的增长和这一附着点的分裂，使两个子细胞中都保持有两个 DNA 分子。在复制过程中，这两个 DNA 可以发生交换，也可以不发生交换，从而出现三种分离型式。

I 型是没有发生交换的结果，II 型类似于基因转变，III 型是一次交换的结果。可以看到，基因的位置离附着位点愈远，二者之间发生交换的机会就愈多，纯合化细胞也就愈多。因此可以用纯合化细胞的多少来测定基因和附着位点之间的距离，这其中的原理和构巢曲霉中的有丝分裂定位的原理是一样的。

例如把杂交得到的合子接种在培养液中，每隔一定时间取样以测定纯合化细胞的数目，可以看到，在不同的叶绿体基因突变型的实验中得到了斜率不同的直线(图 4.13)。

从图 4.13 实验结果所得到的结论是红霉素抗性基因离附着位点最远，温度敏感基因离附着位点最近，链霉素抗性和壮观霉素抗性基因则处在红霉素抗性基因的两侧。

重组频率分析

从图 4.13 还可以看到纯合化细胞随着有丝分裂次数的增加而增加。由于经过多次分裂以后，不论基因的位置远近，大部分都成为纯合化细胞，所以基因定位一般根据游动孢子经两次有丝分裂后所产生的子代细胞的基因型计算。例如在表 4.3 这一杂交中，实验 1、2 根据 2 次分裂数据，实验 3 根据 6 次分裂数据。在后一种情况中，由于*ac1* 离 *sm3* 的距离较远，所以虽然实际重组频率应是 24~25，而测得的却是 52.2。

根据许多类似于表 4.3 以及图 4.13 的数据，在 20 世纪 70 年代中绘制了一个环状的叶绿体遗传学图(图 4.14)。

表 4.3　莱哈衣藻的杂交子代重组分析[15]($ac2^+$ *ac1 sm3-s sm2-s*×*ac2* $ac1^+$ *sm3-r sm2-r*)

区域	子代基因型			交换区域	子代数		
	1	2	3		实验 1	实验 2	实验 3
	$ac2^+$	*ac1*	*sm3-s sm2-s*	—	75	32	66
	ac2	$ac1^+$	*sm3-r sm2-r*	—	64	36	52
	$ac2^+$	*ac1*	*sm3-r sm2-r*	*2*	13	7	71
	ac2	$ac1^+$	*sm3-s sm2-s*	*2*	20	15	57
	$ac2^+$	*ac1*	*sm3-r sm2-s*	*2*、*3*1)	13	0	—
	ac2	$ac1^+$	*sm3-r sm2-s*	*3*	15	6	—
	$ac2^+$	$ac1^+$	*sm3-r sm2-r*	*1*	7	2	7
	$ac2^+$	$ac1^+$	*sm3-s sm2-s*	*1*、*2*	5	3	8
	$ca2^+$	$ac1^+$	*sm3-r sm2-s*	*1*、*2*	2	0	—
子代总数					214	101	261
重组频率							
	1				6.5	5.0	5.8
区域	*2*				23.9	25.0	52.2
	3				14.0	6.0	—

1) *sm3* 位置在 *ac1* 和 *ac2* 中间，根据另外实验测定

从图 4.13 的斜率可以看到 *sm2* 和 *spc* 和附着位点 *ap* 的距离几乎相等，可是在重组分析中发现它们相距很远。这些现象只能用环状的染色体图来解释，即 *sm2* 和 *spc* 位于环状染色体上离 *ap* 几乎相等距离的两侧的位置上。从图 4.13 的斜率还可以看到 *ery* 的斜率为最大，说明它必定位于正对附着位点的位置上。这位置附近还有螺旋霉素抗性基因等几个基因，它们的确切位置都没有在这图上标明。

上一节中的环状染色体图所描绘的是什么呢？ 从它的复制、交换等行为看来，可以认为它是 DNA。此外在紫外线对于 mt^+的作用的研究中，还发现 mt^+配子的细胞质基因

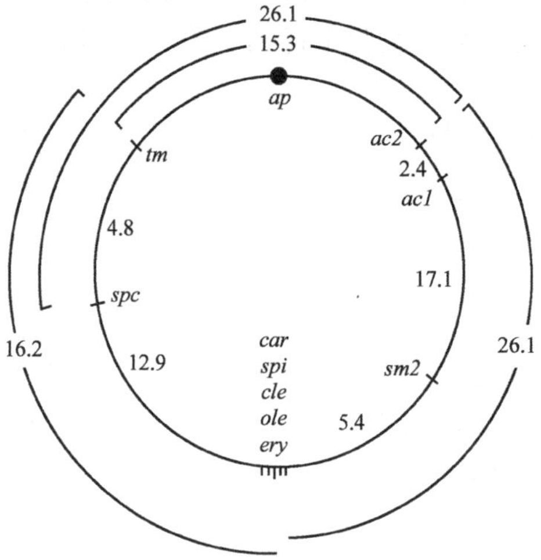

图 4.14　莱哈衣藻的叶绿体环状染色体图[16]

ap：附着点以及 *ac2*、*ac1*：醋酸盐缺陷型, *sm2*：链霉素(streptomycin)(500μg/ml)抗性, *car*：碳霉素(carbomycin)抗性,*spi*：螺旋霉素(spiromycin)抗性,*cle*：*cleosine* 抗性,*ole*：夹竹桃霉素(oleandomycin)抗性,*ery*：红霉素(erythromycin)抗性,*spc*：壮观霉素(spectionmycin)抗性,*tm*：温度敏感型等基因符号

经高剂量紫外线处理后失活，而可见光则可以使它复活。这一事实也说明细胞质基因是DNA，而认为上面所描写的染色体是叶绿体 DNA 而不是线粒体 DNA 的理由是：①莱哈衣藻只有一个叶绿体，可是线粒体却不下10个。遗传学证据说明所研究的细胞质基因是二倍体，所以认为这是叶绿体DNA而不是线粒体DNA；②叶绿体中有两个福尔根染色(Feulgen staining)阳性的结构，这一观察符合于遗传学研究结果；③多数细胞质基因突变可经链霉素诱变得到，而链霉素对叶绿体发育有显著影响，但对于其他体系的诱变作用则没有见到过报道；④细胞质基因突变中包括一些抗生素抗性突变，已经知道这些抗生素对于叶绿体核糖体具有抑制作用。

四、线　粒　体

线粒体的遗传学研究在20世纪40年代末开始于酵母菌的研究中。虽然关于小菌落突变实际上是线粒体DNA(mitochondial DNA)的结构改变的结果这一事实直到20世纪60年代末才得以确证，可是小菌落的遗传不符合于染色体遗传规律这一现象则早在20世纪40年代中就已由B.Ephrussi等发现。之后在粗糙脉孢菌等生物中也发现了与线粒体有关的染色体外遗传现象，不过到现在为止，这方面的研究还是以酵母菌为主。

在酵母菌的线粒体基因定位中所常用的方法主要有重组频率分析、共缺失(codeletion)分析和分子杂交分析。

酵母菌的线粒体遗传学分析存在有两个方面的困难：①每一个单倍体亲本细胞所提供的mt DNA可多达40个，而不像衣藻的叶绿体那样只提供1个；②酵母菌线粒体DNA重组和噬菌体T4一样在一个杂合二倍体中可一再重复进行。

虽然有这些困难，但是在某些情况中通过重组频率进行的分析还是可行的。例如通过下列四种因子杂交的结果(表4.4)可以绘制酵母菌的环状遗传学图(图4.15)。

共缺失分析

一个基因的缺失有时会和旁边基因的缺失同时发生，这就是共缺失。酵母菌的线粒体DNA的缺失经常会引起小菌落突变表型。溴化乙锭可以有效地诱发线粒体DNA的缺失，不过为了避免同时诱发不止一个 DNA 片段的缺失，所以采用自发的小菌落突变进行共缺失分析，这样便可以得到更为可靠的结果。缺失突变的自发产生是稀有的事件，所以有充分理由相信每一个小菌落突变型都是发生一次缺失的结果。因此只有位置邻接着的基因才能在一个小菌落突变型中同时缺失。分析八个小菌落突变菌株的五个抗性基因的共缺失(表 4.5)，可以得到这 5 个基因的排列顺序 *PMOEC*。*P* 和 *C* 是两端的两个基因，它们可呈现不包括其他基因在内的共缺失现象，这就说明线粒体 DNA 是环状的。

表 4.4　酿酒酵母的通过重组频率分析的基因定位[17]共分析了 2117 个 oxi^+重组体

杂交：$oxi^-C^sO^sP^s \times oxi^+C^+O^+P^+$

oxi^+子代的抗性表型	频率/%	交换位置
$C^rO^rP^r$	68.3	无
$C^rO^rP^s$	11.7	a、b
$C^rO^sP^r$	5.0	b、c
$C^rO^sP^s$	4.4	a、c
$C^sO^rP^r$	2.9	c、d
$C^sO^sP^r$	2.5	b、d
$C^sO^sP^s$	3.2	a、d
$C^sO^rP^s$	1.0	a、b、c、d

注：C：氯霉素(chloramphenicol)；O：寡霉素(oligomycin)；P：巴龙霉素(parommycin)。

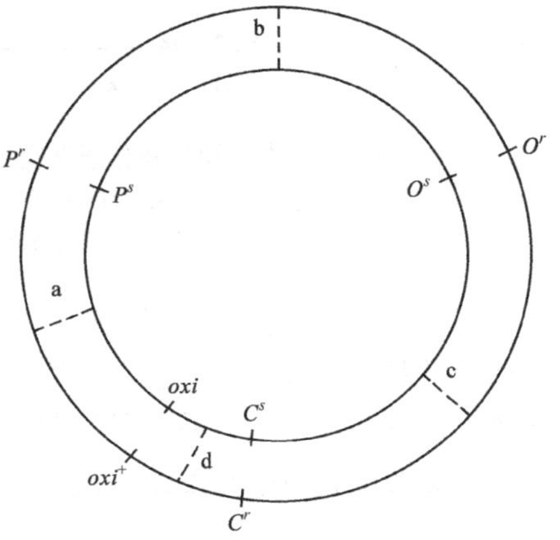

图 4.15　由表 4.4 数据绘制的酿酒酵母中包括三个基因的线粒体的遗传学图[17]

表 4.5　酿酒酵母的共缺失分析和分子杂交分析结果[18]

小菌落菌株	基因					线粒体 DNA 相同部分	
	P	*M*	*O*	*E*	*C*	和野生型相比/%	和 U4 菌株相比/%
U4	–	+	+	+	+	36	–
Y2	–	+	+	–	–	20	18
Y1.5	–	–	+	+	+	36	20
U6	–	–	–	+	+	26	15
X9	–	+	–	–	–	25	14
Y6	+	–	–	–	–	38	11
Y1.3	+	+	+	–	–	58	18
X1.4	+	+	–	–	–	46	17

注：正号表示保留，负号表示缺失，数字表示分子杂交的相对百分数；P：巴龙霉素(parommycin)；M：米加霉素(mikamycin)；O：寡霉素(oligomycin)；E：红霉素(erythromycin)；C：氯霉素(chloramphenicol)。

分子杂交分析

分子杂交方法可以用来分析这些基因之间的距离。各个缺失菌株的 mt DNA 和野生型菌株及其中一个缺失菌株 U4 的 mtDNA 的分子杂交结果见表 4.5。根据这些数据及共缺失分析结果，可以在线粒体 DNA 上标出这些抗性基因的位置(图 4.16)。

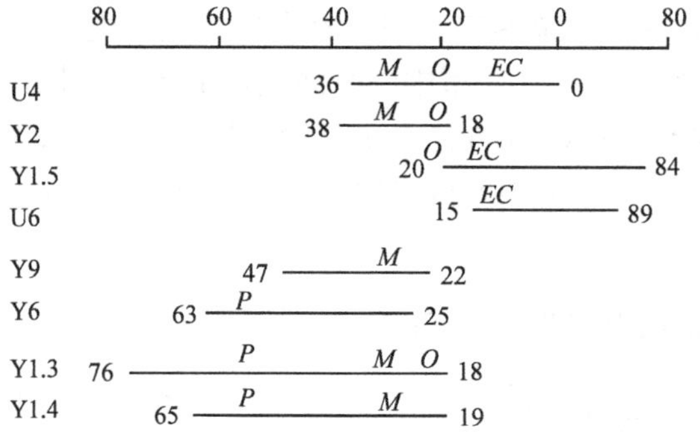

图 4.16　由共缺失和分子杂交结果所制得的酿酒酵母线粒体的遗传学图[18]

最上面的直线和数字表示酿酒酵母的线粒体 DNA 的总长(以 kb 表示)，以下的 8 段短线表示各个缺失菌株的线粒体 DNA 的残留部分

分子杂交分析方法还可以应用在 rRNA 和 tRNA 基因的定位上。

应用几种方法在 20 世纪 70 年代绘制的 mtDNA 遗传学图见图 4.17。在这图中内圈是用重组频率所绘制的，外圈是用共缺失方法绘制的，15S 和 21S rRNA 以及一些 tRNA 基因的位置都通过分子杂交来测定。括号表示一些基因所处的可能位置。

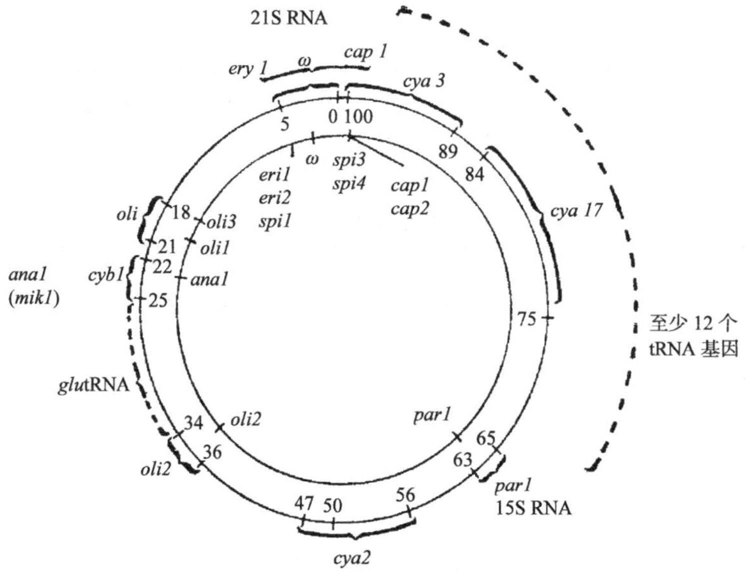

图 4.17　酿酒酵母的线粒体的遗传学图[18]

全长为 100

cap：氯霉素，*ω*：接合型，*ery*：红霉素，*spi*：螺旋霉素，*oli*：寡霉素，*ana*：抗霉素，*cyb*：细胞色素 b，*cya*：细胞色素 a，*par*：巴龙霉素等基因

除酿酒酵母以外，对粟酒裂殖酵母(*Schizosaccharomyces pumbe*)、粗糙脉孢菌的线粒体遗传学研究还很不深入。在粟酒裂殖酵母中已有了关于呼吸缺陷以及抗药突变的报道。在粗糙脉孢菌中也报道了有关真菌的母体遗传的第一个例子，并且首次通过线粒体注射方法证明了染色体外遗传的物质基础是线粒体。在粗糙脉孢菌中还发现了类似于酵母菌的小菌落突变的 PO 突变型以及其他一些缺少有关呼吸酶的染色体外遗传的突变型，可是还缺乏确

切的证明来说明它们都属于线粒体突变型。这些突变有许多都是自发产生的，特别是从陈旧的培养物和长期通过菌丝繁殖的菌丝体中得来。通过吖啶橙、紫外线和 MNNG 的处理都曾得到过这类突变型，可是并不能绝对肯定地认为它们并不是自发产生。

五、质　　粒

细菌质粒类别

正像核基因一样，细菌质粒也有一定的表型效应。

大肠杆菌的致育因子(F)是首先发现的一种质粒。F 因子的一些性质已经在第三章中讨论过。具有 F 因子的大肠杆菌细胞能够接合，这些细胞的表面有 F 菌毛，它们能被雄性专一噬菌体所感染。

大肠杆菌素因子的存在可以使大肠杆菌产生大肠杆菌素。大肠杆菌素(colicine)以及其他细菌素(bacteriocine)在很久以前就已经发现了，可是直到 F 因子被发现以后，人们才认识到它的产生是被大肠杆菌素因子(Col)所控制。

另一类普遍且重要的质粒是抗药性因子(drug resistance factor, R)。带有 R 因子的细菌在 1957 年首先从菌痢患者中分离得到，之后在许多种细菌中都曾有发现。带有抗药性因子的细菌对几种抗生素或其他几种药物有时会呈现抗药性，因此单从这一点来讲，它和通过突变而产生的抗药性不同。

除了使宿主细菌对抗生素和磺胺等呈抗性状态的质粒以外，还曾经报道过对许多金属离子，包括碲(Te^{6+})、砷(As^{3+})、汞(Hg^{2+})、镍(Ni^{2+})、钴(Co^{2+})、银(Ag^{+})、镉(Cd^{2+})等呈现抗性的以及对紫外线或 X 射线呈现抗性的质粒。

另一类较为少见的质粒称为分解性质粒，除少数例外情况以外，一般的细菌都不能分解并利用芳香族化合物作为碳源和能源。而假单胞菌(*Pseudomonas*)这一属的细菌能利用许多不容易为一般细菌所分解的物质作为碳源，而分解这些化合物的酶系常和质粒有关。这些质粒以所能分解的底物命名，包括 CAM(樟脑)、OCT(辛烷)、XYL(二甲苯)、水杨酸(SAL)、MDL(扁桃酸)、NAP(萘)、TOL(甲苯)等(参见第七章)。

此外，还有决定一些特殊性状的质粒，例如有一种称为致瘿农杆菌(*Agrobacterium tumefaciens*)的细菌，它能感染双子叶植物而使寄主的茎部生长冠瘿。它的致瘿因子也存在一种质粒上。根瘤菌的大部分与氮素固定相关的基因也都在质粒上(详见第七章)。

在乳酸链球菌(*Streptococcus lactis*)中曾报道过和乳糖利用有关的质粒。在大肠杆菌的某一菌株中还曾报道过蔗糖发酵这一特性和质粒的存在有关。关于个别酶的产生为质粒所控制的报道也不少。近年来特别受到重视的是和限制酶有关的质粒。许多 R 因子，特别是属于 I 群的 R 因子常和宿主细胞的限制酶的产生有关。遗传工程研究工作中常用的限制酶 *Eco*Rl 便是由带有质粒 RY 13 的大肠杆菌所产生的一种限制酶。

上面已经指出放线菌中的致育因子质粒 SCPl 是一种细菌质粒。近年来发现几种放线菌的抗生素合成的酶系统也和质粒有关。例如 SCPl 和次甲霉素的产生有关。氯霉素和春雷霉素等的合成也认为和质粒有关。这方面的证据大多来自于遗传现象，关于氯霉素合成的细胞质遗传现象已经在上面说明。放线菌中与抗菌素产生有关的质粒的发现促使了人们去考虑这些质粒在抗菌素生产菌的育种工作中的应用。

此外还有不显示任何表型效应的质粒，这些质粒称为隐秘质粒(cryptic plasmid)。它们的存在当然只能通过直接观察方法而不可能通过遗传学现象来确知。

从以上的简短的叙述中可以看到：①和质粒有关的性状是多方面的，而且以后可能会发现更多的性状和质粒有关；②温和噬菌体和细菌质粒一样，往往能为宿主细胞带来某种遗传性状。以后还可以看到在遗传工程中它们都可以被用来作为基因的载体；③一种质粒可以具有不止一种表型效应，所以从表型效应来区分质粒并不是很好的分类。对某一种质粒进行称呼，往往只不过是指发现这些质粒时所注意的表型。例如，许多 R 因子具有致育因子的作用，大肠杆菌素因子和樟脑分解质粒也都有致育因子作用，致育因子 SCPl 则和抗生素的合成有关。所谓隐秘质粒则无非是没有发现它的表型效应，但并不能肯定它没有任何表型效应。同样地，发现某一种质粒具有某种表型效应，并不排斥在以后可能会发现其另外的表型效应。

质粒数可以通过不同的方法测定。比较直接的方法是分别测定质粒的分子质量和细胞中质粒 DNA 的总量，由此推算质粒数。一个间接的方法是使质粒处于不复制的状态下，测定到开始出现不含质粒的细菌为止所经历的分裂次数(图 4.19)。另一个间接的方法所根据的是质粒的表型效应(例如，某一种酶的活性或某一种细菌素的含量)和细胞中的质粒数有一定的关系这一原理。例如可以通过测定 lac^+F^-细菌和 *lac*/F-*lac* 细菌的β-半乳糖苷酶活性来推测细胞中 F-*lac* 质粒的数目。用这三种方法测得的每一细胞中的 F-*lac* 数基本上是相一致的，都是相当于每一染色体只有一个。

一些细菌质粒的分子质量以及用这些方法所测得的质粒数见表 4.6。从表中数据可以看到细菌质粒的分子质量一般介于 1×10^6~100×10^6Da。

表 4.6　几种质粒的一些特性的比较[19]

质粒	分子质量/Da	相当于一个染色体的质粒数	致育抑制	转移	表型效应
ColE1	4.2×10^6	10~15	—	—	大肠杆菌素
ColE2	5.0×10^6	10~15	—	—	大肠杆菌素
ColE3	5.0×10^6	10~15	—	—	大肠杆菌素
F1	62×10^6	1~2	fi^+	+	—
F-*lac*	95×10^6	1~2	fi^+	+	乳糖发酵
ColV2	94×10^6	1~2	fi^+	+	大肠杆菌素
R100	70×10^6	1~2	fi^+	+	$Cm^RSm^RSu^RTc^R$
ColIb	61×10^6	1~2	fi^-	+	大肠杆菌素
R64	78×10^6	少数	fi^-	+	Tc^RSm^R
R6K	26×10^6	13	fi^-	+	Am^RSm^R
R28K	44×10^6	2~3	fi^-	+	Am^R

Cm^R 抗氯霉素；Sm^R 抗链霉素；Su^R 抗磺胺；Tc^R 抗四环素；Am^R 抗氨苄青霉素

到现在为止所发现的最小的质粒之一是大肠杆菌品系 15 的三个隐秘质粒之一,它大约由 2300 对核苷所构成，大约相当于分子质量 1.4×10^6Da。经过人工改造的一个 SV40 只有原来 SV40 的 1/10，分子质量约 0.34×10^6Da。

细菌质粒的复制类型

F 因子这一类质粒相当于一个染色体的质粒数不过为 1~2 个。这一事实说明它们的复制受到了严格的控制，这种质粒称为严紧型(stringent)。大肠杆菌素因子 ColE1 这一类质粒相当于每一个染色体的质粒数在 10 个以上。这一事实说明它们的复制不受到严格的控制，这种质粒称为松弛型(relaxed)。

严紧型质粒的复制似乎和染色体的复制受相同因素的控制，而松弛型质粒的复制则似乎受到与控制染色体复制不同的因素的控制。例如在含有氯霉素的培养液中的大肠杆菌停止了分裂，同时也停止了染色体 DNA 的复制，可是 ColEl 质粒可持续复制 10~15h，直到每一个细胞中含有 1000~3000 个质粒。

严紧型和松弛型虽然是质粒的一个特性，可是同一质粒在不同的宿主中可能会表现出不同的复制特性(表 4.7)。

表 4.7　质粒的复制特性和宿主的关系[20]

质粒	分子质量 1)/Da	在不同宿主中的复制	
		大肠杆菌(*Escherichia coli*)	奇异变形杆菌(*Proteus mirabilis*)
F	$22\sim50\times10^6$	严紧	严紧
F-*lac*	74×10^6	严紧	严紧
ColE1-K30	4×10^6	松弛	严紧
R1	60×10^6	严紧	松弛

注：1) 根据不同的测定方法测得。

质粒 ColEl 能在野生型大肠杆菌中复制，可是不能在 DNA 聚合酶 I 突变型(*polA*)中复制，这进一步说明了质粒复制对于宿主细胞的依赖性。

细菌质粒的转移类型

从转移性来讲，细菌质粒可以分为转移性(transferable)和非转移性(nontransferable)两类。F 因子、SCPl 等都属于前者。R 因子主要是由于抗药性的转移而被发现的。在大肠杆菌素因子中，ColEl 是属于非转移性的，ColV2 和 ColIb 属于转移性。

在能转移的质粒中，其宿主范围也有差别。例如在假单胞菌属中有两类质粒。属于 Pl 一类的质粒能在假单胞菌属中进行种间转移，也能转移到大肠杆菌中。个别质粒(例如 RP4)则能转移到下列各属细菌中：大肠杆菌(*Escherichia*)、变形杆菌(*Proteus*)、自生固氮菌(*Azotobacter*)、根瘤菌(*Rhizobium*)、红色假单胞菌(*Rhodopseudomonas*)、奈瑟氏菌(*Neisseria*)。属于 P2 一类的质粒的转移范围则不超出假单胞菌一属。革兰氏阳性细菌金黄色葡萄球菌(*Staphlococcus aureus*)的质粒 pUBl10 则可以转移到枯草芽孢杆菌中去。

质粒除了能进行自身转移以外，还能引起宿主染色体的转移。关于这一转移机制将留在以后讨论。

F 因子这一类质粒可以以脱离宿主染色体的状态而存在，也能以和与染色体相结合的状态存在，这一类质粒称为附加体。因此温和噬菌体也可以看作是一种附加体。

在上一章关于λ噬菌体和重组机制的讨论中已经指出λ的整合一方面和染色体的同

源性有关，另一方面又和酶的作用有关。所以如果一种质粒能整合的话，则说明它是一种附加体，不能整合的话则可能是宿主染色体缺乏同源结构，或者寄主细胞没有为整合酶的产生或整合酶的作用提供必要的条件。因此把质粒分为附加体和非附加体两类这种分类只能说是暂时性的。

不亲和群

某些质粒能在同一细菌中并存，能并存的质粒属于不同的不亲和群(incompatibility group)，不能并存的质粒属于同一不亲和群。不亲和性和亲和性现象见图 4.18。

图 4.18 曲线表示细菌在引入带有不同抗药性基因的质粒后，在培养过程中兼抗两种药物的细菌数的改变情况。pSC101-*km* 和 pSC101-*amp* 是带有抗卡那霉素或抗氨苄青霉素这两种不同抗药性基因的 pSC101 质粒。它们是同一质粒经过改造后的衍生质粒。同样地，ColE1-*amp* 和 Co1El-*sm su* 是带有不同抗药性基因的 ColEl 质粒。可以看到 pSC101-*km* 和 pSC101-*amp* 不能并存，ColE1-*amp* 和 ColEl-*sm su* 也不能并存，说明 pSC101-*km* 和 pSC101-*amp* 属于同一不亲和群，ColEl-*amp* 和 ColEl-*sm su* 也属于同一不亲和群。pSC101-*km* 和 ColE1-*sm su* 则能够并存，所以它们属于不同的不亲和群。

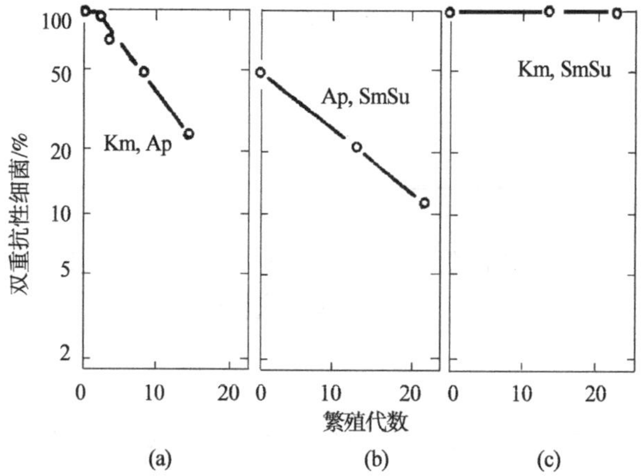

图 4.18　大肠杆菌质粒的不亲和性和亲和性现象[21]

(a) pSC101-*km* 和 pSC101-*amp* 的不亲和现象；(b) ColE1-*amp* 和 ColE1-*sm su* 的不亲和现象；(c) pSC101-*km* 和 ColE1-*sm su* 的亲和现象。Km：卡那霉素；Ap：氨苄青霉素；Sm：链霉素；Su：磺胺

表 4.8 所列的是以大肠杆菌 K12 为宿主的一些质粒的分群情况。

表中的 F 相当于表 4.6 中的 fi^+。fi^+表示对致育因子 F 具有抑制作用[fi 来自致育性抑制(fertility inhibition)两字的第一个字母]。属于 fi^+类型的 R 因子当和 F 因子同处于一个细胞中时，F 因子的许多表型效应会遭到抑制，包括细胞接合能力，接受雄性专一噬菌体感染的能力，为 F 专一抗体凝集的能力等。fi^+类型的 R 因子在抑制 F 因子的同时也抑制它自己，一般认为这就是所谓低频转移的原因。由于 fi^+R 因子的发现，所以把对 F 因子没有抑制作用的质粒称为 fi^-。

对于 fi^+R 因子深入研究时发现它们也会使宿主细胞产生性菌毛，可见 fi^+R 因子和 F 因子属于同一类型，fi^+R 因子对于 F 因子的抑制作用是不亲和性的一种表现。以后又发现许多 fi^-R 因子可使宿主细菌产生另一些类型的性菌毛，例如，D 菌毛和 I 菌毛。由此可见原来认为的将 R 因子分作 fi^+和 fi^-两类是不正确的，因为 fi^-不是一类而是包括许多不亲和群。

表 4.8 质粒的不亲和群[22](以大肠杆菌 K12 为宿主)

不亲和群	性菌毛型	专一性噬菌体举例	质粒举例
FI	F	f1、f2	F、ColV、R386、R455
FII	F	f1、f2	R100、R1
FIII	F	f1、f2	ColB-K98
FIV	F	f1、f2	R124
FV	F	f1	$F_o$lac
Iα	I	If1	R64、R144、ColIb-p9 1)
Iβ	I	If1	R483
Iγ	I	If1	R621a
Iω	I	If1	JR66a
Iξ	I	If1	R805a
N	—	IKe	N3、R15、R46
O	—	—	R^{16}、R723
H	—	—	R27(TP117) 、R726
P	D	PRR1	RP4、R751、R690 2)
W	—	—	S-a、R7K、R388
C	—	—	R40a、R55
A	—	—	RA1
M	—	—	R69、R446b
T	—	—	Rtsl、R394、R401

1) 原始宿主宋乃氏志贺氏菌(*Shigella sonnei*)P9; 2) 原始宿主绿脓杆菌。

从表 4.6 还可以看到不亲和群和质粒所赋予的宿主细胞的表型无关，表型效应不同的细菌质粒可以属于同一不亲和群，表型效应相同的质粒不一定属于同一不亲和群。

表 4.8 的不亲和性测定是在大肠杆菌中进行的。某些质粒可以在大肠杆菌和绿脓杆菌间转移。这些质粒的研究结果说明了在这两种细菌中所得到的不亲和群的区分是一致的。这一实验结果既可解释为这两种宿主较为近似，也可以解释为不亲和性主要为质粒 DNA 本身所决定。

事实上质粒的不亲和性确实和质粒 DNA 的同源性有很大关系。例如曾发现属于上表 W 群的质粒不论是从什么地区分离得来，也不论对于什么药物具有抗性，它们的 DNA 的 75%都是同源的。

细菌质粒的命名

由于细菌质粒研究的迅速发展，一个统一的命名很必要。在 1976 年提出的一个比较为细菌质粒工作者所接受的命名规则是用小写字母 p 代表质粒(plasmid)，在 p 字后面用两个大写字母代表发现这一质粒的作者或实验室名称，在这后面加上质粒的编号。

质粒不能独立存在，所以细菌质粒的命名又涉及了细菌菌株的命名。在菌株的命名中，一般把质粒的名称写在细菌名称后面的括号中，每一个括号中写一种质粒的名称。如质粒被消除，则在细菌后括号中在原有质粒的右上角加一负号，这是为了便于和原来不带有这一质粒的细菌相区别。

例如，下列 4 个菌株。①K12 是大肠杆菌 K12 原始菌株；②C600：K12(F^-)、(λ^-)*thr leu tonA lacY thi*，C600 是一个消除了 F 因子和噬菌体λ的多重缺陷型 K 12 菌株；③XY100：C600 (F′155) (pXY1234)，XY100 是在 C600 菌株中引入括号中所列的两个质粒的菌株；④ XY1001：XY100 ($pXY1234^-$)，XY1001 是 XY100 菌株中又消除了质粒 pXY1234 的一个菌株。

质粒有时会发生缺失、重复等结构改变。缺失用符号△表示，DNA 部分的插入用Ω表示。将缺失或插入部分所包括的基因或 DNA 放在△或Ω符号后面方括号中。例如：①pXY9109：F△*traA3*(63.1~64.0kb)，pXY9019 是一个缺失了转移基因 *traA3* 的 F 因子，缺失部分从 63.1kb~64.0kb；②pX2Y1112：pI258△7(*cad-asa*)，pXYl112 是包括基因 *cad* 到 *asa* 一段 DNA 的缺失(这一缺失命名为△7)的金黄色葡萄球菌质粒 pI258；③ pXY2101：pSC101Ω4[0kb：K12 *hisA*-1.5kb]，pXY2101 是插入了包括基因 *hisA* 在内的一段 DNA(这一插入命名为Ω4)的大肠杆菌质粒 pSC101，插入的 DNA 片段的长度是从 0kb~1.5kb，这里面包含着大肠杆菌 K12 的 *hisA* 基因。

另外，关于抗药性的符号规定如下：用大写字母表示表型，用与染色体基因相同的三个小写字母表示基因型。例如四环素抗药性的表型用 Tc^R 表示，基因型用 *tet*[*tet* 是四环素(tetracyclin)的简写]表示；氨苄青霉素抗性的表型用 Ap^R 表示，基因型用 *amp* 表示[*amp* 是氨苄青霉素(ampicillin)的简写]或 *bla* [是β-内酰胺酶 (β-lactamase)的简写]表示。

质粒的复制

上面已经指出，复制的特性既决定于质粒本身又决定于宿主，从这一点看来，质粒的复制必然受到双重控制。在大肠杆菌的 F-lac^+菌株中这一点早已得到实验证明。

首先通过诱变剂的处理，筛选温度敏感的 F-lac^+菌株。方法是把经诱变剂处理的 *lac*/F-lac^+细菌涂在培养基表面；待生长出菌落后影印到两个含乳糖的 EMB 培养皿上，把一个放在 30℃中培养；把另一个放在 42℃中培养。经过培养以后，选取在 30℃中显示红色而在 42℃中显示白色的菌落。

这些菌落有两类。第一类在 42℃中呈白色，再把培养皿放回到 30℃中时菌落转变为红色，这是乳糖发酵结构基因的温度敏感突变型。另一类在 42℃中呈白色，再把培养皿放到 30℃中后菌落并不转变为红色，在这一类细菌中 F-lac^+的复制呈温度敏感状态。处在 30℃中 F-lac^+能进行正常的复制，因此每一个细菌中都带有乳糖发酵基因。在 42℃中 F-lac^+不能复制，因此所有的细菌都成为乳糖不发酵者，这些细菌再在 30℃中培养时菌落都呈白色，因为 F-lac^+已在 42℃培养时由于不能复制而消失。进一步的鉴定将通过下列两个实验进行。

首先用吖啶橙处理温度敏感的 lac^+/F-lac^+细菌，使它成为失去 F-lac^+的乳糖不发酵细菌，然后使它获得非温度敏感的 *lac*/F-lac^+细菌的 F-lac^+质粒，观察这些细菌的乳糖发酵特性是否为温度敏感性。如果是温度敏感的，就说明温度敏感这一特性不属于 F-lac^+本身而属于宿主染色体，如果是不敏感的，则说明在这一温度敏感细菌中这一特性可能属于 F-lac^+本身。这一点应该通过另一实验来确证。

另一实验是使非温度敏感的 lac F^-细菌获得温度敏感的 lac/F-lac^+细菌的 F-lac^+质粒而成为乳糖发酵细菌。这一发酵特性如果是温度敏感的，就说明温度敏感这一特性属于 F-lac^+质粒本身。这一质粒称为 F_{ts}-lac^+。

上述实验证明除了乳糖发酵结构基因的温度敏感突变型以外，另外还存在着 F 因子复制的温度敏感突变型，其中一类是由于染色体基因的突变而使 F 因子的复制呈温度敏感状态，另一类则属于 F 因子本身的温度敏感突变型。由此可见 F 因子的复制受染色体和 F 因子本身的双重控制。

复制子(replicon)是一个复制的单位，染色体是一个复制子，每一个质粒也是一个复制子。每一个复制子的复制有一定的特性，是严紧的或是松弛的，是温度敏感的或是非敏感的。两个复制特性不同的质粒结合在一起时复制一般为其中的一个复制子所控制，复制特性表现两者中一个的特性。

上一节已经说明 F 因子复制的温度敏感细菌有两种，这两种细菌在 42℃中生长时菌落都呈白色。其中一种是 F 因子突变的结果，这种细菌可以写作 lac/F_{ts}-lac^+。lac/F_{ts}-lac^+细菌在 42℃中培养时偶尔出现个别红色的菌落。这些红色菌落中的细菌已经变为 Hfr。这说明 F_{ts}-lac^+和染色体相结合，使它的复制由温度敏感变为非温度敏感。最为合理的解释是这些 Hfr 细菌的 F_{ts}-lac^+已和染色体相结合，它的复制为染色体所带动而不受它自己的控制。染色体和 F_{ts}-lac^+这两个复制子已结合成为一个复制子。

相反的情况也有过报道。大肠杆菌中有一系列影响 DNA 复制的基因，其中突变型 *dnaA* 在 DNA 复制发动方面有缺陷。这一突变型是一个温度敏感的突变型，所以写作 $dnaA_{ts}$。带有 F-lac^+的这一菌株可以写作 $dnaA_{ts}$/F-lac^+。这一菌株不能在 42℃中生长,因为它的染色体不能在 42℃中复制。选取个别能在 42℃中出现的菌落，发现这些菌落中的细菌也变成了 Hfr 细菌，而且还发现这些 Hfr 细菌在 42℃中的 DNA 复制能被吖啶类染料所抑制。这些事实说明在这些细菌中染色体 DNA 复制的发动已为 F 因子所控制，或者可以说突变基因 $dnaA_{ts}$ 已为整合到染色体上的 F 因子所抑制。这一现象因此称为整合抑制(integrative suppression)。

以上所讲的两种情况都说明一个能复制的和一个不能复制的复制子相结合后，复制由前者所控制。那么两个都能进行复制的复制子结合后，复制又由谁控制呢？pSC101 和 ColEl 是大肠杆菌的两种质粒，它们的特性见表 4.9。pSC101 和 Co1El 结合起来的质粒称为 pSC134。pSC101、ColEl 和 pSC134 在 DNA 聚合酶 I 正常或缺陷的宿主细菌中表现的一些特性见表 4.10。

表 4.9　大肠杆菌质粒 pSC101 和 ColE1 的比较[21]

质粒	分子质量/Da	每一细胞中质粒数	转移性	标记	复制条件
pSC101	5.8×10^6	6	非	Tc^R	细菌的蛋白质合成
ColE1	4.2×10^6	18	非	—	细菌的 DNA 聚合酶 I

表 4.10 质粒 pSC101、ColE1 和 pSC134 在不同宿主细菌中的特性[21]

宿主细菌和所带的质粒	复制开始部位在 ColE1	复制开始部位在 pSC101	相当于每一染色体的质粒数	宿主细菌的四环素抗性(单位/ml)
CR34 *polA1*$^+$(pSC134)	36	0	16	80
W3110 *polA1*(pSC134)	0	14	6	25
CR34 *polA1*$^+$(pSC101)	—	—	5	25
C600 *polA1*$^+$(ColE1, pSC101)	—	—	18 5	30

在具有正常的 DNA 聚合酶 I 的细菌(CR34*polA1*$^+$和 C600*polAl*$^+$)中，pSC101 可进行正常的复制，每一细胞中可产生相当于每一染色体的 pSC101 质粒 5 个，它所带有的四环素抗药性因子使宿主细胞所呈现的抗药性为 25~30 单位/ml。

ColEl 和 pSC 101 能够并存在同一细胞中，作为属于不同的不亲和群的两个质粒，它们的复制彼此不相干扰，每一细胞的质粒数是两者之和。不过只有 pSC101 带有四环素抗性基因，所以带有这两种质粒的细菌的抗药性并不因为质粒的总数的增加而提高。

pSC134 在有或没有正常的 DNA 聚合酶的宿主中的行为显然有所不同。在 DNA 聚合酶 I 发生缺陷的宿主(W3110*polAl*$^-$)中它的行为不论从质粒数、抗药性和电子显微镜下观察到的复制开始部位来看都和 pSC101 相同，但是在 DNA 聚合酶正常的宿主细菌中这些行为则都和 ColEl 相同。ColEl 并不带有抗药性基因，可是在 pSC134 中 pSC101 的复制为 ColEl 所带动，所以它的 16 个质粒上都带有抗性基因，因而宿主细菌的抗药性也大大地提高了。

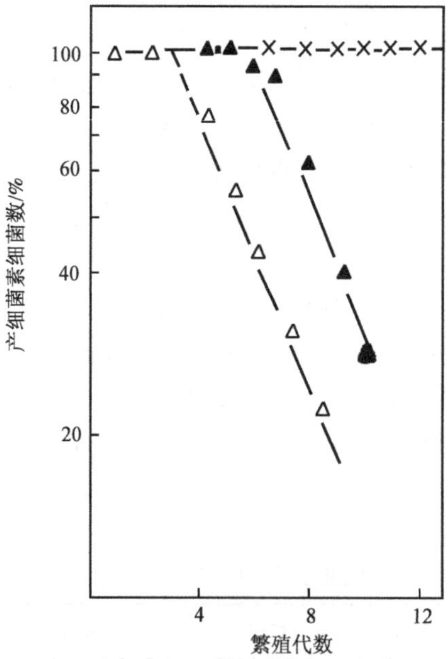

图 4.19 在温度敏感 DNA 聚合酶 I 的大肠杆菌 TS214 中 CloDF13 和 CloDF13-M3 在 43℃中的消失过程[23]

△：TS214(CloDF13)43℃；▲：TS214(CloDF13-M3)43℃；×：TS214(CloDF13)30℃

总体来看，在复合质粒 pSC134 中，在 pSC101 的复制机制和 ColEl 的复制机制都没有受到抑制的情况下复制由 ColE1 所控制，而当 ColEl 的复制机制由于宿主的 DNA 聚合酶的缺陷而受到抑制时复制便为 pSC101 所控制。

pSC134 的复制的特性可以用一个负控制模型来解释。可以认为在细菌质粒复制的过程中细胞中可产生一种专一性的阻遏物，它可抑制质粒的进一步复制，阻遏物本身也同时停止增加。在细菌生长分裂过程中，阻遏物逐渐稀释，这时质粒便开始复制。按照这一模型，可以预期 pSC134 的质粒数应该和 ColEl 数相同。这是因为在 pSC134 复制过程中细胞中同时产生 pSC101 和 ColEl 专一性的阻遏物。pSC101 的阻遏物对于独立存在的 ColEl 没有阻遏作用，因此在两者并存的细胞中虽然 pSC101 质粒数是 5 而 ColEl 的质粒数则可以达到 18(表 4.8)。假定 pSC101 的阻遏物对于结合在 pSC134 中的 ColEl 同样没有阻遏作用，那么就可以说明 pSC134 质粒数既不同于 pSC101 也不是两者之和，而是与 ColEl 相同，因为只有 ColEl 阻遏物达到某一浓度时 pSC134 才停止复制。实际上，这也等于说 pSC134 的复制必然为 ColEl 所控制。

F 因子的温度敏感突变型是在高温中丧失复制能力的突变型，此外还有使质粒拷贝数增加的突变型。细菌某一种代谢产物的量在一定程度上决定于有关基因的数目。因此对于由质粒所编码的代谢产物来讲，可以通过筛选产物量增加的突变细菌来得到质粒数增加的复制突变型。

例如，带有质粒(CloDF13)的大肠杆菌能产生一种细菌素，这种细菌素能抑制敏感的细菌而在培养皿上出现制菌圈。通过亚硝基胍的处理，曾经得到制菌圈显著扩大的 9 个菌株。把这 9 个菌株的质粒分别转移到另一受体细菌中，然后分别测定这些受体菌株的制菌圈。结果发现 8 株的制菌圈和未经诱变剂处理前相同，一株的制菌圈显然扩大了。这一结果说明前 8 株的质粒并未改变，诱变剂所诱发的变化是细菌染色体的变化(参看温度敏感 F-*lac*)；后一株中的质粒则发生了突变，这突变型质粒称为 CloDF13-M3。

这一质粒突变或是细菌素性质的改变使它的毒性加强了，或是改变了其复制性质而使每一细胞中含有更多的这一质粒，从而使细菌素的含量增加了。

已经知道质粒 CloDF13-M3 像 ColEl 一样不能在 DNA 聚合酶 I 发生缺陷的细菌中复制。将 CloDF13-M3 转移到具有温度敏感的 DNA 聚合酶 I 的大肠杆菌 TS214 中。将 30℃中培养的这一细菌转入 43℃中，在细菌分裂过程中测定不产生细菌素的细菌数。同时把 CIoDF13 进行同样的测定以作为比较(图 4.19)。

从图 4.19 曲线中可以推算 TS214(CloDF13)大约复制三次后就开始出现不带有质粒的细菌，而 TS214(CloDF13-M3)大约复制 7 次后开始出现不带有质粒的细菌。这一实验结果说明在同一宿主细菌中 CloDF13 约有 10 个而突变型质粒 CloDF13-M3 大约有 70 个。质粒拷贝数增加的突变型的存在，说明野生型质粒的复制受到某种阻遏，所以这一现象也为负控制模型提供了证据。

质粒的转移

上面已经指出质粒可以分为转移性的和非转移性两类。实际上质粒的转移非但决定于质粒的本质，而且还决定于质粒宿主(即供体细菌)和受体细菌的基因型。在上一章噬菌体和寄主细菌的关系的讨论中曾经指出了噬菌体 DNA 进入寄主细菌以后受修饰酶和限制酶的作用，质粒的转移同样受到限制修饰系统的影响。转移性质粒在同一种细菌间转移时不为限制酶所分解，因为它必然已经被修饰，如果由一种细菌转移到另一种细菌则常受限制。没有限制作用的宿主细菌如大肠杆菌 C 容易接受噬菌体的感染，也容易接受质粒的转移。

限制缺陷型(restrictionless, r)宿主可由原来不易接受质粒转移的状态变为容易接受转移的状态。这种突变型可以通过接受转移的能力的改变中筛选出来。例如弗氏柠檬酸细菌(*Citrobacter freundi*)不容易接受大肠杆菌的 F 因子($<3\times10^{-8}$)。将少数可接受 F 因子的细菌用吖啶黄除去 F 因子，然后再进行 F 因子接受试验，可以看到这时它接受转移的能力提高了大约一万倍，这些就是发生了 *r* 突变的细菌。

某些质粒的转移还常和宿主细胞的生理状态有关。鼠伤寒沙门氏菌 LT2 中的质粒 ColI 的转移就是一个例子。刚接受 ColI 的沙门氏菌能以 100%的频率使它的 ColI 转移，可是接受 ColI 后分裂 10~20 代后的沙门氏菌只能以 0.1%的频率使它的 ColI 转移，前者称为高频转移，后者称为低频转移。一般认为这是由于在宿主细胞中积累起一种能抑制转移的物质，正像上一节中假设一种能抑制质粒本身复制的物质一样。

非转移性质粒可以被转移性质粒所带动而转移。实际上大肠杆菌 K12 的染色体就是在 F 因子的带动下进行的染色体转移。在大肠杆菌中已经知道 Hfr 细菌中的 F 因子和染色体结合成为一体。用影印培养方法可以从 F^+细菌中获得 Hfr 细菌。方法是将 F^+细胞涂在完全培养基上，将 F^-细菌涂在选择性培养基上，经培养后将 F^+细菌用影印法接种到 F^-细菌上。重组菌落出现后在 F^+培养皿的相应位置上取样，经几次浓缩后就能分离得到 Hfr 菌株。由于这一发现，曾经有这样的看法，认为所谓低频重组实际上并非 F^+细菌的染色体以极低的频率被 F 因子带动的转移，而是其中极少数 F^+细菌突变成为 Hfr 细菌，染色体转移则根本只是一种被结合在染色体上的 F 因子所带动的高频转移。这一解释似乎符合于从 F^+细菌中获得少数 Hfr 细菌这一事实，但是下面这一些事实却否定了这一解释。

(1) 用影印培养方法选得的 Hfr 细菌数只能说明 $F^+\times F^-$低频重组频率的 15%。

(2) 用影印培养方法曾经选得一些不稳定的 Hfr 细菌。

(3) 紫外线处理可以使 $F^+\times F^-$重组频率提高 30~50 倍，但是 Hfr 细菌并不增加。

(4) 从某些 F^+菌株中不能筛选得到 Hfr 细菌。

(5) 已经筛选得到的 Hfr 菌株的稳定性各不相同，某些 Hfr 菌株中很容易出现 F^+细菌。

(6) 如果 $F^+\times F^-$杂交中的重组体实际上来自个别 Hfr 突变细菌和 F^-接合的结果，那么 $F^+\times F^-$的杂交结果会使 F^-细菌转变为 F^+这一事实只能解释为由于 Hfr×F^-杂交子代再和 F^+相接合而通过转移获得 F 因子。但是把 Hfr、F^+和 F^-细菌进行混合培养，可以从标记的重组中看到 Hfr×F^-的杂交子代是 F^-而 $F^+\times F^-$杂交子代是 F^+。可见 $F^+\times F^-$和 Hfr×F^-这两种杂交有本质上的区别。

(7) 绿脓杆菌也能进行杂交，但是不能得到它的 Htr 菌株。

(8) ColV-K94 可以整合到 F^-细菌的染色体上使它成为 Hfr，可是另一细菌素因子 ColI-P9 虽然能引起染色体转移却没有发现有过整合状态。

这些实验结果有两种解释，或是转移性质粒和所带动的质粒之间不需要结构上的联系，或者两者之间必须有结构上的联系，可是这种联系只发生在转移过程中，转移结束后它们相互之间就脱离了。

曾经发现 *recA*$F^+\times F^-$的重组频率比 *recA*$^+F^+\times F^-$的重组频率低约 10^4倍。已经知道重组发生在 F^-细胞中。这一事实说明 *recA* 所影响的是染色体转移过程中 F 因子和供体细菌的染色体暂时结合,这个结合也通过一个重组过程来完成，它为 *recA* 所控制。

从以上几节的讨论看来，细菌质粒的一些行为虽然也受染色体的影响，但是在很大程度上是由它本身所决定。那么怎样进一步分析细菌质粒的遗传结构呢?

曾经在大肠杆菌的F因子上发现了一些影响F因子的转移的突变型。此外还通过一定的方法获得了一系列F因子缺失突变型。通过对这些突变型的研究，已经能够初步作出F因子的染色体图。

F因子的遗传学分析

F 因子是决定大肠杆菌的性别的染色体外遗传因子。大肠杆菌的雄性细菌是染色体的供体，雌性细菌是染色体的受体。

大肠杆菌在接合过程中染色体的转移由 F 因子的带动。F 因子之所以能带动染色体转移，一是由于它自身能够转移，二是作为一种附加体，它能整合在染色体上。F 因子的转移受其本身的基因控制。

已经知道 F^+细菌和 Hfr 细菌的细胞表面都有性菌毛而 F^-细菌则没有，可见 F 质粒上必定有编码菌毛蛋白的基因。对于细菌的鞭毛来讲，已经知道除了编码鞭毛蛋白的基因以外，还有与鞭毛的组装与活动有关的基因。可以想像，与性菌毛有关的基因也不止编码性菌毛蛋白基因一种。这些基因都能通过遗传学分析进行鉴定。

下面将介绍在大肠杆菌中鉴定 F 质粒上的基因的方法和测定这些基因的功能的初步结果。此外还鉴定了 F 质粒上赖以与染色体通过重组而整合在上的一些序列。

F 因子的遗传学分析通过下列步骤进行：(1)使突变型λ—λ*cI857* 整合到乳糖发酵缺失型大肠杆菌的染色体上，得到 *lacΔU124*-λ*cI857* 菌株。λ*cI857* 的整合位置是在 *gal* 基因近旁。

(2) 在含乳糖和含半乳糖的 EMB 培养基上混合某一携带温度敏感F因子——F_{ts}114-*lac*$^+$菌株和 *lacΔU124*-λ*cI857* 菌株的细菌。*lacΔU124*-λ*cI857* 细菌的菌落在 EMB 乳糖培养基上呈白色，在 EMB 半乳糖培养基呈红色。混合物涂布在两种培养基上，选择在 EMB 乳糖培养基上呈红色、而在 EMB 半乳糖培养基上呈白色的菌落，它们是通过温度敏感的 F 因子的转移而出现的 *lacΔU124*-λ*cI857*/F_{ts}114-*lac*$^+$菌株。这些菌株中 F_{ts}114-*lac*$^+$整合在 *lacΔU124* 的 *gal* 基因中(图 4.20)。

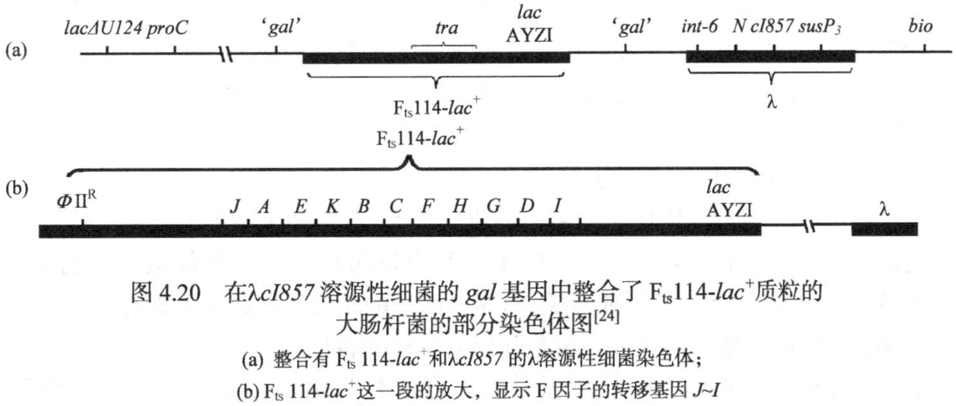

图 4.20　在λ*cI857* 溶源性细菌的 *gal* 基因中整合了 F_{ts}114-*lac*$^+$质粒的大肠杆菌的部分染色体图[24]

(a) 整合有 F_{ts} 114-*lac*$^+$和λ*cI857* 的λ溶源性细菌染色体；

(b) F_{ts} 114-*lac*$^+$这一段的放大，显示 F 因子的转移基因 *J~I*

(3) 把 *lacΔU124-λcI857*/ $F_{ts}114$-lac^+细菌转移到高温(40℃)中培养，取 40℃中出现的菌落。λ *cI 857* 是阻碍蛋白 CI 的温度敏感突变型。在 40℃中它被诱导脱离染色体而复制并导致宿主细菌的死亡。在 40℃中出现的菌落是λ *cI 857* 发生缺失的细菌的菌落。由于λ *cI 857* 的整合位置是在 *gal* 基因的近旁，所以缺失可能延伸到 *gal* 基因，也可能延伸到整合在 *gal* 基因中的 $F_{ts}114$-lac^+。

(4) 测定这些菌株的 $F_{ts}114$-lac^+的转移能力，就可以取得一系列转移能力下降的 F 因子转移基因缺失菌株 *traB*。这一菌株本来是一个带有噬菌体 T6 抗性基因 $T6^r$ 而不带有琥珀突变抑制基因的菌株，所以它的基因型是 $su1^+ T6^r traB\Delta lac$。

(5) 另外用诱变剂处理带有琥珀突变抑制基因的 $su1T6^S$/F-lac^+菌株的细菌，选择 F-lac^+转移能力下降的点突变(琥珀突变)型 *traA*。它们的基因型是 $su1T6^S$/F-lac^+*traA*。

(6) 通过下列过程使带有 *traA* 突变的 F-lac^+转移到 *traB* 菌株中：

$$su1\ T6^S/\text{F-}lac^+\ traA \times su1^+T6^r\ traB\Delta lac(\text{F}^-\text{表型模拟})$$

$$\downarrow \text{T6}$$

$$su1^+\ T6^r traB\Delta lac/\text{F-}lac^+traA$$

这里为了使 $su1^+\ T6^r traB\Delta lac$ 菌株的细菌能接受 F 因子，将它在 33℃中培养一段时间从而处于 F^-表型模拟状态。*traA* 是琥珀突变，由于 *su1* 抑制基因的存在，它恢复了转移能力。在两种细菌混合物中加入噬菌体 T6 以杀死 $T6^S$ 细菌，取得 *traA* 和 *traB* 处在同一细菌中的 $su1^+\ T6^r\ traB\Delta lac$/F-$lac^+$*traA* 细菌。

(7) 将另一 F^- *lac* $su1^+str^r$链霉素抗性的乳糖发酵缺陷型菌株作为 F 因子转移受体，测试上述细菌的 F-lac^+*traA* 的转移能力：

$$su1^+T6^r\ traB\Delta lac/\text{F-}lac^+traA\times \text{F-}\ lac\ su1^+str^r$$

$$\downarrow \text{链霉素}$$

$$\text{F}^-lac\ su1^+str^r/\text{F}^-lac^+traA$$

将上列两种细菌混合涂布在含链霉素的 EMB 乳糖培养基上，如果出现红色菌落便说明 *traA* 与 *traB* 能互补，从而得到由于 F-lac^+*traA* 的转移而出现的抗链霉素的乳糖发酵细菌。

通过上述互补测验并经测定基因位置的 F 因子转移基因见表 4.11 和图 4.21。

各个转移基因突变型除了都影响 F 因子的转移以外，还具有另一些表型效应(表 4.11)，这些表型效应包括性菌毛(sex pilus)有无，对于雄性专一噬菌体的反应,两个雄性细菌能否结集[失去结集能力的突变型称为表面排斥缺陷型 *sex* [*sex* 是表面排斥(surface exclusion)的缩写]，突变型作为供体时的转移能力，以及已经接受 F-lac^+的细菌的 F-lac^+是否为染色体上的 F 因子所容忍而共存——能共存的突变型称为不亲和性突变型 *inc* [*inc* 是不亲和性(incompatibility)的缩写]等。

表 4.11 结果说明 *J~H* 缺失细菌不形成性菌毛。已经知道性菌毛是由一种蛋白质——菌毛蛋白所构成，所以这一事实说明性菌毛的装配与一系列其他蛋白质有关。

F 质粒的存在和性菌毛的形成有关，可是 F 因子的转移还和其他因素有关，因为 *traS*、*D*、*I* 的缺失不影响性菌毛的形成，可是却影响质粒的转移。

traS 的缺失可使细菌失去表面排斥作用，可是不影响性菌毛的形成。可见表面排斥

并不是菌毛蛋白作用的结果。现在已经知道表面排斥是由两个基因(*traS* 和 *traT*)所编码的膜蛋白的作用的结果。

表 4.11　大肠杆菌的 F 因子的转移基因的表型效应[24]

项目	*J*	*A*	*L*	*E*	*K*	*B*	*C*	*F*	*H*	*G*	*S*	*D*	*I*
F 性菌毛	−	−	−	−	−	−	−	−	−	−/+	+	+	+
表面排斥	−	+	+	+	+	+	+	+	+	+	−	+	+
与 R100 互补	−	+	+	+	+	+	+	+	+	+	?	+	−
F 菌毛专一性所必需	+	+	−	−	−	−	−	−	−	−	?	−	−

根据其他一些实验结果，现在知道基因群 *tra J*、*A*、*L*、*E*、*K*、*B*、*V*、*W*、*C*、*U*、*H* 和 *G* 都与性菌毛的合成和装配有关。基因 *traG* 和 *N* 与细菌的结集有关；*traI* 和 *M* 与 DNA 转移的触发有关；*traD* 与 DNA 的转移有关。*traS* 和 *T* 与表面排斥有关；*traS* 和 *traT* 突变型是细菌接合的更好的受体。

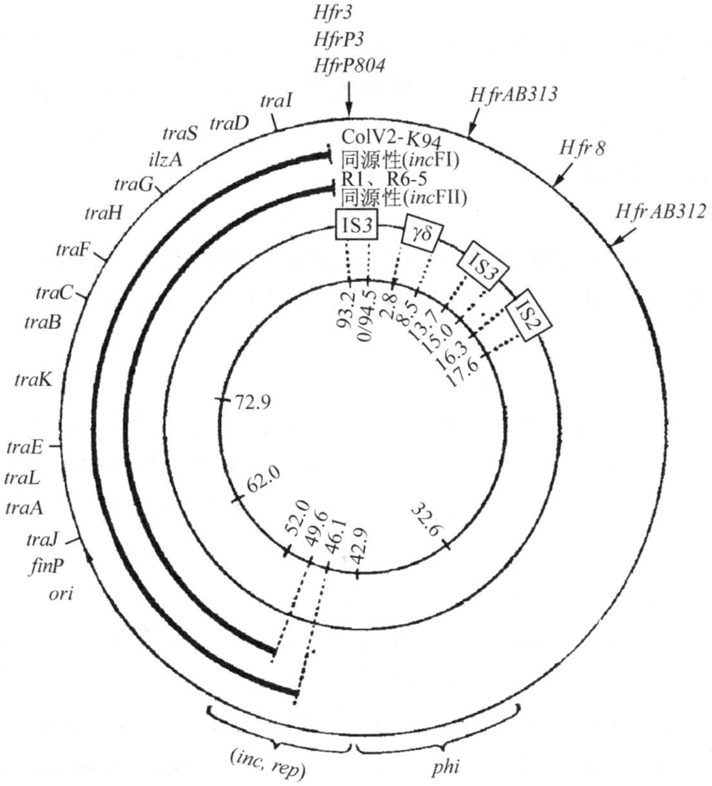

图 4.21　大肠杆菌 K12 的 F 因子的遗传学图[25]

最里面一圈是 F 因子的物理图，数字的单位为 kb。第二圈上标明几个插入序列的位置。第三圈的弧线是属于 FII 不亲和群的质粒和 F 因子的同源区域。第四圈的弧线表示属于 FI 不亲和群的质粒和 F 因子的同源区域。最外圈标明基因的位置。

Hfr3 等表示各个 Hfr 菌株中的 F 因子通过与图中箭头所指的插入序列间的重组而整合到染色体上

phi：噬菌体抑制；*inc*：不亲和性；*rep*：复制；*tra*：转移；*fin*：致育抑制；*ilz*：接合致死的免疫性；*ori*：复制起点

除了与转移直接有关的基因以外，F 因子上还有一些其他的功能区。*finP* 是调节基因，*traJ* 与其他基因的转录有关；*oriV* 是 F 因子复制的起点，*pif* 与噬菌体 *Φ*II 和 T7 复制的限制有关；*inc* 与质粒的不亲和性有关。此外，F 因子上还有插入序列 IS2、IS3 和γδ。F 因子的整合便是通过 F 因子上的这些序列和染色体上的相应序列之间的配对和重组而进行的。这些序列的数目是有限的，所以 Hfr 菌株的种类也有限。

F 因子的遗传学图见图 4.21。

六、转 座 因 子

在高等动物中存在着转座因子，例如果蝇的 *P* 因子。在高等植物中也存在着转座因子，例如，玉米的 *Ds-Ac*(解离-激活)因子。不过对此发现得最多，研究得最为深入的还是细菌，几乎在任何细菌中都发现了转座因子的存在。早在 20 世纪 40 年代已经由 B.McClintock 在玉米中发现了转座因子。不过当时每一个遗传因子在染色体上都占有一个固定位置这一观念已经深入人心，所以她的划时代的发现，直到 1967 年在细菌中发现了转座因子之后才被重视。

转座因子类别

转座因子根据它的生物学特性可分为三类：①除了与转座行为有关的基因以外不带有任何其他基因的最简单的转座因子，即插入序列(insertion sequence, IS)，②除了与转座有关的基因以外还带有其他基因的转座因子，即转座子(transposon, Tn)，③某些具有转座功能的温和噬菌体如大肠杆菌的 Mu 噬菌体。

转座子按转座行为可以分为下列几类(图 4.22)。

保守型转座子(conservative transposon)在转座过程中将转座子转移到别的位置以后，原来位置上的转座子便不再存在(图 4.22 IA)，所以它也称为非复制型转座子(nonreplicative transposon)。

复制型转座子(replicative transposon)转移到另一位置后原来位置上的转座子并不消失，所以实际上在这一过程中是由原来位置上的转座子又复制了一份到另一位置上。这一过程由两个过程组成，即共联体(cointegrate)的形成和共联体的解离(图 4.22 IB)。

切离型转座子(excisive transposon)在转座过程中首先使转座子从原来位置上切离(excise)，然后切离下来的转座子[共价闭合环状的中介物(covalently closed circular intermediate)]整合到所转移到的位置上(图 4.22II)。

反转录转座子(retrotransposon)在转座过程中首先通过反转录(reverse transcription)形成转座子的 RNA 拷贝，然后这一 mRNA 的中央部分，即内含子(intron)剪接(splice)到另一位置上。接受转座子的位置上或是一个双链 DNA(double strand DNA,dsDNA)，或是一个单链 RNA(single strand RNA, ssRNA)。最后通过互补 DNA(complementary DNA, cDNA)的合成、重组、解离等过程而完成转座过程(图 4.22III)

在这些过程中都有一些酶参与作用，多数酶为转座子基因所编码。

在切离型转座子中有一类称为接合型转座子(conjugative transposon, CTn)。它们从染色体或质粒上切离而成为一环状的中介物，然后通过细菌接合将它的一个单链转移到受体细胞中，经复制成为一个双链环状 DNA，最后以这一形式整合到受体细胞的染色体或质粒上。接合型转座子中有以 Tn 命名的，例如，Tn*916*；有以 CTn 命名的；也有给以独特名称的，例如虎列拉弧菌(*Vibrio cholerae*)的转座子“Constin”。

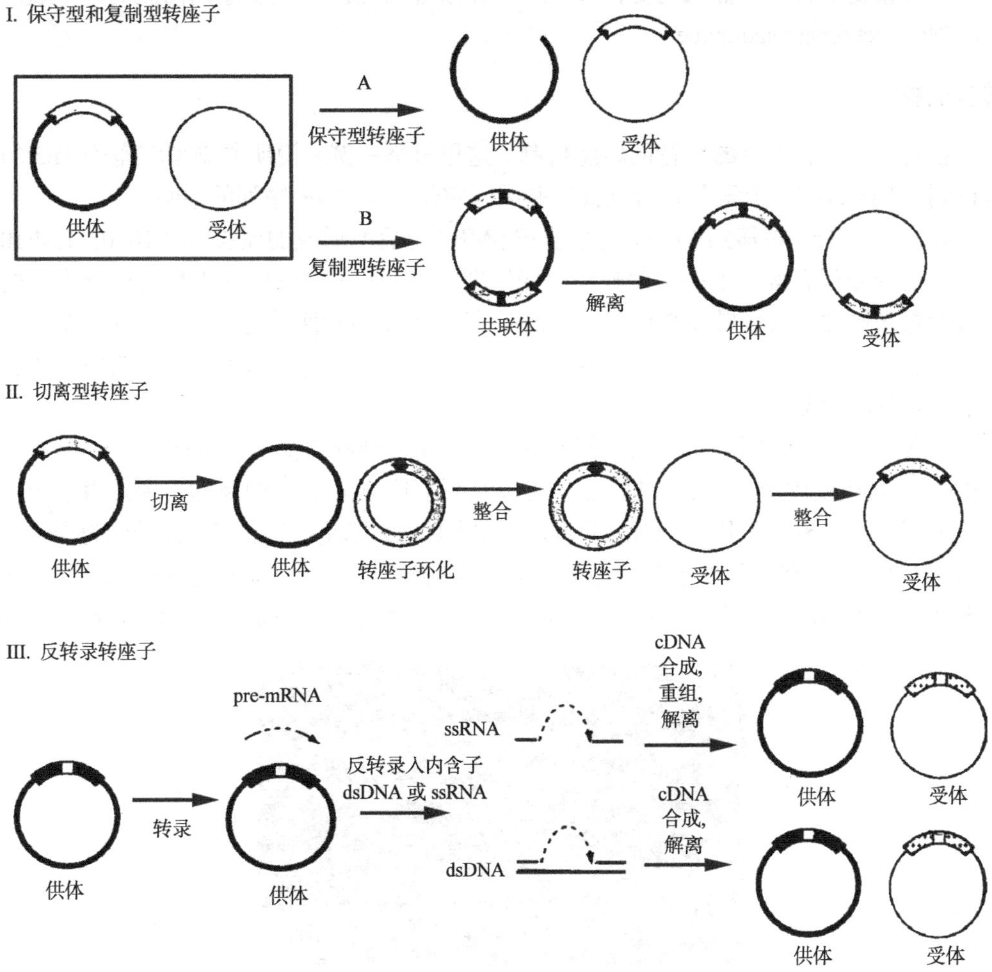

图 4.22　转座子的种类[26]

接合型转座子有下列特性：①转座过程中都出现中介物。Tn*916* 的中介物曾以共价闭合环状分子分离得到；②中介物切离后供体 DNA 随即闭合；③它的特殊结构和酶：例如它们具有接合转移起点(conjugal transfer origin,*ori*T)和整合酶(integrase)。

与接合型转座子密切相关的是一类称为可被带动转移的转座子(mobilizable transposon, MTn)的相当小的转座子。它们不能自行进行接合转座，但是在接合型转座子的带动下可以进行接合转座。

转座因子的一般结构

各种转座因子不但在转座行为上各不相同，在大小、复杂程度和转座位点的专一性上也有所不同。最小的转座子只有 15kb 而最大的则达到 500kb。虽然大小不一，但是它们有共同的结构特征，那便是两端的反向重复序列(inverted repeat sequence)。不同的转座子具有不同的重复序列。由于两端的反向重复序列的存在，一个带有某一转座子的质粒经热变性并复性后，在电子显微镜下可以看到一个茎-环(stem-loop)结构(图 4.23)。附带指出，在接受了转座子插入的受体 DNA 上出现邻接在反向重复序列两侧的两个顺向重复序列(direct repeat sequence)。

转座机制

各类转座子有各自的独特的转座机制。这里只举一例来说明复制型转座子 Tn*3* 的转座机制。Tn*3* 具有一个氨苄青霉素抗性基因，它位于两个 IR 序列的中间。

首先取得 Tn*3* 转移到 ColE1 衍生质粒 pMB8 上后所形成的质粒 RSF1050。RSF1050 经离体诱变处理后得到了一系列缺失突变型(图 4.24)。根据它们的表型可以分为三类：氨苄青霉素抗性消失而转座功能不变(ΔAp)；抗性不变而转座功能丧失；抗性不变而转座功能增强 10~50 倍。第一类是氨苄青霉素抗性基因部分缺失的结果，另外两类的功能通过下列互补测验鉴定。

把两个缺失突变型质粒引入到同一带有具有带动转移功能的 F-Km^R 的 *recA* 大肠杆菌中(由于重组基因突变 *recA* 的存在，可以判断下述 Ap^RKm^R 细菌的出现是由于转座而并非由于重组)。然后，用一个对氨苄青霉素和卡那霉素都呈敏感状态的菌株作为受体与这一 *recA* 菌株在含有两种抗生素并能排斥 *recA* 细菌生长的培养基上进行混合培养，选取抗卡那霉素的菌落，测定其中的 Ap^RKm^R 菌落数，这就是对于转座功能的测量。

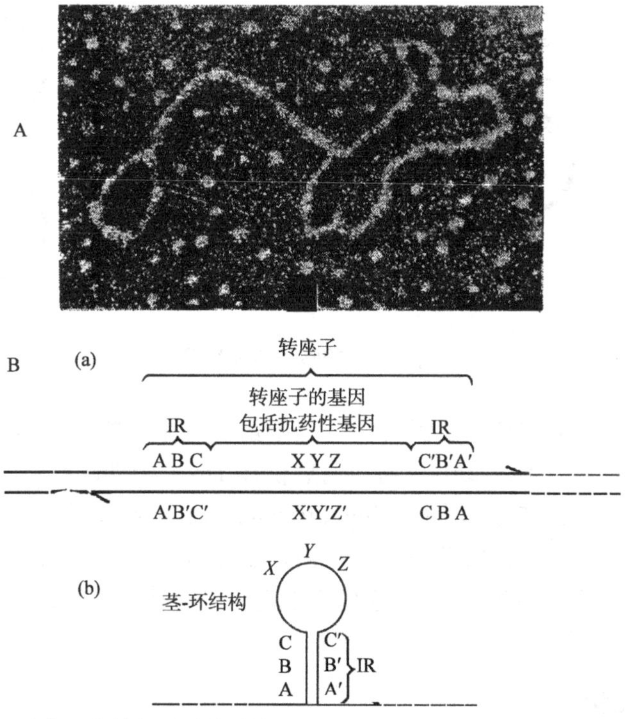

图 4.23 具有一个转座因子的质粒 DNA 经变性并复性后出现的茎-环结构[27]

A 电镜照相显示较大的环状质粒上连接着一个茎-环结构。B 茎-环结构的成因：(a)变性前的 DNA，实际上应呈闭合状态。(b)变性并复性后由一个单链所形成的茎-环结构测定的结果指出*ΔAp* 与*Δ91*、*Δ257*、*Δ276* 都不能互补(图 4.24)。它们的缺失都包括一端的反向重复序列(IR)，可见 IR 行使的是一种顺式作用(*cis*-acting function)。

测定结果还指出*ΔAp* 与*Δ529*、*Δ237*、*Δ248*、*Δ511*、*Δ90* 都能互补，可见这一区域中包含着行使反式作用(*trans* acting function)的基因，即具有酶功能的编码基因。

为了进一步研究这一区域中涉及的功能，于是进行了这一区域内部的突变型的互补测验。不过为了进行这一小区域中的互补测验，这里所用的不是缺失而是点突变。每一个点突变都由一个 8-核苷酸片段的插入所造成,这一片段中包含着一个 *Eco*RI 识别序列。实验结果指出除了发生在 IR 区域中的缺失*Δ91* 与点突变 *93* 不能互补以外，其余的点突变可以通过互补测验分为三个区域(图 4.25)，每一个区域内的突变型都不能互补，不同区域间的突变型都能互补。上面所说的使转座功能下降的突变型都属于转座酶(transposase,TnpA)基因。上面所讲的使转座功能提高(10~50 倍)的突变型属于调控区，而且因为这一基因发生突变后转座功能增强，因此说明这种调控作用必然是通过一种阻遏蛋白 TnpR 的阻遏作用而发生。

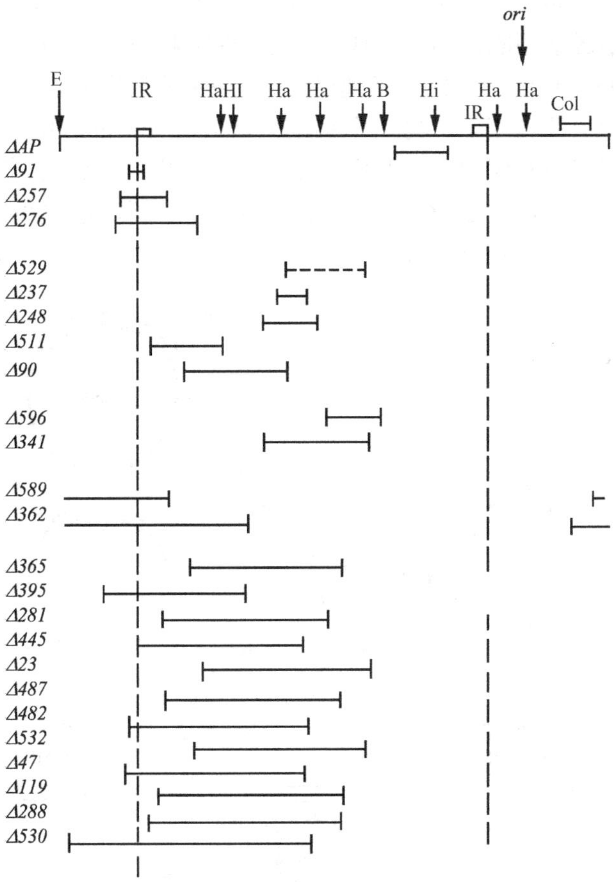

图 4.24 Tn*3* 的一些缺失突变和质粒 RSF1050 的一些限制酶切位点[28]

两端具有短直线的线段：缺失范围；Col：大肠杆菌素免疫性；IR：反向重复序列。E：*Eco*RI 切点；Ha：*Hae*II 切点；Hi：*Hinc*II 切点；B：*Bam*HI 切点；*ori*：复制起点

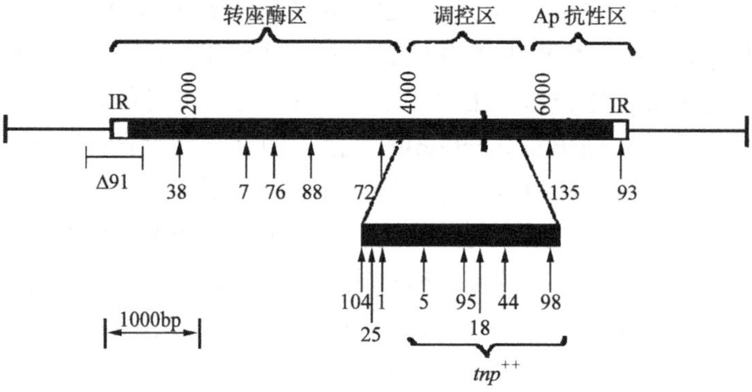

图 4.25　Tn*3* 的一些插入突变和它的三个基因[29]

粗线：Tn*3*；细线：RSF1050；白色方块：反向重复序列；箭头：8-核苷酸片段插入位置；

tnp++：转座频率比野生型高的突变型

在互补测验实验过程中还发现具有*Δ237* 这一缺失的转座子转座到新的位置上时新的位置上出现一个转座子，可是具有*Δ596* 这一缺失的转座子转座到新的位置上时却出现中间以一小区域相隔的两个转座子。这一现象被解释为 Tn*3* 转座过程中首先形成一个共联体(cointegrate)，它经过解离酶(resolvase)的作用分解为两个转座子，其中一个就是原来位置上的转座子，另一个将成为新的位置上的转座子。可见*Δ596* 的缺失位点应该是在解离酶基因中，由于基因突变导致解离酶的失活，从而使两个转座子不相解离而连在一起。可是*Δ596* 又是一个转座功能有所增强的突变型。这一事实暗示了 Tn*3* 的阻遏蛋白兼具解离酶功能。

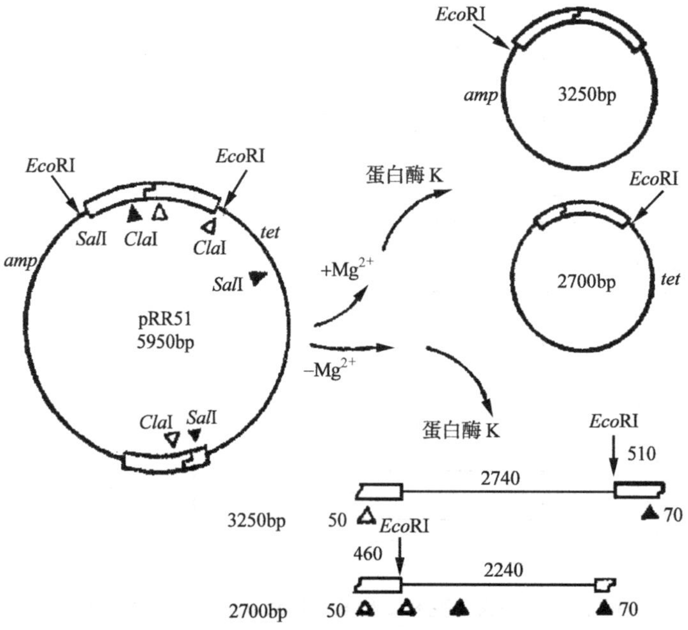

图 4.26　pRR51 的解离过程和与 Mg^{2+}的关系[30]

Tn*3* 转座模型

质粒pBR322上有两个抗药性基因：氨苄青霉素抗性基因*amp*ʳ和四环素抗性基因*tet*ʳ，在*amp*ʳ附近有一个复制起点(*ori*)。取得能接受*Δ596*转座子的质粒DNA上的两个Tn*3*之间称为解离位点(resolution site, res)的DNA片段，把它接在pBR322的两个相对位置上，其中一个位置在*amp*ʳ和*tet*ʳ之间，另一位置在*amp*ʳ-*ori*和*tet*ʳ之间(图4.26)。含有这一称为pRR51的复合质粒(而细胞内没有另外的Tn*3*)的大肠杆菌对氨苄青霉素和四环素兼具抗性，可是在细胞内同时含有Tn*3*和这一pRR51质粒的细菌则不然，它经过一段时间的培养后变为只对氨苄青霉素具有抗性。

这一现象可以这样解释：含Tn*3*的细菌细胞存在着基因*tnpR*所编码的阻遏蛋白，这一阻遏蛋白同时具有解离酶功能，它作用于pRR51的两个解离位点，通过解离酶作用之后出现的带有*amp*ʳ的片段上有复制起点，因而能复制，但是带有*tet*ʳ的片段上没有复制起点，因而消失。这样，经过一段时间的培养后细菌便由兼抗两种抗生素变为只抗氨苄青霉素了。

Tn*3* 基因编码的解离酶已经高度(>95%)提纯。用它处理从pRR51所取得的DNA片段而得到的大小完全与预期结果相符(参看图4.26)。而且实验结果还说明解离酶识别位点是一个回文对称序列

5′-TTATAA-3′
3′-AATATT-5′

当反应系统中不含Mg^{2+}时，解离酶分子附着在酶解后出现的黏端(*)上，因而酶解得到的是两个线状分子

5′-TTAT　　　　*AA-3′
3′-AA*　　和　　TATT-5′

当反应系统中含有Mg^{2+}时，解离酶分子便脱离黏端从而出现两个环状分子。

在以上这些实验结果的基础上，在1979年出现了一个关于Tn*3*的转座模型(图4.27)。以后出现的许多有关其他转座子的转座机制模型就不再一一列举。

图中I表示接受转座因子的DNA与转座因子相靠拢，内切核酸酶(转座酶?)一方面在转座因子的两

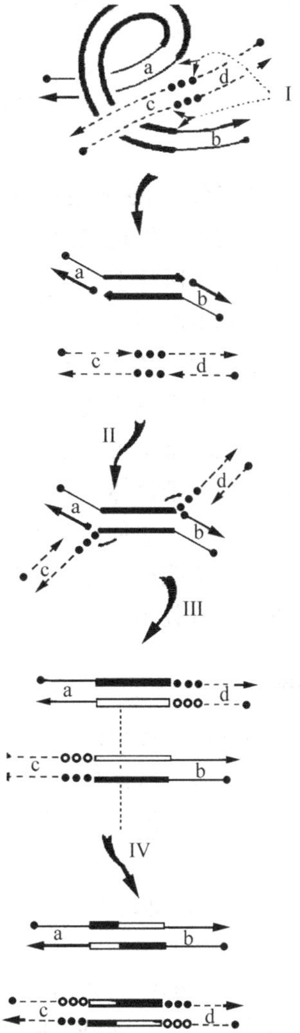

图4.27　转座子Tn*3*的转座模型[31]

实线：转座因子DNA，其中的粗线段表示转座因子，细线段表示所处位置的DNA，箭头表示酶切位置。虚线：受体DNA，其中的黑点表示转座因子插入位置的一端的序列。中空小圈和中空小长方块：修补合成部分。DNA链的(●)：5′-P；DNA链的(→)：3′-OH

端分别切割不同的单链；另一方面同样地在受体 DNA 上作类似的切割；II 表示两个单链交叉连接，形成 Z 形结构。III 表示两个单链各自进行修补合成；IV 表示在解离酶作用下在两个转座因子中间位置发生重组，其结果是原来转座因子所处位置上保留一个转座因子，在受体上出现一个转座因子，同时可以看到在受体 DNA 上转座因子插入位置的一端的少数核苷酸对以顺向重复形式出现在它的另一端。注意：如果转座因子与受体 DNA 不属于同一 DNA 分子，那么 II 这一 Z 形结构将把两个 DNA 分子连接在一起。经解离酶作用后，在接受转座因子的 DNA 分子上就可以看到转座因子两端的顺向重复序列。

第三节　遗传工程概要

遗传工程(genetic engineering)也称基因工程，是在微生物遗传学，特别是质粒和限制性内切核酸酶的发现和研究的基础上发展起来的生物工程技术。它有广泛的实用价值和应用前景，在医疗上可以应用于基因治疗等，在农业上应用于动植物育种等，在工业上应用于发酵生产等。

遗传工程的核心是基因克隆(gene cloning)工作。在经典遗传学中，一个克隆(clone)是指来自于单个细胞或单个个体的一群基因型相同的细胞或个体。加以引申，在遗传工程中一个克隆指来自单个基因的许多相同的基因。

可是脱离染色体的基因，不论在原来的细胞中或是在别的细胞甚至别种生物中都不能复制，因而无法形成克隆。所以在基因克隆工作中一般必须把所要的基因从染色体上取下后与一个能在染色体外独立复制的载体(vehicle)相连接，引入某一细胞。于是所要的基因便能随着载体 DNA 的复制而复制，这样才能获得这一基因的克隆。

限制酶

一般地讲，要获得某一基因的克隆，首先须从染色体 DNA 上把这一基因切割下来，然后把它与某一载体相连接。虽然有多种方法可以用来从染色体 DNA 中取得 DNA 片段，但是最经典的方法是通过限制酶的处理。

限制酶(restriction enzyme)的全称是限制性内切核酸酶(restriction endonuclease)。它识别 DNA 分子内部的回文对称序列(palindrome sequence)。多数限制酶所识别的回文对称序列大多由 4~6 对核苷酸组成。识别 4 对核苷酸的酶在 DNA 分子中的识别位点较多(识别 4 对核苷酸的位点大约每 $4^4 = 256$ 对核苷酸中有一个)，识别 6 对核苷酸的位点就少得多了，(大约每 $4^6 = 4096$ 核苷酸对中有一个)。限制酶的种类非常多，到 1988 年为止已经有 2500 种，它们各自识别一种回文对称序列。因此只要选用合适的限制酶，人们就不难通过某种限制酶的处理而从 DNA 分子上切割下包含某一特定基因的 DNA 片段，也就是说获得所需要的基因，并与经同一种限制酶处理的载体 DNA 相连接。

经限制酶作用而得到的 DNA 片段的末端有两类，一类是平端(blunt end)，另一类是黏性末端或黏端(cohesive end)，而后一类限制酶特别有利于用来连接经同一种酶处理后的两个 DNA 分子，因为它们经处理后出现的相同的黏端有利于进行片段间的专一性的连接。

例如，一种由大肠杆菌产生的限制酶 *Eco*RI 识别回文对称序列 $\begin{array}{l}\cdots G\downarrow AATTC\cdots \\ \cdots CTTAA\uparrow G\cdots\end{array}$ ，这里的箭头表示酶切位置。

酶切结果出现黏端 $\begin{array}{l}\cdots G \\ \cdots CTTAA\end{array}$ 和 $\begin{array}{l}AATTC\cdots \\ \quad\ \ G\cdots\end{array}$；另一种限制酶 *Hae*III 识别的回文序列是 $\begin{array}{l}\cdots GG\downarrow CC\cdots \\ \cdots CC\uparrow GG\cdots\end{array}$，酶切结果出现黏端 $\begin{array}{l}\cdots G \\ \cdots CCG\end{array}$ 和 $\begin{array}{l}GCC\cdots \\ \quad G\cdots\end{array}$。只有经同一种限制酶处理的两个 DNA 分子能由于两个互补的黏端的配合而进行专一性的连接，经 DNA 连接酶的处理便可以将经同一种限制酶处理的基因和载体相连接。

载体(vehicle)

一个 DNA 分子要在一个细胞中长久保存下去必须进行复制，而要进行复制必须具备一个复制起点(origin，*ori*)。不论是细菌的染色体或是质粒或是感染细菌的噬菌体，都具备一个复制起点。通过限制酶的作用不难从大肠杆菌的染色体 DNA 上获得一个基因，可是把这一基因输入一个细胞以后它就不能复制，所以就像上面有关流产转导一节所说，它不能随着细胞分裂而分裂，而趋于消失，而且在这以前它就可能已为细胞中的核酸酶所分解。

解决这一难题的办法便是通过限制酶和 DNA 连接酶的处理把所获得的基因与一个具有复制起点的载体(最常用的是一个质粒)相连接，然后引入受体细胞。

质粒的类别和性质已在上文中有较为详细的说明，对于作为遗传工程中所用的载体的质粒有一定的要求。①关于复制起点。一个质粒必须有一个复制起点，但有时为了要使一个载体能在两种细菌中存在，就必须具备能在两种细菌中带动复制的两个复制起点。有关问题在上文中已有涉及。②关于质粒的大小和每一细胞中的拷贝数。一般质粒愈小则每一细胞中的拷贝数就愈高(参看表 4.6)。在遗传工程中应用的质粒一般要求较小而拷贝数较多。较小的质粒上同一种限制酶识别位点不至于太多，如果太多就不利于操作。再者一般较小的质粒拷贝数较高，有利于质粒 DNA 的提取。③标记。为了容易识别接受了一个质粒的细胞，质粒上要求有一个使宿主细胞便于被识别的标记。最常用的标记是抗药性基因。④关于酶切位点，要求作为载体的质粒上有多种酶切位点，可是每一种酶的酶切位点则不宜太多，一般以一个或两个为好。一个酶切位点的载体可以用来使所需要的基因插入到 DNA 中，两个酶切位点的载体可以用来使所需基因取代载体上的一个(在两个酶切位点间的)DNA 片段。⑤关于所需基因的表达方面，要求载体上有较强的启动子。

天然的质粒未必能满足以上种种要求，所以遗传工程中的一项工作常是对于质粒的改造。质粒的改造包括下列几种。关于要求的第一项，可以把某一种质粒的包括复制起点在内的一个 DNA 片段连接到另一质粒上从而获得能在两类细菌中复制的所谓穿梭质粒(shuttle plasmid)；针对上面所讲的要求的第二项，可以切除质粒上认为不必要的部分或者可以获得增加拷贝数的突变型；关于第三项质粒的标记，可以使质粒上带有两个抗药性标记，例如，氨苄青霉素抗性(*amp*)和四环素抗性(*tet*)。如果一个基因(例如 *amp*)中有某一限制酶(如，*Eco*RI)识别位点，那么就可以经 *Eco*RI 处理后使所要的基因插入在 *amp* 基因中。插入了外来 DNA 的 *amp* 基因便失去活性，因此使原来兼对两种抗生素都具抗性的细菌变为只对四环素具有抗性。在含四环素的培养基上选取抗性菌落，再选取对氨苄青霉素敏感的细菌，就可以初步判断这些细菌中是否含有带着所要基因的质粒。关于酶切位点的改造中常用的一种增加酶切位点的方法，是将一个包含若干紧密连接在一起的多种限制酶识别位点的 DNA 片段连接在质粒上。这种 DNA 片段称为多聚接头分子或多克隆位点接头分子(polylinker)。最后，关于所要的基因的表达问题，如果质粒上不具备较强的启动子，可以将别的基因的强启动子引入到质粒上，例如，大肠杆菌的λ噬菌体 p_r 和 p_l 都是强启动子，常被用在所谓表达型载体(expression vector)的构建中。

除了质粒以外，λ噬菌体，特别是经改造以后的λ常被用作载体。在 20 世纪 70 年代曾出现了一系列称为 Charon 的经改造的λ可供不同的用途。由于λ的染色体的中央大约有 1/3 的 DNA 对于噬菌体的形成来说是不必要的，也就是说这部分 DNA 可以为外来的 DNA 所代替[可替代区(replaceable region)]。再者，比正常的λ的 DNA 缺少 25%或增加 35%后都可以形成噬菌体，因此用以取代它的不必要部分的外来 DNA 的大小容许有较大的变动。完整的噬菌体的形成还可以在大肠杆菌细胞外完成，即进行所谓离体包装(*in vitro* package)。图 4.28 表示 16 种 Charon 噬菌体中的两种，其中的 *lac5* 是来自大肠杆菌的β-半乳糖苷酶基因，β-半乳糖苷酶有一定的呈色反应，如果在这里插入或被外来 DNA 所替换，那么这一呈色反应便不会出现，所以这是除抗药性基因以外的又一种可用来识别的标记。

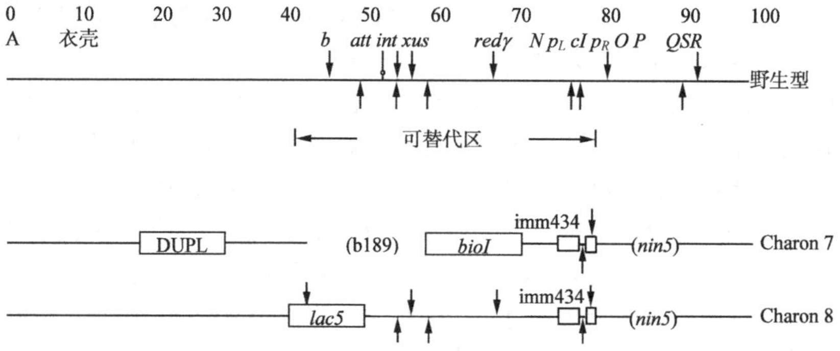

图 4.28 野生型λ和 Charon7 和 8[32]

野生型λ长度是 49 400±600bp，Charon7 的长度是λ的 86.2%，Charon8 是 92.8%。Charon7 能克隆的外源 DNA 的长度是 0~9.9kb，Charon8 能克隆的外源 DNA 的长度是 10.6~24.6kb，是所有 Charon-λ之最，所以后者更适用于克隆大片段的外源 DNA

DUPL: λ-DNA 重复；*bioI*、*lac5*：来自 *E. coli* 的基因；imm434：来自噬菌体 434 的免疫区 DNA；*nin5*：缺失；↓：*Eco*RI 切点；↑：*Hind* III 切点

克隆的建立

下面这图(图 4.29)表示在任何一个基因克隆工作中的每一步都可以采用不止一种方法，而且它们可被交叉运用。这里所引用的是 1980 年出版的一本关于遗传工程技术

的书。在以后的时间中遗传工程的技术不断地创新、发展。别的不说，只说 1984 年出现的聚合酶链反应(polymerase chain reaction, PCR)，利用这技术可以从单个细胞中获得所要的基因而且可以不经限制酶的处理而直接通过 PCR 反应取得所要的基因。

连接着基因的载体上必须引入到一个细胞中才能随着细胞的分裂而复制，才能建立这一基因的克隆。

带有外来基因的载体通过转化输入到受体细胞的方法与一般的质粒 DNA 的转化没有不同。两者的转化频率都很低，因此需要一些简便有效的方法来识别已输入和未输入载体以及输入了带有外来基因与不带有外来基因的载体的受体细胞。

许多质粒本身具有一个或两个抗药性基因，它们能为受体细胞带来对某些药物的抗药性。不过一个带有外来基因和一个不带有外来基因的抗药性质粒同样地使原来对某种药物呈敏感的状态变为呈抗药的状态。区别两者的一个直观的方法便是通过电脉比较两者的大小。不过载体上带有的 DNA 未必就是所需要的基因。为了确证它是所需要的基因，一般采用下面这几种方法。

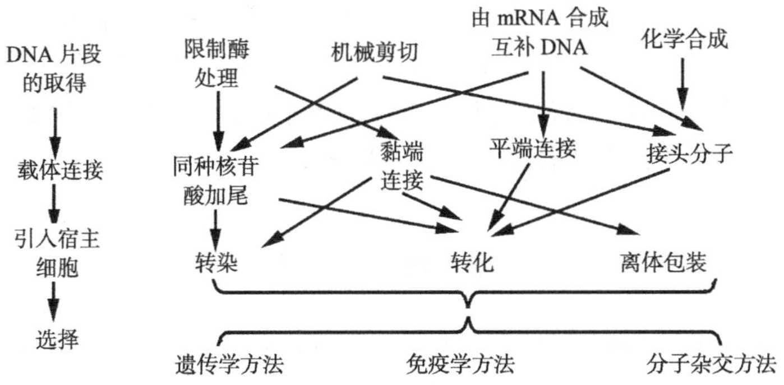

图 4.29 遗传工程的技术路线图解[33]

一种方法是基于基因的核苷酸序列的特性，即将包含所需基因的 DNA 片段经同位素标记后作为探针(probe)，用它来与培养皿上的转化子菌落进行原位杂交(*in situ* hybridization)。阳性菌落中的细胞便是含有所需基因的克隆的细胞。另一种方法基于所需基因的编码产物的特性，即将所需基因编码的蛋白质注射动物，得到它的免疫蛋白，通过一定的免疫化学方法同样可以检出携带所需基因的克隆的转化子。此外，通过测定所克隆的基因的表达产物也可以检出需要的细胞。

遗传工程中的受体细胞不限于细菌。高等动植物的细胞也能被转化(植物细胞须去除细胞壁)，而且还可以用显微操作方法把 DNA 直接注入动物的卵细胞中。

由于动植物的微生物化技术的发展，已经能比较容易地使植物细胞在固体培养基表面形成集落而便于检出，而且还可以利用具有抗药性基因的载体，使接受了带有外来基因的载体的植物细胞能在含有药物的培养基上形成集落而使未接受这一载体的细胞被排除，然后再使这些集落在一定成分的培养基上长成幼苗。

习　题

1. 写出酿酒酵母的一个分离性小菌落突变型和一个中性小菌落突变型的杂交子代的基因型和表型，并说明它们的比数。

2. 野生型的莱因衣藻对于链霉素是敏感的。经某一诱变剂处理后得到一个链霉素抗性突变型。①怎样测定这是核基因还是细胞质基因突变的结果？②假定突变发生在 mt^+ 或 mt^- 细胞中，那么它和野生型杂交的结果分别应是怎样的？

3. 两个基因型都是 Kk 的草履虫接合后成为下列两个接合后体的概率各是什么？

① *KK* 和 *KK*；② *KK* 和 *Kk*；③ *KK* 和 *kk*；④ *Kk* 和 *Kk*；⑤ *Kk* 和 *kk*；⑥ *kk* 和 *kk*。

4. 草履虫 *Kk*(κ)×*kk* 接合后诱导自合。问 ①在一般短时间接合的情况下；②长时间接合的情况下，自合后草履虫中有多少个体分裂多次后仍是放毒者。

5. 细胞质基因和核基因有什么区别？

6. 为什么认为莱因衣藻细胞是一个叶绿体 DNA 的二倍体细胞？

7. 为什么说质粒分属于若干不亲和群，而不说分属于若干亲和群？为什么不同的 fi^+ 质粒属于同一不亲和群，而不同的 fi^- 质粒却并不属于同一不亲和群？

8. 根据一个基因一种酶的假设，设想两个 F 因子的 *tra* 突变型怎样发生互补作用的？

9. 从结构、行为等方面比较质粒和转座因子。

参 考 文 献

[1] Mitchell M B, Mitchell H K. A case of “maternal” inheritance in *Neurospora crassa.* Proc Natl Acad Sci. U S A, 1952, (38): 442

[2] Sager R, Mendelian and non-mendelian inheritance of streptomycin resistance in *Chlamydomonas reinhardi.* Proc. Natl. Acad. Sci. U.S.A., 1954, (40): 356

[3] Ephrussi B. Nucleo-cytoplasmic Relations in Micro-organisms. Oxford University Press, 1953

[4] Wickner R B. Killer of *Saccharomyces cerevisiae*:a double stranded ribonucleic acid plasmid. Bacteriol Rev, 1976, (40): 757

[5] Gregory K F, Shyu Wsi-Jen. Apparent cytoplasmic inheritance of tyrosinase competence in *Streptomyces scabies.*Nature, 1961, (191): 465

[6] McDonald K D. Degeneration of penicillin titre in culture of *Penicillium chrysogenum.* Nature, 1968, (218): 371

[7] Beale G H. The Genetics of *Paramecium aurelia.* London: Cambrige University Press. 1954

[8] Akagawa H, Okanishi M, Umezawa H. A plasmid involved in chloramphenical production in *Streptomyces venezuelae*:evidence from genetic mapping. J Gen Microbiol, 1957, (90): 336

[9] Sager R. Streptomycin as a mutatagen for non-chromosomal genes. Proc. Natl. Acad. Sci. U.S.A., 1962, (48): 2018

[10] 江行娟等. 脂肪嗜热芽孢杆菌抗药性质粒的转化. 遗传学报, 1985, 12(6)：424~429

[11] Marmur J, Doly P. *In*: Thomas Jr C A. 1963, The organization of DNA in bacteriophage and bacteria. In: Molecular genetics, Part I. Taylor, J. H. ed. 1961, 113

[12] Sonneborn T M. Gene action in development. Proc. Roy. Soc. London B., 1970. (176): 347

[13] Sager R. Genetic studies of chroroplast DNA in *Chlamydomonas*.in control of organelle development, Symp Soc Exp Biol, Miller P L ed. Cambrige university press, 1970, (24): 401

[14] Sager R, Ramanis Z. A genetic map of non-mendelian genes in *Chlamydomonas*. Proc Natl Acad Sci U.S.A., 1970, (65): 593

[15] Sager R. Cytoplasmic genes and Organelles. Academic Press. 1972

[16] Singer B, Sager R, Ramanis Z. Chroloplast genetics of *chlamydomonas*. III. Closing the circle. Genetics, 1976, (83): 341

[17] Slonimski P P, Tzspoloff A. Localization in yeast mitochondrial DNA of mutations suppressed in a deficiency of cytochrome oxidase and for co-enzyme QH_2-cytochrome reductase. Eur J Biochem, 1976, (61): 27~41

[18] Sriprakash K S, Molloy P L, Nagley P *et al.* Biogenesis of mitochondria.XLI.Physical mapping of mitochondrial genetic markers in yeast. J. Mol. Biol., 1976, (104): 485~503

[19] Helinski D R *et al.* Plasmid deoxyribonucleic acid replication. Microbiology-1974 Schlessinger, D. ed., 1975, 104

[20] Meynell G G. Bacterial Plasmids, London: MacMillan Press. 1972

[21] Cabello F, Timmis K, Cohen S N. Replication control in a composite plasmid constructed by *in vitro* linkage of two distinct replicons. Nature, 1976, (259): 285

[22] Datta N. Epidemiology and classification of plasmids. In: Schlessinger, D. Microbiology-1974, 1975, 9

[23] Kool A J, Nijkamp H J J. Isolation and characterization of a copy mutant of the bactriocinogenic plasmid clo DF13. J. Bacteriol., 1974, (120): 569

[24] Ippen-Ihler H M, Achtman M, Willetts N S. Deletion map of the *E.coli* K-12 F. factor:The order of eleven transfer cistrons. J. Bacteiol., 1972, (110): 857

[25] Achtman M, Helmuth R. The F factor carries an operon of more than 15×10^6 daltons coding for deoxyribonucleic acid transfer and surface exclusion. *In*: Schlessinger, D. Microbiology-1974, 1975, 95

[26] Streips U N, Yasbin R E. Modern Microbial Genetics. New York: John Wiley and Sons. Inc. 2002

[27] Suzuki D T *et al.* An Introduction to Genetic Analysis. New York: W. H. Freeman and Company. 1981

[28] Heffron F *et al.* Deletions affecting the transposition of an antibiotic resistance gene. Proc. NaH. Acad. Sci. U.S.A 1977, 74: 702~706

[29] Gill R E *et al.* Identification of the protein encoded by the transposable element Tn3 which is reguired for its transposition. Nature, 1979, (282): 797~801

[30] Reed R R, Grindly V D F. Transposon mediated site-specific recombination *in vitro*: DNA and protein-DNA linkage at the recrmbination site. Cell,1981, (25): 721~728

[31] Shapiro J A. Molecular model for the transposition and replication of bacteriophage Mu and other transposable elements. Proc. Natl Acad Sci USA. 1979, (76): 1933~1937

[32] Blattner R F *et al.* Charon phage:Safer derivatives of bacteriophage hambda for DNA cloning. Science, 1977, (196): 161~169

[33] Old R W, Primrose. Principles of Gene Manipulation, an Iudroduction to Genetic Eugineering. University of California Press, Berkeley and Iros Angeles. 1980

第五章　结构基因

基因是通过它的突变而认识其存在的。某一性状发生了变化，而且通过杂交而发现在子代中正常性状和发生了变化的性状按一定的规律出现，从这些事实中可以推断有控制某一性状的基因的存在。同样地，基因的作用一般也是通过突变型来研究。例如，由于突变型中某一生理环节的缺陷，使我们知道正常基因所起的作用。不过在高等动物和植物中突变一般常通过基因对于某一器官的形态特征的影响而被发现，而这些形态特征往往通过一系列复杂的分化发育过程而被显示出来，因此很难从这些突变型的研究中去认识基因的初始作用机制。正是由于这一缘故，在20世纪40年代初开始采用微生物作为材料来研究基因的初始作用机制。在绪论一章中我们已经说明了这一转变在遗传学研究中的重要意义。

在20世纪40年代以前已经有许多遗传学家通过对高等动物和植物的研究而认为基因的作用在于控制细胞中的酶促反应，不过直到20世纪40年代初在粗糙脉孢菌中进行了营养缺陷型的研究，才明确地指出了基因的初始作用在于决定酶蛋白的一级结构，这便是一个基因一种酶假设，具有编码蛋白质功能的基因都称为结构基因(structural gene)。

在这一章中将首先讨论营养缺陷型和遗传性障碍(genetic block)，以及一个基因一种酶假设的论证，然后讨论究竟什么是一个基因。再通过基因精细结构的分析和蛋白质分析的结果，来看基因和蛋白质的结构关系以充分验证这一假设。在这基础上，将进一步讨论基因之间的相互作用以及微生物育种中的相关问题。

第一节　一个基因一种酶假设

一、营养缺陷型

营养缺陷型和遗传性障碍

营养缺陷型的筛选方法已经在基因突变这一章中说明。这里将再把在粗糙脉孢菌中最初取得营养缺陷型的方法，以及对它们的营养要求的测定和对它们是否由于基因突变进行判断这一过程作进一步的说明(图5.1)。

首先把野生型菌株的分生孢子用X射线或紫外线处理，将处理过的孢子放到相对接合型的原子囊果上进行杂交。从每一个成熟的子囊果中取一个子囊孢子放在完全培养基上使其发芽生长，再把每一菌株接种到基本培养基上，选取在基本培养基上不能生长的菌株，再把这菌株接种到各种培养基上进行测定，这些培养基是完全培养基(complete medium)、基本培养基(minimal medium)、加入各种氨基酸的基本培养基以及加入各种维生素的补充培养基(supplemented medium)。如果某一突变型菌株只在完全培养基和含维生素的培养基上生长，就可以知道这是一个维生素缺陷型菌株，进一步就可以测定它所需要的究竟是哪一种维生素。

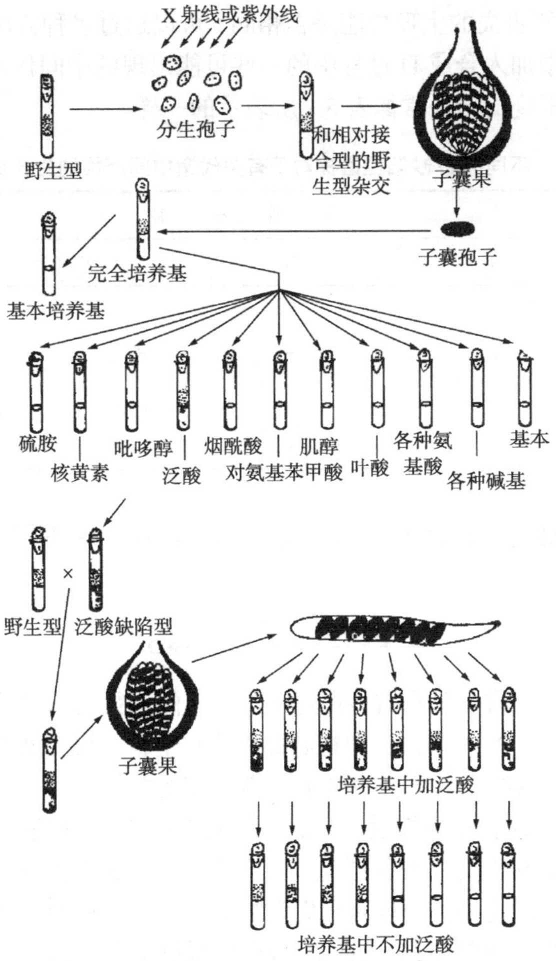

图 5.1　粗糙脉胞菌中取得和测定营养缺陷的最初的方法

为了判断这一缺陷型性状是否是基因突变的结果，把缺陷型菌株和野生型菌株进行杂交，从杂交子囊中依次把子囊孢子取出放在完全培养基上，然后再分别接种到基本培养基上进行测定，如果出现像图 5.1 所表示的现象：4 个菌株能够生长而 4 个则不能。这样就证实了对于某一维生素的需要是核基因发生突变的结果。

只要分离并测定足够多的营养缺陷型菌株，就可以得到许多营养要求相同的突变型。通过杂交进行基因定位，往往可以发现许多需要同一氨基酸的突变型并不是等位的。从某一基因发生突变以后引起某一生理功能的丧失这一事实，可以推论出相应的野生型基因所丧失的某一生理功能。那么几个非等位基因发生突变成为需要同一氨基酸的各个突变型是否具有相同的功能呢?

在回答这一问题以前，需要分析一下什么是一种生理功能。就以需要某一氨基酸 D 的营养缺陷型来讲，可以设想 D 在细胞中必然通过 A→B→C→D 这样一系列反应产生。其中任何一个反应受阻的缺陷型都是 D 缺陷型，所以需要氨基酸 D 的缺陷型可以是一系列使合成 D 的个别反应不能进行的突变型。由此可见需要同一种氨基酸的非等位的缺陷型是功能上不相同的一系列基因突变的结果。

一系列D缺陷型所丧失的生理功能是否相同，可以通过多种方法来测定。最简便的方法是在基本培养基中加入合成D过程中的一些可能出现的中间代谢产物，观察各个突变型的生长反应。所得到的结果常像表5.1所表示的一样。

表5.1　不同的D缺陷型菌株对于有关代谢中间产物的生长反应

突变型	营养补充			
	A	B	C	D
甲	+	+	+	+
乙	–	+	+	+
丙	–	–	+	+
丁	–	–	–	+

如果合成D的代谢途径是已知的，我们就可以推断这一些基因突变所造成的遗传性障碍的位置是

$$X \xrightarrow{\text{甲}} A \xrightarrow{\text{乙}} B \xrightarrow{\text{丙}} C \xrightarrow{\text{丁}} D$$

由于对于突变型甲来讲，只有X→A这一反应不能进行而其他反应都能进行，所以在基本培养基中补充A、B、C、D各种物质都能使它生长。突变型乙所造成的遗传性障碍在反应A→B中，所以给予A时不能生长，其余依此类推。

如果合成D的代谢途径是不知道的，那么从表5.1的结果就能使我们知道各个基因的功能，又能使我们知道合成D的代谢途径。应用这一方法不但阐明了许多氨基酸、核苷酸、维生素的合成代谢途径，而且对于更为复杂的生理过程的探索也有帮助。

除了营养素需求的不同以外，上述各个不同的D缺陷型还可以在互养关系上相区别。微生物通过培养基相互提供养料而生长的现象称为互养(syntrophism)。

考虑突变型丁是由于C→D这一反应不能进行，它的后果是一方面它表现为需要D，另一方面C这一代谢中间产物常在细胞中积累并常分泌到培养基中。培养基中的这一产物可以被突变型丙、乙或甲利用而生长。同样地，在突变型丙的培养基中往往存在着能使突变型乙或甲生长的物质，可是这物质不能使丁生长。

细菌或酵母菌的互养测验可以在培养皿上进行。把完全培养基上生长的突变型细菌洗净，把它们划线接种到含有足以使突变型能进行少量生长的含氨基酸D的基本培养基上。用以上这几个突变型为例，经过培养以后会出现像图5.2这样的结果。

在互养测验中，许多实验条件都必须严加控制。在基本培养基中加入的养料过多或培养时间过长，都可能促使本来不应生长的突变型菌株得以生长。例如，在图5.2(a)中丁本来是不应该生长的，可是如果加入养料过多或培养时间过长，则突变型丙可能反过来给丁提供了代谢最终产物D，从而促使丁得以生长。

除了通过以上两种方法以外，对于遗传性代谢障碍的鉴定还可以通过其他方法。例如，把突变型所积累的物质进行化学分析，鉴定它是什么物质，就可以更为确切地了解遗传性代谢障碍的性质和位置。

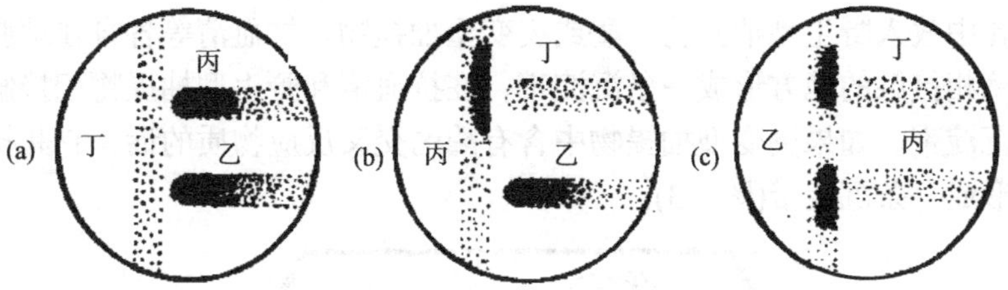

图 5.2　表 5.1 中的几个 D 缺陷型的互养测验

(a) 突变型丁的积累物促进丙、乙生长；(b) 突变型丙的积累物促进乙生长；(c) 突变型丙、丁的积累物促进乙生长

通过对于营养缺陷型的研究，可以归纳出以下两个结论：①遗传性代谢障碍是基因突变的结果；②某一个基因的突变可造成一个特定的障碍，从而使一个特定的生化反应不能进行。生物体内氨基酸等物质的合成过程中的每一个反应都为一种酶所催化，所以一个基因只有一个原初的生理功能，这功能就是控制某一种酶的活性。一个基因一种酶假设则明确地指出每一个基因都控制着一种酶的一级结构的编码，因此基因突变就意味着酶的一级结构的改变，从而使酶的活性丧失。

二、一个基因一种酶假设的初步验证

从营养缺陷型的研究中所提出的一个基因一种酶假设怎样才能得以验证呢？

首先让我们分析一下，由营养缺陷突变型造成遗传性代谢障碍这一事实是不是只能用一个基因一种酶假设来说明。如果在活体中没有某一种酶的活性，则可能是由于某种抑制物的生成而不是由于酶的缺失。即使在抽提物中已证明某一种酶的活性丧失，也可以解释为产生这一种酶的机能的障碍，而不一定是由于基因突变而造成这种酶的分子结构改变的结果。

根据一个基因一种酶的假设，基因突变使相应的酶的一级结构改变从而使其失活。然而酶一般是通过其活性来认识其存在。那么怎样通过证实一个失活的酶的存在，从而验证这一假设呢？

交叉反应物质

免疫血清反应是一种测定蛋白质特异性的灵敏方法。一种酶的免疫血清能和一种特定的酶蛋白发生反应并使它失去酶活性。在营养缺陷型中如果某一种酶的活性丧失，可是如果只是一级结构略有改变，而这种蛋白质还存在的话，那么它也会和免疫血清发生反应而被测得它的存在。这种失去酶活性但保持它的免疫血清反应特性的物质称为交叉反应物质(cross reacting material, CRM)。

交叉反应物质的测定可以在试管中或者在培养皿上进行。试管滴定方法是给家兔注射野生型的酶，取得它的抗酶抗血清。在突变型抽提物中加入抗血清，除去沉淀物，在上清液中加入酶。这时如果不再有沉淀物或有很少沉淀物出现，就说明抗血清中的抗酶抗体确实已和突变型抽提物形成沉淀，也就是说明突变型抽提物中含有和酶蛋由结构基本上相同的交叉反应物质。

在培养皿上的测定方法是在琼脂上挖几个圆孔，在中央的圆孔中放入抗酶抗血清，在四周的圆孔中放入野生型抽提物、酶或突变型抽提物。抗血清等各自在琼脂中扩散，在抗血清和酶相接触的地方形成一条沉淀带，在抗血清和野生型抽提物相接触的地方也会形成一条沉淀带。如果突变型抽提物中含有酶的交叉反应物质的话，它和抗血清接触的地方也会形成一条沉淀带(图 5.3)。

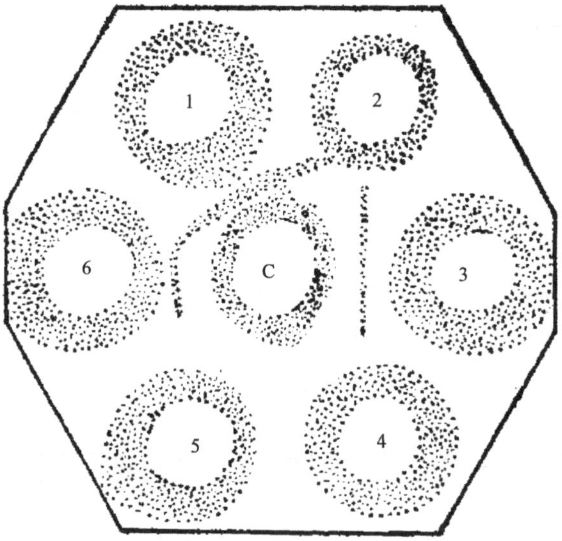

图 5.3 用琼脂扩散法测定交叉反应物质 C、抗酶抗血清

1 为酶；2、4、5 为不产 CRM 的突变型的抽提物；3、6 为产 CRM 的突变型的抽提物

在粗糙脉孢菌的色氨酸合成酶、大肠杆菌的β-半乳糖苷酶等许多有关的突变型中都曾发现过交叉反应物质的存在，从而初步证实了是突变引起酶蛋白的结构的改变。

温度敏感突变型

如果由于基因突变而使某一种酶失去活性，那么除非用测定交叉反应物质的方法才能说明突变所影响的是酶蛋白质的结构而不是影响酶的合成功能。另外还有一些突变，它们并不使某一种酶的活性完全消失，而是使它改变某些性能。在这些情况中也可以看到突变影响着酶的分子结构。

温度敏感突变型便是一个例子。在粗糙脉孢菌中有一个腺嘌呤核苷酸缺陷型 F_{15}，它在 25℃中生长时不需要腺核苷，但是在 35℃中生长时则需要腺核苷作为补充养料。曾经将这一突变型的腺苷酸琥珀酸酶和野生型的酶进行比较，发现两者在高温中逐渐失去活性的过程有很大的不同。这一物理化学特性必然是蛋白质分子结构的反映，因此说明基因突变影响着蛋白质的分子结构。

在粗糙脉孢菌中还有一个影响色氨酸合成酶(tryptophan synthetase)的突变型 *td 24*，它在 25℃中生长时需要色氨酸作为补充养料，但是在 30℃中生长时则并不绝对需要色氨酸。这种突变型的色氨酸合成酶的作用能为细胞中的锌离子所抑制。将突变型的酶除去金属离子以后便恢复了它的活性。它对于锌离子格外敏感这一特性必然也是它的分子结构的改变的反映，因此这一事例同样也说明了基因突变对于蛋白质分子结构的影响。

还可以找到许多突变型的酶和野生型的酶在许多其他特性上的区别，这些特性包括电泳迁移率、热变性、在柱层析上的位置等。

既然某一基因发生突变时某一种蛋白质的分子结构会发生改变，那么就可以推论野生型基因的作用就是决定蛋白质的分子结构。但是以上这些实验结果还不足以说明基因的作用是决定蛋白质的一级结构，用分子遗传学的语言来讲，即还不足以证明基因的作用就是编码蛋白质。为了要证明这一点，就要证明基因和蛋白质结构的线性对应，这就是说要证明一个基因的每一位置结构与某种蛋白质分子的每一相应位置结构相对应。这要求一方面对于这一种蛋白质进行一级结构分析，另一方面对于这一相应的基因进行结构分析。目前核苷酸顺序的测定方法已很完善，而且不比蛋白质的氨基酸顺序分析困难。不过在这些分析方法出现以前，根据遗传学分析方法已经在基因与蛋白质结构的线性对应方面得到了充分的证据，下面主要从遗传学的角度来说明基因和蛋白质的线性对应，不过在提出这些证据以前，下面将先说明什么是一个基因，以及分析基因结构的方法。

第二节　顺反子和互补群

从上一节的讨论中可以看到每一个基因决定一种蛋白质的结构。蛋白质可以被抽提纯化，进行氨基酸顺序分析。基因一般通过三个方面的遗传学现象来认识。由于发现某一个突变型，而推测有某一个野生型基因的存在；由于发现连锁基因之间的交换，而使我们认识基因在染色体上的排列；由于突变型的某些生理功能不同于野生型，使我们认识各个基因具有不同的生理功能。在经典遗传学中，曾经认为一个基因是一个突变的单位，也是重组的单位，也是功能的单位。在这一节中将从顺反位置效应(cis-trans position effect)测验等实验结果出发，讨论究竟什么是一个基因这一问题。

一、互补测验和顺反子概念

每一个基因在染色体上都占有一个特定的位置，这一位置只能为这一基因的各个等位基因所占有，但是不能为另一基因座的基因所占有。所以可以不考虑两个基因的功能有什么不同，只要证明它们占有不同的位置，一般就能知道它们是两个基因。初看起来这是很明确的。但是实际上同一个基因的各个位置都可以发生结构改变，而且这些突变型之间又能进行重组。所以两个突变型之间不出现重组子这一事实固然可以说明这两个突变型是完全相同的，也就是说造成这两个突变型的结构改变必然是同一基因的同一位置，但是两个表型效应相同的突变型之间如果能发生重组，我们就无法判断它们是否是同一基因的结构改变的结果。例如，在上面所举的例子中，发生在基因甲、乙、丙、丁的结构改变都能带来同一表型效应即 *D* 缺陷型，而且彼此之间可以发生重组，可是同一基因 *D* 的许多突变型之间也可以发生重组。在这种情况下，如果不对这些突变型的生理功能进行分析，我们就无法判断各个 *D* 缺陷型是否是不同基因发生突变的结果。

由此可见离开了功能的分析往往无法划定一个基因的界限。反过来讲，每一个基因都有它特有的生理功能，所以不用知道它们在染色体上的位置，只要证明它们具有不同的生理功能，一般就能说明它们必然不是等位的。对于基因等位性的判断不来自基因位置的测定而是来自基因功能的测定，这种等位性称为功能等位性(functional allelism)。

互补测验(complementation test)

那么怎样判断两个突变型所丧失的功能是否相同呢？可以先考虑上面所讨论的互养现象。上面所讲的互养涉及几个属于同一代谢途径的突变型，所以一个突变型所积累的物质可以使另一个突变型得以生长，然而后者所积累的物质不能使前者生长。如果两个营养缺陷型属于不同的代谢途径，那么它们可以互相供给彼此所不能合成的物质而使两者都能生长。例如，把一个氨基酸缺陷型和一个核苷酸缺陷型接种在同一含有微量所需物质的基本培养基的邻近位置上，两者都能正常地生长，因为前者供给后者以核苷酸，而后者供给前者以氨基酸。

互养通过共同的培养基而进行。两个能表现互养现象的突变型可以认为它们属于两个基因。也就是说通过这一功能测验，可以认为有关的两个基因是非等位基因。可是不表现互养现象的两个突变型却不能断定它们是否等位，因为可以有种种原因使互养现象不能呈现。例如，它们所积累的代谢产物在细胞内被很快地分解，或者转变为没有活性的或不能扩散到培养基中的物质。更为重要的是如果两个突变型所涉及的功能不是某一小分子物质的合成，而是涉及一些大分子物质的结构和功能，那么就不可能通过互养来测定功能等位性，所以更为有效的等位性测定方法是使两个突变型染色体或染色体片段处在同一细胞中，然后观察这一细胞的表型。在这种情况下，互补作用发生在一个细胞中的两个突变型染色体之间，所以不会受到互养测验中所碰到的那些因素的限制。

不过当两个突变型染色体同处在一个细胞中时，便有可能通过染色体交换而出现野生型重组子。例如，一个突变型染色体带有突变基因 A_1，另一染色体带有 A_2，就可以由于染色体交换而出现 A_1^+ 和 A_2^+，如果这样的话，杂合细胞能在基本培养基上生长的原因就不是由于 A_1^+ 和 A_2^+ 之间的互补作用，而是由于两个位点之间的重组。所以为了要确实知道这样一个杂合细胞能在基本培养基上生长的原因是互补作用的结果而不是基因重组的结果，那么互补测验的一个基本要求是在二倍体或半合子细胞中不发生基因重组，或者至少要求能区别由于互补或重组而出现的生长。凡是符合这一基本要求的二倍体或半合子或者异核体，或者感染有两个突变型噬菌体的寄主细菌都可以用来作为互补作用的测验系统。

在异核体菌株中难得出现二倍体核，更难得出现重组核，所以异核体形成符合作为互补测验的基本要求。如果把两个营养缺陷型或其他突变型的分生孢子混合接种在基本培养基上后就可得到异核体菌株，这一事实说明这两个基因的功能是不相同的。但是反过来看，如果它们不能形成异核体，并不说明它们必然是等位的。这是因为它们可能带有异核体不亲和基因的缘故。因此在这种情况下应该首先肯定这两个菌株是能够形成异核体的。例如，有两个氨基酸 D 缺陷型 *D1* 和 *D2*，它们不能形成异核体。为了区别这是由于两个基因是等位的或者是由于这两个菌株是不亲和的，则可以使它们各带两个非等位缺陷型基因 *X* 和 *Y*。把 XD_1 菌株和 YD_2 菌株的分生孢子接种在含有 D 的基本培养基上，如果仍然不能得到异核体，就说明这两种菌株是不亲和的，所以关于 D_1 和 D_2 是否能互补不能作出结论。如果在含有 D 的培养基上能够得到异核体，而在含有 X 和 Y 的培养基上仍然不能得到异核体，那么就可以判断 D_1 和 D_2 确实没有互补作用，也就是说从功

能上说明 *D1* 和 *D2* 是等位的。

异核体形成测验和互养测验都是互补测验。所不同的是在互养测验中所测定的是两个突变型是否能互相提供本身不能合成的物质，在异核体形成测验中所测定的是两个突变型是否能提供基因产物——酶。两者的区别可以用图 5.4 来说明。

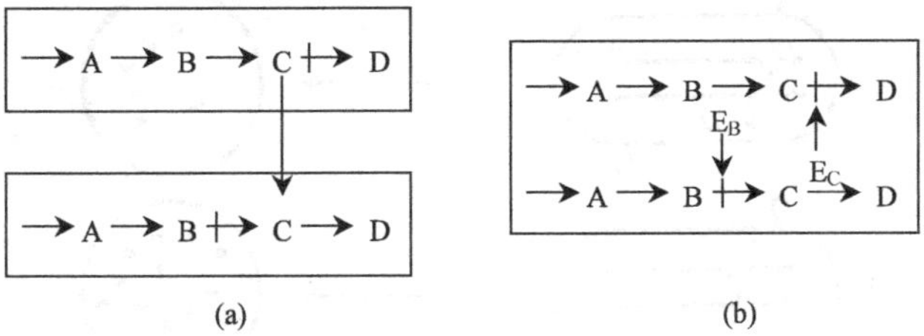

图 5.4 互养测验和异核体形成测验示意图

(a) 互养测验；(b) 异核体形成测验

顺反位置效应测验(cis-trans position effect test)简称顺反测验(cis-trans test)

如果两个表型效应相同的突变型噬菌体分别在感染寄主细菌时都不能复制，那么就可以通过混合感染而观察它们是否能在功能上互补。这是因为噬菌体在感染细菌时只注入它的染色体 DNA，所以两个同类噬菌体混合感染的细菌就相当于一个噬菌体染色体的二倍体细胞或异核体。在噬菌体 T4 的快速溶菌突变型(*r*)中曾经广泛地进行了这种互补测验工作。

各种快速溶菌突变型在寄主大肠杆菌 B 上呈现相同的表现；但是通过另外两个大肠杆菌品系 S 和 K，可以进一步把它们区分为三种类型，*rI* 能在 B、S、K 这三个菌株上形成 *r* 型噬菌斑。*rII* 在 B 上形成 *r* 型噬菌斑，在 S 上形成野生型噬菌斑，而在 K 上则不形成噬菌斑，因为在寄主细胞 K 中 *rII* 突变型噬菌体不能复制。*rIII* 在 B 上形成 *r* 型噬菌斑，在 S 和 K 上都形成野生型噬菌斑(表 5.2)。

表 5.2 T4 噬菌体的快速溶菌突变型在三种寄主细菌上的形态

噬 菌 体	噬 菌 斑 形 态		
	在 B 上	在 S 上	在 K 上
野生型 T4	野生型	野生型	野生型
rI	r	r	r
rII	r	野生型	—
rIII	r	野生型	野生型

注：S：*E.coli* K12(λ^-)，非溶源性菌株；K：*E.coli* K12(λ)，溶源性菌株。

rII 突变型曾经通过一再分离而得到。这些在不同实验中分离得到的表型相同的突变型是不是相同的呢？这问题可以通过重组实验来回答。例如，把两个 *rII* 突变型对寄主细菌 B 进行混合感染，用所释放的噬菌体再去感染寄主细菌 K(图 5.5)。如果发现有一定数量的噬菌斑出现，就说明两个 *rII* 突变型是不相同的，能感染寄主 K 的噬菌体是染色体交换的结果。从 K 上出现的噬菌斑数可以知道两个 *rII* 突变位点的距离。

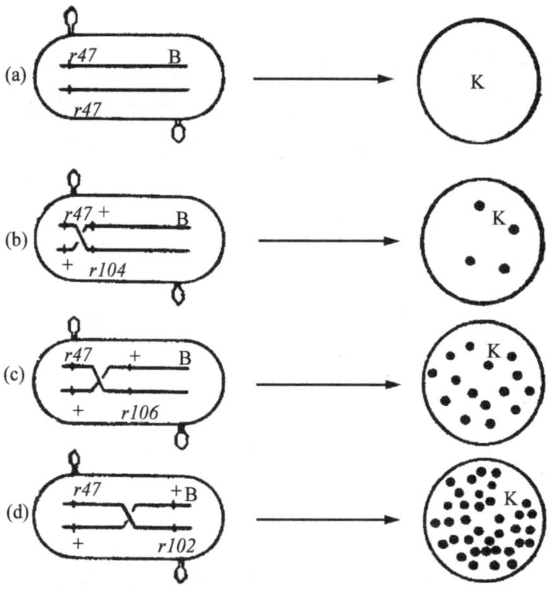

图 5.5　噬菌体 T4 的 *rII* 突变位点间距离的测定

B：一个大肠杆菌 B 细胞；K：涂满大肠杆菌 K 的一个培养皿，每一黑点代表一个噬菌斑

(a) *r47* 对寄主细菌 B 的单独感染；(b) *r47* 和 *r104* 对寄主 B 的混合感染；(c) *r47* 和 *r106* 对寄主 B 的混合感染；(d) *r47* 和 *r102* 对寄主 B 的混合感染。裂解液分别在含有大量寄主细菌 K 的培养皿上作重组测定

由于重组型 $rII_A^+\ rII_B^+$能感染寄生细 K 而形成噬菌斑，而重组型 $rII_A\,rII_B$不能在 K 上形成噬菌斑，所以重组频率是

$$\frac{2\times r^+\text{噬菌体}}{\text{噬菌体总数}}\times 100\% = \frac{2\times\text{在指示菌K上的噬菌斑数}}{\text{在指示菌B上的噬菌斑数}}\times 100\%$$

根据一系列的 *rII* 突变型的突变位点间距离的测定，可得到一个 *rII* 基因的精细结构图(图 5.6)。

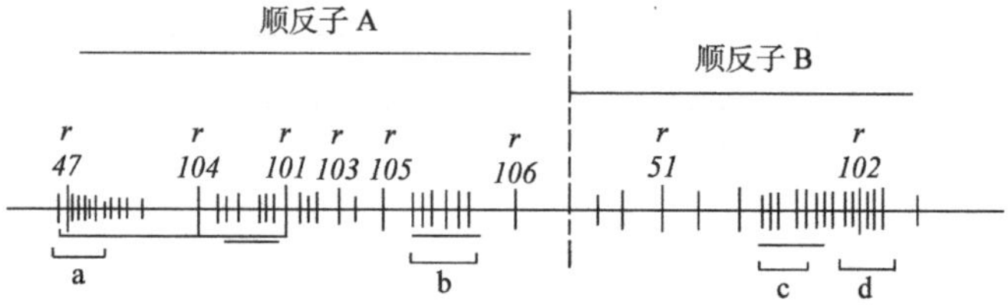

图 5.6　噬菌体 T4 的 *rII* 基因的精细结构图[1]

现在的问题是 *r47*、*r104*、*r102* 等是否因为占有不同的位置而属于不同的基因，还是因为它们的表型效应都相同而属于同一个基因呢。这就要通过互补测验来回答。

r51 和 *r106* 分别感染寄主细菌 K 时都不能进行复制，因而没有噬菌体从被感染的细菌中释放出来。可是如果把 *r51* 和 *r106* 对于 K 进行混合感染就可以得到噬菌体，所释放的噬菌体有 *r51*、*r106* 和野生型。这说明 *r51* 和 *r106* 在寄主细胞中不但进行了复制，而且发生了重组。 那么在 *r51* 和 *r106* 混合感染中究竟是因为发生重组以后噬菌体才能复

制，还是因为两个突变型能够互补，从而分别进行复制，然后在复制过程中发生重组呢？

如果是因为重组才复制，那么混合感染中能否得到噬菌斑应该和两个突变型的位置间的距离有关，可是事实上却和距离无关。例如，*r47* 和 *r106* 间的距离比 *r51* 和 *r106* 间的距离大，可是混合感染 K 后在指示菌 B 上却反而不出现噬菌斑(图 5.7)。

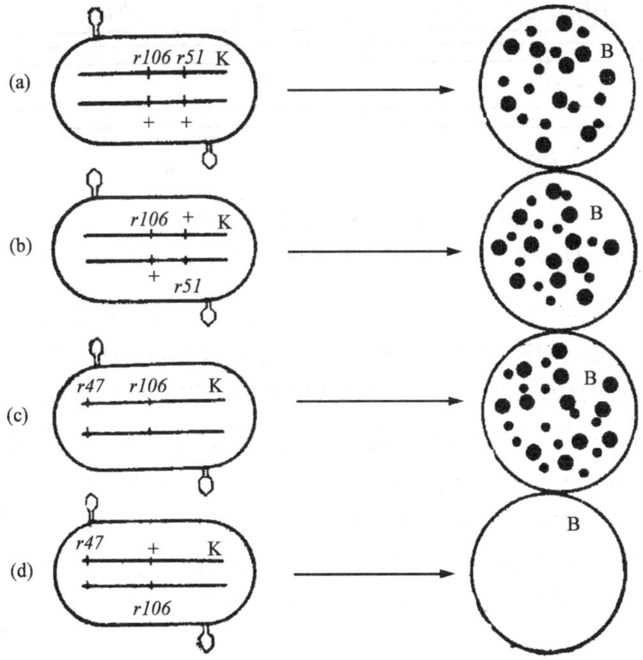

图 5.7　噬菌体 T4 的 *rII* 突变型的互补测验

K：一个大肠杆菌 K 细胞；B：涂满大肠杆菌 B 的一个培养皿

(a)、(b)、(c)、(d) 表示以不同组合的 *rII* 突变型混合感染寄生细菌 K 后把裂解液加到含大量寄生细菌 B 的培养皿上的互补测验结果。大型噬菌斑是 rII^+，小型噬菌斑是 *rII*

由此可见如果在混合感染中出现噬菌斑，那是由于两个突变型有互补作用，它们互相给对方提供在寄主 K 中进行复制所缺少的因素，从而都得以进行复制，在复制过程中才发生基因重组。例如，在 *r51* 和 *r106* 混合感染中，可以把被感染的寄主细菌 K 看作一个噬菌体染色体的杂合体 $\frac{r51^{+}\,r106}{r51\,r106^{+}}$。$r51^{+}$和 $r106^{+}$的功能不相同，它们可以在功能上发生互补，因而两者都能复制。

把所有的 *rII* 突变型两两进行互补测验，可得到图 5.6 中所表示的 A、B 两群，每一群中的任何两个突变型都不能互补，而分别属于两群的任何两个突变型则不论位置的远近都能互补。上述实验结果可以用图 5.8 解释。

图中(a)和(b)是 *r51* 和 *r106* 的顺式结构(*cis* configuration)和反式结构(*trans* configuration)。在这两种混合感染中复制都能进行。这是因为每一个情况中都有正常的 *rIIA* 和 *rIIB* 基因。图中(c)是 *r47* 和 *r106* 的顺式结构，在这里正常的 *A* 基因有一个，正常的 *B* 基因有两个，所以复制能够进行。(d)是 *r47* 和 *r106* 的反式结构，在这里正常的 *B* 基因有两个，可是两个 *A* 基因都是有缺陷的，因此复制不能进行。

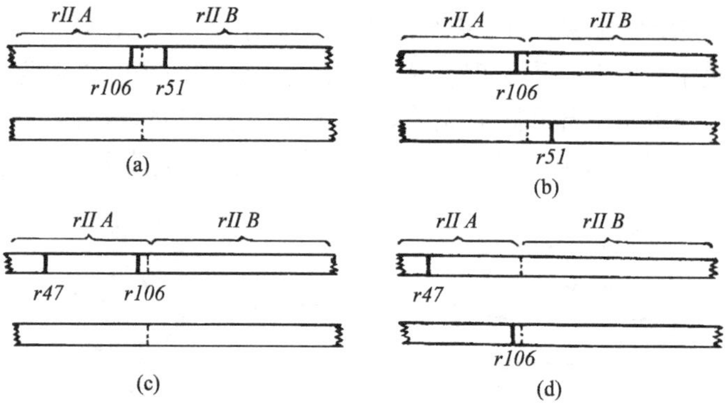

图 5.8　关于图 5.7 实验结果的解释

(a) *r51-r106* 顺式；(b) *r51-r106* 反式；(c) *r47-r106* 顺式；(d) *r47-r106* 反式

顺式结构的效应不同于反式结构的效应的现象称为顺反位置效应。S. Benzer 首先提出这些具有顺反位置效应的突变型属于同一顺反子(*cis*tron)。比较顺式和反式结构的表型效应的互补测验称为顺反测验。顺反测验结果说明基因是遗传物质的一个功能单位，是连续的一段 DNA。一个基因可以发生许多不同位置上的突变，所以基因不是一个突变单位。属于同一基因的各个突变位点可以发生重组，所以基因不是一个重组单位。一个基因内部虽然可以发生重组，但是从图 5.8 可见它在细胞中必须保持完整才具有功能。按照定义，通过顺反测定才能确定一个顺反子，但是实际上它已经被用作一个功能单位的同义词，因此编码一个肽链的一段 DNA，即使并没有通过顺反测验来确定它的界限，也称为一个基因，也是一个顺反子。

从以上的分析可以看到由于一个基因可以发生许多不同位置的突变，所以对于两个表型效应相同而又位置邻接的突变型来讲，无法通过基因重组来认识它们是否属于两个基因。从以上的分析还可以看到，所谓功能等位性测定中的等位二字的意义只是指两个突变型属于一个基因，可是并不一定是同一位点的结构改变。

一个基因或顺反子在染色体上所占有的位置称为基因座(locus，复数 loci)。同一基因的各个突变型结构发生变化的位置称为位点(site)。所谓等位基因是指基因座相同的基因。在经典遗传学研究中，由于难以发现不同位点发生突变的两个等位基因之间的交换，所以认为基因是交换的单位，而精细结构研究结果改变了人们对于基因的认识。不过有几种情况增加了顺反测验的复杂性。根据定义，属于一个基因的突变型不能互补，可是某些基因却呈现出了基因内互补(intragenic complementation)现象(详见基因内互补一节)。相反地，属于不同基因的突变应该都能互补，可是某些 *lacZ* 的极性突变却不能和 *lacY* 互补(详见第六章)。

二、测 验 系 统

杂基因子(heterogenote)测验

在大肠杆菌的λ噬菌体的高频转导中，经常出现不稳定的转导子。这些有个别基因呈杂合状态的细胞称为杂基因子。

图 5.9 是有关几个半乳糖发酵缺陷型的转导结果。

在 EMB 半乳糖培养基上划线接种受体细菌半乳糖发酵缺陷型 gal_1， gal_2、gal_4，然后滴上从供体细菌 gal^+、gal_1、gal_2 和 gal_4 得来的高频转导噬菌体λdg，经过培养以后，可以看到凡是在供体和受体都带有同一突变基因的情况下，就没有红色的转导子出现，凡是在供体和受体的突变基因不相同的情况中，则都出现红色的转导子。图 5.9 中 gal_1 和 gal_4 相互转导的结果都不同于其他转导，这里只出现少数红色菌落，而且这些红色菌落出现得也较迟；较早出现的整片呈红色的部分表示供体和受体基因有互补作用，较迟出现的少数红色菌落则并不是由于基因互补作用，而是由于杂基因子繁殖过程中发生基因重组的结果。

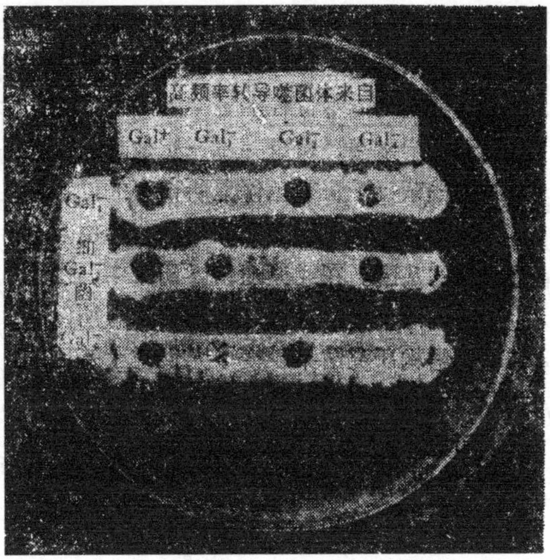

图 5.9　在 EMB 半乳糖培养基上大肠杆菌 K12-λdg 高频转导实验结果[2]

白色部分是接种上去的半乳糖发酵缺陷型细菌；红色部分(图中黑色部分)是由于转导而出现的半乳糖发酵细菌

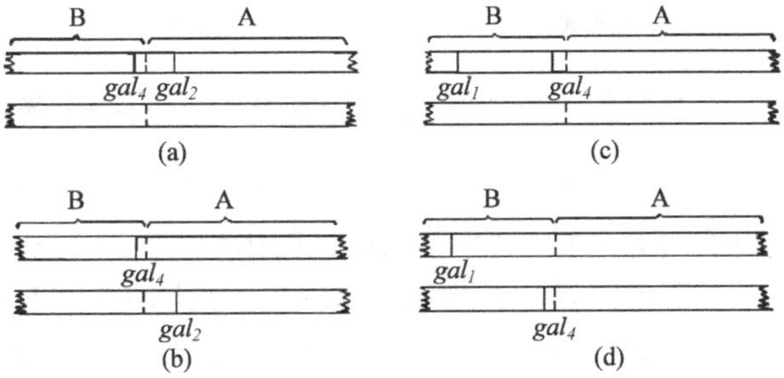

图 5.10　大肠杆菌 K12 中 λdg 高频转导实验结果的解释

$$(a)\ \frac{gal_4 gal_2}{gal_4^+ gal_2^+}，顺式；(c)\ \frac{gal_1 gal_4}{gal_1^+ gal_4^+}，顺式；$$

$$(b)\ \frac{gal_4 gal_2^+}{gal_4^+ gal_2}，反式；(d)\ \frac{gal_1 gal_4^+}{gal_1^+ gal_4}，反式。$$

根据以上实验结果，可以看到 gal_1 和 gal_2 属于不同的顺反子，gal_2 和 gal_4 也属于不同的顺反子，而 gal_1 和 gal_4 则属于同一顺反子。它们之间的关系如图 5.10。

流产转导测验

在鼠伤寒沙门氏菌——P22 转导系统中，可以看到有一种正常的菌落和一种微小的菌落。前者是完全转导的结果，后者是流产转导的结果。完全转导子是通过供体和受体染色体的交换而形成的野生型重组子。而在流产转导子中供体染色体片段并没有和受体染色体发生交换。所以在沙门氏菌——P22 转导实验中如果只出现正常菌落而不出现微小菌落，这说明有关的两个突变型没有互补作用。

在沙门氏菌中曾经应用流产转导广泛地观察了许多需要同一氨基酸的突变型之间有没有流产转导子出现，从而判断它们是否属于一个顺反子，也就是说由于突变所丧失的功能是否相同。这些结果和每一个突变型中发生缺陷的酶的分析结果都是一致的，凡是属于一个顺反子的突变型都是由于同一种酶发生了缺陷,也就是说所丧失的是同一功能。

例如，图 5.11 表示的一系列组氨酸缺陷型通过基因重组测验所测得的位置。凡是属于同一顺反子 *hisB* 或 *hisC* 的突变型(例如，*hisB79* 和 *hisB14*，或者 *hisC43* 和 *hisC62*)之间的转导中都不出现流产转导子，凡是属于不同顺反子的突变型(例如，*hisB40* 和 *hisC43*)之间的转导中都出现流产转导子。另外又发现全部 *hisB* 突变型的脱水酶(dehydrase)都是有缺陷的，全部 *hisC* 突变型的转氨基酶(transminase)也都是有缺陷的。

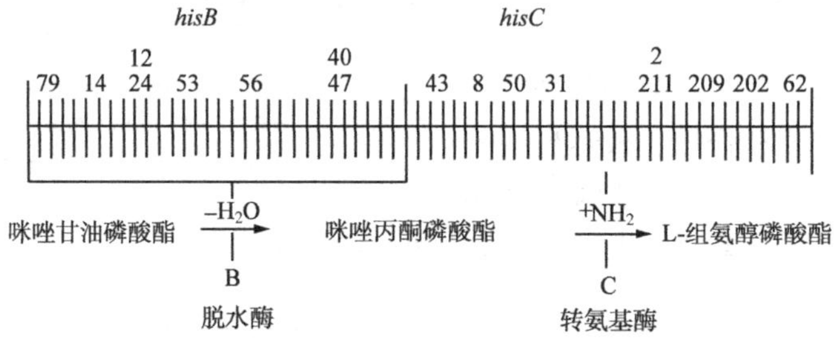

图 5.11　鼠伤寒沙门氏菌的顺反子 *hisB* 和 *his*C 的染色体图[3]

突变型 *hisB22* 是一个稳定的多位点突变型，它和所有的 *hisB* 突变型的转导中都没有出现流产转导子，也没有完全转导子(即重组子)的出现，另外它和全部 *hisC* 突变型的转导中却都有完全转导子和流产转导子出现。这些事实说明 *hisB22* 是包括全部 *hisB* 顺反子的一个缺失突变型。类似的情况也出现在鼠伤寒沙门氏菌中的包括其他基因的转导实验结果中。

F 因子转导测验

一个乳糖发酵缺陷型大肠杆菌 F^-细菌获得了一个 F-*lac*$^+$就成为一个半合子。F-*lac*$^+$难得整合到宿主染色体上或和宿主染色体发生交换，所以可以用来进行互补测验。

在大肠杆菌 K12 中曾经得到了一系列乳糖发酵缺陷型，通过 F 因子转导互补测验可以看到它们分属于不同的顺反子。

F-*lac*$^+$也像 λdg 一样，能偶尔和宿主染色体发生基因重组，所以从一个 *lacA*/F-*lac*$^+$杂基因子可以得到一个 *lac*$^+$/F-*lacA* 分离子。把后一杂基因子的 F-*lacA* 引入另一乳糖不发酵菌株 *lacB*，就可以得到一个反式结构的杂基因子 *lacA*$^+$*lacB*/F-*lacA lacB*$^+$。从这一杂基因子可以得到 *lacA*$^+$*lacB*$^+$/F-*lacA lacB* 或 *lacA lacB*/F-*lacA*$^+$*lacB*$^+$等杂基因子。利用这些杂基因子，就可以进行各种顺反测验。

图 5.12 表示通过 F 因子转导所得到的杂基因子中的有关乳糖发酵的三个顺反测验结果。

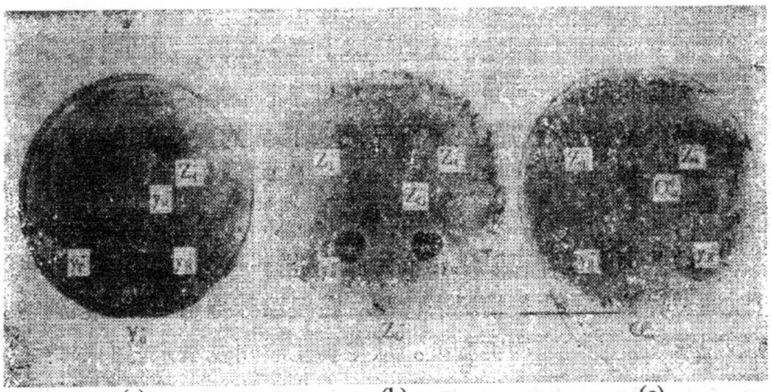

(a)　　　　(b)　　　　(c)

图 5.12　大肠杆菌 K12 中通过 F 因子转导的乳糖发酵缺陷型的互补测验[4]

(a) Y_u 对于 Z_1 、Y_p 、Z_4 和 Y_R 的互补测验。Y_u ：涂满 F− Y_u S^r 细菌的培养皿，Z_1 ：滴上 *lac*/F− Z_i 细菌，形成 $Y_u Z_1^+ / F - Y_u^+ Z_1$ 杂基因子；Z_4 ：滴上 *lac*/F− Z_4 细菌，形成 $Y_u Z_4^+ / F - Y_u^+ Z_4$ 杂基因子；Y_p ：滴上 *lac*/F − Y_p 细菌，形成 $Y_u Y_p^+ / F - Y_u^+ Y_p$ 杂基因子；Y_R ：滴上 *lac* / F − Y_R 细菌，形成 $Y_u Y_R^+ / F - Y_u^+ Y_R$ 杂基因子。中央滴上 $F - Y_u S^r$ 细菌作为对照。

(b) Z_G 对于 Z_1 、Z_4 、Y_P 和 Y_R 的互补测验，Z_G ：涂满 $F - Z_G S^r$ 细菌，测验杂基因子 $Z_G Z_1^+ / F - Z_G^+ Z_1$ 、$Z_G Z_4^+ / F - Z_G^+ Z_4$ 、$Z_G Y_p^+ / F - Z_G^+ Y_P$ 和 $Z_G Y_R^+ / F - Z_G^+ Y_R$ 的基因互补

(c) O 对于 Z_1 、Z_4 、Y_P 和 Y_R 的互补测验，O 对于它们都不能互补，关于 *lacO* 的说明详见下章。

指示性培养基中含有链霉素。滴上去的细菌对链霉素敏感，但是它们的 F-*lac* 还是能进入涂在培养皿上的抗链霉素细菌中。经培养以后，通过观察这些半合子能否发酵乳糖就可以看到它们能不能互补，从而测定每个突变型所属的顺反子。

从图 5.12 的结果可以看到有 *Y*、*Z* 和 *O* 三个顺反子。*Z* 和 *Y* 突变型能进行互补，而 Z_1 和 Z_4 以及 Y_p 和 Y_R 则不能互补。由此可见 Y_p 和 Y_R 属于一个顺反子，Z_1 和 Z_4 则属于另一顺反子。*O* 和 *Y* 以及 *Z* 都不能互补。乳糖发酵缺陷型 *lacO* 将在下一章中讨论。

顺反测验的结果告诉我们一个顺反子是一个不容分割的功能单位。虽然一个顺反子的鉴定不依赖于任何生物化学知识，但是正像图 5.11 等所表示的，凡是曾经进行的生化研究中都证实了一个顺反子对应于一种酶。所以一个顺反子就是一个基因。

互补测验在遗传学分析中应用很广。上一章中的 F 因子的转移基因的分析也应用到了互补概念和互补测验方法。

三、基因内互补和互补群

顺反位置效应测验结果告诉我们一个基因或一个顺反子是一个完整的结构，所以属于同一基因的两个突变型不能互补，如果两个突变型能够互补，就说明它们属于两个基因。可见这里所讲的互补作用是基因间的互补。但是同样存在着一些例子，从生物化学角度看来这些突变型应该是属于同一基因，因为它们都能引起同一种酶的缺陷，可是这些突变型却并不是都不能互补的。这一现象是顺反位置效应的例外情况，这便是基因内互补(intragenic complementation)。

活体互补(*in vivo* complementation)**和离体互补**(*in vitro* complementation)

正像基因间互补可以用异核体测验进行一样，基因内互补也可以通过异核体的生长情况来检验。在粗糙脉孢菌中有一系列谷氨酸脱氢酶(glutamic acid dehydrogenase,GDH)发生缺陷的突变型。从生物化学角度来看它们都是属于同一基因的突变型。把这些突变型的分生孢子两两混合接种在基本培养基上，就可以看到在某些组合中能得到能在基本培养基上生长的异核体(表 5.3)，这就是一种基因内互补现象，这是活体互补的实验结果。

表 5.3　粗糙脉孢菌的谷氨酸脱氢酶缺陷型(*am*)的互补测验[5]

缺陷型	1	2	3	4	5	6	7	8	9	11	14	15	16	17	18
19	++	–	–	–	–	–	–	–	–	–	±	–	–	–	–
18	–	–	–	–	–	–	–	–	–	–	–	–	–	–	–
17	–	–	–	–	–	–	–	–	–	–	–	–	–		
16	–	–	–		–	–	–	–	–	–	–	–			
15	–	–	–	–	–	–	–	–	–	–	–				
14	++	±	++	–	–	–	+	–	–	–					
3	++	–	–	–	–	–	–	–	–						
2	++	–	–	–	–	–	–	–							

根据表 5.3 的实验结果，可以画出下面这一互补图(图 5.13)。突变型用线段表示，不相重叠的突变型便是能互补的突变型。2 和 19 的行为相同，画在同一线段上，2 和 19 对于 14 都有微弱的互补作用，用局部重叠线段表示。

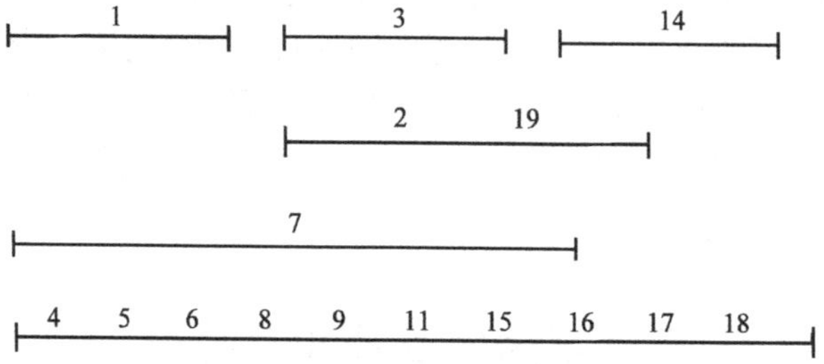

图 5.13　粗糙脉孢菌的 *am* 突变型的互补图

由于 *am* 突变型数目不多，所以在这里突变型的线状排列并不明显。在粗糙脉孢菌的泛酸(pantothenic acid)缺陷型(*pan2*)中曾经进行过广泛的基因内互补研究。可以在这些突变型中清楚地看到它们的排列基本上符合于由经典的重组分析测得的排列顺序(图 5.14)，其中只有 43、72 和 73 是例外。类似的互补现象曾经在酿酒酵母等其他微生物中发现。

从粗糙脉孢菌的 *am* 突变型的异核体中抽提谷氨酸脱氢酶，从酶活性的测定中可以看到具有互补作用的异核体中确实有或多或少的 GDH 酶活性，这是离体互补的实验结果(表 5.4)。

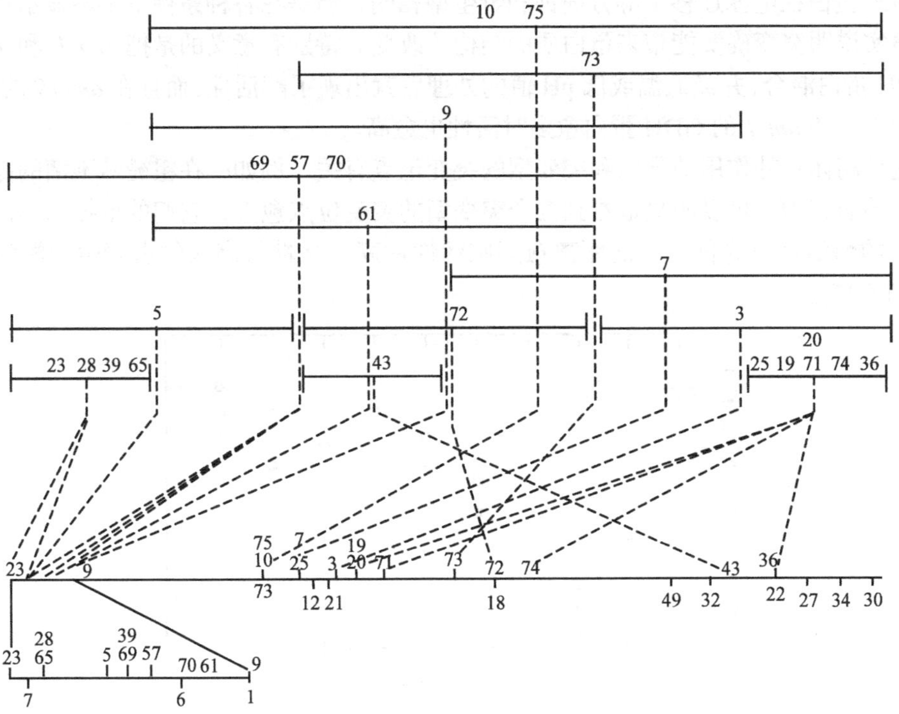

图 5.14　粗糙脉孢菌的泛酸缺陷 *pan2* 的重组图和互补图的比较[6]
下方重组图，上方互补图

表 5.4　粗糙脉孢菌 *am* 突变型的异核体的 GDH 酶活性[7]

菌　株	酶　活　性		
	A1)	B1)	C1)
野生型(74A)	4 500	1 400	2 000
异核体基因型			
am-1+*am-14*	170	45	65
am-1+*am-19*	200	60	100
am-2+*am-14*	45	552)	902)
am-3+*am-14*	60	1202)	5002)
am-7+*am-14*	135	50	100
am-14+*am-19*	40	20	60

1) A、B、C 表示三种测定方法；2) 活性主要由于 *am-2* 或 *am-3* 的成分，而与 *am-14* 的存在几乎无关。

这些异核体的酶活性只及野生型酶活性的 1%~25%。这些酶活性的出现是否说明原来的突变型中的酶蛋白并未发生结构的变化而只是处于某种被抑制的状态中，而在异核体细胞质中部分活力则得以表现呢?

曾经把一些突变型的这部分蛋白质提纯并进行性能的分析。发现 *am-19* 的 GDH 蛋白本身没有活性，但能为琥珀酸所激活，它的电泳迁移率和野生型的 GDH 不同。*am-1* 的 GDH 蛋白在电泳迁移率等方面都和野生型相同，但是在各种条件下都不显示活性。这些事实说明突变确实能带来蛋白质的结构的改变。特别有意义的是把 *am-1* 和 *am-19* 的 GDH 蛋白混合，并经低温或低 pH 值的处理后就出现了酶活性，而且在 *am-19* 的 GDH 蛋白中加入的 *am-1* 的 GDH 蛋白愈多时活性也愈高。

这种离体互补作用的强弱和突变型的突变位点有关。例如，在粗糙脉孢菌的腺嘌呤突变型的研究中，可以明显地看到两个突变型的突变位点愈近，它们的抽提物的混合液中出现的酶活性就愈低，反之距离愈远则活性愈高，活性最高大约占野生型酶活性的 25%(图 5.15)。

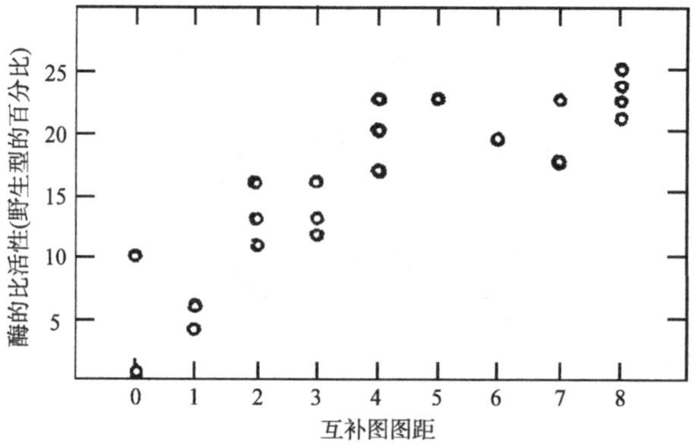

图 5.15 粗糙脉孢菌的腺嘌呤缺陷型(*ad-4*)的各个突变型之间的离体互补，表示突变位点的距离和互补作用的强弱之间的关系[8]

基因内互补的主要特点是：①基因内互补一般只限于一系列突变型中的一部分；②即使是能够互补的两个拟等位突变型，它们所恢复的酶活性一般大约最多都只有野生型酶活力的 25%(图 5.15)。和这情况相反，基因间互补可出现在任何突变型组合中，而且由于互补所恢复的生理功能一般能达到野生型水平。

造成同一种蛋白质的缺陷的一系列突变型，如果彼此间表现一定程度的互补作用，它们就可称为属于一个互补群(complementation group)，所以互补群也是基因的同义词。

具有基因内互补现象的基因所编码的蛋白质一般由若干等同的亚基所构成，两个有缺陷的亚基可能结合成为具有一定酶活性的蛋白质分子，一般认为这就是基因内互补的实质。

重叠基因

噬菌体 *ΦX*174 是一种单链 DNA 噬菌体。它的 DNA 分子的核苷酸顺序已经全部分析清楚。它一共有 5379 对核苷酸，这些核苷酸编码的蛋白质共有 9 种，遗传学分析同样得到 9 个顺反子。这些核苷酸能够编码的蛋白质的总的分子质量据估计应为 200 000 Da，可是这 9 种蛋白质的总的分子质量却有 250 000 Da。遗传学分析和核苷酸序列分析结果告诉我们，原来同一核苷酸序列可以编码不止一种蛋白质。

蛋白质 D 和 E 为同一核苷酸序列所编码(图 5.16)。从基因 *D* 开始到终止密码为止编码蛋白质 D。而基因 *D* 内部的一个核苷酸序列编码蛋白质 E。

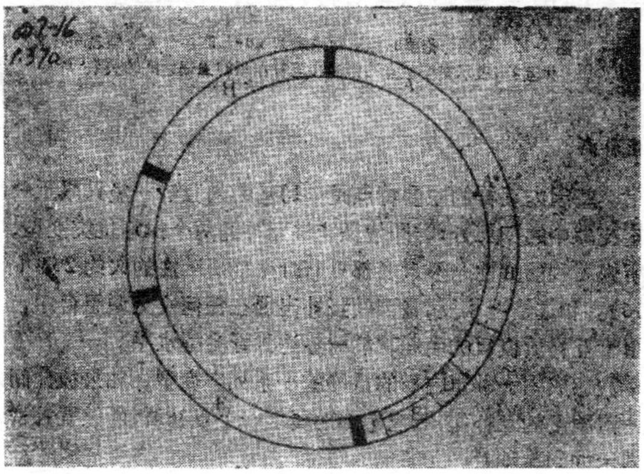

图 5.16　噬菌体 *ΦX*174 的染色体图[9]

基因 *D* 和基因 *J* 的编码也是重叠的，在 TAATG 这几个核苷酸中，TAA 是基因 *D* 的终止密码(stop codon)，而 ATG 则是基因 *J* 的起始密码(initiation codon)。

此外，基因 *B* 同样也包含在基因 *A* 中，而且基因 *C* 的终止密码又和基因 *D* 的起始密码重叠。

一段 DNA 编码两种或三种蛋白质这一现象，对于核酸含量受到限制的噬菌体来讲，或许有它的特殊意义。不过在大肠杆菌中现在也已经有类似的报道。

第三节　基因的精细结构分析

为了要说明基因和蛋白质的线性对应，必须了解基因的精细结构。在这一节中将论述基因精细结构的分析方法。

一、方 法 概 论

重组体系

两个基因的距离一般是通过杂交子代中重组体数量的多少来测定的。两个基因的距离愈近，则需要愈多的杂交子代才能观察到其中出现的少数重组体。分析基因精细结构，必须测定属于一个基因的突变位点之间的距离，因此必须在更多的杂交子代中才能观察到更为稀少的重组体。在高等动物和植物中长久以来都认为染色体交换只发生基因之间而不能发生在基因内部，就是因为在高等动物和植物中难以得到大量的杂交子代的缘故。而在微生物中却容易得到大量杂交子代，所以便于进行基因精细结构分析。

在微生物的遗传学分析中，选择性培养是一个重要方法。 在 *rII* 基因的精细结构分析中，应用寄主 K 作为选择因素。*rII* 突变型只能在 B 中复制而不能在 K 中复制，所以把两个 *rII* 突变型对 B 进行混合感染，将从 B 中所释放的噬菌体分别再用 B 和 K 作为指示菌测定噬菌斑数，两者的比数就是对重组频率的一种测定。

如果所要测定的是两个营养缺陷突变型 A_1 和 A_2，那么完全培养基上菌落数和基本培养基上菌落数的比值就是对重组频率的一种测定。由于排除了原养型以外的那些重组子的生长，所以可以大大地提高重组分析的分辨力。在这里

$$重组频率=\frac{2\times A^{+}B^{+}细菌数}{细菌总数}\times100\%=\frac{2\times(基本培养基上菌落数)}{完全培养基上菌落数}\times100\%$$

分辨力

那么在微生物中遗传学分析能达到怎样的精细程度呢？遗传学分析的分辨力的限制是什么呢？

分辨力的限制的一个主要因素是自发回复突变的干扰。例如，在两个需要 A 的营养缺陷型基因 A_1 和 A_2 的重组分析中 A_1^- 或 A_2^- 的回复突变就成为分辨力的限制因素。如果所用选择性培养方法是足够灵敏的，而且所用的突变型是比较稳定的，那么这一限制就不存在了。例如，在 *rII* 系统中测得的重组频率可低达 10^{-4}(0.01%)，而突变型的回复频率多数是 10^{-6}~10^{-8}，在这种情况下回复突变就不成为一个限制因素。

分辨力的另一限制是实质性的。例如，可以问能允许发生重组的距离究竟有多大？是不是有一个实质性的限度？是不是重组能发生在一个遗传密码的内部？对于这些问题，可以从基于基因精细分析的数据所作的估计以及从基因和蛋白质的线性相关的研究中去找寻答案。

噬菌体 T4 的 DNA 大约有 2×10^5 对核苷酸，遗传学图的总的长度大约是 800 个图距单位。所以 1%重组约相当于 $2\times10^5/800=2.5\times10^2$ 对核苷酸。 实际测得 *rII* 的突变型之间的重组频率最小值是 0.01%，这相当于 $2.5\times10^2\times0.01=2.5$ 对核苷酸。这说明相距 2.5 对核苷酸或相距更大距离的两个突变位点之间可以发生重组。从下面基因和蛋白质的线性相关一节中的数据也可以看到重组实际上可以发生在一个遗传密码的内部，或者说可以发生在任何两对核苷酸间。

精确度

基因的精细结构分析很多在不产生有性孢子的微生物中进行。在这些微生物中所进行基因结构分析可以达到非常精细的程度。可是从另一方面来看，它们和高等动物和植物中的基因定位工作比较起来在精确度方面则显然不及，原因有二：在高等动物和植物中(产生有性孢子的微生物也一样)，我们不但能区别子代个体和亲代个体，而且可以区别子代中的重组个体和非重组个体，因而重组百分值可以准确地计数。但是在应用选择性方法所进行的重组分析中只能观察到野生型重组子所形成的菌落，而不能观察到互补的双重突变类型，也不能区别和亲代类型表型相同的子代，所以重组类型的百分值只能是一个估计的数值。不过这一弱点可以通过观察大量个体而取得补偿。

影响精确度的另一原因是在通过转导、杂交等所进行的重组分析中，许多实验条件都会影响实验结果，这些条件包括影响噬菌体吸附的条件，受体细菌的培养条件，培养皿上细菌的数量等。例如，在转导和细菌杂交中如果没有得到重组子，虽然一般可以认为有关的两个基因非常接近甚至是完全等位的，可是不能排除转导噬菌体没有吸附或者细菌没有能接合这些可能性。

为了尽量减少培养条件和受体细菌的生理状态等的影响，可以在同一实验中用另一基因作为参考。例如，在有关色氨酸缺陷型的基因精细结构分析中，曾经在受体菌株中加上一个远离色氨酸基因座的标记组氨酸缺陷型基因(*his*)，因此供体是$trp_x\ his^+$，受体是$trp_y\ his$。已经发现色氨酸基因和组氨酸基因的转导频率之比在多次实验中变化不大，所以 *his* 基因可以用来作为判断实验结果是否正常的参考。

在转导实验中分别测定 trp^+转导子数和 his^+转导子数。然后计算 trp^+/his^+ 百分值作为 *trp* 突变位点之间的距离的测量，这样做可以减少实验条件对于重组频率的影响。

从表 5.5 可以看到，正反交的重组频率可以相差一倍，所以为了减少实验条件变化所带来的影响，还常采用正反杂交重组频率的平均值作为突变位点间距离的估计，这样也可减少受体细菌的生理状态对于重组颁率的影响。

二、分 析 方 法

缺失定位

缺失定位是一种简便有效的精细结构分析方法。在这方法中利用一系列缺失突变型作为工具，把所要测定的突变型和这一系列缺失突变型分别进行重组测验，凡是能和某一缺失突变型进行重组的，它的位置一定不在缺失范围内，凡是不能重组的，它的位置一定在缺失范围内。这一方法不但可以应用于选择性培养方法中而使其提高效率，而且所要观察的只是能或不能重组而无须计算重组子数，所以更有利于大量突变型的测定，也有利于进行基因精细结构分析。在上面曾经讲到的关于 *rII* 突变型的研究工作中，由于所要定位的突变型数是上千的，而且各个突变型之间往往要求以各种组合进行重组测验，所以缺失定位方法就更为重要。

rII 突变型中有一类突变型，它们和另外几个 *rII* 突变型之间都不发生重组，它们也从不发生回复突变，这些突变型便是缺失突变型，图 5.17 表示一系列缺失突变型的染色体缺失部分。

把噬菌体 T4 染色体的 *rII* 基因分为 47 个区段，用这一系列已经知道缺失部位的突变型可以测定任何一个 *rII* 突变型所属的区段。测定方法是在少量的大肠杆菌 B 培养物中加入一滴缺失型噬菌体以及一滴待测噬菌体，几分钟后将培养物接种到指示菌 K 上，经培养以后观察是否出现大量噬菌斑，如果出现大量噬菌斑，则说明两个突变型能发生重组而产生野生型噬菌体，这些野生型噬菌体进一步感染寄生 K 而释放大量的噬菌体。定位工作分次进行，逐步缩小突变位点所属的范围。例如，有一个待测的突变型 *rII548*，它和缺失突变型 *A105* 和 *638* 能发生重组而和其余 5 个都不发生重组(图 5.18)，就可以知道它的位置在区域 A5 中。然后进一步利用位于 A5 中的三个缺失突变型 *1605*、*1589*、*PB230* 进行第二次测验。根据同一原理，可以把 *rII548* 定位在 A5 的 a、b、cl、c2 或 d 的某一位置上。可见只要有大量的缺失突变型就可以使定位非常精确。缺失定位法固然可以用在一般的基因定位工作中，但是更适用于基因精细结构分析，它的唯一的缺点是需要事先积累许多缺失突变型。

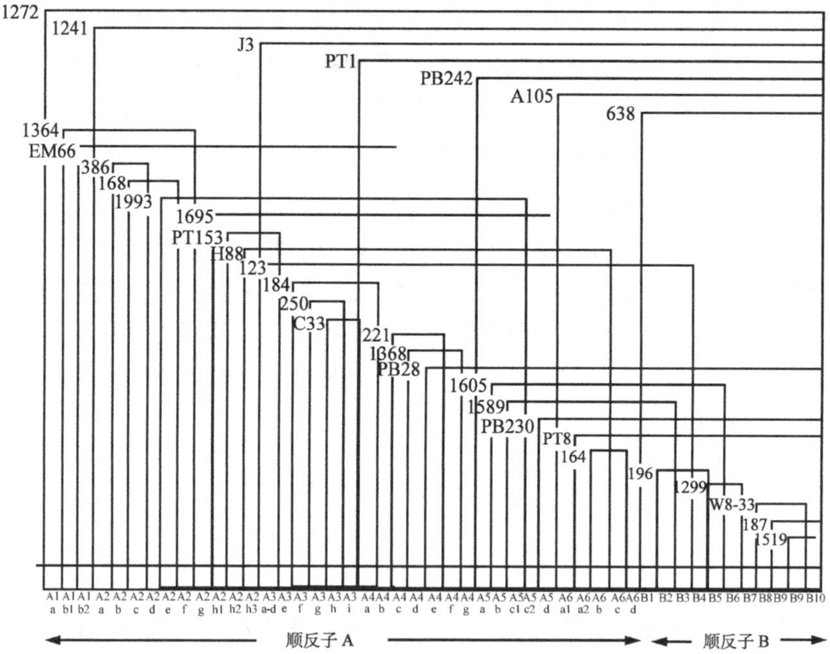

图 5.17　噬菌体 T4 的 *rII* 缺失突变型的缺失部位[10]

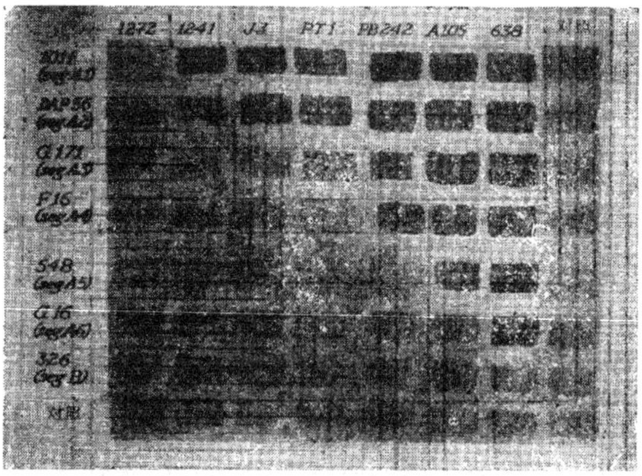

图 5.18　噬菌体 T4 的 *rII* 突变型的缺失定位[10]

横行是 7 个标准缺失突变型；纵行是待测突变型，括号中注明它们所在的区域，少数噬菌斑是所测 *rII* 突变型的回复子的噬菌斑

两点测验

如果所要测定的突变型本身可以作为选择性标记，那么重组频率的测定主要是根据选择性培养基上出现的重组子菌落数。不过由于上面已经讨论过的理由，在转导实验中频率最好不以一定量的受体细菌或一定数量的转导噬菌体中的重组子来计算，而应以和另一不连锁的基因的转导频率之比计算。

例如，在大肠杆菌的色氨酸缺陷型(*trp*)的重组测验中，用 $his^{+}trp_{x}$ 作为供体，$his\ trp_{y}$ 作为受体，*his* 是离 *trp* 基因座较远的组氨酸基因。重组通过转导进行，用噬菌体 Plkc 感染供体细菌，取得所释放的噬菌体，以几倍于受体细菌的噬菌体去感染受体细菌，然后将受体细菌接种到含有色氨酸的基本培养基上，再测定 his^+转导子中的 trp^+转导子数。重组频率可用 $trp^+/his^+\times100\%$表示。部分实验数据见表 5.5。

表 5.5　大肠杆菌的色氨酸缺陷型的转导实验结果[11]

供体基因型	受体基因型								
	his trpA1			*his trpA2*			*his trpA3*		
	trp^+	his^+	t^+/h^+ %	trp^+	his^+	t^+/h^+ %	trp^+	his^+	t^+/h^+ %
his^+ *trpA1*	0	约 5000	—	1169	38 030	3.1	2	15 038	0.013
his^+ *trpA2*	1313	31 376	4.2	0	约 5000	—	477	29 812	1.6
his^+ *trpA3*	2	33 402	0.006	597	39 390	1.5	0	约 5000	—
his^+ *trpA4*	897	38 722	2.3	548	37 130	1.5	76	29 832	0.26
his^+ *trpB1*	—	—	—	109	2890	3.8	—	—	—
his^+ *trpB3*	309	6 100	5.1	788	23 228	3.4	—	—	—
his^+ *trpB4*	—	—	—	256	2180	12	—	—	—

从表 5.5 中的数据可以看到突变型中以 *A1* 和 *A3* 距离最近，正反转导实验的重组频率是 0.006%和 0.013%。在这里可以看到，重组频率测定的灵敏度虽然很高，可是精确度却较低。比较各个组合的重组频率，可以得到下面这一遗传学图(图 5.19)。

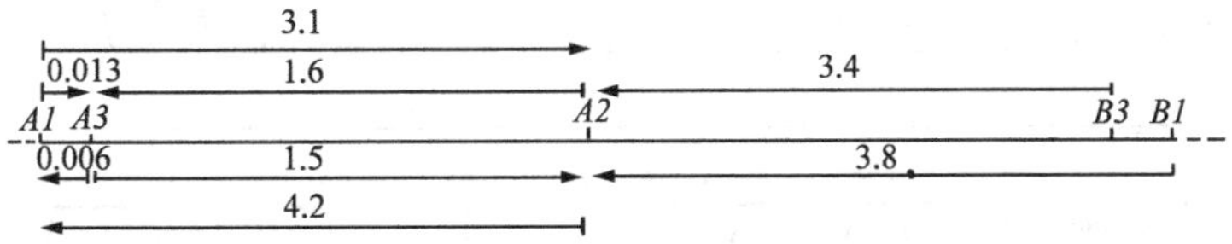

图 5.19　从表 5.5 中的数据得到的色氨酸合成酶基因的精细结构图

图箭头方向是由供体指向受体

按照加减原则，*A1-A3* 的距离加上 *A3-A2* 的距离应该等于 *A1-A2* 的距离，可是由于实验的精确度的限制，使得实际数值相差很远。即使这样，由于 *A1-A2* 距离显然比 *A3-A2* 的距离大，所以可以认为这三个位点的次序应该是 *A1-A3-A2*。不过 *A2-B3* 和 *A2-B1* 的重组频率很接近，使得在这里较难判断实际顺序是 *A2-B3-B1* 还是 *A2-B1-B3*。下面讲到的三点测验方法将有助于对非常接近的位点的顺序进行判断。

在上述实验中所要测定重组的基因 *trp* 本身是选择性标记。如果所要测定的突变型不便于作为选择性标记，那么必须依靠其他基因作为选择性标记。例如，在上面已经讲到过乳糖发酵基因 *lacZ* 等，对于这些基因也都曾进行过精细结构分析。以基因 *Z* 来讲，如果要测定突变位点 Z_A 和 Z_B 的距离，可以采用杂交 Hfr$T^+L^+Z_AS^s\times F^-TLZ_BS^r$，把 T、L 和 S 作为选择性标记，用

$$\frac{T^+L^+Z^+S^r}{T^+L^+Z^+S^r+T^+L^+ZS^r}\times100\%$$

表示重组频率。曾经测得突变位点之间的最小重组频率约是 0.003%。

如果在待测的一些突变位点旁有一个紧密连锁的基因，那么可以用共转导方法测得各个突变位点相对于紧密连锁的这一基因的排列顺序。

三点测验

上面已经指出微生物的基因精细结构分析虽然分辨力很高，但是精确度较差。所以对于两个十分接近的突变位点来讲，不难通过重组分析证实它们不是全同等位的，但是要确定它们对于第三个突变来讲的排列顺序却比较困难。在这种情况下三点测验是一个有效的测定方法。它所根据的原理和经典遗传学中的三点测交的原理是一样的。

在对大肠杆菌的乳糖发酵缺陷型的一些突变位点的顺序的分析中，已经知道腺嘌呤基因和基因 Z 是紧密连锁的，所以可以比较 Hfr $T^+L^+Z_A^+\ Z_B^+\ ade^+S^s\times \mathrm{F}^-TL\,Z_A^+\ Z_B\ adeS^r$ 和 Hfr $T^+L^+Z_A^+\ Z_B\ ade^+S^s\times \mathrm{F}^-TL\,Z_A\ Z_B^+ade\ S^r$ 这两个正反杂交的结果，从而推断相对于 ade 基因来讲 Z_A 和 Z_B 的顺序。具体地讲，只要比较在含有链霉素的基本培养基上的乳糖发酵菌落的多少就可以知道它们的顺序。如果在前一杂交中乳糖发酵菌落多于后一杂交，那么排列顺序是 $Z_A^+Z_B\,ade$，如果后者多于前者，那么排列顺序是 $Z_BZ_A\,ade$(图 5.20)。

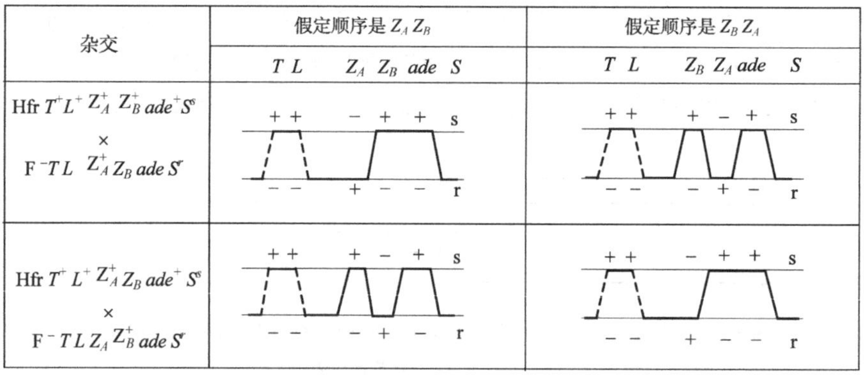

图 5.20　通过三点杂交实验结果推断乳糖发酵缺陷型 ZA 和 ZB 相对于 ade 基因座的排列顺序
连接上下供体和受体染色体的斜线表示要得到能在这含链霉素的基本养基上生长的杂交子代所必须发生的交换

四点测验

如果在两个相接近的突变位点 a_1、a_2 的两旁各有一个紧密连锁的标记 x 和 y，那么在 $x\ a_1\ y^+\times x^+\ a_2\ y$ 杂交中选择 a_1 和 a_2 的重组子，然后比较重组子中 xy 和 x^+y^+类型的多少，只要发现 xy 和 x^+y^+数相差很大，就可以知道 a_1 和 a_2 的相对位置(图 5.21)。

由于 a_1 和 $a2$ 的距离很小，而且它们和 x 以及 y 的距离也很小，所以在 a_1 和 a_2 之间发生了一个交换而同时在它们和 x 或 y 之间又发生一次交换的机会很小。因此从图 5.21 可以看到如果几个突变位点的排列顺序是 x- a_1- a_2-y，那么在 $a_1^+\ a_2^+$重组子中必然是 $x^+y^+>xy$；相反地，如果排列顺序是 x- a_2- a_1-y，那么 $a_1^+\ a_2^+$重组中必然是 $xy>x^+y^+$。

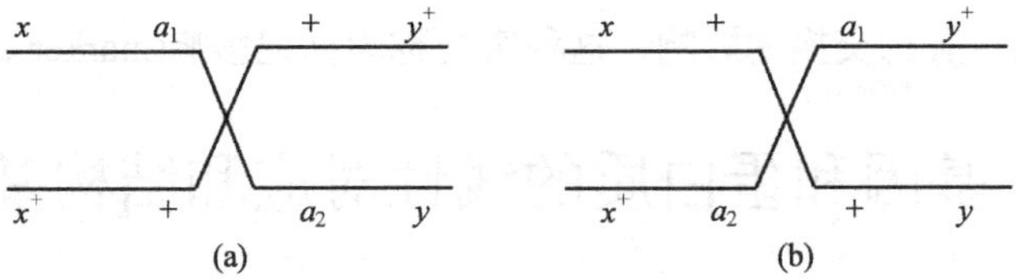

图 5.21 判断拟等位突变位点位置的四点测验法原理

(a) $x^+y^+>xy$；(b) $xy>x^+y^+$

其他方法

在进行体细胞交换的微生物中，基因精细结构还可以通过 X 射线诱发的杂合子的体细胞交换来测定(图 5.22)。测定的原理和莱哈衣藻中的通过纯合化的基因定位方法相同。

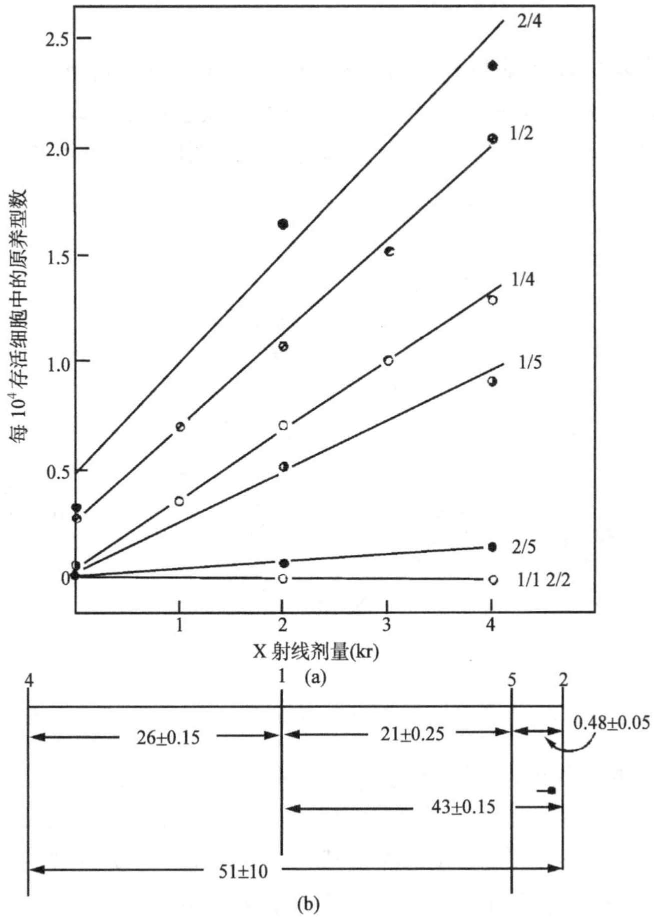

图 5.22 酿酒酵母中应用 X 射线诱发体细胞交换方法所进行的精氨酸基因 *arg4* 的精细结构分析[12]

1~5 是 *arg4* 的突变型编号，2/4 表示 *arg4-2*/*arg4-4* 杂合体经不同剂量的 X 射线照射后出现的原养型重组体数

(a) 表示 X 射线剂量和原养型数的关系的曲线；(b) 由 A 图的斜率所推算的突变位点的排列次序和位点间距离

在极化子的基因精细结构分析中，可以利用极化现象来测定突变位点的相对位置，因为在一个极化子中基因转变频率呈梯度。

在基因精细结构分析中，一般面临的困难是愈是接近的位点，愈不容易得到准确的数值。原因并不完全是实验操作上的，而且也是实质性的，它来源于突变位点本身的特点对于非常接近的位置的交换的影响，这种影响称为标记影响(marker effect)。

第四节　基因和蛋白质的线性对应和结构基因概念

在说明了什么是基因以及基因的精细结构的分析方法以后，现在可以对基因和蛋白质的结构关系进行分析。

大肠杆菌的色氨酸合成酶

大肠杆菌的色氨酸合成酶(tryptophane synthetase)由两个 A 亚基和两个 B 亚基构成，在离体条件下这些亚基很容易分开。A 亚基由 267 个氨基酸构成，这些氨基酸的排列顺序已经分析清楚了。

色氨酸合成酶以及 A 亚基和 B 亚基都有酶活性，A 亚基催化下式中的反应(2)，B 亚基催化反应(3)，两个 A 亚基和两个 B 亚基在一起构成色氨酸合成酶，它除了以上两个反应以外还能催化反应(1)，这反应才是在活体内起主要作用的反应(图 5.23)。

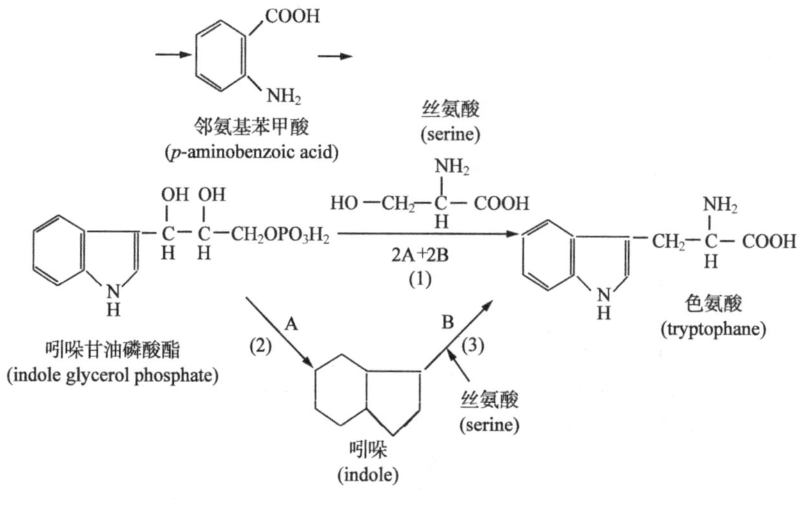

图 5.23　大肠杆菌的色氨酸合成酶(2A+2B)和它的两个亚基(A 和 B)所催化的反应

从一系列色氨酸缺陷型中选择 A 亚基活性丧失的突变型，用转导方法(参看表 5.5)测定这些突变位点的位置(图 5.24)，同时用指纹法(finger printing technique)分析每一个缺陷型的 A 亚基中所不同于正常 A 亚基的氨基酸。发现每一个突变型的 A 亚基和正常 A 亚基的差别一般都是一个氨基酸上的差别。例如，突变型 A3 的 A 亚基和正常 A 亚基的差别是第 48 个氨基酸，在这一位置上正常氨基酸是谷氨酸(Glu)，突变型氨基酸是缬氨酸(Val)或甲硫氨酸(Met)。

从图 5.24 所表示的分析结果可以分别计算各个突变位点之间的距离和相应的各个氨基酸之间的相隔氨基酸数。如果突变位点和氨基酸位置是对应的，那么图距和氨基酸距离之比应该是一个固定数值。表 5.6 的结果证实了这一预测。

在对这些位置十分接近的突变位点的研究中还可以看到重组可以发生在一个氨基酸密码的内部。突变位点 A23 和 A46 这两个位点是非常接近的，它们的重组频率只有

0.001%。通过转导曾经从 A23 对 A46 的转导子中得到了第 210 个氨基酸为甘氨酸所代替的菌株。这一现象可以解释为密码内部所发生的重组的结果。按照表 5.7 的密码表，这一杂交结果可以写作：

A23 CGU(精氨酸) × A46 GAG(谷氨酸)

↓

GGU

(甘氨酸)

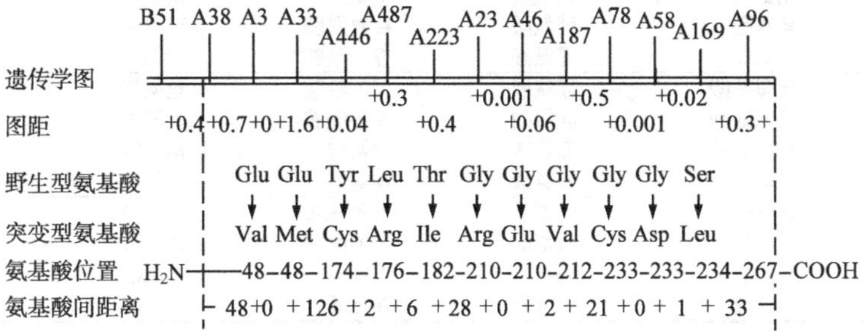

图 5.24　大肠杆菌的色氨酸合成酶 A 亚基基因的精细结构分析结果和 A 亚基的氨基酸序列分析结果的比较[13]

表 5.6　大肠杆菌的色氨酸合成酶 A 亚基基因的突变位点之间的图距和相应的氨基酸之间的相隔氨基酸数的比值[14]

突变位点	a.图距	b.相隔氨基酸数	a./b.
A58~A78	<0.01	0	–
A46~A23	0.002	0	–
A58~A169	0.01	1	0.01
A78~A169	0.015	1	0.015
A46~A187	0.08	2	0.04
A23~A187	0.04	2	0.2
A446~A487	0.04	2	0.2
A487~A223	0.3	6	0.5
A446~A223	0.19	8	0.2
A46~A58	0.44	23	0.2
A46~A78	0.52	23	0.2
A23~A58	0.78	23	0.3
A23~A78	0.85	23	0.4
A46~A169	0.48	24	0.2
A23~A169	0.8	24	0.3
A223~A46	0.44	28	0.2
A487~A46	0.48	34	0.1
A446~A46	0.28	36	0.1
A78~A223	0.61	51	0.1
A169~A487	0.75	58	0.1

表 5.7　遗传密码表

第一位 (5′端)	第二位 U	第二位 C	第二位 A	第二位 G	第三位 (3′端)
U	苯丙氨酸	丝氨酸	酪氨酸	半胱氨酸	U
	苯丙氨酸	丝氨酸	酪氨酸	半胱氨酸	C
	亮氨酸	丝氨酸	终止	终止	A
	亮氨酸	丝氨酸	终止	色氨酸	G
C	亮氨酸	脯氨酸	组氨酸	精氨酸	U
	亮氨酸	脯氨酸	组氨酸	精氨酸	C
	亮氨酸	脯氨酸	谷氨酰胺	精氨酸	A
	亮氨酸	脯氨酸	谷氨酰胺	精氨酸	G
A	异亮氨酸	苏氨酸	天冬酰胺	丝氨酸	U
	异亮氨酸	苏氨酸	天冬酰胺	丝氨酸	C
	异亮氨酸	苏氨酸	赖氨酸	精氨酸	A
	甲硫氨酸	苏氨酸	赖氨酸	精氨酸	C
G	缬氨酸	丙氨酸	天冬酰胺	甘氨酸	U
	缬氨酸	丙氨酸	天冬酰胺	甘氨酸	C
	缬氨酸	丙氨酸	谷氨酸	甘氨酸	A
	缬氨酸	丙氨酸	谷氨酸	甘氨酸	G

噬菌体 T4 的头部蛋白

在噬菌体 T4D 中有一个影响头部蛋白的突变型 *amB17*，*am* 称为琥珀突变型(amber mutant)，它的特性将在以后说明。通过诱变剂的处理，在 T4D 中选得一系列琥珀突变型，然后通过互补测验测得若干和 *amB17* 不能互补的突变型，这些突变型都是头部蛋白缺陷型。

用 ^{14}C 标记曾经测得在感染了噬菌体 T4D 的大肠杆菌细胞中新合成的蛋白质中大约有 80%是噬菌体头部蛋白，所以可以从各个突变型噬菌体感染的细菌中分离得到突变型的头部蛋白。从分析结果可以看到这些蛋白质的分子质量都不相同。另外也可以通过基因重组测定这些突变位点的排列顺序和彼此间的距离。把各个突变型的突变位点和各个突变型的头部蛋白的长短作一比较，可以看到两者之间是线性对应的(图 5.25)。

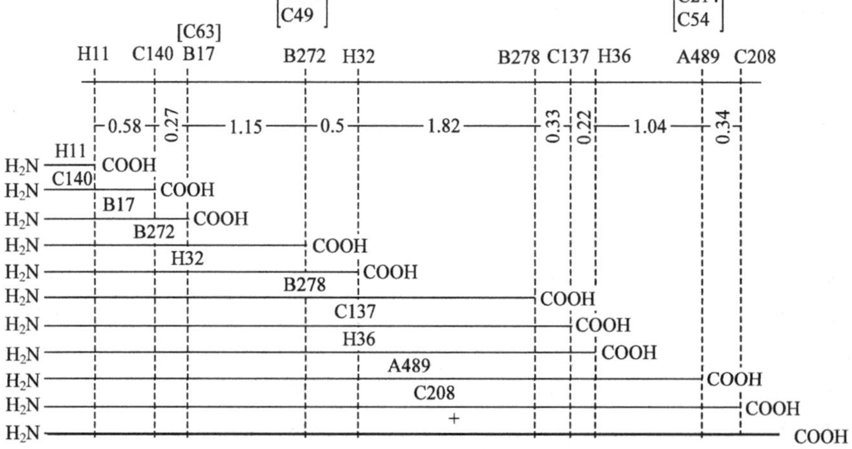

图 5.25　噬菌体 T4D 的各个头部蛋白突变型的突变位点和头部蛋白肽链长短的比较[15]

在这里，基因的某一位点的结构改变会使一种特定蛋白质合成在到达某一相应位置时中断，因此这一实验结果同样证实了基因和蛋白质的线性对应，也就同样充分证实了一个基因一种酶的假设。

在色氨酸合成酶这一例子中，突变使一个氨基酸代替了一个原有的氨基酸。这种突变从遗传密码意义这一角度来看，称为错义突变。转换和颠换可以造成一个密码意义的错误。

在 T4D 头部蛋白这一例子中，突变使蛋白质合成中途停止。这些突变不是使编码某一氨基酸的三联体(triplet)改变成为编码另一氨基酸的三联体，而是使编码某一氨基酸的三联体改变成为一个不代表任何氨基酸的终止密码子，所以这种突变称为无义突变。已经知道在密码中有三个终止密码，它们是琥珀(amber)密码(UAG)、半透明突变型(opaque)密码(UGA)和赭色(ochre)密码(UAA)(表 5.7)。

错义突变和无义突变的关系将在 tRNA 突变型这一节中进一步说明。

结构基因

一个基因一种酶假设是在营养缺陷型的研究中提出的。噬菌体的头部蛋白并不是酶，所以一个基因一种酶假设应该引申为一个基因一种蛋白质假设。但是从许多生物化学研究结果以及从互补群方面的研究结果看来，一个蛋白质不一定由一个肽链构成。另外从对高等动物的血红蛋白和抗体蛋白等方面的研究看来，编码构成一个蛋白质的不同肽链的基因在位置上可以不是邻接的。所以严格地讲，这一假设应该引申为一个基因一种多肽。

凡是编码酶或头部蛋白、血红蛋白、抗体蛋白等肽链的基因都称为结构基因。

核糖体 RNA(ribosomal RNA, rRNA)、转运 RNA(transfer RNA, tRNA)和信使 RNA(messenger RNA, mRNA)也是通过转录形成的，所不同的只是 mRNA 进一步翻译成为多肽，而 rRNA 和 tRNA 则不再翻译成为相应的多肽。因此结构基因的概念可以进一步扩充，包括编码 rRNA 和 tRNA 的染色体部分在内。

多数结构基因所编码的蛋白质都在生理上都起着正面作用，所以基因突变往往带来生理上的缺陷，因此突变基因一般都是隐性的。在这两点上，它往往可以和下一章中将要讨论的一些调节基因区别开来。

第五节　基因的相互作用

几乎任何一种生物的任何一种表型都是基因相互作用的结果。上面也讲到过两个基因各自编码一个多肽，而这两个多肽结合起来成为一种酶，这也是一种基因相互作用。不过更多的基因相互作用属于另一性质，在这里一个基因不直接影响另一基因的作用，并且两个基因又各自编码一种蛋白质，它们的相互作用往往反映在代谢过程的关系上。

在高等动物和植物中往往可以从双基因杂交子二代各种类型的比率来说明这两个基因在作用上的关系。在这一节中，我们将分析微生物中的相应现象以及这些基因在代谢作用中的关系。

一、非等位基因的相互作用

互补基因 (complementary gene)

在高等动物和植物中，两个互补基因的杂交子二代的比率是 9∶7，而不是 9∶3∶3∶1。这意味着两个基因的任何一个发生突变时都会呈现出同一突变型表型，这也就是说正常的表型是通过这两个基因(或者再加上其他基因)的共同作用而出现的。

氨基酸等的生物合成过程中的酶的结构基因之间的关系多数呈互补基因关系。每一个基因编码一种相应的酶，几个基因中的任何一个发生突变后氨基酸等就不能合成，从而使这一生物成为一个营养缺陷型。

在粗糙脉孢菌中，包括两个互补基因的杂交子代有三种子囊类型(图 5.26)。

$A1A2^+$(突变型) × $A1^+A2$(突变型)

↓

PD	$A1A2^+$	$A1A2^+$	$A1^+A2$	$A1^+A2$	4 突变型∶0 野生型
NPD	$A1A2$	$A1A2$	$A1^+A2^+$	$A1^+A2^+$	2 突变型∶2 野生型
T	$A1A2$	$A1A2^+$	$A1^+A2$	$A1^+A2^+$	3 突变型∶1 野生型

图 5.26　粗糙脉孢菌的互补基因杂交子代

累加基因(additive gene)

两个累加基因对于同一表型都显示出某种程度的影响，任何一个基因发生突变时都会使某种表型效应降低而不是使它成为全无。在高等动物和植物中，两个累加基因的杂交子二代比率是 9∶3∶3∶1。

粗糙脉孢菌的胡萝卜色素基因的相互作用具有累加效应。野生型的分生孢子出现橙红色是几种胡萝卜素同时存在的结果，它们由不同的基因所合成。两个基因中任何一个基因发生突变时只会使分生孢子的颜色变得稍浅而不是全无，两个基因同时发生作用时颜色最深，两个基因都发生突变便分生孢子呈白色。所以两个基因的效应是累加的。

在粗糙脉孢菌中，包括两个胡萝卜色素基因的杂交子代有三种子囊类型(图 5.27)。

$A1A2^+$(浅红色) × $A1^+A2$(象牙色)

↓

PD	$A1A2^+$	$A1A2^+$	$A1^+A2$	$A1^+A2$	2 浅红色∶2 象牙色
NPD	$A1A2$	$A1A2$	$A1^+A2^+$	$A1^+A2^+$	2 白色∶2 橙红色
T	$A1A2$	$A1A2^+$	$A1^+A2$	$A1^+A2^+$	4 种颜色(白色、浅红、象牙、橙红)

图 5.27　粗糙脉孢菌中的累加基因杂交子代

隐性异位显性(epistasis)

两个非等位基因发生突变时分别会具有某种表型效应，当这两个突变基因同时存在时，一个基因的表型效应得以呈现，而另一基因的表型效应则隐而不显。这种现象称为异位显性。在高等动物和植物中，两个有异位显性关系的基因的杂交子二代的比率是9∶3∶4。

两个有隐性异位显性关系的基因在代谢作用中的关系可以用曲霉菌的分生孢子颜色突变型为例来说明。

米曲霉、音符青霉和构巢曲霉的分生孢子都是绿色的，从野生型菌株可以得到产白色分生孢子和产黄色分生孢子的突变型。黄色基因和白色基因在一起时孢子呈现白色，所以白色对于黄色是异位显性。

异位显性和互补基因的相互作用的区别在于中间代谢产物是否具有表型效应。可以看到这里的代谢最终产物往往不属于氨基酸、核苷酸这类必要物质。

在构巢曲霉中，黄色和白色突变型的杂交子代有三种子囊类型(图 5.28)。

wY(白)×Wy(黄)

↓

PD	wY	wY	Wy	Wy	2白∶2黄
NPD	wy	wy	WY	WY	2白∶2绿
T	wy	wY	Wy	WY	2白∶1黄∶1绿

图 5.28　构巢曲霉中的异位显性基因的杂交子代

抑制基因(suppressor)

一个突变型在另一突变基因同时存在的情况下如果后者使前者的表型恢复正常，则后一基因称为前一基因的抑制基因。在高等动物和植物中，隐性突变型和隐性抑制基因个体的杂交子二代的比率是13∶3。

抑制基因的作用机制比较复杂，留到下一节中去讨论。

在粗糙脉孢菌中，突变型和具有抑制基因的菌株的杂交子代有三种子囊类型(图5.29)。

Asu 表型野生型× A^+su^+表型野生型

↓

PD	Asu	Asu	A^+su^+	A^+su^+	4野生型∶0突变型
NPD	A^+su	A^+su	Asu^+	Asu^+	2野生型∶2突变型
T	A^+su	Asu	A^+su^+	Asu^+	3野生型∶1突变型

图 5.29　在粗糙脉孢菌中被抑制的突变型和野生型的杂交子代

在任何生物中如果一个回复子和野生型杂交子代中出现突变型，就说明这一回复子不是真正的回复突变而是一个被抑制的突变型。

二、抑制基因作用机制

基因内抑制(intragenic suppression)——**碱基置换抑制**

有关色氨酸合成酶A亚基的许多突变型，以及这些突变型中的氨基酸替代都已在图5.24中说明。

这些突变型常发生回复突变。回复突变有几种类型。在第一种类型中，突变位点上的这一氨基酸恢复成为野生型中原有的种类。例如，野生型的A亚基的第210个氨基酸是甘氨酸，突变型 A46 的这一位置上是一个精氨酸，回复子的这一位置上也是一个甘氨酸。

在第二种类型中突变位点上出现和野生型不同的氨基酸。例如，突变型 A46 的一个回复子的第 210 个氨基酸变为丝氨酸，这个改变同样使色氨酸合成酶完全恢复活性。另一个回复子的第 210 个氨基酸变为苏氨酸，这个改变使酶活性得以局部恢复。这些事实说明对于酶活性来说，每一位置上的氨基酸种类并不都是绝对不可以替换的。

在第三种类型中突变位点上的这一氨基酸并没有发生变化，而在另一位置上发生了另一氨基酸变化。例如，突变型 A46 的一个回复子的第 210 个氨基酸仍然是谷氨酸，可是它的第 174 个氨基酸却由野生型的酪氨酸变为半胱氨酸。通过和野生型的杂交，可以把第二个突变位点和第一个突变位点分开，从而得到只包括第 174 个氨基酸发生变化的突变型 A446。A446 本身也没有色氨酸合成酶活性，可是和 A46 在一起时，A46 A446 便编码一个具有酶活性的蛋白质。在这里可以说 A446 抑制了 A46，也可以说 A46 抑制了 A446，此外，也曾经报道过许多本身不具任何表型效应的基因内抑制。

A446 并不是对于任何突变位点都具有抑制作用。例如，A446 A23 或 A446 A187 都还是突变型。

这些抑制基因突变都发生在突变基因的内部，所以称为基因内抑制，它们所抑制的是置换突变。

基因内抑制——移码抑制

移码突变是由一个核苷酸或少数几个核苷酸的缺失或插入而造成的结果。由于这一缺失或插入，使这一核苷酸以后的密码的意义都发生了变化。对于缺失一个核苷酸的突变(常写作–)来说，同一基因另一位置上的一个核苷酸的插入(常写作+)，就能抵消前一突变的作用而使后一突变位点之后的编码恢复正常，唯一的条件是保证两个突变位点之间的密码变化对于所编码的蛋白质的功能没有显著的影响。

例如，噬菌体 T4，经吖啶橙处理后可以得到 *rII* 突变型。再经吖啶橙处理可以从这些突变型中得到回复子。将这种回复子和野生型进行杂交时，有两种情况出现。或是杂交子代全部都是野生型，说明这是真正的回复突变；或是杂交子代中出现 *rII* 突变型，说明回复子中包含有抑制基因。(–)突变型和(+)突变型都是 *rII* 突变型，它们互相又都是抑制基因。这情况正像 A46 和 A446 的关系一样，不过两者的抑制机理是不同的。移码的抑制是通过密码的校正而实现；基因内的置换的抑制则可以设想是通过对于蛋白质构型的校正而实现。

应该附带指出，噬菌体 T4 中的 *rII* 突变型研究为遗传密码子的三联体概念提供了有力的证据。因为不但一个(–)突变型和一个(+)突变型的结合会出现野生型表型，而且三个(–)或者三个(+)突变型的结合同样也会带来野生型表型。

基因间抑制(intergenic suppression)—— 代谢补偿或功能替代

当发生基因内抑制，在被抑制的基因中发生了另一结构改变。而当发生基因间抑制时被抑制的基因并不发生结构改变，而是抑制基因通过代谢作用的补偿或功能上的替代或是通过翻译过程中的校正作用使表型恢复正常。

在粗糙脉孢菌中精氨酸和嘧啶通过同一中间代谢产物氨甲酰磷酸合成(图 5.30)。

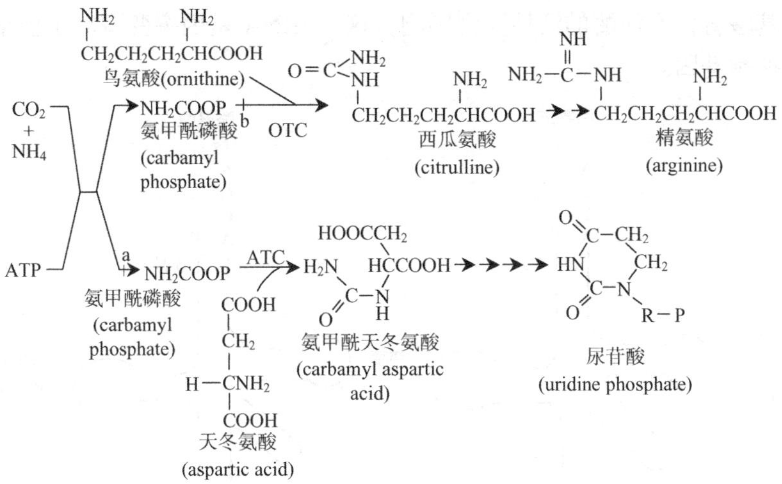

图 5.30　粗糙脉孢菌的精氨酸合成途径和嘧啶合成途径的关系和抑制基因的作用机制[16]

氨甲酰磷酸和鸟氨酸为鸟氨酸转氨甲酰酶(ornithine transcarbamylase, OTC)所催化成为西瓜氨酸，后者进一步转变成为精氨酸；氨甲酰磷酸和天冬氨酸为天冬氨酸转氨甲酰酶(aspartate transcarbamylase, ATC)所催化成为氨甲酰天冬氨酸，后者进一步转变为尿苷酸。

虽然这两个合成代谢途径都以氨甲酰磷酸为前体，可是在粗糙脉孢菌中，精氨酸合成在线粒体中进行，而嘧啶合成则在细胞核中进行。由于这一缘故，曾经得到一个遗传性障碍发生在氨甲酰磷酸以前(图 5.30 中的 a)的突变型，它是一个嘧啶缺陷型却并不是一个精氨酸缺陷型。另一突变型(图 5.30 中的 b)的 OTC 酶活性虽然只有野生型的 2%~3%，可是足以合成足够量的精氨酸，所以这一突变并不使它成为精氨酸缺陷型。不过由于这一代谢障碍之前的氨甲酰磷酸的积累，却使嘧啶的合成可以克服前一突变所造成的障碍(图 5.30 中的 a)而得以进行。因此双重突变菌株的表型得以恢复成为野生型，换句话说后一突变型(图 5.30 中的 b)成了前一突变型(图 5.30 中的 a)的抑制基因。

此外，如果突变基因 y 所编码的蛋白质能够替代野生型基因 x^+所编码的蛋白质，那么 y 便是 x 的抑制基因。这里 y 对 x 并没有施行转录、翻译或蛋白质构型方面的校正作用。

突变型 tRNA

另一类基因间抑制基因是 tRNA 基因突变。这一类抑制基因主要对于无义突变起作用。无义突变使编码某一氨基酸的密码子(codon)变为终止密码，因此蛋白质合成到达终止密码时就会停止，从而合成较野生型蛋白质短的肽链。某些 tRNA 基因发生突变的结果使转录所生成的是带有不同于正常反密码子(anticodon)的 tRNA，这些反密码子能识别终止密码，因此这些突变型 tRNA 能把某些氨基酸放在终止密码的位置上，从而使蛋白质合成能够继续进行。

例如，大肠杆菌中有一个抑制基因 *su3*，它能使一个无义琥珀突变型的终止密码位置上出现一个酪氨酸而使蛋白质合成能通过终止密码而继续进行。酪氨酸的密码是 UAC，酪氨酸 tRNA 的反密码是 AUG。如果酪氨酸 tRNA 的基因发生突变而使反密码子变成 AUC，它就能识别琥珀密码 UAG 而把一个酪氨酸放到终止密码位置上(图 5.31)。

只要这一氨基酸替代不使酶的活性受到影响，这一 tRNA 基因突变型对于琥珀突变型来讲便是一个抑制基因。

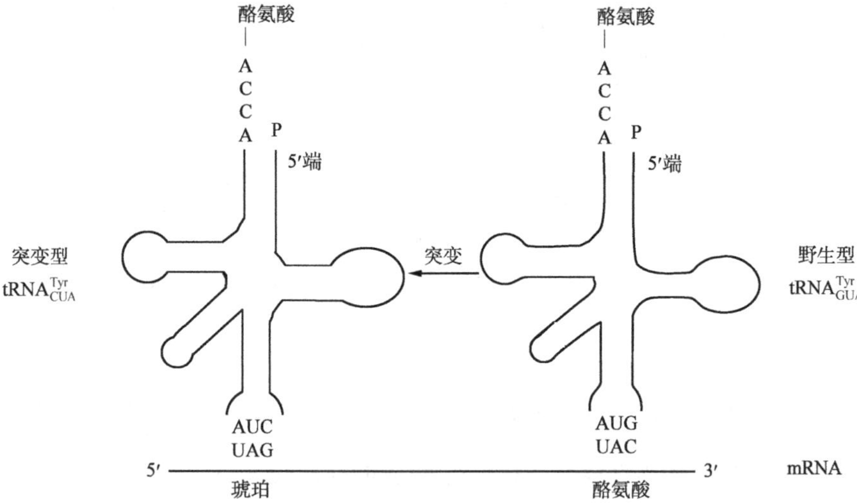

图 5.31　突变型酪氨酸 tRNA 的抑制作用机制

除了酪氨酸 tRNA 基因的突变型是终止密码突变型 UAG 的抑制基因以外，其他某些tRNA基因的突变型也可以作为它的抑制基因。例如，亮氨酸密码是UUG，亮氨酸tRNA的反密码子是 AAC，如果亮氨酸 tRNA 基因发生突变可使它的反密码子变为 AUC，那么这一 tRNA 便同样能识别终止密码 UAG，可是这时出现在终止密码位置上的氨基酸将是亮氨酸，而不再是酪氨酸。可以预期凡是密码和终止密码 UAG 只有一字之差的氨基酸的 tRNA 基因都可以通过突变而成为这一终止密码突变的抑制基因，并且由于抑制作用而使终止密码位置上出现各种不同的氨基酸(图 5.32)。

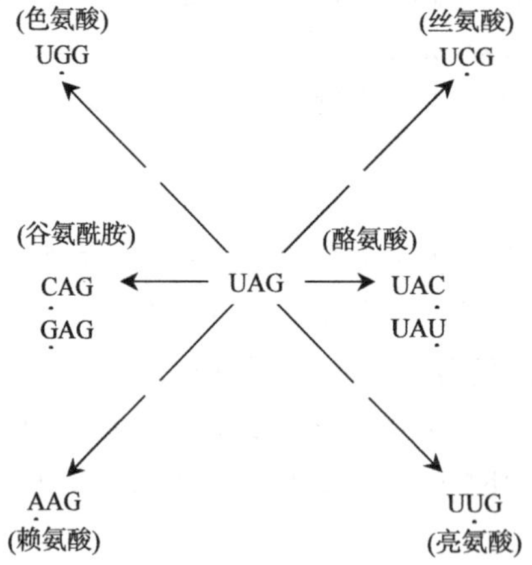

图 5.32　通过 tRNA 基因突变而在终止密码位置上出现的氨基酸，黑点表示由于突变而成为与终止密码 UAG 相同的碱基

终止密码 UAG 和 UAA 同样可以为 tRNA 基因的突变型所抑制，而且同样在终止密

码的位置上会出现不同的氨基酸。在大肠杆菌中曾经得到一系列终止密码的抑制基因，它们的特性见表 5.8。

表 5.8 大肠杆菌的终止密码抑制基因[17]

抑制基因(位置)	被抑制的突变型	终止密码位置上出现的氨基酸	抑制效率/%
supD(43) *su-1*(su_I)	UAG	丝氨酸	28
supE(16) *su-2*(su_{II})	UAG	谷氨酰胺	14
supF(27) *su-3*(su_{III})	UAG	酪氨酸	55
supC(27) *su-4*(su_C)	UAG UAA	酪氨酸	16 12
supG(17) *su-5*	UAG UAA	赖氨酸	5 6
supP(97) *su-6*	UAG	亮氨酸	–
supU(85) *su-7*	UAG	谷氨酰胺	–
supV(85) *su-8*	UAG UAA	–	–
– *su-9*	UGA	色氨酸	–
supB(16) su_b	UAG UAA	谷氨酰胺	–

终止密码发生回复突变时也会在终止密码位置上出现表 5.8 所列的氨基酸。这现象在酵母菌同功细胞色素 c 的终止密码回复突变中已得到证实。

这里值得提出的一个问题是为什么 tRNA 突变型并不是致死突变型。例如，让我们看一看琥珀突变型和酪氨酸密码子的关系。酪氨酸的密码是 UAC，如果由于突变而变成 UAG，那么蛋白质合成到达一个酪氨酸时便终止了。酪氨酸 tRNA 突变型由于识别琥珀密码，所以能把酪氨酸安放到并非它原来应该占有的位置，从而解除了终止密码的突变效应。可是它却失去了识别正常酪氨酸密码的能力，因此许多正常蛋白质反而变为异常了。这样岂不会引起致死效应了吗？事实上酪氨酸 tRNA 突变型并不致死的原因是酪氨酸 tRNA 基因在大肠杆菌中至少有三个，两个基因是完全相同的，另一个基因则编码另一 tRNA，它的核苷酸顺序和前两个基因所编码的略有不同。由于这一缘故，一个基因发生突变而成为抑制基因以后，另外两个基因仍然可以通过转录产生正常的 tRNA。

tRNA 突变型可能导致的另一后果是突变型 tRNA 能识别琥珀密码子，按理也能识别天然的终止密码，而把它错译为氨基酸。这样岂不把同一操纵子的几个蛋白质都连接在一起，因此甚至可能带来致死效应吗？事实却非如此，这可能是因为翻译的终止往往并不只靠一个终止密码。

tRNA 抑制基因的作用对象不限于无义密码，错义密码和移码突变都可以为 tRNA 突变所抑制。例如，色氨酸合成酶 A 亚基突变型 A36 是由于 GGA(甘氨酸)→AGA(精氨酸)置换的结果。例如有一个抑制基因，它所编码的甘氨酸 tRNA 能识别 AGA 密码，因此它能在精氨酸位置上安放甘氨酸，这就是对于错义密码的抑制。不过这里又出现和无义密码抑制基因相类似的问题，如果突变 tRNA 把所有的精氨酸都读成是甘氨酸，那岂不会像发生了许多突变那样可能带来致死效应吗？可事实并非如此，原因主要也是 tRNA 基因往往不止一种，所以一种突变型 tRNA 把甘氨酸安放到精氨酸位置上去，另一种正常的 tRNA 还是可以把甘氨酸放到应有的位置上去，这样就能避免前一种 tRNA 所带来的致死作用。不过正因为这样，所以抑制基因的抑制效率不高，而且许多这类突变型还是半致死的。可见同一原因使抑制基因免于致死，同时使抑制作用不能充分发挥，抑制基因的抑制效率一般不超过 60%(表 5.8)。

在沙门氏菌中，曾经发现若干能抑制移码突变的抑制基因，它们对于无义突变和错义突变都没有抑制作用。可以设想某些氨基酸 tRNA 的反密码子通过突变而成为四个而不是三个相同的碱基，这样一个 tRNA 就可以把一个正常的氨基酸放在移码突变的增加一对核苷酸的位点上去。例如，甘氨酸的密码是 GGG，一个移码突变是 GGGG。一个抑制基因的反密码子由 CCC 变成 CCCC，它所携带的是甘氨酸，可是它所识别的是 GGGG，因此它可以把这一移码突变位点读成甘氨酸而使蛋白质合成能正常地进行。

条件致死突变型在基因作用的研究中起着重要的作用，在第七章中还将专门讨论条件致死突变型噬菌体方面的研究工作。在这里将讨论一种条件致死突变和抑制基因的关系。

噬菌体中有这样一类条件致死突变型；它能在某一寄主中复制但不能在另一寄主中复制。能容许突变型在细胞中复制的寄主称为许可性寄主(permissive host)，不能容许突变型在细胞中复制的寄主称为非许可性寄主(nonpermissive host)。

寄主细胞对于所感染的噬菌体的这种限制作用不同于上面所讲的细菌的限制酶对于噬菌体 DNA 的限制作用。限制酶的分解作用对于野生型噬菌体和突变型噬菌体是一视同仁的，因为极少有突变会影响限制酶的识别位点。除非噬菌体发生限制酶识别位点的某种突变，这时寄主细菌对它的限制作用才会减弱。

这里所讲的寄主对于噬菌体的复制的影响，是因为噬菌体发生琥珀突变等终止密码突变而造成的。例如，上面所讲的一系列影响噬菌体 T4D 头部蛋白合成的突变型便是根据突变型只能在寄主大肠杆菌 CR63 中进行正常复制，而不能在寄主 B 中进行正常复制这一特性而筛选得到的。上面已经说明这些头部蛋白缺陷型都是琥珀突变型。它们之所以能在寄主 CR63 中进行复制是因为 CR63 中有一个抑制基因，它能够抑制噬菌体的琥珀突变而使头部蛋白能够合成。寄主基因对于噬菌体的影响在第二章中已有先例，这就是细菌的寄主细胞复活基因以及 SOS 系统对于 DNA 受到紫外线处理而发生损伤的噬菌体的修复作用。

核糖体突变型

在基因突变这一章中已经指出大肠杆菌的链霉素抗性基因(*str-r*)位置在 72min，它编码核糖体 30S 亚基的 S12 蛋白，链霉素依赖型(*str-d*)和链霉素抗性基因曾经通过噬菌体 P1 转导证明是等位的。

对于野生型细菌来讲，链霉素能和核糖体的 30S 亚基相结合，从而引起翻译过程中遗传密码的错读。抗药性突变是核糖体蛋白 S12 的结构发生改变的结果，这改变使核糖

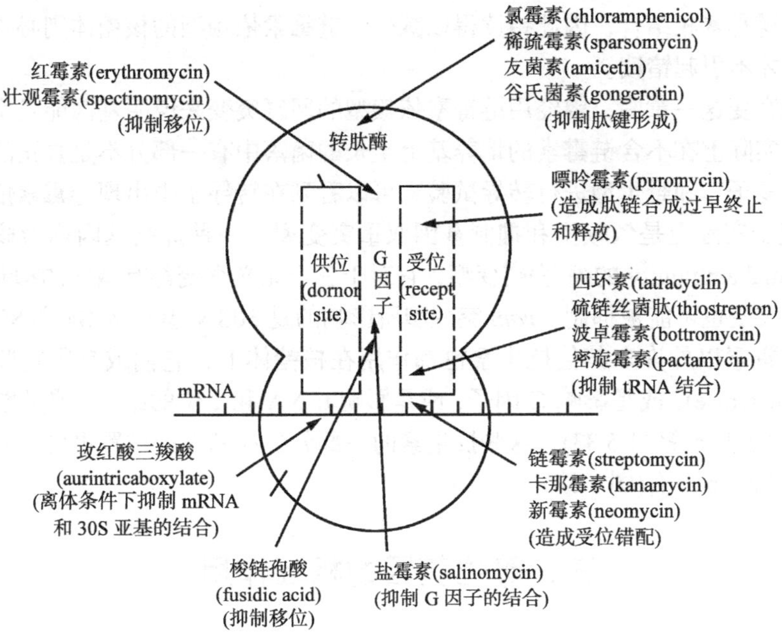

图 5.33　影响核糖体作用的抗生素的作用机制

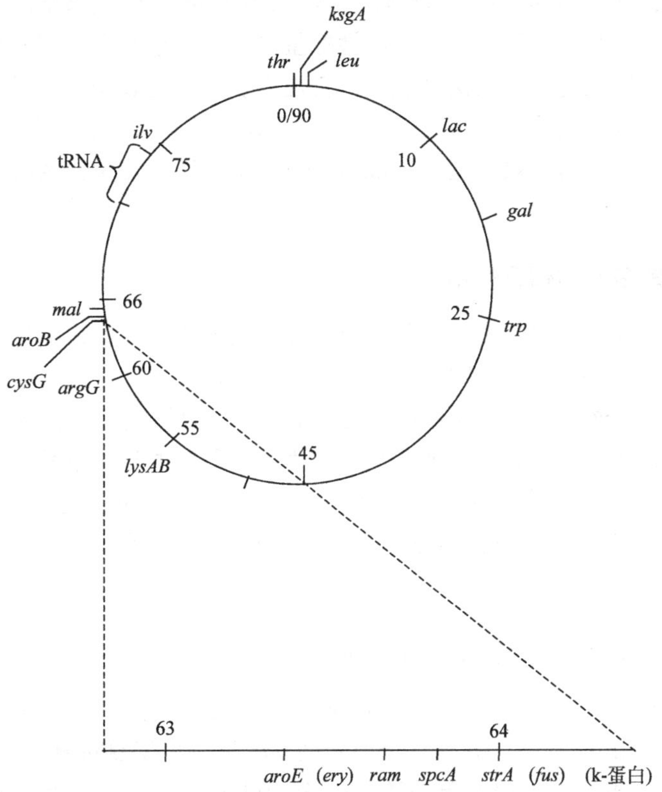

图 5.34　大肠杆菌的染色体图，放大与核糖体有关的部分[18]

aro：芳香族氨基酸(aromatic amino acids)，*ery*：红霉素(erythromycin)抗性，*ram*：核糖体多义(ribosomal ambiguity)，*spc*：壮观霉素(spectinomycin)抗性，*ksg*：春雷霉素(kasugamycin)抗性，*str*：链霉素(streptomycin)抗性，*fus*：梭链孢酸(fusidic acid)抗性等基因

体不容易和链霉素相结合，因此错读得以减少。链霉素依赖型的核糖体则必须和链霉素素相结合时才不引起错读。

在基因突变这一章中，曾经用链霉素依赖型的回复突变来说明基因能发生回复突变这一特性。实际上在不含链霉素的培养基上生长的菌落中有一部分不是真正的回复子，把这些“回复子”和野生型进行转导试验，可以看到在转导子中出现链霉素依赖型，说明这些回复子实际上是依赖型和抑制基因双重突变型。一种抑制基因称为核糖体多义(*ram*，ribosmal ambiguity 的缩写)突变型，它对于三个无义突变都有微弱的抑制作用，而且某些移码突变也可能被抑制。*ram* 突变型所影响的是 30S 亚基中的 S4 和 S5 蛋白。

除了链霉素以外许多其他抗生素也都作用在核糖体上，它们或是影响肽基转移酶(peptidyl transferase)，或是影响 G 因子，或是影响 tRNA 和受位的结合，或是影响 mRNA 和 30S 亚基的结合等(图 5.33)。这些抗生素的一部分抗性基因的位置也已经测定，它们的位置都在 72min 左右(图 5.34)。

三、等位基因的相互作用

野生型基因和它的突变型等位基因间一般没有什么相互作用可说(基因转变并不是等位基因之间的相互作用的结果，这已经在第三章中说明)。野生型基因编码一个具有活性的蛋白质，突变型基因编码一个不具活性的蛋白质，当这两个基因同处在一个细胞中时，有活性的蛋白质通过它的酶活性或其他特性表现一定的表型；不具活性的蛋白质除非用免疫血清反应等方法才能测得它的存在，对于表型效应来讲它的存在和不存在一样，所以这些突变型可以称为无效突变型(amorph mutant)。但是在少数情况中可以看到等位基因之间也会发生相互作用。

等位基因所编码的多肽的相互作用

关于粗糙脉孢菌中谷氨酸脱氢酶的研究已经在互补群一节中讲到过。突变型 *am-19* 的谷氨酸脱氢酶失去它正常的活性，在异核体形成测验中，发现野生型(*am-4*)和突变 *am-19* 虽然能形成异核体，但是生长却不及野生型。在离体实验中，发现 *am-19* 的谷氨酸脱氢酶亚基和野生型基因编码的亚基结合成为活性下降的谷氨酰胺脱氢酶。这便是一种等位基因之间的相互作用。如果这种酶的活性对于某些生理或形态效应十分关键的话，它的活力的降低可能会导致正常表型不再出现。这种突变型就成了所谓的反效突变型(antimorph mutant)了。

超显性(overdominance)和共显性(codominance)

粗糙脉孢菌中有一个需要磺胺的突变型 *sfo*，它的生长为对氨基苯甲酸(paraminobenzoic acid)所抑制。另外一个突变型 *pab* 是一个需要对氨基苯甲酸的突变型。双重突变型 *sfo pab* 既需要对氨基苯甲酸，又需要磺胺，需要量大约是 1 对氨基苯甲酸：1000 磺胺。

由双重突变型 *sfo pab* 和需要磺胺的突变型 *sfo pab*$^{+}$所组成的异核体可以在既没有磺胺也没有对氨基苯甲酸的培养基上生长。这一异核体显然不同于两个营养缺陷型所组成的异核体。在两个营养缺陷型所组成的异核体中，两种核互相补足彼此不足之处，从而使异核体得以生长，这是两个非等位基因之间发生相互作用的结果

在异核体 $\frac{sfo\ pab}{sfo\ pab^{+}}$ 中发生相互作用的是等位基因 *pab* 和 pab^{+}。可以设想在 *sfo pab* 菌株中由于 *pab* 基因发生突变而使它失去合成对氨基苯甲酸的能力，因此它需要这一物质。在 *sfo* pab^{+}菌株中则由于产生过多的对氨基苯甲酸，因而在培养基中再加入额外的对氨基苯甲酸时便会对它发生抑制作用。在异核体中 *pab* 基因和 pab^{+}基因的作用正好能取长补短而产生适当量的对氨基苯甲酸，这一量可以满足突变型 *pab* 的需要，而又不足以抑制 *sfo* 的生长，因而异核体可以正常地生长。

这种单一基因的杂合子的表型超出于两个纯合子的现象称为超显性。所谓共显性是指在杂合子中两个等位基因同时具有表型效应的现象。一般两个等位基因所编码的两种蛋白质之间没有相互作用，而且对于编码酶蛋白的基因来讲，总是正常基因得以表现而突变型则是隐性的。人类 ABO 血型中的 I^{A} 基因和 I^{B} 基因是共显性基因。在分子水平上，编码正常酶蛋白的基因和编码交叉反应物质的突变基因之间的关系也和 I^{A} 和 I^{B} 基因一样可以看为是共显性的。

四、基因作用的多效性问题

基因作用是不是多效性(pleiotropy)的，这是经典遗传学中一个经常引起争论的问题。由于在高等动物和植物中基因突变的表型效应往往是一系列复杂的分化发育过程的最后结果，所以虽然多数突变同时带来许多表型变化，可是很难从这些研究工作中回答基因的原始作用是否多效这一问题。而在微生物中基因作用较便于研究，所以对于这一问题也不难得到明确的答案。

假多效性

从关于营养缺陷型的讨论中我们已经可以看到即使在简单的生物如细菌中，一个突变往往会带来多方面的表型效应。例如，营养缺陷型不但表现为营养上的特殊需要，也常表现为代谢中间产物的积累，这一积累物可能转变为一种色素而使突变型呈现某种形态特征(例如，粗糙脉孢菌和酿酒酵母中的某些腺核苷缺陷型的菌落是红色的)，它也可能带来其他生理上的特征。营养缺陷型也可能由于它的代谢作用的抵偿，而表现为对于另一突变型的抑制作用。

在一些致病细菌中也常报道致病性和其他特性往往发生伴同的变异,例如，致病性的减退常伴随着以下这些生理或形态变化：①菌落由光滑型(S)变为粗糙型(R)；②某一抗原性的消失；③更容易为盐类所凝集；④对于噬菌体的敏感性的改变。这些特性都可以用一个基因突变所引起的细胞膜的脂多糖成分的改变来解释。以上这些例子都可以称为假多效性。

假多效性的另一典型例子是一个突变造成对于两种不同氨基酸的需要。在粗糙脉孢菌和大肠杆菌中都有一个突变造成同时需要异亮氨酸和缬氨酸的情况，而且都已经证实

确是一个基因发生突变的结果，而不是并发突变或两个基因的缺失。这一多效性的原因是缬氨酸和异亮氨酸的合成途径中的许多类似的反应都由同一种酶所催化(图 5.35)，因此其中任何一个基因突变都会使粗糙脉孢菌或大肠杆菌成为一个缬氨酸、异亮氨酸缺陷型。

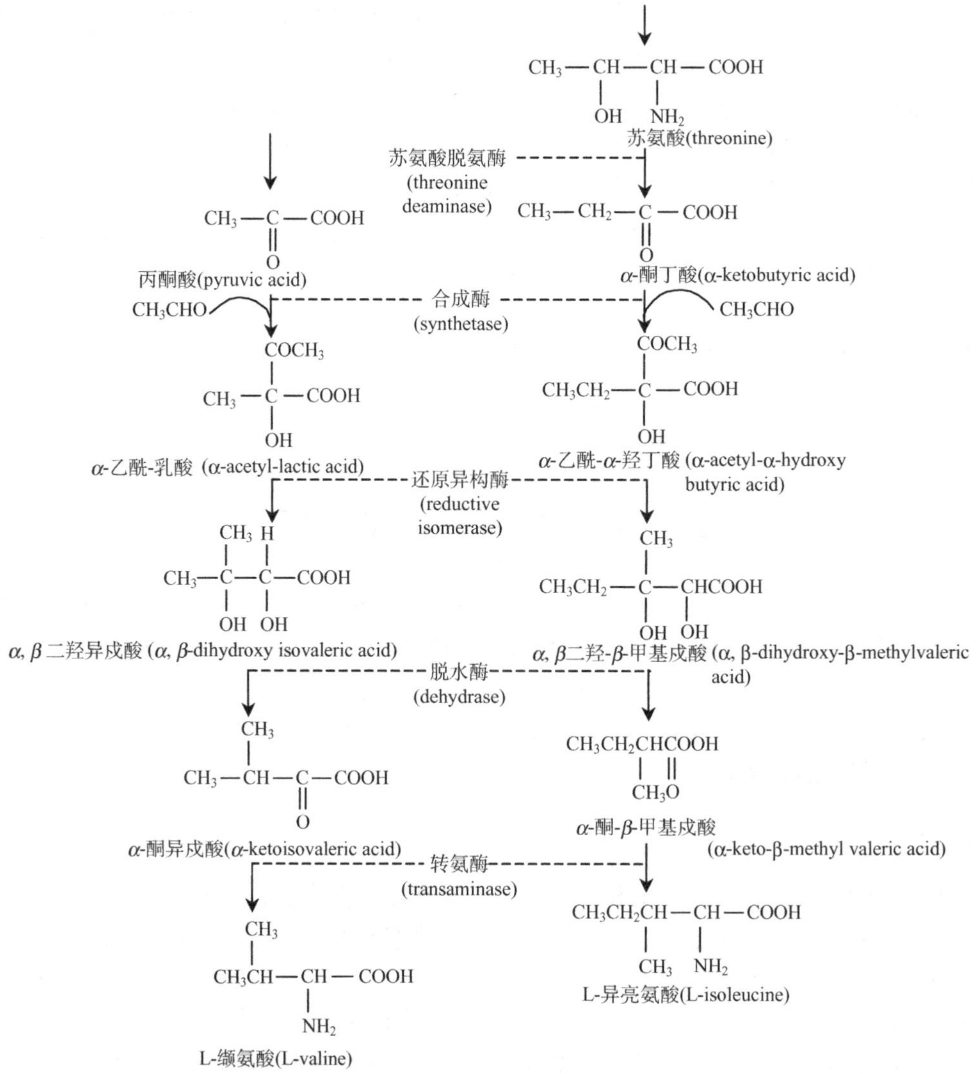

图 5.35　粗糙脉孢菌和大肠杆菌的缬氨酸、异亮氨酸合成代谢途径

真多效性

上面讲到的 tRNA 突变和 rRNA 突变，从基因和蛋白质的关系来看可以认为是真多效性的代表，因为一个 tRNA 或 rRNA 基因突变，可以影响许多蛋白质的结构。

关于细菌的生长温度习性方面，曾经有报道说嗜温细菌通过一次基因突变而成为嗜热细菌，细菌的嗜热性和它的蛋白质、核酸、细胞膜、核糖体等物质及细胞器有关。如果确实是这样的话，发生突变的基因的作用可能也属于多效性的范畴。曾经有报道说从

一种嗜热细菌 *Bacillus caldolyticus* 中提取的 DNA 可以使枯草芽孢杆菌转化成为 70℃中能生长的细菌。据认为这一转化可能和 tRNA 或核糖体基因有关，不过这一结果没有得到重复证实。

另一类多真效性基因是下一章中将要讨论的调节基因和操纵基因，它们的作用不是直接编码一种酶蛋白而是影响多种酶蛋白的合成。总体来看，可以说结构基因的作用一般不是真正多效性的，真正多效性的基因是指和蛋白质合成过程有关的调控基因，虽然从基因产物或者从基因的原始作用来讲，还是服从于一个基因一种多肽这一基本规律。

第六节　结构基因和微生物育种

微生物育种的目的主要是提高微生物发酵产品的量或改进发酵产品的质。微生物育种的手段到现在为止主要依靠诱变和杂交。从上一节的讨论中可以看到突变和重组带来蛋白质的结构改变，那么这些结构改变和发酵产品的量的提高和质的改进又有什么关系呢？发酵产品的质和量肯定和微生物的酶的活性有关，突变一般使酶失去活性或活力下降，活性下降和产品的质和量又有什么关系呢？突变是否能造成除酶的活性以外的特性的改变呢？这些改变有什么实际意义呢？突变能不能提高酶的活性呢？一个细胞中的酶除了质的改变以外，能不能由于基因突变而带来量的改变呢？这些改变又有什么实际意义呢？细胞中的酶的量的改变问题属于下一章所讨论的问题，在这一节中讨论只限于使酶的质改变的突变对于发酵产品的影响。

一、酶活性的下降与发酵产品的量

营养缺陷型的应用

氨基酸或核苷酸合成代谢过程中某一基因的突变使合成代谢途径中断，便出现氨基酸或核苷酸缺陷型。遗传性代谢障碍的一个后果是障碍之前的中间代谢产物的积累。如果所积累的物质正是我们所需要的，便可以利用这些缺陷型进行发酵生产。

次黄嘌呤核苷酸(肌苷酸)便是可以利用营养型缺陷进行生产的一种物质。肌苷酸是一种药物和一种助鲜剂，它是腺核苷酸合成途径中的中间代谢产物(图 5.36)。

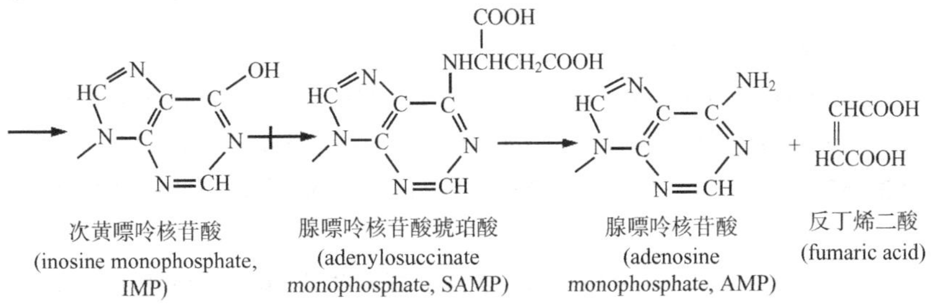

图 5.36　细菌的腺核苷酸合成途径

正像通过代谢补偿可以带来基因间的抑制作用一样，由于遗传性障碍而积累起来的一种中间代谢产物可以影响另一种物质的产量。应用细菌的高丝氨酸缺陷型生产赖氨酸所根据的便是这一原理。赖氨酸是人类的一种必需氨基酸。而且在许多食物中比较缺乏，所以作为食品的附加成分对于儿童的营养有重要的意义。赖氨酸和高丝氨酸在代谢中的关系见图 5.37。

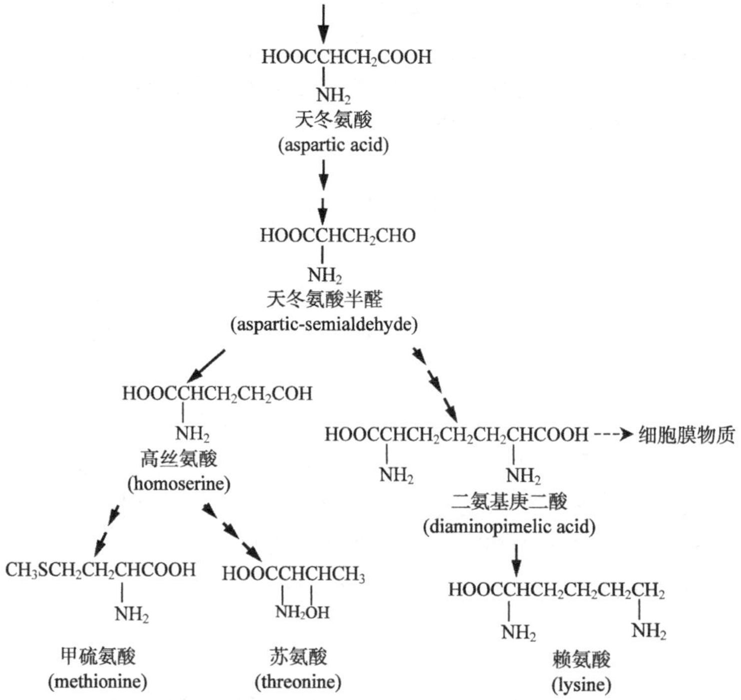

图 5.37 细菌的赖氨酸、苏氨酸和甲硫氨酸合成途径

天冬氨酸半醛是高丝氨酸和赖氨酸的共同前体。在高丝氨酸缺陷型中半醛积累，于是和野生型菌株相比就有更多的前体来形成赖氨酸。

抗生素

在以上这两个例子中，我们首先研究清楚了这些产品的代谢过程，然后有意地选取某种缺陷型来生产某一产品。在抗生素育种工作中一般不知道经过诱变处理以后什么基因发生了突变，所以无从知道产量提高是否由于同一原理。虽然这样，在个别情况中可以看到产量的提高和赖氨酸生产的情况相似。

诺斯氏链霉菌(*Streptomyces noursei*)产生的两种抗生素是制霉菌素(fungicidin)和放线菌酮(cycloheximide)，丙二酸是它们的共同前体。从诺斯氏链霉菌 1475 得到菌株 52/152，从 52/152 又得到两个菌株 54/126 和 54/465，它们的制霉菌素产量和放线菌酮产量见表 5.9。

表 5.9 的结果说明了 54/126 的遗传性障碍可能发生在共同前体之前，所以两种抗生素的产量都大大地下降。54/465 的遗传性障碍可能发生在共同前体到放线菌酮之间，因此就有更多的前体供给制霉菌素的合成。

表 5.9 诺斯氏链霉素的抗生素产量[19]

菌株	抗生素产量/ml	
	制霉菌素	放线菌酮
54/465	15 000	<0.25
52/152	6000	700
54/126	<5	<0.25

柠檬酸

柠檬酸(citric acid)是三羧酸循环(tricarboxylic acid cycle)中的一员，它通过顺乌头酸酶(aconitase)的作用而转变为异柠檬酸(isocitric acid)。由此可见，顺乌头酸酶的活性和柠檬酸的产量有关，酶活性的下降应该可以导致产量的提高。

已经知道氟乙酸(fluoroacetic acid)对于顺乌头酸酶有专一性的抑制作用，所以可以用来筛选顺乌头酸酶活性下降的菌株。可以设想由于基因突变而使顺乌头酸酶活性下降的菌株对于氟乙酸必然更为敏感。因此只要把一定浓度的氟乙酸配制培养基中，选择在这上面不能生长的菌株便是所要的菌株。在解脂假丝酵母(*Candida lipolytica*)中，曾经报道用这种方法筛选得到异柠檬酸下降而柠檬酸产量提高的菌株。

在柠檬酸发酵中，除了通过基因突变而使顺乌头酸酶的活性下降以外，还可以通过在发酵液中加入黄血盐(低铁氰化钾)而达到同一目的。这是因为 Fe^{2+}能激活顺乌头酸酶，而黄血盐则能和 Fe^{2+}结合。

在用糖蜜为原料的柠檬酸发酵中，常将糖蜜先经处理以除去大量铁离子。但是现在用来生产柠檬酸的黑曲霉菌株常不需要在发酵液中加入黄血盐，在用糖蜜生产的情况中也不需要把糖蜜先经处理。这些情况都说明这样一种可能性，即在长期诱变处理中顺乌头酸酶变为不容易和铁离子相结合，因而呈不易被激活的状态。如果确实是这样的话，这是一个可以用来说明除酶的活性中心以外的特性的改变对于发酵工业生产的实际意义的很好例子。

二、酶活性的下降与发酵产品的质

去甲基四环素

四环素、金霉素和土霉素具有相类似的结构，它们都有甲基。从龟裂链霉素可以得到失去甲基的去甲基四环素，它是一种比四环素更为稳定的抗生素。

在四环素合成过程中，首先由乙酸和丙二酸等连接起来，然后经甲基化和环化、氨基化等作用而合成。甲基化酶失去活性时，便形成了去甲基四环素。

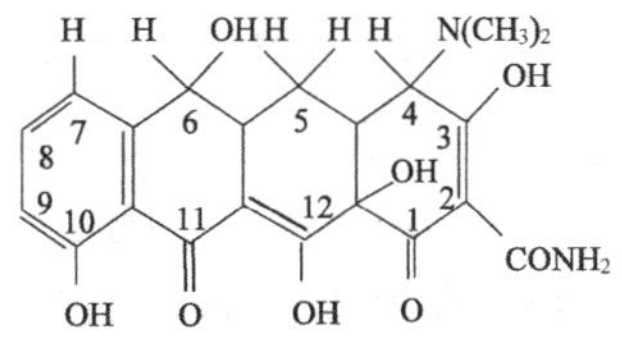

四环素(tetracycline)

突变生物合成

四环素和去甲基四环素的基本结构都是一个四环结构，而只有一个甲基的差别。在某些抗生素中所不同的部分可以包括结构比较复杂的基团。在发酵生产中经常把这些基团加入发酵液中作为前体。例如，在青霉素 G 的生产中常在发酵液中加入苯乙酸作为前体。

如果需要得到具有某一基团的某种抗生素，一种方法是得到它的基本结构，然后用化学方法合成具有特定基团的这种抗生素。例如，在许多半合成青霉素的生产中便是一般先发酵生产青霉素 G，然后在大肠杆菌等的酰胺酶的作用下取得 6-氨基青霉烷酸(6-aminopenicillanic acid,6APA)，然后再用化学方法合成具有特定基团的半合成青霉素。

另一种方法是通过诱变处理，筛选不能自己合成天然前体的菌株。这种突变型菌株的菌落在没有天然前体的培养基上不显示制菌作用，而在含有前体的培养基上则显示制菌圈。在发酵液中加入特定的前体，往往能使这种突变型菌株直接发酵生产具有特定基团的“半合成”抗生素。这种方法称为突变生物合成。

三、酶活性的提高

从以上几节所讨论的内容看来，基因突变往往使酶的活性下降甚至于完全消失。这是不足为奇的，因为在漫长的进化过程中由于自然选择的缘故，生物的结构和功能已经高度适应于它的环境，这也包括它们的酶在内。对于已经相当完善的酶来讲，任何改变当然一般只会使它们的活性下降。

但是只要长久施加选择压力，改变酶的结构而使它提高活性也是可能的。人为地施以长久的选择压力的最好方法是把微生物在恒定的条件下进行长期培养。进行这种培养最好应用恒化器(chemostate)。在恒化器中，灭菌的培养液以一定的速度滴加，菌液以一定的速度流出，从而使培养液的成分保持不变并使微生物以一定的世代时间进行无限制的繁殖。如果使培养液在某一方面不适于某种微生物的生活，那么在长久培养过程中微生物的某些突变型便会被选择得到，这些突变型中往往包括某种酶活性提高了的类型。

例如，腐臭假单胞菌(*Pseudomonas putida*) S3 只能稍稍利用 2-氯丙酸钠(sodium 2-chloropropionate)，但不能利用除莠剂 2, 2′-二氯丙酸钠(sodium 2, 2′-dichloropropionate)作为碳源。在恒化器内长期用 2-氯丙酸钠和 2, 2′- 二氯丙酸钠(1∶5)培养这一细菌，得到像图 5.38 这样的结果。

从图 5.38 可以看到培养达 3750h 后培养液中的 2，2′- 二氯丙酸含量迅速下降，pH 值也迅速下降，同时细菌数迅速上升。初步实验结果说明这是由于细菌的脱卤酶(dehalogenase)活性因基因突变而提高的结果。

在酿酒酵母中曾经通过长期的恒化器培养而得到酸性磷酸酯酶(acid phosphatase)的最适 pH 值发生变化的菌株。在 pH 值为 6 时酵母菌的酸性磷酸酯酶活性只有最适 pH 值的 70%。长期地在 pH 值为 6 的培养液中并以β-甘油磷酸盐作为唯一碳源在恒化器中进行培养，结果分离得到对于β-甘油磷酸盐的利用率提高 30%的菌株，同时它的酸性磷酸酯酶的最适 pH 值改变为 6。

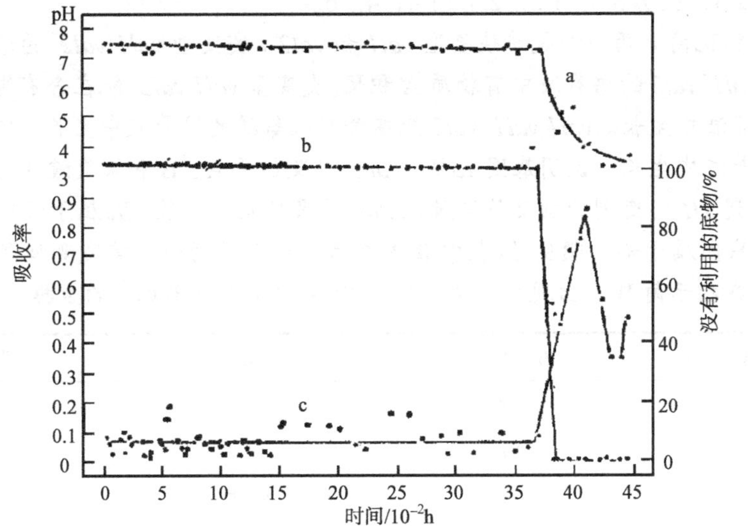

图 5.38 腐臭假单胞菌 S3 在恒化器中长期以 2-氯丙酸钠和 2, 2′-二氯丙酸钠(1∶5)为唯一碳源培养的结果[20]

a. 菌液的 pH 值，b. 菌液中的 2. 2′-二氯丙酸含量，以最初含量为 100%；c. 菌液的浑浊度

从这些结果看来，虽然在一般生活条件下现有的生物细胞中的酶都经过长久的自然选择而变得十分有效，因而突变一般使酶的活性下降，但是只要适当地施加选择压力，就可以筛选得到酶的特性发生改变的突变型，所改变的特性也包括酶的活性的提高。

以上几节讨论的是酶活性下降而导致产量提高的情况，它们都是遗传性障碍带来的中间代谢产物积累的结果。相反地，早于这一障碍的反应中的酶活性的下降将会导致中间产物量的下降，而活性的提高必将导致产量的提高。如果能够设计有效的筛选方法，从而提高这些酶的活性，那么在诱变育种中或许将会起到一定的作用。

酶量的增加和酶活力的提高一样也会带来同样的后果。这是下一章中将要涉及的问题。

习　题

1. 由下列突变型营养需要，说明：①A…G 这一系列物质在代谢途径中的位置，以及突变型 1…6 的遗传性代谢障碍的位置；②突变型 4 和 6 的关系。

突变型	A	B	C	D	E	F
1	−	−	−	+	−	+
2	−	+	−	+	−	+
3	−	−	−	−	−	+
4	−	+	+	+	−	+
5	+	+	+	+	−	+
6	−	+	+	+	−	+

2. 上题①中下列双重突变型的异核体能否生长？

1.3//2.4，1.3//3.4，1.2//2.4//1.4，4//6。

3. 粗糙脉孢菌有两个缬氨酸缺陷型 *val1* 和 *val2*，突变型 *val1 val2*$^+$的培养液中有物质B 积聚，*val1*$^+$*val2* 的培养液中有物质A积聚。突变型 *val1 val2*$^+$能在含有缬氨酸或 *val2* 生长过的培养液中生长。*val1 val1*$^+$*val2* 能在含有缬氨酸的培养液中生长，但不能在 *val1* 生长过的培养液中生长。说明基因 *val1*、*val 2* 以及物质 A、B 和缬氨酸的关系。

4. 一系列 *rII* 突变型的顺反位置效应测验结果见表。如果 rII_v 属于顺反子 A，①其余各个突变基因属于哪一顺反子(表中数字表示斜线上下两个双重突变型混合感染寄主细菌K后，在指示菌B上出现的噬菌斑数)；②表中是否有不正常的数据？

顺式	单菌释放量	反式	单菌释放量
$rII_u rII_v/++$	250±	$rII_u+/+rII_v$	250±
wx/++	同上	*w*+/+*x*	250±
uw/++	同上	*u*+/+*w*	250±
ux/++	同上	*u*+/+*x*	0
uy/++	同上	*u*+/+*y*	0
uz/++	同上	*u*+/+*z*	0
vw/++	同上	*v*+/+*w*	0
vx/++	同上	*v*+/+*x*	250±
vy/++	同上	*v*+/+*y*	250±
vz/++	同上	*v*+/+*z*	250±
wy/++	同上	*w*+/ +*y*	0
wz/++	同上	*w*+/+*z*	0
yz/++	同上	*y*+/+*z*	0

5. $a_1 \cdots a_5$ 是 5 个表型相同的突变型。下表结果说明 $a_1 \cdots a_5$ 分属于几个基因？(+表示有互补作用，−表示没有互补作用)

突变型	a_1	a_2	a_3	a_4	a_5
a_1	−	+	+	+	+
a_2		−	−	+	+
a_3			−	+	+
a_4				−	+
a_5					−

6. 1…10 是 10 个表型相同的突变型。下列结果说明它们分属于几个基因？(+、−表示能或不能互补)

突变型	1	2	3	4	5	6	7	8	9	10
1	–	+	+	+	+	+	+	+	+	+
2		–	+	–	+	–	–	+	+	–
3			–	+	–	+	+	–	–	+
4				–	+	–	–	+	+	–
5					–	+	+	–	–	+
6						–	–	+	+	–
7							–	+	+	–
8								–	–	+
9									–	+
10										–

7. 根据下列粗糙脉孢菌的精氨酸基因 *arg-1* 的一系列拟等位突变型的互补关系画出 *arg-1* 的互补图。

A	B	C	D	E	F	
–	–	–	–	–	–	A
	–	–	+	+	+	B
		–	–	+	–	C
			–	–	+	D
				–	+	E
					–	F

8. 同 7 题画出基因 *Q* 的互补图。

突变型	1	2	3	4	5	6
1	–	–	–	–	+	–
2	–	–	–	–	+	+
3	–	–	–	–	–	–
4	–	–	–	–	–	+
5	+	+	–	–	–	+
6	–	+	–	+	+	–

9. a…e 是噬菌体 T4 的 *rIIA* 的一系列突变，1…4 是一系列缺失。根据下列结果(+、– 表示对于 *E.coli* B 进行混合感染中有或没有重组子出现)，画出缺失的范围和点突变的位置。

缺失 \ 突变	a	b	c	d	e
1	+	+	−	+	+
2	+	+	−	−	−
3	−	−	+	−	+
4	+	−	+	+	+

10. *rIIB* 中有一个点突变 f，它和缺失 1、2、3 混合感染 *E.coli* K 时出现噬菌斑，但和 4 则不。怎样解释这一现象？(注意 *rIIA* 和 *rIIB* 是两个连接着的顺反子。)

11. 粗糙脉孢菌的生物素基因 *bio A* 有一系列拟等位突变型 *Aii Aiii Av Aviii*，在 *bio B* 的两边是基因 *nic* 和 *pan*。根据下列 3 个杂交的结果，写出几个拟等位突变的排列顺序。

杂交	bio^+重组子的基因型
(1) *nic bioAii*+×+*bioAiii pan*	*nic pan*
(2) *nic bioAviii*+×+*bioAv pan*	*nic pan*
(3) *nic bioAv*+×+*bioAiii pan*	nic^+ pan^+

12. 粗糙脉孢菌的腺嘌呤基因 *ad-3* 的 3 个拟等位突变型(*ad-3a*, *ad-3b*, *ad-3c*)的两边是 *his-2* 和 *nic-2*，它们的位置和距离是

his-2　*ad-3*　*nic-2*
←2→←3→

在下列 3 个杂交中

杂交 1 $his\text{-}2^+$ *ad-3a* $nic\text{-}2^+$ ×*his2 ad-3b nic-2*

杂交 2 $his\text{-}2^+$ *ad-3a nic-2*×*his2 ad-3c* $nic\text{-}2^+$

杂交 3 *his-2 ad-3b nic-2*×$his2^+$ *ad-3c* $nic\text{-}2^+$

把子代孢子接种在含有组氨酸和烟氨酸的培养基上，在大约 4 万个孢子中选取 $ad\text{-}3^+$ 重组子，测定它们的基因型。根据交叉干涉原理，从下表结果写出：①*ad-a*、*b*、*c* 的相对位置 ②距离

$ad\text{-}3^+$重组子的基因型	杂交 1	杂交 2	杂交 3
(1) *his-2 nic-2*	0	6	0
(2) $his\text{-}2^+$ $nic\text{-}2^+$	0	0	0
(3) *his-2* $nic\text{-}2^+$	15	0	5
(4) $his\text{-}2^+$ *nic-2*	0 / 41 236	0 / 38 421	0 / 43 600

13. 根据交叉干涉原理，从泛酸基因的一系列拟等位突变型的杂交中选取 pan^+重组子。根据下表实验结果写出 3 个拟等位突变型的位置(表中数字表示每一种基因型的百分数)。

杂　交	pan^+重组子的基因型			
	ylo trp^+	ylo^+ *trp*	ylo^+ trp^+	*ylo trp*
ylo pan 20 trp^+ ×ylo^+ *pan* 18 *trp*	8.4	5.0	79.6	6.7
” ” 18 ” × ” ” 20 ”	3.1	5.2	10.5	71.0
” ” 18 ” × ” ” 22 ”	12.0	10.0	74.2	3.0
” ” 22 ” × ” ” 18 ”	10.0	13.0	6.0	71.0
” ” 30 ” × ” ” 22 ”	7.7	6.4	29.8	55.8
” ” 22 ” × ” ” 30 ”	5.0	14.0	51.5	29.0

14. 用 pro^+arg_x 作为供体。$pro\ arg_y$ 作为受体，利用 P1 噬菌体进行 *arg* 拟等位突变型的精细结构分析。根据下表在 pro^+转导子中测得 arg^+重组子数的结果，写出 *arg-1*、*2*、*3* 的位置图和图距。

供　体	受　体　*pro* arg_y			
pro^+ *arg*	*arg-1*		*arg-2*	
	pro^+	arg^+	pro^+	arg^+
arg-1	–	–	14 459	492
arg-2	12 358	403	–	–
arg-3	2978	55	18 239	996

15. Pl 噬菌体并发转导频率和有关的两个基因的图距(分钟)的关系可用公式

频率 $=\left(1-\dfrac{d}{L}\right)^3$ 表示。计算下列并发转导频率的基因图距：95%、50%、1%、0.1%。

16. 假定野生型的某一蛋白质的第 68 个氨基酸是精氨酸，某一突变型的这位置上出现谷氨酰胺，另一突变型出现丝氨酸。两个突变型杂交子代的这位置上出现 6 种氨基酸，它们的频率：

谷氨酰胺 0.50　　丝氨酸 0.50　　精氨酸 4×10^{-7}

组氨酸 2×10^{-7}　　天冬酰氨 1×10^{-11}　　赖氨酸 2×10^{-7}

解释这些现象。

17. 粗糙链孢霉的烟酰胺突变型 *nic-2* 经诱变剂处理后得到 3 个回复子，它们分别和野生型进行杂交时结果如下：

回复子 1×野生型　　子代全部野生型

回复子 2×野生型　　78 个原养型，22 个 *nic-2*

回复子 3×野生型　　996 个原养型，4 个 *nic-2*

解释这些现象。

18. 一个无义突变型经碱基置换诱变剂处理后得到两个回复子，它们在原来的无义密码位置上出现精氨酸和色氨酸。问这一无义突变型是什么？

19. 羟胺能否诱发无义密码突变型的回复突变？为什么？

20. 某一野生型和3个突变型的某一多肽的氨基酸是

…Ala-Pro-Trp-Ser-Glu-Lys-Cys-His…	野生型
…Ala-Pro-Trp-Arg-Glu-Lys-Cys-His…	突变型1
…Ala-Pro	突变型2
…Ala-Pro-Gly-Val-Lys-Asn-Ala-Met…	突变型3

说明突变型1、2、3的本质

参 考 文 献

[1] Benzer S. Fine structure of a genetic region in bacteriophage. Proc. Natl. Acad. Sci. U. S. A., 1955, (41): 344

[2] Morse M L, Lederberg E M, Lederberg J. Transductional heterogenotes in *Escherichia coli*.Genetics, 1956, (41): 758

[3] Demerec M, Hartman P E. Complex loci in microorganisms Ann. Rev. Microbiol., 1959, (13): 377

[4] Jacob F, Wollman E L. Sexuality and the Genetics of Bacteria. Academic Press, 1961, 43

[5] Fincham J R S, Stadler D R. Complementation relationships of Neurospora am mutants in relation to their formation of glutamate dehydrogenase. Genet. Res., 1965, (6): 121

[6] Case M E, Giles N H. Comparative complementation and genetic maps of pan-2 locus in Neurospora crassa Proc Natl.Acad Sci. U. S. A., 1960, (46): 659

[7] Coddington A, Fincham J R S, Sundarum T K. Multiple active varieties of Neurospora glutamate dehydrogenase formed by hybridization between two inactive mutant proteins *in vivo* and in vitro J.Mol.Biol. 1966, (17): 503

[8] Woodward D O. Enzyme complementation in vitro between adenylo-succinaseless mutants of *Neurospora crassa*. Proc. Natl. Acad. Sci. U. S. A., 1959, (45): 846

[9] Barrell B G, Air G M, Hutchison III C A. Overlapping genes in bacteriophage *ΦX*174. Nature, 1976, (264): 34 仿 Smith-keary, Fig. 7. 9

[10] Benzer S. On the topography of the genetic fine structure.Proc.Natl.Acad.Sci.U.S.A., 1961, (47): 403

[11] Yanofsky C, Crawford I P. The effects of deletions,point mutations,reversions and suppressor mutations on the two components of the tryptophane synthetase of *Escherichia coli*. Proc. Natl. Acad. Sci. U. S. A., 1959, (45): 1016

[12] Manney T R, Mortimer R K. Allelic mapping in yeast using X-ray induced mitotic reversion. Science, 1964, (143): 581~583

[13] Yanofsky C, Drapeau G R, Guest J R *et al*. The complete amino acid sequence of the tryptophane synthetase A protein (dsubunit)and its colinear relationship with the genetic map of the A gene.Proc.Natl.Acad.Sci.U.S.A., 1967, (57): 296

[14] Yanofsky C *et al*. On the colinearity of gene structure and protein structure.Proc.Natl.Acad.Sci., 1964, (51):266

[15] Sarabhai A, Stretton A O W, Brenner S. Colinearity of the gene with the popeptide chain.Nature, 1964, (201): 13

[16] Reissig J L. Forward and back mutation in the pyr-3 region of Neurospora. I. Mutations from arginine dependence to prototrophy Genet.Res.Camb, 1960, (1): 356

[17] Gorini L. Informational suppression, Ann. Rev. Genet, 1970, (4): 107

[18] Davies J, Nomura M. The genetics of bacterial ribosomes.Ann. Rev. Genet, 1972, (6): 203

[19] Dolezilova L *et al*. Cycloheximide producing and fungicidin producing mutants of *Streptomyces noursei*. J. Gen.Microbiol., 1965, (39): 305

[20] Senior E, Bull A T, Slater J H. Enzyme evolution in a microbial community growing on the herbicide Dalapon. Nature, 1976, (263): 476

第六章　调 控 基 因

通过细胞分裂或裂殖所产生的细胞都具有相同的基因。细胞中的蛋白质都为基因所编码，所以预期通过细胞分裂或裂殖得来的细胞中都应该含有相同的蛋白质。可是事实并不是这样。

例如，在不含乳糖的培养基中生长的大肠杆菌细胞中含有极少的与乳糖利用有关的酶，生长在含有乳糖的培养基中的大肠杆菌细胞中才出现大量的这类酶。这是一种适应现象。在这里可以看到细胞中乳糖发酵基因的存在并不一定使细胞中产生乳糖发酵基因所编码的蛋白质，只有在一定的条件下(即有乳糖时)细胞中才大量合成这些蛋白质。所以结构基因只是使细胞可能产生某一种蛋白质，而调控基因才能使细胞在某一特定条件下真正合成这种蛋白质。本章所讨论的便是后一类基因的作用机制。

蛋白质通过转录(transcription)和翻译(translation)而合成。基因对于蛋白质合成的调控可以通过对转录或翻译的控制而实现，前者称为转录控制(transcriptional control)，后者称为翻译控制(translational control)。

第一节　转 录 控 制

在 20 世纪初已经有人注意到酵母菌只有在接触某一种糖以后才能逐渐地利用它。这种现象长久以来称为酶适应，有关的酶称为适应酶(adaptive enzyme)。随着研究的深入，之后又发现某些半乳糖衍生物本身不能被利用，可是它却能诱导大肠杆菌产生大量与半乳糖苷的分解有关的酶；而相反地某些半乳糖苷能被利用，却没有诱导作用(表 6.1、图 6.3)。因此大约从 20 世纪 50 年代开始，适应酶这一名词已被诱导酶(induced enzyme)所代替。

在诱导酶的研究中要求诱导物不为诱导酶所降解，又要求用来测定诱导酶的底物不是一种诱导物。所以异丙基-β-D-硫代半乳糖苷(IPTG)是一种理想的诱导物，而邻硝基苯-β-D-半乳糖苷(ONPG)是一种理想的测定底物，它被β-半乳糖苷酶(β-galactosidase)分解后可产生黄色的邻硝基苯亚硝基酚(orthonitrophenol)。

诱导酶的研究最初着眼于蛋白质合成这一角度，生物对象以酵母菌为主。只有大肠杆菌的遗传学分析逐渐深入以后，才有可能从遗传学的角度去探讨酶的诱导合成的遗传控制问题。根据遗传学和生物化学等方面的研究结果，F.Jacob 和 J.Monod 在 1961 年提出了乳糖操纵子模型，开辟了调控基因作用机制研究的新的领域。在乳糖操纵子(lac operon)中对乳糖利用有关的几种诱导酶的合成起着调节控制作用的这一类调控“基因”(regulatory gene)中有调节基因(regulator)、操纵基因(operator)和启动子(promoter)[1)]。

---

1) 按定义(参见本书第五章结构基因的内容)基因指具编码功能的核苷酸序列。在这里 regulator 编码调节蛋白，所以称为调节基因；promoter 没有编码功能，所以称为启动子而不称为启动基因；operator 同样没有编码功能，不过操纵子这一名词已经用以指 operon，所以不能用作 operator 的中译名词。在本书的第一、二版中用了不正确的译名操纵基因，现在我建议改译为操纵器，但在得到公认以前本书中仍用操纵基因这一名词。

表 6.1　几种半乳糖苷和大肠杆菌的β-半乳糖苷酶的关系

半乳糖苷	作为诱导物	作为底物
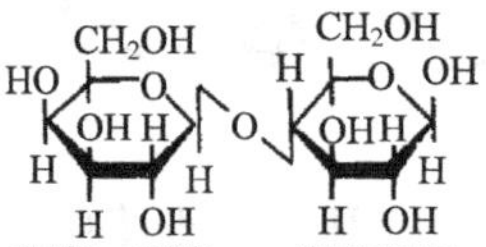 乳糖(D-葡糖-β-D-半乳糖苷) (D-glucose-β-D-galactoside)	+	+
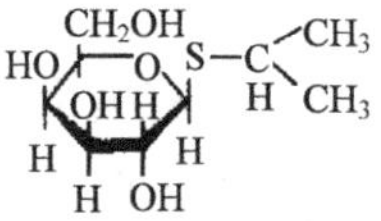 异丙基-β-D-硫代半乳糖苷 (isopropyl-β-D-thiogalactoside,IPTG)	+	–
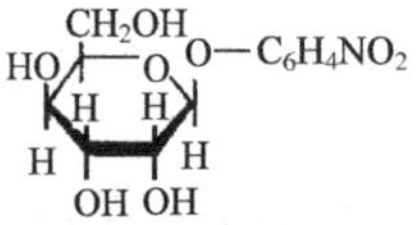 邻硝基苯-β-D-半乳糖苷 (orthonitrophenyl-β-D-galactoside, ONPG)	–	+
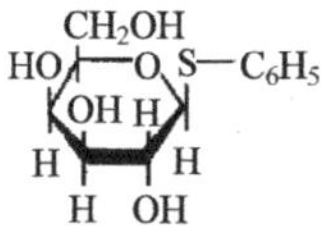 苯基-β-D-硫代半乳糖苷 (phenyl-β-D-thinogalactoside)	–	–

一、调 节 基 因

调节基因(regulator)的发现

在乳糖的利用中有两种酶是必需的：一种是促使乳糖进入细胞中的β-半乳糖苷透性酶(β-galactoside permease)，它存在于在大肠杆菌的细胞膜上；另一种是细胞质中的β-半乳糖苷酶(β-galactosidase)，它可以催化乳糖水解为葡萄糖和半乳糖这一反应。此外，还有一种β-半乳糖苷转乙酰酶(β-galactoside actyltransferase)，它可能具有使类似物乙酰化的解毒功能。编码这三种酶的结构基因可写作 *lacY*、*lacZ* 和 *lacA*，或者简写作 *y*、z、*a*。

怎么知道有结构基因 *lac*Z 呢？这是因为能得到β-半乳糖苷酶活性丧失的突变型，某些突变型还产生β-半乳糖苷酶的交叉反应物质，而且通过杂交还能测定突变基因在染色体上的位置。

大肠杆菌细胞在接触乳糖以后才大量合成β-半乳糖苷酶，这是大肠杆菌的一种代谢调节作用，这种调节作用有利于它的生存。如果这种调节作用是某一个基因活动的结果，那么必然可以得到因为突变而失去调节作用的细菌，一种突变型细菌应该是即使在没有乳糖的培养基中培养时也会合成大量的β-半乳糖苷酶，这种突变型称为组成型

(constitutive mutant, i^-)。另一种突变型应该是即使在含有乳糖的培养基中培养也不合成这种酶，这种突变型称为超阻遏型(superrepressed mutant, i^s)。

在野生型大肠杆菌中，β-半乳糖苷酶、β-半乳糖苷透性酶和转乙酰酶都是经乳糖等物质诱导后才大量产生，所以野生型称为诱导型(i^+, i 是 induce 的缩写)。上面所讲的一种突变型不需诱导就能产生酶，这些酶就像是细菌细胞的一个组成部分那样长期存在，所以这些突变型称为组成型。基因 i 所起的作用是调节这些酶的合成，所以称为调节基因。就像结构基因在染色体上有一定的位置一样，调节基因 *lacI* 的位置也已经测定(图 6.1)。

上面指出了结构基因编码酶的结构，调节基因则调节酶的合成。如果酶的结构和合成确实为不同的基因所控制，那么结构基因的突变应该只影响酶的特性而不影响酶的合成方式，而调节基因突变应该只影响酶的合成方式而不影响酶的特性。

大肠杆菌中有一个乳糖发酵缺陷型，它即使经诱导也不产生β-半乳糖苷酶，不过它可产生一种和β-半乳糖苷酶发生交叉反应的物质，这一突变型称为 z_{CRM}。如果结构基因突变不影响它的合成方式，那么β-半乳糖苷酶和交叉反应物质应该对于诱导物呈现相同的反应。表 6.2 的结果表示了 i^+z_{CRM}/F-i^+z^+细菌在含有不同量的诱导物异丙基-β-硫代半乳糖苷(IPTG)并以甘油作为碳源的基本培养液中生长时细胞中的β-半乳糖苷酶和交叉反应物质的含量。

表 6.2 大肠杆菌 i^+z_{CRM}/F-i^+z^+经异丙基β-硫代半乳糖苷诱导后的β-半乳糖苷酶和交叉反应物质的含量[1]

诱导物 IPTG 浓度	诱导量/%	β-半乳糖苷酶	CRM	CRM/β-半乳糖苷酶
5×10^{-5}mol/L	21.5	1920	670	0.35
10^{-4} mol/L	47	5280	1900	0.36
10^{-3} mol/L	100	11 200	3900	0.35

表 6.2 中数据说明 z 基因的突变只影响 Z 蛋白的结构但是不改变它的合成方式，突变型和野生型基因对诱导物作出相同的反应。

i^+细菌的β-半乳糖苷酶必须经诱导后才能大量合成，而 i 细菌不经诱导便大量合成。这两种细菌所合成的β-半乳糖苷酶不论在分子质量或催化性能上都没有不同。这一事实又说明调节基因 i 的突变只影响酶的合成方式，但并不影响酶的特性。因此以上事实都进一步说明了调节基因的存在。

基因 i 和 z 在染色体上所占位置虽然较近，但是并不邻接(图 6.1)。

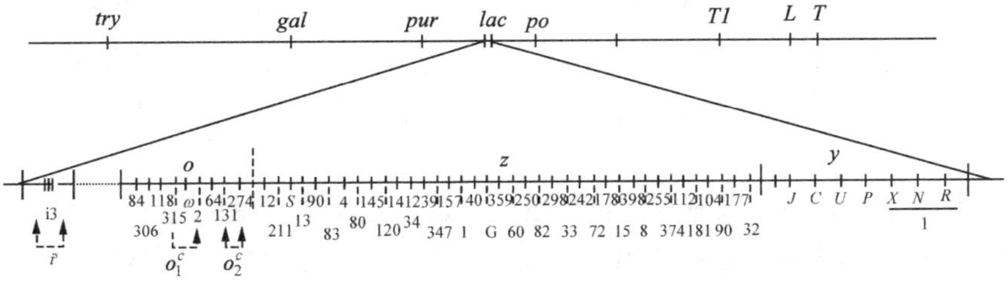

图 6.1 大肠杆菌的部分染色体图，包括乳糖发酵基因的精细结构[1]

调节基因的作用机制

结构基因的野生型一般都是显性的，突变型一般都是隐性的。调节基因在这点上和结构基因相同(表 6.3)。

表 6.3 大肠杆菌 K12 的单倍体和杂基因子的酶活性(数字表示酶的相对活性，以充分诱导的野生型单倍体的酶活性为 100)[1]

基因型	不经诱导			经诱导		
	Z	Y	A	Z	Y	A
1. $i^+z^+y^+$	<0.1	<1	<1	100	100	100
2. iz^+y^+	120	120	120	120	120	120
3. i^+zy^+/F – iz^+y^+	2	2	2	200	250	250
4. izy^+/F – i^+z^+y	2	2	2	250	120	120
5. izy^+/F – iz^+y^+	250	250	250	200	250	250
6. △izy/F – iz^+y^+	200	200	200	200	200	200

注：Z：β-半乳糖苷酶；Y：β-半乳糖苷透性酶；A：β-半乳糖苷转乙酰酶。以后各表同。

从表 6.3 中的 3、4、5 三项首先可以看到结构基因 z 和 y 的野生型都是显性的。从 1、2 两项可以看到 i^+细菌的三种酶经诱导后才会大量合成，而 i 细菌则不经诱导也会合成。从 3、4 两项可以看到杂基因子的行为和 i^+细菌相同，即是诱导型，可见 i^+对于 i 来讲也是显性的。

结构基因 z 发生突变时只使β-半乳糖苷酶的结构发生变化，y 发生突变时只使β-半乳糖苷透性酶发生变化，a 发生突变时只使β-半乳糖苷转乙酰酶发生变化。但是从表中第 2 项可以看到 i 基因发生突变时可使三种酶都由诱导型变为组成型，可见 i 基因的作用是多效的。这是调节基因 i 和结构基因的一个不同处。

结构基因发生突变以后往往使细胞中某一种酶失去活性。可是比较 1、2 两项，可以看到在不经诱导的情况下 i^+细胞中没有酶活性，而 i 细胞中却有酶活性。这情况正好和结构基因相反，i^+基因显然和 z^+基因在对于细胞中是否出现β-半乳糖苷酶这一点上有相反的作用。

比较 3、4 二项，还可以看到对于 i 和 z 的关系来讲，3 是反式而 4 是顺式，顺反结构没有不同，也就是说没有顺反位置效应。

结构基因发生突变的结果一般会导致细胞中某一种酶的活性的丧失。可是同样在不经诱导的情况下 i^+细胞中几乎没有与乳糖发酵有关的酶而 i 细胞中却出现大量的这些酶。这一事实说明 i^+基因对于这些酶的合成起着消极的作用。最简单的解释是 i^+基因的编码产物是酶合成的阻遏物(repressor)。在突变型 i 细胞中阻遏物失去了活性，所以酶得以合成。

结构基因和调节基因 i 没有顺反位置效应，这一点说明 i^+基因对于 z^+基因的作用必然通过某些可扩散的物质，这物质由 i^+基因所产生，作用于基因 z^+等基因。

如果这一解释是正确的，那么在 i 细菌中引入 i^+基因，有可能观察到阻遏物从无到有的积聚过程。实验采用对链霉素和噬菌体 T6 有抗性的 F$^-$$zi$ 细菌作为受体，用敏感的 Hfr 细菌作为供体，混合两种细菌并在基因转移以后加入链霉素和噬菌体 T6 以杀死 Hfr 细菌，然后观察 F$^-$细胞中β-半乳糖苷酶的合成是否须经诱导(图 6.2)。

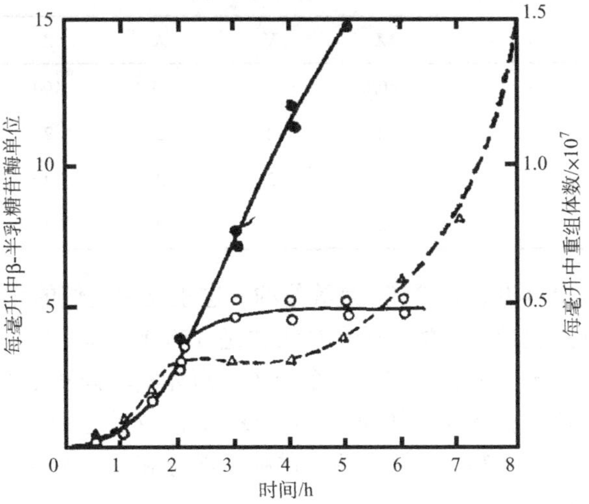

图 6.2 大肠杆菌的半合子的β-半乳糖苷酶合成过程[2]供体 Hfr$i^+Z^+S^sT6^s$；受体 F$^-$ IZS^rT6^r，时间 0 混合，70~80min 后加入链霉素和噬菌体，115min 后不加或加入诱导物

—●—●—：半合子数；—○—○—：不加诱导物的β-半乳糖苷酶活性；△-△-△-：加诱导物后的β-半乳糖苷酶活性

F$^-$$zi$ 细菌本来不能合成β-半乳糖苷酶。由于 Hfr 的 z^+基因的引入，可以看到在杀死 Hfr 细菌后大约 2h 内β-半乳糖苷酶的活性逐渐上升，而且酶的合成不需诱导。在 115 分钟以后不诱导时酶活性不再继续上升。这一现象并不意味着合成酶的能力的消失，而只是意味着由于 Hfr 细菌的 i^+基因的引入而逐渐在细胞质中使足以抑制酶的合成的阻遏物的积聚，因为这时如果在培养液中加入诱导物，酶活性又会迅速上升。

上面这一实验说明 i^+可通过它所产生的阻遏物从而使 z^+基因在没有乳糖时处于不活动的状态。由此可以看到当 i^+发生突变而成为 i 时，阻遏物不再产生，或者像结构基因突变型产生交叉反应物质那样，可产生一种失去抑制作用的阻遏物，因此即使不经诱导也能合成酶。可以设想阻遏物作用于结构基因而使结构基因处于不活动状态；而诱导物和阻遏物相结合而使它不再作用于结构基因，从而使结构基因处于活动状态而合成相应的酶。

如果这一设想是正确的话，应该还可以得到另一种调节基因突变型，它所产生的阻遏物的结构发生改变从而不能和诱导物乳糖相结合。这种突变型应该是一种诱导无效的突变型，即超阻遏(superrepressed,i^s)突变型。它即使在含有乳糖的培养基中也失去了利用乳糖的能力。

诱导无效的超阻遏突变型 i^s 的酶的合成见表 6.4。

表 6.4 的 2 说明 i^s 突变型即使诱导也不合成酶。3、4 说明 i^s 对于 i^+或 i 来讲都是显性的。这现象与上面所设想的 i^s 的作用机制相符合。i^s 所产生的阻遏物不能和诱导物相结合，所以阻遏物始终作用于结构基因。在这种情况下，即使细胞中由于 i 基因的存在而产生没有作用的阻遏物或是由于 i^+的存在而产生能和诱导物结合的阻遏物，都不足以

影响 i^s 基因产物的阻遏作用，所以 i^s 基因对于 i^+ 和 i 来讲都是显性的。

表 6.4　超阻遏突变型 i^s 的酶的合成[1]

基因型	不经诱导			经诱导		
	Z	Y	A	Z	Y	A
1. $i^+z^+y^+$	<0.1	<1	<1	100	100	100
2. $i^sz^+y^+$	2	2	2	2	2	2
3. $i^sz^+y^+/F\text{-}i^+z^+y^+$	2	2	2	2	2	2
4. $i^sz^+y^+/F\text{-}iz^+y^+$	2	2	2	2	2	2

通过基因定位测定可以看到 i^s 和 i 是等位的，这正是由它们的作用机制所预期的。

阻遏蛋白已经分离提纯，它的分子质量大约是 150 000Da，是一个由 4 个亚基组成的蛋白质，在野生型细胞中大约有 5~10 个分子。离体实验证实了遗传学实验中所预测的那些关于阻遏物的性能，例如，和操纵基因 DNA 以及诱导物的结合，而且通过遗传学分析和生物化学分析已经知道了阻遏蛋白的哪一部分和操纵基因 DNA 的结合有关，哪一部分和诱导物的结合有关。

二、操 纵 基 因

怎样知道结构基因 y 和 z 都和乳糖发酵直接有关呢？这是因为人们不但发现 y 发生突变后细菌由乳糖发酵变为不发酵，而且发现 y 不变而 z 发生突变后细菌同样由乳糖发酵变为不发酵。i 基因发生突变后，细菌从诱导型变为组成型。同样在 i 基因不变时，也曾发现细菌从诱导型变为组成型。这事实说明有另一基因参与细胞中诱导酶的合成的调节控制。这便是操纵基因(operator)，它的组成型突变写作 o^c(o 是 operator 的缩写，c 是 constitutive 的缩写)。通过杂交，可以看到 o 和 i 在染色体上的位置距离较远，而 o 和 z 则是邻接的(图 6.1)。

表 6.5 表示了大肠杆菌 K12 的相关操纵基因组成型的一些菌株的特性。

表 6.5　大肠杆菌 K12 的操纵基因组成型单倍体和杂基因子的酶的合成(数字表示酶的相对活性，以充分诱导的野生型单倍体的酶活性为 100)[1]

基因型	不诱导			诱导		
	Z	Y	A	Z	y	A
1. $o^+z^+y^+$	<0.1	<1	<1	100	100	100
2. $o^cz^+y^+$	25	25	25	100	100	100
3. $o^+zy^+/\text{F-}o^cz^+y^+$	75	75	75	250	300	300
4. $o^+zy^+/\text{F-}o^cz^+y$	75	1	1	250	120	120
5. $o^+z^+y/\text{F-}o^czy^+$	1	75	75	100	250	250
6. $i^so^+z^+y^+$	2	2	2	2	2	2
7. $i^so^+z^+y^+/\text{F-}i^+o^+z^+y^+$	2	2	2	2	2	2
8. $i^so^+z^+y^+/\text{F-}i^+o^cz^+y^+$	150	150	150	150	150	150

比较 1、2 两项，可以看到 o^c 细菌和 i 一样是组成型，不过它的作用小于 i(参看表 6.3)。发生 o^c 突变以后，三种酶都由诱导型变为组成型，这说明它是多效的，这一点和 i^- 也相同。由 3 可以看到 o^c 对于 o^+ 来讲是显性，这一点和 i 不同，也和一般的结构基因突变不同。

比较 4、5 两项，可以看到 o^c 只使处于顺式关系的基因成为组成型，这时它对于 o^+ 来讲是显性的。相反地，和 o^c 处于反式关系的基因则表现为诱导型，在这种情况下 o^c 对于 o^+ 来讲成了隐性。这种在顺式时表现的显性现象称为顺式显性(*cis* dominant)现象。在上一章中所讲的顺反位置效应表示了一个基因内部的突变位点之间的关系；说明一个基因是一个功能单位。在这里，顺反位置效应是指操纵基因和结构基因之间的关系，因此说明操纵基因和结构基因同样构成一个功能单位，基因调控单位。

o^+ 和 i^+ 对于结构基因 z、y、a 都起着一种阻遏作用，所不同的是 i^+ 可以作用于在结构上没有联系的结构基因，可是 o^+ 则只能作用于邻接位置上的结构基因。

如果设想 o 和 i 对于结构基因的阻遏作用是各不相关的，例如，假定 o^+ 也产生一种阻遏物(假定这种阻遏物只能延着染色体扩散)，那么 o^+ 和 i^+ 必须同时发生突变，才能使诱导型细胞变为组成型，可是事实上任何一个基因发生突变都可使诱导型变为组成型。由此可见正像两个需要同一种氨基酸的非等位的互补基因一样，o^+ 和 i^+ 的作用必然是协同的而不是独立的。最简单的假设是 i^+ 所产生的阻遏物作用于 o，而 o 则控制着邻接着的结构基因的转录。

假定 o 是阻遏物结合的位置，那么可以设想突变型 o^c 是使阻遏物不再能和它结合的一种结构改变。实际上 o^c 不但不能和 i^+ 基因所产生的阻遏物结合，而且也不能和 i^s 突变型的超阻遏物相结合，因为表 6.5 中 8 这一杂基因子 $i^s\,o^+/i^+o^c$ 是组成型，而不是超阻遏型。

三、启　动　子

转录以 RNA 聚合酶和 DNA 特定位置的结合开始。这一结合位置可能就是阻遏物的结合位置。如果确实是这样的话，转录的调节就可以看作是阻遏物与 RNA 聚合酶对于操纵基因这一结合位置的竞争。但是 RNA 聚合酶的结合部位也可能在操纵基因之前，而操纵基因则是阻遏蛋白的结合位点。如果这样的话，转录的调节可以看作是 RNA 聚合酶的前进受到阻遏物的阻挡的结果。

如果 RNA 聚合酶和阻遏物的结合位点是同一个，那么这一部位的缺失就会使聚合酶不能发生作用，因此缺失型应是超阻遏型。如果二者的结合部位不同，那么 RNA 聚合酶的结合部位的缺失将导致超阻遏型，阻遏物结合部位的缺失则导致组成型。

缺失突变型的研究结果说明确实存在这两种突变型。从而在阻遏物结合部位(操纵基因 o)以外鉴定了 RNA 聚合酶结合部位(启动子 p)。

在启动子(promotor)发现以前，曾经发现了一些定位在操纵基因的超阻遏突变型(o^0)，由于它们的发现，曾经设想操纵基因既是阻遏物结合部位，又是聚合酶结合部位。不过进一步研究的结果说明 o^0 突变型能为抑制基因所抑制，所以它不是缺失突变型，实际上是属于基因 z 的极性极强的无义密码突变型。极性突变型突变位点愈是接近操纵基因，它的极性就愈强，所以这样的突变型容易被误认为是缺失突变型。关于极性突变的说明见下一节。

四、乳糖操纵子

从图 6.1 可以看到结构基因 *z*、*y*、*a* 和操纵基因 *o* 占有邻接的位置。从作用上看来，*o* 控制着三种酶的合成，*o* 对于 *z*、*y* 和 *a* 基因的作用是多效性的，但 *o* 只对于同一染色体上的 *z*、*y* 和 *a* 基因具有作用。这些事实说明操纵基因 *o* 和结构基因 *z*、*y* 以及 *a* 构成一个超基因功能单位，这一功能单位称为操纵子(operon)。与乳糖的分解代谢有关的操纵子称为乳糖操纵子(lac operon)。它的基因调控机制属于负控制(negative control)，这里调节基因的编码产物是一种可阻止基因转录的蛋白质——阻遏蛋白。操纵子模型是根据大肠杆菌乳糖分解代谢的基因调控研究结果提出的。同一模型也适用于大肠杆菌氨基酸合成代谢的基因调控。除了上述种种现象，操纵子还可以从协同诱导、极性突变、多顺反子 mRNA 等几个方面看出它是一个功能单位：

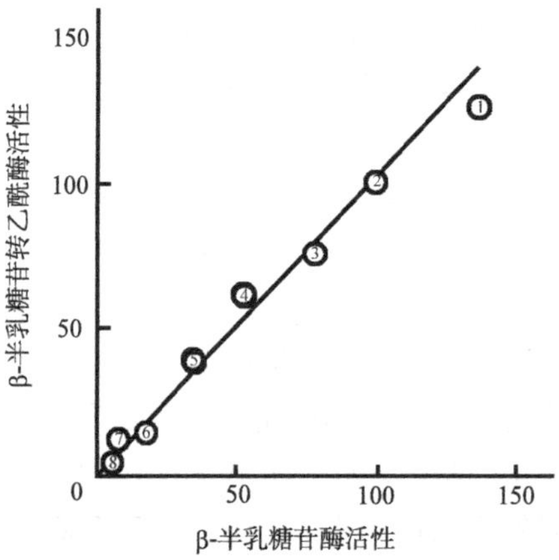

图 6.3　大肠杆菌 K12 的未经诱导的组成型及野生型经各种诱导物诱导后的两种酶的活性之比[1]，以充分诱导的酶活性为 100

1. 组成型 *i*,未经诱导，其余都是野生型；2. 诱导物异丙基-β-D-硫代半乳糖苷(isopropyl-β-D- thiogalactoside)10^{-4}mol/L；3. 诱导物甲基-β- D -硫代半乳糖苷(methyl-β- D -thiogalactoside)10^{-4} mol/L；4. 诱导物苯基-β- D -硫代半乳糖苷(phenyl-β- D - thiogalactoside) 10^{-3} mol/L + 甲基-β- D -硫代半乳糖苷 10^{-4} mol/L；5. 诱导物蜜二糖(melibiose)10^{-3} mol/L；6. 诱导物乳糖 10^{-3} mol/L；7. 诱导物甲基-β- D -硫代半乳糖苷 10^{-5} mol/L；8. 诱导物苯基-乙基-β- D -硫代半乳糖苷(phenyl-ethyl-β- D - thiogalactoside)10^{-3} mol/L

协同诱导

属于一个操纵子的结构基因所编码的酶经诱导后按一定比例合成。例如，在用不同的乳糖结构类似物诱导后，野生型大肠杆菌所合成的β-半乳糖苷酶和β-半乳糖苷转乙酰酶就会呈一定比例(图 6.3)。

鼠伤寒沙门氏菌的有关组氨酸合成的酶的结构基因紧密连锁，构成一个组氨酸操纵子。细胞中和组氨酸合成直接有关的一些酶活性按一定的比例增减[图 6.4(a)和(b)]；属于不同操纵子的基因所编码的酶则不按一定比例增减，或者甚至一种酶的活性增加时另一种酶的活性反而下降图[6.4(c)]。

磷酸酯酶由基因 *hisB* 所编码，磷酸咪唑丙酮醇转氨酶由基因 *hisC* 所编码，组氨酸脱氢酶由基因 *hisD* 所编码。二者属于同一操纵子，谷氨酸脱氢酶基因则不属于这一操纵子。

极性突变型(polar mutant)

缺失突变会影响几个基因，点突变一般只影响一个基因。可是曾经发现一些 *z* 点突变型，它们一方面不能合成β-半乳糖苷酶，另一方面β-半乳糖苷透性酶和转乙酰酶的活性也相应地下降。另外，还发现一些 *y* 突变型，它们一方面不能合成β-半乳糖苷透性酶，另一方面β-半乳糖苷转乙酰酶的活性也相应地下降，可是β-半乳糖苷酶的活性不受影响。至于在β-半乳糖苷转乙酰酶突变型 *a* 中，则从来没有发现过同时影响另外两种酶的活性的突变型。

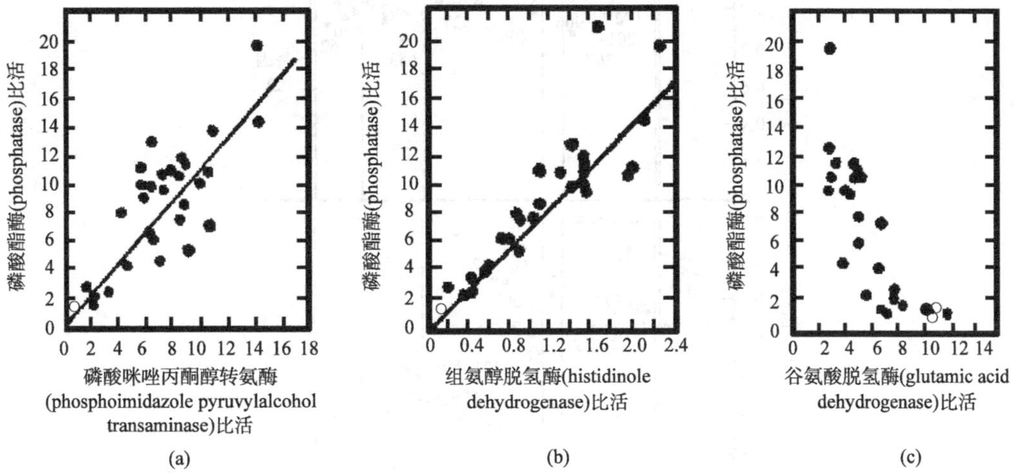

图 6.4　沙氏门菌在不同培养条件下和组氨酸合成有关或无关的酶的活性的比较[3]

(a) 磷酸酯酶和磷酸咪唑丙酮醇转氨酶的比较；(b) 磷酸酯酶和组氨醇脱氢酶的比较；(c) 磷酸酯酶和谷氨酸脱氢酶的比较。○：野生型；●：突变型

从染色体图上可以看到基因的排列次序是 *o-z-y-a*。所以上述事实可以归纳为一个规律：接近于 *o* 的点突变会影响距离 *o* 更远的结构基因的表达，远离 *o* 的点突变则不影响离 *o* 较近的结构基因的表达。这一规律同样可以应用于属于同一基因的各个突变位点对于其他酶活性的影响。例如，从图 6.4 中可以看到许多无义 *z* 突变型的β-半乳糖苷转乙酰酶活性都有不同程度的下降，而且离 *o* 愈近的突变型的酶活性愈低。

极性突变或是属于无义突变或是属于移码突变。鼠伤寒沙门氏菌的组氨酸基因 *hisC* 的一些突变型极性效应的比较也可以充分说明这一规律(图 6.5)。

沙门氏菌的组氨酸操纵子中的基因排列顺序是 *hisO*、*G*、*D*、*C*、*B*、…、*E*。基因 *hisD* 的突变型对于基因 *C* 具有极性效应。极性效应的大小可以用极性值，即 $\left(\dfrac{\text{突变型的 } hisC \text{ 酶活性}}{\text{野生型的 } hisC \text{ 酶活性}} \Big/ \dfrac{\text{突变型的 } hisD \text{ 酶活性}}{\text{野生型的 } hisD \text{ 酶活性}}\right)$ 比值表示。极性值愈小表示极性效应愈大。从图 6.5 可以看到：①无义突变和移码突变有极性效应，错义突变则没有极性效应；②和乳糖操纵子的极性突变一样，愈是接近于操纵基因的突变型极性效应就愈大。此外移码突变虽然不使翻译中止，可是它也会影响突变位点以后的翻译，所以同样也有极性效应。

图 6.6 表示大肠杆菌的乳糖操纵子中同一基因乙的各个突变位点间的极性现象。

多顺反子 mRNA(polycistronic mRNA)

从协同诱导和极性突变这两个现象中可以进一步看到属于一个操纵子的各个结构基因之间的密切关系。这些现象可以解释为一个操纵子转录为一个多顺反子 mRNA(polycistronic mRNA)，这一解释已被实际分离得到了乳糖操纵子的巨大的 mRNA 分子这一事实所证实。可以设想，通过转录形成包括三个结构基因的一个 mRNA 分子，然后同一 mRNA 分别翻译成为三种酶。

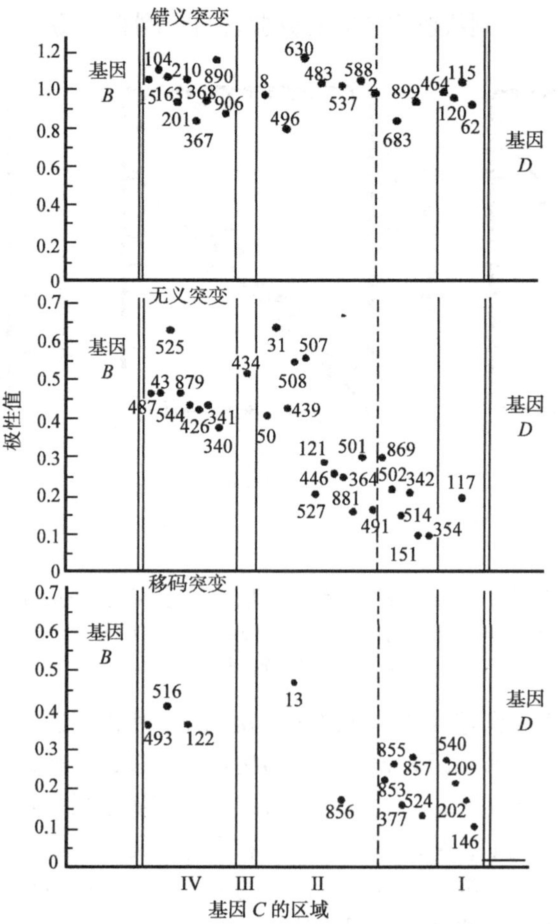

图 6.5　鼠伤寒沙门氏菌的各个组氨酸缺陷型 *hisC* 的极性效应的比较[4]

数字为 *hisC* 突变型的编号

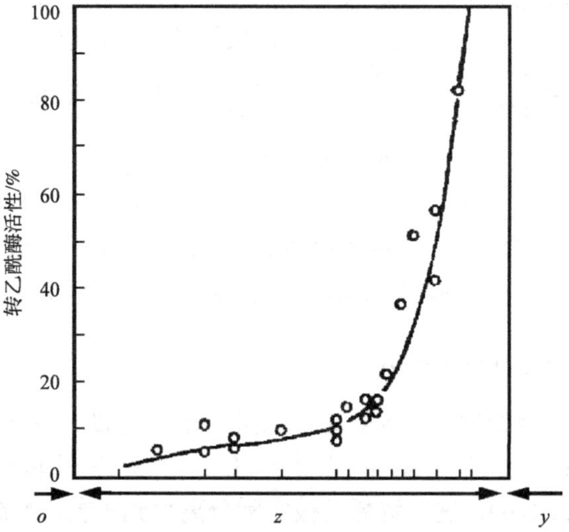

图 6.6　大肠杆菌的各个无义 *z* 突变型的β-半乳糖苷转乙酰酶活性，表示各个 *z* 突变型的不同的极性和突变位点之间的关系[5]

半乳糖操纵子

大肠杆菌和沙门氏菌在含有半乳糖的培养基上培养时，细胞中出现了 4 种和半乳糖代谢有关的酶，半乳糖透性酶(galactopermease)、半乳糖激酶(galactokinase, k)、1-磷酸半乳糖尿核苷转移酶 (galactose-1-phosphate uridyltransferase, t) 和半乳糖差向异构酶

(a)

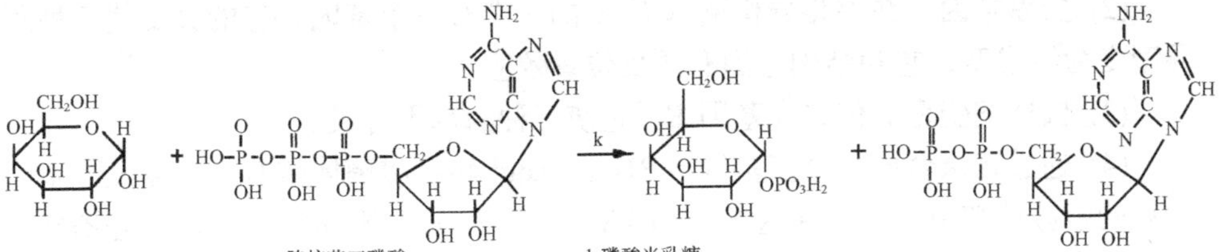

半乳糖 (galactose, Gal)　　腺核苷三磷酸 (adenosine triphosphate, ATP)　　1-磷酸半乳糖 (galactose-1-phosphate, Gal-1-P)　　腺核苷二磷酸 (adenosine diphosphate, ADP)

(b)

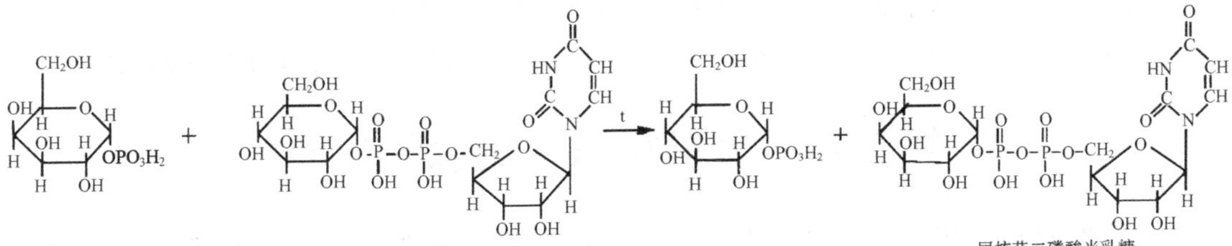

1-磷酸半乳糖 (galactose-1-phosphate, Gal-1-P)　　尿核苷二磷酸葡糖 (uridine diphosphate glucose, UDP-G)　　1-磷酸葡糖 (glucose-1-phosphate, G-1-P)　　尿核苷二磷酸半乳糖 (uridine diphosphate galactose, UDP-Gal)

(c)

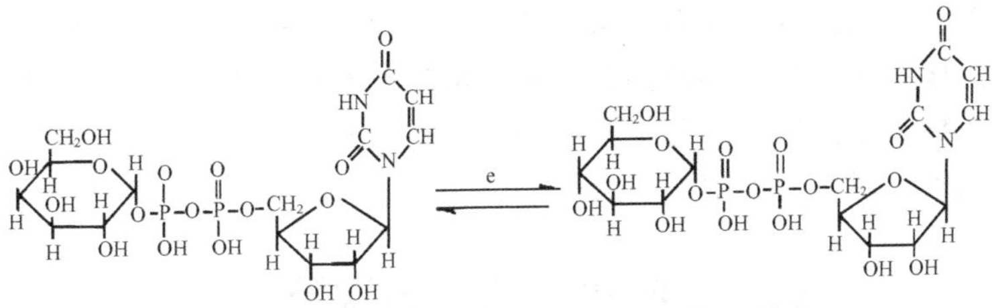

尿核苷二磷酸半乳糖 (uridine diphosphate-galactose, UDP-Gal)　　尿核苷二磷酸葡糖 (urdine diphosphate-glucose, UDP-G)

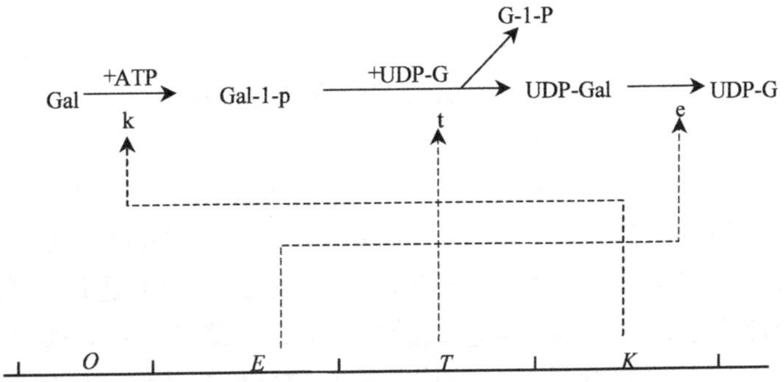

图 6.7　大肠杆菌的半乳糖分解代谢和半乳糖操纵子[6]

(a) Gal + ATP $\xrightarrow{k}$ Gal-1-P + ADP; (b) Gal-1-P + UDP − G $\xrightarrow{t}$ G-1-P + UDP − Gal; (c) UDP-Gal $\xrightleftharpoons{e}$ UDP-G

k：半乳糖激酶；t：磷酸半乳糖尿苷酰转移酶；e：半乳糖差向异构酶　Gal: 半乳糖；G：葡萄糖

(galactoepimerase, e)，后三种酶由紧密连锁的结构基因所编码(图 6.7)。

以下这些实验结果说明这些结构基因和一个操纵基因构成一个半乳糖操纵子(galactose operon，*Gal* operon)

(1) 调节基因。曾经发现一个和结构基因不连锁的基因的突变使这三种酶都由诱导型变为组成型。突变型对于野生型来讲是隐性。

(2) 操纵基因。在差相异构酶基因 *E* 的一端有一个基因，它的突变使三种酶都由诱导型变为组成型，它和结构基因有顺反位置效应。

(3) 极性突变型。位置在基因 *E*，它使三种酶都不合成。

(4) 通过转录合成一个多基因 mRNA。λdgl 转导噬菌体带有半乳糖发酵基因。经诱导后的溶源性细菌产生能和这部分 DNA 形成杂种分子的 mRNA，说明经诱导后可合成包括三个基因的 mRNA。

(5) 这三种酶按一定比例诱导合成。

(6) 半乳糖操纵子属于负控制类型。曾经分离得到相当于半乳糖操纵子中的 i^s 的 $galR^s$ 突变型，它和 i^s 一样是显性的。这一事实也说明半乳糖操纵子属于负控制类型。

第二节　乳糖操纵子概念的延伸

乳糖操纵子的研究翻开了遗传学研究的新的一页，它把人们的眼界由结构基因扩大到调控基因，从一个基因一种酶的境界扩大为对基因功能更为全面的认识。乳糖操纵子是糖利用的分解代谢的操纵子，是转录控制和负控制的典型。在这基础上发现了合成代谢的操纵子、正控制和正负双重控制的操纵子、包括若干操纵子的调节子，以及全局性的基因调控现象。接着又发现了其他形式的基因调控现象：弱化子、翻译控制、反馈抑制，而且基因调控概念也由单纯的对代谢作用的调控扩大到了对各种形式的生命活动的调控。第七章的内容可以充分说明这一点。

一、合成代谢的基因调控

色氨酸操纵子(tryptophane operon)

早在 1953 年已经发现大肠杆菌在含有色氨酸的培养液中培养时,细胞中色氨酸合成酶的合成便受到阻遏。在大肠杆菌中色氨酸的合成从分支酸开始经过 5 个反应，催化这些反应的酶和这些酶的结构基因见图 6.8。

下面这些事实说明这些结构基因和一个操纵基因构成一个操纵子，为一个调节基因所控制，而且这种控制是负控制：①色氨酸的存在使这些酶的合成被阻遏；②这些酶同时受到阻遏；③在不含色氨酸的培养液中这些酶按一定的比例合成；④调节基因 *trpR* 远离色氨酸操纵子，突变型不为色氨酸所阻遏，是隐性的；⑤操纵基因 *trpO* 位置在基因 *trpE* 的旁边，突变型显性，和结构基因有顺反位置效应；⑥通过转录产生一个多基因 mRNA。

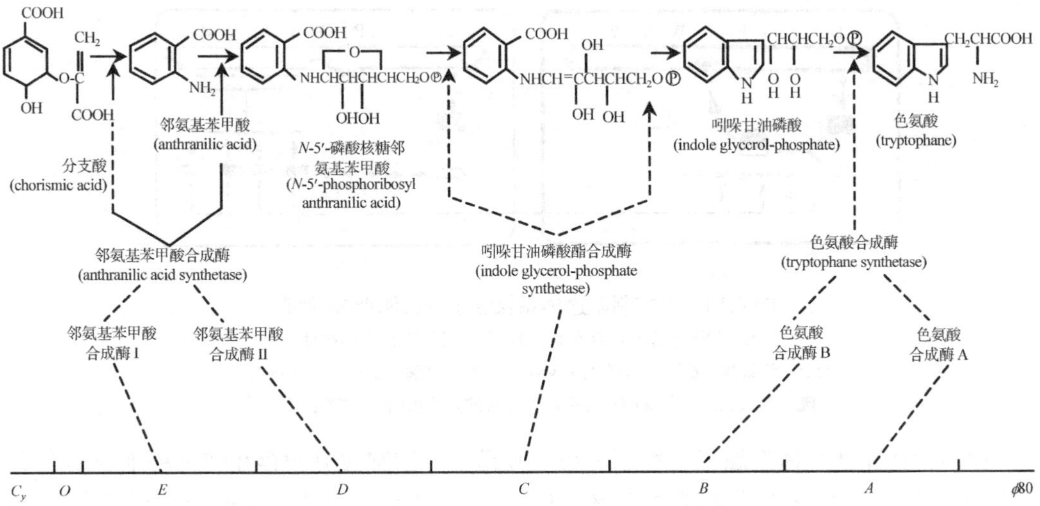

图 6.8　大肠杆菌的色氨酸合成代谢途径和色氨酸操纵子[7]

代谢作用的两个特性是对于环境的适应性和各个环节的协调性。乳糖操纵子和色氨酸操纵子的活动可以充分说明这两个特性。和乳糖发酵有关的两种酶是诱导酶，大肠杆菌只有当接触乳糖时才大量地合成这些酶。据估计，野生型大肠杆菌在不接触乳糖时，每一细胞中大约有 5 个分子的β-半乳糖苷酶，在接触诱导物 2~3min 后就能测得酶的大量合成，直到达到每一细胞中 5000 个分子。

乳糖的利用首先通过乳糖的吸收。上面已经一再说明β-半乳糖苷透性酶和β-半乳糖苷酶的合成往往被协同诱导或阻遏。图 6.9 形象化地说明了大肠杆菌的乳糖操纵子的活动，表示了它怎样能在含有乳糖的培养基中生长时合成这些酶，怎样在不含乳糖的培养基中生长时便停止合成这些酶，并且表示了怎样使这两种酶的合成得以协调地进行。这种代谢调节作用显然有利于细菌的生存。

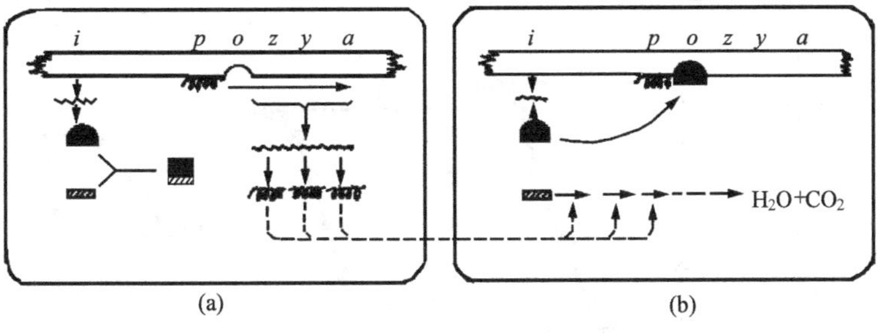

图 6.9　负控制诱导体系操纵子的代谢调节模型

(a) 底物存在时；(b) 底物分解后

：染色体；：mRNA；：游离的阻遏蛋白；：乳糖；

：与诱导物乳糖结合后改变构形的阻遏蛋白；：蛋白质

在乳糖操纵子模型中阻遏蛋白不和诱导物乳糖相结合时具有阻遏作用；在色氨酸操纵子模型中则必须设想阻遏蛋白只有和代谢最终产物色氨酸结合后才具有阻遏作用。通过色氨酸操纵子的调控作用，细菌在有色氨酸时停止合成与色氨酸合成有关的酶，在色氨酸不足时才合成这些酶(图 6.10)。这种代谢调节作用同样符合于细菌生活的需要。

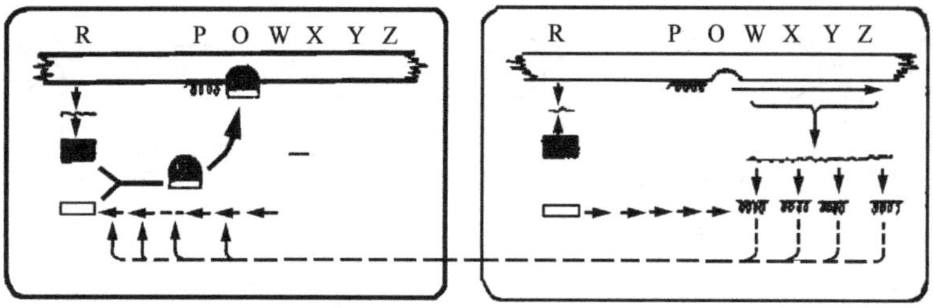

图 6.10　正控制阻遏体系操纵子的代谢调控模型

(a) 代谢最终产物存在时；(b) 代谢最终产物不存在时

▭：色氨酸；染色体；mRNA；■：游离的阻遏蛋白；

与代谢产物色氨酸结合后改变构形的阻遏蛋白；蛋白质

这两种代谢调节体系属于负控制类型。凡是某一细胞成分的存在使某种细胞功能不能实现，而这一成分的消失或失活就会使这一功能得以实现，这种控制属于负控制(negative control)。相反地，凡是某一细胞成分的存在使某种细胞功能能够实现，而这一成分的消失或失活则使这一功能不能实现，这种控制属于正控制(positive control)。

二、正控制和正负双重控制

乳糖操纵子

在 20 世纪 40 年代已经发现大肠杆菌在含有葡萄糖和山梨醇的培养液中，首先利用葡萄糖作为碳源而生长，直到葡萄糖消耗完了以后才开始利用山梨醇(sorbitol)作为碳源，在这以前出现一个短短的生长停顿时期(图 6.11),这种现象称为二度生长(diauxy)。不仅山梨醇是这样，凡是必须诱导才能利用的糖(乳糖、山梨醇等)和葡萄糖同时存在时都会呈现这种二度生长现象，所以这种现象又称为葡萄糖效应(glucose effect)。之后通过研究发现这实际上是葡萄糖的降解物在起作用，所以又称为降解物阻遏效应(catabolic repression)。

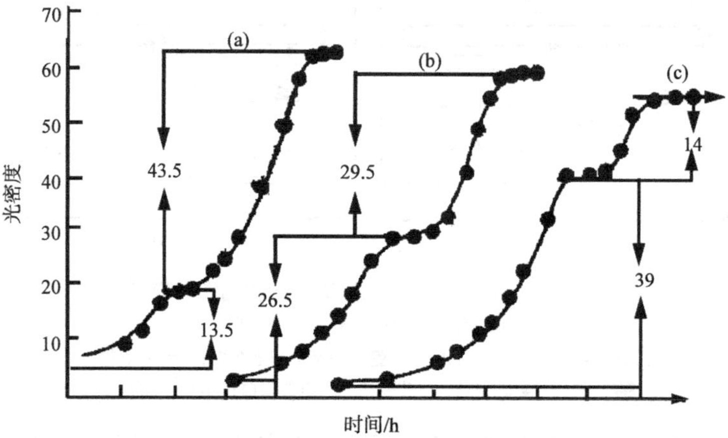

图 6.11　大肠杆菌在含有葡萄糖和山梨醇的培养液中的二度生长现象[8]

(a) 葡萄糖 50μg/ml，山梨醇 150μg/ml；

(b) 葡萄糖 100μg/ml，山梨醇 100μg/ml；

(c) 葡萄糖 150μg/ml，山梨醇 50μg/ml

由于细菌始终培养在含有两种糖的培养基中，所以似乎应该在这些细菌细胞中已经含有利用山梨醇的酶。可是在葡萄糖消耗完了以后却出现一个生长停顿时期。它暗示细菌在这时才开始合成利用山梨醇的酶。换句话说在葡萄糖消耗以前这些酶并不合成。可见葡萄糖效应是葡萄糖代谢降解物对于诱导酶合成的阻遏作用。以后的研究说明了葡萄糖效应是因为葡萄糖降解物的存在而使一种正控制因素不起作用的结果。

在大肠杆菌中曾经发现一个突变型，这个突变型在含有葡萄糖和乳糖的培养液中能同时利用这两种糖，因此称为降解物阻遏突变型(*CR*，catabolitc repression 的缩写)。从表 6.6 的数据可以看到在含有葡萄糖的培养液中野生型细菌($i^+z^+y^+CR^+$)的β-半乳糖苷酶活性大约相当于在含甘油的培养液中培养时的 48%，阻遏程度达 52%。在组成型细菌($iz^+y^+CR^+$)中阻遏程度也相仿(49%)。可是不论是诱导型还是组成型，只要是 *CR* 突变型，阻遏程度就降低为 0 或 5%。

表 6.6　大肠杆菌中对降解物阻遏不敏感的突变型中的β-半乳糖苷酶的活性[9]

菌株	酶活性/%		阻遏/%
	培养液中含甘油	培养液中含葡萄糖	
3.00($i^+z^+y^+CR^+$)	10.1	4.8	52
3.00($i\,z^+y^+CR^+$)	12.5	6.4	49
LA12G($i^+z^+y^+CR$)	13.7	13.7	0
L7(iz^+y^+CR)	3.7	3.5	5
L8(i^+z^+y/iz^+y^+CR)	5.7	5.4	5
T1($i^+z^+y^+CR$)	18.1	18.1	0
T5($i\,z^+y^+CR$)	16.0	16.1	0
T6($i\,z^+y^+CR$)	19.7	18.7	5

突变型 *CR* 是多效的，它使β-半乳糖苷酶和β-半乳糖苷透性酶都不呈现葡萄糖效应，它没有顺反位置效应。这些事实说明 *CR* 是调节基因。

另外，发现大肠杆菌中有一类只能在含有葡萄糖而不能在含有须经诱导才能被利用的各种糖的培养液中正常生长的突变型。这类突变型又可以分为两种，一种突变型只要在培养液中加入环腺苷酸(cyclo-AMP, cAMP)便能使它的表型恢复正常，这是腺苷酸环化酶结构基因的突变型(*cya*)，它位于基因 *ilv* 和 *metE* 之间。另一种突变型的表型不能为 cAMP 所恢复，位于基因 *strA* 和 *aroB* 之间，它和上面所讲的 *CR* 基因占有同一位置。这种突变型的细胞中缺少一种能和 cAMP 结合的蛋白质，这种蛋白质称为分解代谢物激活蛋白(catabolite activator protein, CAP)，也常称 cAMP 受体蛋白(cAMP receptor protein)。

此外还发现大肠杆菌细胞中经常存在着 cAMP，在含有葡萄糖的培养液中培养的细菌的细胞中则 cAMP 含量大为降低。

把这许多事实汇总起来，可以看到 *CAP* 或 *CR* 基因编码的是一种激活乳糖操纵子和其他许多操纵子的转录的正控制蛋白，cAMP 是它的效应物(effector)，而葡萄糖的降解物则具有抑制催化 cAMP 形成的腺苷酸环化酶或促进催化 cAMP 分解的磷酸二酯酶的作用(图 6.12)。

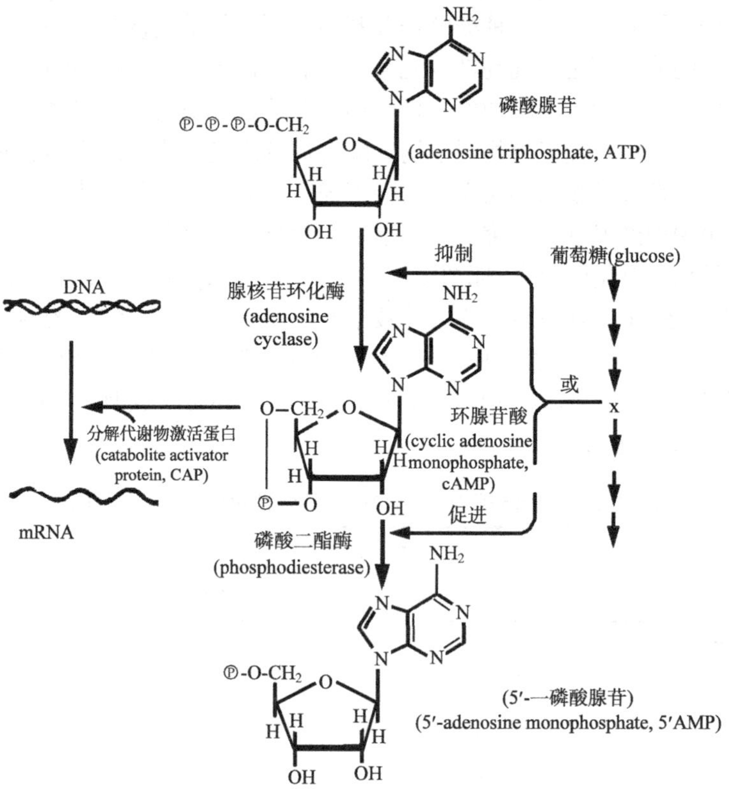

图 6.12　CAP 蛋白、cAMP 和葡萄糖代谢降解物之间的关系[10]

根据以上的分析，还可以看到 *CR* 突变型所编码的蛋白质在不和 cAMP 结合的情况下也具有激活作用，因此它对于乳糖(或其他必须经诱导才能被利用的糖)基因的激活作用不受葡萄糖的影响。如果确是这样的话，可以预期 CR^{+}/CR 细胞应该具有 CR^{-}表型，也就是说 *CR* 对于 CR^{+}是显性的。通过实验，这一预期已经得到证实。

由此可见，乳糖操纵子的基因调控既属于负控制又属于正控制。这种双重的调控机制有利于大肠杆菌的生存。这是因为一方面乳糖不存在时没有必要合成分解乳糖的酶，另一方面葡萄糖代谢中的酶都是组成酶，所以葡萄糖和乳糖共存时，分解乳糖的酶的诱导合成也便成为多余，这时葡萄糖的降解物对于分解乳糖的酶的合成的阻遏便成为有利于生存的了。

阿拉伯糖操纵子(arabinose operon)

阿拉伯糖的分解代谢通过和乳糖代谢相类似的一些酶促反应进行，这些酶也是诱导酶。L-阿拉伯糖通过透性酶的作用而被吸收，然后通过异构酶、激酶和差向异构酶的作用被转变为 5-磷酸-D-木酮糖，然后进入磷酸戊糖代谢途径。

有关的结构基因分处在三处。基因 *araA* 编码异构酶、基因 *araB* 编码激酶、基因 *araD* 编码差向异构酶(图 6.13)，*ara BAD* 构成一个操纵子，位置在基因 *thr* 和 *leu* 之间。此外，基因 *araE* 编码阿拉伯糖透性酶，位置在基因 *thyA* 的旁边；基因 *araF* 编码阿拉伯糖结合蛋白，位置在组氨酸操纵子的旁边。

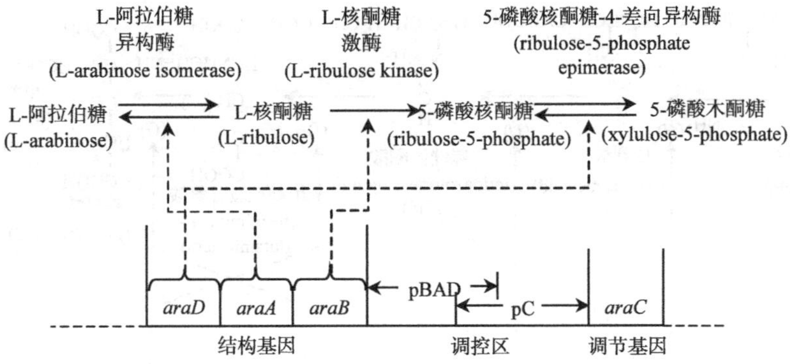

图 6.13　大肠杆菌的阿拉伯糖代谢途径和阿拉伯糖操纵子[11]

通过极性突变和其他研究结果，可以知道操纵子中的基因排列顺序是 *araB-araA-araD*，转录从 *araB* 这一端开始。

和乳糖操纵子一样，阿拉伯糖操纵子的基因调控同样属于双重控制，不过它比乳糖操纵子的双重控制更为复杂。一方面阿拉伯糖的利用也有葡萄糖效应，说明了涉及 CAP 蛋白的正控制作用，另一方面基因 *araC* 所编码的蛋白质具有双重作用，诱导物阿拉伯糖不存在时，它是一种阻遏蛋白；而阿拉伯糖的存在又使它成为一种激活蛋白。

野生型 $araC^+$是诱导型，突变型 $araC^C$是组成型。通过共转导实验测定 $araC^C$位置在基因 *araB* 这一端。虽然 *araC* 和 *araB* 紧密连锁，可是它是调节基因而不是操纵基因，因为 $araC^C$ 细菌的透性酶也是组成型，而透性酶基因 *araF* 和 *araB*、*A*、*D* 不是紧密连锁的。

缺失突变 *araC* 是超阻遏型。在负控制系统中调节基因的缺失突变是组成型，正控制系统中的调节基因的缺失突变才是超阻遏型，所以基因 $araC^+$所编码的是激活蛋白。可是野生型却是诱导型，可见这种激活蛋白必须和诱导物相结合才使它具有激活作用。

C/C^C 杂基因子是组成型。这一事实说明基因 C^C 所编码的这一种激活物，它不须与诱导物结合便具有激活作用。

阿拉伯糖操纵子中的结构基因 *araBAD* 和调节基因 *araC* 之间是调控区。调控区邻近 *araC* 的位置上是 *araC* 的操纵基因 *pC*，*araC* 的转录从这里向右进行。邻近 *araBAD* 的位置上是操纵基因 *pBAD*。转录向左进行。无论是向右的 *araC* 的转录或是向左的 *araB*、*A*、*D* 的转录，都需要 CAP 蛋白和 cAMP 的协同作用才能达到最高效率。

正控制首先在阿拉伯糖利用中发现。AraC 蛋白已经提纯，阿拉伯糖操纵子的调控区的核苷酸序列已经测定。许多现象已经可以在分子水平上加以验证。

组氨酸利用操纵子

组氨酸利用操纵子(histidine utilization operon)具有一种负控制和两种正控制，所以是一种更为复杂的正负双重控制系统。

鼠伤寒沙门菌和产气克氏杆菌等能在以组氨酸作为唯一碳源和氮源的培养基上正常生活；通过一系列酶的作用，组氨酸最终被分解成为氨、L-谷氨酸和甲酸(formic acid)而被用作氮源和碳源物质。编码分解组氨酸所需的一系列酶的结构基因和各自的操纵基因及启动子构成两个邻接着的操纵子，中间为一个调节基因所隔开(图 6.14)。

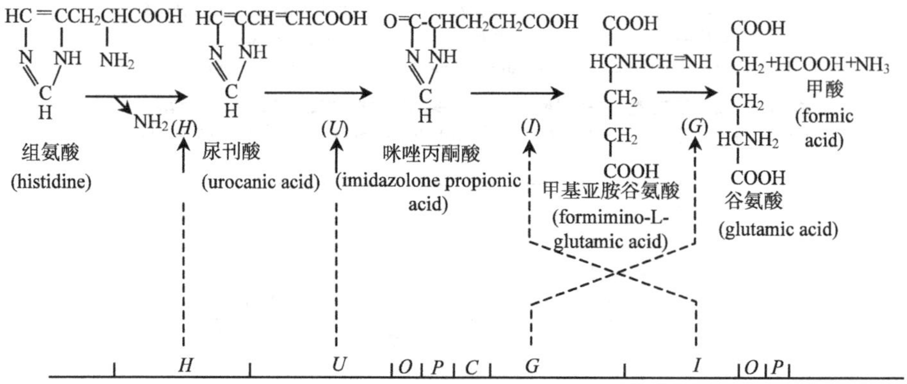

图 6.14 鼠伤寒沙门氏菌的组氨酸利用操纵子和组氨酸分解过程[12]

大肠杆菌没有组氨酸利用操纵子，所以不能利用组氨酸作为唯一碳源和氮源生活。通过转导可以把沙门氏菌或克氏杆菌的组氨酸利用操纵子引入大肠杆菌，从而使大肠杆菌获得利用组氨酸作为唯一碳源和氮源而生活的能力。

组氨酸利用的这一系列酶都是诱导酶。诱导物不是组氨酸而是尿刊酸。突变型 *hutC*(*hut* 是组氨酸利用 histidine utilization 的简写)是组成型。它对于 *hutC*$^+$是隐性的，没有顺反位置效应。*hutC* 的缺失使沙门氏菌成为组成型。这些事实说明基因 *hutC* 编码一种阻遏蛋白，它起着负控制作用。

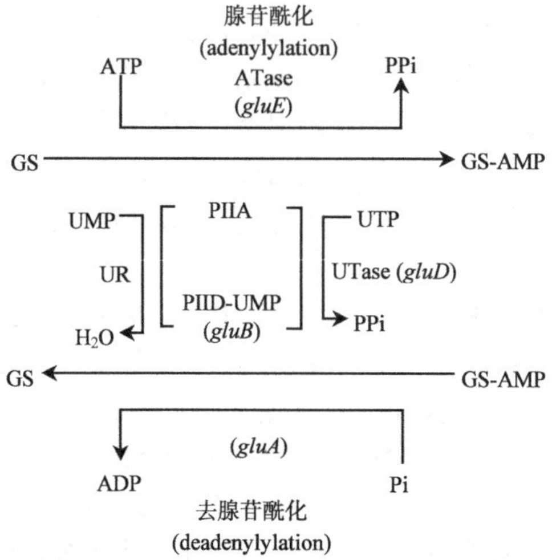

图 6.15 与谷氨酰胺合成酶(glutamine synthefase, GS)的腺苷酰化和去腺苷酰化有关的酶和基因[12]

ATP：腺苷三磷酸(adenosine triphosphate)；Ppi：无机焦磷酸盐(inorganic pyrophosphate)；GS：谷氨酰胺合成酶(glutamine synthetase)；GS-AMP：腺苷化的谷氨酰胺合成酶(adenylylated glutamine synthetase)；UMP：尿苷一磷酸(uridine monophosphate)；UTP：尿苷三磷酸(uridine triphosphate)；UR：尿苷(uridine)；Pi：无机磷酸盐(inorganic phosphate)；Atase：腺苷酰转移酶(adenylyl transferase)；Utase：尿苷酰转移酶(uridyl transferase)

组氨酸利用有葡萄糖效应，这说明在组氨酸利用中涉及和 CAP 蛋白有关的正控制。氨的存在和葡萄糖的存在一样会阻碍组氨酸的利用。这里谷氨酰胺合成酶(glutamin synthetase,GS)起着和 CAP 蛋白相似的正控制作用，腺苷酰化的 GS(GS-AMP)则没有这一作用。GS 和 GS-AMP 通过一系列的反应而互相转变(图 6.15)，而这些反应的方向则取决于氨的浓度。

培养液(和细胞)中氨的增加会导致α-酮戊二酸/谷氨酰胺比值减小，然后通过一系列反应使 GS 量下降，从而使 *hut* 操纵子处于不激活状态。培养液中(和细胞中)氨的减少将导致一系列相反的过程，于是 GS 量上升，从而使 *hut* 操纵子处于激活状态。图 6.15 说明通过腺苷酰化和去腺苷酰化，基因 *gluE* 和 *gluA* 直接导致 GS 或 GS-AMP 的量的增加或减少。其他间接影响两者的量的基因(*gluB*、*gluD* 等)的作用不再赘述。

在这里一种负控制蛋白和两种正控制蛋白共同控制着组氨酸的利用。组氨酸、葡萄糖和氨分别是它们的效应物，这些效应物对于 *hut* 操纵子的活动的影响总结于表 6.7。

表 6.7　在不同情况下 *hut* 操纵子的活动情况

组氨酸	葡萄糖	氨	组氨酸利用操纵子
–	–	–	–
+	+	+	–
+	–	–	+
+	–	+	+
+	+	–	+

从表 6.7 可以看到当组氨酸不存在时，即使葡萄糖和氨都不存在，*hut* 操纵子未经诱导而不活动。组氨酸虽然存在，但是如果葡萄糖和氨也存在，那么 *hut* 操纵子也不活动。这是因为它虽然不被阻遏，可是由于 cAMP 和 GS 的缺乏，所以转录仍然不能进行。组氨酸存在而葡萄糖和氨不存在时 *hut* 操纵子便被激活，这是因为阻遏既已消除，而且两种正控制条件也都能满足。如果组氨酸存在而葡萄糖或氨两者中有一者不存在时，*hut* 操纵子同样能被激活，这说明两种正控制条件中有一个满足就可以了。这样一种代谢调节作用正好符合细菌的需要，因为碳源及氮源都不足时，细菌可以从组氨酸取得简单的碳源以及氮源物质。即使碳源或者氮源两者中只有一者不足，细菌也可以通过分解组氨酸而取得碳源或者氮源物质。这时虽然只从组氨酸取得两者之一而显得效率较低，但是这毕竟比不能分解组氨酸而坐以待毙较为有利。这种双重正控制正好起到这样的作用。

在生物界广泛存在的一种正控制蛋白便是σ(sigma)因子，它与 RNA 聚合酶的核心酶(core enzyme)相结合生成全酶(holoenzyme)后才使后者具有转录活性，所以它是转录作用的正控制因子。一种生物中的σ因子常不止一种。不同的σ因子与同一核心酶结合后可激活不同基因的转录。同一核心酶与特定的σ因子相结合后可识别特定的启动子而使特定的基因得以转录。枯草芽孢杆菌与芽孢形成有关的基因多达 50 余个，它们各自都有与之相对应的σ因子。芽孢形成的代谢过程有其独特之处，所以这些σ因子是一些特殊类型的代谢过程中的基因的正控制蛋白(详见第八章)。

三、调　节　子

麦芽糖调节子(maltose regulon)

为同一调节基因所控制的两个或几个属于同一代谢途经的操纵子构成一个调节子

(regulon)。大肠杆菌中麦芽糖利用的基因分属两个操纵子即 *malA* 操纵子和 *malB* 操纵子，前者位置在遗传学图的 75min，后者在 91min。它们构成一个调节子，为一个共同的激活物所激活。

malA 操纵子包括基因 *malQ*、*malP* 和 $malT_o$、*malQ* 编码淀粉麦芽糖酶，它将麦芽糖分解为葡萄糖和葡萄糖多聚物。*malP* 编码麦芽糖糊精磷酸化酶，它使葡萄糖多聚物转变为葡萄糖-1-磷酸。*malT* 编码蛋白质 P_1，它和诱导物麦芽糖结合成为复合物 P_2，复合物 P_2 作用于 *malA* 操纵子和 *malB* 操纵子。*malP* 和 *malT* 之间有一个启动子。

malB 操纵子包括 5 个基因。*malG* 和 *malK* 基因的作用现在还不清楚。*malE* 和 *malF* 分别编码处在周质中和处在细胞膜上的两种麦芽糖结合蛋白。*malB* 编码噬菌体λ受体蛋白。这种受体蛋白也是细胞膜上的麦芽糖受体蛋白，不过它只在麦芽糖浓度低于 10^{-4} mol/L 时起作用，所以很少有这方面的生理意义。*malK* 的极性突变只影响 *malB* 的表达；*malE* 的极性突变只影响 *malF* 和 *malG* 的表达。这种现象被解释为 *malE* 和 *malK* 的中间是一个启动子，而转录向两个方向进行(图 6.16)。

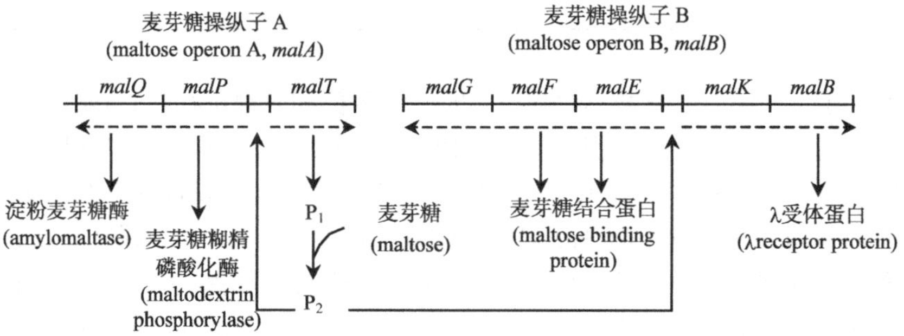

图 6.16　大肠杆菌的麦芽糖调节子[13]

大肠杆菌中有关精氨酸合成的基因也分处在几个位置，构成一个调节子。

四、全局性基因调控

lacI 基因所编码的阻遏蛋白只作用于乳糖操纵子，*araC* 基因所编码的阻遏蛋白只作用于阿拉伯糖操纵子。CAP 蛋白则作用于乳糖操纵子、阿拉伯糖操纵子和其他一些操纵子。cAMP 是 CAP 蛋白的效应物，所以它具有广泛的生理效应，它除了促进糖和氨基酸的分解代谢以外，还和细菌的固氮、发光、趋向等活动有关。另一种具有广泛生理效应的物质是鸟苷四磷酸(guanosine tetraphosphate，ppGpp)，它所参与的代谢调节系统称为严紧控制(stringent control)。

ppGpp 具有广泛的生理效应，它以某种方式抑制 rRNA 合成，并且对于 tRNA、mRNA、核糖体蛋白、蛋白质合成所需要的一些蛋白质因子等的合成也有不同程度的抑制作用，此外它对于十几种酶也都有抑制作用。细菌在缺乏氨基酸时停止合成核糖体 RNA 等的应急反应称为严紧反应。如果严紧反应由基因所控制，那么应该可以得到失去严紧反应的突变型，这种突变型在氨基酸缺乏时会继续合成 rRNA 并产生核糖体。在大肠杆菌中有一个这样的突变型 *relA*(*rel* 是松弛 relax 的缩写)，它的位置在 59min。野生型细菌在缺乏氨基酸时一方面 rRNA 停止合成，另一方面细胞中在几秒钟内出现 ppGpp。*relA* 细菌在氨基酸缺乏时 rRNA 会继续合成，细胞中并不出现 ppGpp。

ppGpp 在核糖体上合成。*relA* 突变型的核糖体没有这一功能。从 $relA^{+}$细菌的核糖体上可以得到一个成分[称为严紧因子，(stringent factor)]，把它加到 *relA* 细菌的核糖体上后便能使它合成 ppGpp。从某些 *relA* 突变型的核糖体可以得到温度敏感的严紧因子。这些事实说明 *relA* 编码严紧因子，而严紧因子便是催化 ppGpp 合成的酶。

ppGpp 的合成除了需要严紧因子以外，还需要 ATP 和不带有氨基酸的 tRNA。在正常的生理状态下大部分 tRNA 都带有氨基酸，在这种情况下 ppGpp 便不合成。在氨基酸饥饿状态下不带有氨基酸的 tRNA 得以占有核糖体上的位置，于是 ppGpp 便大量合成，接着 rRNA 等便停止产生。

在氨基酸充分的情况下，一方面通过阻遏作用和下面将要讨论的反馈抑制作用而使氨基酸停止合成，另一方面 rRNA 的合成、核糖体的装配都得以进行，蛋白质的合成也得以进行。在氨基酸缺乏的情况下，则一方面阻遏作用和反馈抑制作用被消除而使氨基酸重新合成，另一方面通过严紧反应而使蛋白质和 rRNA 停止合成，使许多反应和活动停止，蛋白质合成也就停止，所以严紧反应是一种全局性的基因调控系统。

在第八章的有关 DNA 损伤修复和基因突变一节中讲到的 SOS 反应也是一种全局性的基因调控系统，它对于 DNA 损伤可以做出一系列反应，包括针对 DNA 损伤的一些修复功能的出现或加强。在第八章中介绍的群体感应系统的运作依赖于另一种全局性基因调控系统。每一全局性调控系统中都包含若干不属于同一代谢途径的操纵子。

第三节 翻 译 控 制

在以上所讲的代谢控制系统中，在一定情况下某一基因被转录而另一基因不被转录。这种调节不论是正控制或负控制，都称为转录控制。

控制还可以发生在翻译过程中。在一定情况下如果某些 mRNA 被翻译而某些 mRNA 不被翻译，那么同样可以使某些蛋白质被合成而另一些则不合成。这种代谢控制称为翻译控制。

RNA 噬菌体

某些 RNA 噬菌体将 RNA 注入细菌以后一方面进行复制，另一方面以这一 RNA 为 mRNA 而合成它所特有的蛋白质成分。噬菌体对于不同的蛋白质的需要量各不相同，这一事实说明必然有某种翻译控制在起着作用。

这些 RNA 噬菌体(f2、MS2、Qβ、R17 等)是一类最小的而没有尾部的噬菌体。每一个寄主细菌可以产生多达 500~10 000 个这类噬菌体。

这类噬菌体只有三个基因，一个是衣壳蛋白(capsid protein)基因，一个是使噬菌体吸附在寄主细胞上的 A 蛋白(A-protein)基因，一个是复制酶(replicase)基因。每一个噬菌体中有 180 个衣壳蛋白分子，而 A 蛋白分子则只有一个。

这些噬菌体的 RNA 分子由于同一链上的碱基的配对而成为花朵状，遗传学实验结果说明衣壳蛋白基因的位置在中间[图 6.17(a)]。噬菌体 RNA 注入寄主细胞以后核糖体首先结合在暴露着的衣壳蛋白基因的启动子上，所以衣壳蛋白首先合成。这时其他两个基因的启动子都为二级结构所封闭。在衣壳蛋白基因翻译过程中二级结构逐渐解开，于是复制酶基因接着进行翻译[图 6.17(b)]。可是衣壳蛋白能够和复制酶蛋白基因的核糖体结合部位相结合，从而阻碍它的翻译[图 6.17(c)]。在噬菌体感染以后 10min，细胞中就已经产生大量的衣壳蛋白，足以使复制酶基因的进一步翻译受到阻碍。这样一种负控制作用使衣壳蛋白的合成能继续进行，而复制酶的合成则限制在整个噬菌体繁殖过程的前一半时间中。

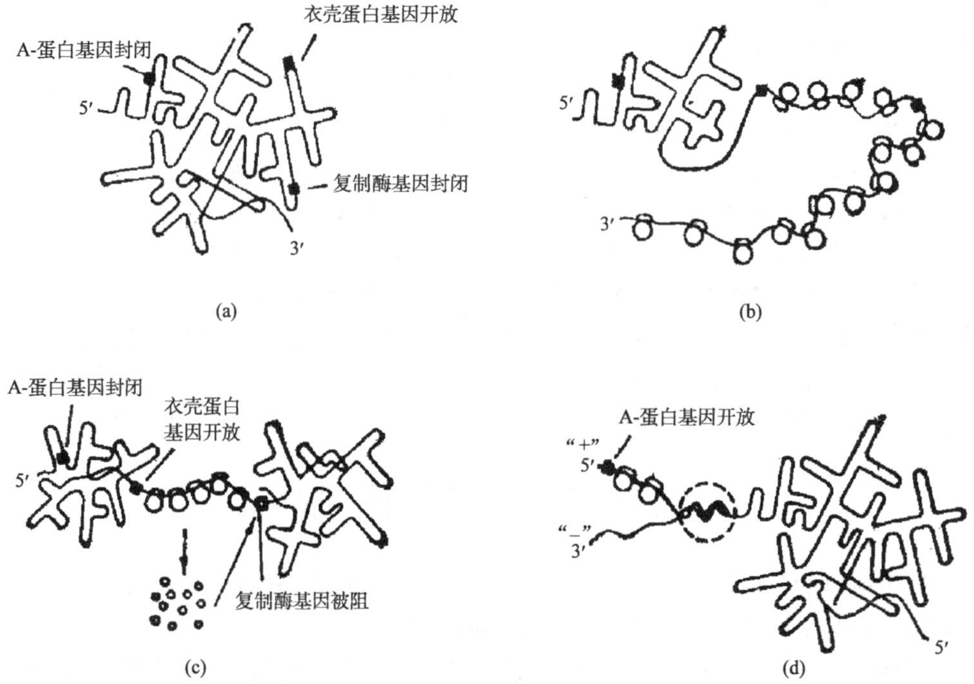

图 6.17 RNA 噬菌体的蛋白质合成的翻译控制[10]说明见正文

(a) RNA 分子的 3 个基因的核糖体启动子中只有中间的衣壳蛋白部位是开放的，其他两个都是封闭的；(b) 衣壳蛋白基因翻译过程中复制酶基因的二级结构被打开而接着进行翻译；(c) 衣壳蛋白作为复制酶基因翻译的阻遏物；(d) A-蛋白基因的翻译

这些噬菌体的 RNA 分子是一个单链分子。它们进入寄主细菌以后，依靠它自己所编码的复制酶蛋白以及寄主所提供的另外一些蛋白质的作用而进行复制，复制所形成的单链称为负(–)链，原来这链称为正(+)链。正链和负链(–)进一步作为模板而合成更多的负链和正链。

A-蛋白基因的翻译只发生在复制时；而且核糖体只和新生正链的 A-蛋白基因启动子相结合(图 6.17d)。等到新生链稍一延长，二级结构又把启动子部位封闭。由于 RNA 复制只限于感染后的前一阶段，而且启动子部位暴露的条件比较特殊，暴露时间比较有限，所以细胞中 A 蛋白的含量远远少于其他两种蛋白质。

其他翻译控制

RNA 噬菌体感染寄主细菌以后，通过一系列翻译调节作用而使细胞中出现不等量的各种噬菌体蛋白质。在细菌的多基因 mRNA 的翻译中，各种酶往往也不是等量的，而是按一定的比例合成。例如，对于乳糖操纵子来说，β-半乳糖苷酶、β-半乳糖苷透性酶和β-半乳糖苷转乙酰酶的诱导合成的量之比是 5∶2∶1；对于沙门氏菌的组氨酸操纵子来说，各个结构基因的产物的量是 G 略大于 D，D 远远高出于 F 或 A，而且也按一定的比例产生。

上两个例子都说明愈是接近操纵基因的结构基因其被翻译的机会就愈多。一般认为至少可能有下面这三种调节机制在起作用。细菌的 mRNA 的寿命一般只有 2~5min，而且转录和翻译是同时进行的。有人认为 mRNA 可能受到核糖体的保护而免于被核酸酶所分解。上面指出愈接近于操纵子的基因被翻译的机会就愈多，因此愈不容易被破坏。这可能又使它们有更多的被翻译的机会。也有人认为调谐密码子(modulation codon)可以起翻译控制作用。遗传密码是简并的，同一种氨基酸可以有几种密码子，和这几种密码相应的有几种 tRNA，这些 tRNA 的量是不同的，和最少量的 tRNA 对应的密码子称为调谐密码子。由于这种 tRNA 含量最少，所以翻译到达调谐密码子时，速度就下降。此外也可能当翻译到达调谐密码子时，核糖体由于过久地等候稀有的 tRNA 而有更多的机会脱离 mRNA，从而使调谐密码子后面的基因被翻译的机会有所减少。

此外细胞中 RNA 聚合酶和核糖体的结构改变都可能作为翻译调节的机制，这些都将留在下一章中讨论。

第四节　弱　化　子

弱化作用是一种使正在进行的操纵子转录，在到达结构基因以前中途停止的基因调控作用。这种调控作用只在细菌的氨基酸合成代谢中被发现。氨基酸的存在使转录中途停止，所以这是一种负控制作用。这里氨基酸是效应物，可是和效应物专一性地结合而使转录中止的物质并不是阻遏蛋白，而是能和这种氨基酸结合的 tRNA。

在色氨酸合成的代谢调节的研究中发现了一些现象，它们使人们相信阻遏蛋白不是唯一的负控制因素。它们主要是：①阻遏蛋白丧失功能的突变型对于色氨酸的饥饿仍然会作出反应而增加色氨酸 mRNA 的合成；②离体转录实验结果说明通过转录可产生两种 mRNA 分子，大的一种编码全部结构基因，小的一种只有大约 140 个碱基对而且不包括任何基因；③操纵子的结构基因上游的一小段 DNA 的缺失常使结构基因的转录提高若干倍，可见它具有某种负控制功能。

这些事实说明除了阻遏蛋白以外还有别的负控制因素，还说明结构基因以前的一小段 DNA 具有负控制功能，这种通过转录控制的负控制因子便是弱化子。

组氨酸操纵子中的弱化子

鼠伤寒沙门氏菌的组氨酸合成从 5-磷酸核糖焦磷酸开始经过 9 个反应，这些反应为

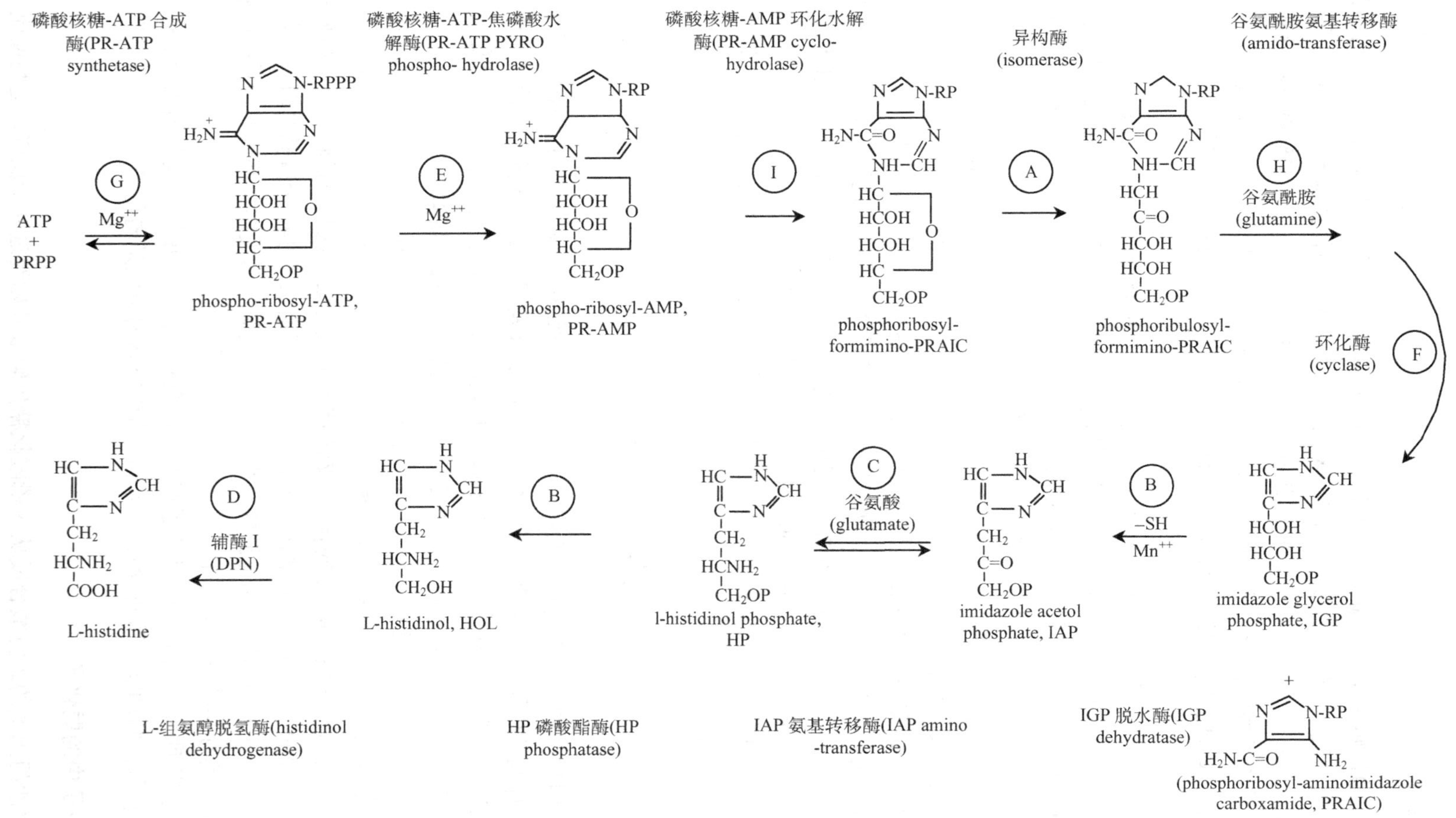

图 6.18(a) 鼠伤寒沙门氏菌的组氨酸合成代谢途径[14]

圆圈中的字母表示编码上列各种酶的结构基因

8 种酶所催化，编码这些酶的 8 个紧密连锁的结构基因构成一个操纵子[图 6.18(a)]。

在组氨酸操纵子的研究中曾发现一个缺失突变型 *hisO1214*，它的缺失部分位于操纵基因与第一个结构基因 *hisG* 之间。这一突变型的与组氨酸合成有关的酶的活性高出野生型几倍。从开始转录到结构基因之间的这一序列并不包含在组氨酸多基因 mRNA 中，它称为前导序列(leader sequence，L)。这一序列中的一部分缺失以后导致结构基因的转录的加强，可见这一部分具有减弱转录的功能，所以称为弱化子(attenuator, a)。核苷酸分析结果说明弱化子是前导序列的末端部分，在弱化子的前面有 7 个连续的组氨酸密码子 CAC 和 CAU，以及一个终止密码 UAG[图 6.18(b)]。

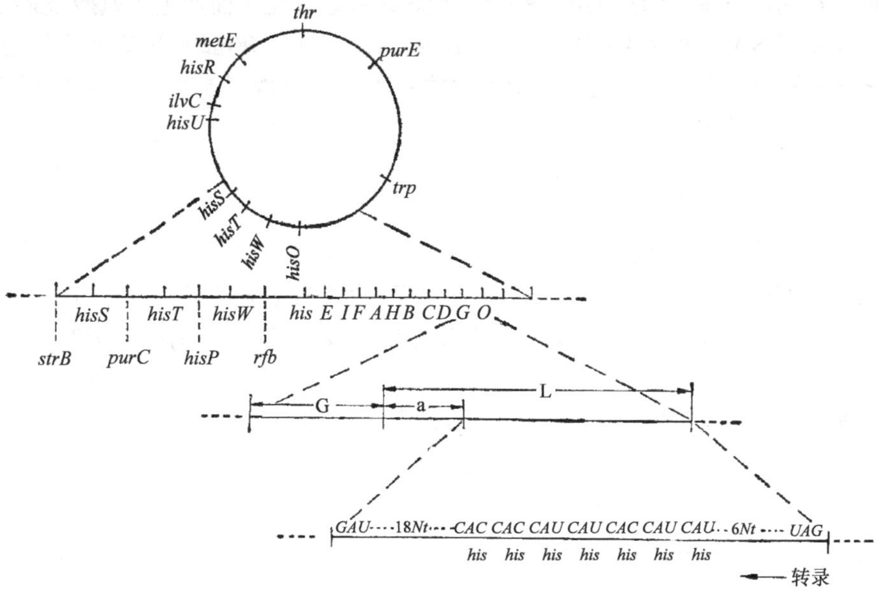

图 6.18(b) 组氨酸操纵子和调节基因，以及弱化子[14]。

L. 前导序列；a. 弱化子，表示 9 个结构基因、5 个负控制调节基因，以及操纵基因和弱化子的位置和弱化子的序列结构

前导序列虽然不是组氨酸结构基因的一个部分，但是它也能被转录，而且弱化子前面的这一部分前导序列也被翻译成为前导肽链(leading peptide)。弱化子可以形成多种二级结构，某些二级结构有利于转录超越弱化子而继续进行，另一些二级结构则使转录不能继续进行。

细菌的转录和翻译是同时进行的。转录到达前导序列终点以后是否继续前进，决定于前导序列翻译进行的情况，而翻译的进行情况又决定于组氨酸是否充分。在组氨酸充分的情况下 $tRNA^{his}$ 多数带有组氨酸，于是翻译得以通过几个组氨酸密码子而到达终止密码 UAG；在这种情况下弱化子 mRNA 的二级结构不利于转录继续进行，于是组氨酸多基因 mRNA 便不产生。在组氨酸缺乏的情况下 $tRNA^{his}$ 多数不带有组氨酸，于是翻译到达组氨酸密码时便不再前进；在这种情况下弱化子 mRNA 的二级结构便有利于转录继续前进，从而产生组氨酸多基因 mRNA。

由此可见，弱化子的基因调控作用和阻遏蛋白的作用同样属于负控制，而且都通过对于转录的控制来完成，都受氨基酸的量的影响。所不同的是在阻遏作用中氨基酸通过

阻遏蛋白的作用而影响转录，而在弱化子调控中氨基酸是通过 tRNA 的作用而影响转录。

在组氨酸合成的基因调控研究中，曾发现有 6 个不同的基因发生突变后都可以消除组氨酸的阻遏作用(图 6.18)。其中一个基因位于组氨酸操纵子的第一个结构基因 *hisG* 的前端，它是操纵基因 *hisO*。其余 5 个分散在各处，都具有调节基因的性质，可是虽经种种努力却始终没有找到相应的阻遏蛋白。深入研究以后发现这 5 个基因 *hisR*、*S*、*T*、*U*、*W* 都和 $tRNA^{his}$ 有关。例如，*hisR* 是 $tRNA^{his}$ 的结构基因；*hisT* 与 $tRNA^{his}$ 的修饰有关，突变型的 $tRNA^{his}$ 的两个尿嘧啶核苷酸没有被修饰成为假尿嘧啶核苷酸，*hisS* 编码组氨酰-$tRNA^{his}$ 合成酶。

上面已经指出不带有组氨酸的 $tRNA^{his}$ 使转录超越弱化子而产生组氨酸 mRNA。由此可见凡是使 $tRNA^{his}$ 功能丧失的突变型(*his R*、*S*、*T*、*U*、*W*)都可以起到消除阻遏的作用。弱化子的发现解答了组氨酸代谢调控中的一个谜：发现了 5 个负控制调节基因，可是却没有找到它们的阻遏蛋白。

色氨酸操纵子中的弱化子

在色氨酸操纵子(参见图 6.8)的操纵基因和第一个结构基因之间也有一个前导序列，在它的弱化子前面有两个色氨酸密码，接着又有一个终止密码 UGA(图 6.19)。弱化子缺失菌株 *trp*ΔLD102(*trp* a^-)的转录高出于结构基因 *E*、*D* 缺失菌株 *trp*△ED53(*trp* a^+)8~10 倍。

调节基因突变(*trpR*)和弱化子缺失(*trp a*)的消阻遏效应见表 6.8。

前导肽

MetLysAlaIlePheValLeuLysGlyTrpTrpArgThrSer

1 20 40 60

pppAAGUUCACGUAAAAAGGGUAUCGACA[AUG]AAAGCAAUUUUCGUACUGAAAGGUUGGUGGCGCACUUCC

80 100 120

[UGA]AACGGGCAGUGUAUUCACCAUGCGUAAAGCAAUCAGAUACCCAGCCCGCCUAAUGAGCGGGCUUUU

140 160 180

UUUUGAACAAAAUUAGAGAAUAACA[AUG]CAAACACAAAAACCGACUCUCGAACUGCU-

MetGlnThrGlnLysProThrLeuGluLeuLeu

trpE 多肽

图 6.19 鼠伤寒沙门氏菌的色氨酸弱化子[15]

转录从 1 开始，前导肽的翻译从 AUG 到 UGA，结构基因 *trp* 翻译从第二个 AUG 开始

表 6.8 大肠杆菌的调节基因突变 *trpR* 和弱化子缺失(*trp a*)对于结构基因 *trpB* 所编码的色氨酸合成酶亚基活性的影响[16]

菌株	*trpR*$^+$	*trpR*
弱化子正常的结构基因缺失菌株 *trp*△ED53(*trp* a^+)	0.17	11.8
弱化子缺失菌株 *trp*△LD102(*trp a*)	1.32	100

表 6.8 的数据说明色氨酸操纵子有两种负控制在起作用。一种是调节基因 *trpR*，另一种是弱化子 *a*。从表中的数字还可以看到调节基因的调控幅度较大而弱化子较小，两者相差几乎有 10 倍。或许正是这种粗细兼备的基因调控作用更有利于生存，实际上大肠

杆菌的氨基酸合成代谢的基因调控除组氨酸以外都属于这一类型。

第五节 反馈抑制

阻遏作用使细菌在含有某一种氨基酸的培养基中生长时，或者在它们的细胞中已经自己合成足够量的某一氨基酸时，就会停止合成与这一氨基酸的合成有关的酶。这一调节机制使细菌避免合成超过它本身所需要的酶。可是细胞中已有的酶仍然在起作用。所以依靠这一调节机制，细菌对于环境改变所做出的反应必然相当迟缓。实际上细菌对于环境的改变的反应是相当迅速的，因为它们还具有另一种能做出更快反应的调节机制，这种调节机制就是反馈抑制(feedback inhibition)。在这一调节机制中，代谢最终产物会抑制合成代谢途径中的第一个酶的作用而不是抑制它的合成。

反馈抑制现象可以用一个细菌的营养缺陷型菌株来演示。例如，把组氨酸缺陷型细菌接种到含有少量组氨酸的培养液中，细菌从培养液中吸取组氨酸，经过一个停滞期后进入对数期，当培养液中的组氨酸消耗完了时生长就达到顶峰。从这时开始在培养液中遗传性代谢障碍以前的中间产物开始逐渐积累(图 6.20)。

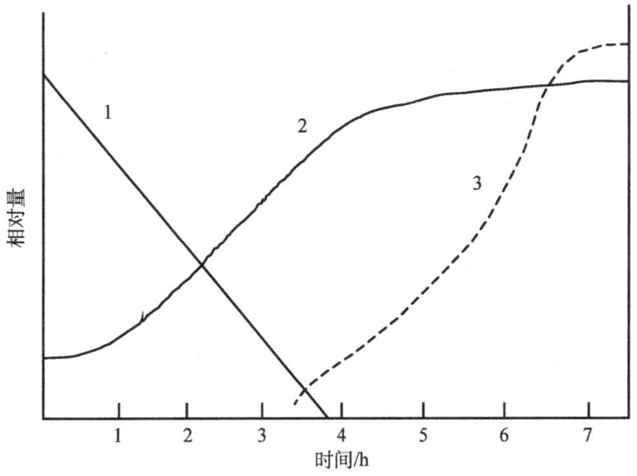

图 6.20　组氨酸缺陷型在含有少量组氨酸的培养液中的生长和中间产物代谢的积累过程

1. 组氨酸消失过程；2. 细菌生长过程；3. 中间代谢产物积累过程

促使中间代谢产物积累的是由于组氨酸的不存在而不是由于生长的停止，这可以从另一实验中看到：把组氨酸缺陷型细菌悬浮在可抑制细菌合成蛋白从而抑制生长的培养液中，这时缺陷型细菌的中间代谢产物是否会积累便完全取决于加入的组氨酸的量。

反馈抑制现象并不只发生在缺陷型中，野生型细菌中也有这一现象。不过如果用野生型细菌进行上述实验，那么组氨酸消耗完了以后细菌便开始合成组氨酸，而一旦合成了组氨酸，组氨酸又产生反馈抑制作用，因此组氨酸不可能大量积累。营养缺陷型细菌所积累的是中间产物，而中间产物没有反馈抑制作用，所以才能使我们更清楚地看到反馈抑制现象。

反馈抑制现象在氨基酸和核苷酸的发酵工业中有它的现实意义。例如，用生产肌苷酸的腺嘌呤缺陷型来讲，要生产肌苷酸必须使细菌生长，要使细菌生长，培养液中必须加入腺嘌呤。但是过量的腺嘌呤可通过反馈抑制作用而影响中间代谢产物肌苷酸的积累，所以必须严格控制腺嘌呤的量才能积累最大量的肌苷酸。

反馈抑制类型

细胞中的合成代谢途径是错综复杂并且交织在一起的，许多代谢途径常是分支的。假定分支代谢途径有三种最终代谢产物，它们的反馈抑制可以分为三种类型[图 6.21(a)、(b)、(c)]。

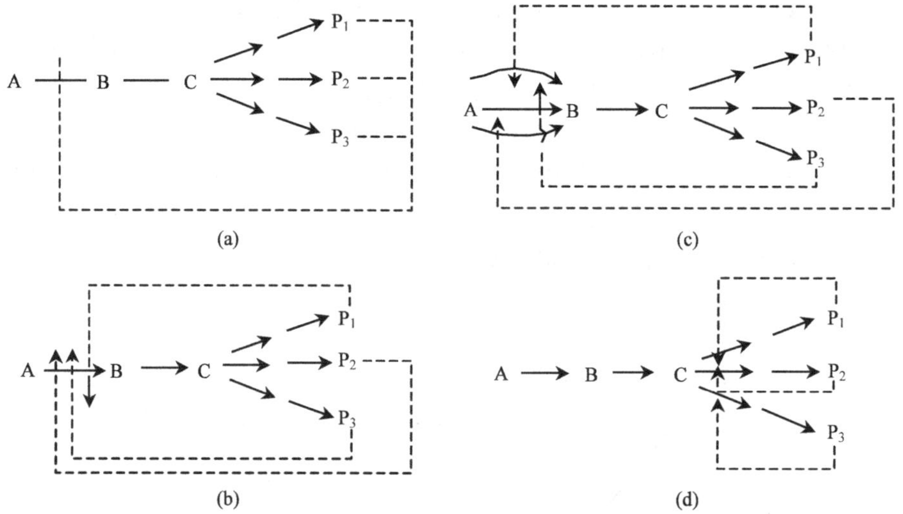

图 6.21　在分支的合成代谢途径中的三种反馈抑制模式

(a) 协同反馈抑制；(b) 累积反馈抑制；(c) 同工酶反馈抑制；(d) 对于分支后的第一个酶的反馈抑制

在协同反馈抑制(coorperative feedback inhibition)体系中每一种最终代谢产物对于合成代谢途径中的第一个酶都没有反馈抑制作用，只是在三种最终产物同时过量的情况下才出现反馈抑制现象。

在累积反馈抑制(cumulative feedback inhibition)体系中每一种最终代谢产物对于合成代谢途径中的第一个酶都有反馈抑制作用，但是它们合在一起才能达到最大程度的反馈抑制。

在同工酶反馈抑制(isozyme feedback inhibition)体系中合成代谢途径的第一个酶有几种结构略有不同的同工酶，每一种最终代谢产物只对一种同工酶具有反馈抑制作用，所以只有当几种代谢最终产物同时过量时才分别作用于几种同工酶而使合成反应不能进行。

在以上这三种反馈抑制体系中最终代谢产物都作用于代谢途径分支以前的第一个酶。在这些调节作用中几种最终产物难以按照各自的过量或不足而分别调节。例如，在累积反馈抑制中假定 P_1 和 P_2 过量而 P_3 不足，由于 P_1 和 P_2 作用于第一个酶而造成的反馈抑制却同时使 P_3 也不再合成，因此可见这些调节可以说是粗调。除此以外，同一代谢最终产物也能作用于分支以后的第一个酶。这一调节作用能按照各种最终产物的过量或不足而分别调节[图 6.21(d)]，所以这种调节作用可以说是一种细调。在许多分支代谢的调节中，细调和粗调往往同时发生作用。

反馈抑制机制

反馈抑制作用有三个特点：①只有最终代谢产物或者它的结构类似物具有反馈抑制作用；②受到抑制的一般是一系列酶中的第一个酶；③反馈抑制作用是可逆的。

由于这种抑制作用是可逆的，所以才能具有调节代谢的功能。只有在最终代谢产物存在时酶才受到抑制，而当最终代谢产物由于被利用来合成蛋白质、核酸等物质而减少时，酶的作用又得以恢复。

受到反馈抑制的往往只是合成代谢途径中的第一个酶。第一个酶受到抑制以后，以后的酶无需抑制就已经等于失去作用，所以反馈抑制作用是一种简明有效的调节作用。

反馈抑制物是合成代谢途径的最终产物，而受到抑制的是第一个酶，所以抑制物的分子结构必然与这一酶的底物很不相同。由此可见反馈抑制物的作用机制不同于竞争性抑制作用，在后一种抑制作用中，抑制物和酶蛋白的活性中心相结合，而在前一种抑制作用中，抑制物必然不和活性中心(active center)相结合。可以设想反馈抑制物结合在酶蛋白的另一部位——调节中心——上，由于这一结合，使酶蛋白的空间构型发生变化，从而使酶丧失它的催化性能。凡是在活性中心以外结合有小分子物质而改变活性的蛋白质称为变构蛋白(allosteric protein)，这些小分子物质称为变构效应物(allosteric effector)。在这意义上阻遏蛋白也是一种变构蛋白，具有反馈抑制效应的酶则是一种变构酶(allosteric enzyme)。

代谢最终产物的结构类似物也具有反馈抑制作用。这一点进一步说明了起到反馈抑制作用的是最终产物本身，而不是由它衍生的其他物质。

在反馈抑制这一种代谢调节作用中，小分子物质直接作为抑制物，所以没有相应的调节基因参与作用。但是变构酶为结构基因所编码，所以反馈调节也是一种遗传性状，因此正像可以由诱导型得到组成型一样，同样地可以从具有反馈调节作用的细菌得到失去反馈调节作用的突变型。

第六节　真核微生物的基因调控

酿酒酵母的半乳糖分解代谢

和大肠杆菌一样，酿酒酵母有三个紧密连锁的基因分别编码半乳糖激酶(*gal* 1^+)、磷酸半乳糖尿苷酰转移酶(*gal* 7^+)和半乳糖差向异构酶(*gal* 10^+)，每一个基因发生突变时相应的一种酶的活性就会丧失。基因 *gal* 4^+和以上三个基因都不连锁，它发生突变时这三种酶活性同时丧失，所以 *gal 4* 似乎是一正控制基因。此外还有一个不连锁的对于半乳糖进行缓慢适应的基因 *gal* 3^+，它和蜜二糖的水解和利用有关。

在酿酒酵母中曾经得到两类组成型突变。一类突变型称为 *i*，是隐性的，和以上几个基因都不连锁，而且还曾发现另一和它等位的显性超阻遏突变型 i^s。这一基因显然是一个调节基因。另一类组成型是显性的 *c*，它和 *gal 4* 紧密连锁，可能是操纵基因。

根据以上这些事实，曾经提出下列操纵子模型(图 6.22)来说明酿酒酵母的半乳糖代谢中的基因调控。不过到 20 世纪 80 年代为止，还没有发现与 *gal1*、*7*、*10* 紧密连锁的显性的组成型突变，这就是说没有发现操纵基因，而且也没有充分证据说明 *gal1*、*7*、*10* 是一个转录单位，所以还没有足够的根据来说明这些基因构成了一个操纵子。

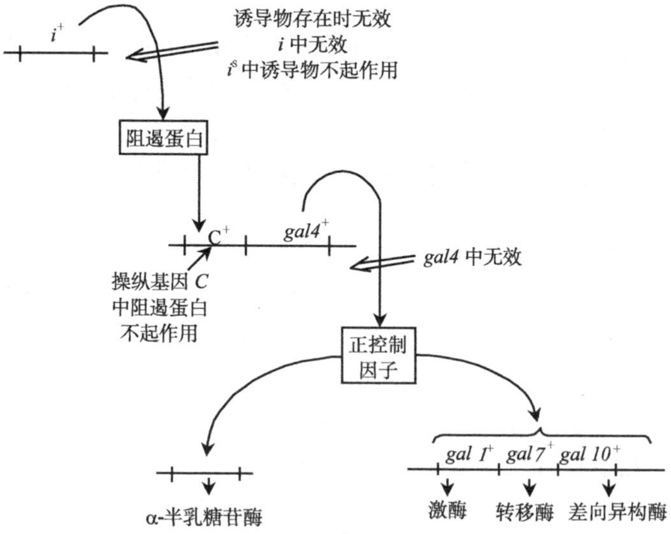

图 6.22 酿酒酵母的半乳糖利用的基因调控模型[17]

粗糙脉孢菌的奎尼酸分解代谢

粗糙脉孢菌能够利用奎尼酸作为唯一碳源而生活。奎尼酸分解的最初三个反应中的酶都是诱导酶。这三种酶是奎尼酸脱氢酶(同一酶也催化莽草酸的脱氢反应)、脱氢莽草酸脱水酶和脱氢奎尼酸脱水酶(图 6.23)，有关的三个结构基因 *qa-3*、*qa-4* 和 *qa-2* 以这一顺序排列在一起。

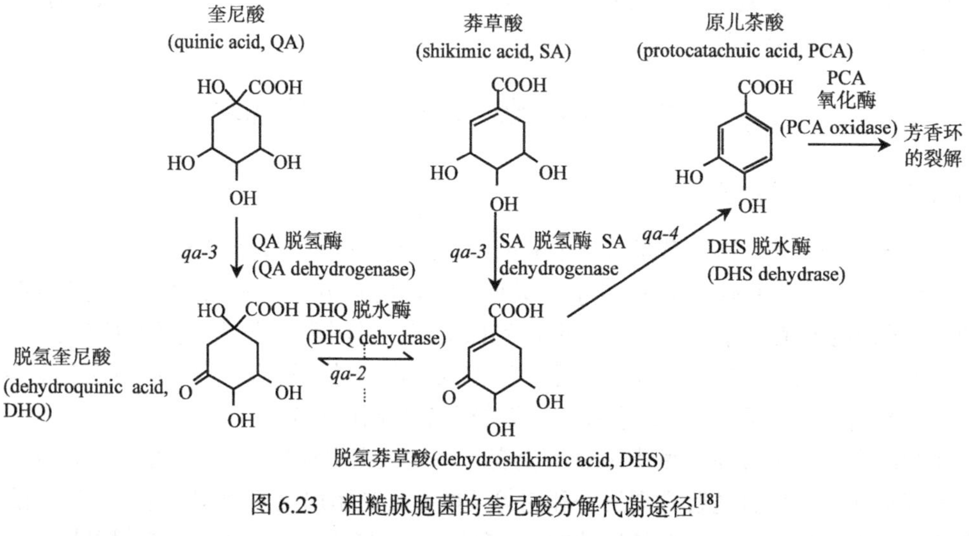

图 6.23 粗糙脉胞菌的奎尼酸分解代谢途径[18]

qa-3 的前面是 *qa-1F*。*qa-1F* 是诱导无效的超阻遏突变型，在含有奎尼酸的培养基上突变型的这三种酶的活性都不出现，所以不能在这上面生长。和乳糖操纵子中的诱导无

效的超阻遏突变型 i^s 不同，它是隐性的而不是显性的。这一事实暗示 *qa-1F* 是一个正控制基因，它所编码的激活蛋白必须和奎尼酸相结合，才能使三个结构基因处于活动状态。另外一个调节基因是 *qa-1S*。这一基因的突变型有两种：相当于 i^s 的显性的超阻遏突变型 *qa-1S*⁻ 和相当于 i^s 的隐性的组成型 *qa-1S*^{c}。可见 *qa-1S* 是一个负控制基因。

qa-1F、*qa-1S* 和 *qa-2*、*4*、*3*，以及两个功能还不很清楚的基因构成一个基因簇(gene cluster)。这几个结构基因都分别进行转录，而且转录量并不严格地协调，所以并不认为它们构成一个操纵子。

到 20 世纪 80 年代为止还没有发现具有顺反位置效应的突变型，而且这三种酶的活性并不是严格地协调的。因此这几个基因是否构成一个操纵子似乎也还缺乏有力的证据。

酵母菌和脉孢菌的多功能蛋白

酿酒酵母中有关组氨酸合成的第三、第二和第十个反应中的三种酶是磷酸核糖-AMP开环水解酶、磷酸核糖-ATP-焦磷酸水解酶和组氨醇脱氢酶，它们分别为基因 *his4A*、*his4B* 和 *his4C* 所编码，这三个基因以这一顺序排列在一起(图 6.24)。上述结论来自两方面的实验结果，即基因精细结构定位和互补测验。

通过互补测验可以看到有三个类群的突变型分别失去一种酶活性，各群突变型之间有强的群间互补，可是还有较弱的群内互补。尤其值得注意的是有一些突变型或是不能和 *his4B* 和 *his4C* 互补，或是不能和 *his4A*、*B*、*C* 互补，这些突变型位置在 *his4A*，并且它们都是终止密码突变型(图 6.24)。这些事实可以解释为 *his4A*、*B*、*C* 实际上是一个功能单位。事实上已经提取得到一种分子质量为 95 000Da 的蛋白质，它具有上述三种酶活性。这些事实说明 *his4A*、*B*、*C* 是编码具有三种酶活性的一个蛋白质的结构基因。

粗糙脉孢菌的组氨酸缺陷型 *his3* 的情况几乎是相同的。

脉孢菌中分支酸的合成从赤藓糖开始通过 7 个酶促反应。催化中间 5 个反应的酶的结构基因 *aro1*、*9*、*5*、*4*、*2* 以这一序列紧密连锁排列在第 II 染色体上，远离另一基因 *aro3*。每一基因的突变型都可以和其余所有突变型通过异核体形成而互补。在精细结构分析中同样可以看到它们是 5 个不相重叠的区域。可是正像以上两个情况一样，存在着一些不能和任何突变型互补的突变型。互补图呈现极性，而且一部分极性突变型可以为无义抑制基因所抑制。此外还抽提得到分子质量为 150 000~160 000Da，而且具有上述五种酶活性的蛋白质，所以 *aro* 基因簇实际上也可以认为是一个基因。

总的看来，真核微生物中只有在个别例子中初步证实了操纵子的存在，而在多数情况中则还缺乏这方面确切的证据。最初认为是紧密连锁的结构基因的一些例子，以后发现实际上它们共同编码一个多功能的蛋白质。

比较真核微生物和原核微生物的基因集中的程度，也可以发现前者的集中程度不及后者。例如，在大肠杆菌和沙门氏菌中和组氨酸合成有关的 9 个结构基因都是紧密连锁的，和色氨酸合成有关的 5 个基因也是紧密连锁的。可是在粗糙脉孢菌中和组氨酸合成有关的 9 个基因分处九处，和色氨酸合成有关的 4 个基因分处 4 个染色体上。真核生物和原核生物的一个重要区别是前者的细胞中有一些为膜所包被的细胞器，包括线粒体、叶绿体和细胞核。在这些细胞器中所发生的反应往往是相对独立的。所以基因调控的区域化是这两类微生物的又一个重要的区别。

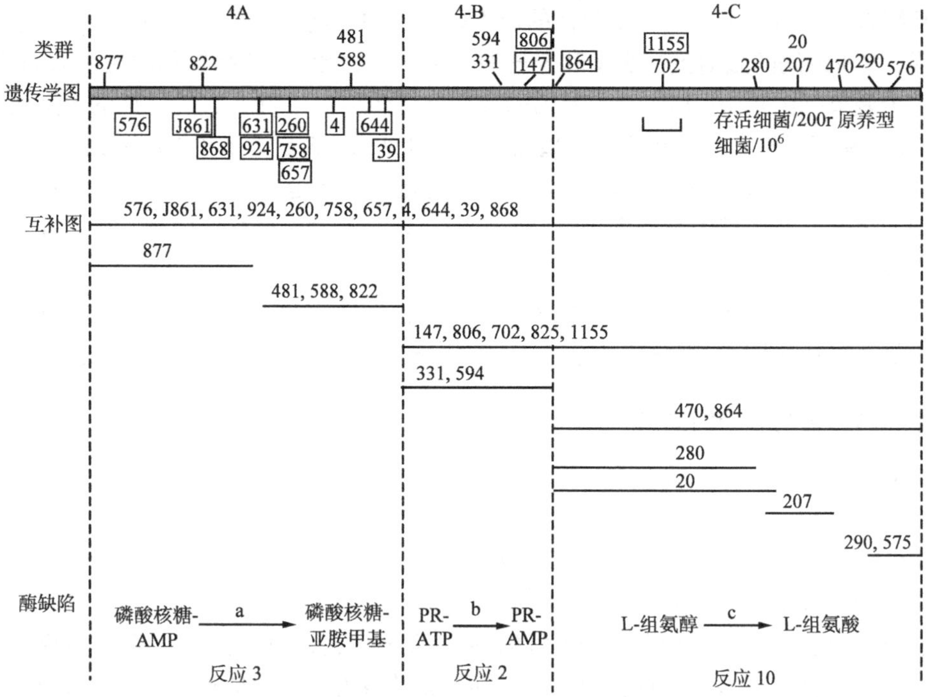

图 6.24　酿酒酵母的 *his4* 区域[19]

遗传学图的下方是不能和 *hisA*、*B*、*C* 突变型互补的突变型，上方是能彼此互补的突变型，
方框中的突变型是终止密码突变型，催化反应 3、2、10 的三种酶是：
a. PR-AMP 开环水解酶(phosphoribosyl-AMP cyclohydrase)；b. 磷酸核糖-ATP-焦磷酸水解酶
(phosphoribosyl-ATP pyrophosphohydrolase)；c. 组氨醇脱氢酶(histidinol dehydrogenase)

近年来在酵母菌的氨基酸代谢调节研究中发现当在培养液中加入某一种氨基酸时，除了使这一种氨基酸的合成受到阻遏以外，还可使其他一些氨基酸受到阻遏，这说明酵母菌的氨基酸合成中除了个别氨基酸的调控系统以外，还具有全局性的调控系统。酵母菌是低等的真核生物。高等真核生物和低等真核生物的基因调控机制方面有多少共同之处是一个值得注意的问题。

第七节　代谢调节和微生物育种

在上一章中主要讨论了由于酶的活力的下降而带来的产量的提高。这里将着重讨论由于酶的量的增加或质的改变而带来的产量的提高。

抗反馈和抗阻遏突变型

细菌的反馈作用是变构酶和最终合成代谢产物的结合的结果，细菌的阻遏作用是阻遏蛋白和最终代谢产物的结合的结果。由于基因突变而使变构酶成为不能和代谢最终产物相结合的突变型便是失去反馈作用的突变型，这些突变型称为抗反馈突变型(anti-feedback mutant)。同样地，由于基因突变而使阻遏蛋白成为不能和代谢最终产物相结合的突变型便是失去阻遏作用的突变型，这些突变型称为抗阻遏突变型(antirepression mutant)。

合成代谢最终产物的结构类似物由于结构上的相似，所以能和变构酶结合，也能和阻遏蛋白相结合。许多代谢最终产物的结构类似物之所以具有制菌作用，就是由于它们的这些特性而因此引起的生物合成作用的缺陷。如果变构酶结构基因发生突变而使变构酶不再能和结构类似物相结合，或者调节基因发生突变而使阻遏蛋白不再能和结构类似物相结合，那么类似物对于这些突变型就不再有制菌作用。根据这一原理，只要选取抗结构类似物的突变型，就可以得到抗反馈和抗阻遏突变型。由于结构上的相似，这些突变型的变构酶和阻遏蛋白也不再能和正常的代谢最终产物相结合。因此即使在含有过量的某一氨基酸的培养液中，抗反馈突变型的酶也并不受抑制而能继续合成这一氨基酸，抗阻遏突变型也将会继续合成和这一氨基酸的生物合成有关的一系列酶。总之，过量氨基酸的存在将不再影响这一氨基酸的继续合成而使产量大幅度地提高。

5，5，5-三氟亮氨酸是亮氨酸的结构类似物

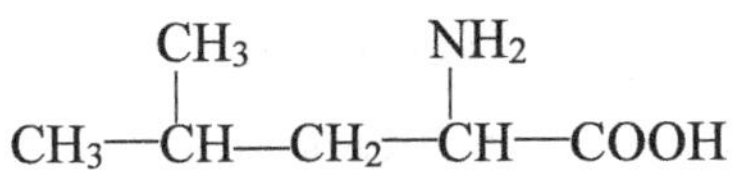

亮氨酸
(leucine)

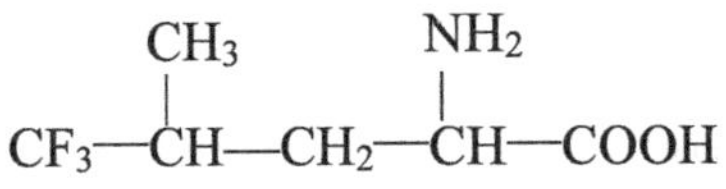

5，5，5-三氟亮氨酸
(5,5,5-trifluoroleucine)

在鼠伤寒沙门氏菌中所选得的抗三氟亮氨酸突变型有两种。一种突变型的亮氨酸合成途径的第一个酶异丙基苹果酸脱氢酶变为不为亮氨酸所抑制，但是细胞中酶的含量并不增加，另一种突变型的这一种酶能为亮氨酸所抑制，可是细胞中酶的含量比野生型高出十倍。它们的亮氨酸产量都比野生型高。前一种突变型是抗反馈突变型，后一种突变型是抗阻遏突变型。通过转导曾经得到了抗反馈和抗阻遏的双重突变型，它的亮氨酸产量又进一步提高。

综合措施的育种效果

曾经得到的结构类似物抗性菌株至少有这二十几种(表 6.9)，这些抗性菌株能积累并分泌相应的最终产物。

表 6.9　结构类似物抗性菌株和它们所积累并分泌的最终代谢产物[20]

结构类似物	分泌物
刀豆氨酸(canavanine)	精氨酸(arginine)
噻吩丙氨酸(thienylalanine)	苯丙氨酸(phenylalanine)
噻吩丙氨酸(thienylalanine)	酪氨酸(tyrosine)
5-甲基色氨酸(5-methyl tryptophane)	色氨酸(tryptophane)
α-氨基丁酸(α-aminobutyric acid)	缬氨酸(valine)
5,5,5-三氟亮氨酸(5,5,5-trifluoroleucine)	亮氨酸(leucine)
α-氨基-β-羟基戊酸(α-amino-β-hydroxyvaleric acid)	苏氨酸(threonine)
正亮氨酸(norleucine)	甲硫氨酸(methionine)

续表

结构类似物	分泌物
2-噻唑丙氨酸(2-thiazole alanine)	组氨酸(histidine)
3,4 脱氢脯氨酸(3,4-dehydroproline)	脯氨酸(proline)
5-氨尿嘧啶(5-aminouracil)	尿嘧啶(uracil)
异烟肼(isonicotinyl hydrazine)	吡哆胺(pyridoxamine)
对氟苯丙氨酸(*p*-fluorophenylalanine)	苯丙氨酸(phenylalanine)
对氟苯丙氨酸(*p*-fluorophenylalanine)	酪氨酸(tyrosine)
D-酪氨酸(D-tyrosine)	酪氨酸(tyrosine)
6-甲基色氨酸(6-methyl tryptophane)	色氨酸(tryptophane)
缬氨酸(valine)	异亮氨酸(isoleucine)
4-氮亮氨酸(4-azaleucine)	亮氨酸(leucine)
乙硫氨酸(ethionine)	甲硫氨酸(methionine)
α-甲基甲硫氨酸(α-methyl methionine)	甲硫氨酸(methionine)
1,2,3-三噻唑-3-丙氨酸(1,2,3-trithiazole-3-alanine)	组氨酸(histidine)
2,6-二氨基嘌呤(2,6-diaminopurine)	腺嘌呤(thymine)
磺胺(sulfonamide)	对氨基苯甲酸(*p*-aminobenzoic acid)
3-乙酰吡啶(3-acetyl pyridine)	烟碱酸(nicotinic acid)

遗传性代谢障碍可以导致中间产物的积累，抗反馈和抗阻遏也能导致产物的积累，两种措施的同时应用可以导致更多的产物积累。例如，在大肠杆菌中曾经筛选得到过一个抗苏氨酸结构类似物α-氨基-β-羟基戊酸(α-amino-β-hydroxy-valelic acid)突变型，它的苏氨酸产量是 1.9g/L。突变型的高丝氨酸脱氢酶不再为苏氨酸所抑制，它是一个抗反馈突变型。

在这突变型菌株中进一步筛选异亮氨酸缺陷型，这一双重突变型的苏氨酸产量提高到 4.7g/L。这一突变一方面使从苏氨酸到异亮氨酸这一途径中断，另一方面减少了异亮氨酸的反馈作用。

进一步再筛选甲硫氨酸缺陷型。这一三重突变型的苏氨酸产量提高到 6g/L。

苏氨酸、异亮氨酸、甲硫氨酸和赖氨酸的合成通过一个分支的途径相联系。天冬氨酸激酶受到赖氨酸和苏氨酸的协同反馈抑制。高丝氨酸缺陷型不能合成苏氨酸和甲硫氨酸。突变型在给以限量苏氨酸的情况下，赖氨酸不再有反馈抑制作用，因此可以进一步提高赖氨酸的产量。另外在谷氨酸棒状杆菌(*Corynebacterium glutamicum*)和黄色短杆菌(*Breribacterium flavum*)中二氢吡啶二羧酸合成酶不受赖氨酸的反馈抑制(在大肠杆菌等细菌中它则有抑制作用)，所以通过以上这一系列的措施，赖氨酸产量可达到 40g/L。

这几种氨基酸的合成代谢的关系见图 6.25。

在第五章中曾指出在突变位点以外的另一位置上发生的结构改变有时可以使由于突变而失去活性的酶蛋白恢复活性。一个突变使变构酶的活性中心改变时可以使它失去活性，如果另一突变使它的调节中心发生结构改变，那么这一改变将使它成为一个抗反馈突变型，可是由于变构酶的这两个部分的相互影响，这一双重突变型可能恢复它的活性中心的作用。所以只要选取和某一变构酶有关的营养缺陷型的回复突变，应该就有可能得到具有抗反馈作用的突变型。

腺核苷、鸟核苷和次黄嘌呤核苷等的合成代谢途径可以用图 6.26 表示。

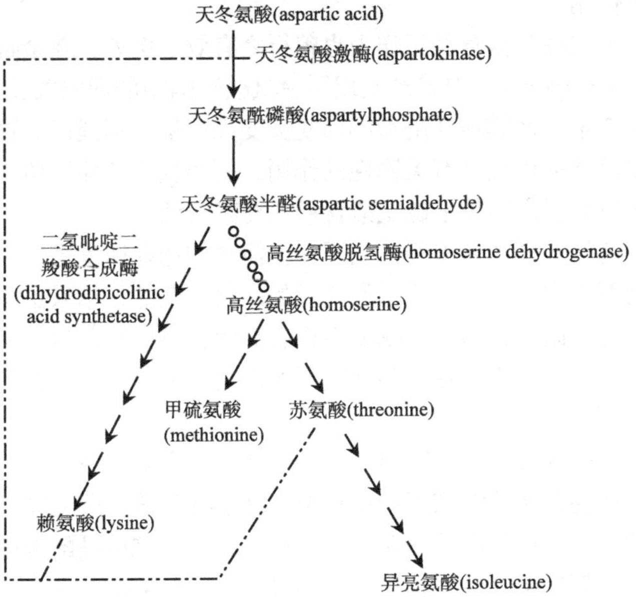

图 6.25　谷氨酸棒状杆菌的赖氨酸、甲硫氨酸、苏氨酸和异亮氨酸合成代谢途径

oooo：高丝氨酸缺陷型的遗传性障碍；—··—··—：苏氨酸和赖氨酸对于天冬氨酸激酶的协同反馈抑制

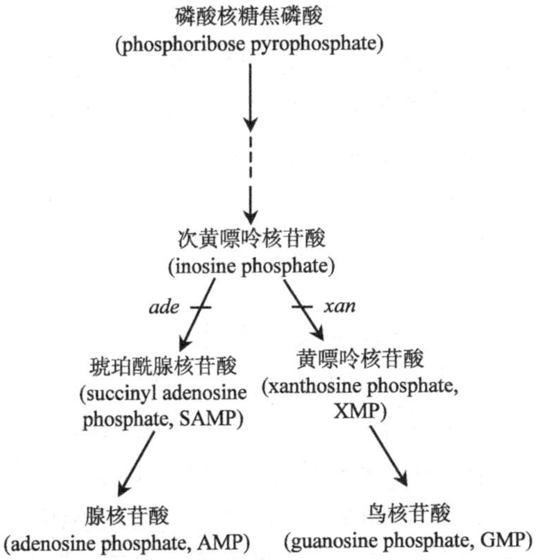

图 6.26　谷氨酸棒杆菌(*Corynebacterium glutamicum*)和产氨短杆菌(*Brevibacterium ammoniagenes*)的腺核苷酸、鸟核苷酸的合成代谢途径

谷氨酸棒状杆菌和产氨短杆菌的腺嘌呤缺陷型 *ade* 能产肌苷酸 13g/L，突变型的琥

珀酸腺核苷酸合成酶失去了活性。腺嘌呤、黄嘌呤双重缺陷型(*adexan*)将产生更多的肌苷酸，这一突变型的次黄嘌呤核苷酸脱氢酶也失去了活性。选取后者发生回复突变的腺嘌呤缺陷型(*ade xan*$^+$)，可以得到产肌苷酸和鸟嘌呤的菌株。这一现象可以解释为次黄嘌呤核苷酸脱氢酶的调节中心发生结构改变而使它具有抗反馈特性，同时由于这一改变而使活性中心恢复了作用。

回复突变这一方法在其他育种工作中也曾行之有效。例如，在金霉素生产菌产绿链霉菌(*Streptomyecs viridifaciens*)中曾经发现甲硫氨酸缺陷型的回复突变株中有 88%的金霉素产量提高约 1~3 倍，而其他缺陷型的回复突变株产量并不提高。这一现象被解释为在金霉素的合成中甲基的供应具有关键性的作用，而回复突变使甲硫氨酸的合成不受反馈抑制，金霉素产量的提高则是甲硫氨酸含量的提高的结果。

在金霉素生产菌的选育中还曾经采用了一种简单的选取回复突变的方法。首先选取不产生金霉素的所谓零突变型，然后诱发产量的回复突变株，结果也得到产量显著提高的菌株。在蜡状芽孢杆菌(*Bacillus cereus*)中也有类似报道。选取蛋白酶低产菌株，其中一部分属于嘌呤和嘧啶缺陷型。在这些缺陷型的回复子中可以筛选得到蛋白酶产量显著提高的菌株。

在链霉素高产菌株的选育中，曾经使生产菌适应于含有高浓度的链霉素，从而得到抗链霉素的菌株。这些菌株的链霉素产量较野生型敏感菌株有所提高。

在产蛋白酶的蜡状芽孢杆菌的选育中，曾经通过筛选抗氨基酸菌株而提高蛋白酶的产量。高浓度的氨基酸能抑制芽孢的形成和蛋白酶的合成。在含有九种氨基酸(各1.5mg/ml)以及水解蛋白(10mg/ml)的培养基中选取产芽孢的菌株，这些菌株的蛋白酶的产量也有所提高。

组成型

不少酶制剂都是水解酶，而且有许多属于诱导酶，在诱导酶的发酵生产中可以加入诱导物使它的酶活力提高。从育种角度去考虑，筛选组成型同样可以提高酶活性。用组成型生产诱导酶和用诱导型而在发酵液中添加诱导物来生产诱导酶的利弊是显然的。首先，用诱导型生产时每一批发酵液都要添加诱导物，用组成型生产则只要筛选得到组成型后便可以一劳永逸。更重要的是即使添加诱导物，诱导型的酶活力仍然不及组成型(参看图 6.3)。

筛选组成型的一种方法是在培养液中加入抑制诱导酶合成的物质，使组成型处于选择优势。例如，用β-半乳糖苷酶为例，可以将野生型(诱导型)细菌培养在含有抑制物邻硝基-β-D-岩藻糖苷以及乳糖的培养液中。在这种培养基中诱导酶的合成被抑制，因此野生型不能利用乳糖，而组成型对于乳糖的利用则不受抑制，因而可以得到浓缩组成型的效果。

另一种筛选的方法是把野生型细菌交替在含有乳糖和葡萄糖的培养液中培养。这里所根据的原理是这样的：首先在含有乳糖的培养液中培养，野生型细菌需要一段时间的诱导才能利用乳糖生长。如果在群体中存在着个别组成型细菌，这些细菌因为不需要诱导就能利用乳糖，所以它们必然早于诱导型开始生长。在短时间中组成型处于生长优势，如果长期培养下去，这优势将逐渐消失。所以在短期培养后就将全部细菌转入含有葡萄糖的培养液中。在葡萄糖培养液中两种细菌同样利用葡萄糖而生长，不过诱导型细胞中的β-半乳糖苷酶不再继续合成因此逐渐减少。当诱导型细胞中的β-半乳糖苷酶活性显著下降到一定程度时，又将细菌转入含乳糖的培养液中，在这里组成型又取得生长优势。重复在两种培养液中交替培养就可以使组成型的相对数量增加。最后可以通过培养皿划线分离取得组成型菌落。

为了便于在培养皿上识别组成型和诱导型,可以把细菌涂在含有甘油的培养基表面,待菌落出现后喷上邻硝基苯半乳糖苷，组成型菌落能分解它而呈现邻硝基苯所特有的黄色，诱导型则由于不能分解它而不呈黄色。

五碳糖的利用

一般微生物不能利用许多天然的五碳糖醇作为唯一碳源而生长。通过选育可以得到能利用这类碳源的微生物。例如，产气杆菌(*Aerobacter aerogenes*) 不能利用木糖醇作为唯一碳源。在以木糖醇作为唯一碳源的培养液中曾经获得核糖醇脱氢酶由诱导型变为组成型的突变菌株。木糖醇可以作为核糖醇脱氢酶的底物。木糖醇经脱氢成为木酮糖后就可以通过戊糖代谢途径而被利用。但是木糖醇不是核糖醇脱氢酶的诱导物，所以诱导型菌株不能把木糖醇作为唯一碳源而生长，而组成型则能够(图 6.27)。

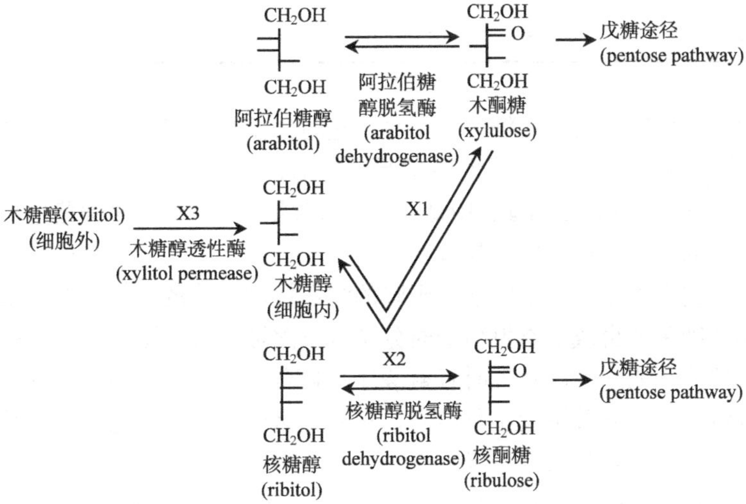

图 6.27　产气杆菌的几种五碳糖的分解代谢途径[21]

这组成型被称为 X1，X1 经诱变后可得到核糖醇脱氢酶结构基因突变型(X2)，X2 再经诱变后得到木糖醇透性酶由诱导型变为组成型的突变型(X3)。在 37℃中在含有 0.2%的木糖醇的培养液中 X1 分裂一次的时间是 4h，X2 是 2h，X3 是 55min。

在上述例子中通过菌种选育在细菌中出现了新的代谢能力，可是并没有新的基因出现；在上一章中已经指出采用适当的筛选方法还可以培育具有新的酶的菌株。它们可能对于资源利用和环境保护方面都有一定的意义。

渗漏突变型(leaky mutant)

上面曾经指出由于合成代谢最终产物的反馈抑制作用的缘故，发酵液中如果含有过量的最终产物，中间代谢产物的积累便会受到影响。

控制发酵液中的最终产物的量，无疑地可以使中间产物的积累增加。选育渗漏缺陷型则常是一个有效的措施。所谓渗漏缺陷型是遗传性障碍不完全的突变型。这种突变使它的某一种酶的活性下降而不是完全丧失，所以这种缺陷型能够少量地合成某一种合成代谢最终产物，能在基本培养基上进行少量的生长。由于渗漏缺陷型不合成过量的最终产物，所以不会造成反馈抑制而影响中间代谢产物的积累。

筛选渗漏缺陷型的方法比较简便，只要把大量缺陷型细菌接种在基本培养基上。这上面出现的菌落是回复子，其中长得特别小的菌落便可能是渗漏缺陷型。

细胞膜透性突变

谷氨酸小球菌(*Micrococcus glutamicus*)是一种需要生物素(biotin)的谷氨酸生产菌。它的谷氨酸产量和培养基中的生物素含量有很大的关系(表 6.10)。

表 6.10　在谷氨酸小球菌中生物素浓度和 L-谷氨酸产量之间的关系[22]

生物素浓度/(μg/L)	0.0	0.5	1.0	2.5	5.0	10.0	25.0	50.0
L-谷氨酸钠产量/(g/L)	1.8	17.0	25.0	30.8	10.8	6.7	7.5	5.7
残留糖/%	8.5	2.5	0.5	0.4	0.1	0.2	0.1	0.1

培养基中没有生物素时残留糖的量很高，这时细菌长得很少，氨基酸产量当然不会高。生物素添加量在 5~50μg/L 时残留糖的量都很低，这时细菌生长得很好，可是谷氨酸产量却比生物素含量在 0.5~2.5μg/L 中低。生物素含量在 2.5μg/L 时细菌生长虽不及含量更高的培养基中的情况，可是产量却最高。

一般认为上述现象是由于生物素对于膜的渗透性的影响的结果。如果细菌的膜的通透性很强，那么细菌所合成的谷氨酸随时分泌到发酵液中去，除非发酵液中的谷氨酸浓度达到发生反馈抑制或阻遏的程度时谷氨酸才不再合成。可是如果细菌的通透性很差，那么即使发酵液中的谷氨酸浓度不是很高，只要细胞中的浓度已达到发生反馈抑制和阻遏的程度，就会影响谷氨酸的进一步合成。

在利用正烷烃作为碳源的谷氨生产菌烷烃棒杆菌(*Corynebacterium alkanolyticum*)中曾经筛选得到甘油缺陷型。这种突变型在用正烷烃作为碳源的培养液中添加了 0.01%甘油才能生长，它的磷酯只及野生型的 50%，细胞膜的通透性特别大，在用正烷烃作为碳酸的培养液中可以产生大量的谷氨酸。

习　题

1. 大肠杆菌的 *i* 突变型可以解释为 *i* 基因所产生的阻遏物失去活性，也可以解释为 i^- 细菌能产生一种诱导物。用什么实验可以区别这两种解释？

2. 在大肠杆菌中能不能得到突变发生在启动子 *p* 中或结构基因 *z* 中的β-半乳糖苷酶组成型突变？为什么？

3. 在下表中填入 ＋(表示合成相应的酶)或 －(表示不合成相应的酶)

基因型	β-半乳糖苷酶		β-半乳糖苷酶透性酶	
	加乳糖	不加乳糖	加乳糖	不加乳糖
$i^-z^+y^+/i^+z^+y^+$				
$i^sz^+y^+/i^+z^+y^+$				
$i^+o^+zy^+/i^+o^cz^+y$				
$i^so^+z^+y^+/i^+o^cz^+y^+$				
$i^+p^+o^+z^+y^+/i^+p^+o^+z^+y^+$				
$i^+po^cz^+y^+/i^+p^+o^+zy$				
$i^+Po^+z^+y^+/iP^+o^+z^+y$				
$i^+p^+o^czy^+/i^+po^+z^+y$				
$i^sp^+o^+z^+y^+/ip^+o^+z^+y^+$				
$ip^+o^+z^+y^+/i^cp^+o^+z^+y^+$				
$ipo^+z^+y^+/ip^+o^cz^+y$				
$i^+p^+o^+zy/ip^+o^+z^+y$				

4. 和乳糖发酵有关的遗传因子 *i*、*p*、*o*、*z*、*y*、*cap* 中，哪些是多效的？哪些有位置效应？

5. 哪些代谢调控系统有调节基因参与作用？哪些没有调节基因参与作用？哪些有变构蛋白参与作用？

6. 根据下表有关大肠杆菌对于某一种酶的诱导合成方面的 3 个突变型的表型，说明哪一个是结构基因，哪一个是操纵基因，哪一个是调节基因。(假定它们和乳糖操纵子中的基因具有同样的性质)

基因型	表　型	
	不加诱导物	加诱导物
(1)m_1++	+	+
(2)+m_2+	–	–
(3)++ m_3	+	+
(4)+++/$m_1m_2m_3$	+	–
(5)++ m_3 /m_1m_2+	+	+
(6)+m_2+/m_1+m_3	+	+
(7)m_1++/+m_2m_3	–	+

7. 无义突变和移码突变有什么相似之处？怎样区别它们？

8. 离体实验已经证明大肠杆菌的 i^s 突变型是阻遏物不再能和诱导物结合的突变型。撇开这一实验结果，另外还可以提出什么假设来说明 i^s 突变的本质？

9. 大肠杆菌的 *i* 突变型还可以解释为 *i* 基因产物是一种分解细胞自身所产生的诱导

物的酶。怎样否定这一假设？

10. 设想一些细胞中受到基因调控的生命活动。

11. 设想染色体复制的正控制和负控制调控机制。

参 考 文 献

[1] Jacob F, Monod J. On the regulation of gene activity Cold Spring Harbor Symp. Quantit. Biol., 1961, (26): 193

[2] Pardee A B, Jacob F, Monod J. The genetic control and cytoplasmic expression of "inducibility" in the synthesis of galactosidase by *Escherichia*. J Mol. Biol., 1959, (1): 165

[3] Ames B N, Garry B. Coordinate repression of the synthesis of four histidine biosynthetic enzymes. Proc. Natl. Acad. Sci. U. S. A., 1959, (45): 1453

[4] Martin R G, Silbert D F, Smith W E *et al*. Polarity in the histidine opron. J. Mol. Biol., 1966, (21): 357

[5] Newton A, Beckwith J R, Zipser D *et al*. Nonsense mutations and polarity in the lac operon of *Escherichia coli*. J. Mol. Biol., 1965, (14): 290

[6] Wilson D B, Hogness D S. The enzymes of the galactose operon in *Escherichia coli*. IV. The frequencyes of translation of the terminal cistrons in the opron. 1969

[7] Callahan III R, Blume A J, Balbinder E. Evidence for the order promoter-operator-first structure gene in the trytophane operon of *Salmonella*. J. Mol. Biol. 1970, (51): 709 以及 Bauerle. R. H., Margolin, P.The functional organization of the trptophane gene cluster in *Salmonella typhimurium*. Proc. Natl. Acad. Sci. U. S. A., 1966, (56): 111

[8] Monod J. Le croissance des culture bacterienne. Herman *et* Cie., Paris. 1942

[9] Loomis Jr W F, Magasanik B. The catabolic repression gene of the lac operon in *Escherichia coli*. J. Mol. Biol., 1967, (23): 487

[10] Watson J D. Molecular Biology of the Gene. 1976, 14~10

[11] Freifelder D. Molecular Biology. Boston: Science Books International, 1983

[12] Smith G R, Magasanik B. The two operons of histidine utilization system in S. *typhimurium*. J. Biol. Chem., 1971, (246): 3330

[13] Debarbouille M, Schwartz M. The use of gene fusion to study the expression of malT, the positive regulator of the maltose regulon. J. Mol. Biol., 1979, (132): 521~534

[14] Ames B N, Hartman P E. The histidine opron of *Salmonella typhimurium*. In: King, R. C. Handbook of Genetics, Plenum Press, 1974, 423

[15] Yanofsky C. Attenuation in the control of expression of bacterial operons. Nature, 1981, (289): 751~756

[16] Platt T. Regulation of gene expression in the tryptophan operon of *Escherichia coli*. In: (Miller, J. H., Reznikoff, W. S.), The Operon Cold Spring Harbor Laboratory. NewYork: Cold Spring Harbor, 1978

[17] Douglas H C, Hawthorne D C. Regulation genes controlling synthesis of the galactose pathway enzymes in yeast. Genetics, 1966, (54): 911~916

[18] Case M E, Giles N H, Doy C H. Genetical and biochemical evidence for further interrelationships between the polyaromatic synthetic and the quinate-shikimate catabolic pathways in *Neurospora crassa*. Genetics, 1972, (71): 337~348

[19] Shaffer B, Rytka J, Fink G R. Nonsense mutations affecting the his4 enzyme complex of yeast, Proc.Natl. Acad,Sci., U. S. A., 1969, (63): 1198~1205

[20] Demin A L. Overproduction of microbial metabolites and enzymes due to alteration of regulation. Adv. Biochem. Engin., 1971, (1): 113

[21] Wu T T, Lin C C, Tonaka S. Mutants of *Aerobacter aerogenes* capable of utilizing xylitol as a novel carbon. J. Bacteriol., 1968, (96): 447

[22] Kinoshita S. Amino Acids. In: Rainbow C., Rose A. H. Biochemistry of Industrial Microorganisms, Academic Press, 1963, 206

下　　篇

第七章　特殊类型微生物的遗传学研究

第一节　噬菌体的遗传学研究

虽然在 20 世纪 20 年代中已经出现了有关噬菌体的著作，但是对噬菌体的系统的、认真的研究还是开始于 20 世纪 30 年代中，那时量子物理学家 N.Bohr 的学生 M.Delbrück 一度企图用果蝇作为研究材料来揭露基因的奥秘，后来他认为果蝇太复杂而转向对噬菌体的研究。噬菌体有别于其他生物的特点首先便是它简单的结构——由核酸和蛋白质构成的没有细胞结构的形态，其次是它的绝对寄生的生活方式——它可以脱离寄主而生存一段时间，但是只能在寄主细胞内繁殖。噬菌体可以分为烈性和温和两大类。有关它们的简单介绍可参考第三章第七节。

噬菌体的研究离不开寄主细菌。大肠杆菌是十分容易培养而且研究最为深入的细菌，因此烈性噬菌体的研究的注意力很自然地也集中到大肠杆菌的噬菌体上。从粪便中分离大肠杆菌的噬菌体是非常方便的事，因此在一段时间中各人都开始研究自己分离得到的大肠杆菌噬菌体。后来，为了使各个实验室的研究结果便于相互交流，在 M.Delbrück 的建议下，才把研究对象集中到已经分离到的 7 个大肠杆菌噬菌体株系——T1~T7，特别是 T4。本章集中介绍的烈性噬菌体的遗传学研究也集中在这一噬菌体上。

和烈性噬菌体一样，在 20 世纪 20 年代中已经对细菌的溶源性现象有所认识，但是对它的认真研究却始于 1951 年，那时 J. Lederberg 采用一个大肠杆菌菌株作为他研究细菌的“有性生殖”的材料，却偶然地发现他所采用的这一 K12 菌株是一个溶源性菌株。其中的温和噬菌体被命名为λ，它是迄今在温和噬菌体遗传学研究中最为深入，而且在遗传工程方面应用最广的一个噬菌体。

一、烈性噬菌体 T4 的遗传学研究

(一) 遗 传 结 构

T4 噬菌体概述

T 列噬菌体包括 T1…T7，它们在形态、对寄主细菌大肠杆菌 B 株系的感染特征等见表 3.16。其中值得注意的是偶数 T 列噬菌体的 DNA 中的常见的胞嘧啶为 5-羟甲基胞嘧啶(5-hydroxymethyl cytosine)所取代。

T4 由一个六面体头部和一个尾部构成。头由 10 种蛋白质构成，另外有 14 种蛋白质参与了头部的构建。尾由 26 种蛋白质构成，另有 5 种蛋白质参与了它的构建。头由内层蛋白和外层蛋白组成。尾由内管和外鞘组成。尾的顶部有尾领(tail collar)，尾领和这上面的鬚可能由同一种蛋白质构成。尾的基部有尾板(tail plate)，尾板呈六角形，由中央的毂

(hub)和四周的楔(wedge)组成，尾板上着生着 6 个尾针(tail pin)和 6 个尾丝(tail fiber)。编码头、尾结构的蛋白质基因除少数外都用数字表示(图 7.1)。

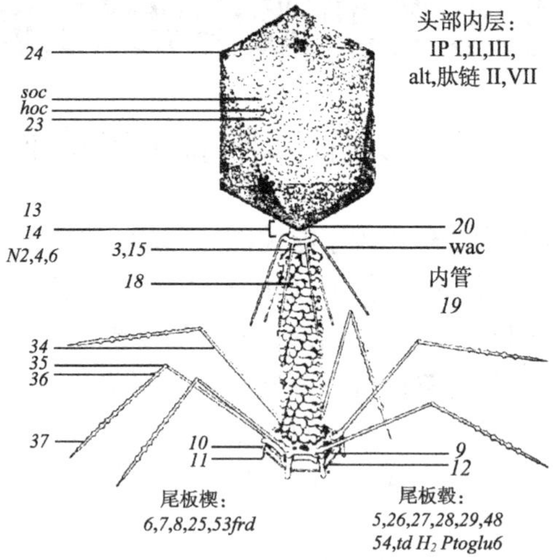

图 7.1　电子显微镜下的噬菌体 T4 的结构[1]

数字表示编码头、尾各个部分的蛋白质的基因。司构建作用的基因都未列出。尾领和这上面的鬚可能由同一种蛋白质 gpwac 构成。尾板的楔和毂由若干位置还不确切的蛋白质所构成，编码这些蛋白质的基因都集中列在图上。构成尾部内管的 gp19 和汇总开列的头部内层蛋白都在图上无法显示

在感染寄主细菌时 T4 用尾针和尾丝吸附在细菌的表面，尾管收缩时头中所包藏的 DNA 便注入到细菌中，电镜观察和对噬菌体的蛋白质和 DNA 分别进行同位素标记的实验结果都说明在感染过程中只有 DNA 分子进入细菌细胞中而蛋白质衣壳则留在外面。

一级生长实验(图 3.34)结果说明 T4 的潜伏期是 24 分钟，释放量约 250。

突变型

噬菌体不能用肉眼观察，所以它的突变型主要是它的噬菌斑形态的突变型，它们是噬菌体的某种蛋白质的遗传性结构改变所带来的噬菌体吸附或裂解细菌的功能发生变化的结果。

快速溶菌突变型(rapid lysis mutant, *r*)的噬菌斑大于野生型并且边缘更为清晰。它以大约 10^{-4}~10^{-3} 这一频率出现在野生型噬菌体群体中。寄主细菌被第一个野生型 T4 感染后继续感染的 T4 会推迟细菌裂解的时间达几个小时之久。*r* 突变会使 T4 失去这种推迟裂解时间的作用，所以它使被感染的细菌比为野生型 T4 所感染的细菌提早裂解，并因而使寄主细菌群体经历更多次的感染，从而导致出现大而边缘清晰的噬菌斑。*r* 突变型由于它们对于不同的寄主株系的不同表现而分为三种类型，即三个不同的基因 *rI*、*rII* 和 *rIII* (表 5.2)。

寄主范围突变型(host range mutant, *h*)，以大约 10^{-6} 的频率出现。用过量的 T4 感染大肠杆菌株系 B，结果在全部细菌都被裂解的培养皿上出现少数几个菌落，它们是抗 T4 的大肠杆菌突变型菌株(*E.coli* B/4)。再以大量的 T4 感染大量的寄主细菌 B/4，这时培养基表面出现成片生长的抗性细菌，这上面出现的个别噬菌斑便是能够感染 B/4 细菌的 *h*

突变型噬菌体的噬菌斑。把野生型大肠杆菌 B 和抗 T4 的大肠杆菌 B/4 等量混合后用适量的 T4 去感染，在平皿上可以看到两种噬菌斑。一种是由能感染 B 但不能感染 B/4 的野生型 T4 h^+所形成的模糊的噬菌斑，另一种是由能感染两种细菌的 *h* 突变型所形成的清晰的噬菌斑。(图 3.35)。吸附是噬菌体感染的第一步。细菌可以由于表面结构发生变化而成为不能为噬菌体所吸附的突变型，噬菌体可以由于尾丝蛋白发生变化而成为能吸附抗性细菌的突变型。

抗渗透压突变型(osmotic shock-resistant mutant, *os*)。把高渗溶液中的噬菌体用蒸馏水稀释时，T4 便顿时破裂而释放其 DNA，其中活下来的个别 T4 便是抗渗透压突变型 *os*。其头部蛋白质的改变使其透性大为增进而使渗透压很快地得以平衡而免于破裂。这些突变型噬菌体对于氮芥等毒物的透性也有所增大从而变得更为敏感。

溶菌酶或内溶菌素缺陷型(lysozymeless mutant 也称 endolysinless mutant, *e*)寄主细菌被这一突变型 T4 所感染后并不裂解，即使加入氯仿也不裂解，而氯仿则和 NaCN 一样被用作使感染后的细菌细胞从外裂解(lysis from without)的一种药物。这是在 T4 中最早认识的其基因编码的蛋白质是一种酶的突变型。

辅助因子需求突变型(cofactor-requiring mutant, *c*)T4 的某些株系在某些吸附辅助因子如色氨酸存在的情况下才能对寄主细胞进行吸附。需要辅助因子的野生型 T4(*c*)可以通过突变而成为不依赖于辅助因子(c^+)的状态。这一性质可能是由于一种尾部蛋白改变的结果。

紫外线敏感突变型(UV-sensitive mutant,*v*)是一种 DNA 修复酶结构变化的结果。敏感性稍弱的突变型则是另一基因 *x* 发生突变的结果。*v* 突变型可能是一种对由紫外线所造成的 DNA 损伤具有修复功能的酶的功能丧失的结果。

此外还有一些作用机制不清楚的突变型，例如，使噬菌斑变小的小斑突变型(minute-plaque mutant,*mi*)，使噬菌斑变得模糊的浑浊斑突变型(turbid-plaque mutant,*tu*)等。

条件致死突变型(conditional lethal mutant)是在一种条件中能使被感染的寄主细胞裂解，而在另一条件中则不具备此种能力的突变型。最常见的条件致死突变型有两类：温度敏感突变型(temperature sensitive mutant,*ts*)和琥珀抑制敏感突变型(amber suppressor sensitive mutant,am)，温度敏感突变型和野生型噬菌体 T4 在 25~42℃中在寄主细菌大肠杆菌 B 上可形成同等数量的噬菌斑，但前者只能在 25℃中，却不能在 42℃中形成噬菌斑。42℃以上高温并不能破坏 T4 的结构，并且也不使成熟的 T4 失活，它只是使 T4 感染寄主后不能形成并释放噬菌体。对于这种突变型来讲，25~42 ℃是许可性条件(permissive condition), 42℃是非许可性条件(nonpermissive condition)。

温度敏感突变型多数是指某一基因所编码的对感染性噬菌体颗粒的形成必要的一种蛋白质发生某种变化，从而使它在高温中丧失活性的结果，所以不像一般的突变型那样一种突变表型只代表一个发生突变的基因；它的突变表型(温度敏感)代表对 T4 形成噬菌体颗粒必要的任何基因，所以筛选温度敏感突变型是获取尽可能多的基因突变型的有效手段。

琥珀抑制敏感突变型是 T4 的 tRNA 发生终止密码 UAG 突变的结果。这些 T4 突变型在野生型大肠杆菌中不能成熟，只有在含有 *am* 抑制基因的株系中才能成熟。所以对于这些突变型来讲，野生型寄主是非许可性条件，带有 *am* 抑制基因的细菌是许可性条件。(参见第五章有关抑制基因的讨论，特别是突变型 tRNA 一节)。

温度敏感突变型筛选的最原始的方法是把适量(经诱变处理)的 T4 加到大量寄主细菌中使在平皿上出现分散的噬菌斑，把每个噬菌斑中的 T4 分别点种在涂满寄主细菌的两个平皿上，分别在 25℃和 42℃中培养。在前一平皿上出现而在后一平皿上不出现噬菌斑的 T4 就是一个温度敏感突变型。

另一个更为简便高效的筛选方法是将上面所说的平皿先在 25℃中保温一段时间，然后再放在 42℃中继续保温直到出现噬菌斑。正常大小的噬菌斑是野生型，微小的噬菌斑多数是温度敏感突变型，其中可能出现的小斑突变型必须通过在两种温度中进行再度测定来排除。其他更为复杂的筛选方法不再列举。

重组测验和互补测验

遗传学图的绘制是全部基因在染色体上的排列顺序和彼此间距离的测定的汇总。这在基本原理上和果蝇染色体的绘制并无不同：两个基因之间的距离与它们之间的重组频率呈正比关系，它可以通过两对基因间的杂交来测定；通过三点测交则既可以测定基因间的距离，又可以测定三个基因的排列顺序。

图 3.36 表示了寄主范围突变型 hr^+和快速溶菌突变型 h^+r 噬菌体对属于大肠杆菌菌株 B 和 B/4 的寄主细菌进行混合感染的培养皿上进行两对基因间的杂交测定，这上面除了出现原有的两种噬菌体 hr^+和 h^+r 以外还会出现由两种重组噬菌体 hr 和 h^+r^+形成的噬菌斑。通过 4 类噬菌斑的计数便可以测定 h 和 r 基因间的距离。

表 3.17 的数据表示了一个 $m\ r\ tu \times m^+r^+tu^+$三点测交结果。测交结果告诉我们这三个基因的排列和以重组百分值表示的相互间的距离：

$$\underline{m \leftarrow\ 12.9\ \rightarrow r \leftarrow 20.8 \rightarrow tu}$$

此外，利用一系列缺失突变型所组成的基因位置测定系统也可以使基因定位工作的效率大为提高(参见图 5.17、图 5.18 及有关说明)。

虽然这一基因排列顺序和相互间距离的测定在原则上和果蝇中的测定相同，但是由于噬菌体的繁殖方式不同于果蝇，基因之间的实际重组过程远比果蝇的更为复杂。利用将被感染的细菌用 KCN(或氯仿)处理而使它在自然裂解前提前破裂的方法来观察被 T4 的 $r\ tu^+$和 r^+tu 突变型所感染的寄主细胞在感染后不同时间中的重组百分值(表 3.18)，可以看到重组值随着细菌细胞中 T4 数的增加而增加，这现象说明在被感染的细菌中染色体基因间的重组会一再发生。虽然这样，在提前裂解的情况中重组值在特定的条件下趋向于一个稳定的数值，所以所测得的数值还是可以代表基因间的实际距离。

要绘制尽可能完整的遗传学图，就得获得尽可能多的突变型。突变型一般通过偶然发现而获得，所以难以获得大量的突变型。而且噬菌体可观察的性状又很少，依靠观察噬菌斑形态的方法又只能获取少数突变型。筛选条件致死，特别是温度敏感突变型不但方法简便有效，而且便于获得大量的由于不同的基因发生突变而出现的突变型。

然而各个基因的温度敏感表型(温度敏感)都是相同的，所以只有通过像图 5.7 所表示的互补测验才能判断两个温度敏感突变型是否属于同一基因。具体地讲，可以将两个不同来源的 T4 温度敏感突变型对于在 42℃中培养的大肠杆菌 B 进行单独或混合感染并继续培养。在42℃中温度敏感突变型单独感染不能裂解寄主细菌，混合感染的结果则取决于这两个突变型是否能在功能上进行互补。如果两个突变分别属于两个基因，那么彼此的野生型基因便能在功能上互补而使在寄主细胞中形成(野生型)噬菌体，它们的存在可以通过把被感染的寄主细菌培养物滴加到42℃中的涂满细菌B的培养皿上来检测。成片的裂解现象表示培养物中存在着由于基因互补而出现的大量野生型T4，否则说明没有基因互补因而不出现野生型T4。

从1963年开始，到1968年这一期间已经分离得到了一千个以上的条件致死，主要是温度敏感突变型。通过互补测验已证明它们分属于66个基因，接着便通过杂交测定了这些基因在染色体上的位置(图 7.2)。由于这些基因的突变表型(温度敏感)都相同，所以当初分离这些突变型时只能用数字来命名。虽然在随后的研究工作中得以认识了这些基因的功能，但现在仍然沿用原来的用数字表示的基因名称。

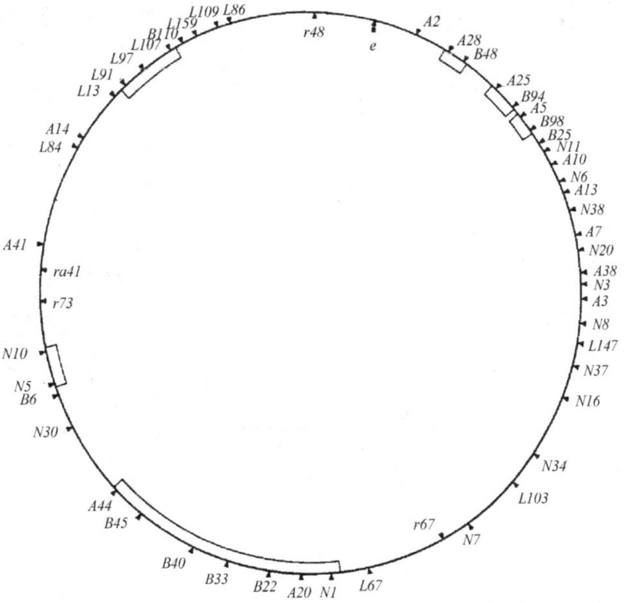

图 7.2　根据温度敏感突变型绘制的噬菌体T4的遗传学图[2]

基因的位置通过杂交测定，属于同一基因的突变位点用方括号表示。英文字母表示所用的诱变剂

A: 2-aminopurine,AP; N:nitrous acid,HNO_2; B: 5-bromodeoxyuridine,5BUDR

利用互补测验的方法还可以判断位置十分接近的一系列突变表型相同的突变是否属于一个基因。在这一测验中既包括两个处于反式(*trans*)状态的突变，也包括两个处于顺式(*cis*)状态的突变，所以也称为顺反位置效应测验(参看图 5.8)。有关一系列紧密连锁的*rII* 突变的顺反位置效应测验的结果说明这些突变型分属于两个相邻的基因 *rIIA* 和 *rIIB*(图 5.6)。这两个基因和其他基因的相对位置见图 7.3。*rIIA* 和 *rIIB* 之间的位置被人为地规定为T4的遗传学图的起点。

T4 的遗传学图

下面(图 7.3)是根据上面所叙述的各种方法绘制的最新的噬菌体T4的遗传学图。它包括图 7.2 中所列的那些基因在内，这些基因几乎占整个图上所列基因的一半，从这图上还可以看到这些用数字标示的基因的编码产物。

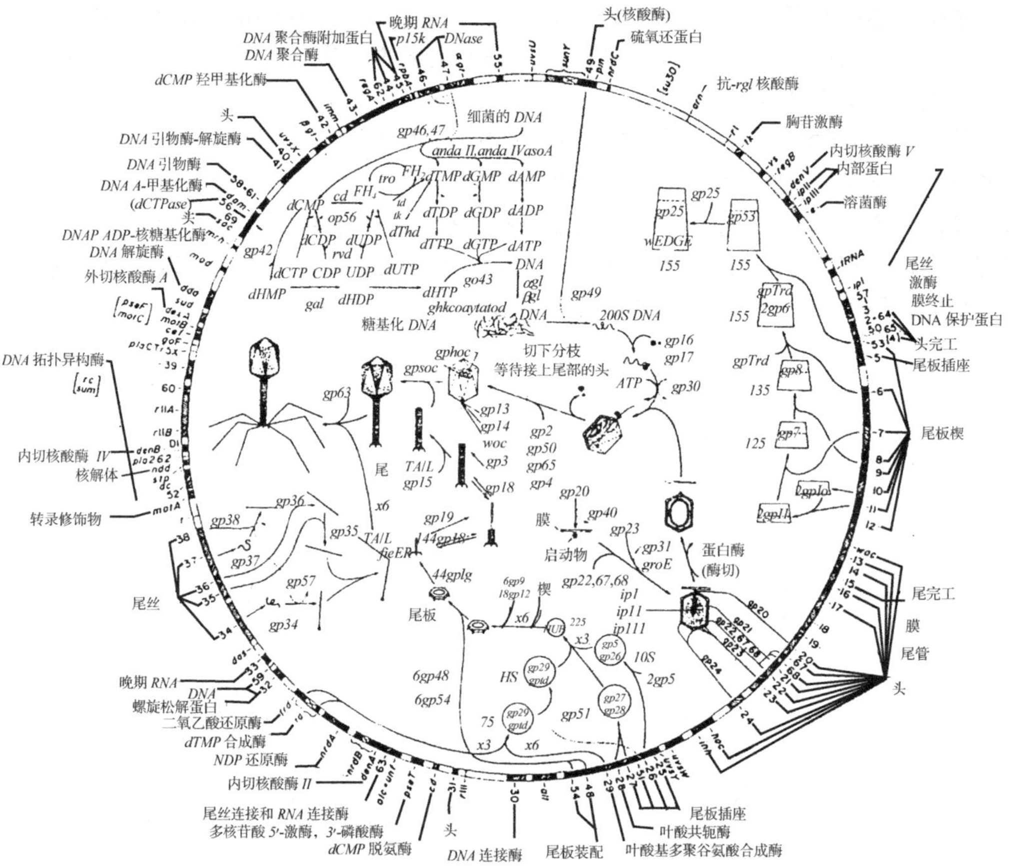

图 7.3　T4 的遗传学图[3]

内圈：基因符号，其中数字所代表的基因同图 7.2；外圈：基因的编码产物。图的中央表示这些基因在染色体 DNA 的合成和包装，以及在噬菌体的头、尾部件的合成和装配中所起的作用

这一遗传学图上列有约 130 个基因。T4 的 DNA 的长度为 169 000bp。如果 T4 的基因总数是 130，那么每一基因平均约为 1300bp，它所编码的蛋白质的大小和一般蛋白质的大小相去不远。由此可以认为 T4 的基因绝大部分已经知道。考虑到噬菌体的生理作用无非是繁殖，它的行为无非是对细菌的感染，它只须合成蛋白质和 DNA，而且合成的原料大多来自寄主细胞，所以可以认为 T4 的遗传结构基本上已经了解。

关于这个遗传学图的值得注意的一点是密切相关的基因大多集中在一个地方，不过集中在一起的功能相关的基因并不像细菌那样属于一个操纵子。

T4 染色体的遗传学图呈环状，可是头中包藏的 DNA 分子是线状的。与这现象有关的解释见图 3.37，同一图也说明了 T4 遗传学图的环状排列和末端冗余特性，这里不再重复。

(二) 基因的功能

T4 感染寄主细菌以后寄主细胞中会发生一系列的变化，最后细胞裂解而释放出大量噬菌体。整个过程分为：前早期基因表达、后早期基因表达、晚期基因表达、DNA 包装和噬菌体装配、细胞裂解等阶段。

基因通过转录和翻译而形成基因编码产物，从而体现它的功能。T4 感染寄主后各个基因按一定的次序、一定的时间进行表达。T4 基因的这种有序表达通过对转录的调控实现。在 T4 感染后不同时间中对细菌细胞内出现的 mRNA 和蛋白质进行鉴定并对它们进行功能分析，便能认识在各个时期中各个噬菌体基因所执行的功能。

例如，可以在噬菌体感染寄主细菌后的不同时间进行 RNA 的同位素脉冲标记(pulse lebelling)，然后将抽提得到的 mRNA 进行各种测定：可以通过密度梯度离心等方法测定 mRNA 分子的大小；可以把 mRNA 与噬菌体的特定基因克隆的变性 DNA 分子进行分子杂交来测定所转录的基因；可以利用分离得来的 mRNA 进行离体翻译以鉴定所转录的基因的编码产物等。又例如，可以在不同时间中进行蛋白质的同位素脉冲标记，然后用双相的聚丙烯酰胺凝胶电泳(polyacrylamide gel electrophorysis,PAGE)进行各种分析：可以通过对野生型 T4 感染后的双相 PAGE 和某一基因发生了无义突变的 T4 感染后的双相 PAGE 进行比较来认识某一斑点来自什么基因的表达；可以比较不同时间标记的蛋白质的 PAGE 图谱上同一位置的斑点大小来检测这一基因的表达时间跨度和高峰等。

各个基因的转录既各自在一定的时间范围内进行，又在时间上有所交叉重叠。例如，在脉冲标记蛋白质的双相 PAGE 图谱上可以看到 1~3min 的图谱上 gp *alc* 和 gp *mot* 的斑点都较大，在 3~5min 的图谱上变得很小，在 7~9min 的图谱上就完全看不到了。比较同样三个 PAGE 图谱上的 pg regA 则可以看到斑点从全无到较小直到较大的过程(参看图 7.5)。

基因表达的转录调控方式

T4 感染寄主后立即有一部分基因被转录，这时加入蛋白质合成抑制剂氯霉素时，转录依然能进行，这部分 T4 的基因转录依赖于寄主细菌的 RNA 聚合酶(RNA polymerase, RNAP)。但是感染约两分钟后加入氯霉素时则另一部分基因的转录便停止进行，说明这些基因的转录需要一些新合成的蛋白质的作用，它们是一些可影响转录启动或终止的蛋白质因子。

通过对 mRNA 分子大小的分析，通过对某一长度的 mRNA 上经离体翻译所取得的蛋白质的分析，通过对某一长度的 mRNA 与特定基因克隆的 DNA 分子的杂交分析等都可以看到 T4 基因的转录的调控可以通过图 7.4 表示的两种方式进行，一是对 RNA 聚合酶或启动子 DNA 进行修饰，从而使转录从另一启动子起始。二是通过抗终止作用而使转录继续延伸。T4 的转录调控以前者为主。

例如，图 7.4 中(a)表示 4 个基因的相对位置，(b)是以 kb 表示的它们的大小和位置，标尺以 *rIIA* 和 *rIIB* 的中央作为 0。称为前早期(immediate early,IE)的转录从启动子 P_E 起始，到达终止因子(terminator factor,rho, ρ)的结合位置，这时的 mRNA 上只带有基因 39

的信息[图 7.4(c)]。称为后早期(delayed early,DE)的转录继续转录基因 *60*、*rIIA* 和 *rIIB*，它或是通过由 p_E 起始的转录超越ρ结合位置继续向前[图 7.4(c)]，或是由另一启动子 p_{rIIA} 起始[图 7.4(d)]。最后，转录也可以从另一启动子 P_M 起始而只转录 *rIIB*[图 7.4(e)]。

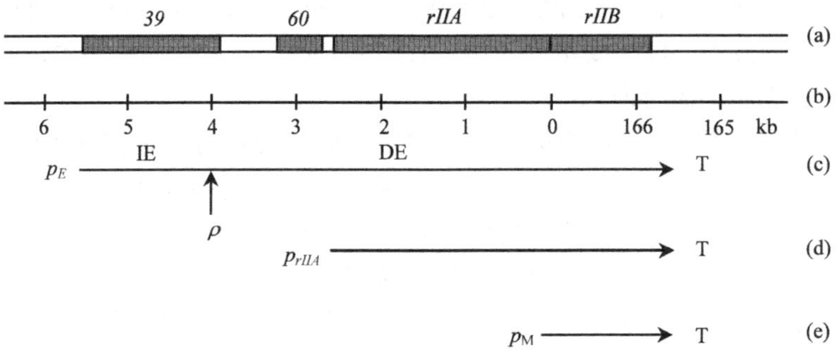

图 7.4　T4 噬菌体的转录调控方式[3]

(a) T4 染色体的包括起点(0kb)左右少数基因的一个片段；(b) 以 kb 计的长度标尺；(c) IE 阶段的基因 *39* 的转录和 DE 阶段的包括其余三个基因的转录；(d) DE 阶段的从 p_{rIIA} 起始的 *60* 等三个基因的转录；(e) 从 p_M 起始的单个 *rIIB* 基因的转录。

T4 基因的分期转录

T4 基因的转录(图 7.5)分期分批进行，一般把它分为三个时期：前早期、后早期和晚期。

前早期 T4 基因的启动子的序列结构和大肠杆菌基因基本相同，后早期和晚期的启动子则大不相同。所以通过寄主细菌的 RNA 聚合酶的作用，前早期基因转录在 T4 感染寄主细菌后立即进行，在 37℃中持续大约 3~5min。许多这时所合成的蛋白质将保留到细胞裂解，不过没有一种属于前早期的蛋白质在 5min 后继续合成。前早期蛋白分属两类：一类是使寄主基因不再起作用的蛋白质，包括基因 *46* 和 *47* 所编码的 DNase(即 gp46、47)和两个内切核酸酶基因(*endA*、*B*)所编码的内切核酸酶(endonuclease)II 和Ⅳ。这时与合成 DNA 有关的基因也开始被转录。在上述一些酶的作用下，一方面寄主细胞的 DNA 被分解而使它的基因不再起作用，另一方面寄主 DNA 的分解产物 dTMP、dGMP 和 dAMP 都被直接用作合成 T4 DNA 的原料，dCMP 则经转变为 dHMP 后参与到 T4 DNA 的合成中去。DNA 合成在 T4 感染后大约 5min 已经开始。另一类前早期基因编码产物是 gp Alc、gp Mot 和 gp Alt 等蛋白质，它们与寄主细菌的 RNA 聚合酶(RNA polymerase, RNAP)相结合或与 T4 的后早期基因的启动子 DNA 相结合而促进后早期基因的转录(图 7.5 和图 7.6)。

后早期基因的转录大约从感染后 3min 开始，其中包括使前早期转录停止的基因 ***regA***；编码δ因子的基因 *55* 以及编码另外两种蛋白质 gp33 和 gp45 的基因 *33* 和 *45*，它们起着修饰 RNAP 成为识别晚期基因的启动子的 RNA 聚合酶(图 7.5)的作用。此外，后早期基因的编码产物中也有一部分参与了 DNA 的合成。关于许多 T4 基因的详细作用机制，包括图 7.6 所示的 ***motA*** 和 ***asiA*** 的作用机制可参考文献 7.4 中所引用的贾盘兴所编著的书和这上面所引用的原始文献，在这里都不作详细介绍。

晚期基因负责头部和尾部蛋白的合成，大约从感染后 7min 开始转录。由这些蛋白质转变为完整的 T4 噬菌体则在很大程度上是一个自动装配(self assembly)过程。在噬菌体颗粒装配完成后寄主细菌中才出现具有感染作用的噬菌体，所以在这以前将被感染的细菌人工破碎后找不到具有感染作用的噬菌体，这段时间便是一级生长实验中的潜伏期。

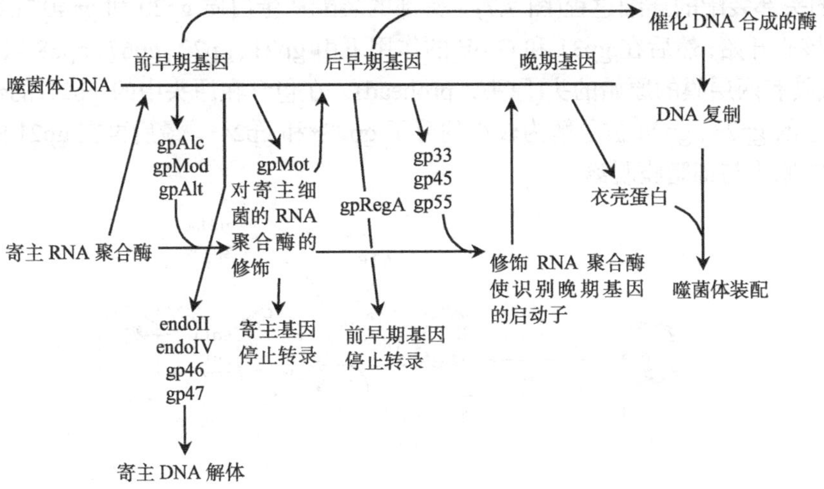

图 7.5　T4 噬菌体的基因转录的分期和调控机制[3]

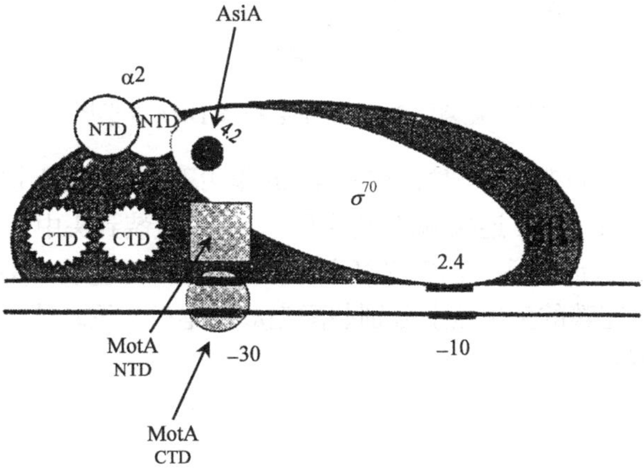

图 7.6　寄主细菌的 RNA 聚合酶的修饰，以及转录激活因子 MotA 和 AsiA 与 T4 后早期基因启动子 DNA 相结合的模型[4]

NTD：蛋白质的 N 端；CTD：蛋白质的 C 端；4.2 和 2.4：σ^{70} 因子的两个区域。箭头表示 AsiA 蛋白和 MotA 蛋白的两端与δ因子以及与启动子的–30 位点的结合

噬菌体颗粒的装配和 DNA 包装

T4 的装配基本上是一个自动装配过程。所谓自动装配是一个不依赖于酶的装配过程。T4 的头部蛋白和尾部蛋白都通过一系列酶的作用而产生，可是由这些蛋白质构成一定形态的头、尾和完整的 T4 颗粒的过程中却只有少数环节中有酶参与作用。自动装配过程可以通过离体互补(*in vitro* complementation)实验观察。例如，把被一个头部缺失突变型 T4 所感染的细菌的抽提物和被一个尾部缺失突变型 T4 所感染的细菌抽提物进行混合保温。在两种抽提物的电镜观察中分别只能看到尾部结构和头部结构，在混合物中则

出现完整的噬菌体。在 T4 噬菌体的装配过程的研究中曾大量采用这种离体互补方法。

与头、尾以及噬菌体整体装配有关的基因和它们的作用的大致过程已见图 7.3。下图表示 T4 的头部装配的详细过程(图 7.7)。头部的装配从蛋白质 gp20 和 gp40 在细胞膜上形成装配核心开始，然后在 gp31 和 GroE 的作用下由 gp21、gp22、gp67、gp68 以及 gp23、gp24 构成具有两层膜的原始的头(原头，prohead)，在包含在原头中的 gp21 的作用下已处在原头上的 gp23、gp24 被分解为较小的分子 gp23*和 gp24*。最后再在 gp21 的作用下使经加工的原头与细胞膜脱离。

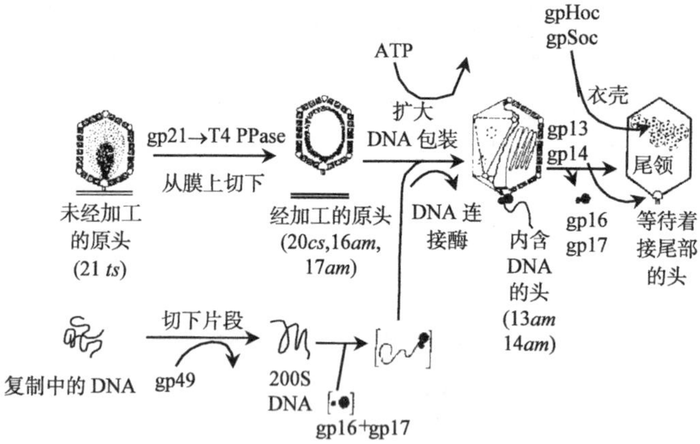

图 7.7　噬菌体 T4 的头部装配和 DNA 包装[3]

与 T4 的头部在进行包装的同时，在 gp49 的作用下从 DNA 上切下一个片段，结合到 gp16 和 gp17 上，在 DNA 连接酶的作用下使 DNA 包装到头中，这是一个需由 ATP 提供能量的过程。随即 gp16 和 gp17 脱离头部，在经 DNA 包装的头上再加上一些头部外层蛋白，这样一个完整的头再接上分别装配完成的尾板、尾丝等才成为一个具有感染能力的 T4 噬菌体颗粒。

噬菌体释放

噬菌体感染的最终结果是寄主细胞破裂并释放完整的噬菌体，在 37℃中的释放大约发生在感染后 24~30min。由基因 *e* 所编码的溶菌酶是在裂解中起主要作用的酶。此外，位置在基因 *38* 和 *52* 之间的基因 *t* 所编码的磷酸酯酶也参与溶解细胞膜的作用。在早期的研究工作中还注意到不含 DNA 的 T4 的衣壳也能吸附在细菌的表面并且在某种程度上可影响细胞壁结构的完整性。

在 T4 的遗传学研究中遗传学研究方法与生物化学和分子生物学研究方法进行了巧妙的结合，它的研究成果一方面加深了人们对于噬菌体的生命活动的认识，另一方面对于生物化学也作出了重要的贡献。例如，遗传学方面的证据和生物化学方面的证据都指出 T4 中的与 DNA 合成有关的酶结合在一起成为一个核苷酸前体复合体(nucleotide precursor complex)。与 DNA 复制有关的酶也结合成为一个 DNA 复制复合体(DNA replication complex)，其中包括基因 *43* 编码的 DNA 聚合酶(DNA polymerase)、基因 *44*、*62*、*45* 编码的辅助蛋白以及由基因 *41*、*61* 所编码的解链酶(helicase)蛋白以及结合在单链上而使之稳定化的基因 *32* 所编码的单链结合蛋白(single-strand binding protein, SSB)等至少 8 种蛋白质。这两个复合体处在邻接的位置上，所以前一复合体的产物可以直接输入到后一复合体中而有效地进行 DNA 复制。这些细节在这里都不再深入介绍。

T4 噬菌体的遗传学研究也在分子遗传学研究中占一席之地。例如，T4 的头部蛋白突变型的研究曾为 DNA 与蛋白质的线性对应方面提供了证据(图 5.25)；例如，T4 的溶菌酶基因 *e* 的研究在突变机制的研究中起着重要的作用(图 2.24)。此外 T4 的遗传学研究又为真核生物以外的基因中存在着内含子提供了证据。这些内含子都和真核生物中的内含子那样能进行自我剪接(self splicing)，在这过程中 RNA 起着催化作用。这些在分子遗传学研究中具有重要意义但在对 T4 的生命活动的了解中并无突出意义的最新的研究成果在这里也都不再深入介绍。其他许多生物化学方面的详细内容除了在图 7.6 中举例略作介绍外，这里也都从略。

二、温和噬菌体的遗传学研究

温和噬菌体和烈性噬菌体一样，能在寄主细菌外生存一段时间，可是只能在寄主细菌细胞中繁殖。所不同的是烈性噬菌体感染寄主细菌后经过一段时间寄主细菌便裂解而释放出大量噬菌体，但是温和噬菌体感染寄主细菌以后或是经历同样的裂解过程，或是以原噬菌体(prophage)状态隐藏在寄主细菌中，而使寄主细菌成为溶源化状态。在溶源性细菌中只有极个别的(约 10^{-6})的细菌细胞破裂而释放出噬菌体。不过由于溶源性细菌对于再度感染的 λ 具有免疫作用，所以游离噬菌体不会因再度感染而增加。因此在一个隐藏着原噬菌体的溶源性菌株的培养物中经常可以发现有少量的，可是限于少量的游离噬菌体。在 20 世纪 20 年代中有两个方面的实验结果一方面说明这些貌似污染物的少量噬菌体并不真是污染的游离噬菌体，另一方面说明溶源性细菌细胞中也并不含有游离的感染性噬菌体：加有抗噬菌体抗体的培养物中仍然在菌株传代过程中出现游离噬菌体；通过人工使溶源性细菌破裂并不能得到游离的噬菌体。这一谜团直到 20 世纪 40 年代中期才由 A. Lwoff 解开，正是他提出温和噬菌体是以原噬菌体状态隐藏在细菌中这一概念。这故事已在第三章中交代，这里不再重复。

温和噬菌体根据其原噬菌体在寄主细菌中的存在状态又分为两种类型：原噬菌体不以整合状态存在的一类(如噬菌体 P1)和以整合状态存在的一类(如 λ)。

λ是 J.Lederberg 在 20 世纪 40 年代中进行大肠杆菌的遗传学研究时偶然从所采用的菌株 K12 中发现的。λ 的近缘噬菌体有 *Φ*80、21、424、434、82 等，它们相互之间有免疫性，能进行重组而且彼此可作为辅助噬菌体。λ 是其中最早发现并且研究最为深入的一种。

(一) 遗 传 结 构

λ概述

λ具有一个二十面体头和一个特别长的尾，它感染大肠杆菌时用它的尾针和尾丝吸附在大肠杆菌细胞外膜上的由称为 LamB 的蛋白质所构成的位点上，通过这些位点 λ 将它的线状染色体 DNA 注入细菌中。

进入细胞以后它的线状 DNA 便闭合成为环状，同时在寄主细胞的 RNA 聚合酶的作用下开始对它的基因进行转录，而寄主细菌的染色体 DNA 则被分解而使它的基因处于不活动的状态。和 T4 一样，λ基因的转录也按照一定的先后次序进行。在经过大约 10min 以后λ便作出溶源化或裂解的选择。如果是前者，λ便通过与寄主的染色体 DNA 发生位点专一的重组而整合到染色体上；随即除 *cI* 基因外的全部基因都处于沉默状态；如果是后者，经过大约 30min 后细胞便裂解而释放能再度感染的λ颗粒。

寄主细胞的裂解是λ的 *R* 基因编码产物内溶菌素和 *S* 基因编码产物孔蛋白(polin)共同作用的结果，孔蛋白使细胞膜上形成微孔，然后在内溶菌素的作用下使膜破裂。

突变型

λ的早期研究限于一些噬菌斑形态突变型，包括寄主范围突变型、小斑突变型、透明斑突变型(clear plaque mutant,c)。野生型 λ 感染大肠杆菌后形成混浊的噬菌斑，这是因为在由细菌裂解而出现的透明的噬菌斑中生长着一些溶源性的细菌。透明斑突变使感染后的细菌不能进入溶源化状态，所以它的噬菌斑中不存在着溶源性细菌，因此是透明的。互补测验结果说明 c 突变分属于三个基因 *cI*、*cII* 和 *cIII*。它们的溶源化频率各不相同(表 7.1)。

表 7.1　野生型λ及三种 *c* 突变型的溶源化频率

菌株的基因型	溶源化频率
+	约 4×10^{-1}
cI	$<10^{-5}$
cII	$10^{-5}\sim10^{-4}$
cIII	$10^{-2}\sim10^{-1}$

在三个透明斑基因的编码产物中 CI 蛋白对λ的裂解或溶源化途径的选择起着最重要的作用。CI 蛋白是启动子 p_R 和 p_L 的阻遏物，CII 蛋白起的是促进 *cI* 基因转录的作用，而 *cIII* 则起的是抑制一种降解 CII 蛋白的酶的作用，所以对于溶源化的影响强弱顺序是 *cI*> *c II*>*cIII*。

条件致死突变型包括温度敏感突变型(*ts*,原称 *hs*)、抑制基因敏感突变型(suppressor sensitive mutant,*sus*,相当于 T4 的 *am*)和 pH 敏感突变型。在 1961 年已经测定它们分属于 18 个头部和尾部基因。

整合缺陷型(integration deficient mutant,int^-)是由于整合酶基因所编码的整合酶(integrase)发生缺陷而使λ不能整合到寄主染色体上的突变型。切离缺陷突变型(excision deficient mutant,xis^-)是由于切离酶基因所编码的切离酶(excisionase)发生缺陷而不能使它通过切离而脱离寄主染色体的突变型。

重组缺陷型(recombination deficient mutant)是由于外切核酸酶(exonuclease)基因或β-蛋白质基因所编码的这些酶发生缺陷而不能使 λDNA 在复制过程中发生重组的突变型。

溶源缺陷突变型(defective lysogen mutant)是整合状态的 λ 原噬菌体经诱变处理得来的突变型。野生型的 λ 原噬菌体经紫外线处理后脱离寄主染色体而进行复制，溶源缺陷突变型则除非在游离的辅助噬菌体(helper phage)存在的情况下才能脱离寄主染色体而复制。这是启动子序列发生变化的结果。

烈性突变型(virulent mutant,vir)是一种感染溶源性寄主细菌后不被阻遏而能照常成熟并裂解寄主细菌的突变型，它们分属于三个紧密连锁的 v_1、v_2 和 v_3，位于染色体图的免疫区中。

缺失(deletion)是一种染色体畸变，具有所缺失的基因的突变表型。例如，λb2 这一缺失型λ的缺失范围包括 *int* 基因，所以具有 *int* 突变表型，λb2 或λ*int* 都不能整合到附着位点(λ attachment *site*)*attP* 上，可是能以较低频率整合到一些次级位点上。

λ的染色体 DNA 和遗传学图(图 7.8)

游离状态的λ的染色体 DNA 呈线状，它的两个单链的 5′端各有 12bp 的一段单链，称为黏端(cohesive end,cos)。λ感染寄主细菌后两个黏端配合成为 12 对核苷酸的回文对称序列，在寄主细菌的连接酶的作用下 λDNA 便成为一个共价闭合的环状结构。

λ 染色体 DNA 的各个位置的 G + C 摩尔百分值各不相同，从 37%到 57%呈几乎连续的变化。λDNA 的两个单链的 G + C 摩尔百分值也不相同，可是这一差别不足以通过离心操作将它们分离。人工合成的次黄嘌呤-鸟嘌呤核苷酸多聚物能选择性地与一个单链-轻(L)链结合，从而便可以通过离心操作把它与重(H)链相分离而便于进行转录研究，例如，通过 DNA-RNA 分子杂交测定某一 mRNA 由哪一单链转录得来等。

左向(即逆时针方向)转录的链称为左(l)臂，它的 5′端是 m 端，右向(即顺时针方向)转录的链称右(r)臂，它的 5′端是 m′端。把 m 端定为零 kb，m′端是 48kb。图中的方框表示基因，从图可以看到用 kb 数标示的每一 λ 基因的大小以及它的位置。除了只涉及个别基因的转录(详见下文)以外，进行裂解反应的 λ 的转录都从 *cI* 左右两方，即图中中央标以溶源性(lysogen)的细线箭头左右的 p_R 和 p_L 启动子起始。由 p_L 起始的向左的早期转录从图的下方延伸到图的上方的右端；由 p_R 起始的向右的后早期转录到基因 *Q* 为止，晚期转录则从图的下方延伸到上方，几乎占有上方全部。可见向左和向右的转录是不对称的。

和 T4 一样，λ 的在功能上相关的基因位于一个区域中，例如，头部基因、尾部基因、尾丝基因分别集中在三个邻接的区域中，同样，与位点专一重组、普遍性重组、DNA 复制和裂解有关的基因也分别集中在四个邻接的区域中。

此外，编码调控蛋白的基因与这些蛋白质所作用的启动子或其他调控序列也都处在邻近的位置上。例如，基因 *cI*、*cII* 和 *cro* 处在 p_{RM}、p_R、p_{RE}、*nutR* 等序列附近，基因 *N* 处在 p_L、*nutL* 等序列附近(图 7.8 的下方两图)，基因 *int* 处在 p_I 以及 *sib* 位点的附近(图 7.8，图 7.12)。同样地，附着位点旁边位置上也有与 λ 的整合和切离有关的基因 *int* 和 *xis*，在复制起点(*ori*)附近有复制基因 *O* 和 *P*。

λ 的遗传学图上还有一个在图中没有标明的免疫区(immunity region)，约为 35kb~39kb，即包括图中以细线箭头标示的溶源性区域在内的一个区域，其中有 *cI* 基因以及它所编码的 CI 阻遏蛋白的作用位点 o_R 和 o_L (图 7.8)。一个溶源性细菌为一个游离的 λ 所感染以后，后者受到整合在染色体上的 λ 原噬菌体所编码的阻遏蛋白 CI 的作用而不能成熟为感染性颗粒且不能带来寄主细菌的裂解，这就是说 λ 溶源性细菌对于外来的 λ 具有免疫性。决定免疫性的染色体区段便是免疫区。λ 和 λ 的近缘种有类似的免疫区。免疫区的部分 DNA 序列为近缘噬菌体 434 的相应序列所取代的 λ(即 λimm^{434})被 λ 所感染后不被阻遏，同样地 434 在 λ 溶源性细菌中也不被阻遏。另一近缘噬菌体 21 的情况也相同。

CI 阻遏蛋白与左、右两个前早期转录的操纵基因 o_R 和 o_L 相结合而起到阻遏作用，所以上面所说的烈性突变是位于免疫区中的 o_R 和 o_L 结构变化而导致不能与 CI 相结合的结果(图 7.8)。

(二) 基因的功能

λ 的转录

和 T4 一样，λ 的基因调控也通过转录进行。T4 转录的研究中所用的方法都适用于 λ 中的转录的研究。此外 λDNA 的两个单链便于分离这一特点还可以用来测定转录物来自重链还是轻链。T4 的转录从许多启动子起始，λ 的转录大部分从集中在 *cI* 基因附近的区域中的少数启动子起始，它的裂解反应中的转录由免疫区(图 7.8 总图中央细线)邻近的左右两个启动子 p_R 和 p_L 起始。转录调控主要通过抗终止(antitermination)机制而不是像 T4 那样主要通过对 RNAP 的修饰进行，它的转录物都较大，包括若干操纵子。

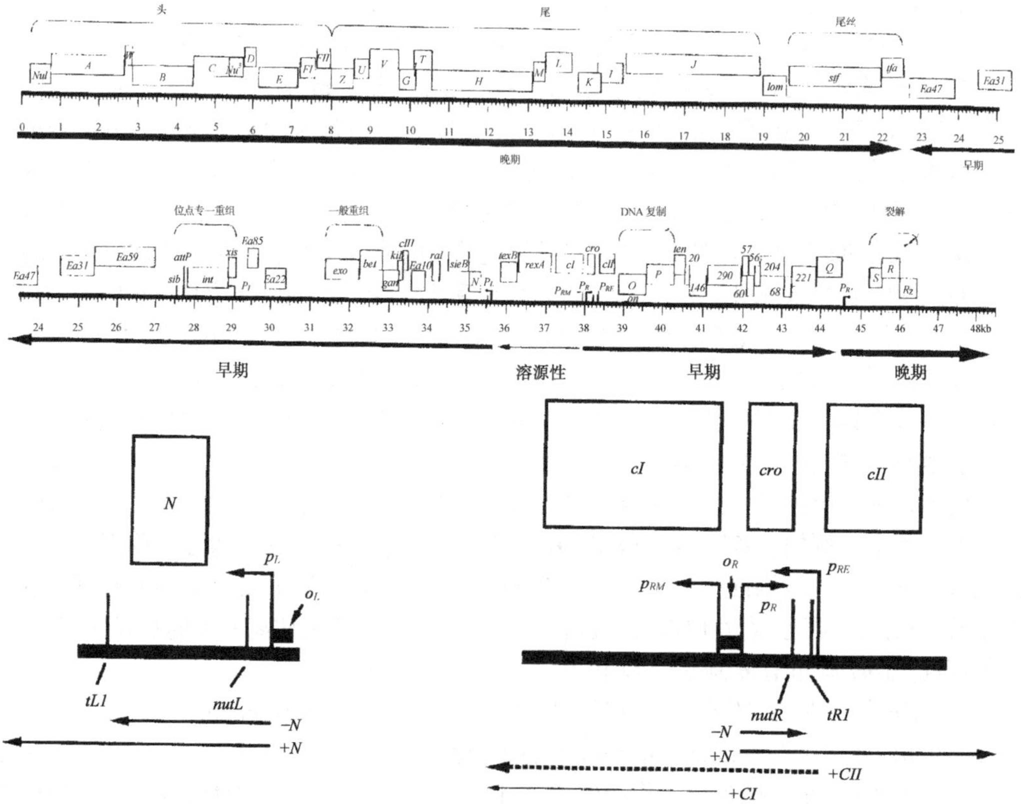

图 7.8 λ 噬菌体的转录[3]

上图是以 kb 计的标尺，标尺上方的方框是 λ 的基因，标尺下方的箭头表示转录的方向和范围。

下左图：*N* 基因的转录，下右图：*cro* 基因的转录

和 T4 一样，λ 的转录也分为三个阶段：前早期、后早期和晚期。

前早期转录从启动子 p_R 和 p_L 起始(参看图 7.8 的下列两图)到达左右两方的两个依赖于终子因子ρ的终止位点 tL1 和 tR1 为止，转录产物分别经翻译成为基因 *N* 和 *cro* 所编码的蛋白质 N 和 Cro。

N 蛋白是一种抗终止蛋白，它与 RNA 聚合酶相结合而使转录超越终止位点而继续

延伸，所以它是一种具有抗终止作用的正控制蛋白。在 N 蛋白的作用下后早期基因得以转录，向左继续转录有关噬菌体 DNA 重组(一般重组)的基因以及进行整合和切离，即有关噬菌体 DNA 与寄主染色体 DNA 间的重组(即位点专一重组)的基因，向右转录有关 DNA 复制的基因。后早期基因的转录依赖于前早期基因 *N* 的转录，前早期和后早期并没有明显的界线，所以在图 7.8 的总图中只分为早期和晚期，而没有分为前早期和后早期转录，在下边左右两个放大图中才说明了在前早期(即没有 N 蛋白时)转录到ρ因子所在的 tR1，只转录基因 *N* 和 *cro*，在后早期(即 N 蛋白出现后)转录才超越终止位点而进入后早期基因的转录。实际上，N 蛋白的抗终止作用还依赖于寄主细菌的三种蛋白质，它们共同结合成为一个复合物而发生作用，并以紧接在左右两个启动子下游的 *N* 利用位点(*N*-utilization site, *nut*)的存在为必要条件(实际上依赖于所合成的 mRNA 中来源于 *nut* 的某一特定的核苷酸序列)。*nut* 序列只出现在 λ 染色体 DNA 的这一位置，所以 *N* 的抗终止作用只限于这一位置。

后早期基因中包括另一个正控制基因 *Q*。Q 蛋白和 N 蛋白一样都属于促进转录的正控制蛋白，由于 Q 蛋白的出现，晚期转录得以进行。晚期基因的转录由另一启动子 $p_{R'}$ 起始，它位于 *Q* 基因的近旁(下游)。由 $p_{R'}$起始的转录同样地在结合着 ρ 因子的另一终止位点终止。在这里因为不存在 *N* 利用位点 *nut*，所以 N 蛋白不起作用，而由 Q 蛋白行使抗终止作用而使转录继续前进，转录包括与裂解有关的基因以及构成 λ 的头部和尾部的所有的基因。晚期基因的转录和表达从感染后约 10~12min 开始延续到感染后约 30min 出现细菌裂解为止。

除了通过对转录物的分析，调控基因 *N* 和 *Q* 的关系可以通过下面这一利用突变型进行的实验的结果来说明：被 λN^-(即 $\lambda N^-Q^+R^+$)所感染的寄主细菌不合成内溶菌素，因为内溶菌素基因 *R* 在晚期才转录，而在 *N* 基因不存在时晚期转录便不进行。被 $\lambda imm^{21}Q^-R^-$ 和 $\lambda N^-Q^+R^+$混合感染的细菌能合成内溶菌素，因为 imm^{21}-DNA 序列中包含 *N* 基因；被 $\lambda imm^{434}Q^-R^-$和 $\lambda N^-Q^+R^+$混合感染的细菌不合成内溶菌素，因为 imm^{434}DNA 序列中不包含 *N* 基因。可是被 $\lambda imm^{434}Q^+R^-$和 $\lambda N^-Q^+R^+$混合感染的细菌能合成内溶菌素，这显然是因为 *Q* 基因的编码产物代替了 *N* 基因的编码产物的抗终止作用而促进晚期转录。此外，*N* 基因发生突变比 *Q* 基因发生突变会对更多的基因的表达有所影响，可见 *N* 基因起着更为广泛，更早的正控制调控作用。

λDNA 的复制和重组

转录由早期进入晚期时 λDNA 的复制方式也发生了转变。早期的复制以所谓的θ式进行：一个环状的 DNA 分子复制成为两个独立的环状分子，两个复制成为 4 个，等等。

接着，复制转变成为δ字母那样的在一个环状的 λDNA 分子上连接一个线状的 λDNA 分子那样的结构。在出现一个线状 λDNA 分子后接着进行复制从而出现连接着两个、三个以至许多个头尾相接的线状 λDNA 分子，每两个基因组 DNA 的中间是一个黏端位点(cohesive site, cos)。这样的一个多联体(concatemer)在 λ 的基因 *A* 所编码的识别 *cos* 位点的限制酶和一些其他的蛋白质的共同作用下，在 *cos* 位点上将 DNA 切断并包装在 λ 的头内(详见下文)。

λ 的 DNA 复制中，除了依靠它本身的基因 *O* 和 *P* 所编码的蛋白质以外，其余的酶都来自寄主大肠杆菌。

λ 基因组中与重组有关的基因是 *red*、*gam*、*int* 和 *xis*，它们都位于 *att* 位点附近。基因 *int* 和 *xis* 主要在 λDNA 的整合或切离中起作用，*red* 则在 λ 的复制过程的同源重组中起作用，不过这里基因 *int* 以及寄主的重组基因 *recA* 也起着一定的作用。*red* 和 *gam* 又和θ到δ式复制的转变有关，所以 λ*red gam* 只进行θ式复制阶段的重组而不能进行δ式复制阶段的重组。

裂解或溶源化途径的选择

λ 对裂解或溶源化途径的选择取决于它的某些基因的表达，所以裂解或溶源化途径的选择不可能在 λ 感染寄主细菌时立刻作出，这种选择主要由两种 λ 蛋白，CI 和 Cro 所控制，相应的两个基因在转录的前早期中首先被转录。不过溶源化过程还包括 λDNA 的整合，而整合依赖于后早期中转录的 *int* 基因，而且 CI 蛋白的作用还依赖于 CII 和 CSIII 的辅助功能，所以实际上这种选择发生在后早期，即 λ 感染寄主细菌后大约 10~12min 时。这时包括编码头部和尾部蛋白的晚期基因正将开始转录，显然如果 λ 选择了溶源化途径，头部和尾部蛋白就没有必要合成。

在 λ 的裂解或溶源化途径的选择(以及溶源化状态的维持)中，除了 P_R 和 P_L 以外还涉及了一些只转录少数基因的启动子。从图 7.8 可以看到 O_R 的左侧是 P_{RM}(M,maintenance of lysogeny，溶源性维持)，它的右侧是 P_R，从 P_{RM} 起始的转录子只包括 *cI* 等三个基因(在图 7.8 的总图中用细线箭头表示)。从 P_R 起始的转录子则根据 N 蛋白的存在与否而分为前早期和后早期，但都包括 *cro* 基因在内。

如果转录选择 P_{RM}，则 CI 蛋白得以不断地合成，它对 P_L 和 P_R 起始的转录起阻遏作用，因此除了本身以外，其他 λ 蛋白都不再合成，所以裂解途径便不可能实现。另一方面，在前早期中所进行的由 P_L 起始的转录子中包括编码整合酶的 *int* 基因，在 Int 蛋白的作用下 λDNA 得以整合到寄主染色体 DNA 上，所以最终溶源化途径得以实现。

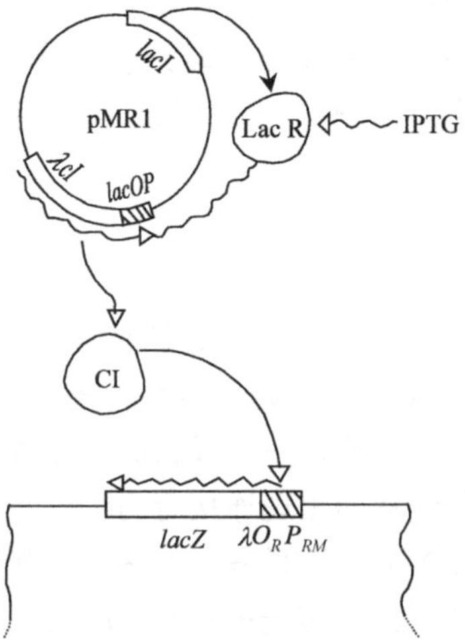

图 7.9(a) λCI 蛋白的浓度对由 P_{RM} 起始的转录的影响[5]

如果转录选择 P_R(以及 P_L)，则裂解途径得以实现，所以两个途径的选择取决于 P_{RM} 或 P_R 启动子的选择。

那么转录从 P_{RM} 还是 P_R 起始又是如何决定的呢？下面这一实验结果说明 CI 蛋白的浓度对由 P_{RM} 起始的转录的影响：

在质粒 *P*MR1 上连接两个 DNA 片段，一个片段上有一个 *lacI* 基因，另一个片段上的 λ *cI* 基因的编码区的上游融合了一个乳糖操纵基因和启动子 *lacOP*。另外，在寄主细菌的染色体上的半乳糖苷酶基因 *lacZ* 的编码区的上游融合了一个 $\lambda O_R P_{RM}$ 片段[图 7.9(a)]。

把上述质粒引入到大肠杆菌中。由于质粒上 *lacI* 基因的存在，在大肠杆菌细胞中合成了大量的阻遏蛋白 LacR(即 LacI)，它与加入的异丙基硫代半乳糖苷(IPTG)相结合而使它失去阻遏作用，于是 *lacOP* 不受阻遏而 CI 蛋白得以大量合成，阻遏蛋白 CI 作用于 $\lambda O_R P_{RM}$ 而使 *lacZ* 的转录下降。所以可以用细胞中β-半乳糖苷酶的活性来衡量 P_{RM} 的启动作用，而 CI 蛋白的量又与所加入的 IPTG 呈正比。所以用β-半乳糖苷酶活力作纵坐标，用 CI 蛋白的相对量(用 IPTG 量表示)作横坐标作图[图 7.9(a)]就可以看到 CI 蛋白是怎样影响从 P_{RM} 起始的转录。同样地，用 P_R 替换 P_{RM} 便可以测定 CI 对从 P_R 起始的转录的影响。同样地，用 *cro* 基因替代 *cI* 基因，又可以测定 Cro 蛋白对 P_{RM} 或 P_R 的影响[图 7.9(b)]。

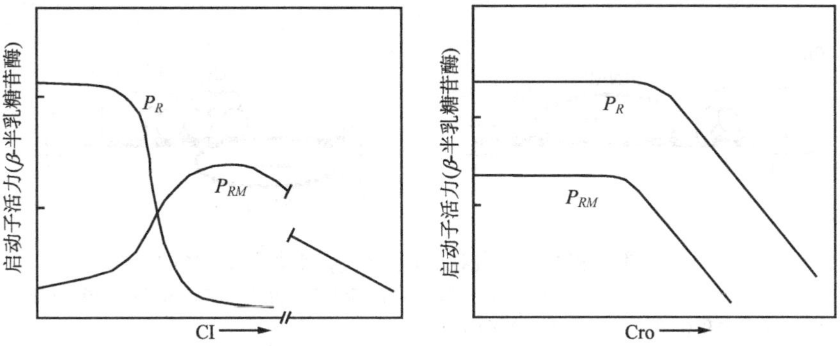

图 7.9(b) CI 和 Cro 蛋白对 P_{RM} 或 P_R 的影响[5]

那么具体地讲，CI 和 Cro 蛋白又是怎样影响 P_{RM} 或 P_R 的选择的呢？这里涉及大量的生物化学方面的工作：调控区的核苷酸序列分析；CI 和 Cro 蛋白的分子结构分析以及它们与操纵基因 *O* 结合的亲和力的分析等。

简要地讲，在启动子 P_{RM} 和 P_R 的中央的操纵基因 O_R 的核苷酸序列分为三个亚单位 O_R1、O_R2、O_R3，三个亚单位具有相似的序列，每个亚单位都是一个回文对称结构[图 7.10(a)]。

CI 蛋白是一个酸性蛋白质，由两个亚基构成，大部分碱性氨基酸集中在它的 N 端，N 端具有与操纵基因 O_R 相结合的性能，C 端具有亚基间聚合和使两个二聚体分子相结合的性能。应用足迹法技术(footprinting technique)测定了 CI 蛋白的 N 端亚基和 C 端亚基与三个操纵基因亚单位的亲和力以及二聚体分子间的结合对亲和力的影响。还测定了在 O_R 的三个亚单位中某一亚单位发生突变的情况下 CI 或 Cro 与另外两个亚单位相结合的亲和力。同样地也研究了 Cro 蛋白与 O_R 三个亚单位相结合的亲和力。

把大量遗传学和生物化学的研究结果加以总结并简化成下表(表 7.2)。

表 7.2 CI 和 Cro 蛋白对于 P_{RM} 和 P_R 的影响[6]

cI	═	O_R3	═	O_R2	═	O_R1	═	*cro*
←———		P_{RM}				P_R ———→		

阻遏蛋白	浓度	与操纵基因亚单位的结合			对启动子的影响	
		O_R1	O_R2	O_R3	P_R	P_{RM}
CI	低	+	+	–	↓	↑
	高	+	+	+	↓	↓
Cro	低	–	–	+	↑	↓
	高	+	+	+	↓	↓

注：+：结合；–：不结合；↑：促进作用；↓：阻遏作用。

上表中所示的数字和结论可以形象化地用图表示(图 7.10 下图)。

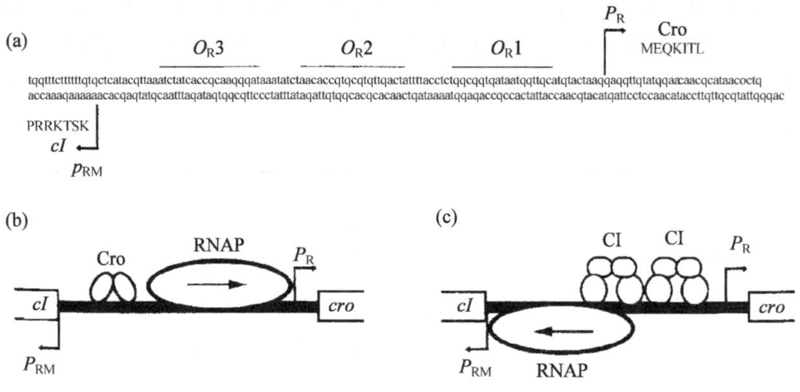

图 7.10　CI 蛋白和 Cro 蛋白对于 P_{RM} 和 P_R 启动子的选择的影响[7]

(a) O_R1，O_R2 和 O_R3 序列以及 *cro* 基因和 *cI* 基因的部分序列，箭头表示由 P_R 和 P_{RM} 起始的转录，上下方的 7 个英文字母表示 Cro 蛋白和 CI 蛋白的 N 端的几个氨基酸；

(b) Cro 蛋白结合在 O_R3 上，使 RNAP 结合在右方，于是转录从 P_R 起始；

(c) CI 二聚体结合在 O_R1 和 O_R2 上，使 RNAP 结合在左方，于是转录从 P_{RM} 起始，注意两个 CI 二聚体间的结合

这图更为形象化地说明了 Cro 蛋白与 O_R3 的结合使 RNA 聚合酶占有 O_R1 和 O_R2，从而使转录从 P_R 起始；CI 蛋白与 O_R1 和 O_R2 的结合(注意 CI 二聚体间的结合所起的作用)使 RNAP 占有 O_R3，从而使转录从 P_{RM} 起始。前者导致裂解，后者导致溶源化。

溶源化状态的维持

λ感染寄主细菌以后在一定的时间内会作出裂解或溶源化的选择，如果选择的是裂解途径，那么这一过程就到裂解结束，如果选择的是溶源化途径，那么 λ 整合到寄主染色体上后故事就并没有结束，因为已经整合的 λ 可以脱离染色体而重新进入裂解途径。所以必须说明了溶源化状态的维持以后故事才结束。

溶源化状态的维持一方面依赖于 CI 蛋白对 P_R 和 P_L 的阻遏作用，另一方面依赖于 λ 的整合状态的维持。事实上在 λ 溶源化细菌中所合成的 λ 蛋白就只是由 P_{RM} 起始转录而合成的 CI 蛋白的一种，它使 λ 处于被阻遏的状态。那么 λ 的整合状态又是怎样维持的呢?

λ 的整合是 λ 基因所编码的整合酶和一种由细菌基因所编码的整合寄主因子(integration host factor, IHF)共同作用的结果，它的切离则是这两种蛋白质以及 λ 的 *xis* 基因所编码的切离酶共同作用的结果(图 7.11)，所以整合状态的维持取决于对整合酶和切离酶基因的转录的控制。

这一控制依赖于位置在附着位点 *attP* 和 *int* 基因下游的起反向调节作用(retroregulation)的 *sib* 位点的作用。*sib* 对于基因 *int* 具有顺式位置效应，也就是说只有当 *sib* 处在与 *int* 邻接而且在它的下游位置时才对它具有反向调节作用。*sib* 的顺式位置效应说明它的反向调节作用并不依赖于它的任何编码产物。实际上它的作用类似于 *nut* 位点对于 N 蛋白的作用，都是它们的转录物所起的作用。当 *sib* 位点序列包含在某一转录物中时，这一 mRNA 分子便能被寄主细菌基因所编码的 RNaseIII 所分解而使这一基因编码产物不再存在。

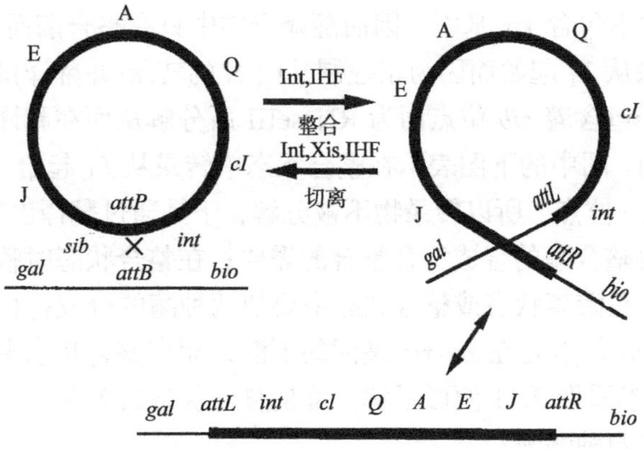

图 7.11 λDNA 的整合和切离[3]

粗线：λDNA；细线：一段寄主细菌染色体 DNA；*attB*：寄主细菌的附着位点；*attP*：λ 的附着位点

attL 和 *attR*: *attP* 和 attB 重组的结果

图 7.12 中的上图表示当 λ 处在游离状态时转录主要由 P_I(I,integration, 整合)起始。转录物一般不包含 *sib* 位点，所以不被 RNaseIII 所分解。不过 P_I 位置在 *xis* 基因中(参看

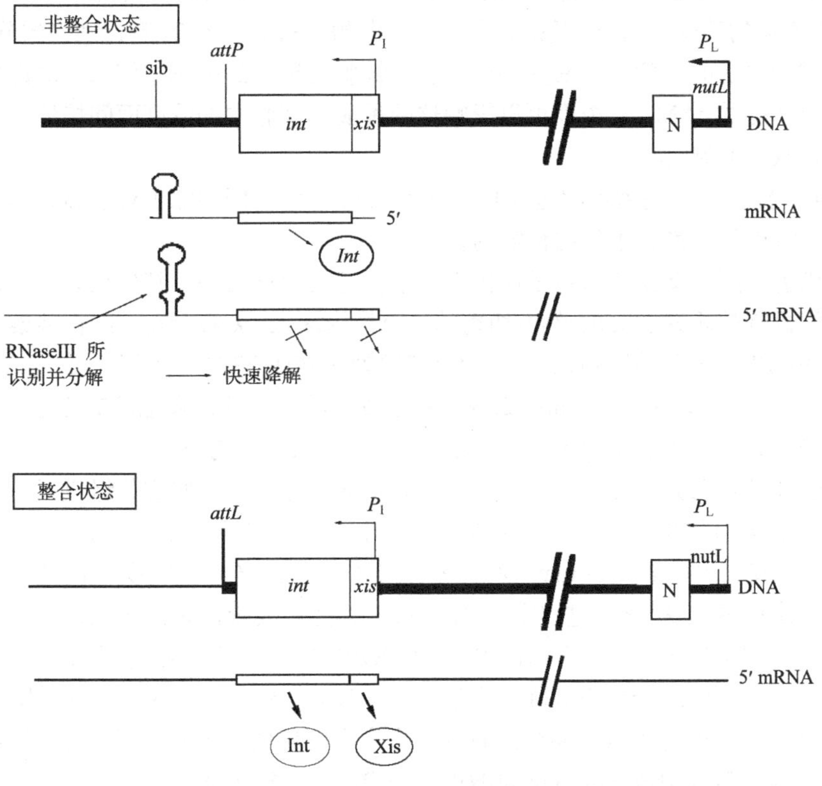

图 7.12 游离状态和整合状态的 λ 的 *int* 和 *xis* 基因的转录[3]

粗线条：λ 的染色体 DNA；细线条：寄主细菌的染色体 DNA；扁平框：mRNA 上的相应基因的转录物；椭圆：蛋白质

：转录；：翻译；：降解

图 7.8)，所以转录物不包含 *xis* 基因，因而翻译产物中只有整合酶而没有切离酶(图 7.12 上图)。这时即使转录从 P_L 起始而因为正控制基因 N 的转录(并翻译)而使转录超越 *sib* 位点，转录物也将由于包含着 *sib* 位点而为 RNaseIII 所分解从而在翻译产物中不出现切离酶(图 7.12 中间一图)。图中的下图表示在整合状态中转录从 P_L 起始。这时由于 *xis* 和 *int* 基因的下游不存在 *sib* 位点，所以转录物不被分解，于是通过翻译出现整合酶和切离酶。

λ 在游离状态时整合酶的合成符合整合的需要；在整合状态时整合酶和切离酶的合成符合切离的需要。在游离状态或整合状态中要使两种酶的合成符合 λ 的需要的关键便是在游离状态中使 *sib* 位点处在 *int-xis* 基因的下游，而在整合状态中这一位置上却不存在 *sib* 位点。其原因参看图 7.11 便可了解。可是整合状态的 λ 又怎样"知道"在要求恢复裂解状态时合成这两种酶呢？

已经知道在溶源性细菌中唯一被转录的 λ 基因是 *cI*，它的编码产物 CI 对启动子 P_L 具有阻遏作用，因而在溶源化细菌中整合酶和切离酶都不合成而使 λ 保持整合状态。*cI* 基因的转录受 CII 蛋白所激活，CIII 蛋白则具有抑制降解 CII 蛋白的酶的作用，因而可间接地促进 CI 的合成，而 CII 在细胞中的浓度极易为环境因素所影响，因此 CII 可以看作是整合状态的 λ 对环境变化的感受器。

那么 CII 蛋白又是怎样感受环境的变化呢？两个寄主细菌的基因 *hflA* 和 *hflB* 参与了 CII 对环境变化的感受。这两个基因编码两种蛋白酶，它们对于 CII 有特别强的分解能力，而细胞中这两种酶的浓度很容易受环境，包括细胞内环境的影响。例如，对许多代谢作用具有调节功能的 cAMP 的浓度可以影响这两种酶在细胞中的浓度而间接地影响大肠杆菌的溶源化状态的维持。

和 T4 一样，或许还远远超过 T4，λ 的研究除了令我们加深了对于温和噬菌体的生命活动的了解以外还推进了生物化学的研究。

同源染色体间的交换或重组是遗传学中最古老的课题之一。到现在为止，在分子水平上的重组机制的研究以 λ 的整合-切离的研究最为深入。λ 整合在大肠杆菌染色体上的位置 *attB*(BOB′)的核苷酸序列以及 λ 的相应序列 *attP*(POP′)早已测定。它们以 BOB′和 POP′中的 O 表示的核心区(core)的 12bp 中重组发生的核苷酸位置也已被测定。核心区的两侧的臂的部分，即 B、B′和 P、P′的核苷酸序列以及它们与整合酶、切离酶和 IHF 相结合的部位和结合动力学方面都有深入的研究。简要地讲，这些成分组成了一个整合体(intasome)，在整合体中，在酶和辅助因子的作用下，BOB′和 POP′序列按一定的方式组合、切断、连接，并通过 Holliday 模型(参看图 3.52)所示的过程完成 λ 的整合或切离。虽然没有直接观察到 λ 整合过程中的 Holliday 模型所要求出现的图像，可是整合前的 BOB′和 POP′DNA 片段以及整合后的 BOP′和 POB′DNA 片段经混合变性并复性，然后通过琼脂糖凝胶电泳可以分离得到除了上述 4 个 DNA 片段以外的另一分子质量较大的 DNA。取这样品作电镜观察，便可以看到呈十字形图像的 DNA 分子(参看图 3.51 和图 3.52)从而证实 λ 整合中按 Holliday 模型进行的 DNA 重组过程。

和 T4 一样，包括重组过程在内的许多生物化学方面的细节，包括 CI 和 Cro 蛋白的二级结构，它们和操纵基因亚基的结合中的相互作用的分子结构分析，N 蛋白和 Q 蛋白抗终止的分子基础，DNA 包装的详细过程以及 λ 的整合过程等都可以参看上面介绍的《噬菌体分子生物学》一书，书中还介绍了 λ 作为载体在遗传工程中的应用。

第二节 极端环境微生物的遗传学研究

极端环境生物(extremophile)一词包括在大部分生物无法忍受的各种严酷自然条件下生活的生物，大多是细菌，例如，在高温环境中生活的嗜热细菌(thermophile)、低温环境中的嗜冷细菌(psychrophile)、高盐环境中的嗜盐细菌(halophile)、低 pH 值环境中的嗜酸细菌(acidophile)、高 pH 值环境中的嗜碱细菌(alkaliphile)、高压环境中的嗜压细菌(piezophile 或 barophile)、干燥环境中的嗜干细菌(xerophile)等。有些细菌能在同时存在的不止一种严酷条件下生活，例如，曾从美国黄石公园中的 pH 值为 3 的 80℃温泉中分离得到嗜酸硫化叶菌(*Sulfolobus acidocaldarius*)。最适生活条件为高压(30MPa)、低温(8℃)的 *Shewanella* sp.也曾从深海中分离得到。

极端环境微生物所赖以在严酷环境中生活的生物大分子的结构和功能以及它们对严酷环境条件的耐受力的生理生化特性引起了研究工作者的兴趣。特别是在 20 世纪 70 年代中发现了属于多种极端类型的古细菌(archaea)之后对于极端环境微生物，尤其是极端嗜热细菌的研究正以少有的速度在向前推进，1997 年一份有关极端环境微生物的新的杂志 *Extremophiles* 的出现足以说明这一情况。

一、中度嗜热细菌的遗传学研究

嗜热性的分子基础

嗜热细菌一词指能在 55℃以上的环境中生存繁衍的细菌，包括最高生长温度约 75℃的中度嗜热细菌，如嗜热脂肪芽孢杆菌(*Bacillus stearothermophilus*)；最高生长温度约 85℃的高度嗜热细菌，如属于栖热菌属(*Thermus*)的细菌；最高生长温度高达约 90~120℃之间的极端嗜热细菌(hyperthermophile)，如许多古细菌。

它们各自都在发现这些细菌的场合高度适应，例如，嗜热脂肪芽孢杆菌可以生活在堆肥中；栖热菌可以生活在温泉中；许多古细菌可以生活在海底的火山口周围，而且由于海底的有机物贫乏的特殊环境，它们又常是化能自养型细菌(chemoautotroph)。这些古细菌又大多属于专性嗜热细菌(obligatory thermophile)，它们完全适应于高温环境而不能在低温中生活。嗜热脂肪芽孢杆菌则属于兼性嗜热细菌(facultative thermophile)，它既能在堆肥这样的较高温度的环境中生活，也能在一般泥土、河流这样的有较低温度的环境中生活。事实上嗜热脂肪芽孢杆菌便是在法国的塞纳河中首次发现的。

在高温环境中生活必须要有热稳定的结构。早期的研究结果说明许多高度嗜热细菌的核糖体和原生质体等都比嗜温细菌的相应结构的热稳定性更高。此外它们的 tRNA 的含硫量较高，细胞膜的脂肪酸链都较长。不过和嗜温细菌(mesophile)相比较，最主要的差别还是它们的 DNA 和蛋白质。凡此种种都有利于它们在高温环境中生活。

DNA 分子的热稳定性与它的 G+C 摩尔百分值密切相关，G+C 摩尔百分值愈高的 DNA 就愈为热稳定。到 20 世纪 90 年代初为止已经有大量属于多种中度或高度嗜热细菌的基因被克隆并测定了其核苷酸序列。这些数据充分说明细菌的生活环境的温度愈高，则它的基因的 G+C 摩尔百分值也愈高，而且 G+C 摩尔百分值愈高的 DNA 中的密码子的第三位的 G+C 摩尔百分值比第一和第二位的摩尔百分值也愈高(图 7.13)，也就是说嗜热细菌的密码子的第三位对于 G(C)有偏爱。已经知道一个密码子中第三位的核苷酸种类的改变对于所编码的氨基酸的改变影响最小，这就意味着细菌在适应于生活环境的高温时是怎样在提高 DNA 的耐热性的同时又尽可能地保持所编码的蛋白质的功能不丧失且活力不降低而采取的一种“策略”。反之，如果 A(T)核苷酸对变为 G(C)这一变化发生在密码子的第一或第二位，那么可能由于所编码的蛋白质功能的丧失或活力的降低而不利于生活。

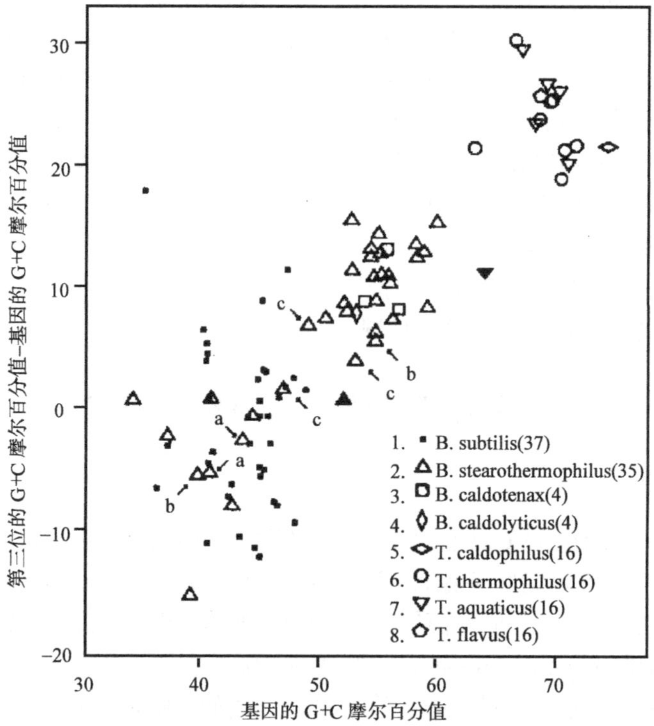

图 7.13　几种嗜热细菌的单个基因的核苷酸序列中的总的 G+C 摩尔百分值相对于密码子中第三位的 G+C 摩尔百分值的作图[8]。纵坐标上零值以上的密码子呈现对密码子第三位的 G(C)偏爱。基因所属的细菌的嗜热性类别中 1.属于嗜温细菌，2、3、4.属于中度嗜热细菌，5、6、7、8.属于高度嗜热细菌。括号中数字表示图中所列的基因数。

与上述规律明显不符的是极端嗜热细菌的 DNA。虽然它们的核糖体 RNA 和转移 RNA 的 G+C 摩尔百分值显著地高于嗜温细菌，可是它们的染色体 DNA 的 G+C 摩尔百分值却与嗜温细菌的 DNA 相当，这里可能是因为一些阳离子在起着稳定 DNA 的作用。

极端嗜热细菌对高温的适应性主要体现在它们的细胞膜上。虽然一般嗜热细菌的细胞膜由于其较长的脂肪酸链而比嗜温细菌的细胞膜较为热稳定，但是差别不大。古细菌与其他细菌在细胞结构上的最大区别是所有的真细菌的细胞膜中的连接脂肪酸与磷酸甘油的键是酯键(ester linkage)，而在古细菌中则是醚键(ether linkage)。由于醚键较酯键更为稳定，所以古细菌的细胞膜能使它们适应于在更高的温度中生活。

嗜热细菌的蛋白质同样常是耐热的。嗜温细菌金黄色葡萄球菌(*Staphylococcus*

aureus)的质粒 pUB110 可以在嗜热细菌嗜热脂肪芽孢杆菌中复制，pUB110 上有一个编码卡那霉素核苷酸转移酶(kanamycine nucleotide transferase)的基因,所以细胞中有这一质粒的细菌便对卡那霉素具有抗性。不过含有 pUB110 的嗜热脂肪芽孢杆菌只有在较低温度中培养时才具抗性而在较高温度中培养时抗性便消失，因为 pUB110 上的抗性基因所编码的蛋白质是不耐热的。从金黄色葡萄球菌抽提 pUB110 质粒，对质粒 DNA 进行离体诱变处理，用经处理的 DNA 转化嗜热脂肪芽孢杆菌，在含卡那霉素的培养基上选取在高温中能生长的菌落。把这些抗性菌株的质粒 DNA 上的卡那霉素核苷酸转移酶基因进行核苷酸序列测定。实验结果说明与未经诱变处理的同一基因的核苷酸序列相比出现两类变化,一类是其编码的酶蛋白的第 130 位上的苏氨酸的密码被赖氨酸的密码所取代;另一类是第 80 位的天冬氨酸的密码被酪氨酸的密码所取代,这一结果可以和下面这一活体突变实验的结果相互印证。

在低温中用 pUB110 转化嗜热脂肪芽孢杆菌，然后提高培养温度到 63℃，选取抗卡那霉素的菌株，分析其质粒上的卡那霉素核苷酸转移酶基因的核苷酸序列，发现它们在上述两个位置上这一个或那一个的核苷酸对发生了变化。然后再把培养温度提高到 70℃，这时另一位置的一对核苷酸又发生了变化，这两个变化的性质正是和上面这一离体诱变的结果相同。

嗜热脂肪芽孢杆菌的质粒 pTB913 上也有一个编码卡那霉素核苷酸转移酶的基因，对它和 pUB110 的这一基因的核苷酸序列的比较结果同样说明耐热和不耐热的转移霉基因的核苷酸序列的差别也就是这两个位置上的一对核苷酸的差别。

具有相同功能的耐热和不耐热的蛋白质的差别不只在于单个氨基酸，而且还在于它们的二级和三级结构，把 pUB110 和 pTB913 质粒的转移酶基因用同一种限制酶分解，然后以不同组合把酶切片段连接起来，用它们转化嗜热脂肪芽孢杆菌，然后分别测定转化菌株在怎样的温度中能呈现出对卡那霉素的抗性。这种方法可以为我们提供有关耐热蛋白质与耐热性有关的特定区段(常称功能区或域，domain)的知识。不过有关蛋白质的耐热性与它的高级结构之间的更为确切的关系的知识的获得则更多地依赖于蛋白质化学研究。

耐热的蛋白质为嗜热细菌在高温环境中生活所必需的。那么在低温环境中生活的兼性嗜热细菌的蛋白质是否依然是耐热的呢?

受温度调控的基因

耐热的蛋白质具有较为刚性的结构,而一定程度的柔性则为蛋白质的酶活性所必需。当嗜热细菌在高温中生活时，合成耐热的蛋白质是它们所采用的在一定程度上牺牲部分酶活性而确保蛋白质的热稳定性以适应于高温环境的一种“策略”。因而在低温环境中兼性嗜热细菌合成不耐热的酶蛋白应该更有利。

早在 20 世纪 70 年代便有关于两种兼性嗜热细菌(嗜热脂肪芽孢杆菌 *B.stearothermophilus* 和 *B.caldotenax*)在低温或高温培养时的几种有关葡萄糖分解代谢的酶的活力的比较，它们是葡糖激酶(glucose kinase)，6-磷酸葡糖脱氢酶(glucose 6-phosphate dehydrogenase)，3-磷酸甘油醛脱氢酶(glyceraldehyde 3-phosphate dehydrogenase)，异柠檬酸脱氢酶(isocitrate dehydrogenase)，6-磷酸葡糖异构酶(glucose 6-phosphate isomerase)。从图 7.14 中可以看到同一 *Bacillus caldotenax* 菌株在 55℃以下培养时其 6-磷酸葡糖异构酶是不

耐热的，在 55℃以上培养时其中的同一种酶是耐热的，在 55℃中培养的酶的耐热性介于两者之间(图 7.14)。*Bacillus stearothermophilus* 的情况和它完全相同。

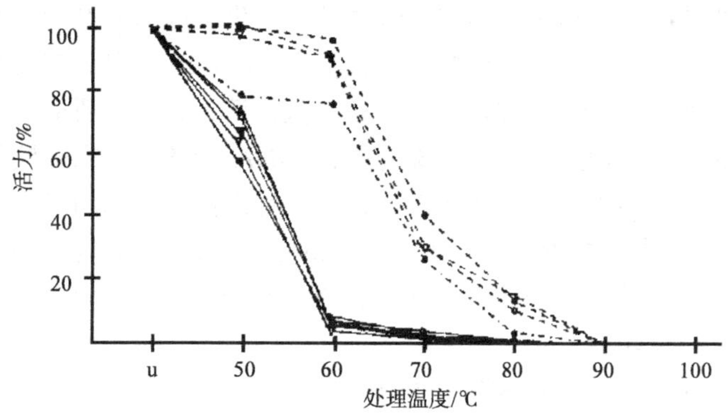

图 7.14　兼性嗜热细菌 *Bacillus caldotenax* 中的 6-磷酸葡糖异构酶的耐热性[9]

培养温度：

30℃○———○；35℃●———●；40℃▲———▲；

45℃▽———▽；50℃▼———▼；55℃●-·-·-·●；

60℃●-------●；65℃○-------○；70℃▽-------▽

纵坐标上的数字表示以未经处理的细菌的粗抽提物的酶活力为 100%时，经加热 30min 后的残余活力。横坐标上的数字表示处理温度。抽提物分别来自不同温度中培养的同一菌株，接种培养温度为 37℃

与上述现象密切相关的现象是嗜热脂肪芽孢杆菌菌株 *B.sterothermophilus*T521 在 45℃或 45℃以下培养时它的 6-磷酸葡糖异构酶同工酶酶谱显示三条染色条带，在 55℃或 55℃以上培养时它的同工酶谱显示 4 条条带(图 7.15)，其中以只在高温中培养时出现的同工酶最为耐热。

在低温中呈现酶带的两个编码基因已经被克隆在大肠杆菌的质粒 pBR322 上并测定了其核苷酸序列，其中一个基因称为 *pgiA*，它编码两种同工酶蛋白 PgiA1 和 PgiA2，它的 pBR322 克隆子称为 pFDI1；另一个基因称为 *pgiB*，它编码 PgiB，它的克隆子称为 pFDI2[10]。值得注意的是在大约 200 个克隆子中只有 2 种克隆子，即上述两种而没有第三种，也就是编码 PgiC 的克隆子；而且在克隆过程中改变所用的限制性内切核酸酶或改变操作条件都不能得到编码 PgiC 的克隆子。上述现象可以解释为 PgiC 并不由任何单一基因所编码而可能是 PgiA 和 PgiB 的亚基组成的多聚体。

这一假设为抽提物混合保温实验所支持：把分别含有被克隆的 *pgiA* 和被克隆的 *pgiB* 的两个大肠杆菌菌株 DF2145(pFDI1)和 DF2145(pFDI2)在低温中培养，把它们的抽提物分别或者混合保温后再进行 6-磷酸葡糖异构酶同工酶酶谱分析。通过分析结果可以看到分别保温的酶谱上出现两条酶带 PgiA1 和 PgiA2(图 7.15 中 1)或一条酶带 PgiB(图7.15 中 2)，混合保温的样品的电泳酶谱上除了出现上述三条酶带以外还出现了一条相当于 PgiC 的酶带(图 7.15 中 3)，可见 PgiC 可能是由 PgiA 和 PgiB 的亚基组成的多聚体。

然而在嗜热脂肪芽孢杆菌中 *pgiA* 和 *pgiB* 基因是都存在着的，低温培养细菌的抽提物的异构酶酶谱上也出现了 PgiA1、PgiA2 和 PgiB 酶带(图 7.15 中 6，PgiB 只隐约可见)。

既然这样，为什么不出现共聚物 PgiC 的酶带呢？为了说明这疑难问题，进行了另一抽提物混合保温实验：在嗜热脂肪芽孢杆菌的低温培养抽提物中分别另加入携带 *pgiA* 或 *pgiB* 的大肠杆菌的低温培养抽提物，在酶谱上可以看到前者只有三条酶带(图 7.15 之 4，PgiB 只隐约可见)，而后者多了一条其位置相当于 PgiC 的酶带(图 7.15 之 5)。这一结果可以解释为在低温中培养的嗜热脂肪芽孢杆菌细胞中不出现共聚物 PgiC 的原因是由于细胞中 PgiB 的含量不足所致。在高温中培养时 PgiB 的含量升高，从而得以形成共聚物 PgiC。换言之，这意味着 *pgiB* 是一个受温度控制的基因，这种假设的一个旁证是在同工酶酶谱上 PgiB 的染色经常是很浅或隐约可见，甚至不可见。

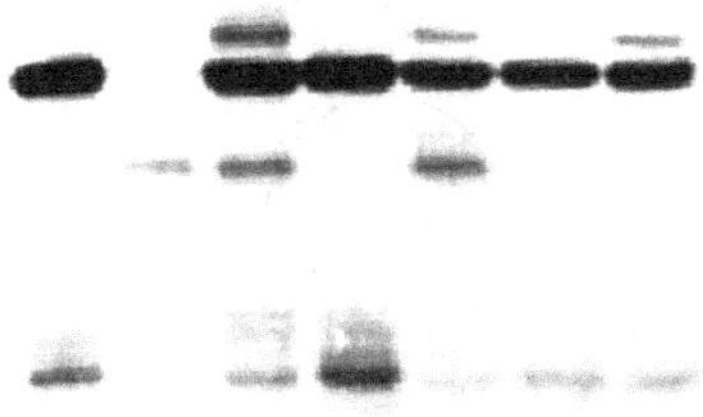

图 7.15 嗜热脂肪芽孢杆菌 T521 的磷酸葡萄糖异构酶同工酶的体外重组酶谱[11]

1. *E.coli*2145(pFDI1)的抽提物同工酶谱，显示基因 *pgiA* 所编码的 PgiA1 和 PgiA2；2. *E.coli*2145(pFDI2)的抽提物的酶谱，显示基因 *pgiB* 所编码的 PgiB，PgiB 明显地比 PgiA1 较浅；3. 1. 和 2. 的混合物的酶谱，显示 *pgiA* 和 *pgiB* 所编码的产物之外的 PgiC；4. 在 40℃中培养的 T521 的抽提物和 *E.coli*2145(pFDI1)的抽提物相混合的酶谱，显示 PgiA1 和 PgiA2，但是没有 PgiC，PgiB 几乎不可见；5. 在 40℃中培养的 T521 的抽提物和 *E.coli*2145(pFDI2)的抽提物相混合的酶谱，显示 PgiA1，PgiA2 和 PgiB，PgiC 明显可见；6. 在 40℃中培养的 T521 的抽提物，PgiB 几乎不可见，无 PgiC；7. 在 65℃中培养的 T521 的抽提物，PgiB 几乎不可见，PgiC 明显可见

pgiB 是一个受温度调控的基因这一假设已经为应用报道基因(reporter gene)的实验所证实。报道基因是用来显示另一基因的存在和特性(例如，受温度调控)的基因，它本身具有某种便于被鉴定的性质，一般是在一定条件下呈现出一种颜色反应。这里所用的报道基因 *pheB* 来自一株能分解苯酚的嗜热脂肪芽孢杆菌[12]，它所编码的邻苯二酚 2，3 双加氧酶(catachol dioxygenase，$CatO_2ase$)具有催化邻苯二酚(catechol)氧化为羟基黏康酸半醛(hydroxymucosemialdehyde)的作用，后者呈鲜明的黄色。*pheB* 基因已被克隆。在含有携带这一基因的质粒的细菌所形成的菌落上喷上邻苯二酚溶液后菌落便呈黄色，也可以通过测定 A375nm 波长的吸收来对培养物中 $CatO_2ase$ 含量进行定量测定。

应用 DNA 重组技术使切除了操纵基因(序列)的 *pheB* 基因与 *pgiB* 基因上游包括操纵基因(序列)的 DNA 片段相连接，构建成带有这两个 DNA 片段的质粒 pPGVPB452[图 7.16(a)]，用它转化 T521，然后分别在 48℃和 55℃中培养，在不同的培养时间测定细菌的湿重和邻苯二酚双加氧酶的比活。结果见下图[图 7.16(b)]。

图中的曲线说明为处于 *pgiB* 基因编码序列上游位置的操纵基因序列所控制的 *pheB* 基因在低温中所表达的 $CatO_2ase$ 的比活明显低于在高温中表达的比活。为了排除基因剂量效应(gene dosage effect)造成的假象，利用质粒上的一个卡那霉素酶编码基因来证明在低温或高温中它所编码的酶的比活并无区别。这就充分说明 *pgiB* 基因的表达确实受温度控制。

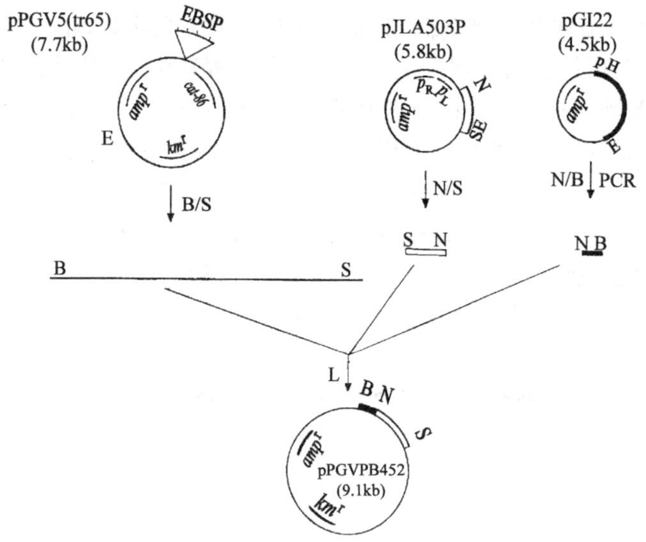

图 7.16(a) 质粒 pPGVPB452 的构建[13]

amp^r：抗氨苄青霉素基因，*km*^{r}抗卡那霉素基因，*cat-86*：缺失启动子序列的氯霉素乙酰转移酶

(chloramphenicol acetyltransferase,CAT)编码基因

▭：来自 *pheB* 基因的编码序列 DNA 片段

▬：来自 *pgiB* 基因的编码序列上游的 DNA 片段

S：*Sal*I，N：*Nde*I，B：*Bam*HI，P：*Pst*I，E：*EcoR*I，L：T4DNA 连接酶

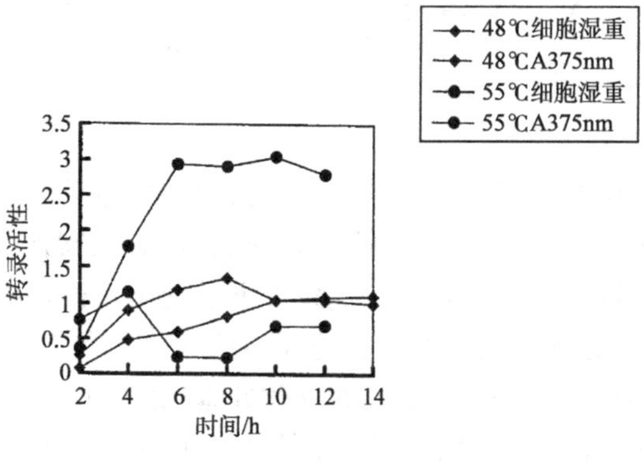

图 7.16(b) 不同温度下 T521zwf-gnd 基因启动子在 *B.stearothermophilus* K1041 中的转录活性[13]

为了检测 *pgiB* 基因的编码区的上游序列，采用 PCR 方法克隆编码区上游 1775bp 的 DNA 片段，测定它的核苷酸序列，在基因库和蛋白质库资料中进行同源性(homology)搜索，意外地发现在 *pgiB* 编码序列的上游有一个编码 6-磷酸葡糖脱氢酶(6-phosphogluconate dehydrogenase,6PDH)的基因 *gnd*，在它的上游又有一个编码 6-磷酸葡糖酸脱氢酶(G6PDH)的基因 *zwf*。这三个基因 *zwf-gnd-pgiB* 可能构成了一个受温度调控的葡萄糖分解代谢操纵子，它类似于大肠杆菌(*zwf-gnd-eda*)、绿脓杆菌(*glk-zwf-gnd-eda*)等嗜温细菌的葡萄糖分解代谢操纵子。

另外一个受温度调控的嗜热脂肪芽孢杆菌菌株 NUB36 的基因曾用反求遗传学(reverse genetics)方法证实[14]。反求遗传学是一种与经典的遗传学研究方法反其道而行之的方法。它首先得到所要研究的基因(这里是受温度控制的基因)所编码的蛋白质，然后通过这一蛋白质反求所要研究的基因。

把嗜热脂肪芽孢杆菌 NUB36 在低温和高温中培养。取它们抽提物作双向电泳分析。在高温培养物的电泳图谱中出现了四种在低温图谱上所没有的蛋白质。认定其中的一种，通过制备电泳取得大量的这种蛋白质，测定它的氨基端的氨基酸序列，按照这些氨基酸的密码合成一个 26 碱基寡核苷酸链，并进行 ^{32}P 标记。另取 NUB36 的 DNA 用限制酶处理，把取得的 DNA 片段连接在合适的质粒上然后转化大肠杆菌，用 ^{32}P 标记的寡核苷链作为探针对这些大肠杆菌菌落作原位杂交，选取阳性菌落。从阳性菌落的培养物中抽提质粒 DNA，分析它的核苷酸序列，结果发现在所克隆的 NUB36 DNA 片段中有两个编码区。然后通过离体转录和翻译取得两种蛋白质。从蛋白质数据库中查证这两种蛋白质的结构类似于大肠杆菌中的与谷氨酰胺主动运送(active transport)有关的 *glnHPQ* 操纵子中的两个基因所编码的一种膜蛋白(membrane protein)和一种谷氨酰胺结合蛋白(glutamine binding protein)。为了证实它们与谷氨酰胺吸收有关以及这一操纵子是受温度调控，进行了下列实验：把大量 NUB36 细菌与不含氮源物质的固体培养基相混合并倒平皿，凝固后在中央各放一圆形小纸片，在纸片上放上少量谷氨酰胺，分别在 45℃和 65℃中培养。在后一培养皿上可看到纸片四周成片生长的菌落，而在前一培养皿上却什么都看不到。这一实验结果说明 *glnHPQ* 是一个受温度调控的谷氨酰胺吸收操纵子。

那么难道兼性嗜热细菌的基因都受温度调控吗？考察有多少嗜热脂肪芽孢杆菌的基因受温度调控的一个可行方案是利用不带启动序列的报道基因 *pheB*，在低温中把带有这一基因的质粒用作启动子探测质粒(promotor probing plasmid)来克隆启动子序列。将质粒转化到 T521 中，然后分别在高温和低温中培养并观察 *pheB* 基因的表达情况，便可以知道所克隆到的启动子序列是否属于一个受温度调控的基因。

二、极端嗜热细菌的遗传学研究

极端嗜热细菌发现不过二十几年，而且在它的遗传学研究面临许多困难。例如，多数极端嗜热细菌属厌氧型，氧对它们的生存不利，所以必须在厌氧条件下培养，这就对研究工作增加了难度。

遗传学研究所用的最理想的细菌是要能在合成培养基中生长的异养型细菌(heterotrophic bacteria)，符合这一条件的极端嗜热细菌不多。

遗传学研究还要求所用的细菌能在固体培养基上生长并且有较高的菌落形成率，这是又一个对所用细菌种类的限制。在高温中琼脂很容易失水，所以在固体培养中得采用硅胶或者应用别的便于在高温中操作的胶状物，这在实验操作上也带来一些困难。

遗传学研究中常应用一些便于观察，便于进行筛选的“标记”。在嗜温细菌的遗传学研究中最为广泛应用的是营养缺陷标记和抗药性标记，前者由于能在合成培养基上生长的极端嗜热细菌种类较少而在应用上受到限制；后者由于在高温中许多抗生素容易失效而在应用上受到限制。

在嗜温细菌的遗传学研究中还常应用到指示糖发酵的指示剂。由于许多极端嗜热细菌须在缺氧状态下培养，其中的强还原性物质易使指示剂被还原而失效。即使有这些困难，近年来在极端嗜热细菌的遗传学研究方面还是取得了一些突破性的进展，主要是在硫化叶菌方面。

嗜酸硫化叶菌的染色体转移和基因重组

在 20 世纪 80 年代中已经发现嗜盐细菌的染色体转移；硫化叶菌的染色体转移则直到 1996 年才在嗜酸硫化叶菌(*Sulfolobus acidocaldarius*)中首次报道，这一年距离大肠杆菌的染色体转移和基因重组的发现整整有半个世纪。

嗜酸硫化叶酸可以在只含两种有机物(谷氨酸和明胶)的 K_2SO_4 和 $MgSO_4$ 缓冲液(用 H_2SO_4 调节到 pH 值 3.5)中培养。在细胞接合培养基中添加 NaH_2PO_4、$CaCl_2$ 和一种固化剂。

用作遗传标记的突变型通过直接或经 U.V.处理后筛选得来，包括胞嘧啶和尿嘧啶缺陷型、甲硫氨酸缺陷型、组氨酸缺陷型等，另外通过抗性筛选得来的抗药性突变型有乙硫氨酸抗性、结构类似物敏感等突变型。

在遗传标记重组实验中取对数生长期中的两个缺陷型细菌各 10^5，洗净后混合接种在基本培养基表面，在 77℃中培养 20h 后计数，多次实验得到的每一培养皿上原养型菌落数都大于 20，而单一菌株在同样条件下得到的菌落数都小于 1。

在下列种种实验条件下都不出现原养型菌落：两个缺陷型菌株的培养物经煮沸后混合培养；一个菌株的培养物和另一个菌株的无菌过滤培养液的混合培养；一个菌株的培养物和 6μg 野生型菌株的 DNA 的混合培养。实验结果基本上排除了原养型菌落的出现是由于转化这一可能性。实验温度从 77℃到 84℃都可得到相等数的原养型菌落。

为了确证原养型菌落并非来自由两个实验菌株的细胞融合而成的二倍体细胞而是来自由于发生染色体基因重组而出现的单倍体细胞，将一个嘧啶缺陷型菌株(*pyrB4*)和另一个非等位的嘧啶缺陷(*pyrF39*)、组氨酸缺陷(*his2*)、乙硫氨酸(*ethionine*)抗性(*eth4*)三重突变菌株的细胞进行混合培养，在含组氨酸和乙硫氨酸的培养基上出现的菌落中分别鉴定它们的非选择性标记，结果见表 7.3。

表 7.3　嗜酸硫化叶菌的非选择性标记的自由组合[15]

实验号	原养型	重组类型的百分值				亲代组合
	菌落数	$+s$	$-r$	$+r$	$-s$	总计
1	88	38.6	39.8	10.2	11.4	21.6
2	184	55.4	21.2	16.3	7.1	23.4
3	166	38.3	44.0	7.2	14.5	21.7
4	185	47.0	28.6	12.4	11.9	24.3

注：+：his^+；－：*his*；*s*：eth^s；*r*：eth^r。

实验结果说明原养型的出现是通过染色体基因重组的结果。硫化叶菌的染色体已经证明呈环状。

实验结果还说明基因重组可以发生在不同来源的菌株之间，也可以发生在从同一亲本菌株衍生的两个菌株之间，这暗示重组过程中似乎并没有性因子的参与，不过确切的证据还有待于进一步的实验验证。

嗜酸硫化叶菌的质粒

pNOB8 是一个在某一硫化叶菌 NOB8H2 菌株中发现的大型(45kb)质粒，它能以较高的频率转移到别的硫化叶菌中。以 1 NOB8H2：1000 受体细胞的比例在液体培养基中进行混合培养，两天后可以观察到培养物的生长速度大为下降，同时从受体细菌中可以抽提得到相当于 20~40/每一染色体的大型质粒 DNA。某些受体细菌本身含有质粒，不过通过电泳图谱可以看到它们的明显区别。

电镜观察和噬菌斑测定结果都说明这一质粒转移与噬菌体无关。在光学显微镜下可以看到用不同的荧光染料染色的供体和受体细胞在成对地进行布朗运动；在电镜下可以看到有时多达 30 个细胞聚集在一起，在某些细胞间还可以看到有丝状连接。

在这一菌株中 DNA 的电击转化已经取得成功，同样也已实现了 NOB8 的电击转化。转化细菌和接合受体一样，NOB8 都以高拷贝出现，而且它又可以作为质粒转移的供体，而且这些受体细胞的生长也同样减慢。

硫化叶菌的转座因子

在筛选另一种硫化叶菌(*Sulfolobus solfataricus*)中的乳糖发酵基因 *lacS* 的自发和紫外线诱发突变的过程中发现菌落呈白色的乳糖发酵突变型以很高的频率出现在蓝色菌落中(自发频率约 10^{-4}，在经紫外线处理的情况下则曾以高达 1/120 的频率出现)。这些突变都是很稳定的，在 10^4 的白色菌落中没有观察到一个蓝色的回复突变菌落。

用野生型菌株的 *lacS* 的 PCR 扩增物作为探针对经酶切的突变型细菌的染色体 DNA 进行分析，发现三个 *lac*$^-$突变型的电泳图谱都不同于野生型的图谱。突变型的 *lacS* 基因都明显地大于野生型基因。核苷酸序列分析的结果说明突变是由于转座因子插入所致(图 7.17)。这是在极端嗜热细菌中首次发现的转座因子。

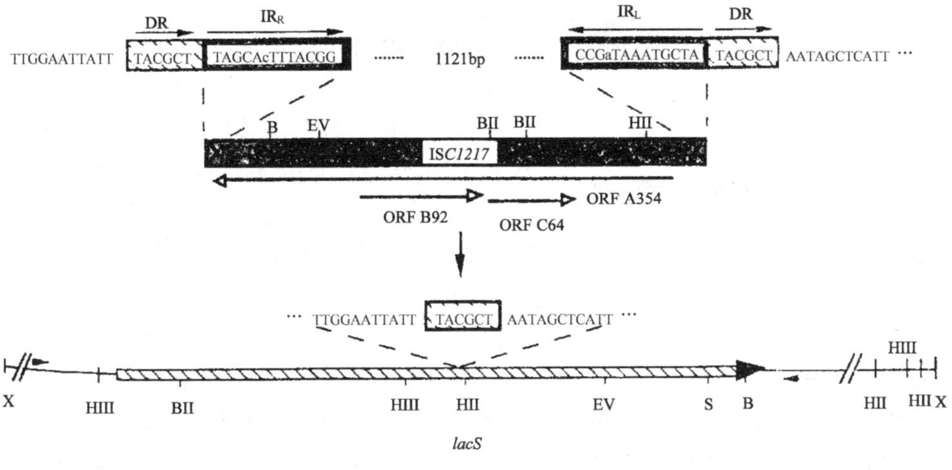

图 7.17　转座因子 IS*C1217* 插入硫化叶菌的 *lacS* 基因的示意图[16]

最下方表示 *lacS* 基因，它的上方的方框中的 6bp 序列是转座因子的插入位置。中间一行表示 IS*C1217*，它的下方的箭头是其中的三个读框。最上面一行表示 IS*C1217* 插入 *lacS* 后在插入位置的 TACGCT(DR)序列以相同方向出现在插入了的 IS*C1217* 的两端。它的内侧是本已存在于 IS*C1217* 中的两个反向重复序列(IR)，其中小写字母表示两个不配对的核苷酸。BI:*Bgl*I; BII:*Bgl*II; EV:*Eco*RV; HII:*Hin*dII; HIII:*Hin*dIII; S:*Spe*I; X:*Xba*I

这一转座因子称为IS*C217*，它和其他细菌的转座因子具有下列相同之处：造成插入位置的基因序列中出现若干核苷酸对的顺向重复序列(directed repeat, DR)(这里是 6bp)；转座因子的两端具有若干核苷酸对的反向重复序列(inverted repeat, IR)(这里是 13bp)；IS 序列中包含若干读框(这里是在一条链上的一个大的读框和另一链上的两个小的读框)。大的读框可能是编码转座酶的一个基因。与众不同的一点是反向序列中有两个不配对的核苷酸对(图中以小写字母标出)。

在这一菌株的染色体 DNA 上可以找到大约 7 个拷贝的这种转座因子；在其他硫化叶菌(包括 *S.shibatae*、*S.acidocaldarius*、*S.brierley*)的染色体 DNA 上则都没有发现这一转座因子。

三、嗜压细菌的遗传学研究

受压力调控的基因

大海深处的细菌都适应于高压和低温环境。*Shewanella* sp.D3312 的生活最适条件是 30MPa、8℃，但它也能在 8℃、常压(0.1MPa)条件下生活。所以这是一种适于用来研究压力变化对基因表达的影响的兼性嗜压细菌。

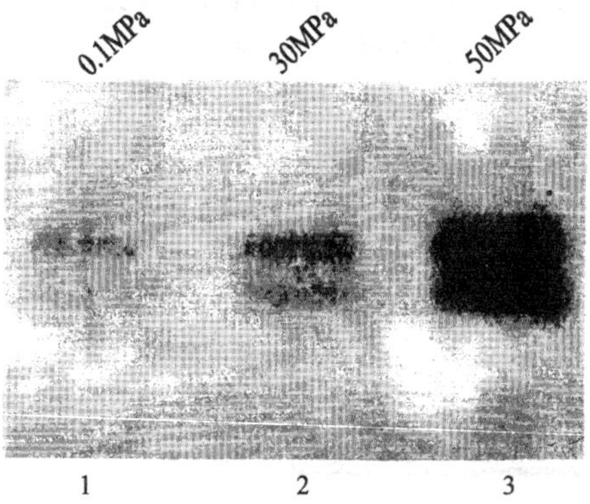

图 7.18　在不同压力下培养的 *Shewanella* sp.D3312 的 RNA 与经地高辛标记的 ORF1 和 ORF2DNA 片段的 Northern 印迹图谱[17]

将 *Shewanella* sp. D3312 的可读框(open reading frame, ORF)ORF1 和 ORF2 的 DNA 片段(见图 7.18)经地高辛(digoxygenin)标记后作为探针与从在 0.1MPa、30 MPa 和 50 MPa 条件下培养的 D3321 培养物中取得的 RNA 作 Northern 印迹杂交(Northern blot hybridization)。结果见下图(图 7.18)。实验结果说明这两个基因的转录为压力所控制。

分析 ORF1~2 上游的核苷酸序列，发现它们的上游有两个具有转录调控功能的区域(图 7.19)。A 区的一部分核苷酸序列与大肠杆菌转录因子σ^{54}的结合位点的序列的同源性达 90%以上。这里面包括两个转录起始位点。紧接着的包含三个转录起始位点的区域 B 中有一个八核苷酸序列 AAGGTAAG 和一个重复 13 次的回文对称序列 AGTTAAAGATTAAACT。这些序列在转录调控中的功能还有待阐明，但是下列实验结果可以用来说明这两个区域分别在低压和高压条件下起转录调控作用。

取在 0.1MPa 或 50MPa 条件下培养的 D3312 的抽提物或是大肠杆菌的σ^{54}蛋白与 D3312 的区域 1 或区域 2(以及它的 B1、B2 或 B3 亚区)中的经标记的 DNA 片段作结合测试。实验结果说明 D3312 细胞中存在着类似于σ^{54}的蛋白质，它能识别区域 A 并与其结合；在高压下培养的 D3312 细胞中的这一蛋白质的含量高于在低压下培养的细胞，而且不同的蛋白质在不同压力的培养条件下与区域 B 中的不同亚区相结合。例如，在高压条件下出现的一个蛋白质因子能识别 B 区域中的回文对称序列。不过包括重复序列在内的这些序列的具体作用机制目前还不清楚。

此外还发现在高压培养条件下由#1~#5 这 5 个启动子起始的转录都有所增加。

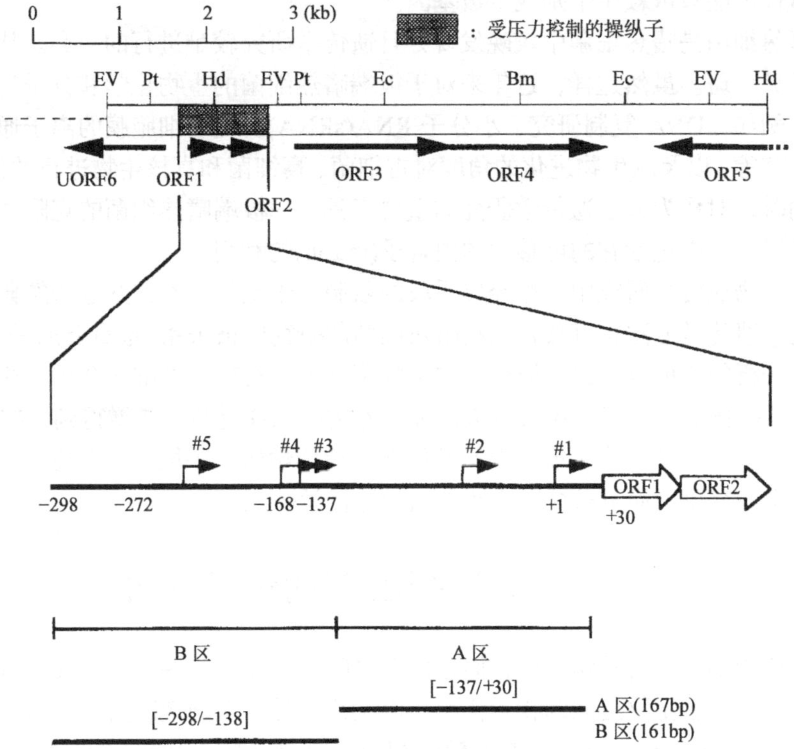

图 7.19 *Shewanella* sp.D3312 的受压力控制的操纵子和它的上游序列[17]

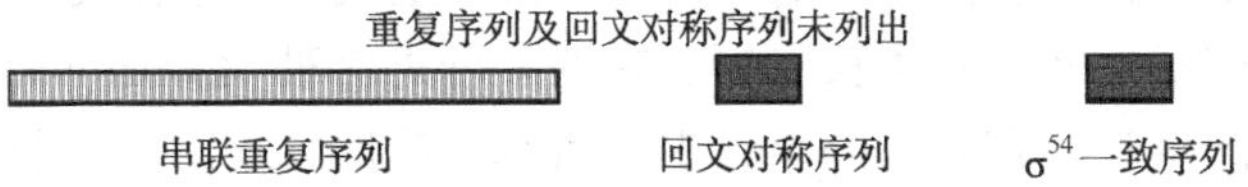

核苷酸序列同源性分析结果还说明 ORF3 与大肠杆菌的 *cydD* 基因具有同源性。大肠杆菌的 *cydD* 是在细胞色素 bd 组分组装中起作用的基因。*cydD* 突变型大肠杆菌对高压变得敏感，但是携带克隆有 D3312 – *cydD* 基因的质粒的 *cydD* 突变型大肠杆菌又恢复了对高压的正常敏感性。在高压下培养的 D3312 抽提物中可以在分光光度计中测得细胞色素中的 bd 组分。细胞色素是细胞呼吸系统中的一个成分，*cydD* 似乎也是高压下生活所必需的，所以 ORF3 可能也是一个受压力控制的为高压生活所必需的基因。

嗜热细菌是极端环境微生物中最受注意的一类。它在自然界的分布极广；它的蛋白质的耐热性引起了生物化学家的兴趣；它在工业上的应用，包括耐热酶的应用也引起了广泛的关注；古细菌发现以后它在生物进化中的地位也受到了重视。

在嗜热脂肪芽孢杆菌中发现与葡萄糖的分解代谢有关的酶都是耐热的。这一现象不难理解：因为只要有其中一种酶不耐热，在高温中葡萄糖分解代谢的效率就会降低甚至不能进行。因此可以设想嗜热细菌的蛋白质即使不是全部，至少多数是耐热的，事实上也确实是这样。同样地，或许在嗜压细菌中为压力所控制的基因也不是个别的。

嗜碱细菌的情况就大不相同。曾有报道由于钠离子泵的作用，一种能在 pH 值 10~11 的环境中生活的嗜碱细菌的细胞质的 pH 值能保持在 8~10。通过实验发现当一个基因发生突变而使钠离子泵失效便导致这一细菌不再能在 pH 值 9 以上的条件中生活，换句话说它的嗜碱性可能只依赖于个别或少数基因。

极端嗜热细菌是嗜热细菌中较晚发现并且遗传学研究较难进行的一类。从以上所介绍的事例可见一斑。虽然这样，近年来对于极端嗜热细菌的生物化学和分子生物研究却十分活跃，例如，DNA 复制研究、小分子 RNA(sRNA)研究、细胞膜的离子通道研究、基因组学研究等，以及从生物进化的角度对古细菌、真细菌和真核生物进行的比较研究。

与此同时，对作为分子遗传学研究的重要工具——极端嗜热细菌的克隆载体的研究也有不少进展，其中包括它的可移动的内含子(intron)的利用。

由于微生物遗传学研究中一些经典手段的限制，于是另一些避开这些经典手段的研究方法如反求遗传学方法正日益在极端嗜热细菌的研究中被采用。最重要的是通过 DNA 核苷酸序列分析的所谓基因组学研究。本书的第九章将有较为详细的介绍，这里从简。此外利用 PCR 技术已经能从还没有取得纯培养物的取样材料中扩增得到一些古细菌的 16S 核糖体 RNA，这样就有可能不但避开经典的遗传学研究手段，而且甚至可以避开经典的微生物学研究手段而进行极端嗜热细菌的遗传学研究。

第三节　致病细菌的遗传学研究

动物和植物都存在着致病细菌，而且两者之间也存在着一些共同之处。所有的致病过程都是寄主与寄生生物之间的相互作用，而且往往是一系列基因活动的结果。根癌土壤杆菌(*Agrobacterium tumefaciens*)是在致病细菌领域中研究最为深入的一种细菌。

根癌土壤杆菌是一种革兰氏阴性的、好氧的营腐生或寄生生活的土壤细菌。在 1907 年便发现它能使一些双子叶植物生长冠瘿。它的一种近缘种 *A.rhizogenes* 则能导致寄主植物根状增生组织的生长。在以后的年代中，特别是在跨入了分子生物学时代以后，发现根癌土壤杆菌感染寄主植物后它的一部分 DNA 整合到寄主染色体上，而且在逐步深入的研究中发现许多现象具有广泛的生物学意义，例如，它的 DNA 转移和整合机制可能与大肠杆菌的染色体接合转移有共同的起源；它的毒性基因的表达方式不但与一些感染植物的致病细菌相似，而且与一些感染动物的致病细菌及共生固氮细菌相似，甚至还与细菌的趋化性和芽孢形成有共同之处。

一、根癌土壤杆菌的遗传学研究

侵入

根癌土壤杆菌只能侵入(infection)受损伤的植物根部。受伤的根部细胞可分泌一些吸引它的物质，包括许多氨基酸和糖类。起着诱导致瘿(毒性)基因的酚类物质(详见下节)也可能具有吸引作用。

根癌土壤杆菌对于受伤根部细胞的分泌物有趋化性(chemotaxis)，而趋化现象是导致出现冠瘿的重要环节。趋化性基因发生突变的细菌通过人工接种能致冠瘿，但是把它加入预先干燥过的土壤中却不能导致其中生长的植物形成冠瘿。

植物根部细胞表面似乎存在着一些与土埌杆菌结合的位点，因为一、结合到根部细胞的根癌土壤杆菌的数目不是无限制的；二、不属于土壤杆菌属的细菌对土壤杆菌的结合没有竞争作用。使根癌土壤杆菌结合到寄主细胞上的能力是物种专一的；从导致冠瘿的细菌得到的相应基因的克隆与导致根状增生的土埌杆菌的相应基因的克隆不能进行分子杂交。

根癌土壤杆菌通过侵入单个植物细胞而导致冠瘿的生长，也就是说冠瘿起源于单个被感染的细胞。根癌土壤杆菌只感染双子叶植物，它的感染专一性可能与植物受伤细胞所分泌的物质有关。

冠瘿质粒(tumor inducing plasmid,Ti)

早在20世纪50年代人们就注意到把侵入寄主植物的根癌土埌杆菌用药物杀死后冠瘿增生仍继续进行，细菌感染后寄主植物产生的冠瘿碱也照常产生，这暗示着根癌土埌杆菌侵入寄主细胞以后把它的某些基因转移给了寄主细胞。在20世纪70年代中发现了冠瘿质粒，随后又发现了该质粒的一部分DNA转移到了寄主细胞的染色体DNA上。

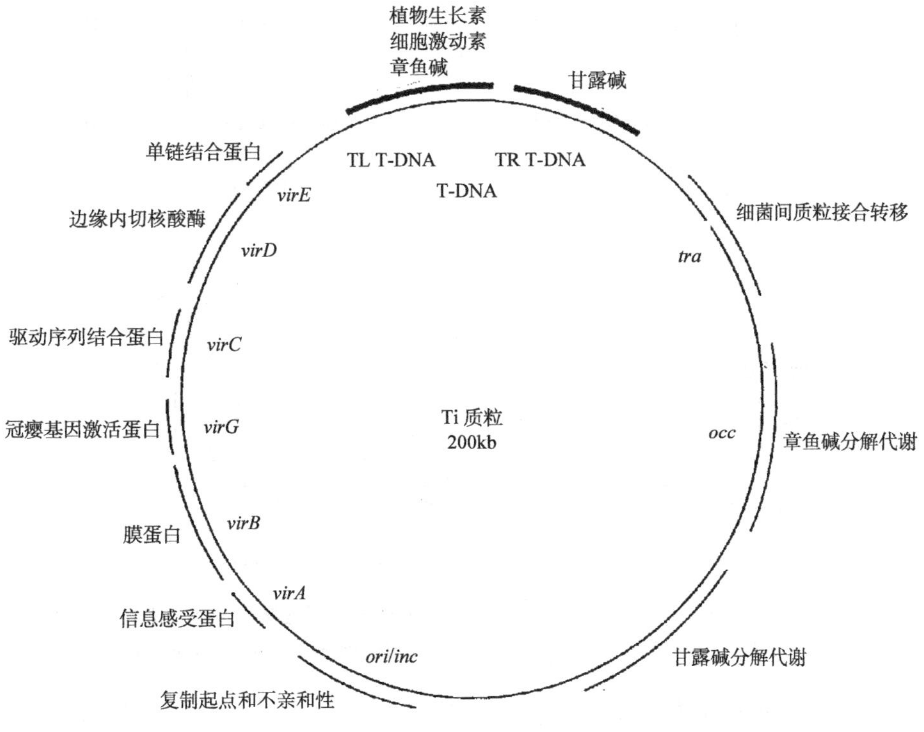

图 7.20 根癌土埌杆菌章鱼碱型冠瘿质粒的遗传学图[3]

细线圈：Ti 质粒；线圈外的粗线段：Ti 质粒上的 T-DNA；细线段：毒性操纵子(*vir*)和它们所编码的蛋白质

Ti 质粒是一个200kb的大质粒(图7.20)。图中称为T-DNA的部分是转移到寄主染色体上的片段。T-DNA 上有与合成章鱼碱(octopine)和甘露碱(manopine)或者胭脂碱(nopaline)和冰草碱(agropine)(它们统称为冠瘿碱，opine)或其他与冠瘿碱有关的基因以及与合成植物生长素(auxin)和细胞激动素(cytokinin)有关的基因。前两者为根癌土埌杆菌在寄主细胞中的繁殖提供养料；与这些物质的利用有关的基因位于 Ti 质粒的非转移部分。后两者促使植物细胞增生成为冠瘿。TL T-DNA 上的基因见图 7.21。图 7.22 表示了 TL T-DNA 上有关植物生长素及细胞激动素的合成的基因以及它们参与的生物合成过程。

Ti 质粒上还有与其 DNA 复制有关的复制起点(*ori*)和不亲和性(incompatibility gene, *inc*)区，以及它与细菌间的接合转移有关的基因。

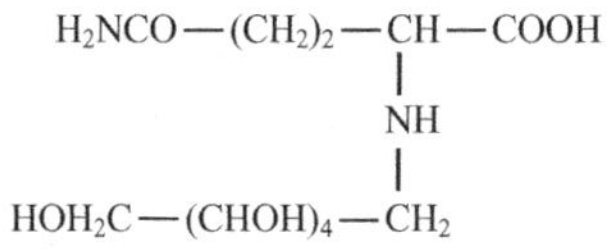

甘露碱
(manopine)

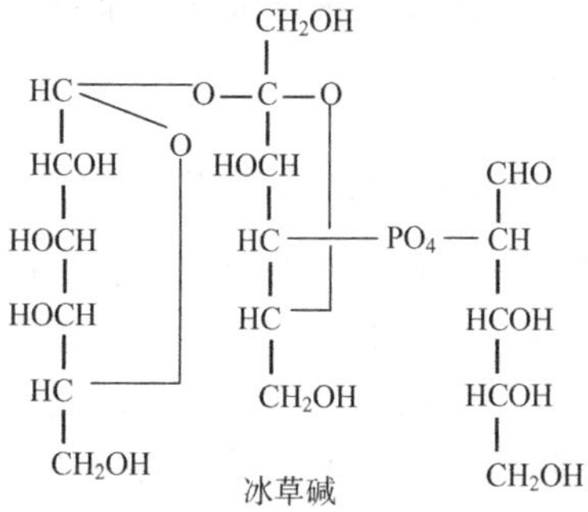

冰草碱
(agropine)

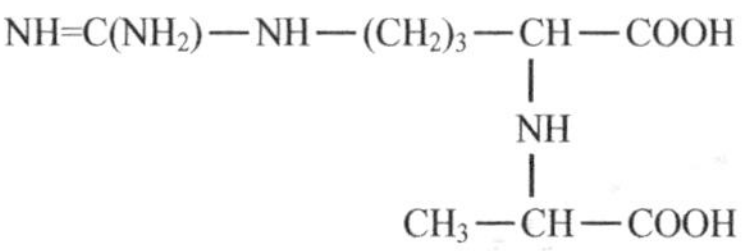

章鱼碱
(octopine)

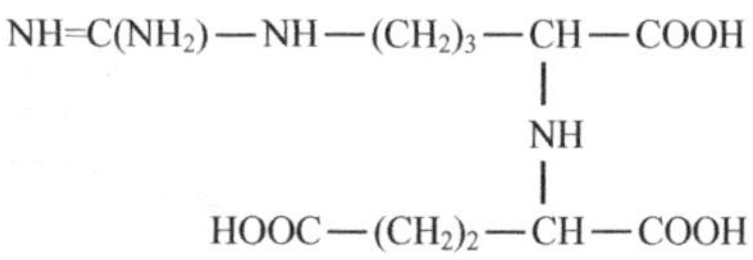

胭脂碱
(nopaline)

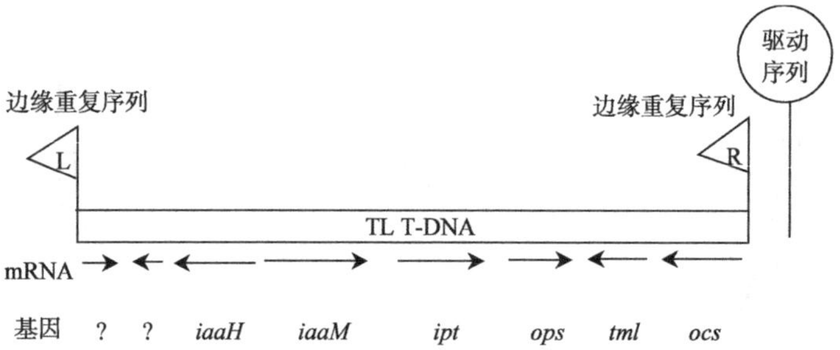

图 7.21　TL T-DNA 的遗传学图[3]。箭头表示下列生长素和细胞激动素基因的转录方向，特大冠瘿基因(tumor morphology large gene, *tml*)是促使生长特大冠瘿的基因

Ti 质粒上共有毒性基因(virulence gene,*vir*)20 余个，分属于若干个操纵子，它们共同为信息感受蛋白基因(signal receptor gene, *virA*)和毒性基因激活蛋白基因(*vir* activator gene, *virG*)所控制，共属于一个调控子。

操纵子中 *virC*、*virD* 和 *virE* 编码的蛋白质参与 T-DNA 的转移和整合过程。它们作用于在图 7.21 中处于 TL T-DNA 两端的边缘重复序列(border repeat)和一端的驱动序列(overdrive)。促成 T-DNA 转移、整合的过程很是复杂，这里不再叙述。操纵子 *virB* 是一个包含基因最多的操纵子，它们所编码的某些膜蛋白同样参与 T-DNA 的转移和整合。

多种冠瘿碱类型的毒性操纵子稍有不同。下表(表 7.4)所列系章鱼碱 Ti 质粒上的操纵子。

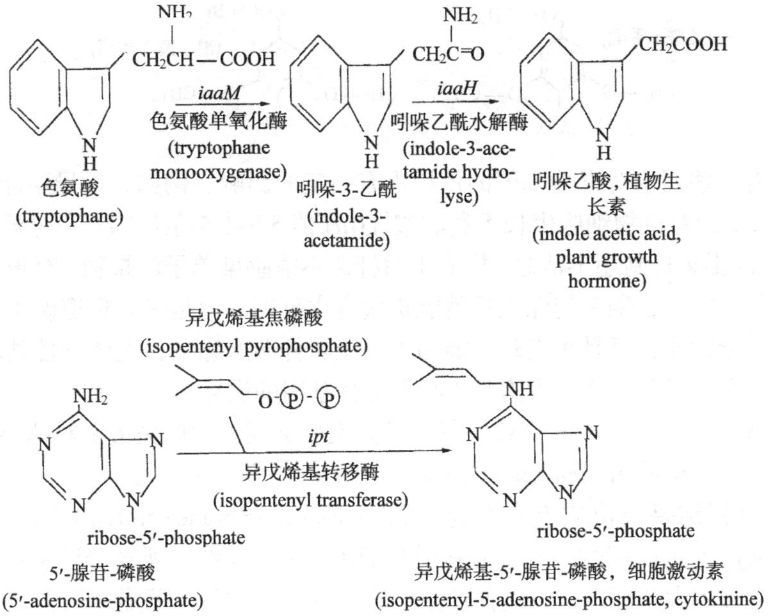

图 7.22　致瘿农杆菌的 TL T-DNA 基因编码产物在植物生长素和细胞激动素合成中所起的作用[3]

箭头上方是有关的基因符号，下方是这些基因所编码的酶

表 7.4　章鱼碱 Ti 质粒上的毒性操纵子[18]

操纵子	大小(kb)	基因数	功能
virA	2.8	1	接受环境信号
virG	1.0	1	激活毒性基因
virC	1.5	2	T-DNA 转移
virD	4.5	5	T-DNA 转移(*vir*D1 和 D2 编码边缘序列内切酶)
virE	2.2	2	T-DNA 转移(*vir*E2 编码单链 DNA 结合蛋白)
virB	9.5	11	细胞膜孔
virF	1.0	1	?
pirF	2.8	2	细胞色素 P-450 单氧化酶
tzs	1.0	1	细胞激动素合成

毒性基因和双组分调控系统(two component regulatory system)

和根癌土壤杆菌对寄主细胞的侵入为寄主细胞的分泌物所诱导一样，侵入后的毒性的基因表达也为某些由受伤的寄主细胞所释放的物质(主要是酚类物质和单糖)所诱导。从烟草的根部曾分离到两种具有强诱导作用的酚类物——乙酰丁香酮(acetosyringone)和羟基乙酰丁香酮(hydroxyaetosyringone)。它们的一种结构类似物溴乙酰丁香酮

(bromoacetosyringone)则是一种诱导抑制剂。

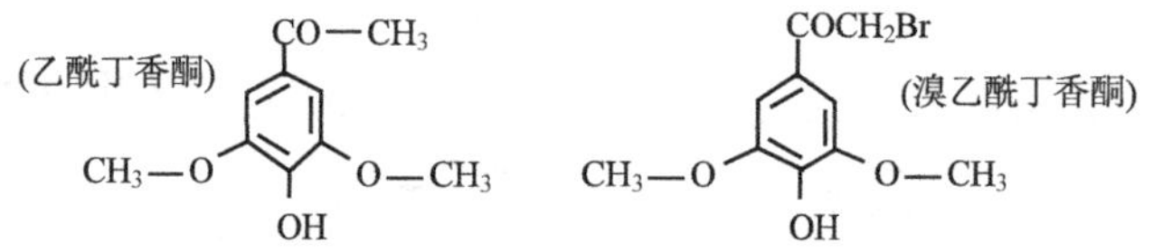

另外，有一些因素对毒性基因的诱导也有一定的影响。例如，诱导不能在中性 pH 值条件下实现，而对植物细胞生长不利的酸性(pH 值 5.0~5.5)条件却对诱导最为有利。低 pH 值对诱导的影响机制还不清楚。根癌土壤杆菌不能感染单子叶植物，有报道说根癌土壤杆菌如果与乙酰丁香酮一起保温后就能扩大寄主范围。但是另有报道说小麦细胞能释放毒性基因诱导物质，可是小麦却不能为根癌土壤杆菌所感染，说明毒性基因的诱导表达是一个很复杂的过程，许多因素都影响着毒性基因的诱导。

在毒性基因方面，*virA* 和 *virG* 中任一基因发生突变以后便失去了对诱导物的反应。现在已经有许多证据说明 *virA* 基因的编码蛋白是诱导信号的接收器。对 VirA 蛋白的氨基酸序列的分析结果指出它有一个跨膜蛋白(transmembrane protein)所特有的前导肽(leader peptide)。它的跨膜性质和信号接受功能由下列实验结果所充分证实：把带有 *virA* 基因的质粒转移入大肠杆菌，然后使产生 VirA 蛋白的大肠杆菌形成失去细胞外膜的原生质体，用蛋白酶处理原生质体，使任何跨膜蛋白的本来处于周质空间(periplasmic space)中蛋白质的 N 端部分如今能充分接触到蛋白酶而被分解。接着通过抗 VirA 抗体和 Western 免疫印迹(Western immunoblotting)技术证明留在细胞膜上的蛋白质片段是 VirA 蛋白的 C 端片段。

VirA 蛋白能进行自我磷酸化(autophosphorylation)，在离体条件下磷酸化了的 VirA 蛋白能将磷酸基团转移给 VirG 蛋白。VirA 蛋白中与磷酸相结合的氨基酸是一个组氨酸，而这一组氨酸正是许多同源蛋白质中的一个高度保守的氨基酸。通过定点诱变把它的密码变成一个谷氨酸密码后，在离体条件下 VirA 蛋白便丧失了其可接受诱导而激活其他 *vir* 基因的功能。所有的 *vir* 基因的启动子中都存在着一些保守性的常呈重复状态的核苷酸序列(它们称为 *vir* 框,*vir* box)。离体实验结果说明磷酸化的 VirG 蛋白能与 *virB*、*virE* 和 *virG* 的启动子序列相结合。如果在 *virB*、*virE*、*virC*、*virD* 和 *virG* 基因中造成 *vir* 框的缺失就可使它们失去被诱导的能力。此外还发现寄主染色体基因 *cheE* 发生突变以后 *vir* 基因被诱导的能力便下降，而这一能力的下降可以部分地被外加的大量乙酰丁香酮所抵消，这就说明 CheE 蛋白可能参与信号分子的结合。根据以上种种事实就得到了下面这一双组分调控系统模型(图 7.23)。

染色体毒性基因(chromosomal virulence gene,*chv*)

以上所描述的毒性基因都在质粒上，那么根癌土壤杆菌的染色体与它的致病性是否全无关系呢?

通过一般的诱变处理曾经获得了失去感染能力的根癌土壤杆菌突变型，并且证实发生突变的是染色体基因。为了深入了解这些基因，进行了转座子插入诱变研究，两种转座子被用来引起插入突变，一种是不带有外来基因的 Tn*3*，另一种是以带有大肠杆菌的

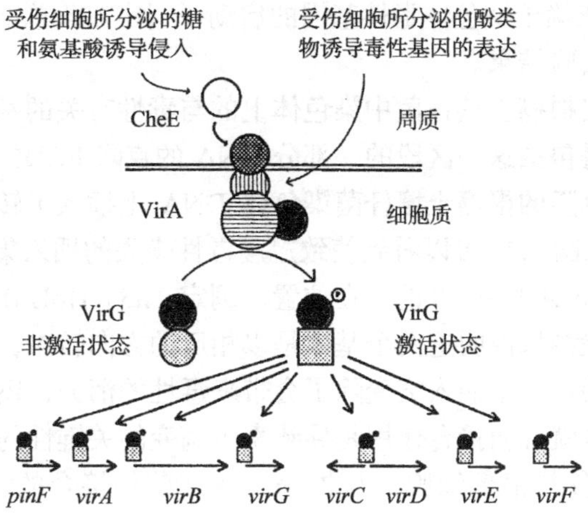

图 7.23 根癌土壤杆菌中有关毒性基因的双组分调控系统模型[17]

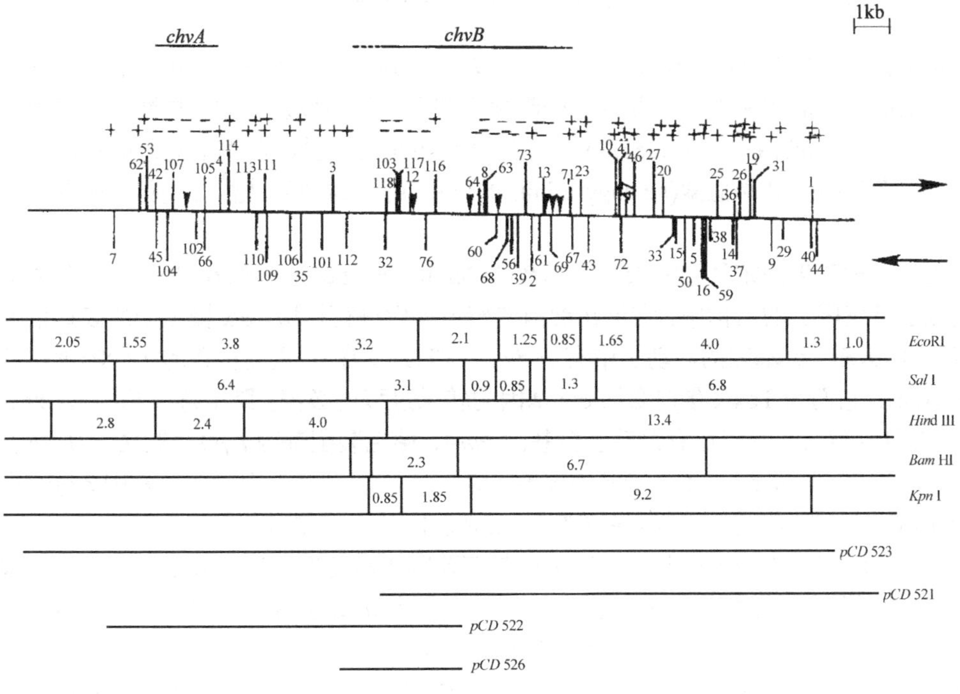

图 7.24 根癌土壤杆菌的染色体毒性基因的转座子插入诱变检测[19]

pCD523 等是四个接受 Tn*3* 和 Tn*3*∷HoHo1 插入的克隆。*Eco*RI 等指示 5 种限制酶的酶切片段，数字表示各个酶切片段的 kb 表示的大小。图的最上部分表示转座子插入位置，每一插入位置用一竖的短线表示并标以数字，除 1，2 属 Tn*3* 插入位置外其余都是 Tn*3*∷HoHo1 插入位置。箭头表示 Tn*5* 插入位置。图右方的两个箭头表示 *lacZ* 基因的转录方向。+、-号表示每一插入的遗传学效应，正号表示插入并未带来毒性改变，负号表示插入且带来毒性丧失，从而鉴定了染色体毒性基因 *chvA* 和 *chvB*

切除了启动子序列的β-半乳糖苷酶基因作为报道基因的 Tn*3*∷HoHo1，前者被用来测定染色体毒性基因的大小和位置，后者可以用来测定基因转录方向，因为缺失了启动子的

*lac*Z 基因的转录只能依赖于染色体毒性基因的启动子，图 7.24 总结了通过转座子插入诱变的基因确认和定位实验结果。

初步实验结果指出根癌土埌杆菌中染色体上的与毒性有关的基因位于一个 11kb 的区域中。接着首先取得包括这一区段的一部分 DNA 的克隆 PCD523、521、522、526。进一步取得在这些被克隆的根癌土壤杆菌染色体 DNA 上插入了转座因子的克隆并测定它们的致冠瘿毒性。从图 7.24 可以看到使致冠瘿毒性丧失的插入集中在两个区域，它们便是染色体毒性基因 *chvA* 和 *chvB* 的所在位置。测定 Tn*3*∷HoHo1 插入后对于β-半乳糖苷酶产生的影响的实验结果说明这两个基因是以相反的方向转录，它们不属于一个操纵子。两个 *chv* 基因中的每一个插入突变除了会带来毒性的消失，还会带来植物根部细胞的接合作用的消失，这就说明接合作用是导致寄主病变的关键性的环节。其他实验结果还指出这些基因可能参与根部细胞的与根癌土壤杆菌相接合的物质环β-1，2-葡聚糖(cyclic β-1，2 glucan)的合成。

二、霍乱弧菌的遗传学研究

霍乱弧菌(*Vibrio cholerae*)是一种寄生在人的小肠中的产肠毒素弧菌，它在侵入到小肠中以前必须克服胃液的酸性并以它的趋化性和运动能力以及它的蛋白酶、神经氨酸酶(neuraminidase)和黏多糖酶(mucoitin)等作用来克服小肠的黏液和蠕动对它的排斥，最终依靠它的菌毛(pili)和凝血素(hemagglutinin)的作用而附着在肠细胞上，进行繁殖并产生肠毒素。

负责毒素产生的霍乱毒素操纵子 *AB*(choleratoxin operon *AB*,*ctxAB*)处在染色体上一个类似于转座因子的结构中，它可在细菌繁殖过程中进行扩增。*ctx* 操纵子的表达依赖于调节基因 *toxR*。*ctx* 基因的启动子中有 3~8 个 TTTGAT 序列(重复次数的多少随菌株的不同而不同)，它们为 ToxR 蛋白激活 *ctx* 基因的转录过程所必需。除了毒素基因 *ctx* 外，为 ToxR 蛋白所激活的基因还有菌毛蛋白基因 *tcpA*、菌毛装配基因 *tcpA*、*B*、*C*、*D*、*E*、*F*、*G*、定居因子(colonization factor)基因 *acfA*、*B*、*C*、*D*。此外一个渗透压基因 *ompV* 也受控于 *toxR*，而另一渗透压基因 *omoT* 则是 *toxR* 基因的负控制对象。

氨基酸序列分析结果说明 ToxR 蛋白具有跨膜蛋白特性，这类似于根癌土埌杆菌的 VirA 蛋白。此外，还发现在 *toxR* 基因的下游有一个 *toxS* 基因，它的编码产物似乎也处在细胞膜上而且在某些情况下 *toxR* 可协同起着调控作用。在暂时不能确证霍乱弧菌的 ToxS 蛋白是否与 ToxR 一起作为一个调控系统中的两个成分时，或许可以暂时把霍乱弧菌的调控系统认为是双组分系统的一种单组分变种，它的一种蛋白质可能兼具感受信息和激活毒素基因的功能。

在根癌土壤杆菌的研究工作中人们发现在细菌世界中存在着两个方面的具有普遍意义的生命活动模式：即双组分调控系统和 DNA 的接合转移。

在导致植物病害的细菌中除根癌土壤杆菌外，甘蓝黑腐病黄单胞菌(*Zanthomonas campestris*)、丁香假单胞菌(*Pseudomonas syringae*)、水稻黄单胞菌(*Zanthomonas oryzae*)等植物致病菌中都曾报道有双组分调控系统的存在。同样地在导致动物病害的细菌中双组分调控系统也普遍存在，包括导致百日咳的百日咳博德特氏菌(*Bordetella pertussis*)、导致肠道疾病的小肠结肠炎耶尔森氏菌(*Yersinia enterocolitica*)以及鼠伤寒沙门氏菌(*Salmonella typhimurium*)等(参见第十章)。它们有许多与霍乱弧菌的双组分调控系统相同或相似之处，例如，许多致病(包括毒性)因子为一个调控基因所激活。不同的环境因子促使致病性和毒性的表达，例如，钙(耶尔森氏菌)、烟碱酸(博德特氏菌)等。特别是许多动物致病菌的毒性基因常在37℃中表达而不在较低温度中表达。在这里，温度是一个对毒性基因有激活作用的环境因子，人的体温是37℃，其适应意义显然可见。不同的双组分调控系统中的感受器蛋白显然起着感受不同环境因子的作用。

在毒性因子方面，不同的致病菌有不同的毒性因子，但是每一系统中常涉及几种毒性因子，所以它们的毒性基因也常组成一个由若干操纵子构成的调节子，为共同的毒性调节基因所控制。

不同的双组分系统的另一个相似之处是毒性基因往往处在一个染色体外 DNA 分子上，例如，质粒(根癌土壤杆菌)、转座子(霍乱弧菌)、温和噬菌体(白喉棒杆菌)等。

双组分调控系统不只是存在于致病细菌中，而且还存在于其他细菌中，而且在毒性基因以外的其他基因的调控中也得到“应用”(参见第八章)。

在根癌土壤杆菌中 T-DNA 从 Ti 质粒转移到寄主染色体的过程已经有详细的研究；在许多方面它类似于细菌中的广谱寄主范围质粒(broad host-range plasmid)的接合转移，这里从简。利用根癌土壤杆菌的所谓 VirB/VirD4 转移系统可以使不含 T-DNA 的边缘序列的细菌广谱质粒 RSF1010 整合到植物细胞的染色体上，利用同一系统还可以使细菌质粒转移到高等植物、真菌或人类细胞中。本来，根癌土壤杆菌的将 T-DNA 整合到植物染色体上的过程便是一个天然的跨生物界的“基因工程”，因此利用它作为基因工程的工具是顺理成章的事。事实也确实是这样，利用这一系统在水稻中育成在胚乳中富含维生素 A 的黄色米粒的所谓金色稻便是一个典型的例子。

第四节　共生固氮细菌的遗传学研究

高等植物依靠土壤中的硝酸盐和氨盐来合成它的蛋白质，某些微生物却能以空气中的氮气为原料来合成它的蛋白质，其中包括进行独立生活而固氮的细菌如肺炎克雷伯氏杆菌(*Klebsiella pneumoniae*)和自生固氮菌属(*Azotobacter*)细菌以及进行共生固氮的细菌，包括与豆科植物进行共生固氮的根瘤菌属(*Rhizobium*)细菌和与非豆科植物进行共生固氮的属于弗兰克氏菌属(*Frankia*)的放线菌。本章的内容限于根瘤菌，而且主要以苜蓿根瘤菌(*Rhizobium meliloti*)为代表。

根瘤菌与在上一章中讨论的根癌土垠杆菌有很多相似之处，那便是两者都涉及细菌与寄生或共生宿生之间的相互作用，都涉及一系列基因的活动，某些基因甚至还有高度的同源性。而且像根癌土壤杆菌那样，大部分结瘤和固氮基因也处在一个质粒上，这质粒称为共生固氮质粒(symbiotic nitrogen fixation plasmid,pSym)，并且同样具有一个双组分调控系统。

根瘤菌与豆科植物之间的共生固氮过程可以人为地划分为三个环节：侵入、结瘤和固氮。下面将对它们分别进行讨论。

一、侵入和结瘤

侵入(infection)

豆科植物和根瘤菌之间的相互作用从豆科植物根部分泌一种信号分子(signal molecule)即类黄酮(flavonoid)开始。不同的豆科植物分泌不同的类黄酮，同一种豆科植物在不同的生长期中也可能分泌不同的类黄酮，苜蓿根瘤菌分泌的是毛地黄黄酮(luteolin)。类黄酮是根瘤菌合成结瘤因子的诱导物。

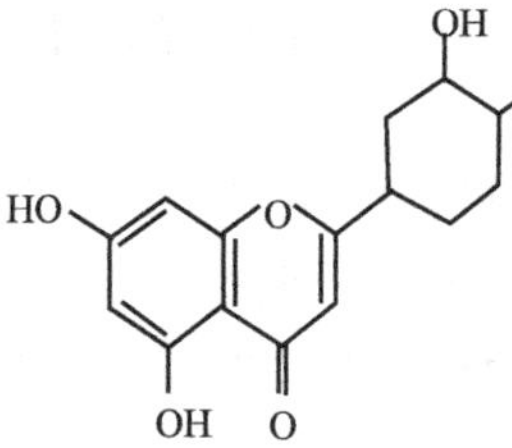

毛地黄黄酮

根瘤菌侵入豆科植物的根部依赖于它所合成的两种化合物：结瘤因子(nodulation factor)和几丁寡糖酯(lipochitooligosaccharide,LCO)。它们都能促使根毛卷曲，而根瘤菌就是从卷曲的根毛侵入宿主的。在根部细胞中所形成的侵入线(infection thread)中侵入的细菌分裂繁殖。侵入线由一个细胞伸向另一细胞，最后将细菌释放到细胞质中，细菌的形态同时转变成为略呈分叉状并具有固氮功能的所谓类菌体(bacteroid)，在类菌体的刺激下根部细胞增生而形成根瘤。

结瘤因子是一个β-1，4，*N*-乙酰葡聚糖(β-1,4 *N*-acetyl glucan)的四聚体或五聚体。苜蓿根瘤菌的结瘤因子称为 NodRm-1。不同的结瘤因子可以由于羟基的取代或脂肪酸链的长度和饱和度的不同而呈现出根瘤菌菌种或菌株对宿主的特异性。概括地讲，侵入和结瘤包括宿主植物和根瘤菌的下列一系列的相互作用：豆科植物的根部细胞分泌特定种类的类黄酮，促使特定种类的根瘤菌合成特定种类的结瘤因子，结瘤因子(另加外多糖)促使根毛卷曲，根瘤菌通过卷曲的根毛侵入宿主植物，在根瘤菌的刺激下根部细胞增生成为根瘤，根瘤菌在根瘤中进行固氮。

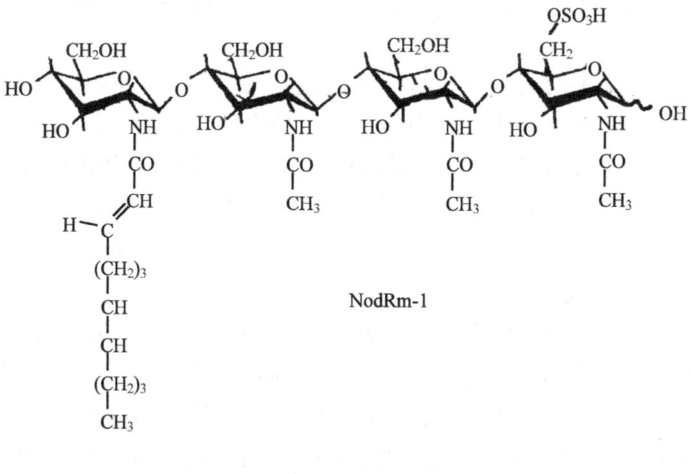

NodRm-1

结瘤基因和结瘤因子

苜蓿根瘤菌的多数结瘤基因位于一个称为共生质粒的 1500 kb 的大质粒上(图 7.30)。不过在它的染色体上也发现过两个结瘤基因(nodulation gene, *nod*)，而且发现它们与根瘤土壤杆菌的染色体毒性基因具有同源性(图 7.25)。

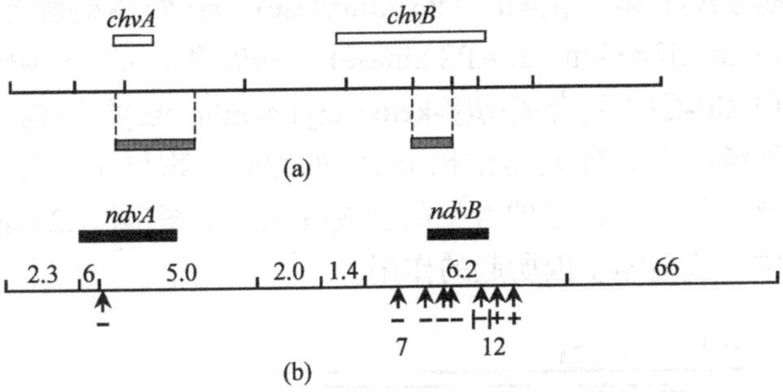

图 7.25 苜蓿根瘤菌(*Rhizobium meliloti*)的结瘤基因 *ndvA* 和 *ndvB* 和根癌土壤杆菌的染色体毒性基因 *chvA* 和 *chvB* 的同源性[20]

(a) 上图(a)是根癌土壤杆菌的 *chv* 区段的 DNA 的 *Eco*RI 限制酶切图谱。它的上方的方框表示由转座子插入诱变所界定的两个根癌土壤杆菌的染色体毒性基因，它的下方的加斜线方框表示用来与苜蓿根瘤菌的染色体 DNA 进行分子杂交的探针的根癌土壤杆菌 DNA 片段。(b) 苜蓿根瘤菌的 *ndv* 区段的 *Eco*RI 酶切图谱，数字表示各酶切片段的以 kb 表示的大小。黑色方框表示来自根癌土壤杆菌的上述探针能与之进行分子杂交的区域。箭头表示 Tn5 在根瘤菌染色体上的插入位置。箭头下方的正、负号表示插入带来结瘤功能的丧失(负号)或不丧失(正号)。注有 12 的左方括号中的负号表示这一插入可带来的结瘤功能的部分丧失

处在共生质粒上的结瘤基因至少有 21 个，它们在固氮质粒上的位置见图 7.30。*nodA*、*B*、*C* 是高度保守的，为各种根瘤菌所共有，可以在各种根瘤菌间互相替换，所以称为共同结瘤基因(commom *nod* gene, *con*)。另一些结瘤基因是豆科植物种特异性的，称为宿主专一性结瘤基因(host specific *nod* gene,*hsn*)。共生质粒上的全部结瘤基因组成 6 个操纵子：*nodABC*、*nodQP*、*nodH*、*nodG*、*nodEF* 以及 *nodHS*。每一个转录单位之前都有一个高度保守的 DNA 序列，称为结瘤框(*nod* box)，它是正调节基因 *nodD* 的编码产物 NodD 的结合位置，所以这 6 个转录单位组成一个调节子。

nodD 的表达不需激活，它是一个组成型基因。不过其余 *nod* 基因的表达除了依赖于 NodD 以外还需要信号分子类黄酮的参与，在不同的根瘤菌中 NodD 的结构是高度保守的，它的 N 端具有一个可与 DNA 相结合的螺旋-转角-螺旋(helix-turn-helix)结构。推测它的 C 端是植物信号分子的结合部位，而这一结合将导致 NodD 分子通过变构效应而与结瘤框相结合，从而实现对众多 *nod* 基因的转录的激活。

nodD 基因在豌豆根瘤菌中只有一个，在苜蓿根瘤菌中则有三个拷贝。三种 NodD 蛋白的结构具有同源性，NodD1 与 NodD2 之间的同源性在 80%以上。NodD1 对 *nod* 基因的激活需要毛地黄黄酮的协同作用；NodD2 对 *nod* 基因的激活则需要另一种信号分子。*nodD3* 的转录可以从启动子 *p*1 或 *p*2 起始(图 7.26)。由 *p*1 起始的转录产生的 NodD3 对众多 *nod* 基因的激活不需信号分子，而由 *p*2 起始转录而产生的 NodD3 则必须有信号分子的参与才能发挥其作用。

结瘤因子在众多结瘤基因的共同作用下合成。各种根瘤菌对宿主植物的专一性主要体现在它的侵入作用上，而侵入的专一性决定于结瘤因子的结构，所以这些结瘤基因都是宿主专一的结瘤基因。它们的专一性可以通过突变型对根毛卷曲的影响来判断。例如，*nodH* 发生突变后的苜蓿根瘤菌不能促使苜蓿的根毛卷曲，却能促使巢菜的根毛卷曲，它

的结瘤因子是非硫酸盐形式的 NodRm2。*nodQ* 以及 *nodP* 的突变型具有相同的性质，现在已经知道 *nodP* 编码 ATP 硫酸化酶(ATP sulfurylase)，*nodQ* 编码腺苷-5′-磷酸硫酸酐激酶(adenosine-5′-phosphosulfate kinase, APS kinase)。*nodE* 和 *nodF* 所编码的蛋白质与大肠杆菌的酰基载体蛋白和β-酮乙酰合成酶(β-ketoacetyl synthetase)的结构相类似，推测它们与结瘤因子的脂肪酸链的合成有关。此外，*nodC* 的编码产物与几丁质及纤维素合成酶具有同源性，所以推测它与结瘤因子的骨架的合成有关。下图(图 7.27)表示了在苜蓿根瘤菌结瘤因子的合成中一些结瘤基因所起的作用。

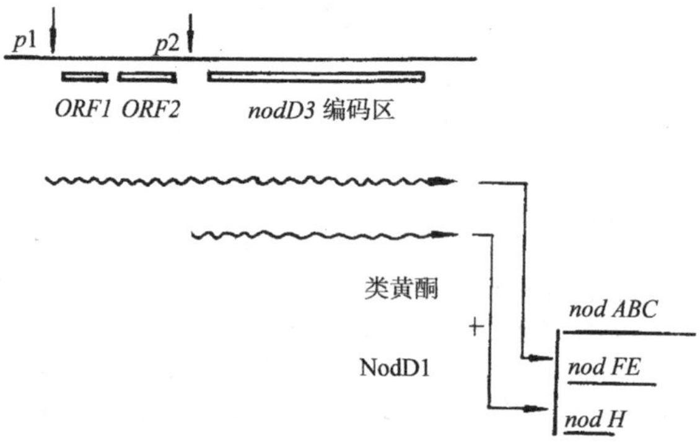

图 7.26　苜蓿根瘤菌的 *nodD3* 基因的激活[21]

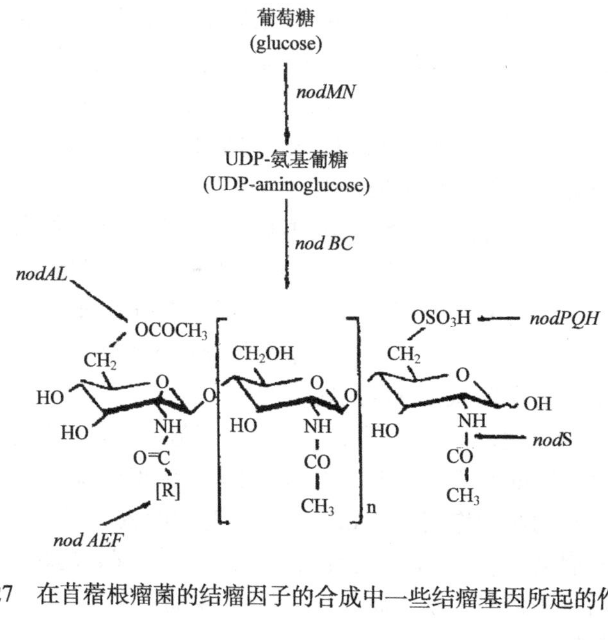

图 7.27　在苜蓿根瘤菌的结瘤因子的合成中一些结瘤基因所起的作用[22]

外多糖

除了结瘤因子以外，还发现根瘤菌所合成的另一种影响结瘤的化合物即外多糖 exopolysaccharide, EPS，苜蓿根瘤菌所合成的外多糖称为琥珀酰聚糖(succinoglycan)。它与一种漂白剂 calcofluor 结合后可发射强的荧光。对在紫外线下不呈现荧光的突变型(称

为外多糖突变型 *exo*)进行筛选，发现它们都不合成琥珀酰聚糖，并且可促使根毛卷曲的时间推迟，侵入线很早退化，所侵入的苜蓿虽然仍能形成根瘤，但根瘤中没有根瘤菌，说明 *exo* 基因可影响从根瘤菌的侵入到结瘤过程中的某些环节。

像结瘤因子一样，外多糖也有多种形式：它也具有宿主特异性：*exo* 突变型能通过外加从野生型根瘤菌中提纯的外多糖而恢复其结瘤功能，可是如果外加从原来不能结瘤的根瘤菌中提纯的外多糖则没有恢复作用。

全部 *exo* 基因都集中在一个 25kb 的区域中(图 7.28)。这些 *exo* 基因在琥珀酰聚糖的合成中的作用见图 7.29。

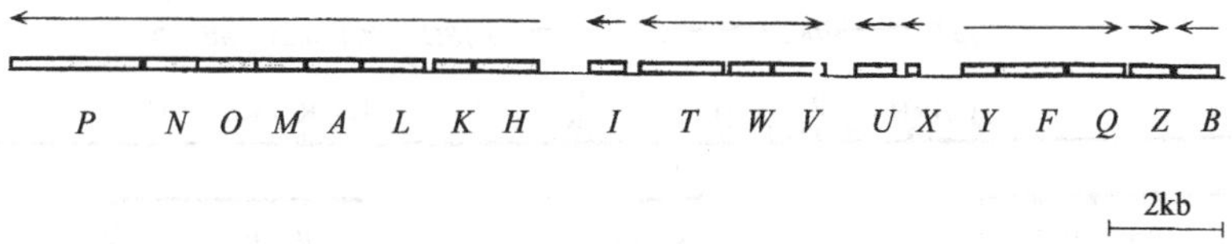

图 7.28 苜蓿根瘤菌的外多糖基因簇(gene cluster)[22]

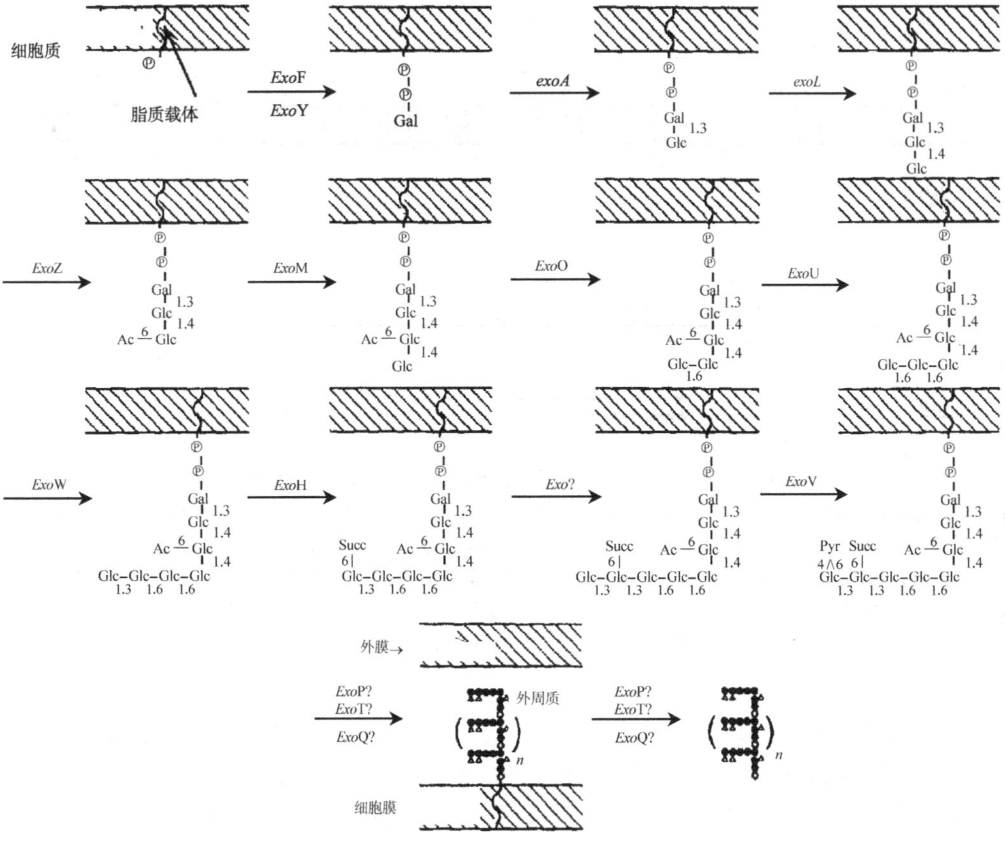

图 7.29 琥珀酰聚糖的合成、多聚化和进入外周质的模型[23]

○：半乳糖(Gal)；●：葡萄糖(Glc)；△：修饰；

P：磷酸；Ac：乙酰(acetyl)；Succ：琥珀酰(succinyl)；Pyr：丙酮酰(pyruvyl)；*ExoP*?等：从合成途径推测，它们的作用与聚糖的多聚化和向外周质的输送有关，可是相应的基因尚未鉴定

二、固　　氮

固氮基因

苜蓿根瘤菌的结瘤基因和固氮基因大多位于它的 1500kb 的共生质粒上，把共生质粒 DNA 经限制酶处理并克隆在另外的小质粒上，将它们与从根瘤中得来的根瘤菌 RNA 进行分子杂交，实验结果说明所有的结瘤基因和固氮基因都集中在它的一个 310kb 的片段上(图 7.30)。

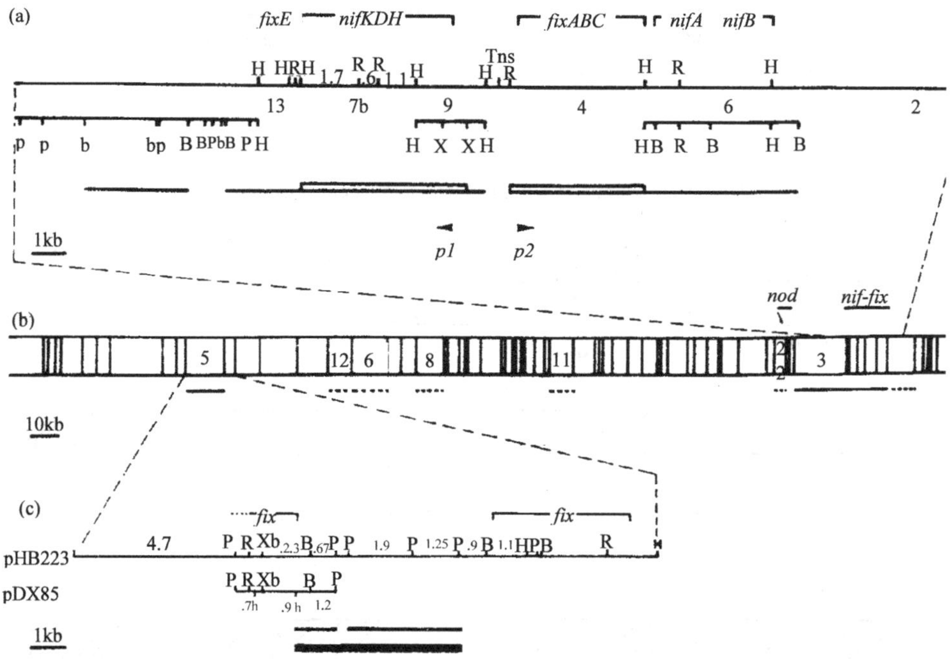

图 7.30　苜蓿根瘤菌的共生质粒的结瘤和固氮基因区的物理图[24]

(a) 在大约 15kb 区域中的两个固氮基因操纵子的酶切图谱，酶切图谱下方的数字表示所用克隆的代号，上方数字表示酶切片段的 kb 数，英文字母表示各种酶切位点；▭：印迹杂交中显示强信号区域；——：显示弱信号区域；*p1* 和 *p2*：向左右两个方向转录的启动子；(b) 310kb 片段，表示 a 图中两个固氮操纵子 *nif-fix* 和结瘤操纵子 *nod* 的位置(3)以及另外新发现的 *fixN* 基因簇的位置(5)；——：强信号区；……：弱信号区；(c) b 图中测得的 *fixN* 基因簇部分的放大，下方粗线表示根据以往实验结果得到的杂交信号。英文字母表示各种限制酶的切割位点：b:*Bgl*II; B:*Bam*HI; H:*Hind*II; H:*Hind*III; P:*Pst*I; R:*Eco*RI; X:*Xho*I; Xb:*Xba*I

因为要测定的是与共生固氮有关的基因，因此采用从根瘤中的根瘤菌来制备它的 RNA，经 ^{32}P 标记后用作与共生质粒 DNA 进行分子杂交之用，而同时另外用在液体培养基中培养的根瘤菌的 RNA 作为参照，以便确证所检测的是与固氮有关的基因。

从图 7.30a 中可以看到与固氮有关的基因集中在共生质粒的大约 15kb 的一个区域中，其中包含两个以相反方向转录的操纵子。左边的操纵子中有固氮基因 *nifKDH* 和 *fixE*。已知 *nifKDH* 是编码固氮酶(nitrogenase)的结构基因，*fixE* 的功能还不清楚。右边的操纵子中有固氮基因 *fixABC*、*nifA* 和 *nifB*。*fixABC* 的功能还不清楚，*nifA* 是一个正控制基因，

nifB 编码固氮酶的钼铁蛋白辅基。与图中右方 *nif-fix* 区相距较远处发现有不受 *nifA* 控制的 *fixN* 基因[(图 7.30(b)和 7.30(c)]。

级联式调控(cascade regulation)

nifA 是一个正控制基因，它的编码产物 NifA 可以激活(除 *fixN* 外——详见下文)所有的固氮基因的转录。

早经证明 *fixL* 和 *fixJ* 基因中的任何一个发生突变后全部固氮基因都不再表达；此外还发现在 *nifA* 基因发生突变(而 *fixL* 和 *fixJ* 不发生突变)的情况下全部固氮基因也都不表达。表 7.5 利用融合基因 *nifA-lacZ* 来考察在 *nifA* 基因不发生突变而 *fixL* 或 *fixJ* 发生突变的情况下 *nifA* 基因(用β-半乳糖苷酶活性表示)的表达，利用这一系统，可以在加入邻硝基苯后通过 *lacZ* 的呈色反应来判断 *nifA* 基因的表达。表 7.5 的实验结果说明在 *fixL* 或 *fixJ* 发生突变的情况下 *nifA* 基因不再表达。也就是说在这种情况下所有的固氮基因都不被激活。此外，这一现象出现在共生状态下，暗示 *nifA* 和 *fixL*、*J* 共同控制着共生条件下全部固氮基因的表达。表中背景基因型指该菌株所含 pSym 质粒的基因型。

表 7.5　带有 *pnifA-lacZ* 融合基因的质粒 pCHK57 在不同背景基因型中的表达[25]

菌株	背景基因型	β-半乳糖苷酶活力/[nmol/(min·mg)]		
		共生状态	有氧培养	微氧培养
GMI5600	*lac*	1500	30	1200
GMI5601	*lac nifA Z239*	2200	34	1100
GMI5703	*lac fixI* 2.1	950	46	2100
GMI5704	*lac fixJ* 2.3	61	27	150
GMI5605	*lac fixL* 2.66	34	38	160
GMI5600	无质粒	3	10	5

这种 *nifA* 与 *fixLJ* 相互依赖的现象有两种可能的解释：或是 *fixL* 和 *fixJ* 与 *nifA* 协同作用于固氮基因；或是 *fixL* 和 *fixJ* 作用与 *nifA*，然后 *nifA* 作用于其他结瘤和固氮基因(或是相反)，后者属于级联式基因调控，许多实验结果都倾向于后一种解释，而最具说服力的证据来自对 *fixL* 和 *fixJ* 所编码的蛋白质的性质的研究结果。

fixL 和 *fixJ* 组成了一个 *fixLJ* 操纵子。*fixL* 编码的 FixL 蛋白与根癌土壤杆菌 VirA 蛋白具有类似的结构，而 *fixJ* 编码的 FixJ 蛋白具有与 VirG 相类似的结构，这就暗示前者是接受信号的蛋白质，而后者接受信号后通过 *nifA* 而激活全部固氮基因。

***fixN* 基因的调控**

以上的实验结果说明苜蓿根瘤菌的固氮基因通过一个双组分系统来实施调控。

nif 和 *fix* 操纵子的固氮基因都受 *nifA* 的控制，然而实验结果说明 *fixN* 不受它的控制。那么它是否受 *fixL* 和 *fixJ* 的控制呢？下列实验的结果回答了这一问题。

构建 *fixN-lacZ* 融合基因，将带有这一融合基因的质粒 pGMI931 引入表中所列的各个含经诱发不同的基因突变的 pSym 的菌株中，在不同的培养条件下测定它们的β-半乳糖苷酶活性(表 7.6)。

表 7.6　带有 *pfixN-lacZ* 融合基因的质粒 pGMI931 在不同背景基因型中的表达[25]

菌株	背景基因型	β-半乳糖苷酶活力/[nmol/(min·mg)]		
		共生状态	有氧培养	微氧培养
GMI 6043	*recA*	310	6	1400
GMI 5291	*recA fixI* 2.1	270	5	1700
GMI 5279	*recA fixJ* 2.3	3	1	3
GMI 5283	*recA fixL* 2.66	1	3	3
GMI 6043	无质粒	2	1	1

表中背景基因型同样指该菌株所含 pSym 质粒的基因型，这上面除了 *fix* 基因突变以外还有重组缺陷 *recA* 突变用来防止这一质粒和 pGMI931 之间发生重组。从表中数据可以看到用β-半乳糖苷酶活性衡量的 *fixN* 的表达依赖于 *fixJ* 和 *fixL*。所以 *fixN* 虽然不受 *nifA* 的控制，却和其他固氮基因一样受 *fixJ* 和 *fixL* 的控制(图 7.31)。

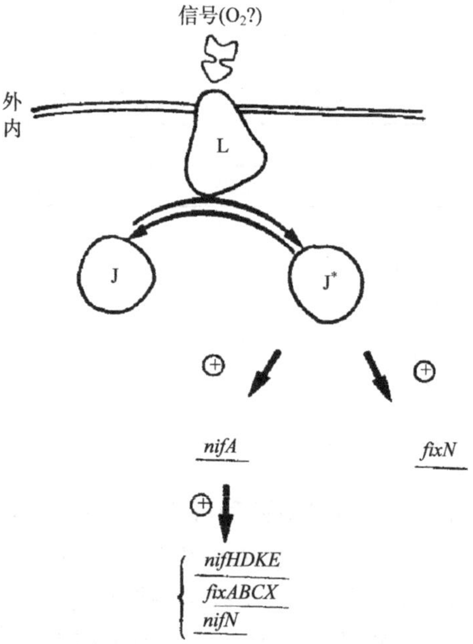

图 7.31　苜蓿根瘤菌(*Rhigobium meliloti*)的固氮基因的级联式调控模型[25]

L：*fixL* 基因编码的 FixL 蛋白，J：*fixJ* 基因编码的 FixJ 蛋白，它们组成一个双组分调控系统。L 是一个跨膜蛋白，起着感受来自环境中的信号的作用，J 是激活前的转录启动因子，J*是激活状态的转录启动因子。直线箭头表示有关基因的转录的激活。内、外指细胞膜的内、外两侧

信号分子

以上的实验结果说明苜蓿根瘤菌的固氮基因的调控是通过一个级联式的双组分调控系统来实现的，这一调控系统由什么信号所激活呢？激活苜蓿根瘤菌的结瘤基因的物质是宿主植物所分泌的类黄酮。以上两表的数据则说明了微氧环境是 FixL 蛋白所接受的固氮信号。图7.32 表示在一般含氧(空气中的氧是 20%)条件下培养时几乎测不到β-半乳糖苷酶活性，可是在供以 2%的氧的微氧条件下则酶活性迅速提高。已经知道非共生的固

氮细菌 *K.pneumoniae* 只在含氮物不足时进行固氮。根瘤菌侵入宿主后在根瘤中所处的环境中的含氮物并不贫乏可是氧压较低，微氧条件作为根瘤菌的双组分调控系统的信号正是适应于根瘤菌的共生固氮生命活动——在土壤中自由生活状态下不固氮而在共生状态下进行固氮。

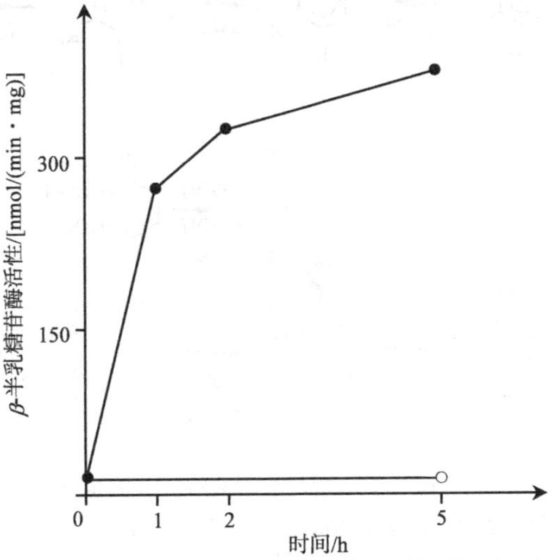

图 7.32 带有 *fixN-lacZ* 融合基因的苜蓿根瘤 *R.meliloti* GMI5707 在有氧和微氧培养条件下的β-半乳糖苷酶活性[25]

○—○：有氧培养 ●—●：微氧培养(2%O_2)

第五节 芳香族化合物分解细菌的遗传学研究

多数细菌以脂肪族化合物作为碳源和能源。少数细菌，例如，某些嗜热脂肪芽孢杆菌的某些菌株能利用苯酚作为碳源兼能源(参见上文嗜热细菌一节中的 *pheB* 基因)，不过作为细菌中的一类，只有假单胞菌属(*Pseudomonas*)的细菌这种特性十分普遍，而且所能利用的芳香族化合物种类较多(见第四章的细菌质粒的表型效应一节)。本节内容限于对利用甲苯的腐臭假单胞菌的介绍。

一、甲苯分解途径和相关基因

腐臭假单胞菌(*Pseudomonas putida*)中的与芳香族化合物甲苯/二甲苯的分解代谢有关的基因都位于一个称为 pWWO 的甲苯质粒(toluene plasmid,TOL)上，它属于不亲和群 P-9，长约 117kb，其中与分解甲苯/二甲苯有关的全部 *xyl* 基因都位于一个约 40kb 的区域中。pWWO 上还有编码菌毛蛋白的基因，所以它能自动转移，不过转移范围只限于一部分假单胞菌以及某些肠道杆菌。

甲苯的分解包括一系列的氧化反应。一系列甲苯/二甲苯(toluene/xylene)氧化为苯甲酸/甲基苯甲酸(bengoate/toluate)的反应总称为上游代谢途径(upper pathway)。从苯甲酸/

甲基苯甲酸开始的一系列反应总称为间位裂解代谢途径(meta-cleavage pathway)(图 7.33)。

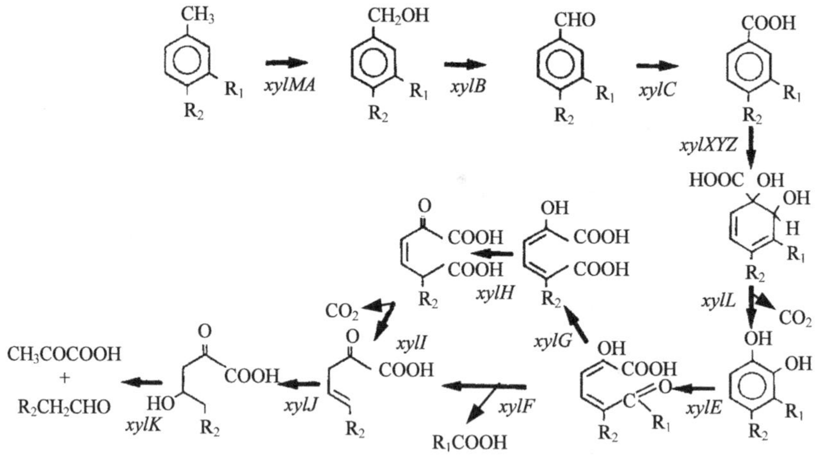

图 7.33 腐臭假单胞菌的甲苯分解代谢途径[26]

上游代谢途径和间位裂解代谢途径中的各个 *xyl* 基因分别编码下列各种酶：*xylMA* 编码甲苯氧化酶(xylene oxidase)；*xylB* 编码苯甲醇脱氢酶(benzylalcohol dehydrogenase)；*xylC* 编码苯甲醛脱氢酶(benzylaldehyde dehydrogenase)；*xylXYZ* 编码苯甲酸 1，2-双加氧酶(toluate 1,2-dioxygenase)；*xylL* 编码二羟环己二烯羧酸脱氢酶(dihydrocyclohexadiene carboxylate dehyrogenase)；*xylE* 编码邻苯二酚 2，3-双加氧酶(catechol 2,3-dioxygenase)；*xylF* 编码羟基黏康酸半醛水解酶(hydroxymuconic semialdehyde hydrolase)；*xylG* 编码羟基黏康酸半醛脱氢酶(hydroxymuconic semialdehyde dehydrogenase)；*xylH* 编码 4-草酰巴豆酸互变异构酶(4-oxalocrotonate tautomerase)；*xylI* 编码 4-草酰巴豆酸脱羧酶(4-oxalocrotonate decarboxylase)；*xylJ* 编码 2-氧代-4 烯戊酸水合酶(2-oxopent-4-enoate hydratase)；*xylK* 编码 2-氧代-4-羟戊酸醛缩酶(2-oxo-4-hydroxypentonate aldolase)

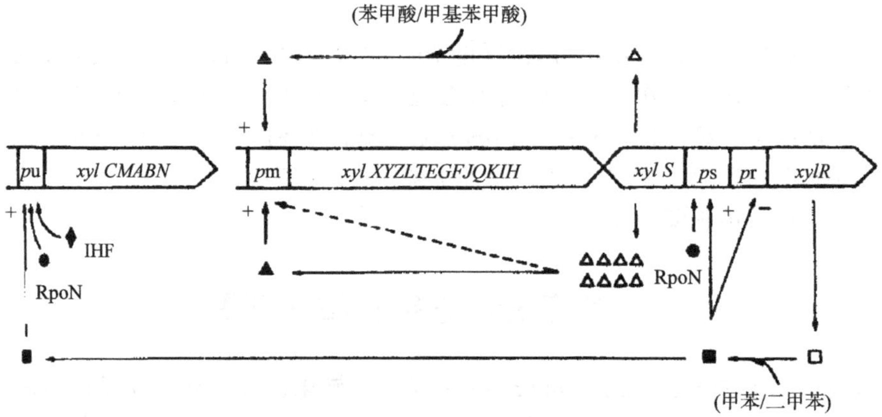

图 7.34 腐臭假单胞菌的上游代谢操纵子及间位代谢操纵子的调控模式[26]

pu:上游代谢途径启动子；*pm*:间位裂解代谢途径启动子；*ps*:*xyl*S 基因启动子；*pr*:*xyl*R 基因启动子。空三角：ZylS；黑三角：激活的 ZylS；空方块：ZylR；黑方块：激活的 ZylR；(+)号：对转录的促进；(–)号：对转录的阻遏；RpoN：*rpoN* 基因的编码产物，即δ[54]；IHF：整合宿主因子

通过对有关的基因进行克隆、转座子插入诱变、核苷酸序列分析和转录分析等实验的结果说明：上游代谢途径基因 *xylCMABN* 属于一个操纵子(其中基因 *xylC* 的上游还有

一个功能还不清楚的读框)，间位裂解代谢途径基因 *xylXYZLTEGFJQKIH* 属于另一个操纵子，这 13 个基因的总长度是 11kb，组成迄今所知道的原核生物中的最大的操纵子。

在间位裂解代谢操纵子(meta-cleavage operon)的 3′端是两个调控基因 *xylR* 和 *xylS*，他们以相反方向转录。ZylS 是间位裂解代谢操纵子转录的激活蛋白，它的效应物是苯甲酸/甲基苯甲酸，ZylR 是上游代谢操纵子(upper pathway operon)又是间位裂解代谢操纵子的激活蛋白，它的效应物是甲苯/二甲苯(图 7.34)。

二、基因的调控

间位代谢操纵子的调控

间位裂解代谢操纵子的转录依赖于正调节基因 *xylS* 的编码产物，而且需要苯甲酸/甲基苯甲酸作为效应物(effector)(参见图 7.34)。ZylS 的 C 端具有典型的螺旋-转角-螺旋结构，与至少 27 种转录激活因子具有相类似的结构。曾经发现一个在这一典型结构位置旁边发生结构变化的 ZylS 突变型蛋白，它在没有苯甲酸/甲基苯甲酸这一效应物时能激活由间位裂解代谢启动子(meta-cleavage promoter, p_{m})所启动的转录。利用 *Pm-lacZ* 融合基因对各个 *xylS* 突变型所编码的转录激活因子与效应物在各个位置上的基团替换之间的关系进行广泛研究。通过它们进行效应物分子识别方面的研究，发现包括 2 位以及 3 位上的基团的同时替换和 3 位以及 4 位上的基团的同时替换不改变效应物的功能，可是其他位置上两个基团的同时替换则会使效应物失去功能。此外还分离了一系列的 *zylS* 突变型，它们所编码的 ZylS 能识别在分子水平上某些位置上的基团进行了替换的效应物，可是不再识别野生型效应物，然后测定这些替换在 ZylS 分子上的位置，从而推测 ZylS 和效应物的结合方式。

此外还分离了影响 ZylS 分子的 N 端结构及 C 端结构的一些突变型蛋白，研究两者之间的分子内显性(intramolecular dominance)关系，实验结果支持变构效应(allosteric effect)假设，即转录激活蛋白的 N 端的结构改变可以影响它的 C 端与启动子 DNA 的结合。另一些实验结果则暗示效应分子的结合可使 ZylS 形成二聚体，而二聚体才具有转录激活作用。

对于 *pm* 的结构及其与 RNA 聚合酶、与 ZylS 以及与转录因子 δ 的结合方面也进行了许多分子生物学方面的研究。属于生物化学方面的更多地内容这里不再深入介绍。

上游代谢操纵子和间位代谢操纵子的协同调控

将在以琥珀酸作为唯一碳源和能源的培养液中培养的腐臭假单胞菌转移到以甲苯/二甲苯作为唯一碳源和能源的培养液中后，上游代谢操纵子和间位代谢操纵子便同时被诱导而激活。

应用插入了 Tn*5* 的 *xylR* 突变或 *xylS* 突变进行上游代谢操纵子或间位代谢操纵子的表达的测验，实验结果说明间位裂解代谢操纵子的表达只需 *xylS*，而上游代谢操纵子与间位裂解代谢操纵子的协同表达则必须要求 *xylR* 和 *xylS* 协同作用(参看图 7.34)。

曾经观察到在 *xylR* 基因激活的情况下，腐臭假单胞菌细胞中的 *xylS*-mRNA 比 *xylR* 基因未经激活的细胞中的这一指标高出 25 倍，这一事实足以说明上游代谢操纵子和间位裂解代谢操纵子的协同诱导。

经甲苯/二甲苯激活后的 ZylR 对 *zylS* 基因的转录起激活作用(图中正号)，但对 *zylR* 基因本身的表达却具有阻遏作用(图中负号)。

重温以上两图，可以看到在苯甲酸/甲基苯甲酸存在的情况下它作为 ZylS 的效应物而作用于间位裂解代谢启动子，从而激活间位裂解代谢途径基因的转录。这些基因的编码产物共同催化苯甲酸/甲基苯甲酸的分解。在这一过程中上游代谢途径的酶并不需要，上游代谢途径操纵子也并没有被激活。

在甲苯/二甲苯存在的情况下它作为 Zyl*R* 的效应物与辅助因子 RpoN(即σ^{54})和 IHF 共同作用于上游代谢启动子(upper promote,*p*u)，从而使上游代谢途径操纵子得以转录。这些基因的编码产物共同催化甲苯/二甲苯氧化使之生成为苯甲酸/甲基苯甲酸。另一方面 ZylR 与 RpoN 共同作用于启动子 *ps*，从而激活 *xylS* 基因，然后在上游途径氧化产物苯甲酸/甲基苯甲酸存在的情况下间位裂解代谢途径操纵子也被激活。这些基因的编码产物使分解进一步进行并纳入三羟酸循环而被充分利用。

可以看到后一种基因调控是一种级联式调控。两种基因调控的存在都有它们的合理性：甲苯/二甲苯和苯甲酸/甲基苯甲酸在自然界都有存在，而后者是前者分解的中间产物。腐臭假单胞菌在利用苯甲酸/甲基苯甲酸作为碳源兼能源物质时无需合成上游代谢途径的酶，因此在这种情况下只通过间位裂解代谢途径操纵子的激活而合成间位裂解反应所涉及的酶是符合于它的需要的。而在利用甲苯/二甲苯为碳源兼能源时则必须既合成上游途径中的酶又合成间位裂解途径的酶才能充分利用甲苯/二甲苯，因此在这种情况下上游代谢途径操纵子和间位裂解代谢操纵子的协同激活也符合于它的需要。而且可以看到使与甲苯/二甲苯的整个分解代谢有关的基因分属于两个操纵子正是适应于这一代谢过程的调控的合理“安排”。

第六节　光能自养细菌的遗传学研究

多数微生物，包括以上各节(除噬菌体外)中所讨论的在内，都属于异养型细菌(heterotrophic bacteria)，它们必需至少一种作为碳源和能源的有机化合物以维持生活。自养型细菌(autotrophic bacteria)则以 CO_2 为碳源而能源则来自无机物的氧化或日光，前者称为化能自养型(chemoautotroph)，后者称为光能自养型(photoautotroph)。

化能自养型细菌的遗传学研究较为有限。本节将以球状红螺菌(*Rhodobater sphaeroides*)为代表介绍光能自养型细菌的遗传学研究。球状红螺菌既能以日光为能源通过光能自养型代谢而生活，也能不进行光合作用而通过异养型代谢而生活，所以是一种光能异养型细菌(photoheterotrophic bacteria)。在一定的培养条件下它能由异养型转变为光能自养型，在这一转变中它从无到有(de novo)地合成它进行光合作用所必需的所有成分和机构，这一特性特别有利于光合作用机构形成的基因控制的研究；一个光合作用机构的形成机制发生缺陷的突变型可以看作是一个条件致死突变型，在光能自养型培养条件下是致死或半致死的，而在异养型培养条件下则是非致死的。

一、遗 传 结 构

球状红螺菌的光合作用机构

将作为异养型细菌培养的红螺菌转入缺氧和低光照并且缺乏有机物的培养状态时红螺菌细胞中会发生一系列的变化，最后导致它的细胞膜的内侧出现许多直径为50~60nm的微小囊状突起，称为细胞质内光合作用膜系统(photosynthetic intracytoplasmic membrane system, ICM)，也称载色体(chromatophore)。ICM与细胞膜是连接着的，但是结构上和功能上是不相干的，这些囊体不难分离纯化，且可以对它的光合作用进行测定并进行其他研究。

ICM的主要成分是执行提供光能作用的光捕获复合物(light harvesting complex,LH)，以及执行光合作用的反应中心(reaction center,RC)、细菌叶绿素(bacteriochlorophyll,Bch)、胡萝卜素(carotenoide)和多种多肽。根据红外线吸收峰的不同，LH又分为LHI(也称B875)和LHII(也称B800-850)。表7.7表示照明度对红螺菌的ICM及其组分的影响。表中所列的成分以及表中未列出的像ATP、细胞色素和一些脱氢酶等都镶嵌在ICM双层膜中，一端处在细胞膜中，一端处在周质中。

表7.7 照明度对球形红螺菌的ICM及其组分的含量的影响[27]

照明度	代时/h	叶绿素(以每微克细胞蛋白质中含量计)/μg	细胞膜粗抽提物中的ICM成分			ICM多肽的相对量(光密度单位)						ICM囊体数/μm² 细胞膜
			B875	B800-850	RC-H	RC-H	RC-M	RC-L	B875-α	800-850-α	B875-β	
3	10.8	9.1	13.7	18.7	2.2	176	106	105	1751	2057	1348	21.5 ± 4.2
10	3.0	4.6	7.4	9.3	1.4	187	115	112	1681	1687	1202	11.10 ± 2.5
100	3.0	2.9	7.4	4.0	1.0	136	92	84	1646	731	1209	6.47 ± 1.9

注：RC-H、M、L是反应中心的三种多肽；α、β是光捕获中心的多肽。测定方法和单位从略。

球状红螺菌染色体的物理图及遗传学图

球状红螺菌的DNA的G+C摩尔百分值为68%~70%。在它的物理图的绘制中为了使它的染色体DNA被切成尽可能少的片段，选取了在识别位置中富含A、T的下列几种限制酶作为消化DNA之用，它们是*Ase*I(5′-ATTAAT)、*Spe*I(5′-ACTAGT)、*Dra*I(5′-TTTAAA)以及*Sna*BI(5′-TACGTA)。

根据酶切片段的测量，估计红螺菌*R.sphaeroides* 2.4.1的总DNA量是4400kb，其中染色体DNA占(3950±112)kb，5个质粒的DNA占450kb。

为了在物理图上描绘相应的遗传学图，采用下列三种方法把基因定位在这些经*Ase*I酶切的DNA片段上：①把已知基因的克隆经同位素标记后与DNA的酶切片段进行分子杂交测验；②利用经Tn*5*插入后诱发的基因突变，将另一含Tn*5*的DNA片段经同位素标记后作为探针与上述酶切片段进行分子杂交测验；③在具有*Ase*I酶切位点并带有抗药基因的转座子(例如，Tn*903*)上进行插入诱变，然后利用*Ase*I鉴定所插入的DNA片段。根据这些实验手段曾将不下于30个基因标定在它的DNA的酶切片段上，从而也就得以标定在物理图上(图 7.35)。

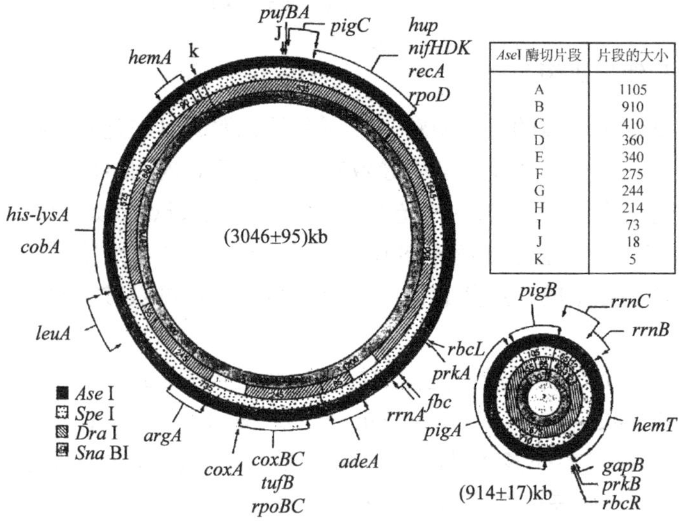

AseI 酶切片段	片段的大小
A	1105
B	910
C	410
D	360
E	340
F	275
G	244
H	214
I	73
J	18
K	5

图 7.35　红螺菌 *P.sphaeroides* 2.4.1.染色体的物理图和遗传学图[28]

4 种限制酶的酶切片段的大小标明在物理图中的各个酶切片段上。限制酶 *Ase*I 的酶切片段的大小列在右上角的表中

从图中可以看到红螺菌 *R.sphaeroides* 2.4.1 具有大小不等的两个染色体。这一小的环状 DNA 分子被认为一个染色体而不是一个质粒的理由是：正像以上几节中所指出的，一些革兰氏阴性细菌的细胞中虽然也存在着从 200kb 到 1500kb 大小的质粒(例如，苜蓿根瘤菌的 1500kb 的共生质粒 pSym；根癌土壤杆菌 C58 的 200kb 的 Ti 质粒以及另一个至今没有发现任何基因的大型质粒 pAtC58；腐臭假单细胞的 TOL 质粒以及其他编码芳香族有机物分解的基因的质粒等)，不过就质粒上的基因来讲，红螺菌的第二染色体与以上这些细菌的质粒都不相同。除了个别情况外，许多细菌的质粒上的基因与染色体上的基因很少是相同的，而且质粒上的基因都不涉及细菌的主流代谢，可是红螺菌的第二染色体上却具有细菌的主流代谢基因如核糖体 RNA 基因(ribosome RNA gene,*rrn*)*rrnB* 和 *rrnC* 以及编码 3-磷酸甘油醛脱氢酶(glycerldehyde 3-phosphate dehydrogenase)的基因 *gapB* 和编码δ-氨基乙酸合成酶(δ-amino levalinic acid synthetase)的基因 *hemT*，而且后两者在第一染色体上同样也存在着，不过 DNA 同源性较低罢了，而对于前者来讲，则第一染色体上存在着另一核糖体 RNA 基因操纵子 *rrnA*。此外还须附带指出的是红螺菌在进行光合作用时能同时利用大气中的 O_2 和 N_2，即像共生固氮细菌那样具有固氮能力；它们都有固氮基因 *nifHDK*，所不同的是在苜蓿根瘤菌中这一操纵子位于共生质粒上，而在红螺菌中它却位于第一染色体上。

许多生物的光合作用中涉及的蛋白质都具有高度的同源性。根据已知的光合作用基因的编码产物的氨基酸序列，不难在红螺菌中克隆出相应的结构基因。实验结果指出，同一复合物的各个组分的结构基因往往集中在一起，例如，根据转录物的研究结果说明编码反应中心的两个多肽 RC-L 和 RC-M 的基因 *pufL* 和 *pufM*，以及编码 B875 复合物中的α多肽和β多肽的基因 *pufA* 和 *pufB* 和另外两个基因 *Q* 和 *R* 都互相连锁(图 7.36)。基因 *Q* 参与细菌叶绿素的合成，基因 *R* 可能与 B875 复合物的装配有关。

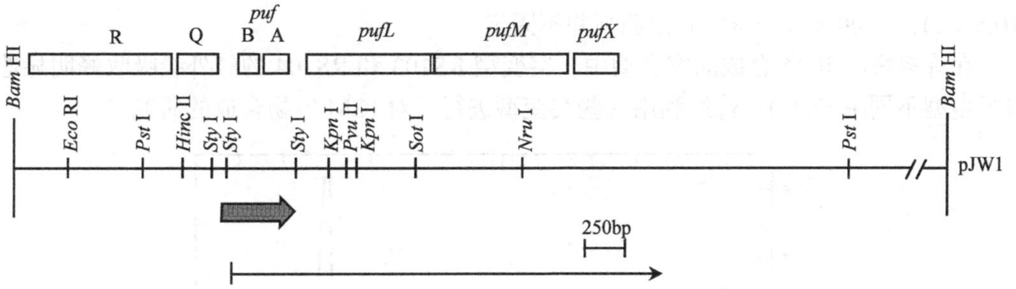

图 7.36　红螺菌 *P.sphaeroides* 2.4.1 的 *puf* 操纵子的限制酶酶切图谱[28]

利用广谱宿主范围质粒 R68-45 带动红螺菌的染色体转移这一技术，曾在它的染色体上标定过许多基因的位置，同样可以看到有关胡萝卜素合成的基因 *crtA*、*B*、*C*、*D*、*E*、*F* 紧密连锁(图 7.37)。

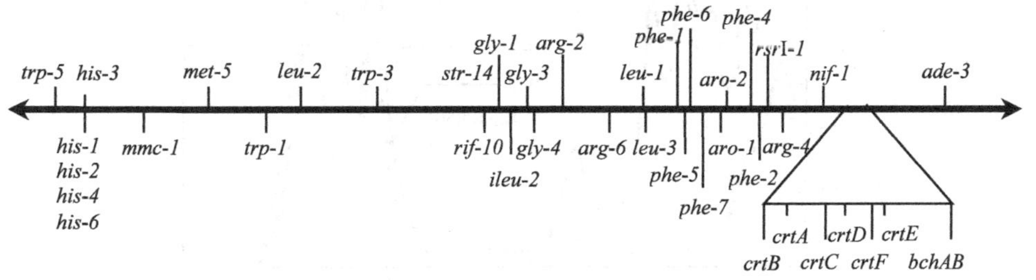

图 7.37　红螺菌 *P.sphaeroides* RS630 染色体的部分遗传学图[28]表示胡萝卜素基因 *crt* 集中在一起

在另一种名为 *R.capsulatus* 的红螺菌中利用一个 R′载体克隆了它的一个 50kb 的染色体 DNA 片段，这一 DNA 片段能与多数光合作用缺陷突变进行互补，同样说明有关的许多基因的位置比较集中。

二、光合作用结构合成的遗传控制

ICM 合成的遗传控制

在 ICM 的合成过程中蛋白质和它的配体(ligand)的合成都是高度协调的。下列事实足以用来说明这种协调性：在不进行 ICM 合成的培养条件下，野生型红螺菌细胞中几乎不存在游离的细菌叶绿素、光捕获多肽和反应中心多肽。各种多肽的高度协调的生物合成为研究工作造成困难；ICM 合成的研究还因为这一事实而使在研究工作中面临更多的困难：细菌叶绿素合成的前期与细胞中其他如亚铁原卟啉(血红素等)(heme)或类咕啉(corrinoid)等四吡咯(tetrapyrrole)类化合物的合成途径相交叉。

上文已经指出球状红螺菌的光捕获合复合物有 LHI(B875)和 LHII(B800-850)两种。B875 由两个等摩尔质量多肽 B875-α和 B875-β、两个叶绿素(Bch1)分子、两个胡萝卜素分子组成。B800-850 由等摩尔的 800-850α、800-850β多肽、相当于每两对多肽的 6 个叶绿素分子以及按 3∶1 比率存在的叶绿素/胡萝卜素组成。

两种光捕获复合物和一个反应中心构成一个光合作用单元(phosynthetic unit,PU)。每一 ICM 的单位面积中的 PU 是固定不变的。每一 PU 中 B875 与 RC 之比也是固定的

(10.5∶1)；B800-850 与 RC 的比例则并不固定。

在许多影响 ICM 合成的突变型中，突变型 RS103 和 RS104 的红外线吸收峰明显地与野生型不同(图 7.38)。曾经利用这些突变型进行了对 ICM 生物合成的研究。

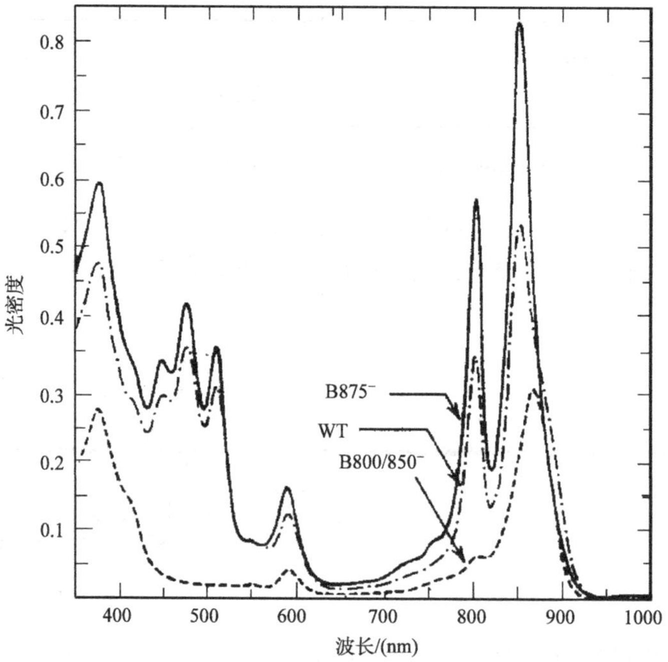

图 7.38　红螺菌 *P.sphaeroides* RS2 和它的两个突变型 RS103 和 RS104 的细胞抽提物的吸收光谱[29]

B875⁻即 RS103，B800/850⁻即 RS104。照明度 $100W/m^2$

前面已经指出，照明度控制 ICM 的合成。实验结果指出在照明度为 $110W/m^2$ 时，在含有有机物的异养型代谢的状况下，野生型 RS2 和突变型 RS103、RS104 的生长曲线几乎相同。但是在照明度为 $10W/m^2$ 时，在同样的培养液中 RS2 的生长速度远远超出于 RS103 和 RS104 而后两者则几乎相同，这是因为在这一条件下代谢由异养型转变为光能自养型，这时野生型能合成 ICM 而生长正常，可是 RS103 和 RS104 却不能合成正常的 ICM，因而不能进行正常的光能自养代谢。在光能传导的研究中发现 RS104 的传导效率与 RS2 相似，但 RS103 则只有 RS2 的 24%。因此认为可能光能由 B800-850 复合物吸收，然后必须通过 B875 复合物再传向 RC。

由于吸收光谱反映的是两种复合物的特征，而每种复合物中均含有多种成分。所以 RS103 和 RS104 不像一般结构基因的突变型，它们在许多方面(而且彼此在不同的方面)与野生型都不相同。例如，在多肽方面，RS104 的 B800-850 α 全部缺失，B800-850β也减少到几乎不再存在，可是 B875α则只减少到 RS2 的 25%。

又例如，就叶绿素的含量来说，RS103 和 RS104 也有很显著的区别(表 7.8)。正像前面已经指出的那样，表中的数据说明不论是野生型还是突变型，低照明度会促进叶绿素的合成。而且正是可以预期的，突变型 RS104 的叶绿素合成低于野生型。可是 RS103 的叶绿素合成却高于野生型。RS103 突变对于叶绿素合成的去阻遏作用(derepression effect)的本质还有待于深入研究。

表 7.8 在不同的照明度下突变型 RS104 和 RS103 以及野生型 RS2 的叶绿素含量[28]

菌株	照明度/(W/m^2)	叶绿素含量(μg/mg 蛋白质)	
		完整细胞	ICM
RS2	110	4.7±0.8	25.7±4.9
	10	18.2±1.7	53.1±8.9
RS103	110	9.9±1.9	36.2±5.6
	10	24.2±6.8	65.3±15.5
RS104	110	3.8±0.7	13.7±3.0
	10	8.8±1.6	28.0±2.4

RS103 的另一特征是虽然在 ICM 中的 B875 复合物的量大为减少了，可是仍有相当多的 B875α多肽存在于其 ICM 中，说明 B875α在 ICM 中的参入与叶绿素的合成并无关系。

RS103 和 RS104 的另一重要区别是 ICM 的形态。RS103 和 RS2 的 ICM 具有相同的小球状突起，但是 RS104 的 ICM 则是从细胞的一端向另一端延伸的长的囊状体。

以上关于细菌的光合作用缺陷型的研究的介绍与其说是说明了细菌光合作用机构的合成机制，不如说是指出了这方面研究工作的复杂性。其复杂性一在于光合作用这种代谢作用不同于一般的分解代谢和合成代谢；二在于进行光合作用不仅要像一般的分解或合成代谢那样需要一系列的酶，而且与光合作用有关的酶和其他蛋白质会组成一个复杂的机构 ICM。再者，ICM 中许多成分的合成高度协调，而且 ICM 的合成前期与细胞中四吡咯光化合物的合成相交叉，而在它的后期则又与细胞膜的脂质类双层膜的形成发生关系。所以 ICM 合成的研究中最终还得回答这样的问题：各种 ICM 蛋白质是怎样认识到自己应处的位置而整合到这一位置上；同一种分子又怎样分配到各个 ICM 复合物中。其复杂性还在于在功能上光合作用怎样与 CO_2 的固定及 N_2 的固定相偶联。

参 考 文 献

[23] Eiserling F A. Structure of T4 virion. *In*: Mathews C K *et al*. Bacteriophage T4,ASM Press. 1983

[24] Edgar R S, Lielausis I. Temperature sensitive mutants of bacteriophage T4D: their isolation and genetic charaterization. Genctics, 1963, (19): 649~622

[25] Streips U N, Yasbin R E. Modern Microbial Genetics. New York: John Wiley and sons Ins. 2002

[26] Sharma M *et al*. Binding of the bacteriophage T4 transcriptional activator MotA to T4 middle promoter DNA, evidence for both major and minor groove contact.J.Mol.Biol., 1999, (290): 905~915

[27] Maurer R B, Meyer J, Ptashne M. Gene regulation at the right operators (O_R) of bacteriophoge *lambda*. J. Mol. Genet, 1980, (139): 147~161

[28] Zubay G. Genetics London: The Benjamin/Cummings Publishing company. Inc. 1987

[29] Ptashne M S. Sientific American. 1982, (247): 128~140

[30] 盛祖嘉. 嗜热细菌的分子遗传学研究. 见: 盛祖嘉, 陈永青主编. 微生物遗传学综述文集. 上海: 复旦大学出版社, 1993

[31] Haberstich H U, Zuber H. Thermoadaptation of enzymes in thermophilic and mesophilic cultures of *Bacillus stearothermophilius* and *Bacillus coldotenax*. Arch. Microbiol, 1974, (98): 275~287

[32] Wufan Tao *et al*. Complete nucleotide sequence of two phosphogluco-isomerase isozymel genes from *Bacillus*

stearothermophilus.Nucleic Acid Research, 1989, (17):10107~10108

[33] Sheng Z J, Tao W F, Wang L L *et al*. Mechanism of thermoadaptation in thermophilic bacteria.Progress in Natural Science, 1991, (1): 337~341

[34] Fu-Min Dong *et al*. Molecular cloning and mapping of phenol degradation genes from *Bacillus stearothermophilus* FDTP-3 and their expression in *Escherichia coli*. Appl. and Environ.Microbiol, 1992, (58): 2531~2535

[35] 陈兰明. 嗜热细菌基因表达的温度调控机制. 复旦大学生命科学院博士后论文. 1998

[36] Wu, L. and Welder, N E. Cloning and characterization of a glutamine transport operon of Bacillus stearo-thermophilus NUB 36: Effect of temperature on transcriptation. J. Bacteriol. 1991 (173): 4877~4888

[37] Grogam D W. Exchange of genetic markers at extremely high temperatures in the archason.*Sulfolobus acidocaldarius*. J. Bacteriol, 1996, (178): 3207~3211

[38] Schleper C *et al*. An insertion element of extremely thermophilic archaeon *Sulfolobus sulfataricus transposes* into endogenous galactoisdase gene. Mol.Gen.Genet, 1994, (243): 91~96

[39] Nakasone K *et al*. Gene expression controlled by pressure in deep sea microorganisms.Extremophiles, 1998, (2): 149~154

[40] Winans S C. Two way chemical signaling in Agrubacter-plant interactions. Microbiol. Rev., 1992, (56): 12~31

[41] Douglas C T *et al*. Identification and genetic analysis of an *Agrobacterium tumefaciens* chromosomal virulence region.J Bacteriol, 1985, (161): 850~860

[42] Dylan T *et al*. *Rhizobium meliloti* genes required for nodule development are related to chromosomal genes in *Agrobacterium tumefacions*. Proc. Natl. Acad. Sc. USA. 1986, (83):4403~4407

[43] 朱家壁. 根瘤菌共生固氮的遗传学研究. 见: 盛祖嘉,陈永青主编. 微生物遗传学综述论文集. 上海: 复旦大学出版社, 1993

[44] 周俊初. 根瘤菌共生固氮的结构、功能和调控. 高技术通讯，1996

[45] Gonzaloz J E. *Rhizobiam meliloti* expolysaccharides:synthesis and symbiotic function.Gene, 1996, (179): 141~146

[46] David M *et al*. Transcription patterns of *Rhizobium meliloti* plasmid pSym: identification of nifA-indendent fix genes. J Bacteriol, 1987, (169):2239~2244

[47] David M *et al*. Gascade regulation of nif gene expression in *Rhizobium meliloti*.Cell, 1988, (54): 671~683

[48] Marques S, Ramos J L. Transcriptional control of the *Pseudomnas putida* TOL plasmid catabolic pathways.Mol.Microbiol, 1993, (9): 923~929

[49] Kiley P J, S Kaplan. Molecular genetics of photosynthetic membrane biosythesis in *Rhodobacter sphaeroides*. Microbiol. Rev, 1988, (52): 50~69

[50] Suwanto A, Kaplan S. Physical and genetic mapping of the *Rhodobacter sphaeroides* 2.4.1 genetic mapping of the *Rhodobacter sphaeroides* 2.4.1 genome. Presence of two cirular chromosomes. J Bacteriol, 1989, (171): 5858~5859

[51] Kiley P J *et al*. Physiological and structural analysis of light-harvesting mutants of *Rhodobacter sphaeroides*.J Bacteriol, 1988, (170): 1103~1115

第八章　普遍细胞功能的遗传学研究

除了少数生物如病毒以外，生物都以细胞形式存在或由细胞所构成。细胞的生物功能是生物个体的生命活动的基础。

在认识了基因突变、基因重组、基因调控等许多基因功能以后自然地会想到基因功能与细胞功能之间的关系。微生物与高等动植物的细胞功能具有普遍性。微生物，尤其是细菌具有生长快速、便于取得基因型相同的大量细胞、容易取得纯系、便于获取突变型等特性，因而用细菌作为材料并采用遗传学和生物化学研究手段来进行细胞功能研究将有助于对一些普遍性的细胞功能的了解。

细胞生命活动涉及到生长、增殖、分化、遗传、变异、应答、运动、衰老和死亡，而基因则是细胞生命活动的基础。本章将通过对细胞活动中参与高保真 DNA 复制、信号传导、蛋白质跨膜运送、对环境的应答反应和细胞分裂和分化等重要的普遍性细胞功能的研究来深入探讨真核生物和原核生物细胞活动的基本规律。

第一节　DNA 复制的保真

在 1953 年 James Watson 和 Francis Crick 揭示 DNA 分子的双螺旋结构以前，人们并不了解遗传信息是通过复制而进行传递的机制。在 DNA 双螺旋模型被阐明后，最初人们认为 DNA 分子的互补双链在复制时进行的精确的碱基互补配对足以保证子代的双链 DNA 分子与亲本的双链 DNA 分子完全一致，可是实际情况并非如此。碱基的互补配对并不足以保证 DNA 复制的保真。

复制保真性问题的提出基于下列事实：当一个细胞分裂为两个细胞时，基因所携带的遗传信息必须被精确地复制和传递。从纯热力学的观点看，A、T、G、C 4 种不同单核苷酸之间化学结构的差异很小，它们之间的自由能差异一般估计仅为每摩尔 1~2kcal(相当于 4000~8000J)。在水溶液中达到平衡时，这样小的自由能差异可使 A、T、G、C 之间互补配对差错率高达 1/10~1/100。用人工合成的多聚核苷酸作模板，在无酶条件下已经激活的单核苷酸聚合产物实际发生配对差错的频率为 1/100~1/200。

根据原核生物自发突变频率估计，细菌中 DNA 复制平均的差错率为 10^{-10}~10^{-11}/bp。这与 1/100~1/200 这样一个差错频率的数字相差实在太大。可见在细胞中除了以自由能为基础的碱基互补配对之外，显然有其他一些细胞功能参与 DNA 复制中高度的精确性的保证。

一、甲基化和 DNA 复制的保真

复制起点(replication origin, ori)研究所启发的思考

整个 DNA 复制过程大致分为三个阶段，即复制的发动，DNA 链的延伸和复制的终

止。复制忠实性(fidelity)的研究较为深入并取得了显著结果的是微生物细胞，特别像大肠杆菌这样遗传背景十分清楚的原核生物更是研究者的宠儿。

DNA 复制的研究主要依赖于遗传学方法和生化分析手段。

遗传学方法一般从分离 DNA 复制突变型着手。DNA 复制的研究往往采用它的温度敏感突变型，这些突变株在 30℃中正常生长(可通过胸腺嘧啶 ^{3}H 的参入来测定)，而在 40℃或 42℃中则因不能合成 DNA 而导致繁殖终止。温度敏感的突变株有两类：一类突变株从 30℃转到 40℃培养时它的 DNA 合成在温度转变后立即停止，而其中另一些突变株则不同，温度转变后 DNA 合成不立即停止，而是延续一段时间后才停止。前一类称为快停突变，是 DNA 链延伸突变，后一类称为慢停突变，是 DNA 复制起始突变。20 世纪 70 年代后分离到不少复制突变型，并测定了它们的基因位置和基因编码产物。大肠杆菌复制起始突变型(initiation mutant)有 *danA* 和 *dnaI* 等，复制延长突变型(elongation mutant)有 *dnaG*、*dnaX* 和 *dnaZ* 等，兼属两者的如 *dnaB* 和 *dnaG*。(表 8.1)

表 8.1 大肠杆菌中与 DNA 复制有关的主要基因

基因	图谱位置 /min	基因编码产物	分子质量 (Da)	复制中的功能	
				起始	延长
dnaA	82	复制特异性的转录调节蛋白	54 000	+	
dnaI	39	未知	不知	+	
dnaE	4	DNA 聚合酶Ⅲ，α亚基(RNA polymerase III, α subunit)	129 900	(+)	+
dnaZ	10	DNA 聚合酶Ⅲ，γ亚基(DNA polymerase III, γ subunit)	52 000	(+)	+
dnaB	91	解旋酶(helicase)	55 000	+	+
dnaC	99	未知	25 000	+	+
dnaG	66	DNA 引物酶(primase)	60 000	+	+
rpoB	90	RNA 聚合酶Ⅲ，β亚基(RNA polymerase III, β subunit)	150 000	+	−
dnaX	10	DNA 聚合酶Ⅲ，δ亚基(DNA polymerase III, δ subunit)	32 000	(+)	+
gyrA	48	DNA 旋转酶，α亚基(gyrase, α subunit)	105 000	(+)	+
gyrB	82	DNA 旋转酶，β亚基(gyrase, β subunit)	95 000	(+)	+
ssb	92	单链 DNA 结合蛋白 (single strand binding protein)	20 000	(+)	+
polA	86	DNA 聚合酶 I (DNA polymerase I)	109 000	(+)	+
lig	52	DNA 连接酶(DNA ligase)	75 000	(+)	+

注：+号表示复制中所起的作用，(+)号表示有一定的作用。

DNA 复制的研究离不开生化分析，不过染色体 DNA 复制的生化分析不同于一般小分子物质的生物合成的生化分析，它需要有一个模拟染色体的离体系统。经过多年的努力，1981 年 Arthur Kornberg 实验室建立了一个带有大肠杆菌复制起点(*oriC*)的质粒体外复制系统，为细菌 DNA 复制的研究提供了一个便于操作的研究系统。研究者自信地说“一个细胞能做的事情，我们生物化学家也能做到”。他们从细胞中提取和分离了多种复制所需的组分，使离体研究和遗传学分析相结合，把大肠杆菌 DNA 复制起点的结构与功能的研究得以引向深入。图 8.1 是在这一基础上所阐明的大肠杆菌 *oriC* 的 DNA 复制起始过程的示意图。

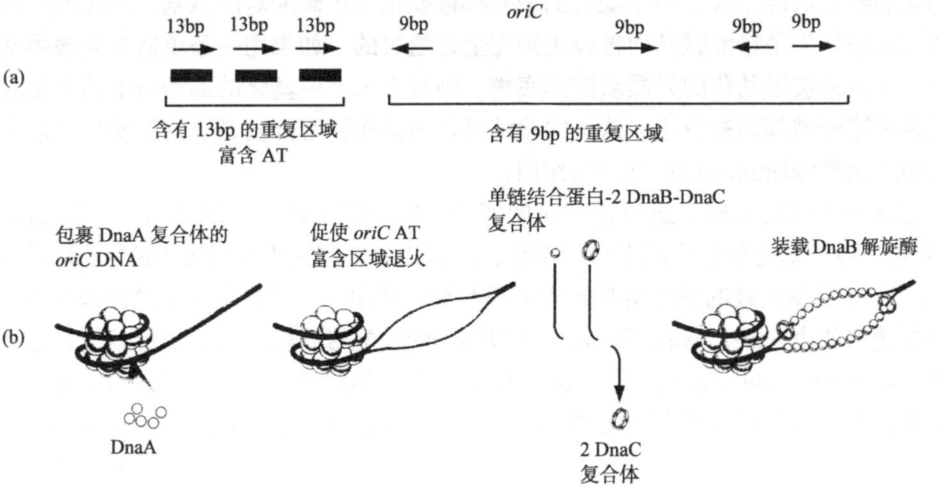

图 8.1　大肠杆菌的 *oriC* 的序列框架(a)和复制起始过程中 *oriC*-DNA 与复制起始基因的编码产物的相互作用(b)[1]

从图 8.1(a)中可以看到 *E.coli oriC* 由两个区段组成，一个区段中有 4 个 9bp(TTATC AAAA)的重复序列(称为 DnaA 框)，另一区段是一个包含 3 个 13 bp 重复序列的 AT-富含区。图 8.1(b)说明当细胞生长接近细胞分裂时，DnaA 蛋白大量合成并聚集在 *oriC* 周围，这种结合促使 *oriC* DNA 围绕在上并使 AT 富含区解链。然后单链结合蛋白与 DNA 单链相结合而使它维持着这种解链状态。同时，细胞中 DnaB-DnaC 进入，DnaC 脱离 DnaB 而形成 DnaC 二聚体，于是激发了 DnaB 的解旋酶活性，接着，RNA 聚合酶为前导链(leading strand)提供引物(primer)，引物酶(primase)为后随链(lagging strand)提供引物，最后在 DNA 聚合酶Ⅲ的作用下进行 DNA 复制。

特别耐人寻味的是在 *oriC* 处，它的必要区域长度仅为 245bp，却有 11 个 GATC 重复区，并且其中的 A 都是被甲基化(methylation)了的。那么为什么在复制起点的 DNA 是甲基化的呢？

DNA 腺嘌呤甲基化酶(DNA adenine methylase,Dam)的功能

在大肠杆菌中曾发现 *dam*,*mutH*,*mutL* 和 *mutS* 等增变基因发生突变后可使自发突变率提高 10~1000 倍。这就提示未发生突变的这些基因都起着保持 DNA 复制的精确性的作用，也就是说单纯依靠 DNA 聚合酶Ⅲ全酶来保证 DNA 复制精确性是不够的，仍有相当数量的碱基错配未能被 DNA 聚合酶Ⅲ的 ε 亚基的校读活性所校正。

对上述增变基因的编码产物进行纯化，并设计下列体外 DNA 复制检测系统用以分析 DNA 复制中在 DNA 分子上出现的碱基错配如何进行校正：采用两条单链分别来自两个不同的λ突变株的λDNA 异源双链体(heteroduplex)作为实验材料。第一种双链 DNA 的一条单链上凡是 GATC 处的 A 事先都被甲基化，第二种双链 DNA 的两条单链上的 GATC 序列处的 A 事先都被甲基化，第三种双链 DNA 的两条单链上的 GATC 序列中的 A 事先

都未被甲基化。将这三种 DNA 分别放在体外检测系统中进行检测，结果发现凡两条单链事先都被甲基化的异源双链 DNA 中不配对的碱基都没有被校正；而两条单链都未被甲基化的异源双链 DNA 中不配对的碱基都被校正成正确配对的碱基，但是哪一条单链上的碱基被认为是错配碱基而被校正则完全是随机的。如果用一条单链事先被甲基化而另一条单链未被甲基化的异质双链作底物，则只有未被甲基化的那条链上的不配对碱基被识别为错配碱基而被校正。这一实验结果显然证实错配修复系统的正确启动取决于腺嘌呤甲基化酶(adenine methylase)的作用。

在这一实验的基础上进行进一步的实验，结果说明细胞中的 DNA 在复制后便在 DNA 腺嘌呤甲基化酶的作用下被甲基化，所以作为复制模板的母链 DNA 都是甲基化的 DNA，而在复制叉处的新生链都还未来得及被甲基化，一旦在复制叉处出现碱基错配，大肠杆菌中的由 *mutH*、*mutL* 和 *mutS* 基因编码的错配修复酶就能识别哪条链是已被甲基化的模板链(template strand)，哪一条是未被甲基化的新生链而将新生链(nascent strand)一端出现的那个不配对碱基识别为错配碱基而加以除去并在修复合成中完成校正(图 8.2) 。

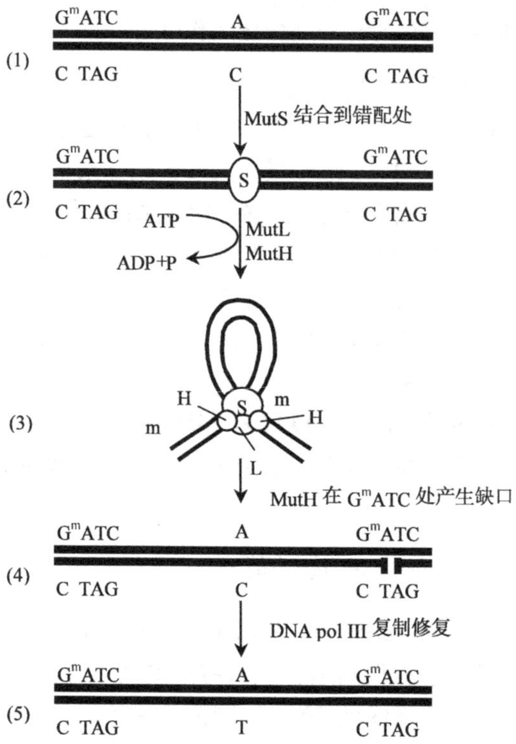

图 8.2 甲基介导的错配修复模型[2]

图 8.2 的(1)的上面这一单链属于母链，其中的 G 是已甲基化的，写作 G^m，下面是未甲基化的新生单链，这上面的碱基 C 是一个错配碱基。图 8.2 的(2)表示在错配碱基对 A:C 上结合着 MutS 蛋白。图 8.2 的(3)表示 MutH 和 MutL 在 MutS 的引导下结合在一起，这是一个由 ATP 提供能量的过程。DNA 的环状构象使 MutH 得以识别 G^m 而在其相对的新生链的这一位置上造成缺口(4)。最后(5)通过修复合成而在错配碱基对上出现校正的碱基对 A:T。

至于对于 *oriC* 处的甲基化的意义，现在知道 *oriC* 中 11 个 GATC 及其侧翼的 6 个 GATC 的甲基化过程都较缓慢，而 DNA 复制起始中只有 GATC 全部甲基化后 DnaA 起始蛋白才能与它结合而形成起始的多重蛋白复合体(multiprotein complex)，新生双链 DNA *oriC* 的半甲基化 GATC 则因与膜结合而阻止 DnaA 与 *oriC* 结合，从而不能起始新一轮复制。只有当子细胞随着细胞的生长而合成足够量的 DnaA 时，*oriC* 的 GATC 完全甲基化了，新一轮的复制才能起始。可见甲基化不但与 DNA 复制的保真有关，而且还起着控制 DNA 复制起始的作用。目前，对于真核生物来讲还不了解错配修复系统如何区分两条 DNA 链。然而，有证据表明新合成的链——前导链比后随链较易产生切口，这些切口可能为错配修复系统提供信号。这一保真系统可以修复复制过程中出现的 99%的潜在差错。

二、鸟嘌呤氧化系统与 DNA 复制的保真

在大肠杆菌中通过增变基因 *mutM*，*mutY* 和 *mutT* 等的分离和研究，发现还存在着可提高 DNA 复制精确性的所谓 GO 系统，即鸟嘌呤氧化(guanine oxidation,GO)系统。无论是在无氧条件下或是在有氧条件下培养大肠杆菌，带有 *mutM*,*mutY* 和 *mutT* 的细菌自发突变率与带有 *mutD* 突变的菌株处于同样的数量级上，比 *dam*,*mutH*,*mutL* 或 *mutS* 菌株还高一个数量级。在细胞中由活性氧引起的 DNA 损伤能使鸟嘌呤转变成 8-氧鸟嘌呤 7，8-二氢-8-氧鸟嘌呤(7,8-dihydro-8-oxoguanine,简称 8-oxoG,GO)。这种碱基在 DNA 中的出现可以导致基因突变。在大肠杆菌中发现 *mutM*、*mutT* 和 *mutY* 等基因可以针对这一 DNA 损伤而起到 DNA 复制的保真作用。

有关 GO 系统的三种 DNA 复制保真作用(图 8.3)分别是：

(1) MutY 是由 *mutY* 基因编码的分子质量为 39kDa，由 350 个氨基酸所组成的一种 *N*-糖基化酶(*N*-glycosylase)，它不直接切除 8-*oxo*G，而是切除与 8-*oxo*G 配对的 A，使 8-*oxo*G 与 C 配对。它 A:GO 错配的校正机制与 DNA 甲基化和错配修复系统都没有关系，与 MutM 不属于同一个修复途径 [图 8.3(b)①]。

(2) MutM 是由 *mutM* 基因编码的 8-羟鸟嘌呤 DNA 糖基化酶，它能从染色体 DNA 中清除和 C 配对的 GO[图 8.3(b)②]。若用在一定位点上存在 GO 的单链噬菌体 DNA 或双链质粒 DNA 去转化带有增变基因 *mutM* 的大肠杆菌，可以看到将会在单链噬菌体 DNA 或双链质粒 DNA 的特定位点上出现 G:C→T:A 这样的颠换。MutM 与 MutY 编码的 *N*-糖基化酶不同的是 MutM 具有 Ap 内切核酸酶(Ap-endonuclease)的活性，在除去 8-oxoG 的 DNA 那条链上留下一个缺口，再由外切核酸酶将缺口扩大，在 DNA 多聚酶 I 和连接酶作用下完成修复。

(3) MutT 是 *mutT* 基因编码的分子质量为 15kDa、由 129 个氨基酸所组成的蛋白质，它具有微弱的 dGTP 酶的活性。作用机制不同与 MutM 和 MutY[图 8.3(b)③]，它能特异性地将 8-*oxo* GTP 降解为 8-*oxo* GMP+PPi，从而使它不能进入 DNA。如果 MutT 不存在，DNA polI 将无法区别 8-*oxo* dGTP，所以参入 DNA。

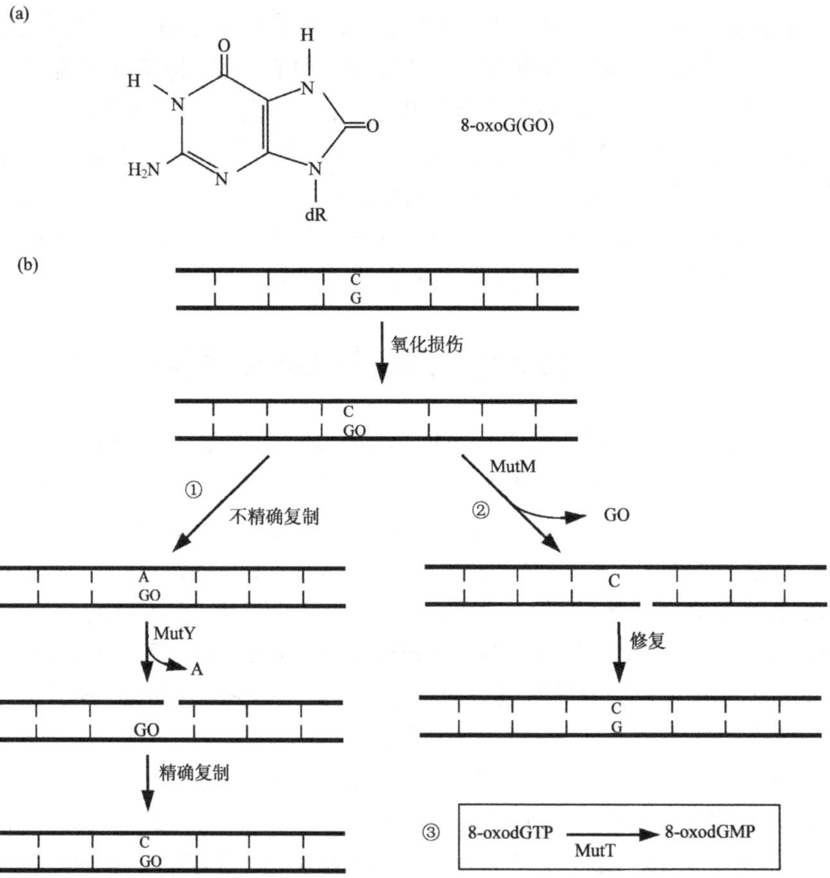

图 8.3 8-*oxo*G 的结构(a)及 GO 系统的复制保真作用(b)[3]

三、离体 DNA 复制的保真

1983 年美国 Cetus 公司的 Kary B.Mullis 发明了体外迅速扩增特定 DNA 序列的方法，即聚合酶链反应(polymerase chain reaetion, PCR)。这项技术模拟发生于细胞内的 DNA 复制过程，其中包括下列成分：待复制(扩增)的 DNA 模板(template)，两个寡聚核苷酸(oligonucleotide)引物(primer)，耐高温的 *Taq*-DNA 聚合酶，4 种脱氧核苷酸的混合物和反应缓冲液。PCR 反应包括下列步骤：通过加热使双链 DNA 分子分离成为两条单链；通过一个寡聚核苷酸引物与配对 DNA 单链退火而形成 DNA 合成的起始点；然后 DNA 聚合酶与之结合并以单链 DNA 作为模板，利用反应混合物中的 4 种 dNTP 为原料，从该起始点开始合成新的 DNA 互补链。上述 3 步反应组成一个周期，经过 n 个周期循环以后，理论上可以获得 2^n 个双链 DNA 分子。

离体的 DNA 复制精确性由三个因素所决定：DNA 聚合酶的特性；DNA 引物；聚合反应的影响因素。在离体复制的系统中不存在活体中的 DNA 复制的保真因素，DNA 聚合酶引物和复制条件都由实验工作者所提供，所以它的保真问题实际上是在人为的实验条件下如何取得最好的 PCR DNA 扩增效果的问题。

DNA 聚合酶

PCR 扩增的精确性与 *Taq* DNA 聚合酶关系甚密。最初，PCR 用的是 *E.coli* DNA 聚合酶Ⅰ的 Klenow 片段，由于这种酶不耐热，在双链 DNA 94℃解链时被破坏，因此每个循环都要重新加酶，反应低效而费用增加。后来发现生活在 75℃的温泉中的水生嗜热菌(*Thermns aquatiocus*,简称 *Taq*)的 DNA 聚合酶(*Taq* DNA polymerase)的最适反应条件为 72℃，并且在 94℃也相当稳定，这种酶在 95℃中的半衰期长达 38min。*Taq* DNA 聚合酶的耐高温性质除了具有不必在每一循环中添加的优点以外，还使得反应中引物与模板退火(anneal)温度可以提高，结合的特异性大大增加，被扩增的片段也能保持很高的正确性。在把 PCR 扩增产物用作核苷酸序列测定的 PCR 工作中错配并不是什么严重的问题，因为有相同的错配的核苷酸分子只占所有合成的 DNA 分子极小的部分。但是如果 PCR 片段被用于克隆，错配就显得严重了；因为每个克隆是从单独一个被扩增的 DNA 分子得来，如果 DNA 分子中含有一个或多个错配的核苷酸，那么由它扩增的 DNA 都将含有相同的错配碱基。

不同的嗜热细菌所产生的耐热的 DNA 聚合酶具有不同的特性，包括它的保真性，所以在后一种情况中特别应选用保真性高的 DNA 聚合酶。

引物

引物的设计在 PCR 反应中极为重要。要保证 PCR 反应能准确、特异、有效地对模板进行扩增，通常引物设计要遵守以下几条原则：①引物长度应为 15~25 个核苷酸；②CG 含量应为 40%~60%；③解链温度(melting temperature, T_m)应高于 55℃；④引物与模板非特异性配对位点的碱基配对率应小于 70%；⑤引物与 DNA 单链间的不配对碱基应少于 5 个；⑥引物自身配对(特别是在引物的 3′端)形成的茎环结构中的茎的碱基对数应不大于 3。由于影响引物设计的因素比较多，所以常常利用计算机来辅助设计。

影响因素

PCR 反应中要提高扩增的忠实性，就要优化扩增条件，主要是酶一旦加入就应立即开始反应，避免低温下发生的链延伸；还要注意酶的浓度不可过高(不超过 2~5U/100μl)、dNTP 不可过浓(不超过 50μmol/L)，4 种碱基的比例要平衡；Mg^{2+}离子的浓度要适中，游离 Mg^{2+}离子浓度约在 1.5mmol/L 左右；另外适当增加模板 DNA 的量，减少循环次数，也可以减少错误参入分子的积累。有关 PCR 的实验技术书籍中都有这方面的论述，这里不再逐一细说。

第二节　应 急 反 应

顾名思义，应急就是应付紧急情况。微生物虽小，却与高等生物一样，对于突如其来的严重威胁生命的外部刺激会作出果断的反应，而反应的过程往往涉及全局性的基因调控，在这里一种调节蛋白控制几种不同代谢途径的操纵子。本节通过对细菌中热激反应和 SOS 应急反应的遗传学研究来阐明微生物细胞应付紧急情况的功能。

一、热 激 反 应

热激蛋白

1970 年在果蝇中发现当培养温度突然升高时，果蝇的唾腺染色体呈现膨松(chromosome puffing)现象。这一现象最初取名为热休克，以后改称为热激(heat shock)反应。接着发现这种对付外界严酷条件的应急反应(stress response)在生物细胞中普遍存在。热激反应的一个显著特征就是在细胞内合成一系列热激蛋白(heat shock protein, Hsp)或高温蛋白(high temperature protein，Htp)。当大肠杆菌由低温(30℃)转移到 42℃后 15s 内便能诱导合成 17 种低温培养时所没有的热激蛋白，同时细胞内原有的蛋白质的合成也相应加速；但当转移到 43~47℃范围内时，细胞生长速度下降，这时细胞中所合成的主要是热激蛋白，其他蛋白质基本上不再合成。应用放射自显影双向电泳已经测定了 17 种热激蛋白的分子质量，其中 7 种蛋白质的基因已经定位，它们分属于 5 个转录单位，大多数与细胞中的大分子合成有关(表 8.2)。

表 8.2　大肠杆菌的 7 种热激蛋白[4]

热激蛋白	基因或操纵子	功能
Dnak，DnaJ	*dnaKJ*	DNA 复制
σ因子	*rpoD*	RNA 合成
赖氨酸-tRNA 合成酶(LySU)	*lysU*	蛋白质合成
Lon(一种蛋白酶)	*lon*	与 SOS 反应有关
GroES	*groES*	与噬菌体组装有关
GroL	*groL*	与噬菌体组装有关

当 *hspR* 基因发生突变后细菌从低温转到高温时就不再合成 Hsp，说明编码这 17 种 Hsp 蛋白的 *hsp* 基因都受一个起正调控作用的 *hspR* 基因所控制，属于一个调节子。

现在知道，大肠杆菌中编码 Hsp 蛋白的基因的转录受 2 个热激调节因子(heat shock regulatory factor)所控制，它们都是 RNA 聚合酶的σ亚基。主要的一个是σ^{32}，它激活编码 30 种不同 Hsp 的基因的转录；还有一个是σ^{E}，它激活另外 3 个 Hsp 编码基因的转录。

σ^{32}因子的分子质量为 32kDa，是 *rpoH* 基因的编码产物，是热激基因转录的σ因子。它和 *rpoD* 所编码的σ^{70}的氨基酸序列相比有一定程度的同源性。

热激反应

一般性情况下细胞中σ^{32}的浓度在稳定生长时很低，估计每个细胞中约有 10~30 个分子。这是由于σ^{32}蛋白很不稳定，半衰期约 1min。当培养细菌从 30℃立即转移到 42℃后，σ^{32}加速合成，细胞中的含量可迅速达到低温培养时的 15 倍。对于这一应急反应的一种可能的解释是：编码σ^{32}的 *rpoH* 基因有一种自动调节转录的功能，认为在热激以后，细胞中少量的σ^{32}被激活，激活了的σ^{32}能直接地引导 RNA 聚合酶推向 *rpoH*，促使有更多的σ^{32}合成。如果说这种假设是正确的，那么 *rpoH* 基因必定有一个强的σ^{32}识别的启动子序列。可是，从基因簇结构分析中并未找到这样一个专门被σ^{32}所识别的启动子：在 *rpoH* 读框的上游存在着 4 个不同的启动子，其中 3 个被带有σ^{70}的 RNA 聚合酶所识别，还有一个是被带有σ^{E}(也称作σ^{24})的聚合酶识别(见图 8.4)。因此自动调节转录调控假设难以成立。另一种解释认为σ^{32}在细胞中的量取决于转录后的调节。实验结果证实当培养温度突然升高，σ^{32}呈急剧提升时 *rpoH* mRNA 的翻译速率增加了 10 倍。另一些实验结果则指出一些热激蛋白如 DnaK、DnaJ 和 GrpE 在热激反应中扮演重要角色，而且通过影响转录而发挥作用；这些蛋白质由于它们的特殊功能而获得了蛋白质伴侣(protein chaperon)的特殊名称。

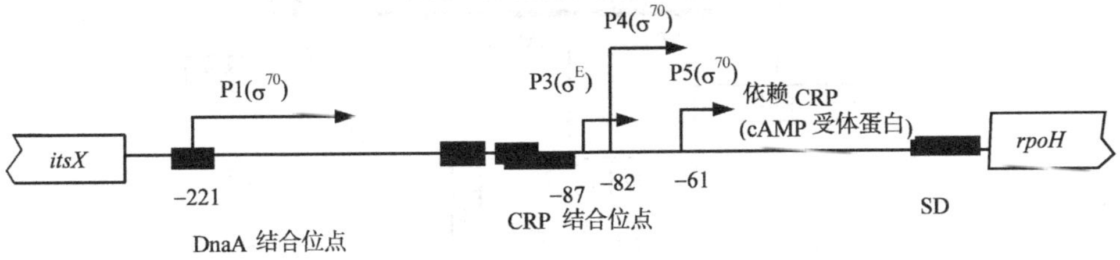

图 8.4 *rpoH* 启动子和调控结构[5]

图 8.5 以 DnaK 为例说明它作为蛋自质伴侣是怎样通过对蛋白质的影响而在热激反应中促进一些热激蛋白的转录。

从图 8.5 可以看到在非热激状态下 DnaK 与σ^{32}相结合，结合状态下的σ^{32}一方面对 *hsp* 基因的转录起着阻遏作用，另一方面使它容易为蛋白酶所降解。在热激状态下许多蛋白质发生变性，DnaK 与变性蛋白质相结合而促使它们重新折叠，使σ^{32}呈游离状态，从而促进许多 *hsp* 基因的转录。

热激反应的一个特点是当培养温度突然上升时合成热激蛋白，但继续在高温中培养时热激蛋白并不无限制地在细胞中积聚。原因是 DnaK 积聚到某一浓度后一部分 DnaK 分子又与σ^{32}相结合，于是 *hsp* 基因又恢复到被阻遏状态。

大肠杆菌的多数热激蛋白在真核生物中存在着高度同源的蛋白质，它们是 DnaK、DnaJ、GrpEL、GroES、Lon、C1pP、C1pB 和 HtpG，其中有不少是分子伴侣，如 DnaK、DnaJ、GrpE、GroEL、GroES。热激蛋白的诱导合成在热激反应中的生理意义究竟是什么目前还不甚清楚。从细胞先在 42℃处理再移到 55℃时要比 37℃直接移到 55℃时死亡率较低以及从细菌突变型 *htp165* 能在野生型不能耐受的温度中生存等一些实验结果来看，似乎可以解释为热激反应能使细胞增进对高温的耐受性。热激反应中出现的蛋白质伴侣协助其他蛋白进行正确的折叠，从而促使它们恢复许多细胞功能，包括 DNA 复制、RNA 转录、蛋白的运送和分泌、蛋白的水解等。从许多热激蛋白是蛋白质伴侣这一事实也可以看到热激反应是一种使细胞适应于高温等环境的应急反应。

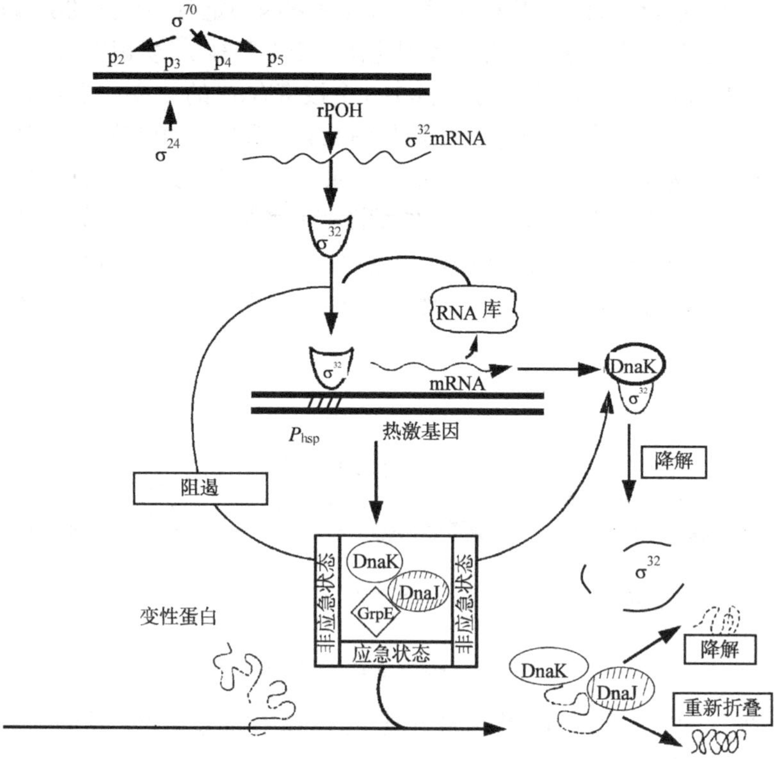

图 8.5 在热激条件下 DnaK 诱导热激基因表达的作用机制[6]

二、SOS 反应

SOS 基因

呼救信号(save our souls，SOS)是微生物细胞和高等生物细胞中普遍存在的一种应急反应。当细胞、特别是细胞中的 DNA 受到严重损伤或 DNA 复制受阻时，会诱导出一系列基因的表达并形成全局性的基因调控网络。微生物细胞中对于 SOS 反应独特的研究方法和研究所取得的进展，对高等生物乃至人类细胞中尚未阐明的犹如癌症发生等问题的研究有一定的启迪。

早在 20 世纪 50 年代中 J. J. Weigle 发现如果把经紫外线照射的λ噬菌体感染用低剂量的紫外线照射过的大肠杆菌，存活的噬菌体大为增加，这一效应称为 Weigle 复活效应或者 W-激活效应。在存活的噬菌体中出现较多的突变型，这一效应称为 Weigle 诱变效应或 W-诱变效应。如果感染的是未经紫外线照射的细菌，那么存活的噬菌体和突变型都较少，可见这些效应是经紫外线诱导后出现的。

在以后的研究中发现大肠杆菌对紫外线照射所引发的反应远远不限于两种 W-效应(Weigle effect, W-effect)，其他效应包括诱变、λ原噬菌体的诱发释放、对细胞分裂的抑制(出现丝状细胞)、DNA 损伤的修复等都属于 SOS 反应。此外还发现诱发 SOS 反应的因素也不限于紫外线。事实上造成 DNA 损伤的因素都是 SOS 诱导因素，包括丝裂霉素在内。

如果 SOS 反应为基因所控制，理应可以得到对 SOS 诱导因素不起反应的突变型。事实上发现了两个具有这一特性的突变型：*recA* 和 *lexA*。*recA* 基因是最早(1956 年)发现的一个控制大肠杆菌染色体复制的基因，在随后的研究中发现它具有多方面的遗传学效应，包括 SOS 应急反应。然而 SOS 包括许多效应，必然涉及许多基因，决不会只涉及 *recA* 和 *lexA* 两个基因。

为了探索与 SOS 反应有关的基因，采用了融合基因技术。Mu-1 是大肠杆菌的一种温和噬菌体，它与λ不同之处是在大肠杆菌的染色体上它没有固定的整合位点，因此可以诱发许多基因的插入突变。这里所采用的 Mu-1 噬菌体上具有一个供选择的抗氨苄青霉素抗性基因(amp^r)和一个不具有启动子的乳糖发酵基因 *lacZ*。使噬菌体 MudI(amp^r *lac*)随机地插入到染色体的许多位置上，然后用丝裂霉素进行诱导处理；在某一位置上插入了 MudI(amp^r *lac*)的菌株经诱导后呈现 *lacZ* 编码的β-半乳糖苷酶活性就说明 MudI(amp^r*lac*)

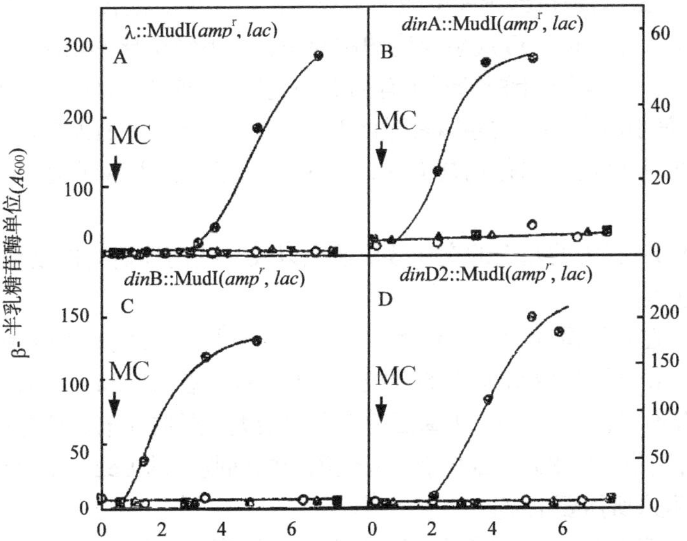

图 8.6(a) 染色体的某一位点插入了 MudI(amp^r *lac*)后的大肠杆菌菌株在含丝裂霉素 C(MC)的培养液中的β-半乳糖苷酶活性[7]

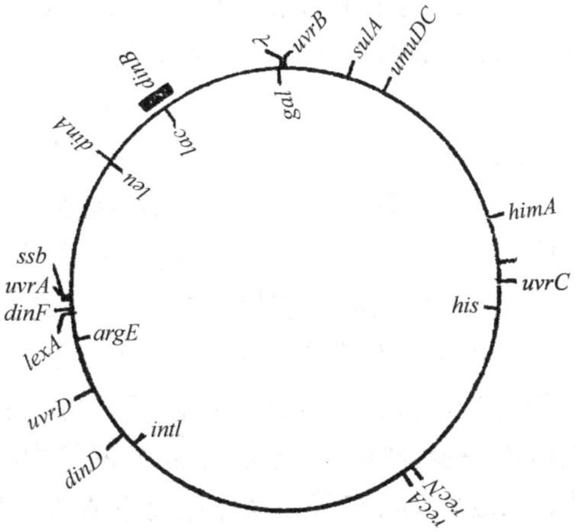

图 8.6(b) 大肠杆菌染色体上属于 SOS 网络的基因[8]

插入了一个 SOS 基因[图 8.6(a)]，这基因的位置可以通过 Ap^r 抗性来确定。从图 8.6(b)可以看到在 1984 年已发现至少有 16 个基因与 SOS 反应有关。其中包括与 DNA 损伤切除修复有关的基因如 *uvr*，与 DNA 复制和重组有关的基因如 *ssb* 和 *recA*，与λ的整合有关的基因如 *himA*，与诱变作用有关的基因如 *umuDC*，与细胞分裂有关的基因如 *sulA*，还有 *recA* 和 *lexA* 基因，这些基因正是从 SOS 反应的性质中可以预期的基因；此外还包括到 1984 年为止功能不详的基因 *dinA*、*B*、*D*、*F* 等。这些基因取名 *din*(损伤诱导，damage induced)是因为它们都是 DNA 受到损伤后呈现功能的基因。

SOS 反应

recA 和 *lexA* 基因发生突变后可以使多种 SOS 反应都不呈现，暗示诱导因素并不直接作用于众多的 SOS 基因；相反地，这些 SOS 基因受 *recA* 和 *lexA* 基因的控制，而诱导因素则作用于 *recA* 或 *lexA* 基因。

生物化学研究的结果指出 RecA 蛋白具有蛋白酶功能。遗传学实验结果与生物化学实验结果相结合所描绘的 SOS 应急反应的诱导是：在不经诱导的情况下 LexA 基因的编码产物 LexA 作为一种阻遏蛋白抑制所有的 SOS 基因的转录。这时 RecA 蛋白的浓度只能满足于 DNA 复制的需要。诱导因素激活 RecA 蛋白，于是 LexA 蛋白遭到分解，从而它对于众多 SOS 基因的阻遏作用被消除，SOS 基因于是进入激活状态而导致众多 SOS 反应的出现。

根据对于 SOS 有关的基因的突变效应研究以及一些离体研究的结果可以把 SOS 反应归纳为以下进程：

(1) 诱导前。在未经诱导的大肠杆菌细胞中全部与 SOS 反应有关的基因都受到 LexA 蛋白的阻遏。但由于各个 SOS 基因的调控序列与 LexA 蛋白亲和力略有不同，所以受阻遏的程度也略有不同，其中以 *recA* 基因的亲和力最大。据估计未经诱导的大肠杆菌细胞中有 RecA 蛋白质分子约 800~1200 个。未经诱导的细胞中的 LexA 蛋白也保持足以满足对 SOS 基因的阻遏所需要的量。

(2) 诱导。在紫外线、丝裂霉素 C 等诱导物的作用下，细胞中 DNA 受到损伤而出现的 DNA 分子中的单链片段或 DNA 复制被抑制以后复制叉位置上被分解的 DNA 片段可能作为一种诱导信号而促使 RecA 蛋白被激活，激活的 RecA 蛋白分解 LexA 蛋白和λ阻遏蛋白，使 SOS 网络中的一系列基因开始转录，同时λ原噬菌体被激活并终于使λ溶源性细菌裂解。

(3) 中间诱导状态。消除阻遏首先转录的是 *uvrA*、*sulA* 等基因，其中 *uvrA* 编码切除修复中的内切核酸酶；由于 *uvrA* 等基因的转录和内切核酸酶的合成，修复功能便加强，这就有利于 DNA 损伤的修复。*sulA* 是和细菌分裂有关的基因，它编码一种抑制细胞分裂的蛋白质，所以不论是在紫外线等诱导物处理的情况下，或是胸腺嘧啶缺陷型在胸腺嘧啶供应不足时，或是一些 DNA 复制突变型在高温中都会长成丝状。

(4) 充分诱导状态。诱导物的连续存在或者细菌接触高剂量诱导物情况下细胞进入充分诱导状态，LexA 蛋白进一步分解，使更多的 SOS 网络中的基因消除阻遏，其中包括与诱变作用有关的基因 *umuD*、*umuC* 等以及作用尚不清的一些 *din* 基因。

(5) 恢复状态。诱导物不存在时诱导信号不再增加，同时由于 DNA 损伤的修复，原有的信号随即消失；于是 RecA 蛋白又回到不激活状态，抑制细胞分裂和诱发基因突变的有关基因又被阻遏，整个细胞恢复正常状态。

上面介绍的仅仅是大肠杆菌中的 SOS 基因和反应过程， SOS 反应并不限于细菌，只是由于生物的不同，SOS 反应也呈现多样性。在基因突变这一章中指出根据 λ 诱导释放这一 SOS 反应进行的诱变与致癌之间相关性测定，其符合率高于根据基因突变的测定。这一事实说明在人体中癌变可能也是 SOS 反应之一。

第三节　蛋白质的运送和分泌

蛋白质的运送和分泌是细胞中基因表达过程中的一个重要的环节。基因表达不仅仅是把 DNA 转录成 RNA，RNA 翻译成蛋白质，还要实现把合成的蛋白质精确地运送或分泌到位。这里包含蛋白质的分选和归类或分拣(sorting)和移位(translocation)。研究蛋白质运送和分泌直接与生物工程相关，一旦外源蛋白表达以后能否控制它的运送和分泌，是基因工程产物能否有效地形成工业化生产的关键之一。这就是说在基因工程中不仅要解决基因的高效表达，而且必须重视外源蛋白的运送和分泌问题。本节从分子遗传学角度，通过对革兰氏阴性细菌和酵母菌的蛋白质分泌中跨膜运送研究的分析，阐明各种生物的细胞中普遍存在的蛋白质运送和分泌功能。

一、信号肽假设

假说的提出

蛋白质运送和分泌是各种生物的细胞的极其普遍的现象，早在 20 世纪 50 年代曾发现动物细胞中既有附着在内质网膜(reticular endoplasmic membrane)上的核糖体，又有胞质中游离的核糖体。随后的研究表明分泌蛋白是在结合于膜上的核糖体上合成的，而胞质蛋白是在游离的核糖体上合成的。为了解释核糖体功能上的这一差别有人提出了核糖体结构差异假设，认为这是由于核糖体因结构不同而带来的选择 mRNA 和定位上的不同的结果。但是经过研究并没有发现这种结构上的差异，因此结构假设被否定了。在深入研究的基础上终于在 1970 年由 G.Blobel 和 D.Sabatini 提出了信号肽假设(signal peptide hypothesis)。

信号肽假设的要点是：①编码着膜蛋白的 mRNA 的 5′端有一个信号序列(signal sequence，ss)；②信号序列翻译成为信号肽(signal peptide)，它使核糖体附着在内膜上，令肽链穿过内膜进入周质；③肽链继续延伸，在肽链翻译完成前信号肽已被酶解去除；④在多肽翻译完成后核糖体从膜上游离；⑤信号肽中以疏水性氨基酸为主，一般长约 15~30 氨基酸。

信号肽假设提出后，真核生物许多分泌蛋白的研究结果为这一假设提供了许多事实依据，包括有关甲状旁腺激素(parathyroid hormone)、免疫球蛋白(immunoglobulin)轻链(IgG)、胰岛素(insulin)、生长激素(growth hormone)、人体胎盘催乳激素(human placental lactogen)等分泌蛋白的研究成果。而且发现如果提取它们的 mRNA，通过合适的体外无细胞翻译系统进行离体翻译，可以看到翻译产物在 SDS-聚丙烯酰胺凝胶电脉中的迁移比体内产物慢，说明在它们的氨基末端都有额外的片段。通过脉冲追踪(pulse-chase)实验又发现这片段的寿命是短的，即随后就被切除。

信号肽假设是在研究真核细胞蛋白质分泌过程中提出的，在原核生物中也有类似的发现。在地衣芽孢杆菌(*Bacillus licheniformis*) 中发现膜结合的异构酶与胞外异构酶相比多了一个额外的片段；在 *E.coli* 中发现碱性磷酸酯酶(alkaline phosphatase)在无细胞系统中合成的产物比周质中成熟的碱性磷酸酯酶分子质量大，而且发现如果给予膜成分，则离体翻译产物能被加工成为分子质量较小的成熟蛋白质；还发现阿拉伯糖结合蛋白(arabinose-binding protein，ABP)、麦芽糖结合蛋白(moltose-bingding protein，MBP)和λ受体蛋白(λ receptor protein)的体外翻译都在膜结合的核糖体上进行，而且产物比活体内合成的蛋白质大几千道尔顿，而体外游离核糖体上的翻译产物以及胞内蛋白伸长因子Tu(EF-Tu)就没有发现比活体内合成的蛋白质大的现象。

信号肽的结构和功能

生物化学研究结果指出，除少数例外几乎所有的分泌蛋白都具有信号肽，原核生物中已知信号肽一般有三个保守性的结构特点：①它的氨基末端(N 端)的 1~3 个带正电荷的氨基酸残基；②N 端的带正电荷的氨基酸后面的 14~20 个中性氨基酸部分，通常称作疏水中心(hydrophobic core)；③信号肽切除部位附近的氨基酸，它可表示为 A-X-B，B 是紧接切除位点(processing site)的氨基酸，可以是 Ala、Gly 和 Ser，A 可以是上述氨基酸也可以是 Leu、Val、Ile。除了以上三个基本特点外，许多信号肽的疏水中心包含 1 或 2 个α螺旋。

遗传学方法同样曾被用来研究信号肽的结构和功能。在信号肽的研究中曾经采用的遗传学方法包括定点诱变和基因融合。

具有正常信号肽的蛋白质位置在膜上，信号肽发生缺陷的蛋白质位置在细胞质中。通过定点诱变破坏信号肽的功能，取得细胞质中的突变型蛋白质，分析它的氨基酸取代情况。结果发现信号肽功能的丧失常伴随着下列几方面的氨基酸取代：①因带电荷的氨基酸残基的取代而影响它的疏水性，从而损害信号肽的功能；②脯氨酸、甘氨酸等使α螺旋不稳定的氨基酸的引入影响信号肽的二级结构，从而损害信号肽的功能；③某些氨基酸的特殊的位点效应。这些氨基酸可能与蛋白质运输过程中某些组成部分发生作用而充当识别位点。例如 LamB 信号肽中的氨基酸残基 14，15，16，19；麦芽糖结合蛋白(MalE)的氨基酸残基 14，16，18，19。这些位点的氨基酸取代同样使信号肽丧失功能。

在融合基因的研究中，首先构建麦芽糖结合蛋白基因 *malE* 与β-半乳糖苷酶基因 *lacZ* 的融合基因。由于 *lacZ* 基因所编码的β-半乳糖苷酶能催化邻硝基苯-β-D-半乳糖苷(ONPG)的分解而产生黄色的邻硝基苯，所以它可以帮助我们认识 MalE 蛋白所处的位置。在正常情况下 MalE 蛋白的一端处在周质中，起着把外界的麦芽糖输入细胞的作用。所以正常的 *malE-lacZ* 菌株能在以麦芽糖作为唯一碳源的培养基上生长。融合基因菌株所合成的是一个包括 MalE 和 LacZ 的巨大分子，它无法完成进入周质的过程而只能中途停留在内膜中，可能因此堵塞了物质进出的通道。再加以它所处的位置无法把外界的麦芽糖输入到细胞中而使细胞缺乏碳源，因此细胞的分裂受到抑制，细胞长成丝状，并出现溶菌现象而致死。

从对麦芽糖具有致死效应的 *malE-lacZ* 融合基因菌株可以得到麦芽糖抗性菌株。抗性菌株有两类：一类呈乳糖不发酵表型，它们是不具β-半乳糖苷酶活性的分子质量变小的无义突变株(mal^Rlac)；另一类是β-半乳糖苷酶活性和分子质量不变的错义突变株(mal^Rlac^+)。测定后一类菌株的信号肽的氨基酸取代，以及它们在以麦芽糖作为唯一碳源的培养基上的生长情况的结果见表 8.3。

表 8.3　大肠杆菌的麦芽糖发酵野生型和突变型在以麦芽糖为唯一碳源的培养基上的生长情况以及 MalE 蛋白信号肽的氨基酸取代[9]

菌株	生长情况	信号肽上的密码改变和氨基酸替代
野生型	++++	
突变型 10-1	++	CTC→CCC(Leu→Pro)
14-1	++	GCA→GAA(Ala→Glu)
16-1	+++	ACG→AAG(Thr→Lys)
18-1	+	ATG→AAG(Met→Arg)
19-1	+	ATG→AAG(Met→Arg)

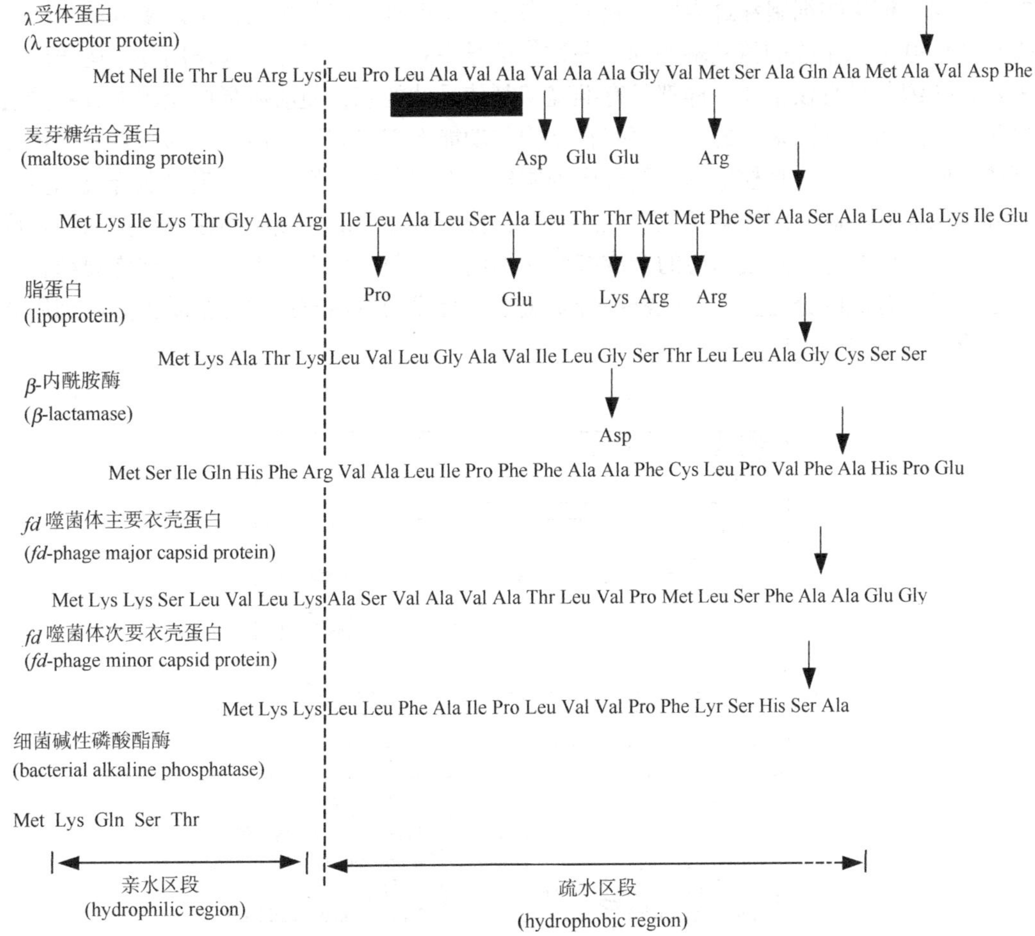

图 8.7　原核生物中 7 种分泌性蛋白质信号肽的氨基酸序列[10]

箭头示氨基酸替代和信号肽切割位点

从表中的数据可以看到除了突变株 10-1 的氨基酸取代属于 2 个非极性氨基酸的取代以外，其余 4 个都属于极性氨基酸取代非极性氨基酸，说明信号肽的功能与它的两个功能区保持各自的亲水和疏水特性为维持它的正常功能所必需。至于突变株 10-1 中脯氨酸取代亮氨酸则属于另一性质——影响α螺旋的稳定性。

图 8.7 列有 MalE 的信号肽以及另外 6 种信号肽的氨基酸替代。从这些信号肽的比较中更能明显地看到信号肽结构的共同特点，特别是λ-受体的氨基酸取代和麦芽糖结合蛋白尤为相似。

二、细菌中蛋白质的运送和分泌

蛋白质在细胞中运送和分泌的研究在大肠杆菌、酵母菌和高等真核生物中均有深入的开展。由于在遗传学和生物化学分析方法上对于像大肠杆菌这样的革兰氏阴性细菌有独特和便捷之处，往往把它作为研究蛋白质运送和分泌的最简单的模式生物。

从已经积累的研究结果发现，细菌中蛋白质跨膜运送和穿过细胞质膜或分泌到胞外的过程与真核生物细胞穿过内质网膜的蛋白质分泌有许多相似之处：①许多分泌蛋白均带有 20~40 个氨基酸的氨基端序列，即称作信号序列，它在运送中起作用并在运送后被去除；②细菌与真核生物一样都具有准确切割信号肽的酶，使前体蛋白变成为成熟的蛋白质；③细菌中不同来源的信号序列在结构与功能上有保守性，而且它的信号序列可在真核细胞中起作用，真核生物的信号序列同样可在细菌中工作；④在蛋白质合成和蛋白质分泌的偶联机制上同样有相似之处。当然，像细菌这样的原核生物在分泌蛋白的合成方式上与真核细胞分泌蛋白质的合成有明显不同，细菌中核糖体不直接与细胞膜结合，而是通过新合成的分泌蛋白多肽链结合到膜上，合成的蛋白质穿过细胞质膜分泌到周质空间或直到细胞外(图 8.8)。

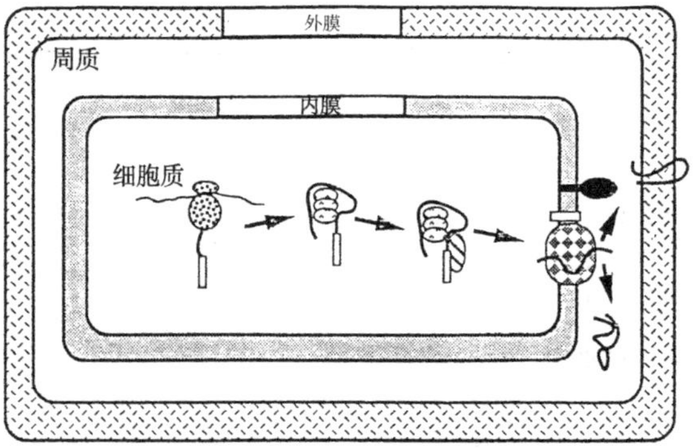

图 8.8 大肠杆菌中蛋白质分泌的模式图[11]

信号序列 (signal sequence)；成熟的蛋白质 (mature protein)；核糖体 (ribosome)；蛋白伴侣 (chaperone)；导向蛋白 (piloting protein)；转位器 (translocator)；信号肽酶 [leader(signal) peptidase]

示意蛋白质从细胞质内合成的不同过程直至跨膜分泌

参与蛋白质运送和分泌的基因

最初在细菌中研究蛋白质运送和分泌的遗传学方法就是前面所提到的用β-半乳糖苷酶(LacZ)和磷酸酯酶(PhoA)作为检测产物，利用细胞质中的 PhoA 和结合在膜上的 LacZ 没有生物活性的特点，通过基因融合或基因突变等技术找出与蛋白质运送和分泌功能相关的基因。其中有一类是信号序列突变的显性抑制基因，称蛋白质定位基因(protein localization gene，*prl*)。另一类是条件致死又多效的运送缺陷突变，称为分泌基因(secretion gene，*sec*)。表 8.4 中列出已经确定与蛋白质运送和分泌有关的 *sec* 和 *prl* 基因。

表 8.4 大肠杆菌 *sec* 和 *prl* 基因[12]

基因	图谱位置/min	筛选法	必要性	表型
secA	2.5	运输缺陷-Lac^+	+	Ts, ED
secB	81	运输缺陷-Lac^+	有条件的	LB^-, ED
secD	9	运输缺陷-Lac^+	–	Cs, ED
secE	89	SecA-LacZ(UP)	–	Cs, ED
secY	72	定位突变	–	Ts, ED
prlA	72	SS 抑制-Dex^+	–	GSS
prlC	68	SS 抑制-Dex^+	–	GSS
prlD	2.5	SS 抑制-Mal^+	–	GSS
prlF	69	Mal^R	–	Mal^R
prlG	89	SS 抑制-Dex^+	+	GSS

注：SS，信号序列；Ts，温度敏感；Cs，冷敏感；ED，运输缺陷；LB^-，在丰富培养基上不长；GSS，一般的信号序列抑制；UP，超产量。

分子伴侣的作用

在应急反应一节中说明了分子伴侣在热激反应中所起的作用。这类蛋白质分子在生物界广泛存在，包括从细菌到酵母菌、植物、无脊椎动物和脊椎动物(包括人)。作用方式也都非常相似，即它们的功能是稳定多肽折叠构型，防止错误折叠的形成，促进多肽折叠向正确的构型方向进行，也间接地与蛋白质的分泌有关。分子伴侣是在进化上相当保守的一类蛋白质，它们大多数分属于 3 个高度保守的热激蛋白家族即 Hsp60、Hsp70 和 Hsp90。

在真核生物细胞中，不同家族的成员存在于不同的细胞器中，不同的分子伴侣蛋白在不同生物体内有不同的功能。Hsp90 类蛋白似乎是能稳定处于非活性或非装配状态下的蛋白质。Hsp70 类蛋白与蛋白质在装配之前跨膜进入细胞器(如内质网和线粒体)有关，与折叠和装配之前多肽的稳定性有关，与蛋白质寡聚体的重排和蛋白质聚集的解除有关。Hsp60 类蛋白能在分泌的蛋白质输出之前结合在伸展的前体上而促进运送和分泌：在大肠杆菌中与蛋白质寡聚体的组装有关；在真核生物细胞中帮助多肽折叠和装配，移位进入叶绿体或线粒体。

在原核生物中，分泌蛋白的合成方式与真核细胞不同，它的核糖体不直接与膜结合，而是通过新生多肽链结合到膜上。在合成的蛋白质穿过膜分泌到细胞外时也需要一些伴侣蛋白的协助，如在细菌中已知的有触发因子(trigger factor)、GroEL 和 SecB 等。它们的作用是一方面能阻止新合成的蛋白质过早折叠，有助于蛋白质处于跨膜状态；另外它们与膜上的周质蛋白如 SecA 有亲和力，将 SecB 与前体蛋白固定到膜上，促进蛋白质的分泌。枯草芽孢杆菌自身含有较高水平的分子伴侣，在蛋白分泌中起重要作用；其中一个分子伴侣 PrsA，在移位后蛋白的正确折叠以及释放等过程中起重要作用。

蛋白质运送和分泌的途径

革兰氏阴性细菌的细胞外鞘是由内膜(inner membrane)、外膜(outer membrance)和周质空间(periplasmic space)三部分组成。细胞质内合成的蛋白质分泌到胞外培养液中须越过上述屏障。革兰氏阳性菌(如芽孢杆菌)比阴性菌有更强的分泌能力，在于它没有细胞外膜的屏障。像大肠杆菌这样的革兰氏阴性菌只能分泌一些水解酶和毒素，真核来源的外源蛋白分泌更成问题，有些最多只能选择性地分泌出胞外。现有资料表明，在革兰氏阴性菌中蛋白质分泌大致可分为两个途径:第一是不依赖信号肽和SecA 的管孔途径(pore pathway)。最典型并已较深入研究的是大肠杆菌α-溶血素(α-haemolysin)。它的毒素蛋白 HlyA 分泌出胞外需要另外 3 个基因产物参与，即 HlyB、HlyD 和 TolC。Barry Holland 等提出 HlyA 分泌的模式(图 8.9)。从图可以看出 HlyB 和 HlyD 能使大肠杆菌外鞘的膜黏连区(membrane adhesion zone)形成一个管孔(或通道 channel)。通过 HlyB 与 ATP 结合，从 ATP 水解中得到能量，完成 HlyA 的分泌。第二是普遍性途径(general pathway)，依赖于信号肽和 SecA 将蛋白质运输到周质空间，经短暂停留后，经过特异性反应将蛋白质分泌到胞外。淋病奈氏球菌(*Neisseria gonorrhoeae*)IgA 蛋白酶的分泌就是一例。它像大多数分泌蛋白那样，先合成带有 N-端信号肽的前体，穿过内膜后将信号肽切除；当它要跨越外膜前，蛋白质 C 端有一功能区，首先插入外膜，它起助手作用将有蛋白酶活性的 N 端分泌到胞外培养液中，形成 106kDa 的 IgA1 蛋白酶。类似上述那些跨过内膜后在周质空间短暂停留，再依靠特异性的辅助蛋白促成蛋白质分泌出胞外的途径已在霍乱弧菌(*Vibrio cholerae*)、嗜水气单胞菌(*Aeromonas hydrophila*)中证实。

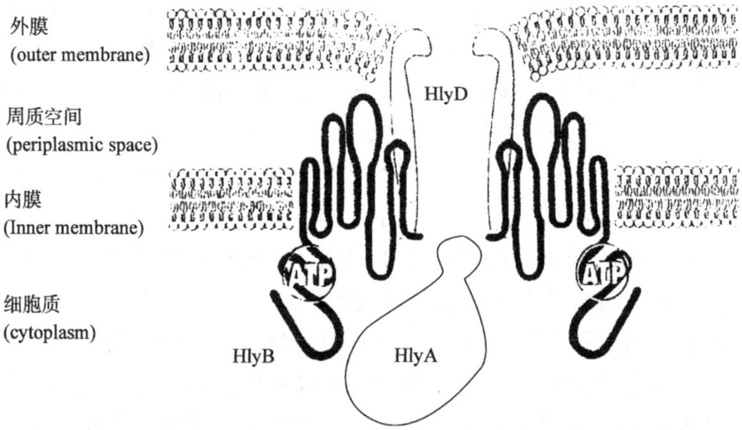

图 8.9 HlyA 分泌的模型[13]

HlyA 的 C 端信号识别 HlyB、HlyD 转位复合体，HlyB 的 C 端结合 ATP

三、酵母菌中外源蛋白的分泌

在一般情况下，酵母细胞中自身蛋白的分泌仅占总蛋白的 0.5%。许多基因工程产物在酵母细胞中作为外源蛋白，所以往往希望它能表达并分泌出胞外。因为产物的分泌避免了产物在细胞内的大量积累，不仅影响细胞正常生长而且使产物处在不稳定状态。最初合成的蛋白质只有在经过蛋白质分泌过程中翻译后的加工，例如切去信号肽、糖基化及空间折叠等，产物才有生物活性。但是实际情况不很理想，重组酵母细胞能识别外源分泌蛋白质的信号肽，但往往切割信号肽不甚准确，前体的折叠也不准确。例如，带有信号肽序列的α干扰素的前体蛋白进行表达时不足 10%的产物被分泌到培养基中，仅占总蛋白的 0.01%。这样使得未经加工和加工不完全的蛋白质被滞留在内质网内，之后被蛋白酶降解。

通过对酵母菌温度敏感的分泌缺陷突变型的分析，了解酵母菌分泌蛋白质的途径是从内质网→高尔基体→囊泡→胞外。即 mRNA 在翻译形成蛋白质的同时借助于 N 端的信号肽转移到内质网，在内质网内加上 N 连接核心寡糖，同时 O 连接寡糖也开始被加上；然后蛋白质被运送到高尔基体(Golgi apprаtus)进行修饰。但在高尔基内的加工方式却表现出酵母菌和高等真核细胞的差异，即酵母菌在高尔基体内的 O 连接寡糖成分上有甘露糖(mannose)，而高等真核细胞中的糖蛋白(glycoprotein)是黏蛋白(mucin)，含有带唾液酸的 O 连接链。酵母菌的糖蛋白是高甘露糖，带有很多侧链，甘露糖残基可以多达 75 个，因而造成过度糖基化。酵母细胞这种过度糖基化对保持外源蛋白的特性是不利的。

酵母菌与细菌中蛋白质分泌的相似之处是折叠成一定的空间结构对顺利通过分泌途径是十分必要的。折叠反应发生在内质网中，在蛋白质分子伴侣协同下进行，例如重链(heavy chain)结合蛋白(binding protein,Bip)和二硫化物异构酶(disulfide isomerase, DDI)。翻译后的前体蛋白结合了 Bip 蛋白共同运输，在前体蛋白进行折叠、装配和糖基化时，Bip 蛋白脱离下来；但错误折叠的蛋白质将永远被 Bip 结合而滞留在内质网中，另外，DDI 促使了蛋白质分子内和分子间二硫键的形成。

为提高酵母细胞分泌外源蛋白的能力，已有一些对策。如筛选和采用分泌能力强的信号顺序，如α-因子信号顺序广泛被采用，外源蛋白与分子伴侣共表达，促进蛋白质的正确折叠和分泌，筛选超强分泌突变株等。

第四节　信 号 传 导

刺激-反应是生命的基本特征，细胞对外界的变化如渗透压、碳源氮源供应、氧压变化、酸碱度变化等都会作出相应的反应。一类共同的细胞反应是通过双组分基因调控系统的反应，它包含两个主要环节：一是外部信号为受体分子所接受，二是将所接受的外部信号转换为促使一些基因作出反应的细胞内信号。后一环节被称为信号传导(signal transduction)。

本节的内容包括双组分系统在细菌中的概貌，双组分系统的一些共性，以及一种较为特殊的、也是最近发现的一种双组分系统-群体感应系统的描述。由于在第七章中已经介绍了一些双组分系统，其余内容一概从略。

一、双组分基因调控系统概论

细胞外的刺激信号往往并不直接促使细胞中的某些基因作出相应反应，而是呈现级联式的(cascade)反应。级联式信号传导反应中的中介蛋白有两类：通过磷酸化的信号传导和通过与三磷酸鸟苷(guanosine triphosphate，GTP)的信号传导。高等动植物的信号传导以后者为主，细菌的信号传导以前者为主。

双组分调控系统的普遍性

双组分调控系统(two-component regulatory system)是普遍存在于微生物中的一种对刺激作出反应的信号传导系统。细菌细胞在适应变化的环境时通过这种调控系统感受外部的刺激信号，将信号传递到细胞内的反应调控蛋白，由调控蛋白激活目标基因(target gene)的转录，从而对环境变化作出相应的反应。在细菌中双组分调节系统形式多样，细菌对于不同的环境变化依靠不同的双组分系统作出不同的反应。大肠杆菌中至少已经发现 32 种双组分调控系统，在枯草芽孢杆菌(*Bacillus subtilis*)中发现有 34 种。研究较为详细的有大肠杆菌、产气肠杆菌(*Enterobacter aerogenes*)和鼠伤寒沙门氏菌(*Salmonella typhimurium*)等的趋化性(chemotaxis)调控系统；大肠杆菌、产气克氏杆菌(*Klebsiella aerogenes*)、肺炎克氏杆菌(*Klebsiella pneumoniae*)、鼠伤寒沙门氏菌和根瘤菌(*Rhizobium*)等中的固氮调控系统；大肠杆菌和枯草芽孢杆菌等中磷的调控；大肠杆菌和鼠伤寒沙门氏菌中适应渗透压变化的调控系统；以及根癌土壤杆菌对寄主植物进行感染的调控等。表 8.5 列出了多种细菌对不同的外界信号作出不同反应的双组分系统。

表 8.5 针对多种外界信号的细菌中存在的双组分调控系统

系统	信号感受蛋白	反应调节蛋白	反应
Che	Che	CheB/CheY	趋化性
Env	EnvZ	OmpR	渗透性
Van	VanS	VanR	细胞外膜生物合成
Kin	KinA	SpoOF	渗透性
Frz	FrzE	FrzE(内部变化)	泳动性
Pho	PhoR	PhoB	磷酸代谢
Omp	EvnZ	OmpR	渗透性
Rse	RseC	RseC(内部变化)	细胞膜合成
Vir	VirA	VirG(内部变化)	致病
Arc	ArcB	ArcB/ArcA	厌氧习性
Brg	BrgS	BrgS(内部变化)	毒性
Ntr	NtrA	NtrC	氮代谢
Spo	SpoⅢ	SpoOA/SpoOF	芽孢形成
Dct	DctB	DetD	二羧酸输送
Hyd	HydH	HydG	氢化酶
Pgt	PgtB	PgtA	磷酸甘油输送
Uhp	UhpB	UhpA	磷酸己糖输送
Fix	FixL	FixJ	固氮
Nar	NarX	NarL	硝酸盐还原酶
Deg	DegX	DegU	酶的分泌
Agr	ArgC	AgrA	胞外蛋白合成

双组分基因调控系统的共同性结构和功能

典型的双组分系统包括一个信号接受蛋白或感应蛋白(sensor protein)和一个反应调节蛋白(response regulator protein)，以及由被激活的反应调节蛋白所激活的若干目标基因。目标基因的编码蛋白因调控系统的不同而不同，但是各个系统的感应蛋白和反应调节蛋白则具有相似的结构和功能。

感应蛋白都是跨膜蛋白，这是接受来自外界的信号所必须的。感应蛋白有两个功能区(functional domain)：输入区(input domain)和传递区(trasmitter domain)[图 8.10 (a)]。输入区由镶嵌在膜中的若干环状(loop)结构及暴露在膜的外侧部分所组成。由于不同的双组分系统所接受的外界信号的性质各不相同，所以各个系统感应蛋白的输入区的序列同源性极低，它们的相同之处是一般包含两个疏水区(hydrophobic domain)。不同的双组分系统的感应蛋白的传递区具有一些保守性较高的区段，它们以其中最为保守的氨基酸命名：H、N、G1、F、G2。H 代表组氨酸，这是感应蛋白自体磷酸化(autophosphorylation)过程中接受磷酸基团的氨基酸。H 区段的位置在与二聚化作用有关的称为二聚化组氨酸磷酸转移(dimerization histidine phosphotransfer，DHp)亚区(subdomain)中。传递区的另一亚区称为催化作用中的 ATP-结合(catalytic ATP-binding，CA)亚区。这一亚区的三级结构中包含着与核苷相结合的部位，其中有含多个甘氨酸的 G1 和 G2 区段，它们与其他一些核苷结合蛋白具有高度相似的序列。突变型的研究结果说明 G1、G2 和 N 区段与自体磷酸化酶活性有关。

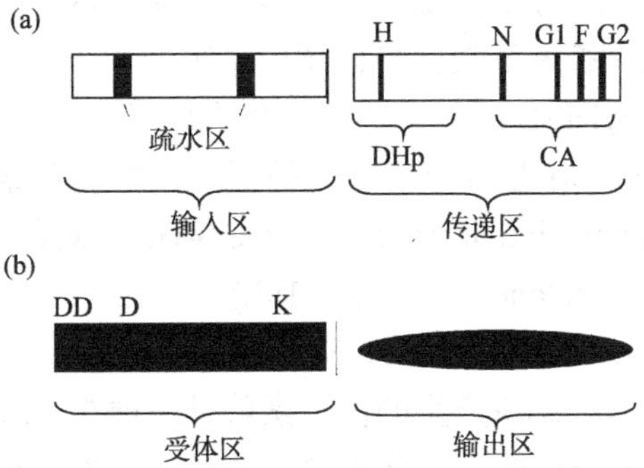

图 8.10　双组分基因调控系统典型的感应蛋白(a)与反应调节蛋白(b)的结构与功能区域[14]

反应调节蛋白也包括两个功能区：受体区(receiver domain)和输出区(output domain)[图 8.9 (b)]。受体区中同样有一些高度保守的区段：DD、D、K，它们是与感应蛋白的传递区相接触而从后者接受磷酸基团的亚区。输出区是作为转录激活因子作用于目标基因的功能区，它具有典型的 DNA 结合蛋白(DNA binding protein)结构。

目标基因的性质和数目随着双组分系统的不同而不同。同一双组分系统中被同一转录激活因子所激活的基因往往具有一个共同的特性，即在启动子中具有能与共同的激活因子相结合的序列，称为某某框(box)(参见第七章以及下一节中的群体感应框)。

二、群体感应系统

群体感应系统的运作

以上(包括第七章中)已有多处介绍了多种双组分系统，这些系统中接受的信号都来自外界。本节将介绍一种双组分系统，它的信号分子由细菌自身所产生，这类系统称为群体感应(quorum sensing)系统。

20 世纪 70 年代在海洋细菌 *Vibrio fischeri* 中发现它的萤光素酶(luciferase)的合成受自身所合成的某种物质所诱导。在此以后的 20 年中对这种被认为限于海洋弧菌的现象以及其自身诱导的遗传控制进行了广泛的研究。90 年代在植病细菌 *Erwinia* spp.和根癌土壤杆菌以及人类致病细菌中都发现了类似的现象，而且鉴定了自身诱导物质是一类酰基-高丝氨酸内酯(acyl-homoserine lactone，acyl-HSL)。目前已知超过 50 种细菌能产生这种信息素(pheromone)。

细菌常因所处环境的不同而形成密集度大不相同的群体。*Vibrio fischeria* 在海洋中自由生活时密集度极低，但在海洋动物(例如一种乌贼)的发光器官中因受到寄主动物提供的丰富营养使细菌群体的密度可以达到 10^{10}/ml。同样地，绿脓杆菌在自由生活时密集度极低，但在感染人体(例如感染烧伤病人的皮肤表面)时细菌形成高度密集的一层膜，其中的细菌同样地高度密集。

低密集状态下的细菌所产生的信息素很快地扩散，在高度密集状态下所产生的信息素则可以积集达到较高浓度，这一状态下的细菌会感应自身所产生的信息素而作出相应的反应：*Vibrio fischeri* 的发光，*Pseudomonas aeruginosa* 的产生毒素。对群体密度这一刺激作出相应反应的基因调控系统便是群体感应系统。

在群体感应系统中 AcylHSL 是一类广泛存在的细菌信息素。不同的细菌可以产生不同的这类信息素，同一细菌也可以产生不同的这类信息素。绿脓杆菌可以产生 *N*-(3-oxododecanoyl)-L-homoserine lactone 即 $3OC_{12}$-HSL 或者 *N*-丙酰-L-高丝氨酸内酯(*N*-butanoyl-L-homoserine lactone 即 C_4-HSL)，*Erwinia carotovora* 则产生 *N*-(3-oxohexanoyl)-L-homoserine lactone 即 $3OC_6$-HSL。另外一类信息素是小肽，金黄色葡萄球菌(*Staphylococcus aureus*)所产生的信息素就是一种八肽(octapeptide)。

Vibrio fischeri 的 AcylHSL 的生物合成途径已经被阐明。AcylHSL 合成酶(AcylHSL synthase)的氨基酸序列也已经分析清楚，许多影响其活性的氨基酸变化已经通过诱变分析鉴定。

Vibrio fischeri 的群体感应系统中两个主要的基因是编码 AcylHSL 合成酶的 *luxI* 基因和编码 AcylHSL 结合蛋白(AcylHSL receptor protein)的 *luxR* 基因。

AcylHSL 结合蛋白(即 LuxR 蛋白)的氨基酸序列也已经分析清楚。它可以划分为三个功能区：与 AcylHSL 相结合的功能区，二聚化功能区和与目标基因的启动子 DNA 相结合的功能区，也即螺旋-转角-螺旋(helix-turn-helix, H-T-H)区 (图 8.11)。

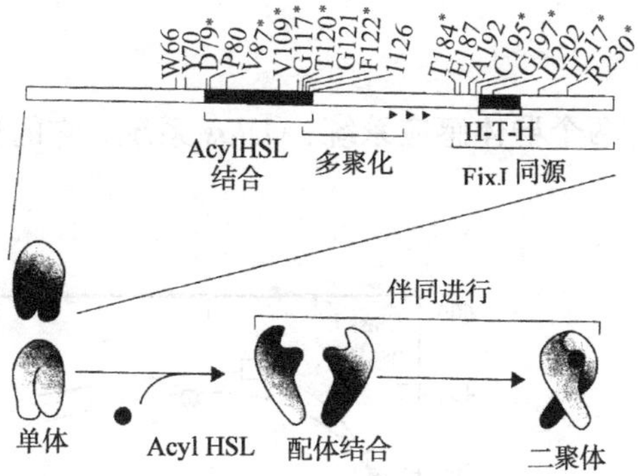

图 8.11 *Vibrio fischeri* 的 LuxR 蛋白功能区以及群体感应目标基因激活因子的形成 [14]

图上方黑白相间的长框：LuxR 蛋白；其中的长黑框：LuxR 蛋白中与 *Acyl* lHSL 相结合的功能区；短黑框：目标基因激活区；两个黑框的中间是二聚体形成功能区，3 个三角形表示这部分的缺失使 LuxR 蛋白的作用不依赖于 *Acyl* HSL；上方英文字母表示氨基酸名称，数字表示该氨基酸在 LuxR 蛋白的氨基酸序列中的位置。图的下方表示 LuxR 蛋白形成二聚体并与 *Acyl* HSL 相结合，方括号表示这两个过程可能是相互依赖，伴同进行的

群体感应系统的运作过程见下图(图 8.12)。

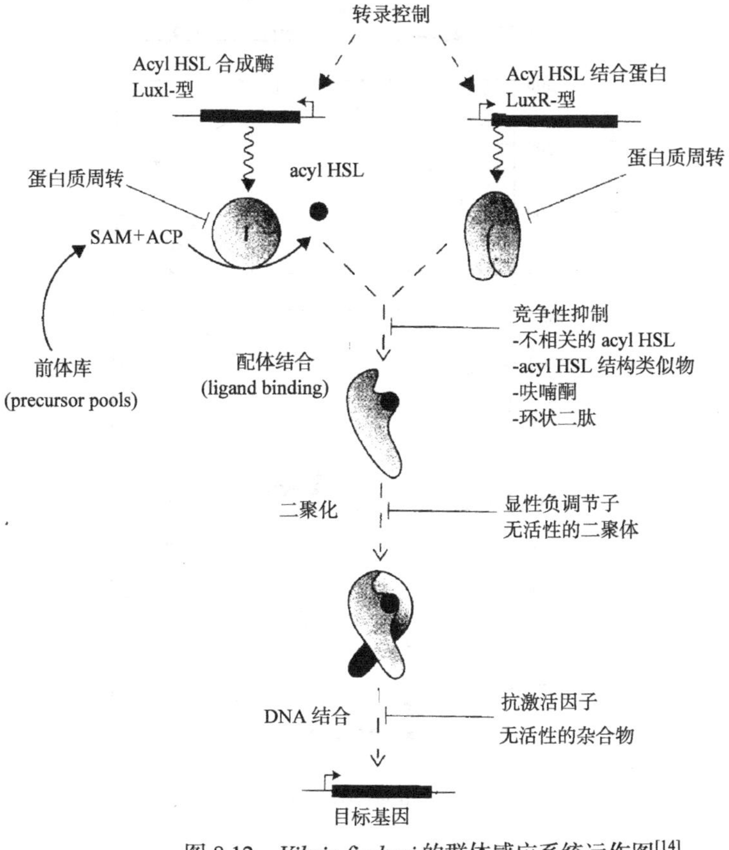

图 8.12 *Vibrio fischeri* 的群体感应系统运作图[14]

表示群体感应系统中目标基因转录控制所依赖的两个过程[即 Acyl HSL 的合成(左)和 Acyl HSL 结合蛋白的合成(右)]以及它们协同作用下目标基因的激活。波形线箭头表示基因的转录和翻译。黑框表示基因，与黑框相连的箭头表示转录。浅色圆表示 acyl HSL 合成酶；浅色不规则图像表示 LuxR 蛋白；小黑色圆表示 acyl HSL；⊥表示阻遏作用或抑制作用；SAM(*S*-adenosylmethionine, *S*-腺苷甲硫氨酸)；CAP(cyclic AMP receptor protein, cAMP 受体蛋白)

群体感应基因

绿脓杆菌中存在着两个群体感应系统：①*las* 系统，它的信号分子是 $3OC_{12}$-HSL，

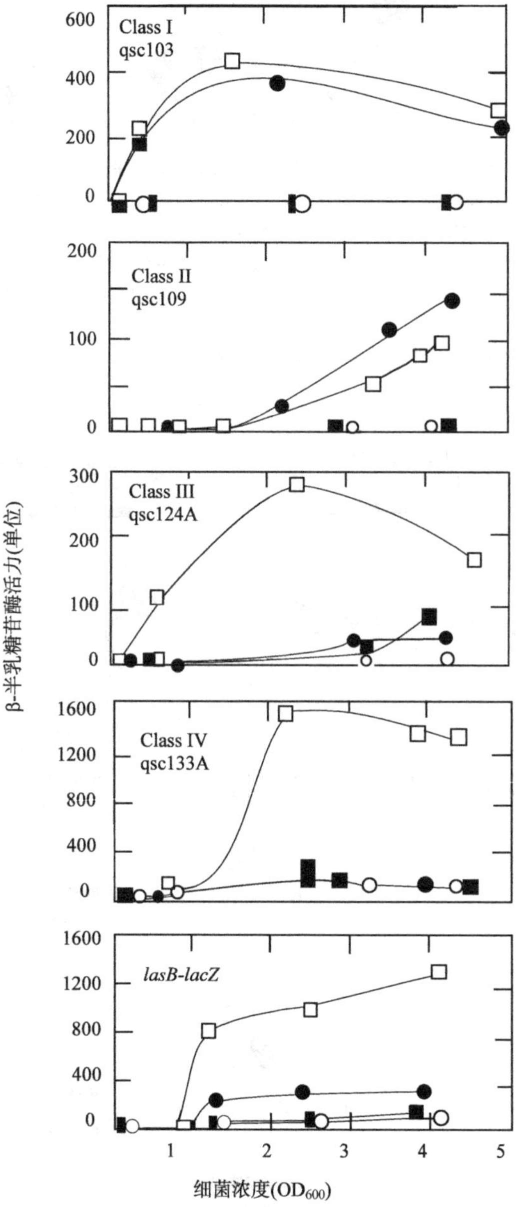

图 8.13 *lasI-rhlI* 双重突变株中由 Tn*5-lacZ* 的插入所形成的突变株(*qsc*)，在 $3OC_{12}$-HSL 和(或)C_4-HSL 诱导下的β-半乳糖苷酶活性 [15]

横坐标：培养物的浓度(OD_{600})，纵坐标：β-半乳糖苷酶活性(单位)；●：加 $3OC_{12}$-HSL，■：加 C_4-HSL，○：都不加，□：加 $3OC_{12}$-HSL 和 C_4-HSL

HSL-合成酶基因是 *lasI*，反应调节蛋白基因是 *lasR*，目标基因中包括 4 个毒力基因(virulence gene)；②*rhl* 系统，它的信号分子是 C_4 – HSL， HSL-合成酶基因是 *rhlI*，反应调节基因是 *rhlR*，目标基因中包括另一些毒力基因。近期还发现一些与毒性无关的基因也属于群体感应系统，例如编码 δ 因子 *rpoS* 以及与分泌有关的一些基因。因此追问究竟有多少基因受群体感应系统的控制是一个令人感兴趣的问题。

在 *lasI-rhlI* 双重突变绿脓杆菌中引入与不具启动子的 *lacZ* 基因相融合的转座子 Tn*5*，取得由 Tn*5-lacZ* 随机插入所形成的一些绿脓杆菌突变型菌株 *qsc*。在加入 $3OC_{12}$-HSL 和/或 C_4-HSL 的条件下测定菌株的β-半乳糖苷酶活性。典型的实验结果见图 8.13。

图中β-半乳糖苷酶活性都在信号分子诱导下出现，而且β-半乳糖的活性在一定范围内都随着细菌浓度的增加而增加，说明这些基因都属于群体感应系统；其中除 *lasI*、*lasK*、*lasB*、*rhlR* 属于感应基因或调节基因外其余为数众多的基因都属于目标基因。

实验结果还说明一部分突变株在 $3OC_{12}$-HSL 或 C_4-HSL 存在的情况下被诱导，另一部分突变株在两种信号分子同时存在的情况下被诱导，说明两个系统并不完全独立。

所有的目标基因在绿脓杆菌染色体上的位置已经标定(图 8.14)。

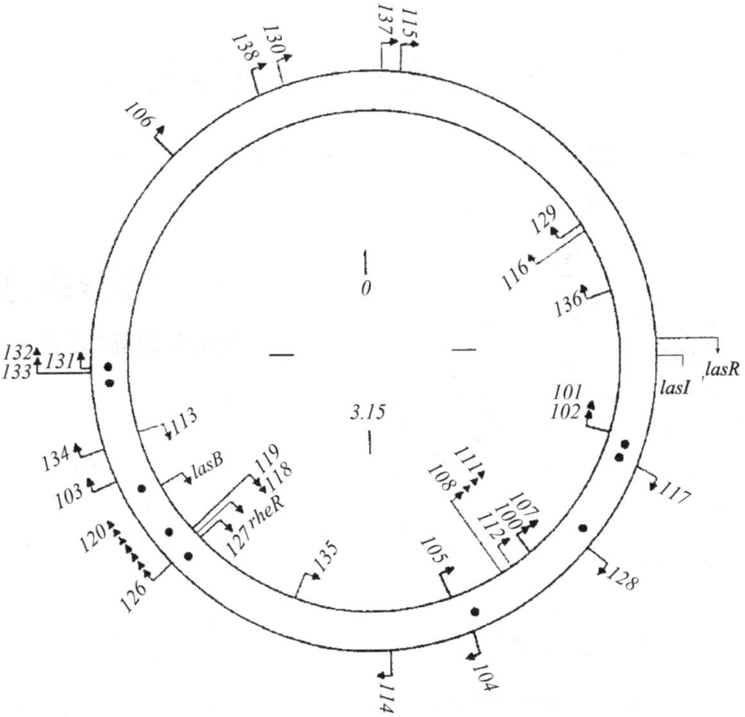

图 8.14　绿脓杆菌染色体上的群体感应目标基因 *qsc*[15]

图中内外两圈表示同一染色体，它们各自标记上转录方向相反的两组基因，箭头表示 *lacZ* 的转录方向。相连接的箭头表示属于同一操纵子的基因。内外圈中间的黑点表示启动子中的 *las*-框的位置

las 基因的启动子中存在着与激活的 LasR 蛋白相结合的 *las* 框序列。在对 *acyl*-HSL 的诱导作出反应的这些突变型的启动子中同样具有与 *las* 框序列高度相似的序列(图

8.15)，这一点足以说明这些基因确实属于同一群体反应系统中的目标基因。

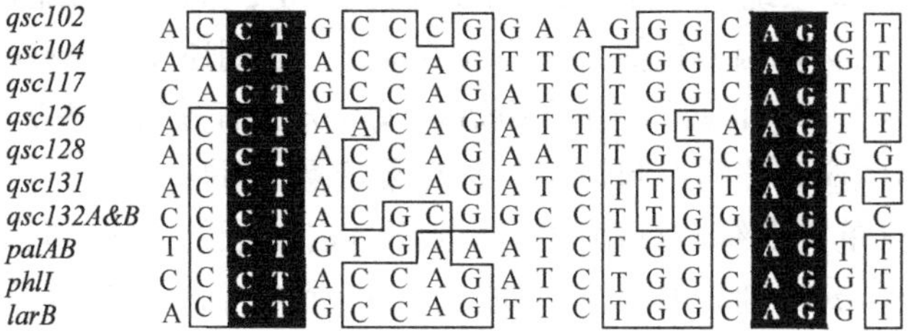

图 8.15　*qsc* 突变型基因的启动子中的 *las* 框状序列[15]

黑框中是 10 个基因全部相同核苷酸的序列，白框中是 10 个至少有 8 个相同核苷酸的序列

看图 8.13、图 8.14 和图 8.15 会令人回忆起用类似实验方法所测定的 SOS 反应基因。SOS 反应基因广泛地涉及细菌生理活动的许多方面。在绿脓杆菌的群体感应系统中，与毒性有关的目标基因以外的基因所涉及的生理活动方面所知甚少；但是从目标基因的数量、从两个群体感应系统的密切关系、从某些突变型只在两种信号分子同时存在的情况下才显示β-半乳糖苷酶活力这些事实看来，可以设想绿脓杆菌的群体感应系统也是一个全局性的基因调控系统。

第五节　细胞分裂的遗传控制

真核细胞的分裂方式分为无丝分裂、有丝分裂和减数分裂 3 种。下面分别就酵母菌的有丝分裂和减数分裂讨论它们的遗传控制。

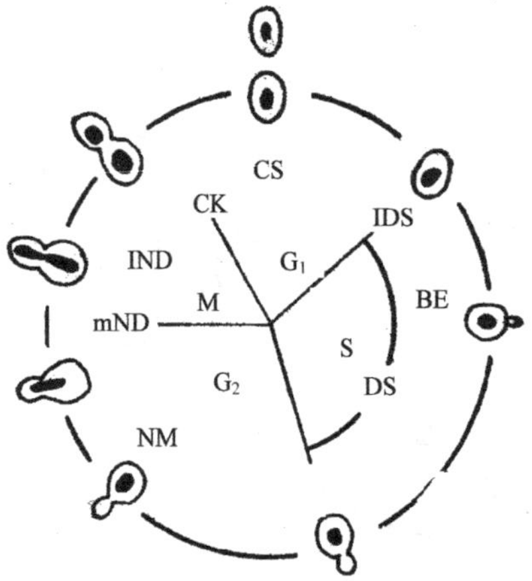

图 8.16　酿酒酵母的细胞分裂周期[16]

G_1：第一间隔期；S：DNA 合成期；G_2：第二间隔期；M：有丝分裂期；IDS：DNA 复制发动；BE：出芽；DS：DNA 复制；NM：核移动；mND：核分裂开始；IND：核分裂结束；CK：细胞分裂；CS：细胞脱离

一、有丝分裂的遗传控制

细胞分裂周期基因(cell division cycle gene)

在正常情况下，有丝分裂包括前一个细胞分裂结束到后一个细胞分裂结束这段时间。把两次有丝分裂中间的时间称为细胞间期(interphase)。DNA 复制时间只占间期的一部分，这一时期称为合成期(synthesis，S)。从有丝分裂结束到 DNA 合成开始之前还有一个间隔时间，称为第一间隔期(first gap，G_1)。DNA 合成结束到有丝分裂开始也有一个间隔时间，称为第二间隔期(second gap，G_2)。接着一个细胞核分裂成为两个，这段时间称为分

裂期(mitosis，M)。因此有丝分裂可分为四期：G_1、S、G_2和 M。细胞由一次分裂结束到下一次分裂结束，都要经过 $G_1 \to S \to G_2 \to M$，细胞的这种生长、分裂循环称为细胞分裂周期(cell division cycle)。在酵母菌的有丝分裂中这些阶段和染色体的行为、和细胞出芽、和分裂都是密切配合的。在DNA 合成进行到中途时，细胞开始出芽(BE)。在 G_2 阶段结束前，细胞核向母体细胞和芽体间移动(NM)，接着细胞核开始分裂(mND)。细胞核分裂结束(IND)后细胞开始分裂(CK)，然后相脱离(CS)(图 8.16)。

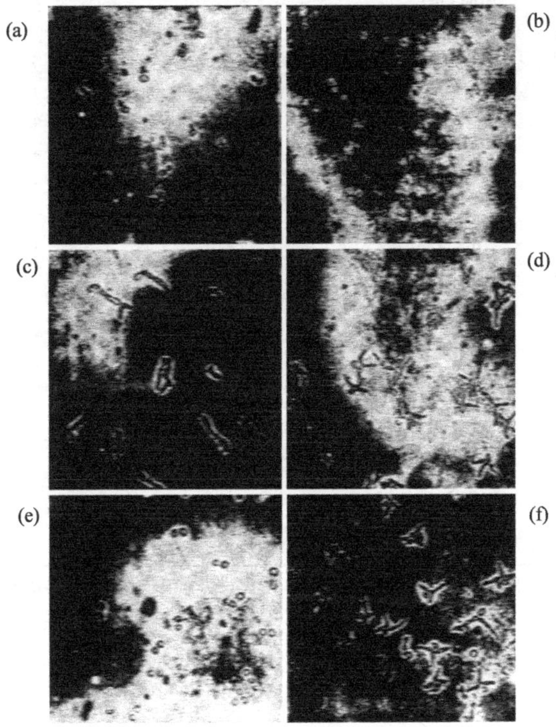

图 8.17　一些酿酒酵母的细胞分裂周期突变型的表型[17]

(a) *cdc4* 或 *cdc7* 在 23℃中；(b) *cdc28* 在 36℃中 2h；(c) *cdc28* 在 36℃中 6h；(d) *cdc4* 在 36℃中 6h；(e) *cdc7* 在 36℃中 6h；(f) *cdc4 cdc7* 在 36℃中 6h

细胞分裂周期基因

酿酒酵母以出芽方式进行细胞分裂，当芽体的大小接近成熟细胞时，就与母细胞分离。采用同步化培养(synchronized culture)方法曾从酿酒酵母的细胞群体中获得在细胞周期的不同阶段受阻的突变型，称为细胞分裂周期突变型(cell division cycle mutant，*cdc*)。它们可分为两大类：一类包括 DNA 复制和核分裂功能的突变；另一类则包括影响芽体形成、生长和芽体脱离的突变。所分离得到的 148 个细胞分裂周期突变型通过互补测验说明它们分属于 32 个基因。这些都是隐性的核基因突变型，其中一部分曾经通过杂交测定它们在染色体上所处的位置。定位实验结果说明功能上相关的基因并不紧密连锁。图 8.17 直观地说明其中某些突变型形态上的特征，它们都属于温度敏感的条件致死突变型。

在许可温度(23℃)中它们都能完成正常的细胞分裂周期，例如，培养一定时间以后开始出芽[图 8.17(a)]。突变型 *cdc28* 在非许可温度(36℃)中细胞逐渐长大，可是 DNA 并不合成也不出芽[图 8.17(b)]，而且出芽达到某一阶段以后也不再向前发展[图 8.17(c)]。不同的突变型发育中断在不同的阶段。例如突变型 *cdc4* 不断地出芽，而使一个母细胞带有多达 5 个芽，可是这些芽只是连续生长而并不脱离母细胞[图 8.17(d)]；突变型 *cdc7* 和正常细胞一样只出 1 个芽，可是这个芽即使长得和母细胞一样大也不脱离母细胞[图 8.17(e)]。一部分突变型的表型见表 8.6。

表 8.6　酿酒酵母的温度敏感细胞分裂突变型在非许可温度(36℃)中的表型[17]

突变型 CDC	在非许可温度中完成的过程								
	遗传性障碍	出芽	复制发动	复制	核移动	核分裂	后期	细胞分裂	细胞脱离
28	周期开始	–	–	–	?	–	–	–	–
24	BE	–	++	++	?	++	++	–	–
4	IDS	++	–	–	+	–	–	–	–
7	IDS	+	–	–	+	–	–	–	–
8	DS	+	+	–	+	–	–	–	–
21	mND	+	+	–	+	–	–	–	–
2	mND	+	+	+	+	–	–	–	–
6	mND	+	+	+	+	–	–	–	–
9	mND	+	+	+	+	–	–	–	–
13	mND	+	+	+	+	–	–	–	–
16	mND	+	+	+	+	–	–	–	–
17	mND	+	+	+	+	–	–	–	–
20	mND	+	+	+	+	–	–	–	–
23	mND	+	+	+	+	–	–	–	–
14	IND	+	+	+	+	+	–	–	–
15	IND	+	+	+	+	+	–	–	–
3	CK	++	++	++	++	++	++	–	–
10	CK	++	++	++	++	++	++	–	–
11	CK	++	++	++	++	++	++	–	–

注：正负号表示经历或不经历某一阶段，两个正号表示表型多次出现，如连续出芽。

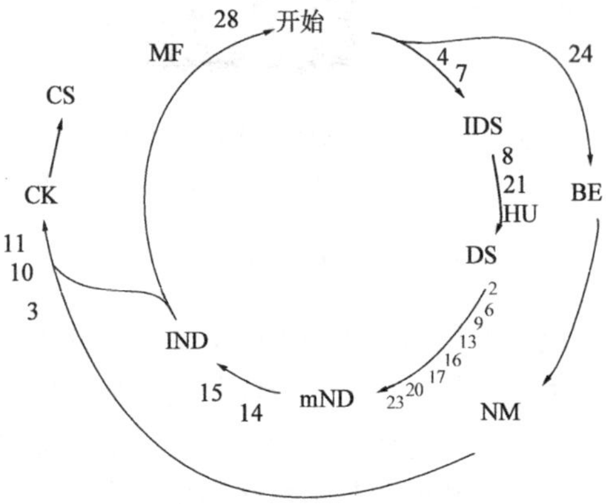

图 8.18　酿酒酵母的细胞分裂周期遗传性障碍基因的位置[17]

根据表 8.6，可以画出酿酒酵母的细胞分裂周期突变型遗传性障碍的位置(图 8.18)。

DNA 合成和出芽几乎同时进行，但是根据突变型的分析可以看出它们是两个不相关的事件，因为不能发动 DNA 复制的突变型(*cdc4* 和 *cdc7*)或不能完成 DNA 复制的突变型(*cdc8* 和 *cdc21*)都能出芽，不能出芽的突变型(*cdc24*)也能进行 DNA 复制。此外 DNA 合成为羟基尿素等受抑制的细胞仍能出芽这一事实也证实上述结论。

突变型 *cdc24* 在非许可温度中能进行 DNA 复制，并且进一步进行细胞核分裂，可是其芽体并不脱离母细胞。同时突变型 *cdc4* 和 *cdc7* 细胞也不发生分裂和脱离。*cdc4*、*cdc7* 和 *cdc24* 细胞都不分裂也不脱离，说明只有 DNA 复制以及核分裂和出芽过程都完成以后细胞才能分裂并脱离，只完成 DNA 复制或只完成出芽的细胞都不分裂并脱离。

DNA 合成和出芽虽然各不相关，可是突变型 *cdc28* 却使二者都不能进行。可见基因 $cdc^{+}28$ 基因的编码产物对于这两个发育途径的进行都是必要的。曾经发现α接合型的单倍体细胞产生一种称为α因子的物质，这种物质能抑制接合型 a 细胞的出芽和 DNA 合成。这又说明接合型基因和 *cdc28* 共同控制着有丝分裂的发动。

分化发育有一定的时间顺序。对于造成同一发育障碍的非等位基因，可以用遗传学方法测定它们作用的先后顺序。突变株 *cdc4* 和 *cdc7* 具有相类似的表型(图 8.17 和表 8.6)，可是从互补测验结果看来它们是两个不同的基因，可见 DNA 合成的发动为若干基因所控制。通过下面这两种方法，可以初步测定这些表型相同的基因的作用时间顺序。

一种方法是根据限制发育条件施加的先后次序的改变对发育的影响。例如假定基因 A 和 B 的作用顺序是 $\xrightarrow{A}\xrightarrow{B}$。那么如果第一次培养时限制基因 A 的作用，然后改变培养条件使基因 B 的作用受到限制，那么发育将不能完成。但是如果这两个基因的作用顺序是 $\xrightarrow{B}\xrightarrow{A}$，那么在上述的条件下发育得以完成。先限制基因 B 而后限制基因 A 的作用则恰好相反。如果 A 和 B 不相关，那么不论先限制哪一个基因的作用，发育都得以完成；如果 A 和 B 相互依赖，那么都不能完成(表 8.7)。

表 8.7　通过交替改变限制因素测定两基因作用先后顺序的原理[16]

A 和 B 的关系	发育能否完成	
	第一次培养：限制 A，容许 B 第二次培养：容许 A，限制 B	限制 B，容许 A 容许 B，限制 A
(1) 先后 $\xrightarrow{A}\xrightarrow{B}$	−	+
(2) 先后 $\xrightarrow{B}\xrightarrow{A}$	+	−
(3) 不相关 $\xrightarrow{A}\xrightarrow{B}$	+	+
(4) 相互依赖 $\xrightarrow{A,B}$	−	−

上面已经指出α因子能抑制 a 接合型单倍体细胞的 DNA 合成和出芽，所以α因子的存在是一种限制因素。对于温度敏感型来讲，非许可温度是另一限制因素。曾经交替施加这两种限制因素，测定接合型基因的作用 *cdc28* 在 *cdc4* 和 *cdc7* 之前。

测定基因作用的时间顺序的第二个方法是观察双重突变型的表型，也就是观察两个基因的异位显性关系。如果基因 A 和 B 的关系是 $\xrightarrow{A}\xrightarrow{B}$，那么在突变型 A^-中两个反应都不能进行，在突变型 B^-中 A 这一反应可以进行；在双重突变型 A^-B^-中也是两个反应都不能进行，所以它的表型相同于突变型 A^-。如果两个基因的关系是 $\xrightarrow{B}\xrightarrow{A}$，那么双重突变型 A^-B^-的表型相同于 B^-。如果这两个基因是无关的，那么双重突变型 A^-B^-的表型可能不同于 A^-和 B^-，但是也可能相同于 A^-或 B^-。如果这两个基因的作用是相互依赖的，那么它们的表型应该是相同的，而且也和双重突变型相同(表 8.8)。

实际上双重突变型 *cdc4*、*cdc7* 的表型相同于 *cdc4*[图 8.17(f)]，说明或是 *cdc4* 和 *cdc7* 是不相关的，或是 *cdc4* 在 *cdc7* 之前。已经知道对于酿酒酵母来讲，蛋白质合成对 DNA 合成的发动是必要的。可是一旦 DNA 合成开始以后，对于这一次复制来说蛋白质合成是不必要了。实验证明，对于α因子以及 *cdc28*、*cdc4* 以后的反应来讲，蛋白质合成是必要的，可是对于 *cdc7* 以后的反应来讲，则蛋白质已经不是必要的了。根据这一事实，可以认为 *cdc4* 的作用是在 *cdc7* 之前。

表 8.8　通过观察双重突变型的表型来测定两个基因的作用先后顺序的原理[16]

基因 A 和 B 的关系	突变型中能完成的反应			A^-B^-突变型的表型
	A^-	B^-	A^-B^-	
(1) 先后 $\xrightarrow{A}\xrightarrow{B}$	都不	A	都不	= A
(2) 先后 $\xrightarrow{B}\xrightarrow{A}$	B	都不	都不	= B
(3) 不相关 $\xrightarrow{A}\xrightarrow{B}$	B	A	都不	不一定
(4) 相互依赖 $\xrightarrow{A,B}$	都不	都不	都不	= A = B

总之，酿酒酵母必须通过 4 个基因的作用才能发动 DNA 的合成，它们的先后顺序是：

$$\xrightarrow{\alpha\ cdc28}\xrightarrow{cdc4}\xrightarrow{cdc7}\text{DNA 复制的发动}$$

关卡基因(又称检查点基因，checkpoint gene)

细胞分裂是一个高度协调的过程，包括染色体 DNA 的复制和细胞的分裂。如果这两个过程不相协调，便会出现没有染色体的子细胞，大肠杆菌的小细胞突变(minicell，*min*)就属于这一情况。

真核生物的细胞分裂包括更多的环节，特别是纺锤体的组装是最易受到环境影响的环节。把 30℃中培养的酵母菌转移到 14℃后依旧能出芽，可是由于纺锤体的组装受到影响而出现没有细胞核的芽体，同时母细胞中则存在着两个核。

编码称为 dynein 的摩托蛋白(motor protein)的基因 *act5* 发生突变后，酵母菌的纺锤体的组装发生缺陷，于是纺锤体出现在母细胞与芽体之间的时间便推迟了，但同时细胞进行分裂的时间也推迟了，因此在这种情况下仍然得到各具一个细胞核的母细胞和芽体细胞[图 8.19(a)]。

如果纺锤体推迟出现在母细胞与芽体之间的时间，而细胞分裂的时间并不相应地推迟，那么便导致致死效应(即出现无核芽体细胞图 8.19b)。可见在不利于生存(低温或发生导致纺锤体发生缺陷的突变)的情况下推迟细胞进行分裂的时间是一种保护措施。如果这一保护措施与某些基因的功能有关，那么应该可以获得丧失了这一保护措施的突变型，例如 *act5*，它在非许可条件下导致产生部分无核芽体细胞。

通过诱变剂处理，应用显微电影技术进行检测，取得突变型 *stt4-7* 和 *yeb1-29*。这些突变型丧失了避免因细胞分裂机制发生缺陷而导致的致死效应的功能，所以称为关卡基因突变型。*yeb1-29* 所编码的蛋白质与人的一种肿瘤抑制蛋白(EBI)具有高度同源的结构；EBI 处在纺锤体的微管蛋白(microtuble)上，起着组装纺锤体的作用。由此推测 Yeb1-29 蛋白可能是一种纺锤体组装蛋白，而且可能起着把纺锤体的组装信息传达给关卡基因的作用。值得注意的是肿瘤细胞中的染色体数也常是不正常的。

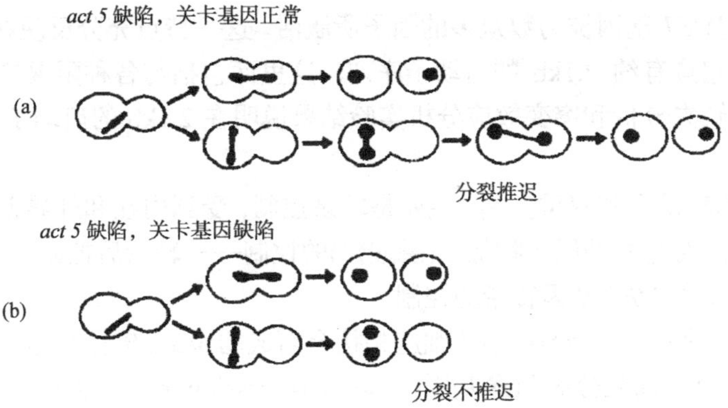

图 8.19　酵母菌的关卡基因作用机制[18]

(a) 纺锤体缺陷(*act5* 突变)，关卡基因正常，细胞的分裂推迟，不出现无核细胞

(b) 纺锤体缺陷(*act5* 突变)，关卡基因发生突变，细胞的分裂不推迟，出现无核细胞

二、减数分裂的遗传控制

虽然在形式上似乎酿酒酵母与高等动植物的减数分裂很不相同，前者减数分裂的结果产生子囊孢子，后者减数分裂的结果形成配子，可是在本质上却完全相同：它们的减数分裂都包括染色体的一次分裂和染色体的两次分离，以及细胞的两次分裂，而且都带来基因的重组。酵母菌与高等动植物的减数分裂所不同的是：对于前者来讲生理和环境因素都是控制减数分裂的重要因素，而对后者来讲则主要是生理因素(例如性激素之与动物的减数分裂)控制着减数分裂。

酿酒酵母的有丝分裂很少受环境因素(除了不适于生存的高温或低温等)的影响，减数分裂则只在特定的环境条件下进行。从实验的角度讲，只有在产孢子培养基(sporulation medium)中才能促使减数分裂和孢子形成得以实现。

酿酒酵母的子囊孢子是单倍体细胞，可是一般的单倍体细胞不形成孢子，只有通过减数分裂产生的 4 个单倍体细胞才形成孢子。所以虽然减数分裂中的染色体分裂和细胞分裂与孢子壁形成由不同的基因所控制，但是它们是紧密联系着的。

实际上酿酒酵母的子囊孢子形成过程包括减数分裂过程，是一个在合适的环境条件(即在产孢培养基中)接合型 a 和α细胞相接合，通过减数分裂形成四分体，然后形成子囊孢子的过程。通过遗传学和生物化学方法鉴定与这一过程有关的基因大约有 150 个，而应用基因组学的芯片技术发现有 500 以上的基因在减数分裂和孢子形成过程中被激活。

在众多减数分裂基因中一个关键性的基因称为减数分裂发动基因(meiosis initiation gene，*IME1*)。在本节中首先将讨论产孢子反应的发动，也即 *IME1* 基因的转录激活以及其转录产物的加工，然后讨论在 *IME1* 基因的作用下与减数分裂和孢子形成有关的基因级联式激活过程。

酿酒酵母的产孢子过程的发动

减数分裂发动基因 *IME1* 是减数分裂的总开关，它的转录受到两个方面信号的控制：细胞状态方面(即细胞接合后所呈现的二倍体状态)和营养状态方面。每一状态涉及一系列的基因，所以 *IME1* 基因被为数众多的因子所激活。这一特点充分反映在 *IME1* 基因的启动子结构上。它具有约 2.1kb 的启动子序列，这里面包括与各种阻遏或激活蛋白相结合的调控序列。缺失分析和突变效应分析实验结果说明在 2.1kb 的启动子中有不少于 10 个这种序列。

IME1 基因的转录受到双重控制，主要是转录控制，受到内在和外界因素的多方面的控制；其次是通过对它的编码产物加工(磷酸化)的控制——转录后控制。

(1) 细胞状态对 *IME1* 基因转录的控制。

在由接合型 a 和接合型α的单倍体细胞相接合而成的 a/α二倍体细胞中两种接合型蛋白的结合物是作用于减数分裂阻遏基因(meiosis repression gene，*RME1*)的阻遏蛋白。*RME1* 基因的编码产物与 *IME1* 基因启动子的 RRE 序列的结合导致对 *IME1* 的阻遏。由于*RME1*阻遏基因受到α1/α2 蛋白的阻遏,因此在 a/α 二倍体细胞中*IME1*基因处于消(去)阻遏状态(图 8.20 上左)。在 a 或α 单倍体细胞中则由于 *RME1* 基因不受到阻遏，因而不论其他条件是否满足，*IME1* 基因都处于被阻遏状态。遗传学实验结果还指出另外两个基因 *Rgr1* 和 *Sin4* 也参与对 *IME1* 基因的阻遏，它们的编码产物与 RNA 聚合酶相结合而起到阻遏作用。此外，a1/α2 蛋白还通过对 *IME1* 正控制基因的激活作用而促进 *IME1* 基因的转录。

(2) 营养状态对 *IME1* 基因转录的控制。

葡萄糖对于减数分裂有抑制作用，即使在其他促使进行减数分裂的条件得以满足的情况下它对减数分裂的发动仍然具有抑制作用。葡萄糖的缺乏使酿酒酵母细胞处于一种应急状态，这时 Msn2 和 Msn4 蛋白结合到 *IME1* 基因启动子的应急序列(stess sequence，STRE)上，从而促进 *IME1* 基因的转录。乙酸盐的存在则促使激活蛋白通过与序列 UASrm 相结合而促进 *IME*1 的转录，氮则促进某种阻遏蛋白与序列 USC1 相结合，从而对 *IME1* 基因起阻遏作用(图 8.20 上中)。氮源物质的贫乏状态使 *IME1* 基因处于消(去)阻遏状态。

此外，遗传学实验结果指出另外两个基因 *Rim1* 和 *Mck1* 对于 *IME1* 基因的转录具有正控制作用，而前者又受到 *Rim8/9/13* 的激活(图 8.20 上右)。*Rim8/9/13* 编码蛋白酶，*Rim1* 基因的编码产物因被酶解而活化。

以上只是就有关营养条件对酿酒酵母减数分裂发动的关系作了最简明扼要的描述。实际情况远比此图中所描述的现象更为复杂。就以氮源物质来讲，减数分裂只在氮源贫乏的条件下发动这一事实也有不同的解释。这方面的描述这里就从略了。同样地，葡萄糖对酿酒酵母减数分裂的孢子形成的影响也远比此图中所描绘的复杂，在这里也只作一十分扼要的描述。

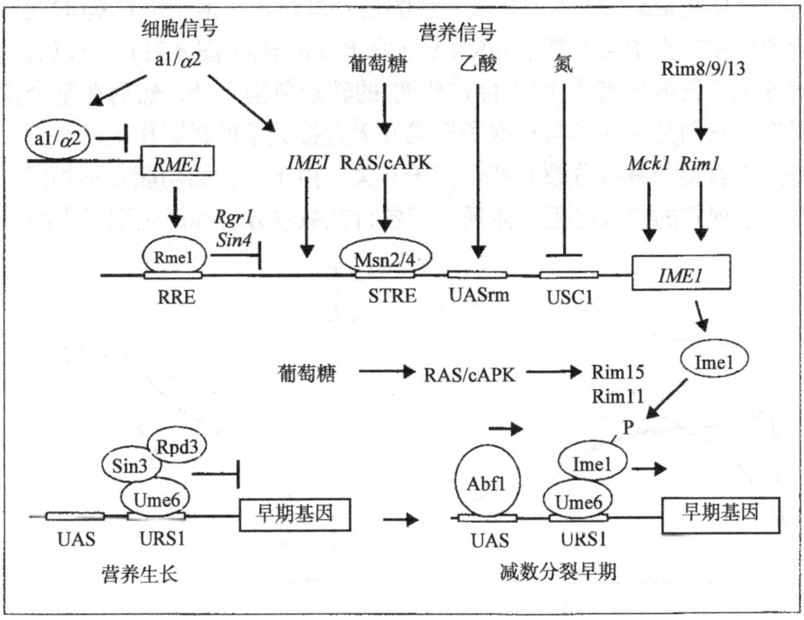

图 8.20 酿酒酵母的减数分裂和子囊孢子形成过程的发动和早期基因转录的遗传控制[19]

▭：主要基因；─▭─：启动子中的调控序列 ⬭：蛋白质； ─▸：激活； ⊥：阻遏

上：减数分裂发动基因 *IME1* 的阻遏和激活。中：*IME1* 基因编码产物的磷酸化加工

下：早期基因的阻遏(左)和激活(右)

孢子形成基因

当二倍体酿酒酵母从一般的培养基转入产孢子培养基中后，便开始它的包括减数分裂在内的孢子形成(sporulation)过程，经过大约 12h 完成整个过程。

数以百计的基因按一定的时间进程被激活。在以往的研究工作中通过肉眼观察和另一些方法到 1997 年为止已经鉴定了大约 150 个与减数分裂和孢子形成有关的基因。随着基因组学(genomics)的兴起，已经测定了酿酒酵母的全序列。在大约 6200 个酿酒酵母的基因中有 1000 个以上的基因在孢子形成过程中明显地改变了 mRNA 水平，其中大约半数的 mRNA 水平明显地升高了。采用芯片(chip)技术测得 mRNA 水平明显提高的基因共约 500 个，根据 mRNA 水平变化进程可以将全部孢子形成基因区分为 7 组(表 8.9)。

表 8.9 酿酒酵母的与减数分裂和子囊孢子形成有关的 7 组基因[20]

组别	基因约数	mRNA 高峰出现时间/h	功能
营养体基因	52	0.5	一般营养
早 I 期基因	62	0.5	染色体联会、重组
早 II 期基因	47	2；5~7	同上
早中期基因	95	5~7	纺锤体、中心粒
中期基因	158	5~7	细胞分裂
后中期基因	61	5~7；11.5	孢子壁形成
后期基因	5	7~11.5	孢子成熟

表中时间一项指a/α二倍体细胞从一般的培养基转入产孢子培养基(时间计为0)以后的时间，所列是在产孢子培养基中mRNA高峰出现的时间(图8.21)。可以看到细胞在转入产孢子培养基后营养体基因(图中标作代谢)的转录急剧上升，然后在整个孢子形成过程中逐渐下降；它们是一些参与和孢子形成并无直接关系的代谢作用的基因。表中所列其余6组基因都直接与减数分裂和产生孢子有关。由于它们的功能各不相同，所以各自以特定的方式呈现它的转录过程，体现它们各自在减数分裂和产生孢子中的不同功能。

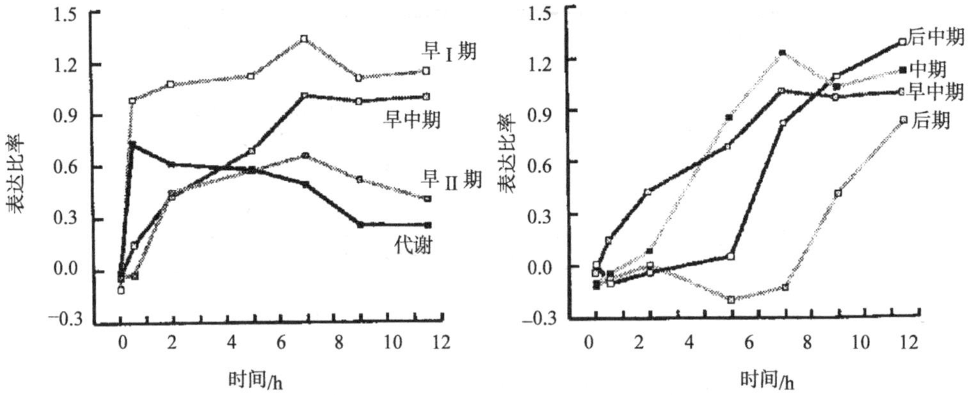

图8.21　酿酒酵母的7个代表性基因的转录过程[20]。每一个基因代表同一时间表达的一组基因

横坐标：a/α二倍体细胞转入产孢子培养基中后的时间(h)，以转入产孢子培养基中的时刻为0；

纵坐标：各个时间的mRNA浓度除以转入产孢子培养基前的时刻的mRNA浓度的对数值

减数分裂和孢子形成基因的级联式激活

在*IME1*基因被激活的基础上早期基因、中期基因和后期基因按照一定的时间顺序被激活。

(1) 早期基因的激活。

*IME1*基因的编码产物并不直接发挥作用，它必须先经基因*Rim11*和*Rim15*所编码的蛋白质磷酸化酶的作用，在磷酸化后才与DNA结合蛋白(DNA-bind protein)Ume6共同作用于早期基因启动子的URS1序列而激活早期基因(图8.20中和下右)。另外一个激活因子A6f1结合在UAS序列上进一步对早期基因施加激活作用。在一般的非产孢子培养基中，也就是*IME1*基因未被激活而细胞处于营养生长状态时，早期基因非但没有受到激活，反而处于被阻遏状态(图8.20下左)。这时结合在URS1序列上的是Ume6、Sin3和Rpd3蛋白。Rpd3蛋白使组蛋白通过改变局部染色质的状态，从而使早期基因处于阻遏状态。

URS1序列是5′-DSGGCGGCND-3′。早期基因中约1/3的基因具有这一序列，而另外43%的基因具有它的核心序列5′-GGCGGC-3′。这些基因的功能与同源染色体的联会以及染色体的重组有关。

(2) 早中期和中期基因的激活。

在没有启动减数分裂和子囊孢子形成的营养体细胞中、或者在已经启动但仍处于被阻遏的状态的情况下，Sum1阻遏蛋白结合在中期基因启动子的中期产孢子序列(middle sporulation element，MSE)上。MSE序列是5′-DNCRCAAAW-3′。大约半数的早中期基因的启动子中具有这一序列，大约70%的中期基因具有这一序列。*Hst1* 基因对于许多中期基因具有阻遏作用(图 8.22 上)。

在减数分裂进入中期时首先被激活的是编码转录激活因子 Ntd80 的基因。这一基因的转录受到基因 *rad17* 的控制(*rad17* 可能对 Ntd80 起着转录后加工作用)。*rad17* 是一个关卡基因，它使染色体联会和重组等没有完成的情况下减数分裂不进入中期，减数分裂早期形成的二价体也不再进一步离开。

Ntd80 的积累使它取代 Sum1 而结合在 MSE 序列上，从而激活了中期基因(图 8.22 下)。称为 Abf1 的激活因子结合在 MSE 上游的 UAS 序列上还可进一步促进中期基因的转录。

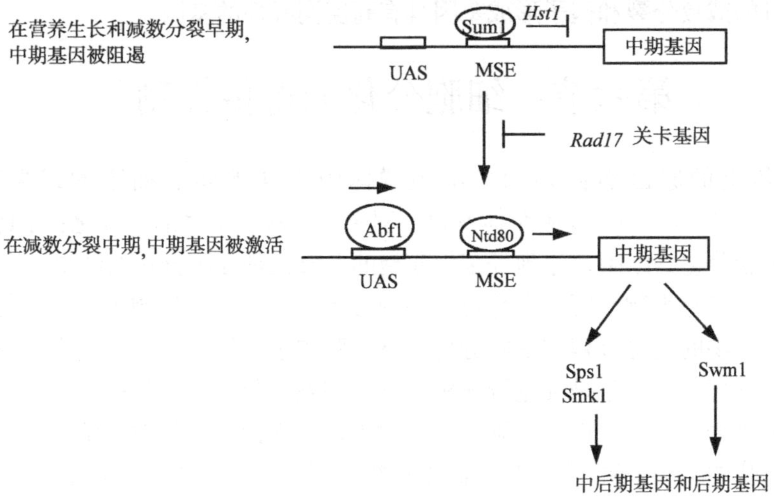

图 8.22　酿酒酵母减数分裂和子囊孢子形成过程中的中期基因以及中后期基因转录的遗传控制[19]

早中期基因的功能与纺锤体和极体的行为有关，中期基因的功能与减数分裂中的细胞分裂有关。

在减数分裂的早期 *IME1* 是一关键性的基因，在减数分裂和子囊孢子形成过程的中期则是转录激活因子 Ntd80 起着关键性的作用。

中后期基因和后期基因的激活

中后期和后期基因的激活同样依赖于 Ntd80，而且半数以上的中后期基因的启动子中同样具有 MSE 序列。不过许多基因的启动子中还包含一些所谓的负控制序列(negative regulatory element，NRE)，或许因此这些基因的激活必须有更多的激活因子参与并且使它们的转录迟于中期基因。

中后期基因的功能都与子囊孢子壁的形成有关，而孢子的成熟则依赖于后期基因的功能。

有丝分裂和减数分裂虽然经历不同的过程并且产生不同的结果，可是两者有不少共同之处：DNA 必须复制，必须要有纺锤体和中心粒参与作用，细胞必须分裂。因此不难想见必然有一些有丝分裂基因或细胞周期基因参与减数分裂过程；在被激活的减数分裂基因中必然有一部分细胞分裂周期基因。事实上在被激活的减数分裂早期基因中有一些就是在 1974 年所发现的 *cdc* 基因(参看表 8.9)，例如有关 DNA 复制的 *cdc21*；在被激活的中期基因中也不乏有关核分裂的基因如 *cdc20*、*cdc16* 和 *cdc23*。此外在被激活的减数分裂基因中也包括一些在前表中未列入的 *cdc* 基因，例如 *cdc5*、*cdc14*、*cdc42* 等。*cdc42* 是一个编码细胞骨架蛋白而与纺锤体功能有关的基因。

在酿酒酵母的减数分裂基因中除了发现一些与其有丝分裂所共有的基因以外，还发现一些与高等动物的减数分裂所共有的基因。例如果蝇的一个称为 F_{30} 的与线粒体有关的基因，在酿酒酵母中有它的同源基因 *YBR179*，它出现在中后期激活的基因中间，同样是一个作用于线粒体的基因。在哺乳动物中的一些与配子成熟过程有关的基因中间更不乏与酿酒酵母的减数分裂和孢子形成基因具有高度同源性的基因。

第六节　细胞分化的遗传控制

由于遗传上的原因而使相同的细胞群体中出现不同的细胞的现象称为分化(differentiation)。在高等动植物中个体发育过程中不断地发生着细胞分化；在真菌中子实体的形成是细胞分化的结果，芽孢杆菌中芽孢的形成也是细胞分化的结果。

细胞分化是高等生物在胚胎发育过程中的必要环节，在微生物中则情况各异：黏菌有类似于高等生物的发育过程和细胞分化；脉孢菌的子实体是生活周期中的细胞分化的结果；枯草芽孢杆菌的芽孢是细胞群体中一部分细胞的分化；大肠杆菌则没有细胞分化可言。所以就“普遍性”来讲，细胞分化在微生物中不像上述其他细胞功能那样普遍。不过就细胞分化的机制来讲，微生物与高等动物的胚胎发育中的细胞分化有其类似之处，所以枯草芽孢杆菌和黏菌常被作为细胞分化研究的模式生物。

一、细菌芽孢形成的遗传控制

枯草芽孢杆菌的芽孢形成是一种原始的细胞分化，这种分化发生在一个均一的细胞群体中。枯草芽孢杆菌芽孢形成的各个阶段的划分见图 8.23。

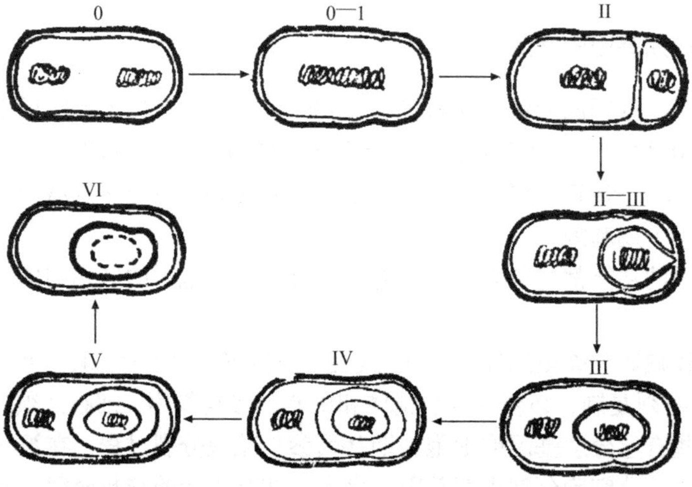

图 8.23　枯草芽孢杆菌的芽孢形成的阶段[21]

枯草芽孢杆菌的营养体细胞中含有两个核质体(0)，芽孢形成从两个核质体连成一个(0-1)开始，接着细胞被一个隔膜分隔成一大一小两个(Ⅱ)，小的一个成为芽孢前体(prespore)，被包在大的母细胞中(Ⅱ-Ⅲ，Ⅲ)，在芽孢前体四周形成皮质层(cortex)(Ⅳ)，皮质层外又形成外壳(coat)后成为成熟的芽孢(Ⅵ)。

枯草芽孢杆菌的不同的突变型使芽孢形成停止在不同的阶段(表 8.10)。

表 8.10　按细胞形态区分的芽孢突变型[21]

突变型种类	遗传性障碍位置	特　征
spoO	0 到 0-I 间或 0-I 到 II 间	无隔膜
spoII	II 到 III 间	有隔膜但无游离芽孢前体
spoIII	III 到 IV 间	游离芽孢前体外面无皮质层和外壳
spoIV		芽孢前体外面有皮质层但无外壳
spo V		芽孢前体外面有外壳，但不一定有完全的皮质层

表中的每一类突变型并不代表一个基因，因为按细胞形态以外的一些特征可以把每一类突变型区分为许多突变型。例如，*spoO* 这一类突变型按转化感受态等 5 种特征可以区分为 8 种或 9 种类型，它们代表 6 个或 9 个基因的突变型。

从表 8.11 可以看到从营养体转变为出现隔膜这一变化不是一个简单的过程，而是通过一系列的变化。根据各个突变型基因所影响的性状，影响这些变化的各个基因的先后作用次序应该是：

spoOA→*spoOC*→*spoOB*→[*spoOF*，*spoOD*]→*spoOE*→*spoOH*→[*spoOJ*，*spoOK*]

其余各个阶段中的每个阶段也同样都为一系列的基因所控制，不再列举。

表 8.11　*spoO* 突变型的表型[21]

突变型	表　型				
	转化感受态	胞外蛋白酶	Φ_2 和 Φ_{15} 出斑率	细胞色素	抗生素合成
spoOA	−	−	−	−	−
spoOB	+	±	−	−	−
spoOC	+	−	?	?	−
spoOD	+	+	?	?	−
spoOE	?	+	+	+	变化
spoOE	+	±	变化	+	−
spoOF	+	±	变化	+	−
spoOH	?	+	+	+	+
spoOJ	?	+	?	?	+
spoOK	· ?	+	?	?	?

σ因子(sigma factor)和芽孢形成(sporulation)

芽孢形成的全过程就是芽孢基因时空上有序表达的过程，芽孢形成通过基因的转录来控制。参与这个过程的 100 多个基因的表达与相互关系极为复杂，其中编码σ因子和抗σ因子的基因起着重要的作用。

原核生物一般都有多种 RNA 聚合酶。全酶(holoenzyme)由核心酶($\alpha_2\beta\beta$)(core enzyme)和σ因子组成。全酶所识别的启动子具有基因特异性，这种特异性取决于σ因子和基因启动子识别区核苷酸序列的相互作用。转录终止需要特异性的终止子，也与 RNA 聚合酶和 DNA 终止结构的相互作用有关。在同一种细菌中，启动子的划分主要根据−10 区~−35 区以及它们之间的间隔的差异，这是基于σ因子和启动子识别的专一性以及σ 因子的多样性来划分的。在枯草芽孢杆菌的基因中存在着大量的时序特异性启动子，已知与芽孢形成有关的 50 多个基因的启动子都表现对σ因子的特异性。

枯草芽孢杆菌中有关芽孢形成的σ因子有多种，它们以级联式先后出现(图 8.24)。

σ^A 和σ^H是营养细胞的σ因子[图 8.24(a)]，其他σ因子都在芽孢形成过程中出现。例如在隔膜开始出现时在σ^A 的激活下出现σ^E 的前体 pro σ^E[图 8.24(b)]，它直到隔膜完全形成并在芽孢前体处于游离状态时才激活成为σ^E[图 8.24(e)]。芽孢形成的各个阶段中，RNA 核心酶与特定的σ因子相结合成为特定的全酶而激活特定的基因；例如在出现游离状态的芽孢前体以前σ^G 处于被阻遏状态[图 8.24(d)]，芽孢前体开始以游离状态存在于母细胞中时[图 8.24(e)] σ^G 进入消除阻遏而被激活的状态，于是与合成皮质层和外壳物质有关的基因的转录为σ^G-RNA 聚合酶所催化，而使芽孢前体开始转变成为成熟的芽孢，这时σ^G又使母细胞中的 pro- σ^k 激活成σ^k[图 8.24(f)]。

在芽孢形成过程中除了σ因子以外，还有一些抗σ因子(anti-sigma factor)起着对σ因子的调节作用，对它们的描述这里从略。

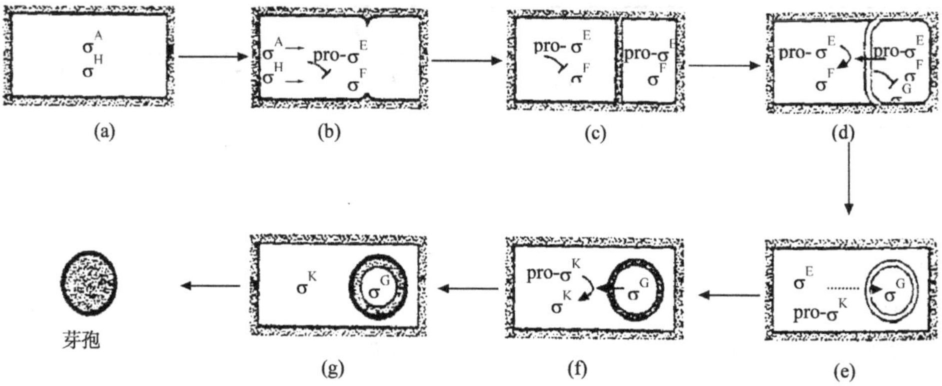

图 8.24 枯草芽孢杆菌芽孢形成的各个时期出现的σ因子 [21]

┈┈➤：另一细胞中的σ因子所激活；──➤：同一细胞中的σ因子所激活；⊥：阻遏

芽孢形成中的双组分基因调控系统

芽孢基因的转录激活通过一个级联反应(图 8.25)。

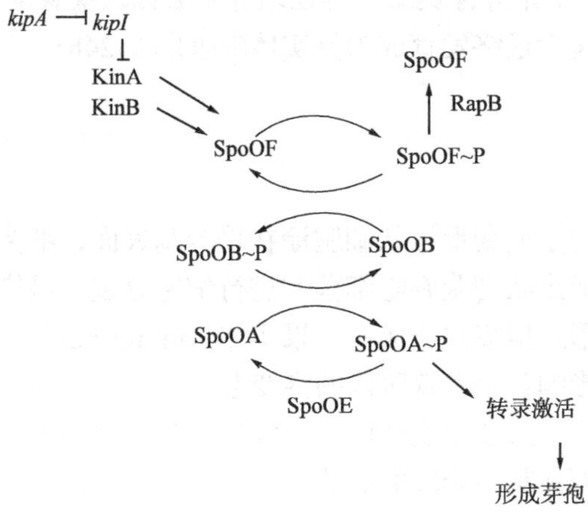

图 8.25　与芽孢形成的发动有关的 *SpoO* 基因激活的级联反应[14]

图 8.25 中 KinA 和 KinB 是两种激酶(kinase，kin)，它们受调节基因 *kipI* 的调节，*kipI* 又受 *kipA* 的调节。磷酸化的 SpoOF(SpoOF-P)使 SpoOB 磷酸化，后者又使 SpoOA 磷酸化。SpoOA-P 作为转录激活因子激活与发动芽孢形成有关的基因的转录。所以正像前面已经通过众多 *spoO* 基因的特征所推断的，*spoOA* 是一系列 *spoO* 基因中的第一个，也是最关键的一个。枯草芽孢杆菌细胞进行分裂或者停止分裂而进入芽孢形成途径取决于细胞中 SpoOA-P 的浓度，SpoOA-P 的浓度取决于这一系列磷酸化反应的速度，而这一速度又由 3 个因素控制：KipA 和 KipI 的阻遏作用，RapB 所催化的脱磷酸化作用和 SpoOE 所催化的脱磷酸化作用。

图 8.25 所示的级联反应属于枯草芽孢杆菌孢子形成这一双组分调控系统中信号传导的部分，并没有涉及信号的接受。与酵母菌的孢子形成相似，枯草芽孢杆菌只在某些环境条件下才形成芽孢；不同的是它的芽孢是无性孢子，而酵母菌的孢子是有性孢子，所以枯草芽孢杆菌孢子形成的信号只来自环境中的营养状态，而没有像酵母菌那种来自细胞状态的信号，因而它们虽然相近似(如为了取得大量的枯草芽孢杆菌的芽孢，同样设计了相类似的产孢子培养基)，却是一个较为简单的双组分调控系统，关于它的描述，这里就从简了。

二、细胞黏菌细胞分化的遗传控制

细胞黏菌(cellular slime mold)和上面所讲的几种微生物比较起来有着最为复杂的生活史，它具有和高等动植物相类似的细胞间分化现象。细胞黏菌有几个种，研究得最多的是盘状细胞黏菌。

盘状细胞黏菌(*Dictyostelium discoideum*)的生活史见图 1.15。椭圆形的孢子发芽成为一个变形虫状细胞，它是一个单核的单倍体细胞，一般以细菌作为食物。在养料充分供应的情况下，每一个黏菌变形虫独立生活。在养料供应不足时，大约 10^5 个黏菌变形虫聚合起来(时间 0h)，中央逐渐隆起(时间 4~12h)。这时如果培养在暗处或光线来自侧面，那么继续隆起，然后倒伏下来并像蜒蚰一样在培养基表面缓缓移动。如果光线来自顶上，那么经过一系列形态变化后最终发育成为果实体(时间 12~24h)。每一个果实体中形成大量孢子。

黏菌发育的遗传控制

把大量细菌和少数孢子或变形虫状细胞涂在培养基表面，细菌很快地长满了整个培养基表面；而每一个变形虫状细胞吞吃细菌并进行细胞分裂，最终形成一个个的空斑，然后每一个空斑中的变形虫聚集并长成一个果实体(fruiting body)。在经过诱变剂处理的孢子群体中，可以得到影响各个发育阶段的突变型。

突变型中包括形成特殊形态果实体的，果实体中只有很少孢子的，发育得特别快或特别慢的，还有发育停顿在某一阶段的等等。

在另一种称为紫色细胞黏菌中，曾经得到 71 个不能形成果实体的突变型，它们发育停顿的阶段见图 8.26。突变型 1002、1006 属于一类，发育停顿在阶段 0。突变型 2010、2015 等属于第二类，发育停顿在阶段 4。突变型 3006、3015、3023 属于第三类，发育停顿在阶段 8。

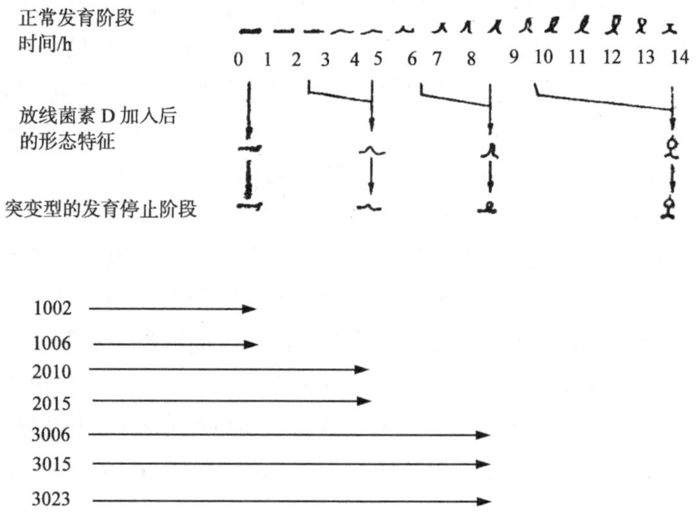

图 8.26 一种紫色细胞黏菌 *Dictyostelium purpureum* 的正常发育阶段，突变型的发育停止阶段以及放线菌素 D 对其发育的影响[22]

把属于不同类的不能形成果实体的突变型变形虫状细胞混合培养时可以得到果实体。把果实体中的孢子取出培养，每一个孢子又只是原来的两种突变型中的这一种或那一种。这一事实说明混合培养中出现果实体是由于两个突变型之间的互补作用而不涉及基因重组。实验结果说明属于不同类的突变型之间有互补作用，但属于同一类的突变型之间则没有互补作用。所以图中 3 类相当于 3 个基因。

如果在不同时间向野生型的培养物中加入放线菌素 D，同样可以使发育停顿在一定阶段。已经知道放线菌素 D 的作用是抑制 DNA 的转录，所以实验结果说明黏菌的发育通过转录来控制。

在细胞黏菌的发育过程中形态变化伴随着物质成分的变化。黏菌果实体的干重的20%是纤维素(cellulose)、黏多糖(mucopolysaccharide)和海藻糖(trehalose)，它们的共同前体是UDP-葡糖(图8.27)。

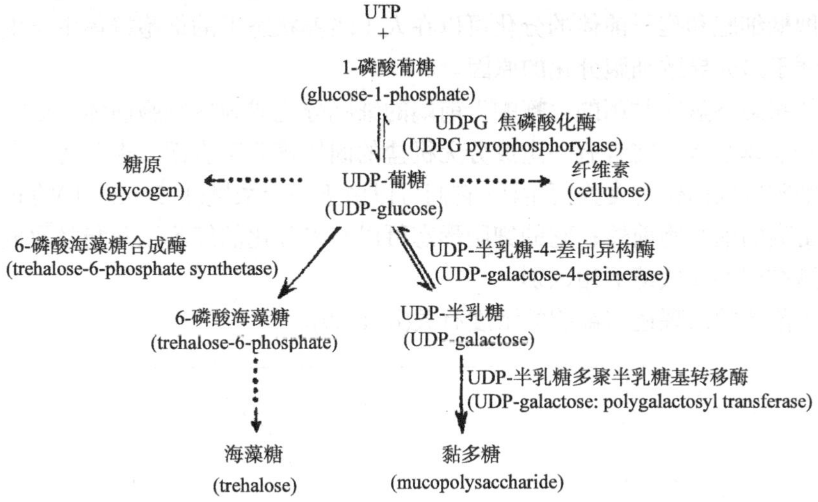

图8.27 盘状细胞黏菌果实体中的二糖和多糖以及合成这些糖的酶[23]

UDPG焦磷酸化酶等4种酶在黏菌发育过程中按一定的先后次序出现。应用放线菌素D作为抑制剂进行研究，可以看到这几种酶的mRNA按一定的先后次序出现，而酶的出现则落后于mRNA的出现大约1.5~5h(图8.28)。

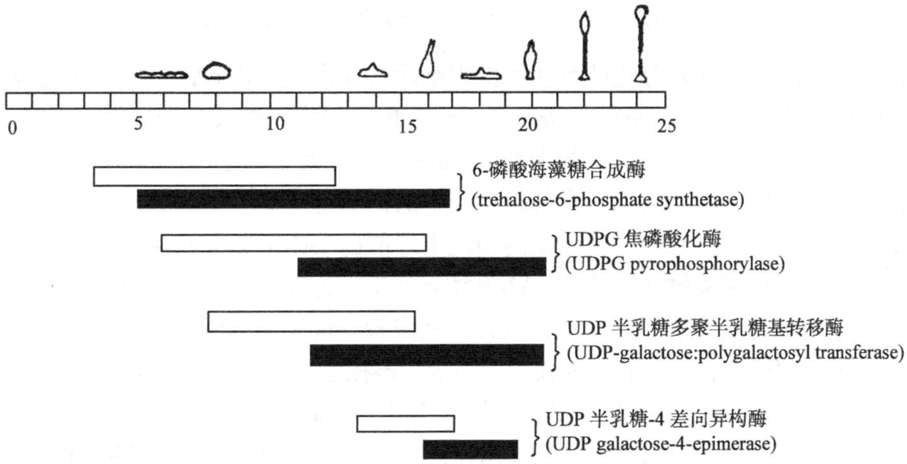

图8.28 盘状细胞黏菌中与分化发育有关的基因的转录和翻译[24]

数字表示时间；▭：mRNA；■：酶蛋白

黏菌细胞分化的遗传控制

高等生物的发育过程包括细胞分化、体轴建立、形态建成等一系列变化，这些变化往往相互交织；黏菌的发育虽然简单，但也不例外。例如黏菌的细胞只有 3 种：变形虫状细胞以及由它所分化而成的柄细胞前体(pre-stalk cell)和孢子前体(prespore)，柄细胞形成子实体，而孢子则处在子实体中。子实体的形成是形态建成(morphogenesis)过程，柄细胞和孢子前体的出现是细胞分化(cell differentiation)过程，两者也交织在一起。把黏菌作为细胞分化研究的模式生物的一个有利条件是细胞分化可以在与形态建成脱钩的条件下进行，即柄细胞和孢子前体的分化可以在人工培养状态下的细胞群体中发生，因此便于操作，便于追究导致细胞分化的原因。

在自然状态下盘状黏菌的“蜒蚰”前端的细胞分化成为柄细胞前体，后端的细胞分化成为孢子前体细胞。在含有一定成分无机盐的固体培养基表面，未分化的盘状黏菌的变形虫状细胞以细菌作为食物而生活，它们可以由于一定浓度(1~5mmol/L)的 cAMP 的加入而形成游离的柄细胞前体；它的细胞形态可以与未分化的细胞以及与将形成孢子的孢子前体细胞在相差显微镜下相识别。

柄细胞前体的出现还与细胞的浓度有关(图 8.29)。

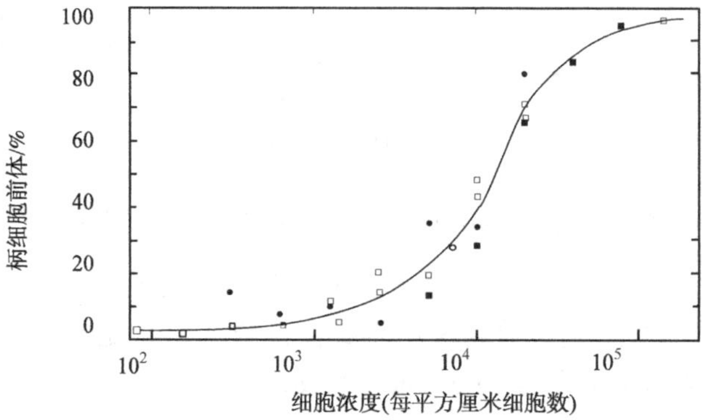

图 8.29　细胞浓度与 cAMP 对柄细胞前体诱导作用的影响[24]

以不同细胞浓度的未分化的盘状黏菌细胞涂布在含或不含 cAMP 的固体营养培养基表面，在高湿度、不见光的条件下培养 2~3 天后取细胞作相差或荧光显微镜观察。cAMP 的浓度除最高细胞浓度的一次实验中是 5 mmol/L 以外其余都是 1 mmol/L。图 8.29 中的不同标记表示各次实验的结果。全部对照组中的柄细胞都少于 1/200 细胞。

实验结果说明只在细胞相当密集的情况下才能由 cAMP 诱导产生柄细胞前体。这一结果可以解释为细胞接触效应或者 cAMP 诱导产生一种促进柄细胞分化的物质的作用结果。为了说明细胞浓度效应的本质，进行下列实验：首先在固体培养基表面涂布一层含低浓度细胞的琼脂，然后在上面加盖一层薄膜，再在上面加一层含高浓度细胞的琼脂(对照组琼脂中加缓冲液)。实验结果发现不加 cAMP 的对照组在下层中几乎不出现柄细胞，下层含 5 mmol/L cAMP 但上层含缓冲液的对照组的下层中出现至多 4.5%的柄细胞前体，上层含高浓度细胞的实验组的下层中则出现 40%~80%的柄细胞，说明 cAMP 诱导细胞产生一种物质；它由密集的变形虫状细胞产生，通过薄膜而为低密集度的细胞所吸收，从而促使它们分化成为柄细胞前体。由于薄膜防止了细胞的接触，所以实验结果同时否定了接触效应假设。这一影响黏菌细胞分化的物质已被分离提纯，在其化学本质阐明以前给以分化因子(differentiation factor，DIF)这一名称。

盘状黏菌的突变型 V12M2 在低细胞浓度情况下只从变形虫状细胞中产生孢子而不产生柄细胞。图 8.30 所表示的实验结果说明低浓度($3.3\times10^3/cm^2$)的产孢子 V12M2 突变型的未分化细胞在含有 cAMP 但不含 DIF 的培养条件下，在 22h 的培养过程中取样观察只看到孢子前体细胞。在含有 cAMP 和 DIF 的培养条件下则随着培养时间的延长取样中孢子前体逐渐减少而柄细胞前体逐渐增加，说明在遗传背景预定其分化命运为孢子的细胞可以因 DIF 的作用而改变为向柄细胞方向发展。对 DIF 以及其他可能存在的分化因子对细胞分化的控制机制进行深入研究，特别是在脱离形态建成的离体培养条件下进行研究，必将有助于对细胞分化机制的了解。

在高浓度(5mmol/L)cAMP 的诱导下极大部分细胞分化成为柄细胞前体，但成熟的柄细胞是死亡的细胞。所以在高浓度 cAMP 存在的条件下筛选成活的抗性突变“菌落”便能获得影响细胞分化的突变型。例如，一个称为 *sci-1* 的突变型在 cAMP 诱导下既形成柄细胞前体，也形成孢子前体。与 *sci-1* 具有类似果实体形态的另一突变型 Frl7 在没有 cAMP 的情况下出现 1%~10%柄细胞前体和 60%~70%孢子前体，在 cAMP 存在的情况出现同样大量的柄细胞前体和孢子前体。

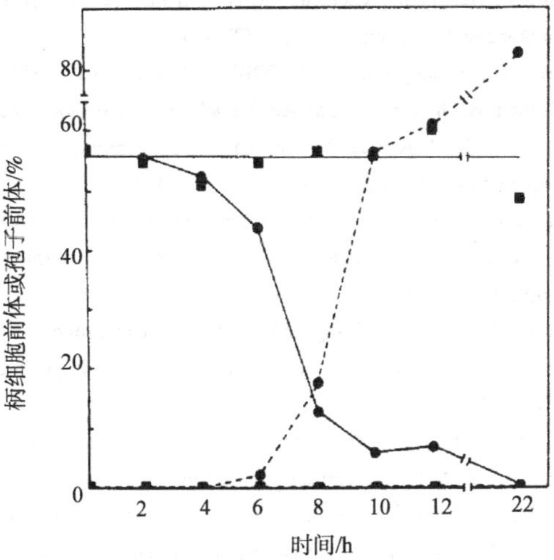

图 8.30 盘状黏菌(*Dictyotelium discoideum*)中分化因子(DIF)对产孢子 V12M2 突变型的孢子前体细胞的重新分化的影响[24]

实验用细胞采自培养 18h 所形成的“蜒蚰”。将经分散的“蜒蚰”细胞洗净后以 $3.3\times10^3/cm^2$ 浓度涂布在含 1mmol/L cAMP(加或不加 600u/ml 的 DIF)的固体培养基表面。每隔 2h 取样观察柄细胞前体和孢子前体数。实线：孢子前体；虚线：柄细胞前体。■：孢子前体，不加 DIF；●：孢子前体，加 DIF

在盘状黏菌中还取得了专门在柄细胞前体或孢子前体中表达的基因的突变型，以及控制两类细胞分布的基因的突变型。许多上述各种突变型的果实体形态常有变化，所以前面一节描述的影响发育的突变型中必然包括一部分与细胞分化有关的突变型。对以上种种突变型进行深入研究必将有助于对细胞分化的认识。

(陈永青　盛祖嘉 编著)

参 考 文 献

[1] Micklos D A, Freyer G A.DNA science-A.1st course,2nd ed. New York：Cold spring Harbor Laboratory press, 2003, 43

[2] Modrich P. Mechenisms and Biological Effects of Mismatch Repair.Annu.Rev. Genet, 1991，25:229~253

[3] Michaels M L, Miller J H. The GO system protects organisms from the mutagenic effect of the spontaneous lesion 8-hydroxyguanine(7,8-dihydro-8-oxoguanine).J Bacterial, 1992,174:6321~6325

[4] Neihard F C, Van Bogelen R A, Vanghn V. The genetics and regulation of heat-shock protein.Ann.Rev.Genet,

1984,18:295~329

[5] Fajita N, Ishihame A. Heat shock induction of RNA polymerase Sigma-32 Synthesis in *Eseherichia coli* transcription control and multiple prometer System.Mol Gen Genet, 1987,210:10~15

[6] Mager W H, Kruiff de A J J. Stress induced tramscription activation. Microbial Rev, 1995,59:506~531

[7] Kenyon C J, Walker G C. DNA damaging agents stimulate gene expression at spectific loci in *Escherichia coli.* Proc Natl Acad Sci. USA, 1980, 77:2819~2823

[8] Walker G C. Mutagenesis and inducible response to deoxyribonucleic acid damage in *Eshrichia coli.* Microbiol Rev, 1984,48:60~93

[9] Bedoulle H P I, Bassford Jr, Fouler A V *et al.* Mutations which alter the function of the signal sequence of the maltose binding protein of *Esherichia coli.* Nature, 1980,285:78~81

[10] Emr S D, Hedgpeth J, Clement J M *et al.* Sequence analysis of mutation that prevent export of receptor, in *Escherichia coli* membrane protein. Nature, 1980, 285:82~85

[11] Bieker K L, Silhavy T J. TIG OCTOBER, 1990. 6(10) 329~334

[12] Kristine L B, Gregory J P. The *sec* and *prl* gene of *Eschenichia coli.* J. Bioenergetics and Biomembranes, 1990,22:291~296

[13] Holland B, Mark A *et al.* The mechanism of secretion of hemolysin and other polypeptides from gram-negative bacteria. J Bioenergetics and Biomembranes, 1990,22:473~480

[14] Streips U N, Yasbin R E. Modern Microbial Geneties. New York: Wiley-Liss Inc., 2002

[15] Whiteley M *et al.* Identification of genes controlled by quarum sensing in *Pseudomona aeruginosa.* Proc Natl Acad Sci USA, 1999,96:13904~13909

[16] Hartwell L H, Culotti J, Pringle J R *et al.* Genetic control of the cell division cycle in yeast.Science, 1974,183:46

[17] Hereford L M, Hartwell LH. Sequential gene function in the initiation of *Sccharomyces cerevisiae* DNA synthesis. J Mol Biol, 1974,84:445

[18] Li MH *et al.* A cytokinesis checkpoint requiring the yeast homologue of an APC-binding protein. Nature, 1998,393:487~491

[19] Vershon A K, M Pierce. Transcriptional regulation of merosis in yeast. Current Opinion in Cell Biology, 2000,12:334~339

[20] Chu S *et al.* The transcriptional program of sporulation in budding yeast. Science, 1998,282:699~705

[21] Piggot P J, Coote J G. Genetic aspects of bacterial endospore formation. Bacteriol Rev, 1976,40:908

[22] Yamada T, Yanagisawa K O, Ono H *et al.* Genetic analysis of development stages of the cellular slime mold *Dictyostelium purpureum.* Proc Natl Acad Sci ,U.S.A., 1973,70:2003

[23] Sussan M. Developmental Biology, Its Cellular and Molecular Functions. Prentice-Hall, 1973, 15-2

[24] Kay R P, Jermyn K A. A possible morphogen controlling differentiation in *Dictyostelium.* Nature, 1983,303:242~244

第九章　微生物基因组学

除非另有所指(例如线粒体、叶绿体、质粒)，否则基因组(genome)一词指单倍染色体基因的总和。每种生物都有独特的基因组，它包含构成它的个体与维持它的生命活动所需要的全部遗传信息。绝大部分的基因组由 DNA 组成，一部分病毒的基因组由 RNA 组成。

在 20 世纪 40 年代确证了遗传物质是 DNA(或 RNA)，接着在 50 年代阐明了 DNA 的双螺旋结构，自此以后人们对遗传物质的认识以及研究方法日新月异，它们为基因组学(genomics)的研究奠定了基础。

基因组学这一概念是随着DNA序列测定技术和计算机的不断发展在20世纪90年代提出的。它是一门研究生物的基因组组成和基因组遗传信息的新兴学科。这一概念出现以前噬菌体 ΦX174 的全部序列已经测定，而且因偶然发现了重叠基因(overlap gene)而意识到基因组序列测定的重要意义，对独立生存的生物进行基因组序列测定的第一个生物是流感嗜血杆菌。

最初的基因组学研究集中于构成基因组的核苷酸序列的测定和初步的生物信息学(bioinformatics)分析，这种研究可以称为序列基因组学(sequence genomics)。随着基因组研究的不断深入，基因芯片(gene chip)、蛋白质的二维聚丙烯酰胺凝胶电泳(two-dimensional polyacrylamide gel electrophoresis)等高通量研究技术的出现，促使基因组学的概念不断地向广度与深度延伸，从而出现了功能基因组学(functional genomics)、结构基因组学(structural genomics)等研究方向，而且还出现了以基因组学研究成果为基础，以应用为目标的药物基因组学(pharmacogenomics)、环境基因组学(environmental genomics)等新兴分支学科。

第一节　微生物基因组学概述

人类基因组计划(human genome project, HGP)是一项耗资 30 亿美元，以期测定人类全基因组约 30 亿个碱基的跨国合作科研计划，中国参与了其中十分之一的测序工作。

微生物种类繁多，且有大量的微生物是致病细菌，或能产生抗生素或在农业或工业中有重要应用价值的种类，具有巨大的潜在商业价值，大量的商业公司及各国政府都投入了大量的资金进行微生物的基因组序列测定，所以目前微生物基因组研究发展非常快，已经有大量微生物的序列被测定，还有大量的微生物基因组序列正在测定中(表 9.1)。截至 2004 年 1 月 3 日，已经有 148 种微生物基因组被完成序列测定和标注(附表 9.1)，正在序列测定和标注中的有 178 种(附表 9.2)。

微生物基因组计划与人类基因组计划是相辅相成的。微生物基因组较小，容易进行序列测定，此外微生物基因组中的重复序列少，易于进行序列的拼接，所以基因组序列测定中的一个重要策略——随机测序法也是首先在微生物上实施的，它就是 1995 年完成的流感嗜血杆菌基因组。所以微生物基因组计划的发展为人类基因组计划提供了新方法和新思路，特别是随机序列测定策略在人类基因组计划中的应用，大大缩短了序列测定的时间，使得人类基因组计划完成的时间大大提前。同时人类基因组计划大量的资金投入所发展起来的序列测定技术和生物信息技术大大促进了微生物基因组学的飞速发展。其实在人类基因组计划中就包括了几种常用模式生物的测序工作，其中就有微生物——酵母菌、大肠杆菌。

表 9.1　近年来微生物基因组计划进展情况

完成情况	2001 年 3 月	2004 年 1 月
已经完成	55	148
测序中或注释中	110	178
总计	165	326

一、测序的基本方法与策略

序列测定是微生物基因组学最基本的工作。由于微生物基因组本身大小不一，从几千碱基的病毒基因组，到几兆碱基的细菌基因组，直至几十兆碱基的真核生物基因组都有；并且原核生物和真核生物基因组的结构存在很大的差别，所以原核生物基因组的序列测定策略随测序技术的发展也经历了不同的历程。最初的病毒基因组的序列测定，由于基因组很小，测序技术相对比较简单，往往采用定向测序法 (direct sequencing)来完成，即采用构建连续缺失的基因文库(gene library)，通过序列测定而方便地得到；原核微生物则由于基因组较小且重复序列少，目前几乎都采用鸟枪法随机测序的策略；真核微生物由于基因组较大，且其中有较多的重复序列，所以往往采用绘制遗传图谱、物理图谱，然后再采用鸟枪法随机测序的策略完成各大段基因组的序列测定，最后根据物理图谱构建完整基因组序列，这种策略类似于人类基因组计划的序列测定策略。以下将介绍一些序列测定的基本方法和基因组序列测定的策略。

化学法(chemical method，即 Maxam & Gilbert method，简称 M&G method)

DNA 化学测序方法于 1977 年由 A.M. Maxam 和 W. Gilbert 首次报道，所以又称为 M&G 法。这项技术能用来测定 250 个核苷酸的序列，通过改进后能测定 600 个核苷酸以上的序列。虽然它和目前最常用的末端链终止法一样可靠可行，但由于其费时且需要的 DNA 量大，目前很少被应用。但该法也具有末端终止法所不具有的优点，可以对合成的寡核苷酸进行测序，可以分析诸如甲基化等 DNA 修饰情况，可被用来研究 DNA 与蛋白质的相互作用。

M&G 法测序的基本原理是通过对 DNA 分子的一个末端的标记，在 4 组或 5 组相互独立的化学反应中降解 DNA，从而形成具有同一放射性标记末端的不同长度的 DNA 分子，然后将各组反应产物进行电泳，根据放射自显影显示序列结果。该法的成败主要取决于降解反应的特异性，降解反应分两步进行：①对特定碱基进行化学修饰，主要的修饰方法见表 9.2；②经过修饰的碱基从糖环上脱落，磷酸二酯键断裂。整个 M&G 法测序的基本原理见图 9.1。

表 9.2　M&G 法常用的修饰技术[1]

碱基	特异修饰方法①
G	在 pH8.0 下，用硫酸二甲酯对 N_7进行甲基化，使 C_8-C_9 键对碱基裂解具有特异的敏感性
A+G	在 pH2.0 下，哌啶甲酸可以使嘌呤环的 N 原子质子化，从而导致脱嘌呤，并因此削弱鸟嘌呤和腺嘌呤的糖苷键
C+T	肼可以打开嘧啶环，后者重新环化成五元环后易于除去
C	在 1.5 mol/L NaCl 存在下，只有胞嘧啶可同肼发生反应
A>C	在 90℃下，用 1.2 mol/L NaOH 处理可使 A 位点发生剧烈断裂反应而 C 位点断裂反应微弱

注：① 热哌啶溶液(90℃，1 mol/L)可以在经过修饰的位点使 DNA 的糖磷酸键裂解。

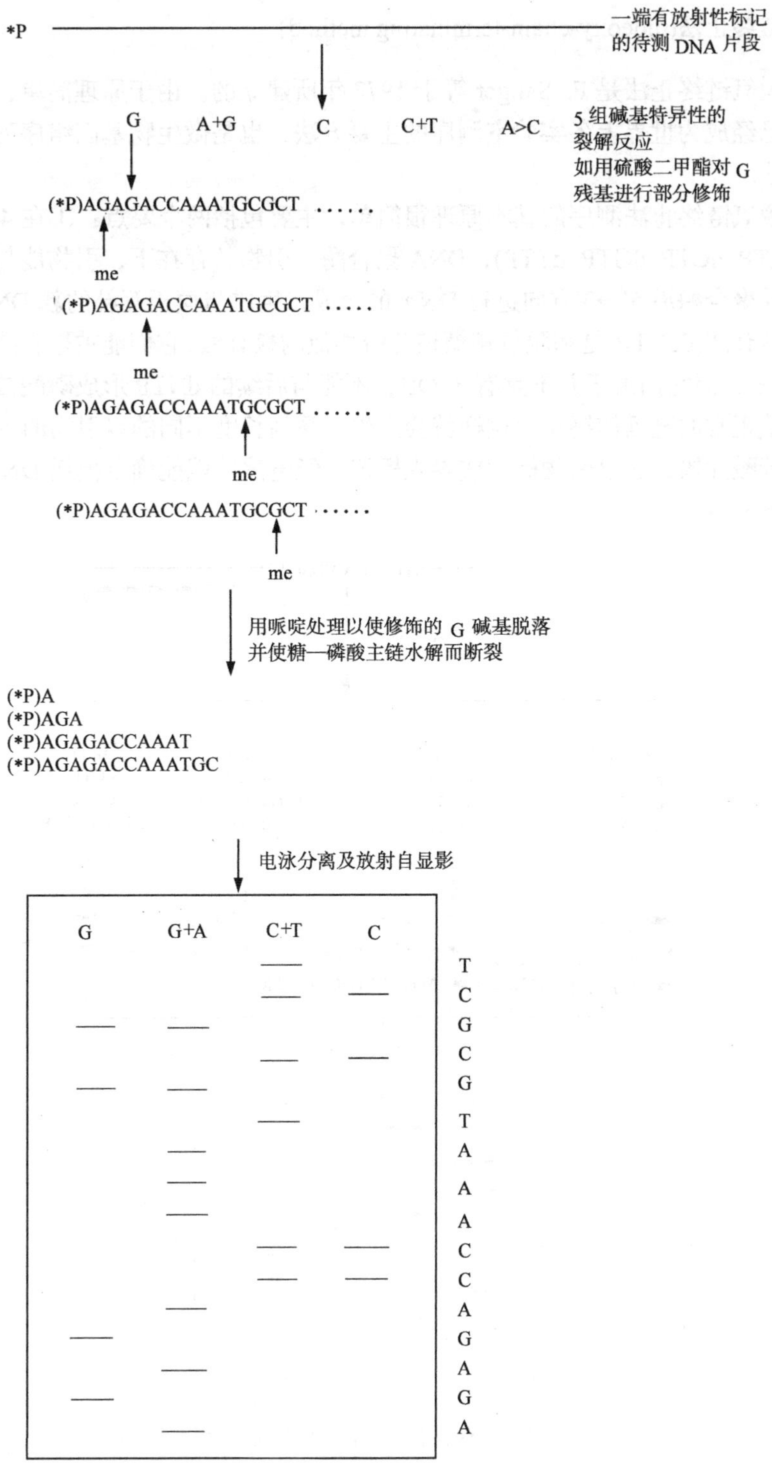

图 9.1　M&G 化学法测序原理示意图[1]

双脱氧链终止法(dideoxy-chain-terminating method)

双脱氧链终止法是 F. Sanger 等于 1977 年所建立的。由于原理简单，操作容易，该法目前已经成为世界上各实验室测序的主要方法，也是微生物基因组序列测定所采用的主要方法。

双脱氧链终止法测序的基本原理很简单，主要包括两个要点：①在 4 种脱氧核糖核苷酸(dATP, dCTP, dGTP, dTTP)，DNA 聚合酶，引物的存在下，引物能与其互补的模板结合引导聚合酶沿 5′→3′方向进行 DNA 的合成，生成与模板互补的新 DNA 链。②双脱氧核糖核苷酸(ddNTP)是和脱氧核糖核苷酸类似的核苷酸,它们能被聚合酶所利用参入到 DNA 链中，但它们由于并不具有 3′-OH，不能与后续的 dNTP 形成磷酸二酯键(图 9.2)，所以导致正常的链延伸终止，这样就会产生一系列长度不同的以引物的 5′端为共同起点的多核苷酸片段，通过引物标记或参入标记，经电泳后就能确定模板 DNA 的序列(基本原理见图 9.2)。

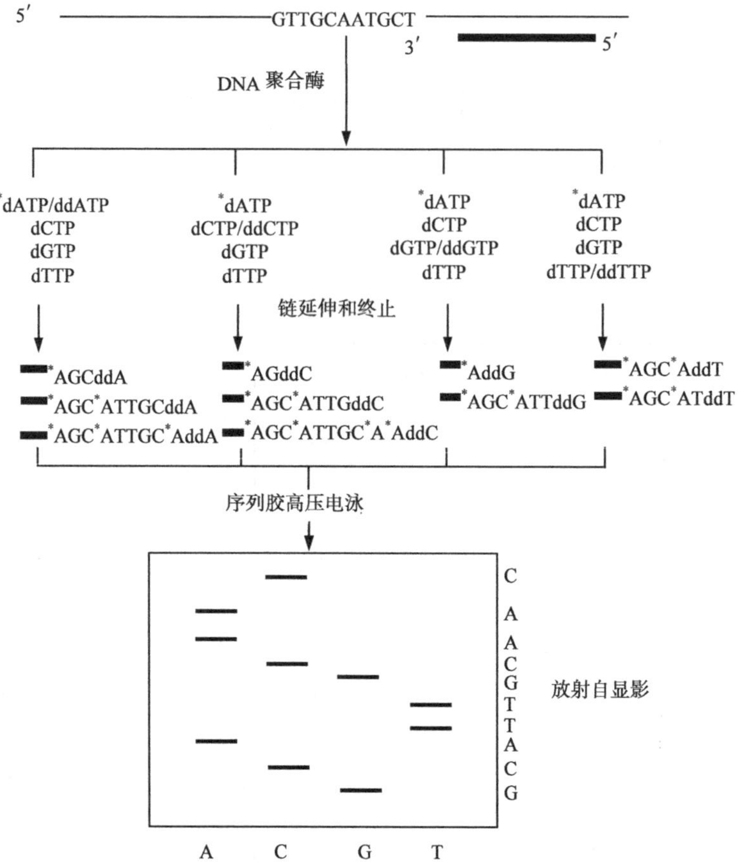

图 9.2　双脱氧链终止法测序原理示意图[1]

自动化测序(automatic sequecing)

自 20 世纪 70 年代测序方法建立以来，许多研究者为该项技术的改进与完善作了大量的工作，这包括提高序列测定的准确性、序列测定的长度以及序列测定的自动化。整个序列测定包括样品的制备、测序反应、反应产物分离、信息收集、碱基序列阅读和序列的储存等过程，序列测定的自动化就是对该过程各个步骤的自动化和步骤之间衔接的自动化。

质粒抽提机器人能自动地挑取克隆、进行细菌培养和质粒抽提，DNA 纯化机器人能对 PCR 产物等样品进行纯化；Beckman Instrument Biomek 1000 等机器人工作站能用于 Sanger 测序反应中的自动移液；自动放射自显影胶片阅读机能自动阅读胶片，以上这些技术为测序的自动化奠定了基础。特别是自动测序仪，它将凝胶电泳、初始信息收集和碱基阅读自动化，成为了基因组序列测定中必备的仪器设备。其基本原理是荧光标记 DNA 片段，然后用激光检测标记片段通过检测窗口的先后顺序来确定 DNA 序列。荧光标记有两种基本方法：单荧光标记四泳道分离和四荧光标记单泳道分离。

单荧光标记四泳道分离方法可采用引物荧光素标记和参入 ddNTP 荧光素标记，反应和传统的手工测序一样，需要在 4 个分别加有 ddATP、ddCTP、ddGTP、ddTTP 的 A、C、G、T 的管子中进行反应，反应产物在相邻的 4 个泳道中分离和检测。由于凝胶的可能不均一性所引起的泳道变形，会影响条带先后次序的确定，从而影响序列测定的准确性。

四荧光标记单泳道分离也分为引物标记和参入标记两种，引物标记法和单荧光标记四泳道分离方法的反应原理一样，只是在四个不同的反应管子中引物标记不同的荧光素；参入标记则对 ddATP、ddCTP、ddGTP、ddTTP 分别标记不同的荧光素，于一个管子中进行反应。这两种反应产物由于不同的终止有不同的荧光素标记，可以在一个泳道中进行分离。特别是荧光素参入法，由于其简单方便，目前被广泛应用于自动测序，其基本原理见图 9.3。

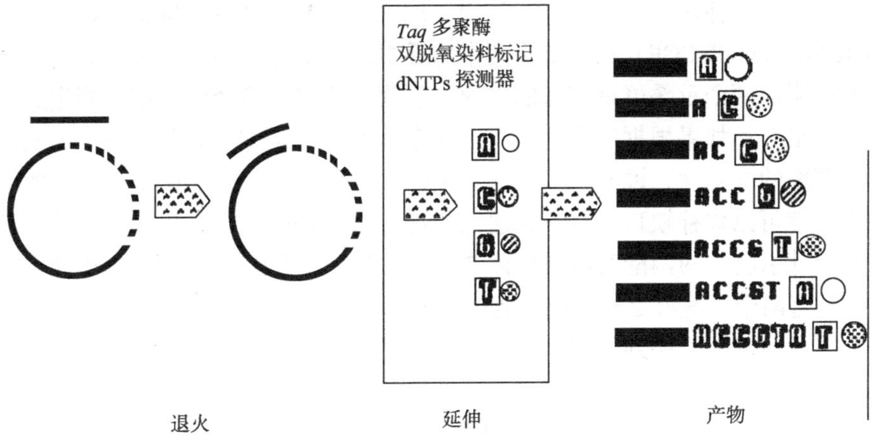

图 9.3　荧光素参入四荧光标记单泳道分离的基本原理[1]

随机测序与序列组装

由于微生物基因组的重复序列较少，目前一般采用随机序列测定的方法来测定其全基因组的序列，包括随机测序文库的构建、序列测定和序列组装等步骤。

要进行序列的测定，首先需要构建随机测序文库。制备高质量DNA，即包括完整的基因组并具有高纯度的DNA。 然后利用超声波将DNA剪切成为长度约1~2kb的片段，并通过琼脂糖凝胶回收，经过末端补平，插入质粒载体如pUC18以构建小片段基因文库；同样采用不同的超声条件，获得约 15~20kb 的片段，插入λ噬菌体载体以获得大片段基因文库。文库建立后需要考虑其质量和容量两个方面，质量是指所建文库中含有目的大小插入片段的比例，比例越高，文库的质量也就越高，后面的无效序列测定也就越少；容量是指根据基因组的大小与插入片段的长短，文库中克隆子是否能覆盖整个基因组，对于同样大小插入片段的基因文库，克隆子的数量越多，容量也就越大。

就单纯序列测定的角度来讲，建立一个基因文库就足够了，但一般采用建立大小两个基因文库这一策略。这是因为小片段基因文库相对比较稳定，表达产物对大肠杆菌有毒的基因被切断的可能性大，并且易于制备测序用的DNA；而大片段基因文库则在以后缺口填补中将起到重要的作用。

构建好文库后，接下来的工作就是测序与序列组装的工作了。随机地从基因文库中挑取克隆制备测序模板，以载体上已知序列为测序引物，使用荧光标记的自动化测序仪进行高通量的序列测定，每个克隆只需在两端进行序列测定即可。将测序结果导入计算机，利用计算机软件如TIGR(The Institute for Genomic Research的简称)的Assembler软件可以确定相邻序列的位置，并将它们自动融合成重叠群(contig)，随着测序量的不断增大，重叠群数量会不断地减少，重叠群的大小会越来越大，当测序的覆盖率达到基因组的5倍以上时，就会覆盖基因组百分之九十以上的序列。理论上，不断地增加测序的量最终将覆盖所有的基因组，但这样工作量很大，且基因组中有些基因表达后对大肠杆菌有毒性，根本无法在基因文库中得到体现，所以当达到一定覆盖率后，可进行缺口填补的工作。

目前常用的填补缺口的方法有：利用大片段基因基因文库的信息，蛋白连接法，长片段PCR(long length PCR)法等。如果两个重叠群的末端序列在大片段文库的一个克隆中出现，就说明这两个重叠群是相邻的，通过引物合成将该克隆的全序列测定后，就可以将这个缺口填补；如果根据序列比较发现两个重叠群的末端序列与某一个编码蛋白的基因两端有高度的同源性，说明它们可能是相邻的，通过 PCR 确证后，通过测定该 PCR产物的序列就可以弥补缺口。对于无法用上述方法弥补的缺口，可以根据重叠群两端的碱基序列设计引物，两两配对以染色体DNA为模板进行PCR扩增，如果能得到扩增产物，就说明这两个重叠群是相邻的，通过对PCR产物的序列测定，就可以填补缺口。缺口填补完成后，基因组序列的测定就告一段落了。

二、序 列 诠 释

基因组序列测定的完成只是阐明了微生物基因组的核苷酸组成和排列，是微生物基因组学研究的第一步，如何发掘基因组中所隐藏的遗传信息，阐明基因组与表型之间的关系，才是基因组学研究的终极目标，这也叫做基因组的诠释。相对于基因组的序列测定工作，基因组诠释的工作量要大得多，目前已经完成诠释的微生物基因组都是集中了微生物学、遗传学、生物信息学、分子生物学等领域的大量专家共同完成的。其实这些工作也仅仅是“部分的诠释”，和基因组的完全诠释还存在很大的差距，要真正完成这个目标，可能还需要几代科学家的不断努力。下面就目前一些常见诠释工作进行简述：

基因的确定

蛋白质是细胞和生物体生物学功能的主要直接执行者，所以基因组序列的诠释首先是从基因组中寻找基因。所有的蛋白质都由可读框编码，它由一系列指令氨基酸的密码子所组成，包括一个翻译起始密码子，一般为 ATG；以及一个或不止一个终止密码子，可为 TAA, TAG, TGA 中的任何一个。理论上 mRNA 翻译成蛋白质可三个读框进行，而 mRNA 从 DNA 序列上的转录有两个方向，这样就需要分析基因组上的 6 个读框。寻找基因首先要确定基因组中所存在的所有可读框，为了操作上的方便，往往是先确定基因组中所有的终止密码子。理论上来讲，如果不考虑 GC 含量，三个终止密码子中任何一个出现的概率为每 $4^3 = 64$bp 一次，假如 GC 含量大于 50%，由于终止密码子中的 AT 比例高，则 100~200bp 才会出现一个终止密码子，目前的生物信息学分析往往认为开放阅读框大于 300bp 才有可能作为一个基因编码蛋白。可读框的确定可有专门的软件来执行，如 Sanger 中心免费提供的软件 Artemis(见图 9.4)。

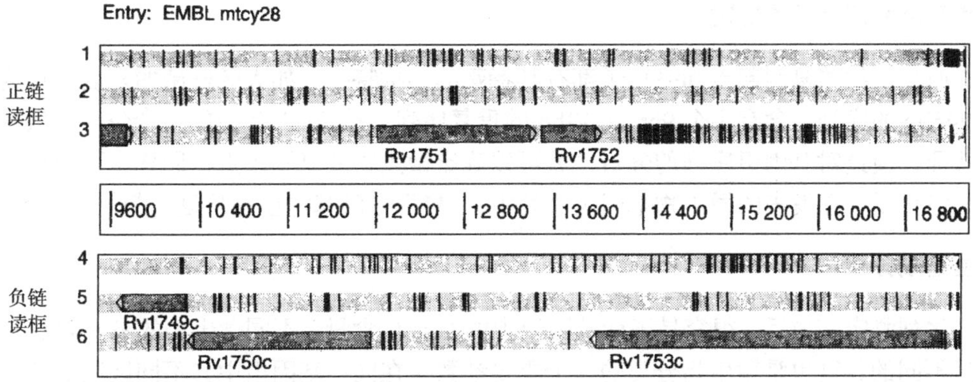

CDS	9674	10 231	Rv1749c	可能的膜蛋白
CDS	10 315	11 913	Rv1750c	可能的乙酰辅酶 A 连接酶
CDS	11 967	13 349	Rv1751	可能的羟化酶
misc_feature	13 224	13 250		二氢叶酸还原酶标记
RBS	13 464	13 468		可能的 Rv1752 上游的核糖体结合位点
CDS	13 476	13 925	Rv1752	未知
CDS	13 960	17 121	Rv1753C	富含甘氨酸，天冬酰胺的 PPE 家族蛋白

图 9.4　可读框的确定和基因的确定[2]

事实上并不是所有的可读框都编码蛋白质，在确定可读框后，须对它们进行筛选，以确定哪些可读框真正是编码蛋白质的基因，这可从以下几个方面来考虑：①起始密码子附近是否存在核糖体结合位点。蛋白质的合成需要核糖体的参与，如果在起始密码子的上游存在核糖体的结合位点，则该可读框很有可能是编码基因；②密码子使用的偏爱性。蛋白质由 20 种氨基酸组成，每种氨基酸都有特定的密码子，大部分的氨基酸具有多个密码子。不同的微生物在编码同一类型的蛋白质时使用的密码子是不同的，这就是密码子使用的倾向性，是微生物不同物种的一个重要特征。如果某可读框的密码子使用的偏爱与整个基因组基因是相同的，则该可读框很有可能是编码基因；③可读框与其他生物预测蛋白的比较。将可读框所编码的蛋白质与数据库中其它生物的蛋白质相比较，如果发现其与其他生物的蛋白质相似，则该可读框很有可能是编码基因。

通过以上这些分析，基本上能寻找到基因组中所包含的基因，但还存在着一些问题：①有些基因所编码的蛋白质小于 100 个氨基酸残基，在搜寻可读框中可能被遗漏；②存在一些基因内基因，这些基因在分析时可能会被忽略；③有些微生物的基因的起始密码子可能并不是 ATG，有可能是 GTG, TTG 或 CTG，这会造成基因的遗漏；④有些确定的基因在微生物中并不真正表达。通过对分析软件的不断优化并结合实验验证可解决上述一些问题。

微生物基因组中除了编码蛋白质的基因外，还有编码 tRNA，rRNA 的基因，这可根据它们的独特基因结构和核酸结构来确定。tRNA 具有特殊的“三叶草”结构特征，在结构上是相当保守的，如氨基酸臂的 3′端均为 C-C-A-OH 等，根据这些保守结构，可以鉴定基因组中 tRNA 基因，根据反密码子环上的序列，还可以进一步确定是哪一种 tRNA。原核生物基因组 rRNA 同样也具有自身独特的结构，如编码的三种 rRNA(5S rRNA, 16S rRNA, 23S rRNA)连成一个转录单位，且往往呈多拷贝存在。利用这些结构特征，可以确定基因组中的 rRNA 基因。

复制起点和终止子的确定

原核生物的复制起点和终止子都有其特殊的结构特征。如大肠杆菌的复制起点为一段 245bp 的序列，含有多个 9bp 和 13bp 的重复序列，是 dnaA 蛋白的结合位点。根据这些特征，通过对基因组序列的分析，就可以确定微生物的复制起点，同样也可以确定复制的终止子。在发表的微生物基因组序列中，“1”号碱基往往是从复制起始点开始的。

碱基组成分析

序列测定完成后，很容易统计基因组中的 G + C 含量，不同微生物的 G + C 含量往往是不同的，这也是微生物分类的一个重要参数。在同一基因组中，不同区域的 G + C 含量也常有所不同，这既可能是由于遗传物质在进化过程中的横向传递所造成的，也可能是生物发挥特殊功能的需要而在进化过程中不断积累所造成的。

密码子使用的偏爱性

蛋白质由 20 种氨基酸组成，每种氨基酸都有特定的密码子，大部分的氨基酸具有多个密码子。不同的微生物在编码同一类型的蛋白质时使用的密码子是不同的，这就是密码子使用的偏爱性，是微生物不同物种的一个重要特征。同一微生物的基因组中的某些基因使用的密码子可能与总体使用的密码子有所不同，这可能是横向基因传递的结果。

基因功能的初步确定

基因主要是通过蛋白质起作用的，在确定了基因组上的编码序列后，如何确定基因编码蛋白质的功能成为了一个很重要的问题。众所周知，蛋白质发挥生物学功能跟其高级结构有关，而蛋白质的高级结构是由组成蛋白质的一级结构所决定。所以根据这个原则，通过比较蛋白质的一级结构，找到与其有高同源性的已知功能的蛋白质，就可以初步确定该蛋白质的功能，目前最常用的是NCBI中的Blast软件来完成。这种分析结果的可靠性与它们之间的同源性是呈正相关的，同源性越高，得出的结论也就越可靠。当然生物信息学分析的结果只是提示了某种蛋白具有的可能生物学功能，最后还需要用实验进行验证，随着越来越多蛋白质功能的确定和规律的发现，生物信息学的功能预测结果将变得更加准确。就目前而言，一般微生物基因组中的可编码基因还有30%~40%不存在同源的已知功能的蛋白质，无法通过同源性比较的方法确定其功能。

三、后基因组时代的研究任务

微生物基因组的序列测定和生物信息学(bioinformatics)诠释是传统意义上的微生物基因组学，也有人将其称为序列基因组学。如何完全了解基因组中所蕴含的信息则是基因组测序完成后的主要任务，也有人称之为后基因组时代的研究任务。

生物信息学的分析能够确定基因组中部分基因的可能生物学功能，目前还不能对所有的基因功能进行预测，即使是能预测的部分，也不一定正确。所以阐明微生物基因组中所有基因的生物学功能将是后基因组时代首先面临的一个重要任务，主要将建立在大规模、高通量功能研究的基础上，如基因芯片技术，大规模微生物基因缺失体的构建等；当然随着实验结果的不断积累和软件的发展，建立在此基础上的生物信息学将为该目标的完成提供巨大的帮助。

基因的表达并不是一成不变的。微生物在不同的阶段和不同的环境中，细胞中基因的表达是各不相同的，这是由细胞基因组中的调控序列和调控基因所编码的蛋白质所决定。如何寻找到基因组上所有的调控序列，以及它们与调控蛋白之间的相互作用方式，从而构建全局调控网络将是后基因组时代微生物遗传学的又一重要的任务。

微生物种类繁多，大量微生物基因组全序列测定的完成，也为微生物进化研究提供了丰富的材料。如何从这些丰富的基因组信息中获取跟进化相关的信息，从而阐明微生物进化的规律，进而阐明生物起源和生物进化的普遍规律将是微生物遗传学研究的又一挑战。

第二节　典型微生物的基因组分析

一、流感嗜血杆菌——最早完成测序的细菌

流感嗜血杆菌(*Haemophilus influenzae*)是一种革兰氏阴性小杆菌，是1995年美国基因组研究所的R. D. Fleischmann等采用随机序列测定法完成的第一个基因组全序列测定工作的细菌。它不仅阐明了其遗传物质DNA的序列信息，并对一些基因可能的生物学功能进行了预测。

基因组概况

流感嗜血杆菌Rd型的基因组为环状DNA，大小为1 830 137bp，其中A含量为31%，C含量为19%，G含量为19%，T含量为31%。G+C含量为38%，接近人类的G+C含

量，其中存在一些富含 AT 的区域。通过生物信息学的分析，发现其基因组有 1 743 个潜在的编码序列，其中 736 个没有相应的功能提示，1007 个预测的编码序列则可编码一定功能的蛋白质。

复制起点

流感嗜血杆菌的复制起始序列是一个由 280bp 组成的序列，由 3 个 13bp 和 4 个 9bp 的重复序列所组成，类似于大肠杆菌的 *oriC*，这段序列位于核糖体启动子 *rrnF*、*rrnE*、*rrnD* 和 *rrnA*、*rrnB*、*rrnC* 之间，并可按相反的方向进行转录。

核糖体操纵子

流感嗜血杆菌基因组共包括 6 个 rRNA 操纵子，它们都是由 3 个亚单位和 1 个可变的间隔区(spacer)组成，按顺序依次为：16S 亚单位，间隔区，23S 亚单位，5S 亚单位，亚单位的长度分别为 1539bp，2653bp 和 116bp，三个亚单位的 G+C 含量为 50%，大大高于基因组的平均含量 38%，而间隔区的 G+C 含量为 38%，接近基因组的平均含量，这提示了编码 rRNA 区域的遗传信息与整个生物进化的模式是不同的。在 6 个操纵子中，基因结构是有所不同的。一类的间隔区较短，大约为 478bp，如 *rrnB*, *rrnE*, *rrnF*；另一类的间隔区较长，大约为 723bp，包含有 $tRNA^{Ile}$、$tRNA^{Ala}$ 两个基因。

DNA 转运系统

流感嗜血杆菌有一个高效率的 DNA 转运系统(DNA transfer system)，DNA 摄取基因的保守序列为 5′-AAGTGCGGT，在基因组中有多个拷贝，为保障细菌有效摄取 DNA 所必需。基因组分析表明，有 15 个与转运相关的基因，其中 *comA*、*comB*、*comC*、*comD*、*comE*、*comF* 6 个基因组成一个操纵子，该操纵子由竞争性调控元件 CER(competence regulatory element)对它实施正向调控。CER 是一个 22bp 组成的具有回文结构的序列，在基因组中还发现另外一些 CER 和在 CER 控制下的潜在的转运基因。

毒力基因

流感嗜血杆菌 Rd 株是一非致病的实验菌株，全序列测定的结果表明，该基因组中不含有某些公认的毒力基因，如编码脂多糖荚膜的基因、色氨酸代谢相关基因 *tnaABC*、使血红素凝聚的菌毛基因 *hifABCDE* 等，这三个基因座在有毒株中都以一个顺向重复序列为侧翼。以荚膜基因为例，流感嗜血杆菌 b 型(有毒株)的荚膜基因作为一个复合转座子与一个 711bp 的顺向重复序列 IS*1016* 相连，而在同一位置上，Rd 型却只有一个简单的 IS*1016*，没有荚膜基因，这从一个侧面验证了以前的研究结果。

二、詹氏甲烷球菌——首先完成测序的营自养生活的古细菌

詹氏甲烷球菌(*Methanococcus jannaschii*)是从太平洋深海中分离得到的一种产甲烷耐高压高温的自养细菌。

基因组除了 1 664 976bp 的一个大的环状染色体外，还包括 2 个染色体外遗传因子，

其中大的为 58 474bp，编码 44 种蛋白质；小的为 16 550bp，编码 12 种蛋白质，基因组总体的 G+C 含量为 31%左右。染色体 DNA 编码 1 682 种可能的蛋白质，同源性比较发现只有 38%的基因有明确的功能提示。

序列分析表明詹氏甲烷球菌既不具有大肠杆菌等真细菌所具有的复制起点的保守序列，也不具有酿酒酵母中的自主复制序列，无法确定其可能的复制起点，但它具有与酿酒酵母 DNA 复制起始蛋白 Cdc54p 的同源基因。

rRNA 操纵子也与真细菌有所不同，它有 2 种 rRNA 操纵子，其一为 16S rRNA-23S rRNA-5S rRNA；另一为 16S rRNA-23S rRNA，无 5S rRNA，在两种操纵子中，16S rRNA 和 23S rRNA 之间都有一个 $tRNA^{Ala}$ 基因。还有 1 个 5S rRNA 和几种 tRNA 在一起。

詹氏甲烷球菌是古细菌，有很多方面的特性介于真细菌和真核生物之间。如蛋白质分泌蛋白，其信号识别颗粒(signal recognition particle, SRP)中的 7S RNA 组分的高保守区域与真细菌、真核生物的相应成分相同，而二级结构更像真核生物；分泌系统的信号肽酶和停泊蛋白(docking protein)也像真核生物；移位酶(translocase)却像大肠杆菌的 SecY 移位相连蛋白。从内含子来看，它的绝大部分基因没有内含子，而有多个基因含有蛋白质内含子(protein intron)，这介于真细菌和真核生物之间。詹氏甲烷球菌和真细菌的基因组都呈现环状，基因都组织成操纵子。

三、生殖道枝原体——首先完成测序的最小基因组

枝原体是细菌的一大分支，是具有最小基因组的能独立生活的生物。生殖道枝原体(*Mycoplasma genitalium*)是从非淋病尿道炎患者的尿道中分离得到的。

生殖道枝原体基因组呈环状，全长 580 070 bp，其中 A 含量为 34%，C 含量为 16%，G 含量为 16%，T 含量为 34%。G+C 在基因组中的分布是不均匀的，在复制起点附近 G+C 含量最低，而编码 tRNA 和 rRNA 的基因 G+C 含量较高。基因组共有 470 个编码蛋白质的可读框，其中 152 个基因功能未明；其余所编码的 318 种蛋白质的功能通过生物信息学分析得到了确定。

多种原核生物的复制起始区域都位于 *dnaA* 和 *dnaN* 之间富含 AT 的区域，但对生殖道枝原体的分析没有发现在大肠杆菌等原核生物中存在的相似保守性，所以无法确定其确切的复制起点。

四、大肠杆菌——首先完成测序的人类基因组计划模式生物

大肠杆菌是微生物中功能研究进行得最深入的能独立生活的微生物，也是人类基因组计划中的一个模式生物。用于序列测定的大肠杆菌为大肠埃希氏属 K-12MG1655 菌株，针对该菌株的遗传操作相对较少，并通过处理去除了染色体外的主要遗传物质 F 质粒和λ噬菌体。

基因组概况

大肠杆菌基因组为环状 DNA，大小为 4 639 221bp，其中 87.8%编码蛋白质，0.7%

为重复序列，0.8%编码 RNA，其余为调节序列或功能未明的序列。大肠杆菌基因组包含 4 288 个编码序列，其中 1853 个基因以前已经鉴定过，其余的基因是通过生物信息学的分析得到的。大肠杆菌的复制起点位于 3 900 000~3 950 000bp，复制终点位于起点的对面。序列分析表明在大肠杆菌复制的先导链中呈现对 G 的偏爱，即先导链中 G 的含量(26.22%)都高于 C(24.69%)，这种偏爱现象存在于整个基因组中，无论基因的编码区、间隔区、密码子的第一位、第二位或第三位的碱基，先导链 GC 都不例外。

新基因的发现

除了以前已经发现的 tRNA 基因，序列分析还发现了 6 个未知的 tRNA 基因，其中 4 个基因 *valT*、*lysY*、*lysZ* 和 *lysQ* 为 *lysT* 操纵子的一部分，另 2 个基因 *asnW* 和 *ileY* 则独立转录。

发现了一条降解苯丙氨酸等芳香族化合物的完整代谢途径，该途径是由 6 种酶所组成，以前的研究只发现了 2 个基因 *mhpB* 和 *mhpE*，基因组分析发现了其余的 4 个基因，这 6 个基因在基因组上以操纵子的形式存在，它们的排列顺序为 *mhpA - mhpB - mhpC-mhpD-mhpF-mhpE*，基因在操纵子上的排列顺序跟它们所编码的酶在代谢途径中的作用顺序是一致的。

确定了全部 14 个编码鞭毛的基因，其中 2 个为以前已经知道的 *flgM* 及 *flgL* 基因，其余的是通过与沙门氏菌的编码鞭毛的基因相比较而获得的。

五、酿酒酵母——首先完成测序的真核生物

酿酒酵母(*Saccharomyces cerevisiae*)是单细胞真核生物，结构比较简单，生活周期短，易于进行遗传学分析，是人类基因组计划中的一个重要的模式生物，是第一个测定的真核生物基因组全序列。

酿酒酵母共有 16 条染色体，基因组全长为 12 068kb，编码蛋白质的基因有 5885 个。基因组中不同区段的 G+C 含量差别较大，有些区域的 G+C 含量高，这些区域往往基因密度高，重组率高；有些区域 G+C 含量低，这些区域往往存在于着丝粒和端粒部位，基因含量少，重组率也低。

酿酒酵母的染色体两端存在着末端冗余，如 I 号染色体两端完全相同，也和 VIII 号染色体的右端相同；III 号染色体的两端为同源序列。

对于酵母菌中的反转座子(reverse transponson)*Ty*，序列分析发现在基因组上共有 52 个拷贝，同时还具有 264 个长末端重复序列和一些转座子的残片。

作为真核生物的一个重要特征，断裂基因的现象在酿酒酵母中存在，统计发现约有 4%的基因存在内含子，但内含子的数目远比高等真核生物为少，一个基因一般只有一个内含子。

六、幽门螺杆菌——一个重要的病原细菌

幽门螺杆菌(*Helicobacter pylori, Hp*)是一重要病原微生物，它的基因组研究在一开始

就被作为重要的突破口。1997 年 26 695 菌株的全基因组序列测定完成。

基因组概况

大约由 1 667 867 对碱基组成，染色体呈环状。G+C 百分含量平均值为 39%。在整个基因组中有 5 个区段的 G+C 百分含量明显不同。其中两段包含一个或多个插入序列 IS605 的拷贝，一端是 5S rRNA 序列，另一端附近则是一段 521bp 的重复序列。这两个区段包含了 DNA 加工的基因，*Hp* 基因组中另一个重要区段是致病岛(pathogenic island, PAI)，位于 31bp 同向重复序列的一侧，可能是横向基因传递的产物(参见第十章)。全基因组包含 1590 个编码读框，其中 1091 个与数据库中的蛋白质有相似性。整个基因组概况见表 9.3。

表 9.3　幽门螺杆菌基因组概况[9]

碱基对总数	1 667 867 bp
编码区	91%
稳定性 RNA	0.7%
非编码重复序列	2.3%
基因间间隔序列	6.0%
rRNA	位置
23S~5S	445 306~448 642 bp
23S~5S	1 473 557~1 473 919 bp
16S	1 209 082~1 207 584 bp
16S	1 511 138~1 512 635 bp
5S	448 041~448 618 bp
tRNA	36 种
结构 RNA	1 种(*ssrD*)
DNA 插入序列	IS*605*(13 份，其中 5 份全长，8 份部分)
	IS*606*(4 份，其中 2 份全长，2 份部分)
编码区	
可读框总数	1590
有相似蛋白可比的可读框数	1091
全新可读框数	499

RNA 和重复元件

Hp 基因组中包含有 36 种 tRNA，由 7 个基因簇和 12 个单拷贝基因组成。核糖体 RNA 基因由两套独立的 23S-5S rRNA 基因、两套独立的 16S rRNA 基因和一个 5S rRNA 基因组成。

复制起点

作为一种典型真细菌，它并不具有目前一般真细菌复制起点的保守区域，所以复制起点尚不明确。

可读框

Hp 基因组中具有 1590 个左右的编码框。通过与现有蛋白数据库的比较分析，可推测其中 1091 个编码序列具有明确的生物学意义。所有编码基因平均长度为 945bp，与其

他原核生物相似。经计算，*Hp* 超过 70%的编码蛋白的等电点大于 7.0，而流感嗜血杆菌和大肠杆菌只有 40%，*Hp* 编码的碱性氨基酸(精氨酸和赖氨酸)是流感嗜血杆菌和大肠杆菌的两倍。这种基因构成也反映出 *Hp* 在胃液酸性环境中的高度适应性。

平行基因家族

Hp 基因组中共有 95 个平行基因家族(paralogous gene family)，由 266 个基因组成，约占总编码基因的 16%。其中 67 个家族总共编码的 173 种蛋白具有确定的生物学意义。孔蛋白/黏附素样外膜蛋白家族作为最大的家族包含 32 种编码蛋白，分别属于细胞外膜、运输结合蛋白以及与复制相关的蛋白质。如此多的外膜蛋白数量反映出或是精简的生物协同能力，或是为适应胃环境挑战的一种需要。

第三节　微生物基因组学与相关研究

一、基因组学与微生物遗传学研究

微生物基因组学测定了大量微生物基因组的序列，为微生物遗传学的研究提供了大量的材料，也为遗传学的研究提供了一个全新的视角。传统的微生物遗传学研究都是从表型发生改变出发，寻找引起表型发生变化的遗传学基础，即基因或调控序列发生改变的座位，从而探讨这些遗传物质在生物体中的作用；而基因组学的研究使得人们首先了解了生物体中遗传物质的组成，而这些遗传物质的组成对生物体本身的贡献一般是未知，需要通过各种研究手段探讨它们生物学功能；微生物基因组学的研究对微生物遗传学提出了建立新的研究方法的迫切要求。

在微生物基因组的序列被测定以后，基于基因组的微生物遗传学研究的研究方法得到了发展，研究领域也得到了拓展。这主要体现在以下一些方面：

生物信息学被广泛应用于微生物遗传学的研究。通过对基因所编码蛋白的同源比较，可以初步确定基因的功能，并根据已知的一些研究成果，可构建微生物系统中的一些代谢途径，当然这种通过生物信息学所确定的基因功能或者构建的代谢途径在理论上讲还存在大量的偏差甚至错误，但它为微生物遗传学的研究提供了方向，并且随着数据的不断积累，这种预测结果的可靠性将会不断地增加。通过不同生物基因组序列之间的比较[称为比较基因组学(comparative genomics)]，可能找到致病细菌一些与毒力相关的基因，譬如第一个全基因组序列被测定的流感嗜血杆菌 Rd 型是非致病实验细菌，它与对应的致病菌株流感嗜血杆菌 b 型有着很大的基因组序列的相似性，如果对它们之间的基因组全序列进行比较，可找到两者之间在基因组序列上的差异。由于基因决定性状，这些差异，特别是 b 型中存在而在 Rd 型中不存在的遗传信息可能就是导致 b 型致病的遗传物质基础，也就是毒力基因。当然由于它们之间的差异往往不是 1，2 个基因的差异，而是多个基因的差异，所以需要微生物遗传学对这些基因进行深入的研究，以确定影响致病性的关键基因。

基因芯片和蛋白质芯片介入了微生物遗传学的研究。基因决定表型，表型是通过遗传物质的转录、翻译、修饰后发挥作用所形成的。如果一个微生物的表型发生了改变，就表明它的遗传物质发生了改变,这种改变将会引起微生物转录水平与翻译水平的变化。基因芯片和蛋白质芯片是在新近发展起来的从转录水平和翻译水平大规模检测突变所引起生物体发生变化的技术手段,它目前被广泛应用于微生物遗传学的研究。如目前我国与世界上结核杆菌抗药性日益严重,而这种抗药性的出现往往是基因发生了突变所引起,通过常规的微生物遗传学的手段很难找到这些突变的位置,而根据测定的基因组序列,利用基因芯片或蛋白质芯片技术可以对所有基因的 RNA 转录水平与蛋白质表达水平进行比较,通过分析两者的差异,可以将突变的范围缩小到一个相当小的范围,甚至是某几个基因,为展开深入的遗传学研究奠定基础。

二、基因组学与致病机制和抗药性

对于致病菌基因组的全面了解,以及对其功能的深入研究,将有助于从新的、更加具体的角度去探寻致病菌的致病机制。大量文献表明致病菌对现有一些治疗疾病的药物出现抗药性现象,抗药性的出现必然会伴随着致病菌基因组的变化,了解基因组所出现的变化可为阐明致病菌抗药机制提供有力的研究手段。致病机制和抗药性机制的阐明将为开发相应的治疗药物提供理论指导,特别是药物靶点的选择。

通过对致病细菌的全基因组分析,特别是比较基因组学的研究,将为揭示致病菌的致病机理提供有力的手段。特别是在自然界中存在着与致病菌极为相似的非致病菌,通过对它们基因组之间差异的分析,可以找到跟致病密切相关的基因组区域或基因。

流感嗜血杆菌 Rd 型是一非致病性实验菌株,流感嗜血杆菌 b 型则是具有感染性的致病菌。通过对它们基因组序列的比较分析发现它们的基因组结构和一些感染因子存在较大的差异。例如组成菌毛的基因簇在细菌感染宿主细胞过程中起着重要的作用,在流感嗜血杆菌 b 型中这个基因簇由 *hifA*, *hifY3*, *hifY1*, *hifY2*, *hifB*, *hifC*, *hifD* 共 7 个基因所组成,位于 *pepN* 和 *purE* 基因之间。在流感嗜血杆菌 Rd 型中,*pepN* 和 *purE* 基因之间的组成菌毛的基因簇却不存在,取而代之的是 172bp 的一段 DNA 序列。这些差异可能是流感嗜血杆菌 b 型具有致病性的一个重要的遗传基础。

通过基因组学的研究发现,包括流感嗜血杆菌在内的许多病原体都能通过相转变的方式来改变细菌外膜分子的表达方式,进而干扰机体的免疫系统。这一相转变过程的原因往往是由于一个或几个核苷酸重复单位的增加或缺失后改变了同细菌细胞表面分子相关的转录信号或改变了相关基因的读框。一般认为,脂多糖(lipopolysaccharide, LPS)是革兰氏阴性菌保持其细胞外膜完整性所必需的,同时也是革兰氏阴性菌成功实现感染功能所必需的。在嗜血菌基因组中被发现的 9 个具有多重串联重复的四核苷酸片段的新基因中,大多都与编码细菌外膜因子有关,其中 *lgtC* 基因已被证实同一种 LPS 表面抗原表型的转变有关。研究表明,在一个受试的动物疾病模型中发现携带有断裂的 *lgtC* 基因的流感嗜血杆菌菌株的致病力比亲本型的致病力要弱。利用嗜血菌全基因组的序列信息,同其他机体中已知的与 LPS 生物合成有关的基因进行同源性比较后发现,嗜血菌基因组中有 25 个基因同 LPS 的生物合成有关,通过对这些基因的突变型进行研究后已经证实了突变型的 LPS 的结构均发生了改变,并且已经初步判定了流感嗜血杆菌成功感染幼鼠血液所需要的最小的 LPS 的结构。

在对致肠炎型大肠杆菌(EPEC)和致肠道出血型大肠杆菌(EHEC)基因组的比较研究中发现，EHEC 具有绝大多数的 EPEC 主要的致病基因，但 EHEC 还携带一种 EPEC 中不存在的类 Shiga 毒素基因。正是这一基因导致了 EHEC 特性的症状(即出血性结肠炎，并且伴随有溶血性尿毒综合征)

三、微生物基因组学与抗生素的筛选和开发

现有的大多数抗生素都是临床上用了 30 多年的药物(或是存在于自然界更长时间的天然物质)或其衍生物，微生物适应的能力极强，因而耐药性成了药物治疗的最大威胁。在青霉素使用早期，耐药菌的耐药机制比较单一，而现在，临床中的许多菌株都有多种耐药机制，其中最具威胁性的机制是改变抗生素作用的靶位点，使所有具有相同抗菌机制的化合物都失效。由于微生物传代时间短，很多耐药基因又能在相关菌株中转移，使得在很短的治疗过程中，耐药细菌广泛传播。另外，由于临床实践的变化，侵入性操作增多，抗生素依赖性增强，使得一些非致病菌有时也能发生感染，不幸的是，抗生素往往对那些药物不敏感菌的感染有正选择作用。在欧洲，高强度治疗中出现的感染，10%是由高耐药性、平时极少致病的不动杆菌(*Acinetobacter* sp.)引起的。这样的话，不仅抗药性升级，致病菌的范围也将扩大。因此，开发具有新作用机制的药物势在必行。

现在临床上用的抗菌药几乎都是通过整细胞随机筛选得到的。近 10 年来，寻找新抗生素越来越集中于以靶为基础技术的选药方法(图 9.5)，它通过分析某一化合物是否为某一特定生化反应或分子间相互作用(药靶)的抑制物，而确定有无成药可能。以靶为基础的策略的优点是显而易见的(见表 9.4)

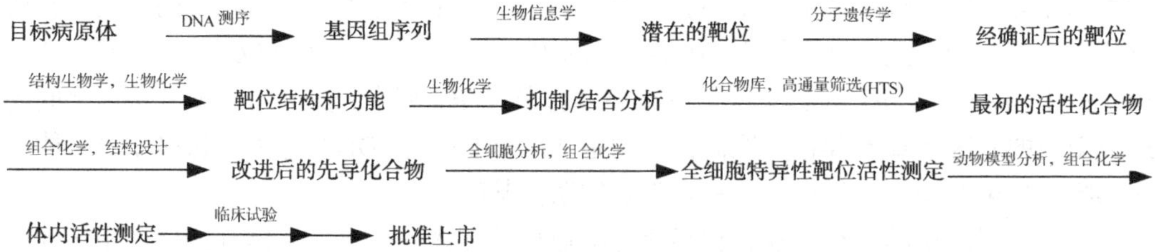

图 9.5　基于靶点的抗生素筛选开发[10]

表 9.4　不同抗生素筛选策略优缺点比较[11]

	随机药物筛选	基于靶点的药物筛选
优点	选择透过细胞的化合物；已知抗菌特点；很高的可重复性；具有成功运用的历史	更敏感(能检测到适合于优化的弱透过性的化合物)；易筛选；方法多样
缺点	不灵敏；许多有活性的化合物是有毒的；化合物优化无理论基础(靶未知)；多种作用机制；近年来很难再发现新药	需要将体外抑制剂转变成抗菌药(被透过性复杂化)；靶的遗传证实(通过基因敲除或减少表达)可能误导

药靶的筛选

基于靶标的抗生素筛选开发的主要障碍是靶标的数目少。随着微生物基因组计划的不断发展，大量致病菌的基因组序列被测定，这些生物中的所有基因都可能作为潜在的

药物靶标。根据不同的标准可将它们排出先后次序，理想的抗生素靶标应该是微生物细胞存活所必需的，在病原体中高度保守且在人体中不存在或与人类基因组有根本差异。

过去，由于克隆的基因不多，故可作为靶的数量也少，这成了以靶为基础的筛选方法的主要障碍。但随着各种微生物基因组计划的实施与完成，为这种以靶为基础的抗生素新药的发现提供了大量的药靶。如有人根据流感嗜血杆菌的全基因组信息，利用高密度转座子突变技术鉴定该致病菌中对细菌生长必不可少的基因，发现了 478 个必需基因，其中有 259 个基因的功能目前尚不清楚；还有人对通过序列比较发现的保守基因进行比较后，从肺炎链球菌 347 个保守基因中鉴定得到了 113 个必需基因；也有人通过 RNA 干扰的技术手段，对生物信息分析得到的保守基因进行分析，从金黄色葡萄球菌中鉴定得到了 150 个必需基因。以上这些鉴定的必需基因都是建立在微生物基因组学的基础上，从大量的基因出发，结合生物信息学分析手段和实验手段所得到的，这为新抗生素的研发提供了大量可供选择的潜在靶点。

虽然在基因组学的基础上通过实验鉴定了致病菌的众多必需基因，但这些基因还不能直接成为药物的靶点，还须分析这些基因在人体中是否存在对应的同源基因。如果在人体中存在对应的同源基因，药物的抑制将可能会对人体本身产生很大的副作用。由于目前人类基因组的序列测定工作已经完成，这些必需基因可通过简单的序列同源比较以确定在人体中是否存在同源基因，如果没有，则这些必需基因将可作为药物的靶点进行抗生素的设计与筛选。

作为抗生素的研发而言，有广谱抗生素与特异性的抗生素之分。对于广谱抗生素，可通过基因组生物信息分析，确定能引起某一特定临床症状而在一类细菌中高度保守的蛋白质。它依赖于这样一个假设：具有高度保守氨基酸序列的蛋白质的三维结构更加相似。通过简单的计算机分析，比较基因组学提供了一系列对细菌有用并且具有选择性的潜在的靶。除高度保守的靶位点可能用于发展广谱抗生素外，那些经过微生物基因比较发现的一些功能未知，但在某一生物中是特异的蛋白质，可用于发展对某一种细菌(或少数相关的几种菌)高度特异性的抗生素，这样就可以减少交叉耐药性的困扰。

药物开发

基于微生物基因组的一些实验技术如 DNA 芯片能快速系统地在全基因组水平上对基因表达进行通量分析，通过检测 mRNA 浓度对每个基因表达进行特异性分析，这既能分析生物体中基因作用的模式，确定一些未知基因的功能，又能得到小分子抑制剂治疗时细胞反应的信息，这将明显加速各阶段药物发现与开发的进程。

基因表达谱分析可以用来探讨药物的作用机理。如研究者利用表达谱芯片分析了两个蛋白激酶抑制剂对酵母菌全基因表达的影响，虽然这两个化合物被认为是通过相同的靶点起作用，但比较它们作用于细胞前后的转录图谱发现它们诱导的基因表达有明显的差异性，提示了这两种化合物可能存在还没被发现的新的作用靶点。

参 考 文 献

[1] 叶寅，王苏燕，田波. 核酸序列测定—实验室指南. 北京：科学出版社，1997，216

[2] Dale J W，von Schantz M. From Genes to Genomes: Concepts and Application of DNA Technology, United Kingdom: John Wile & Sons Ltd, 2003, 180

[3] Fleischmann R D, Adams M D, White O *et al*. Random sequencing and assembly of *Haemophilus influenzae* RD. Science，1995，269 (5223): 496~512

[4] C J Bult, O White, G J Olsen. Complete genome sequence of the methanogenic archaeon, *Methanococcus jannaschii.* Science, 1996,273 (5278): 1058~1073

[5] C M Fraser, J D Gocayne, O White *et al*. The minimal gene complement of *Mycoplasma genitalium*. Science, 1995,270 (5235): 397~403

[6] F R Blattner, G Plunkett, C A Bloch *et al*. The complete genome sequence of *Escherichia coli K-12*. Science, 1997,277 (5331): 1453

[7] V Wood, R Gwilliam, M A *et al*. Rajandream, The genome sequence of *Schizosaccharomyces pombe*. Nature, 2002, 415 (6874): 871~880

[8] Tomb J F, White O, Kerlavage A R *et al*. The complete genome sequence of the gastric pathogen *Helicobacter pylori*. Nature, 1997, 388 (6642): 539~547

[9] 童克中. 基因及其表达. (第二版)北京：科学出版社, 2001, 267

[10] 卢毅，陈祈磊. 应对抗生素耐药的新策略. 国外医学抗生素分册, 2003, 24(6):265~269

[11] Aileen Allsop. Bacterial genome sequencing and drug discovery. Current opinion in Biotechnology, 1998,9(6):637~642

附表 9.1　基因组序列测定已经完成的微生物基因组(共 148 种，截至 2004-1-3)

微生物	分类	基因组大小/Mb	NCBI 号
Aeropyrum pernix	[A]	1.67	NC_000854
Agrobacterium tumefaciens str. C58	[B]	4.80	NC_003304, NC_003305
Agrobacterium tumefaciens str. C58 (Cereon)	[B]	4.80	NC_003062, NC_003063
Aquifex aeolicus	[B]	1.55	NC_000918
Archaeoglobus fulgidus	[A]	2.18	NC_000917
Bacillus anthracis str. A2012	[B]	5.09	NC_003995
Bacillus anthracis str. Ames	[B]	5.23	NC_003997
Bacillus cereus ATCC 14579	[B]	5.4	NC_004722
Bacillus halodurans	[B]	4.20	NC_002570
Bacillus subtilis	[B]	4.21	NC_000964
Bacteroides thetaiotaomicron VPI-5482	[B]	6.2	NC_004663
Bifidobacterium longum NCC2705	[B]	2.30	NC_004307
Bordetella bronchiseptica	[B]	5.34	NC_002927
Bordetella parapertussis	[B]	4.77	NC_002928
Bordetella pertussis	[B]	4.09	NC_002929
Borrelia burgdorferi	[B]	0.91	NC_001318
Bradyrhizobium japonicum	[B]	9.11	NC_004463
Brucella melitensis	[B]	3.20	NC_003317, NC_003318
Brucella suis 1330	[B]	3.30	NC_004310, NC_004311
Buchnera aphidicola (Baizongia pistaciae)	[B]	0.62	NC_004545
Buchnera aphidicola str. Sg *(Schizaphis graminum)*	[B]	0.64	NC_004061
Buchnera sp. APS	[B]	0.64	NC_002528
Campylobacter jejuni	[B]	1.64	NC_002163
Candidatus blochmannia floridanus	[B]	0.7	NC_005061
Caulobacter crescentus CB15	[B]	4.02	NC_002696
Chlamydia muridarum	[B]	1.07	NC_002620
Chlamydia trachomatis	[B]	1.04	NC_000117
Chlamydophila caviae GPIC	[B]	3.53	NC_003361
Chlamydophila pneumoniae AR39	[B]	1.23	NC_002179
Chlamydophila pneumoniae CWL029	[B]	1.23	NC_000922
Chlamydophila pneumoniae J138	[B]	1.23	NC_002491
Chlamydophila pneumoniae TW-183	[B]	1.22	NC_005043
Chlorobium tepidum TLS	[B]	2.15	NC_002932
Chromobacterium violaceum ATCC 12472	[B]	4.8	NC_005085
Clostridium acetobutylicum	[B]	3.94	NC_003030
Clostridium perfringens	[B]	3.03	NC_003366
Clostridium tetani E88	[B]	4.1	NC_004557

续表

微生物	分类	基因组大小/Mb	NCBI 号
Corynebacterium diphtheriae	[B]	2.49	NC_002935
Corynebacterium efficiens YS-314	[B]	3.15	NC_004369
Corynebacterium glutamicum ATCC 13032	[B]	3.31	NC_003450
Coxiella burnetii RSA 493	[B]	2.00	NC_002971
Deinococcus radiodurans	[B]	3.30	NC_001263, NC_001264
Enterococcus faecalis V583	[B]	3.36	NC_004668
Escherichia coli CFT073	[B]	5.23	NC_004431
Escherichia coli K12	[B]	4.64	NC_000913
Escherichia coli O157:H7	[B]	5.50	NC_002695
Escherichia coli O157:H7 EDL933	[B]	5.53	NC_002655
Fusobacterium nucleatum subsp. *nucleatum* ATCC 25586	[B]	4.33	NC_003454
Geobacter sulfurreducens PCA	[B]	3.85	NC_002939
Gloeobacter violaceus	[B]	4.7	NC_005125
Haemophilus ducreyi 35000HP	[B]	1.70	NC_002940
Haemophilus influenzae Rd	[B]	1.83	NC_000907
Halobacterium sp. NRC-1	[A]	2.57	NC_002607
Helicobacter hepaticus ATCC 51449	[B]	1.8	NC_004917
Helicobacter pylori 26695	[B]	1.67	NC_000915
Helicobacter pylori J99	[B]	1.64	NC_000921
Lactobacillus plantarum WCFS1	[B]	3.3	NC_004567
Lactococcus lactis subsp. lactis	[B]	2.37	NC_002662
Leptospira interrogans serovar *lai* str. 56601	[B]	4.60	NC_004342, NC_004343
Listeria innocua	[B]	3.01	NC_003212
Listeria monocytogenes EGD-e	[B]	2.94	NC_003210
Mesorhizobium loti	[B]	7.0	NC_002678
Methanocaldococcus jannaschii	[A]	1.66	NC_000909
Methanopyrus kandleri AV19	[A]	1.69	NC_003551
Methanosarcina acetivorans C2A	[A]	5.75	NC_003552
Methanosarcina mazei Goel	[A]	4.10	NC_003901
Methanothermobacter thermautotrophicus str. Delta H	[A]	1.75	NC_000916
Mycobacterium bovis subsp. *bovis* AF2122/97	[B]	4.35	NC_002945
Mycobacterium leprae	[B]	3.27	NC_002677
Mycobacterium tuberculosis CDC1551	[B]	4.40	NC_002755
Mycobacterium tuberculosis H37Rv	[B]	4.41	NC_000962
Mycoplasma gallisepticum strain R	[B]	1.00	NC_004829
Mycoplasma genitalium	[B]	0.58	NC_000908
Mycoplasma penetrans	[B]	1.36	NC_004432
Mycoplasma pneumoniae	[B]	0.82	NC_000912
Mycoplasma pulmonis	[B]	0.96	NC_002771
Nanoarchaeum equitans Kin4-M	[A]	0.49	NC_005213

续表

微生物	分类	基因组大小/Mb	NCBI 号
Neisseria meningitidis MC58	[B]	2.27	NC_003112
Neisseria meningitidis Z2491	[B]	2.18	NC_003116
Nitrosomonas europaea	[B]	2.81	NC_004757
Nostoc sp. PCC 7120	[B]	6.41	NC_003272
Oceanobacillus iheyensis	[B]	3.63	NC_004193
Onion yellows phytoplasma	[B]	0.86	NC_005303
Pasteurella multocida	[B]	2.26	NC_002663
Photorhabdus luminescens subsp. *laumondii* TTO1	[B]	5.7	NC_005126
Pirellula sp.	[B]	7.1	NC_005027
Porphyromonas gingivalis W83	[B]	2.34	NC_002950
Prochlorococcus marinus str. MIT 9313	[B]	2.41	NC_005071
Prochlorococcus marinus subsp. *marinus* str. CCMP1375	[B]	1.75	NC_005042
Prochlorococcus marinus subsp. *pastoris* str. CCMP1378	[B]	1.66	NC_005072
Pseudomonas aeruginosa PA01	[B]	6.26	NC_002516
Pseudomonas putida KT2440	[B]	6.18	NC_002947
Pseudomonas syringae pv. *tomato* str. DC3000	[B]	6.4	NC_004578
Pyrobaculum aerophilum	[A]	2.22	NC_003364
Pyrococcus abyssi	[A]	1.77	NC_000868
Pyrococcus furiosus DSM 3638	[A]	1.91	NC_003413
Pyrococcus horikoshii	[A]	1.74	NC_000961
Ralstonia solanacearum	[B]	5.80	NC_003295, NC_003296
Rhodopseudomonas palustris	[B]	5.46	NC_005296
Rickettsia conorii	[B]	1.27	NC_003103
Rickettsia prowazekii	[B]	1.11	NC_000963
Salmonella enterica subsp. enterica serovar Typhi	[B]	4.81	NC_003198
Salmonella enterica subsp. enterica serovar Typhi Ty2	[B]	4.8	NC_004631
Salmonella typhimurium LT2	[B]	4.86	NC_003197
Shewanella oneidensis MR-1	[B]	4.97	NC_004347, NC_004349
Shigella flexneri 2a str. 2457T	[B]	4.6	NC_004741
Shigella flexneri 2a str. 301	[B]	4.60	NC_004337
Sinorhizobium meliloti	[B]	1.35	NC_003047
Staphylococcus aureus subsp. *aureus* MW2	[B]	2.82	NC_003923
Staphylococcus aureus subsp. *aureus* Mu50	[B]	2.88	NC_002758
Staphylococcus aureus subsp. *aureus* N315	[B]	2.81	NC_002745
Staphylococcus epidermidis ATCC 12228	[B]	2.60	NC_004461
Streptococcus agalactiae 2603V/R	[B]	2.16	NC_004116
Streptococcus agalactiae NEM316	[B]	2.21	NC_004368
Streptococcus mutans UA159	[B]	2.03	NC_004350
Streptococcus pneumoniae R6	[B]	2.04	NC_003098
Streptococcus pneumoniae TIGR4	[B]	2.16	NC_003028

续表

微生物	分类	基因组大小/Mb	NCBI 号
Streptococcus pyogenes M1 GAS	[B]	1.85	NC_002737
Streptococcus pyogenes MGAS315	[B]	1.90	NC_004070
Streptococcus pyogenes MGAS8232	[B]	1.90	NC_003485
Streptococcus pyogenes SSI-1	[B]	1.9	NC_004606
Streptomyces avermitilis MA-4680	[B]	0.59	NC_003155
Streptomyces coelicolor A3(2)	[B]	0.36	NC_003888
Sulfolobus solfataricus	[A]	2.99	NC_002754
Sulfolobus tokodaii	[A]	2.69	NC_003106
Synechococcus sp. WH 8102	[B]	2.43	NC_005070
Synechocystis sp. PCC 6803	[B]	3.57	NC_000911
Thermoanaerobacter tengcongensis	[B]	2.69	NC_003869
Thermoplasma acidophilum	[A]	1.56	NC_002578
Thermoplasma volcanium	[A]	1.58	NC_002689
Thermosynechococcus elongatus BP-1	[B]	2.59	NC_004113
Thermotoga maritima	[B]	1.86	NC_000853
Treponema pallidum subsp. *pallidum* str. *Nichols*	[B]	1.14	NC_000919
Tropheryma whipplei TW08/27	[B]	0.93	NC_004551
Tropheryma whipplei str *Twist*	[B]	0.9	NC_004572
Ureaplasma urealyticum	[B]	0.75	NC_002162
Vibrio cholerae O1 biovar eltor str. N16961	[B]	4.30	NC_002505, NC_002506
Vibrio parahaemolyticus RIMD 2210633	[B]	5.2	NC_004603, NC_004605
Vibrio vulnificus CMCP6	[B]	5.10	NC_004459, NC_004460
Vibrio vulnificus YJ016	[B]	5.30	NC_005139, NC_005140
Wigglesworthia brevipalpis	[B]	0.70	NC_004344
Wolinella succinogenes	[B]	2.1	NC_005090
Xanthomonas axonopodis pv. *citri* str. 306	[B]	5.18	NC_003919
Xanthomonas campestris pv. *campestris* str. ATCC 33913	[B]	5.08	NC_003902
Xylella fastidiosa 9a5c	[B]	2.68	NC_002488
Xylella fastidiosa Temeculal	[B]	2.7	NC_004556
Yersinia pestis	[B]	4.65	NC_003143
Yersinia pestis KIM	[B]	4.60	NC_004088

[A]：古细菌　[B]：真细菌

附表 9.2　基因组测序工作在进行中的微生物基因组(共 178 种，截至 2004-1-3)

微生物	分类	重叠群	基因组大小/Mb	NCBI 号
Acidianus brierleyi	[A]	1	1.8	–
Acidithiobacillus ferrooxidans ATCC 23270	[B]	1	3.16	NC_002923
Acidobacterium capsulatum	[B]	1		–
Actinobacillus actinomycetemcomitans	[B]	1	2.11	NC_002924

续表

微生物	分类	重叠群	基因组大小/Mb	NCBI 号
Actinobacillus pleuropneumoniae serovar 1	[B]	140	2.13	NZ_AACK00000000
Actinobacillus pleuropneumoniae serovar 5	[B]	110	2.17	NC_004130
Actinobacillus pleuropneumoniae serovar 7	[B]	247	2.08	NC_004427
Anabaena sp. PCC7120	[B]	1	1.5	–
Anaplasma marginale	[B]	1		NC_004842
Anaplasma phagocytophilum HZ	[B]	16	1.51	NC_004351
Azotobacter vinelandii	[B]	116	5.42	NZ_AAAU00000000
Bacillus anthracis	[B]	1	5.20	NC_002925
Bacillus anthracis str. KrugerB	[B]	887	5.37	NC_004126
Bacillus anthracis str. WesternNA	[B]	1105	5.66	NC_004352
Bacillus cereus ATCC 10987	[B]	1	5.45	NC_003909
Bacteroides forsythus	[B]	1	4.5	–
Bacteroides fragilis	[B]	1	5.21	NC_003228
Bartonella henselae	[B]	1	1.9	–
Bartonella quintana	[B]	1	1.6	–
Bifidobacterium longum DJO10A	[B]	120	2.38	NZ_AABM00000000
Bordetella avium	[B]	1		–
Brevibacterium linens	[B]	1		–
Burkholderia cepacia	[B]	1	8.1	–
Burkholderia cepacia J2315	[B]	26	8.07	NC_004503
Burkholderia fungorum	[B]	462	9.64	NZ_AAAJ00000000
Burkholderia mallei ATCC 23344	[B]	123	5.98	NC_002970
Burkholderia pseudomallei	[B]	2	7.25	NC_002930
Campylobacter fetus	[B]	1	1.5	–
Campylobacter jejuni RM1221	[B]	2	1.82	NC_003912
Carboxydothermus hydrogenoformans Z-2901	[B]	1	3.15	NC_002972
Cenarchaeum symbiosum	[A]	1		–
Chlamydophila abortus S26/3	[B]	1	1.14	NC_004552
Chlamydophila felis Fe/C-56	[B]	1	1.7	–
Chloroflexus aurantiacus	[B]	1142	4.93	NZ_AAAH00000000
Clavibacter michiganensis subsp. *sepedonicus*	[B]	1		–
Clostridium botulinum A	[B]	19	3.96	NC_003223
Clostridium difficile	[B]	2	4.30	NC_002933
Clostridium perfringens ATCC 13124	[B]	1	3.26	NC_003913
Clostridium sp. BC1	[B]	1	4.4	–
Clostridium thermocellum ATCC 27405	[B]	469	3.65	NZ_AABG00000000
Colwellia psychrerythraea 34H	[B]	1	5.38	NC_003910
Cytophaga hutchinsonii	[B]	166	4.43	NZ_AABD00000000
Dechloromonas aromatica	[B]	1		–
Dehalococcoides ethenogenes 195	[B]	12	1.49	NC_002936

续表

微生物	分类	重叠群	基因组大小/Mb	NCBI 号
Desulfitobacterium hafniense	[B]	3299	6.96	NZ_AAAW00000000
Desulfobacterium autotrophicum	[B]	1	4.4	–
Desulfotalea psychrophila	[B]	1	4.0	–
Desulfovibrio desulfuricans G20	[B]	160	3.87	NZ_AABN00000000
Desulfovibrio vulgaris Hildenborough	[B]	2	3.57	NC_002937
Dichelobacter nodosus VCS1703A	[B]	13	1.40	NC_003917
Ehrlichia chaffeensis str. *Arkansas*	[B]	1	1.22	NC_004127
Ehrlichia ruminantium str. *Welgevonden*	[B]	1	1.5	NC_005295
Enterococcus faecium	[B]	300	2.93	NZ_AAAK00000000
Erwinia carotovora subsp. *Atroseptica* SCRI1043	[B]	6	5.06	NC_004547
Erwinia chrysanthemi	[B]	40	9.87	NC_003916
Escherichia coli 042	[B]	319	5.24	NC_004504
Escherichia coli E2348	[B]	122	4.98	NC_004505
Ferroplasma acidarmanus	[A]	157	1.93	NZ_AABC00000000
Fibrobacter succinogenes S85	[B]	33	3.79	NC_003087
Francisella tularensis	[B]	1	2.0	–
Fusobacterium nucleatum subsp. *vincentii* ATCC 49256	[B]	302	2.12	NZ_AABF00000000
Gemmata obscuriglobus UQM 2246	[B]	972	8.96	NC_004428
Geobacillus stearothermophilus	[B]	300	3.34	NC_002926
Geobacter metallireducens	[B]	335	4.22	NZ_AAAS00000000
Gluconacetobacter diazotrophicus PAL5	[B]	1	4.3	–
Haemophilus somnus 129PT	[B]	64	2.11	NZ_AABO00000000
Haemophilus somnus 2336	[B]	109		NZ_AACJ00000000
Haloarcula marismortui	[A]	1		–
Halobacterium salinarium	[A]	1	4.0	–
Hyperthermus butylicus	[A]	1	2	–
Hyphomonas neptunium ATCC 15444	[B]	16	5.5	NC_004738
Klebsiella pneumoniae	[B]	1482	4.89	NC_002941
Lactobacillus acidophilus	[B]	1	1.9	–
Lactobacillus brevis	[B]	1		–
Lactobacillus bulgaricus	[B]	1	1.9	–
Lactobacillus casei	[B]	1		–
Lactobacillus delbrueckii	[B]	1		–
Lactobacillus gasseri	[B]	46	2.01	NZ_AAAO00000000
Lactococcus lactis subsp. Cremoris	[B]	1		–
Lawsonia intracellularis	[B]	1	4.2	–
Legionella pneumophila	[B]	86	3.39	NC_002942
Leifsonia xyli subsp. *xyli*	[B]	1	3	–
Leuconostoc mesenteroides subsp. *mesenteroides* ATCC 8293	[B]	327	2.13	NZ_AABH00000000
Listeria monocytogenes 4b	[B]	44	2.99	NC_002973

续表

微生物	分类	重叠群	基因组大小/Mb	NCBI 号
Magnetococcus sp. MC-1	[B]	447	4.66	NZ_AAAN00000000
Magnetospirillum magnetotacticum	[B]	3880	9.21	NZ_AAAP00000000
Mannheimia haemolytica	[B]	1	2.7	–
Methanococcoides burtonii	[A]	1		–
Methanococcus maripaludis	[A]	1		–
Methanosarcina barkeri	[A]	1965	5.13	NZ_AAAR00000000
Methylobacterium extorquens	[B]	1	6	–
Methylococcus capsulatus Bath	[B]	1	3.30	NC_002977
Microbulbifer degradans 2-40	[B]	681	5.40	NZ_AABI00000000
Mycobacterium avium 104	[B]	1	5.48	NC_002943
Mycobacterium avium subsp. *paratuberculosis*	[B]	256	4.96	NC_002944
Mycobacterium bovis BCG	[B]	1	4.4	–
Mycobacterium marinum M	[B]	87	6.56	NC_004506
Mycobacterium smegmatis MC2	[B]	3	6.97	NC_002974
Mycobacterium tuberculosis 210	[B]	1634	7.00	NC_002975
Mycoplasma arthritidis 158L3-1	[B]	1	0.82	NC_004819
Mycoplasma capricolum	[B]	1	1.2	–
Mycoplasma mycoides subsp. *mycoides* SC	[B]	1	1.28	–
Myxococcus xanthus DK 1622	[B]	50	9.2	NC_004802
Neisseria gonorrhoeae	[B]	1	2.15	NC_002946
Neisseria meningitidis serogroup C	[B]	1	2.19	NC_003221
Neorickettsia sennetsu str. *Miyayama*	[B]	1	0.9	NC_004620
Nostoc punctiforme	[B]	203	9.02	NZ_AAAY00000000
Novosphingobium aromaticivorans	[B]	216	4.23	NZ_AAAV00000000
Oenococcus oeni MCW	[B]	242	1.89	NZ_AABJ00000000
Parachlamydia sp. strain UWE25	[B]	1	1.6	–
Pasteuria nishizawae str. North American	[B]	25		NZ_AACR00000000
Pediococcus pentosaceus	[B]	1		–
Photorhabdus luminescens	[B]	1	5	–
Prevotella intermedia 17	[B]	5	3.33	NC_003441
Prevotella ruminicola	[B]	1		–
Pseudomonas aeruginosa UCBPP-PA14	[B]	5	6.2	NZ_AABQ00000000
Pseudomonas fluorescens PfO-1	[B]	316	6.47	NZ_AAAT00000000
Pseudomonas fluorescens PfO-1	[B]	26	7.13	NC_004129
Pseudomonas fluorescens SBW25	[B]	308	6.70	NC_004507
Pseudomonas putida PRS1	[B]	391	0.20	NC_002948
Pseudomonas syringae pv. *syringae* B728a	[B]	26	5.99	NZ_AABP00000000
Psychrobacter sp. 273-4	[B]	1		–
Ralstonia eutropha JMP134	[B]	1	5.9	–
Ralstonia metallidurans	[B]	712	6.76	NZ_AAAI00000000

续表

微生物	分类	重叠群	基因组大小/Mb	NCBI 号
Rhizobium leguminosarum bv. *viciae* 3841	[B]	304	7.74	NC_004508
Rhodobacter capsulatus	[B]	1	3.7	–
Rhodobacter sphaeroides	[B]	159	4.58	NZ_AAAE00000000
Rhodospirillum rubrum	[B]	381	4.69	NZ_AAAG00000000
Rickettsia sibirica	[B]	1		NZ_AABW00000000
Ruminococcus albus 8	[B]	488	5.28	NC_003373
Salmonella bongori 12149	[B]	39	4.43	NC_004548
Salmonella enterica serovar *Pullorum*	[B]	1		–
Salmonella enterica subsp. enterica serovar *Dublin*	[B]	10656	8.26	NC_002961
Salmonella enteritidis	[B]	2324	3.63	NC_002962
Salmonella paratyphi	[B]	887	4.40	NC_002963
Salmonella typhimurium DT104	[B]	6559	4.55	NC_004513
Salmonella typhimurium SL1344	[B]	421	4.99	NC_004509
Salmonella typhimurium TR7095	[B]	740	0.30	NC_003286
Serratia marcescens	[B]	1	4.6	–
Shigella dysenteriae M131649	[B]	236	4.76	NC_004510
Shigella sonnei 53G	[B]	284	5.10	NC_004511
Silicibacter pomeroyi DSS-3	[B]	51	4.70	NC_003911
Spiroplasma kunkelii	[B]	47	1.48	NC_003999
Staphylococcus aureus	[B]	1		–
Staphylococcus aureus subsp. aureus 252	[B]	1	2.90	NC_002952
Staphylococcus aureus subsp. aureus 476	[B]	1	2.80	NC_002953
Staphylococcus aureus subsp. aureus COL	[B]	2	2.81	NC_002951
Staphylococcus aureus subsp. aureus NCTC 8325	[B]	1	2.82	NC_002954
Staphylococcus epidermidis RP62A	[B]	19	2.6	NC_002976
Streptococcus agalactiae A909	[B]	163	2.26	NC_004128
Streptococcus equi	[B]	178	2.22	NC_002955
Streptococcus gordonii str. Challis	[B]	52	2.21	NC_002979
Streptococcus mitis NCTC 12261	[B]	233	2.11	NC_003914
Streptococcus mutans	[B]	1	2.03	NC_002956
Streptococcus pneumoniae 23F	[B]	179	2.13	NC_004512
Streptococcus pneumoniae 670	[B]	425	2.21	NC_003440
Streptococcus pyogenes Manfredo	[B]	1	1.84	NC_002958
Streptococcus sobrinus 6715	[B]	834	3.53	NC_004737
Streptococcus suis P1/7	[B]	137	1.83	NC_004549
Streptococcus thermophilus strain LMG 18311	[B]	1	2.3	–
Streptococcus uberis 0140J	[B]	59	1.82	NC_004550
Streptomyces ambofaciens	[B]	1	8	–
Sulfolobus acidocaldarius	[A]	1	2.76	–
Synechococcus sp. PCC 7002	[B]	310	3.33	NC_003488
Tannerella forsythensis ATCC 43037	[B]	198	3.59	NC_003915
Thermobifida fusca	[B]	42	3.64	NZ_AAAQ00000000
Thermus thermophilus	[B]	1	1.8	–

续表

微生物	分类	重叠群	基因组大小/Mb	NCBI 号
Treponema denticola ATCC 35405	[B]	44	3.06	NC_002967
Trichodesmium erythraeum IMS101	[B]	679	7.66	NZ_AABK00000000
Verrucomicrobium spinosum	[B]	1		–
Wolbachia endosymbiont *of Drosophila melanogaster*	[B]	1	1.27	NC_002978
Xanthomonas axonopodis pv. *aurantifolii*	[B]	1	5	–
Xanthomonas campestris	[B]	1	5	–
Xylella fastidiosa Ann-1	[B]	154	2.62	NZ_AAAM00000000
Xylella fastidiosa Dixon	[B]	314	2.67	NZ_AAAL00000000
*Yersinia enterocolitica (*type 0:8*)*	[B]	2	4.68	NC_003222
Yersinia pseudotuberculosis	[B]	1	4.4	–
Zymomonas mobilis ZM4	[B]	1	1.88	–

[A]：古细菌；[B]：真细菌。

(季朝能 编著　毛裕民 审)

第十章 进　　化

生物的进化(evolution)包括生命形式从低级向高级演变和生物从单一向多样化演变。所谓高级是指功能的完备、效率的提高、对环境的适应性和自主性的提高；所谓多样化包括形态上、生理上、生态上、行为上以及分子结构上等方面的多样化，生物的多样化体现在物种形成(speciation)以及一个物种内部个体间的多样化上。这两个方面的研究都离不开微生物。

从多样化来说，根据第七章的内容可以看到微生物中存在着比高等动植物更多的特殊类型：在高等动植物无法生存的环境中生存的种类，进行细胞内寄生的种类，分解和利用高等生物不能分解和利用的物质的种类，能固定大气中的氮的种类，等等。

从生命形式由低级向高级演变来看，固然微生物都属于低级形式，可是生物进化过程中许多从低级向高级的演变都发生在微生物世界中。例如：

(1) 从无生命的物质演变为有生命的物质的过程必然发生在微生物世界中。换句话说，生命的原始形式必然是微生物。

(2) 就 DNA 复制和蛋白质合成等最基本的代谢过程来说，微生物和高等动植物都是基本上相同的。这些过程都首先在微生物中得以实现。

(3) 就多数生物合成途径，例如氨基酸、核苷酸、维生素等的合成来讲，微生物和高等动植物都是基本上相同的。就能量代谢来说，三羧酸循环也是普遍的能量代谢形式。这些都在微生物世界中演变完成。

(4) 就主要的细胞功能来讲，微生物和高等动植物也基本上是一致的(参见第八章)，它们同样在微生物世界中已经基本上趋于完备。

(5) 在现有的微生物和高等动植物中都有相同的密码系统，可见密码系统的演变也发生在微生物世界中。

(6) 在微生物中存在着较为原始的原核生物和更为高级的真核生物，而高等动植物都是真核生物，可见由原核生物向真核生物演变的过程必然发生在微生物世界中。

(7) 在微生物中存在着进行酵解的和进行有氧呼吸的种类，高等动植物都进行有氧呼吸。可见由酵解向有氧呼吸的演变必定发生在微生物世界中。

以上种种都告诉我们在生物进化的研究中不可缺少对微生物的研究，在微生物遗传学中也缺少不了进化这一内容。

第一节　生命的起源

嘌呤、嘧啶、氨基酸和类蛋白质的出现

地球形成于 50 亿年前。最初的大气中有大量的甲烷和氨，氧气是有了光合作用以后才积累起来的，原始状态的地球表面不存在构成核酸和蛋白质的嘌呤、嘧啶和氨基酸。

1953 年 S.L.Miller 在模拟原始的大气条件下通过放电取得一些氨基酸、氢氰酸和甲

酸，它们参与其他反应后又形成嘌呤、嘧啶以及少量糖类。由此推测地球上在出现生命以前就存在着这些构成生物的主要原料。

还有人把干燥的多种氨基酸混合起来在 70℃中加热，得到了类蛋白质(proteinoid)。它们是一些分支的多肽，支链长度平均为 11 个氨基酸。类蛋白质中的氨基酸组成和排列并非随机，其排列形式取决于氨基酸的种类。

富含赖氨酸的类蛋白质具有对多种合成或分解反应极为微弱的催化作用，而且具有对肽链或核苷酸链的不依赖于模板的聚合反应的催化作用。它们还能聚集成为微粒或微球(microsphere)。微球的表面对溶液成分的吸收具有选择性，而且具有渗透压，并能分裂或者相互聚合；聚合体中可含有 10^{10} 个类蛋白质分子，直径可达约 1 微米。因此微球又被称为原细胞(protocell)。这些都是远古时期地球上在出现生命以前有可能存在着的一些有机物，推测原始的生命就是在这样一锅“浓汤”中产生的。

RNA 世界(RNA world)

构成一切生物必需的物质是 DNA、RNA 和蛋白质。虽然已经由实验证明地球上出现生命以前就可能存在着构成核酸和蛋白质的原料，可是迄今为止还不能在模拟原始大气的条件下取得核酸或蛋白质。

不论原始的生命是什么形式，具有生命属性的物质必须能进行自我复制，并且能催化必要的反应。DNA 能进行自我复制但不具备催化功能；蛋白质具有催化功能但不能自我复制。在 20 世纪 80 年代意外地发现包括 rRNA 和 tRNA 在内的 RNA 分子具有催化多种反应的活性，因而把它称为核酶(ribozyme)。核酶所催化的反应包括下列几种：自我剪接、切断其他 RNA、合成多肽链等，而且在提供引物的情况下核酶还能以 RNA 为模板催化互补链的合成，也即能催化 RNA 的自我复制。核酸既能催化自我复制又具其他催化功能，所以被看作是最原始形式的生命，因而常把出现真正生物以前的生命萌芽状态称为 RNA 世界。

除了自我复制和催化功能以外，生物的另外两个重要特征是遗传和变异。

在核酶发现之前 S.Spiegelman 曾在 1971 年把 Qβ噬菌体(一种 RNA 噬菌体)的 RNA 分离出来，把它放入含有 RNA 聚合酶、ATP 和 Mg^{2+}的溶液中，观察到它不但能进行自我复制而传代，而且能发生变异，并在特定的条件下形成特定的株系。例如在加入溴化乙锭的上述溶液中得到了在含溴化乙锭的条件下复制速度超过野生型的突变株系，在加快接种传代的条件下取得丢失 83%的 RNA 而复制速度加快 15 倍的株系；这是因为在试管中而不是在宿主细胞中进行复制时，它的衣壳蛋白基因和起感染作用的基因已变得不必要。这一实验结果不妨看作是 RNA 世界中的原始生命的再现。

DNA、RNA 和蛋白质的分工

原始生命 RNA 分子能够单独完成作为遗传信息的载体和催化一些生化反应这两种功能，可是就其效力来讲，则前者不如 DNA，后者不如蛋白质。

作为遗传信息的载体必须有高度的稳定性，可是与 DNA 相比，RNA 分子结构的稳定性不如 DNA。RNA 中的尿苷酸为胸苷酸所替代后使 DNA 分子更为稳定，而且 DNA 的互补双螺旋结构也较单链形式的 RNA 更为稳定。

就催化功能来讲，执行催化功能的分子要求具有高度的多样性，这样才能催化更多种类的反应。核酸由 4 种碱基组成而蛋白质由 20 种氨基酸组成，所以后者必定能催化更多样式的反应，因而更适于执行催化功能。

由于以上所说的理由，由 RNA 独自完成的遗传信息载体和催化功能出现了分工：由 DNA 负责前者而由蛋白质负责后者。其中涉及的过程不难想像：在原始 RNA 的催化作用下出现了多肽，以 RNA 为模板通过(以 RNA 作为反转录酶)反转录作用出现了 DNA；然后 RNA 的作为遗传信息载体以及催化功能逐渐为 DNA 和蛋白质所取代，而 RNA 则退居为从 DNA 将遗传信息传递给蛋白质的中介分子。可以设想这一生命的基本模式可能在细胞形态出现的早期便已确立。

第二节　生物进化纲要

生命的历程

横向地看，今天的地球表面几乎每一处都生存繁衍着各种各样的生物。纵向地看，各种生物起源于生物进化的不同历史时期。生物从原始的、单一的状态向高级的和多样化方向发展的总历程可以用下图(图 10.1)表示。

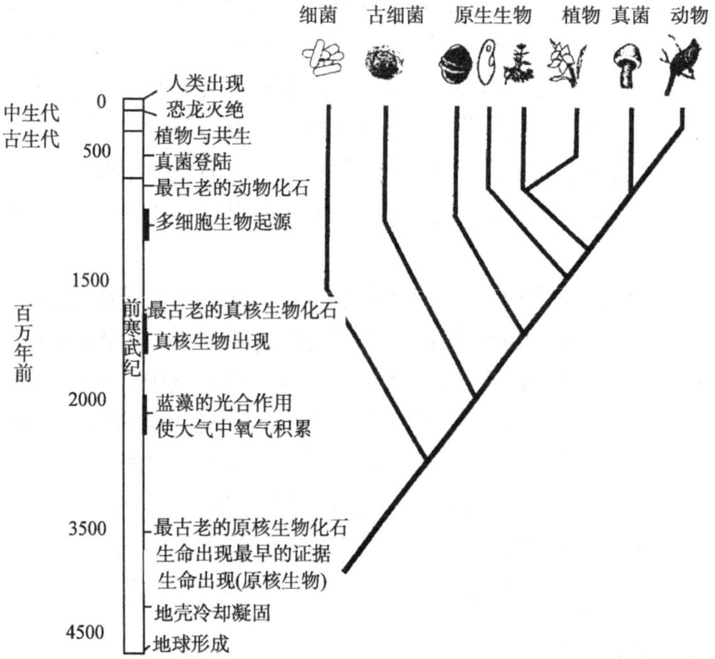

图 10.1　生命的历程[1]

如果把地球上生命的进化历程看成发生在一个月里面的事，那么生物进化中的重要事件的发生时间如表 10.1 所列。

表 10.1 把生命演化历程看作一个月里面的事件，地球上生物进化的重要事件的发生时间[2]

时间	事件
第 1~3 天	没有生命
第 4 天	生命的萌芽
第 5~9 天	
第 10 天	原核生物
第 11~23 天	
第 24 天	真核生物
第 25~26 天	
第 27 天	无脊椎动物
第 28 天	脊椎动物
第 29 天	哺乳动物
第 30 天	有花植物
第 30 天 10min	人
第 30 天 10min30s	有记录的历史

生物进化的总趋向

不论是生命形式从低级向高级发展还是生物由单一形式向多样化发展，个体必须有足够的大小，它的基因必须要有足够的数量。对于前者来讲，生物进化必然从单细胞生物向多细胞生物发展，因为单个细胞不可能长得很大；对于后者来讲则从图 10.2 可以明显看到生物进化过程中基因组在逐渐增大。不过正像即使是多细胞生物其体形并不无限增大一样，基因组同样并不无限增大。

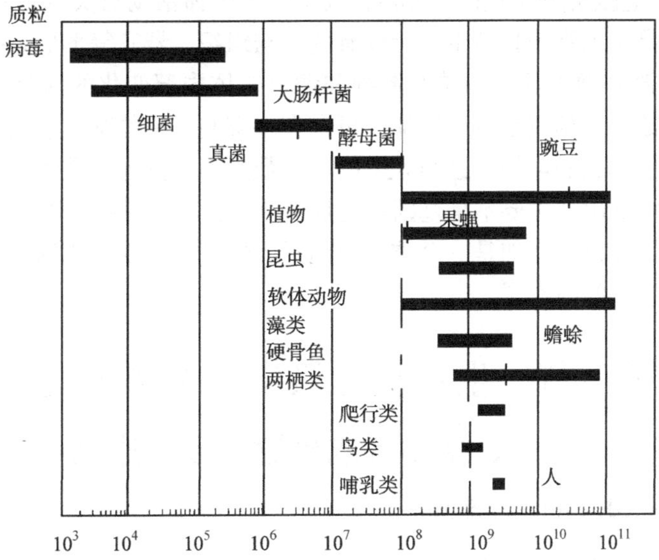

图 10.2 各类生物基因组的大小[3]

噬菌体的代谢依赖于宿主细菌，所以它的基因数只不过几十(例如λ噬菌体只有 66 个基因)到百余个(例如，T4 噬菌体有 135 个基因)。大肠杆菌几乎已经具备一切基本的代谢功能，它的基因数已有 5000(表 10.2)。真菌的基因数大约 10 倍于细菌。由真菌生物进化到高等动物和植物的过程中基因数又增加约 10~100 倍或不止。不过由低等的动物如果蝇之类进化到人，其基因数增加不过约 10 倍；而在哺乳动物中则从最低等的动物进化到人，其基因数几乎不变。

表 10.2　大肠杆菌、流感嗜血杆菌、生殖道枝原体的基因数

类别	大肠杆菌 (*Escherichia coli*)	流感嗜血杆菌 (*Haemophilus influenzae*)	生殖道枝原体 (*Mycoplasma genetalium*)
蛋白质编码	4288	1727	470
氨基酸生物合成	131	68	1
辅助因子生物合成	103	54	5
核苷酸生物合成	58	53	19
细胞膜蛋白	237	84	17
能量代谢	243	112	31
中间代谢	188	30	6
脂类代谢	48	25	6
DNA 复制、重组、修复	115	87	32
蛋白质折叠	9	6	7
调控蛋白	178	64	7
转录	55	27	12
翻译	182	141	101
吸收	427	123	34

注：根据 Fraser 等[4]和 Blattner 等[5]整理，基因数目限于功能已明确者。

在以后两节中即将从几个方面说明就生物合成代谢、能量代谢和密码系统等方面来看，细菌都基本上已经达到完备的程度；就细胞功能来看(参见第八章)也是这样。

可见从原核生物进化为多细胞的真核生物时生命活动有关的最基本的基因都已具备，所增加的是单细胞的真核生物所没有的、与组织、器官等形成有关的基因，也包括与感受环境刺激并做出反应的神经系统和调节机体内部变化的内分泌系统等有关的基因，因而基因数目也相应地有所增加。可是在多细胞生物的基本模式上进一步的演变则并不主要依赖于基因的增加，甚至人类的基因数并不比其他哺乳动物多，所以不妨设想甚至语言和思维的出现主要不是基因数增加的结果。所以总的来讲，图 10.2 说明在生物进化的早期基因数量的增加是一个重要的因素，但是在生物进化的后期基因数量的增加则不再是一个重要的因素了。

第三节　生物从低级向高级形式的演变

一、生物合成代谢途径的进化

退行进化(retrograde evolution)假设

地球上出现生命以前就出现了氨基酸和核苷酸。那时没有生物来利用和破坏它们，因而它们的量会逐渐增加。原始的生命只需从环境中摄取它们来合成自己的 RNA、蛋白质和 DNA。然而有了原始生命并且进一步产生细胞形式的生物后这些物质便会被利用而日渐减少。在这样的环境中能够自行合成这些物质的生物便能在生存竞争中处于优势。

氨基酸和核苷酸的生物合成都通过一系列的反应，为一系列的酶所催化，而这些酶为一系列的基因所编码。在现有的生物中，氨基酸和核苷酸生物合成途径中的中间产物绝大多数不具有任何生理功能。例如假定氨基酸 E 通过下列反应合成：

$$A\xrightarrow{a}B\xrightarrow{b}C\xrightarrow{c}D\xrightarrow{d}E$$

式中 B、C 和 D 是由 A 合成 E 的中间产物，a、b、c 和 d 是催化这些反应的酶，其中 B、C、D 这些中间产物不具任何生理功能。

如果假定在氨基酸量日见减少的环境中原始生物中首先出现编码 a 的基因，在 a 的催化作用下由 A 合成 B。接着出现编码 b 的基因，在 b 的作用下由 B 合成 C，依此类推，最后合成 E。如果氨基酸 E 的合成途径是这样演变而成的，那就很难解释合成不具生理功能的中间产物的众多基因怎样会长久保留而不被淘汰，因为直到最后出现 E 时它们才成为有用的基因。

为了避开这一困惑，在 20 世纪 40 年代 N.Horowitz[6]提出下列进化模式：在氨基酸 E 日渐贫乏的环境中，原始生物出现了编码 d 而能由 D 合成 E 的基因，具有这一基因的生物将取得生存优势，所以编码 d 的基因当然不会被淘汰。接着在 D 日渐贫乏时出现一个编码 c 的基因，它同样不会被淘汰。就这样逐步后退，最后就完成了氨基酸 E 的生物合成途径。其他氨基酸、核苷酸等的生物合成途径的出现都可以这样理解。

这些生物合成途径的演变模式都不能通过实验来验证，但是可以通过实验说明无用的基因确实将通过自然选择而被淘汰。粗糙脉孢菌中曾经发现一个在培养基中产生紫色色素的腺嘌呤缺陷型 35203，该色素是腺核苷合成的中间产物次黄嘌呤核苷的前体的衍生物(图 10.3)。曾经有 3 次发现突变株 35203 在接种保藏过程中变为不产生色素但仍然保持腺嘌呤缺陷特性的菌株。把这些菌株与野生型菌株进行杂交。在杂交子代中除了出现原有的紫色腺嘌呤缺陷型以外还分别得到两个非等位的不产色素的腺嘌呤缺陷型，这些突变型造成的遗传障碍都处在衍生紫色色素的前体之前(图 10.3 中的突变 70004 和 27663)，因而使前体和由它衍生的紫色色素不再合成。

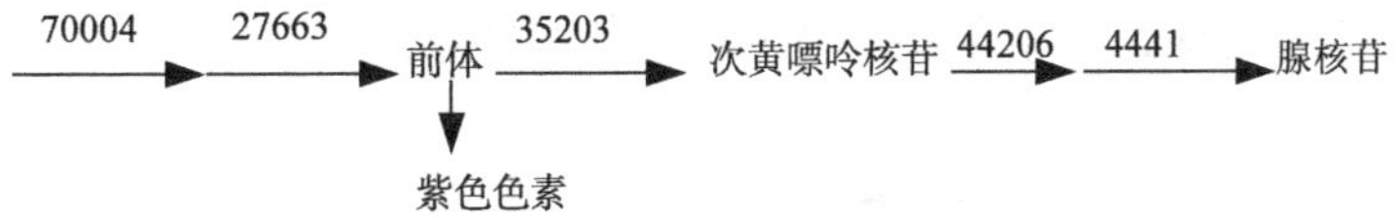

图 10.3 粗糙脉孢菌的腺核苷合成途径中突变(用数字表示)所造成的代谢障碍与紫色色素产生的关系[7]

紫色色素非但没有生理功能而且不利于生存，因此在腺核苷合成途径中衍生紫色色素的基因上游的突变具有选择优势。可以设想在突变 70004、27663 上游的基因如果继续发生突变同样也具有选择优势。依次类推，整个腺核苷合成代谢过程可能由此而消失。这一过程可以看作退行进化的反向过程。自然界中广泛存在着的需要某些生长因子(growth factor)的微生物可以用来说明这一原理。

以退为进的演变

在远古时期当地球上开始出现生物而使氨基酸、核苷酸等日益减少，在这种环境中能够进行这些物质的合成的生物则处于选择优势。当地球上的生物普遍具有这些功能以后，在某些情况下合成功能的消失可能反而有利于生存。人肠道中的细菌可以为人提供维生素 B_1，所以人没有理由必须自己合成维生素 B_1。

维生素 B_1 由噻唑(thiazole)和嘧啶(pyrimidine)两个部分构成：

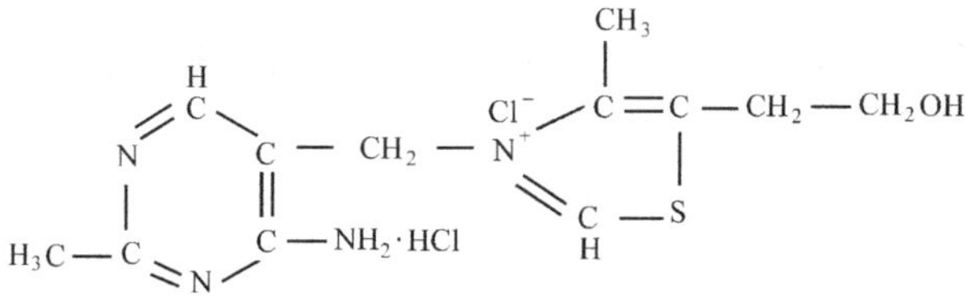

(嘧啶)　　(噻唑)

在微生物中存在着对于 B_1、嘧啶和噻唑的需求各不相同的一些种类(表 10.3) ：

表 10.3　几种真菌对 B_1、嘧啶和噻唑的需求[8]

真菌	需求	能合成
1. 兰科犁头霉(*Absidia orchidis*)	–	B_1
2. 赖氏毛霉(*Mucor ramannianus*)	噻唑	嘧啶
3. 深红红酵母(*Rhodotorula rubra*)	嘧啶	噻唑
4. 藻状菌(*Phycomyces*)	噻唑＋嘧啶	–
5. 疫霉(*Phytophthora*)	B_1	–

注：– 号表示不需求或不能合成。

真菌是真核生物，细菌是原核生物。大肠杆菌等许多细菌不需供给 B_1，意味着它们能自行合成噻唑和嘧啶并进一步合成 B_1。而真核生物是从原核生物进化来的。由此可见这些不能自行合成 B_1、嘧啶或噻唑的真菌并不是处在 B_1 生物合成途径的不同进化阶段，而是丧失了 B_1 生物合成途径中某些环节的合成能力的结果：

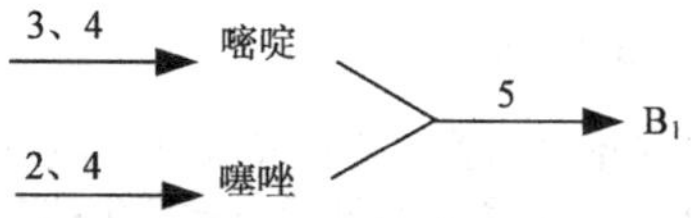

式中 2、3、4、5 表示上表所列各种微生物丧失的生物合成功能。

各种微生物把这些物质作为所需的生长因子是个别物种的特征，这些特性是很稳定的，而实验室中的营养缺陷型是不稳定的，会发生回复突变。这一区别可以从上述脉孢菌的紫色腺嘌呤缺陷型这一事例中找到解答：如果某一生物由于基因突变或基因缺失而不再能合成某一物质，那么在这一物质的生物合成途径中突变或缺失基因以前的基因继续发生突变或缺失都将不是不利于生存甚至反而有利。突变或缺失的积累将会使这一代谢途径全部消失而成为需要某种生长因子的稳定的物种特征。退行进化假设无法通过实验验证，但是许多微生物对生长因子的需求的事例可以看作退行进化的反向演变过程，或者可以认为它们为退行进化提供了间接的证据。

二、能量代谢途径的进化

酵解途径的进化

在远古时期地球表面的大气中没有氧气。一直到出现进行光合作用的藻类以后大气中才出现氧气。在澳大利亚 35 亿年的古老岩石的切片中观察到形状与蓝细菌(cyanobacteria)相似的微生物化石(图 10.4)。据估计大约 35 亿年前才开始在大气中出现氧气，所以在这以前的生物必然都以进行酵解为主。

葡萄糖是广泛存在的，通过酵解途径从葡萄糖的分解取得能量是原始生物的一种共同的能量代谢方式。对酵解途径进化的一种臆测是基于生物合成的退行进化假设而提出的，认为原始生物的酵解底物不是葡萄糖而是磷酸甘油醛(phosphoglyceraldehyde)等一些较为简单的物质。然后当它们由于生物数量的增加而逐渐减少时，更为复杂的物质便被用作酵解底物；最后建立起现在地球上的生物所广泛采用的葡萄糖酵解途径。

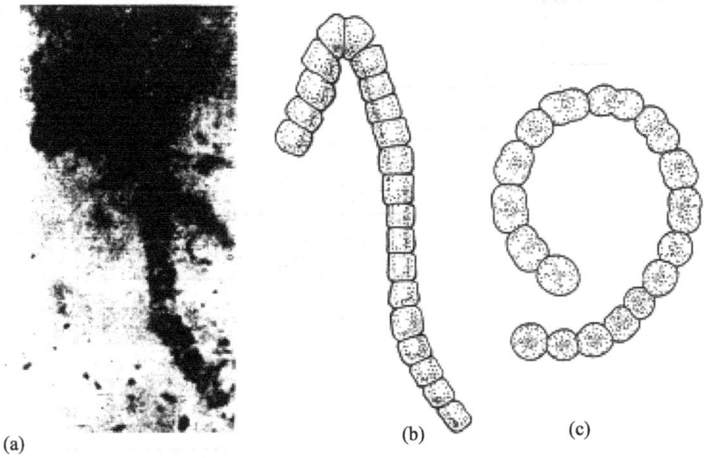

图 10.4　在澳大利亚发现的年龄为 35 亿年的岩石的切片[9]
(a) 切片的照相，显示丝状的原核生物；(b) 化石的描绘图；(c) 鱼腥蓝细菌(*Anabaena*)的相差显微镜照相。

有氧呼吸的进化

据估计大约 35 亿年前营光合作用的生物开始出现时地球表面便开始出现氧，大约 20 亿年前氧增加到大约现在空气中的氧含量的 1%，然后大量营光合作用的生物出现使大气中的氧最终增加到今天的水平。

在葡萄糖的分解代谢中，一个葡萄糖分子通过酵解途径产生 2 个 ATP，而通过三羧酸循环则能产生 38 个 ATP，其能量利用效率相差近 20 倍。据计算，每一摩尔量的 ATP(507g)分解为 ADP 时产生 7kcal 的能量，因此一摩尔量葡萄糖(180g)的有氧代谢过程中产生 38×7=266kcal 的能量，相当于一摩尔量的葡萄糖在空气中燃烧所产生的能量的 39%，其能量转换效率相当于甚或高于人所能设计的任何机械。因此在氧气充足的条件下进行有氧呼吸的生物处于选择优势是理所当然的。于是随着地球表面氧的增加，必然会出现进行有氧呼吸的生物。那么有氧呼吸途径是怎样演变而来的呢?

细胞中苹果酸、琥珀酸、α-酮戊二酸和异柠檬酸的氧化过程中产生的电子(e^-)和质子(H^+)通过辅酶 I(nicotinamide adenine dinucleotide, NAD)、黄素蛋白(flavoprotein)、辅酶 Q(coenzyme Q)和细胞色素(cytochrome)b、c、a 逐级传递给氧，在这过程中产生 ATP(图 10.5)。

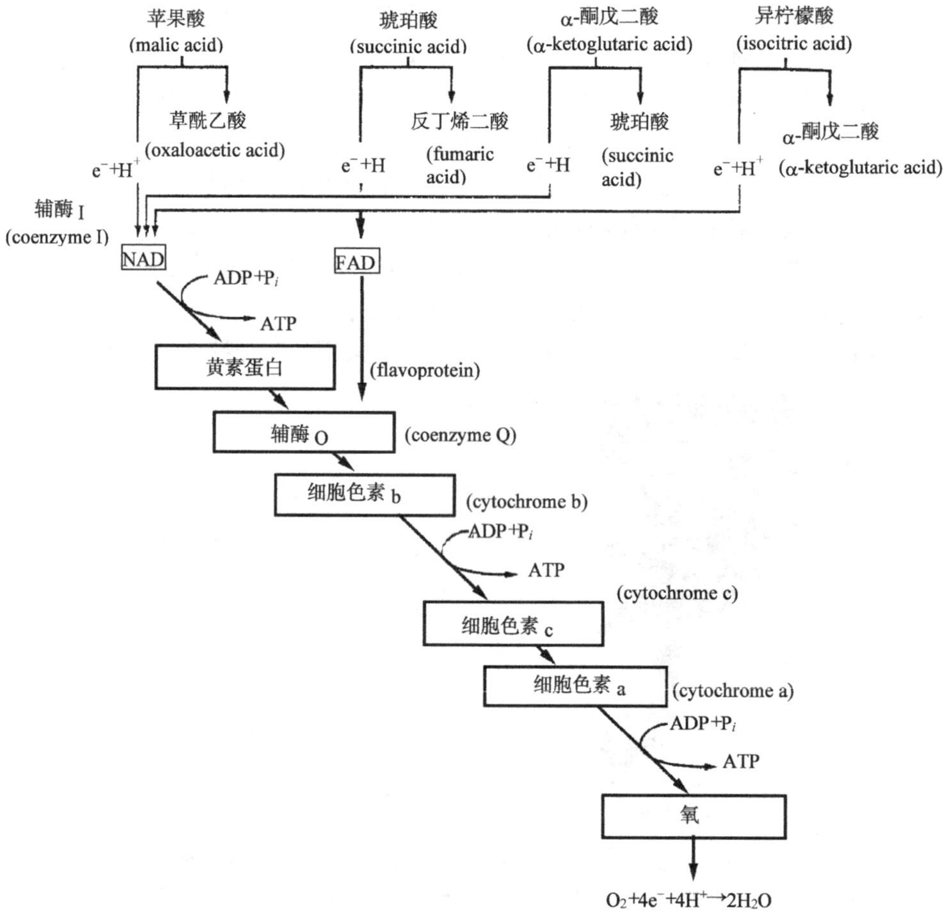

图 10.5 三羧酸循环(tricaboxylic acid cycle)的中间产物在氧化过程中电子和质子的传递以及 ATP 的产生[10]

上图中的 4 个氧化反应分别都可以因 e^-和 H^+通过黄素蛋白、辅酶 Q 和一系列细胞色素的中间反应而使 e^-和 H^+与氧结合，从而产生 ATP。可是如果这 4 个反应(以及另一些反应)能通过一系列反应而循环出现，那么就能量的获取来说，会比各自单独进行具有更高的效率。这就是在能量代谢的进化过程中出现三羧酸循环在逻辑上的必然性。

至于关于三羧酸循环由什么原始的能量代谢途径演变而来这一问题，P. D. J. Weitzman[11]曾提出下列假设：在有氧呼吸出现前，地球表面氧贫乏的环境下原核生物中存在着下列两个氧化-还原反应系列：

(1) 丙酮酸→草酰乙酸→苹果酸→反丁烯二酸→琥珀酸→琥珀酰-辅酶A(succinyl-coenzyme A)，这是一个还原反应系列；

(2) 丙酮酸→乙酰-辅酶 A(acetyl-coenzyme A)→柠檬酸→顺乌头酰→异柠檬酸→α-酮戊二酸，这是一个氧化反应系列。

这两个反应系列正是三羧酸循环的两半，只是就氧化-还原来讲方向相反而已。它们在蓝细菌和缺氧培养的大肠杆菌中都存在着。

Weitzman 进一步推测在地球表面由于进行光合作用的生物大量出现而使氧气充斥，因而反应系列(1)转变成为一系列氧化反应，并且(1)和(2)两个反应系列连接成为一个循环反应系列，以丙酮酸脱氢酶(pyruvate dehydrogenase)的某种突变形式的α-酮戊二酸脱氢酶(α-oxoglutarate dehydrogenase)作为连接两者的中间环节(即连接来自反应系列(2)的α-酮戊二酸和来自反应系列(1)的琥珀酰-辅酶 A)(图 10.6)。于是在原核生物中出现了三羧酸循环。由于其极高的 ATP 产生机制，三羧酸循环便为所有的营有氧呼吸的生物所利用，不论是原核还是真核生物。

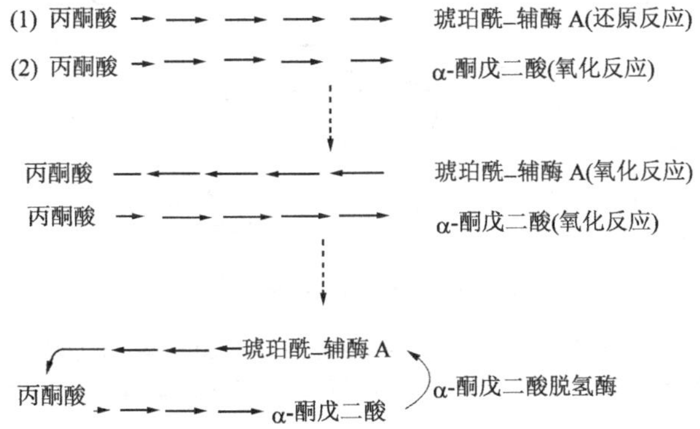

图 10.6　表示能量代谢的进化过程中三羧酸循环出现过程的示意图

这里还须指出，随着有氧呼吸的出现，生物体内产生了有害的超氧化合物自由基(superoxide radicle)。生物体内一些抗氧化化合物[例如，胡萝卜素(carotenoids)、维生素E(vitamin E)以及超氧歧化酶(dismutase)]等的生物合成途径也就相应地在生物进化中出现。

三、蛋白质合成机器和密码系统的进化

蛋白质合成机器的演变

各种蛋白质之所以具有不同的功能，是由于它们各自具有特定的氨基酸组成和排列方式，这是密码的作用结果，也就是说，蛋白质的合成依赖于密码。然而密码之所以能发挥作用则依赖于 tRNA 和 mRNA，即蛋白质合成的机器。因此密码系统进化的讨论离不开蛋白质合成机器的讨论。

现在普遍认为，密码系统从存在之日起便是一个三体系统(triplet system)，理由详见下文。然而难以设想，蛋白质合成机器一开始便是一个包括 tRNA、mRNA、核糖体等的

这样一个复杂的机器。密码辅酶连接物假设 (coding coenzyme handle hypothesis, CCH hypothesis)是一个描绘原始状态的蛋白质合成机器中前阶段的状态的假设。这一假设的要点是：①这是一个 RNA 世界中的状态，催化连接物与氨基酸相结合的氨基酰–连接物合成酶(aminoacyl-adaptor synthetase)是一种核酶(ribozyme)；②原始状态的连接物是一个反密码子；③携带氨基酸的连接物(adaptor)对于合成酶具有辅酶作用。图 10.7 表示这一假设所描绘的 RNA 世界中的蛋白质合成机器的作用的一个片段。

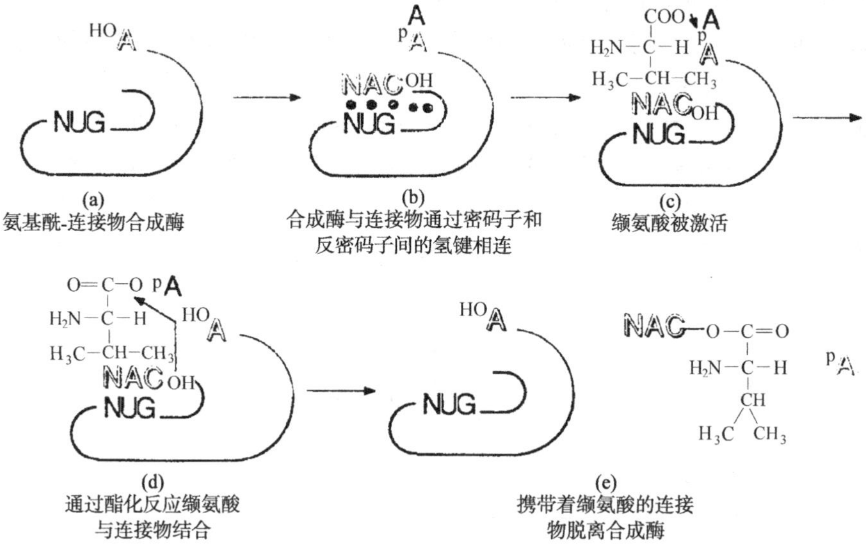

图 10.7 CCH 假说的示意图[12]

GUN：缬氨酸密码子；CAN：连接物的反密码子；A：AMP；●：碱基配对；
合成酶的粗线部分：它的包含密码子的一端；细线部分：相当于现代的 tRNA 的 3′端的部分

然而难以想像二体系统怎样能演变为三体系统而不导致死亡。因为假定在原始的生物中密码系统是二体系统，一个由 6 个氨基酸构成的多肽的密码可以写作 AU CG UU GU AG CG，当密码系统由二体演变为三体时便成为 AUC GUU GUA GCG，很难想像生物能在这种演变过程中继续生存。因此一般认为密码系统从出现的第一天开始一直到现在都是三体系统。而且从蛋白质合成机器这一角度来考虑，在 tRNA 的反密码子与 mRNA 的配合中可能二体的配合有欠稳定而四体的配合则过分牢固；再者 tRNA 的反密码子为三体，还可能使并列在 mRNA 上的 tRNA 间的距离恰好能使相邻的氨基酸之间形成肽键。

然而如果密码系统从出现的第一天开始直到现在都是三体系统，那又怎样解释在生物进化过程中同一密码系统可以用来编码愈来愈多的氨基酸呢？图 10.8 是 Jukes 在 1983 年为解答这一问题所提出的密码系统演变过程。

设想在密码系统的进化早期可能就像图 10.8(a)所表示的那样只有 15 种氨基酸须编码；在这一早期密码系统中共有 16 种反密码子，每一反密码子可以与 4 种密码子配合，而这 4 种密码子都相应于同一种氨基酸，所以在密码子-反密码子配合中的第三位可以允许摇摆(wobble)，即碱基配合允许更大的自由度。

随着生物进化过程要求有更多种类的蛋白质，也就要求有更多种类的氨基酸。在这种情况下密码系统可能演变成为图 10.8(b)所表示的那样，可以编码 18 种氨基酸。其演变过程可以设想为由 tRNA 基因发生重复并突变所带来的变化。

例如可以设想反密码子为 AAU 而编码苯丙氨酸(Phe)的 tRNA 基因[图 10.8(a)]发生重复，重复基因发生突变成为反密码子为 AAG 的 tRNA 基因，于是原来编码一种苯丙氨酸的 tRNA 演变成为编码两种氨基酸(苯丙氨酸 Phe 和亮氨酸 Leu)的两种(反密码子为 AAG 和 AAU) tRNA[图 10.8(b)]。同样地，原来编码一种氨基酸组氨酸 His 的反密码子为 GUU 的 tRNA 基因[图 10.8(a)]通过基因重复和突变而成为编码两种氨基酸(组氨酸 His 和谷氨酸 Glu)的两种 tRNA，它们的反密码子分别是 GUG 和 GUU[图 10.8(b)]。

(a)

UUU UUC UUA UUG } AAU Phe?	UCU UCC UCA UCG } AGU Ser	UAU UAC } AUG Tyr UAA UAG } STOP	UGU UGC UGA UGG } ACU Cys?
CUU CUC CUA CUG } GAU Leu	CCU CCC CCA CCG } GGU Pro	CAU CAC CAA CAG } GUU His?	CGU CGC CGA CGG } GCU Arg
AUU AUC AUA AUG } UAU Ile	ACU ACC ACA ACG } UGU Thr	AAU AAC AAA AAG } UUU Asn?	AGU AGC AGA AGG } UCU Ser?
GUU GUC GUA GUG } CAU Val	GCU GCC GCA GCG } CGU Ala	GAU GAC GAA GAG } CCU Asp?	GGU GGC GGA GGG } CCU Gly

(b)

tRNA 基因的重复和突变

新反密码子的出现

UUU UUC } AAG Phe UUA UUG } AAU Leu	UCU UCC } AGG Ser UCA UCG } AGU Ser	UAU UAC } AUG Tyr UAA UAG } STOP	UGU UGC } ACG Cys UGA UGG } ACU Trp
CUU CUC } GAG Leu CUA CUG } GAU Leu	CCU CCC } GGG Pro CCA CCG } GGU Pro	CAU CAC } GUG His CAA CAG } GUU Glu	CGU CGC } GCG Arg CGA CGG } GCU Arg
AUU AUC } UAG Ile AUA AUG } UAU Ile	ACU ACC } UGG Thr ACA ACG } UGU Thr	AAU AAC } UUG Asn AAA AAG } UUU Lys	AGU AGC } UCG Ser AGA AGG } UCU Arg
GUU GUC } CAG Val GUA GUG } CAU Val	GCU GCC } CGG Ala GCA GCG } CGU Ala	GAU GAC } CUG Asp GAA GAG } CUU Glu	GGU GGC } CCG Gly GGA GGG } CCU Gly

(c)

tRNA 基因的重复和突变

UUU UUC } AAG Phe Phe UUA AAU Leu UUG AAC Leu	UCU AGI Ser UCC Ser UCA AGU Ser UCG AGC Ser	UAU UAC } AUG Tyr Tyr UAA UAG } STOP	UGU UGC } ACG Cys Cys UGA STOP UGG ACC Trp
CUU CUC } GAG Leu Leu CUA GAU Leu CUG GAC Leu	CCU GGI Pro CCC Pro CCA GGU Pro CCG Pro	CAU CAC } GUG His His CAA GUU Gln CAG GUC Gln	CGU GCI Arg CGC GCG Arg CGA Arg CGG Arg
AUU UAI Ile AUC UAG Ile AUA UAC* Ile AUG UAC Met	ACU UGI Thr ACC UGG Thr ACA UGU Thr ACG Thr	AAU AAC } UUG Asn Asn AAA UUU Lys AAG UUC Lys	AGU AGC } UCG Ser Ser AGA AGG } UCU Arg Arg
GUU CAI Val GUC CAG Val GUA CAC Val GUG CAC Val	GCU CGI Ala GCC CGU Ala GCA Ala GCG Ala	GAU GAC } CUG Asp Asp GAA CUU Glu GAG CUC Glu	GGU GGC } CCG Gly Gly GGA CCU Gly GGG CCC Gly

图 10.8　假设中的 3 个进化时期的 3 种密码系统[13]

* 表示乙酰化

(a) 早期密码：相应于 15 个氨基酸的 16 个反密码子　(b) 稍后的密码：相应于 18 个氨基酸的 31 个反密码子

(c) 现在的密码：相应于 20 种氨基酸的 43 个反密码子

按照同样方式，当生物在进化过程中要求有更多的酶来催化更多的反应时就相应地要求有能编码更多氨基酸的密码系统。于是上述过程重复发生而出现像图 10.8(c)那样的密码系统。例如原来反密码子为 UAU 的 tRNA 所编码的氨基酸是异亮氨酸(ile) [图 10.8(b)]，现在演变为编码异亮氨酸和甲硫氨酸(met)两种氨基酸的 tRNA，它们的反密码子分别是 UAC*(*表示乙酰化)和 UAC[图 10.8(c)]。

一般认为生物进化到这一阶段对于已有的反应来说，蛋白质的种类已经足够；更多种类的蛋白质非但无用或许反而会造成混乱而致死。于是密码系统也就不再改变，或者形象化地称作成为“冻结”状态。这就是 DNA 双螺旋结构发明人之一 Crick 提出的偶然冻结(frozen accident)假说。

四、真核生物的起源

从以上几节的内容可以看到真核生物的一切都从原核生物进化而来。然而真核生物的细胞结构的许多方面并不能在原核生物中找到它们的原始形态，例如线粒体、叶绿体、核膜、纺锤体等。可是按照 L.Margulis 的共生进化(symbiotic evolution)理论，就应该认为真核生物细胞结构的极大部分也由原核生物演变而来(图 10.9)。

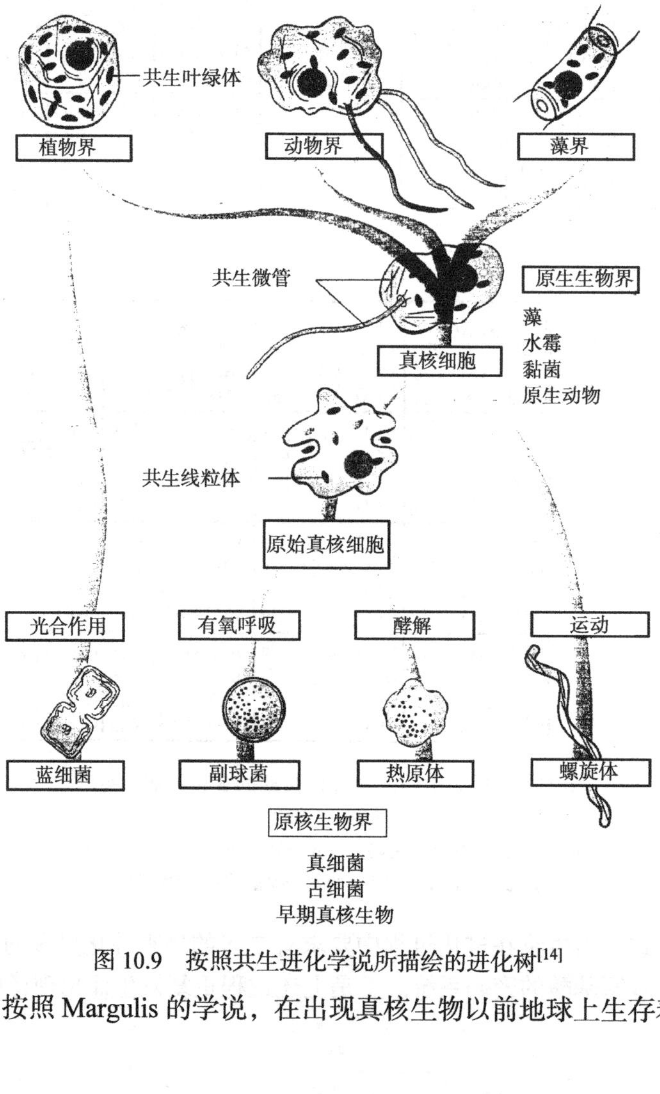

图 10.9　按照共生进化学说所描绘的进化树[14]

如图所示，按照 Margulis 的学说，在出现真核生物以前地球上生存着各种单细胞的原核生物界(monera)生物，包括营光合作用的蓝细菌(cyanobacteria)、进行有氧呼吸的副球菌(*paracocci*)、进行酵解的热原体(thermoplasma)、能运动的螺旋体(spirochetes)以及变形虫状的原始真核细胞(protoeukaryotic cell)。

该学说认为原始真核细胞吞食其他单细胞生物以后演变为属于原生生物界(protista)的原生动物(protozoa)或黏菌(slime mold)，或者进化成为属于高等动物界(animalia)、高等植物界(plantae)或真菌界(fungi)的生物。例如设想它吞食了蓝细菌后可能进化为高等植物，吞食进去的副球菌可能演变成为线粒体而使它进化成为营有氧呼吸的动物，吞食进去的螺旋体可能演变成为鞭毛和细胞骨架(cytoskeleton)结构而使它成为具有鞭毛的真核生物。在共生进化学说的基础上，Margulis 把生物分为 5 界：原核生物界、原生生物界、植物界、动物界和藻界。

这一学说虽然包括不少臆测，但是也有很多事实根据。例如认为高等动植物的线粒体和叶绿体源自于细菌等原核生物的证据有：

(1) 它们的性状、大小与细菌相似；

(2) 它们的染色体与细菌一样都呈环状；

(3) 它们的染色体 DNA 与细菌一样并不与蛋白质相结合；

(4) 它们的核糖体都像细菌一样较小(70S)而不像真核生物(80S)；

(5) 它们的 mRNA 的寿命与细菌一样都较短；

(6) 它们的 tRNA 中曾发现有甲酰甲硫氨酸，这与真核生物不同而与细菌相同；

(7) 某些酶(如超氧歧化酶)的氨基酸序列与细菌而不是与真核生物的同一种酶相似。

此外，还发现草履虫 *Paramecium bursaria* 细胞中的叶绿体状颗粒非但在形态上与单细胞藻类相似(图 10.10)，而且可以进行离体培养。

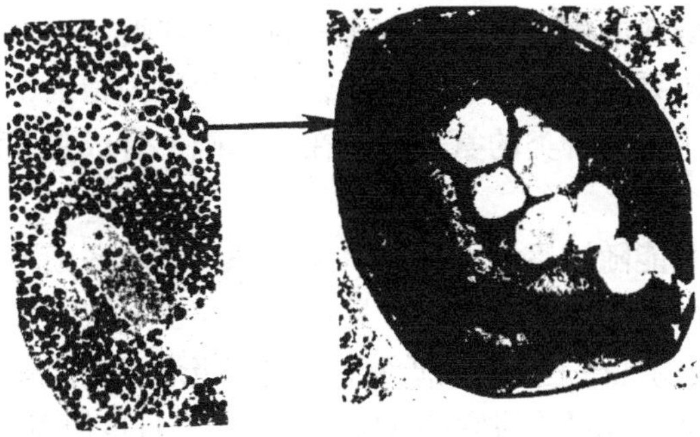

(a) (b)

图 10.10 草履虫 *Paramecium bursaria* 的一部分(a)以及它的一个叶绿体的放大图(b)[14]

真核生物细胞中的线粒体来源于细菌的证据还来自关于核糖体的研究(表 10.4)。可以看到除了一个特殊情况以外，酵母菌线粒体对 6 种抗生素的敏感性都相同于细菌的核糖体而不同于酵母细胞质中的核糖体。

由原核生物演变为真核生物的一个关键性事件是核膜(nuclear membrane)的出现。作为上述共生进化学说的旁证，有一种观点认为核膜是古细菌与一种革兰氏阴性细菌相融合后，前者从后者获得编码类似于真核生物的内质网(endoplasmic reticulum)的一些基因；而在真核生物中核膜是连接着内质网的。

表 10.4　7 种抗生素对酵母菌的离体线粒体、核糖体及细菌核糖体氨基酸参入的抑制作用

抗生素	线粒体	酵母菌核糖体	大肠杆菌核糖体
氯霉素 (chloramphenicol)	+	-	+
林肯霉素 (lincomycin)	+	-	+
碳霉素 (carbomycin)	+	-	+
螺旋霉素 (spiromycin)	+	-	+
竹桃霉素 (oleandomycin)	+	-	+
米卡霉素 (mikamycin)	+	-	+
放线菌酮 (actidione)	-	+	-

注：+：表示抑制，-：表示不抑制

由原核生物演变为真核生物中最重要的事件应该认为是有丝分裂 (mitosis)的出现，然后再演变为减数分裂 (meiosis)，于是出现了真正的有性生殖。说得更远一点，于是出现了家庭、社会。

第四节　生物形式从单一向多样化的演变

以上讨论了生命怎样起源以及生物怎样从低级向高级形式演变。

在原始的生物出现以后地球表面的有机物逐渐减少，生物适应这种变化而逐步形成各种物质的生物合成途径。

在能量代谢方面从低效的糖酵解进化为高效的有氧呼吸。

在蛋白质合成中密码系统的出现和演变使合成过程更为精确，并且可以随着生命形式的愈来愈复杂而编码出更多种类的氨基酸，在这基础上合成更多种类的蛋白质以适应于更为复杂的生命活动。

单细胞的原核生物只能随波逐流，随风飘扬。进一步向多细胞的真核生物进化才能继续提高适应能力和生命活动的效率，并且具有更大的自主性。

生物进化的一个重要的规律是生物从低级形式向高级形式进化的同时，低级形式的生物固然有一部分被淘汰了，可是总的来讲它们继续生存繁衍而且也像高级形式的生物那样由单一向多样化发展。所以有人曾把地球上生物的进化比喻为一只桶里先装进大石块，等到大石块不能再装时装进小石子，等到小石子不能再装时还可以装进沙子。高级生物的出现一般并不排斥低级生物的生存，有时反而为后者提供生存的机会，寄生和共生生物就是这样出现的。可见生物进化的结果是一个百花齐放、五彩缤纷的，而不是一个清一色的世界。本节的内容涉及生物多样性的描述以及关于由单一向多样化演变的过程和机制的讨论。

一、生 物 三 界

按照 Woese 的理论，当生命还处在单细胞形式的早期，地球上就出现了三种基本类型：真细菌(eubacteria)、古细菌(archaebacteria)和真核生物(eukaryote)，合称为三界(kindom)。它们的主要区别见下表(表 10.5)。此外，重要的区别还包括只有真核生物具有

核膜、只有真细菌只具有一种 RNA 聚合酶、只有古细菌的膜脂结构由醚键连接，等等。在这里可以看到这三类生物各有相同和不同之处。这一现象在 16S rRNA 的核苷酸序列的比较(表 10.6)中可以看得更为清楚。

表 10.5　三大类生物的主要区别[15]

项目	原核生物		真核生物
	真细菌	古细菌	
细胞膜	含胞壁酸	不含胞壁酸	不含胞壁酸
染色体	单一、环状	单一？	多数、线状
转录和翻译	同时进行	同时进行	先后进行
内含子*	无	有	有
核糖体 RNA	23S、16S、5S	23S、16S、5S	80S、28S、18S、5.8S、5S
核糖体敏感性			
对放线菌素	不敏感	敏感	敏感
对氯霉素	敏感	不敏感	不敏感
对卡那霉素	敏感	不敏感	不敏感
对白喉毒素	不敏感	敏感	敏感
蛋白质翻译的起始氨基酸	甲酰甲硫氨酸	甲硫氨酸	甲硫氨酸

注：* 内含子已发现不限于真核生物和古细菌(参见第七章)。

表 10.6　三类生物的 16S rRNA 中一些核苷酸序列的出现频率[16]　　单位：%

	真细菌	古细菌	真核生物
CYUAAYACAUG	83	0	0
AYUAAG	1	62	100
ACUCCUACG	97	0	0
CCCUACG	0	97	0
ACNUCYANG	0	0	100
YYUAAAG	3	97	0
AUACCCYG	93	3	0
CAACCYUYR	91	0	0
CCCCG	0	100	0
UCCCUG	0	97	100
AUCACCUC	91	100	0

注：R：腺嘌呤或鸟嘌呤；Y：尿嘧啶或胞嘧啶；N：任何碱基。

虽然从表 10.6 的数据可以看到三类生物互相之间有相同或不同之处；不过总的来讲可以看到和表 10.5 一样，都说明古细菌更接近于真核生物而不是真细菌。根据三界中一些代表性生物的 16S rRNA 核苷酸序列的相似程度绘成的进化树(cladogram)见图 10.11。

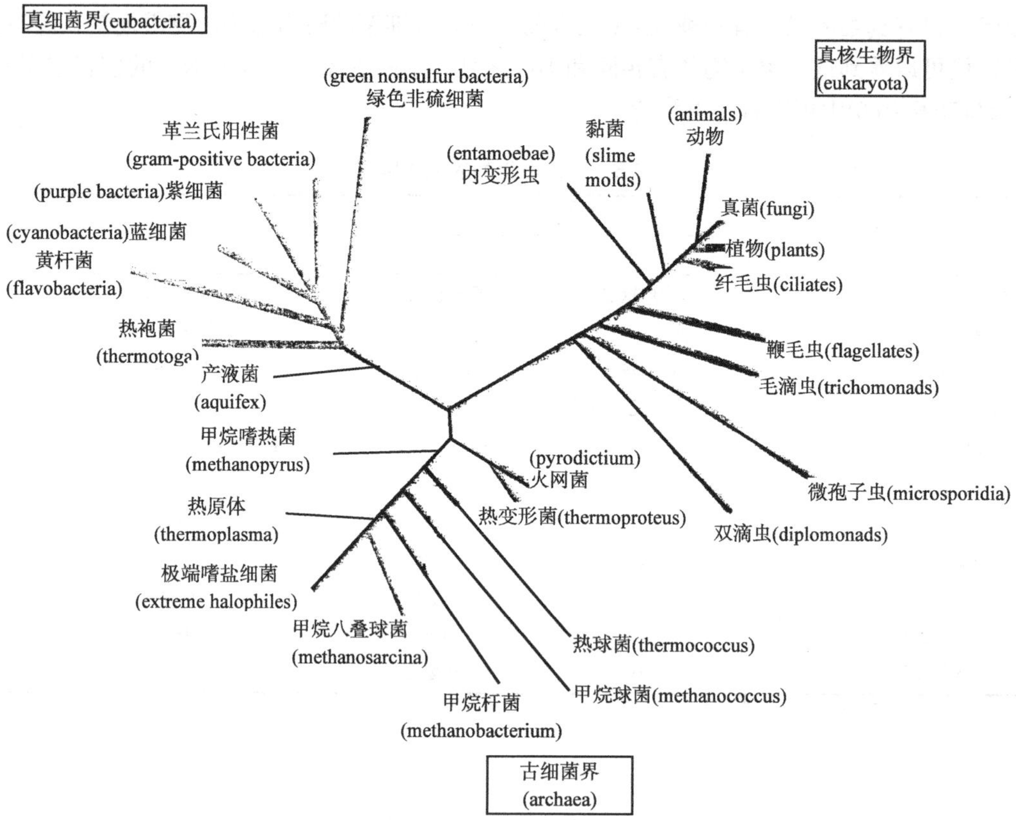

图 10.11 主要根据 16S rRNA 的核苷酸序列绘制的生物三界进化树[15]

这一进化树和表 10.5 和表 10.6 的数据一样，说明三界生物似乎由一个共同的祖先向三个方向演变的结果。这是生物多样化的基本格局，也是比上述把生物分为五界更被广泛接受的生物进化的基本格局。

二、基因突变与生物进化

这里所说的突变是指 DNA 中的核苷酸变化，它们并不一定带来基因突变和表型改变。细胞色素 c 是各种生物中普遍存在的一种蛋白质。从酵母菌到人在不同进化水平上的 13 种生物的细胞色素 c 的氨基酸成分的比较见下表(表 10.7)。

表 10.7 各种生物的细胞色素 c 的比较[17]

生物	氨基酸差别	生物	氨基酸差别
黑猩猩	0	金枪鱼	21
猕猴	1	鲨鱼	23
袋鼠	10	天蚕蛾	31
狗	11	小麦	35
马	12	脉孢菌	43
鸡	13	酵母菌	44
响尾蛇	14		

注：数字表示与人的细胞色素 c 相比所不相同的氨基酸残基数。

在这里可以看到从酵母菌等单细胞生物进化到人的这个过程中持续发生着突变，因此与人相比亲缘关系愈远的物种的细胞色素的氨基酸差别为愈大；按照这一标准，人和黑猩猩没有区别。

类似的工作曾在小范围内在 10 种肠道细菌(enteric bacteria)中进行。所分析的是 3-磷酸甘油醛基因(3-phosphoglyceraldehyde protein gene, *gap*)和细胞外膜蛋白 3A 基因(out-membrane protein gene, *ompA*)的核苷酸序列差别。这两种蛋白质也都是从进化角度来讲非常保守的，因此物种间核苷酸序列的差别也更能反映它们在进化上的关系。

具体的工作是首先根据几种肠道细菌的这两种蛋白质的高度同源区域设计共同的引物，通过 PCR 取得各自的 DNA 扩增片段，然后对它们进行核苷酸序列分析。结果见表 10.8。

表 10.8 大肠杆菌 DNA 与一些肠道细菌 DNA 的分子杂交率以及与大肠杆菌 *gap* 和 *ompA* 基因的核苷酸替代[19]

菌 类	DNA 分子杂交*	核苷酸替代+	
		gap	*ompA*
大肠埃希氏菌 K12 (*Escherichia coli* K12)	100	0	0
弗格森埃希氏菌 ATCC35469 (*Escherichia fergusonii* ATCC35469)	60	43	25
鼠伤寒沙门氏杆菌 LT2 (*Salmonella typhimurium* LT2)	45	55	68
弗氏柠檬酸杆菌 OS60 (*Citrobacter freundii* OS60)	50	62	78
赫氏埃希氏菌 ATCC33650 (*Escherichia hermannii* ATCC33650)	31	81	77
伤口埃希氏菌 ATCC33821 (*Escherichia vulneris* ATCC33821)	35	94	92
肺炎克氏杆菌 LD199 (*Klebsiella pneumoniae* LD199)	38	71	95
产气肠杆菌 E482 (*Enterobacter aerogenes* E482)	37	107	93
蟑螂埃希氏菌 ATCC29907 (*Escherichia blattae* ATCC29907)	29	75	104
黏质沙雷氏菌 ATCC13880 (*Serratia marcescens* ATCC13880)	24	128	145

注：* 在 60℃与 K12-DNA 的杂交率(以大肠杆菌为 100 的相似百分值)；+与大肠杆菌 K12 的这两个基因相比的核苷酸替代数。

从表中的数据可以看到，根据分子杂交率与大肠杆菌 K12 亲缘关系愈近的细菌的 *gap* 和 *ompA* 的核苷酸替代也愈少，反之则愈多，说明肠道细菌在物种形成过程中持续不断地在发生突变。由于 *gap* 基因和 *ompA* 基因都是保守性很强的基因，所以它的核苷酸替代数和分子杂交率一样相当准确地反映与大肠杆菌 K12 的亲缘关系。

对于高等动植物来讲，基因突变非但使已有物种进一步呈现多样化，而且也是促成物种形成的一个重要因素。这是因为某些基因突变可以造成一个物种内部的一部分个体与其余个体间的生殖隔离(reproductive isolation)或地理隔离(geographical isolation)，从而促进新种的形成。在微生物，尤其是在细菌中，则基因突变固然带来个体间的多样化，但是细菌中一般不存在生殖隔离和地理隔离；所以对于物种形成来讲，它所起的作用不如以下几节中所讲的影响 DNA 大范围分子结构的那些因素那么重要。

三、横向基因传递与生物进化

在微生物中基因突变可以造成物种间的差异，但是对于物种形成则所起作用不大；在两个近缘物种大肠杆菌(*Escherichia coli*)和肠道沙门氏菌(*Salmonella enterica*)间难以追溯哪一性状差异由哪一基因突变造成。相反地，近年来由于基因组学(genomics)的兴起，发现了横向基因传递(horizontal gene transfer)现象，并且认识到它在细菌物种形成中的重要作用。

每一种细菌的 DNA 有一特定的 G+C 摩尔百分值和基因密码使用的偏爱性。如果在某一细菌的 DNA 中发现一小部分 DNA 的 G+C 摩尔百分值明显地不同于其他部分，或者一小部分基因的密码使用偏爱性明显地不同于其他基因，就可以说明它们来源于别种细菌，是横向基因传递的结果。估计在大肠杆菌 MG1655 的 4 639 221bp 的染色体 DNA 中全部 4288 个基因的可读框(open reading frame, ORF)中有 755 个(17.6%)来源于横向基因传递，通过 234 次横向传递过程而造成[20]。

横向基因传递基因的位置遍及大肠杆菌的整个染色体，但是有 3 个相对较为密集的区域：①包括染色复制终点(replication terminus)的 23~47min 区域；②tRNA 基因位置，这些地方是一些温和噬菌体整合的位置。不过虽有个别例外情况，在这些位置上并不经常发现噬菌体序列；③37 个 IS 序列中的 25 个(68%)的旁边是横向传递基因，暗示似乎 IS 与基因的横向传递有关，可能直接参与这一过程。

横向基因传递与趋同进化(convergent evolution)

不同生物适应于类似的环境而演变成为具有共同性状的现象称为趋同进化，例如适应于空中生活而出现的昆虫的翅、鸟类的翅以及蝙蝠的翼手。从翅的角度来看这是趋同现象；从哺乳动物角度来看出现了不同于一般哺乳动物的具有翼手的动物，是形态上多样化的体现。

古细菌一般生存在深海火山口旁的极端高温环境中，这些环境一般不适于真细菌的生存，即使是所谓的高度嗜热细菌。可是在这样的环境中却发现一种称为风产液菌(*Aquifex aeolics*)的真细菌。RNA 和氨酰 tRNA(aminoacyl-tRNA)分析结果说明真细菌 *A.aeolics* 在很早的年代中便与一般的真细菌分道扬镳而适应于古细菌的生存环境。

把基因组序列测定已经完成的下列古细菌：一种甲烷球菌詹氏甲烷球菌(*Methanococcus jannaschit*)、一种甲烷杆菌热自养甲烷杆菌(*Methanobacterium thermoautotrophicum*)和另一种古细菌闪烁古生球菌(*Archaeoglobus fulgidus*)，以及下列真细菌：*Aquifex aeolicus*、*Synechocytis* sp.、布氏疏螺旋体(*Borrelia burgdorferi*)、*Bacillus subtilis* 和 *Escherichia coli* 进行编码各种蛋白质的基因的核苷酸序列的比较(表 10.9 和表 10.10)。

表 10.9　真细菌基因组中的古细菌基因[20]

真细菌	古细菌基因(百分值)
Aquifex aeolicus	246(16.2%)
Bacillus subtilis	207(5.0%)
Synechocytis sp.	126(4.0%)
Borrelia burgdorferi	45(3.6%)
Escherichia coli	99(2.3%)

表 10.10　古细菌中的真细菌基因[20]

古细菌	真细菌基因(百分值)				
	Aa	Bs	Ssp	Ec	Bb
Methanococcus jannaschit	193(10.9%)	78(4.4%)	56(3.2%)	44(2.5%)	16(0.9%)
Methanobacterium thermoautotrophicum	151(8.0%)	103(5.4%)	91(4.8%)	41(2.2%)	13(0.7%)
Archaeoglobus fulgidus	227(9.4%)	140(5.8%)	80(3.9%)	59(2.5%)	16(0.7%)

注：Aa：*Aquifex aeolicus*; Bb: *Borrelia burgdorferi*; Bs: *Bacillus subtilis*; Ec: *Escherichia coli*; Ssp, *Synechocytis* sp.

从以上两表的数据可以看到 *Aquifex aeolicus* 基因组中的“古细菌基因”的百分值超出其他 4 种真细菌 5 倍以上，而且 *A. aeolicus* 以外的真细菌中的“古细菌序列”不排斥是碰巧一致的序列。同样地，在真细菌中 *Aquifex aeolicus* 的基因与 3 种古细菌的基因具有同源性的百分值比任何其他真细菌也都明显地高。

分析 *Aquifex* 的基因组结构，发现它的“古细菌基因”区集中着两个以上的“古细菌基因”的核苷酸序列占 36 例，其中一例包括 13 个基因，这一基因排列在其他真细菌中都不存在而在古细菌中则部分地保留着。此外还发现 *A. aeolicus* 的某些基因(例如编码 RecA 蛋白、DnaG 蛋白的基因)具有双份，一份相同于真细菌，另一份相同于古细菌。这些事实为横向基因传递提供了更为有力的证据。

估计 *Aquifex* 基因组大约 10%来自古细菌。每一横向传递包含为数众多的基因，许多是连锁在一起的；所传递的基因包括涉及物质代谢、运输、染色体复制、修复等方面。

很难想像 *Aquifex aeolicus* 由于某种原因而适应于古细菌的生存环境，然后通过横向基因传递而获得大量古细菌基因。相反地，不如设想它由于通过横向基因传递而获得大量古细菌基因，这些古细菌基因使它能在真细菌(包括嗜热细菌)难以生存的环境中生存。

在第七章有关嗜热细菌的讨论中曾经提到嗜热细菌的蛋白质即使不是全部都是，至少绝大部分是耐热的。蛋白质耐热性的提高有损于它的催化活力，而且每一点突变只影响一个基因，因此难以想像嗜温的真细菌通过基因突变的积累而演变成为嗜热的真细菌。但是不妨大胆设想像 *A. aeolicus* 这类通过横向基因传递获得了大量古细菌基因的真细菌偶尔返回到真细菌所生活的环境中，假定在温泉中。这些细菌中的“古细菌基因”发生的突变必然使多数蛋白质的耐热性降低，不过由于生存环境的温度的下降，这些突变并不有害，相反地，由于酶活力的提高而使它们成为有利于生存的突变，突变积累到一定程度便使它们成为适应于温泉这种环境的嗜热真细菌。不论真细菌中的嗜温细菌演变为嗜热细菌的进化过程的这一设想是否真实，一个有待解答的问题是：嗜温细菌怎样能从极端嗜热的古细菌通过横向传递获得它的基因。不妨认为噬菌体是一个可能的媒介物，因为噬菌体是一种能够离开寄主细胞而生存一段时间的染色体外遗传因子；如果噬菌体是横向基因传递的媒介，那么这过程就不依赖于细菌细胞的接触了。下文的内容支持这一臆测。此外，转座因子也可能是横向基因传递的媒介物(详见下文)。

横向基因的传递与致病细菌的演变

在致病细菌的演变中横向基因传递起着重要的作用。细菌的致病性一般由两组基因控制：一组基因的功能涉及细菌在寄主体内的生存，它们在致病的和非致病的细菌中都可以找到；另一组基因涉及细菌的致病性或毒性，它们只存在于致病菌中。后一类基因往往集中在一起构成一个致病岛(pathogenicity island)，位于致病细菌的染色体或染色体外的遗传因子上。不同的致病细菌中有不同的致病岛，一个致病细菌可能具有不止一种致病岛，不同的致病菌可以具有某些相同的致病岛，不同的致病岛中也可以有相似的基因或同源基因(图 10.12)。

健康人的肠道中都生存着大量的大肠杆菌，它们的染色体上都没有致病岛，但是可能整合有温和噬菌体，例如 R73 菌株(图 10.12)。

如果在 R73 整合的位置 $tRNA^{selC}$ [图 10.12(a)]上整合的是一个 35kb 的称为 LEE 的致病岛(LEE 是基因座 locus of enterocyte effacement 的简写)，那么这一大肠杆菌便成为一个肠道致病大肠杆菌 (enteropathogenic *E.coli,* EPEC) [图 10.12(b)]。LEE 致病岛中有编码促使菌体附着在寄主细胞上的外膜蛋白基因，有编码促进毒性蛋白分泌的Ⅲ型分泌系统的基因等。

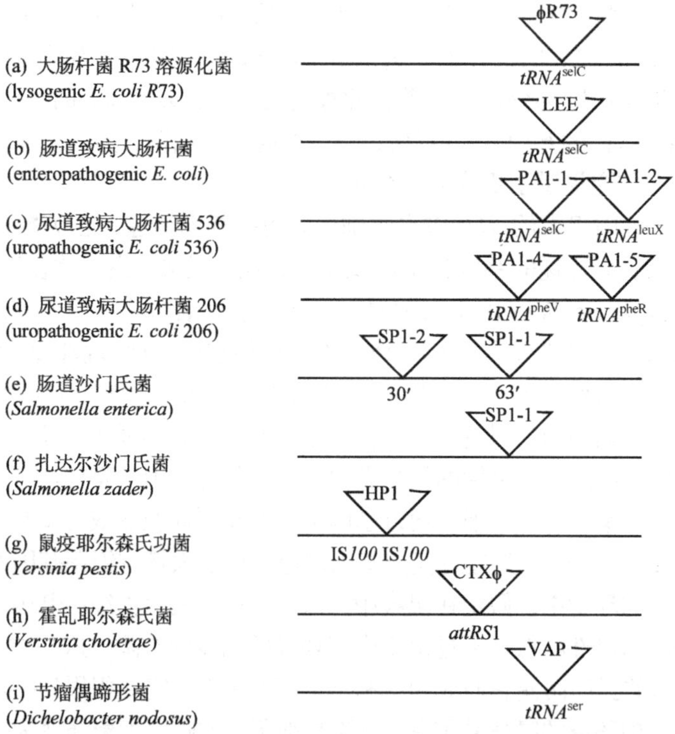

图 10.12　若干种革兰氏阴性细菌染色体上的一些致病岛和噬菌体的位置[21]

如果在 $tRNA^{selC}$($tRNA^{selC}$ 系硒-半胱氨酸专一 tRNA)和 $tRNA^{leuX}$ 位置上整合有致病岛 PAI-1(70kb)和 PAI-2(190kb)[图 10.12(c)]，那么这一大肠杆菌便成为一个尿道致病大肠杆菌(uropathogenic *E.coli,*UPEC)。PAI-1 基因中有编码溶血素(hemolysin)的基因；PAI-2 基因中有编码另一种溶血素的基因以及编码 Prf 型菌毛(Prf-type fimbriae)的基因。

在另外两个位置上整合有另外两种 PAI 的大肠杆菌便成为另一型的尿道致病大肠杆菌[图 10.12(d)]。

类似的情况出现在肠道沙门氏菌[*Salmonella enterica*，图 10.12(e)、(f)]、鼠疫耶尔森氏菌[*Yersinia pestis*，图 10.12(g)]、霍乱耶尔森氏菌[*Yersinia cholerae*,图 10.12(h)]以及节瘤偶蹄形菌[*Dichelobacter nodosus*，图 10.12(i)]中。

上述许多例子暗示致病岛来源于横向基因传递。更具说服力的证据来自下列事实：

(1) 沙门氏菌的 SPI-1 和 SPI-2 这两个 40kb 致病岛的 G+C 含量都明显地低于沙门氏菌的典型 G+C 含量。志贺氏菌中也有类似的情况。

(2) 大部分致病岛插入在 tRNA 基因中，这些位置也常是温和噬菌体的整合位置。ϕR73 便是一个例子，而噬菌体可能是横向基因传递的媒介(参见下文)。

(3) 大肠杆菌的 PAI-1 和 PAI-2 的两端都有 16 和 18 核苷酸的顺向重复序列。顺向重复序列是转座因子整合部位的结构特点。鼠疫耶尔森氏菌(*Yersinia pestis*)的一个 102kb 的致病岛的整合与它两端的顺向重复序列 IS*100* 有关。

这些事实除了说明细菌的致病性常与横向基因传递有关以外，还说明横向基因传递可能由噬菌体或转座因子所介导。虽然没有更为直接的证据足以说明噬菌体在横向基因传递中所起的作用，可是在众多染色体外遗传因子中只有噬菌体能够脱离细胞而存在，所以可以想像它比其他染色体外遗传因子更便于参与这一作用；而且在白喉棒状杆菌(*Corynebacterium dipheria*)中已报道了所谓基因转换现象，即带有白喉毒素基因的温和噬菌体感染大肠后整合在它的染色体上而使它成为白喉致病菌。不过正像上面曾提及的，这里并不排除转座因子等染色体外遗传因子的作用。

从横向基因传递在细菌进化中所起的作用中还可以看到细菌的进化与高等生物的进化的一个重要区别。横向基因传递是细菌进化的重要因素，然而横向基因传递在高等生物的进化中不起作用或者不起重要作用，因为病毒较少感染生殖细胞，而且即使感染了也不易通过胚发育而影响个体的性状；而在细菌中则只要一个细菌通过横向基因传递获得另一种细菌的基因，便可以通过细胞分裂而成为一个特定的株系。

通过横向基因传递的进化过程是一个跳跃式的进化过程。在高等植物中虽然多倍体的形成也是一种跳跃式的进化方式，但是一般而言在高等生物进化中似乎基因突变的积累[微进化(microevolution)]起着比在细菌中更为重要的作用，虽然并不排除跳跃式的巨进化(macroevolution)的可能作用。

四、基因扩增与生物进化

基因扩增(gene amplification)是生物增加基因的常见机制。多倍体(polyploid)常见于原生动物和高等植物，果蝇的棒眼(Bar)突变是基因重复的经典例子；基因重复在微生物中也很为常见。

微生物中的基因扩增一般认为通过 3 种方式达成(图 10.13)。

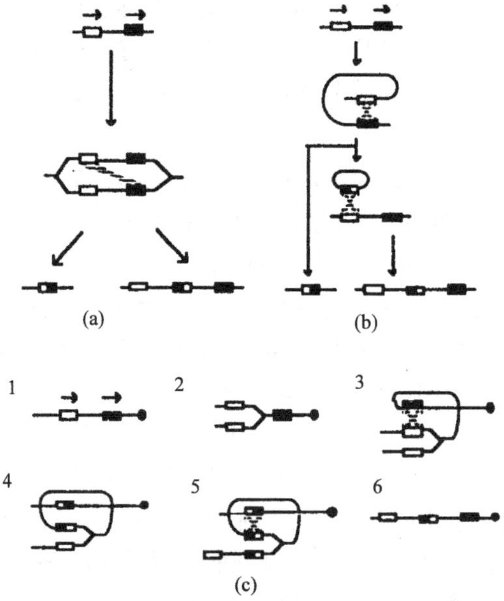

图 10.13　微生物的基因扩增机制[22]，说明见正文

白色和黑色方框：重复序列；黑白方块：发生了重组的重复序列；

点线：重组发生位置。箭头表示序列的方向

(a) 不等交换　(b) 切离环重新插入　(c) 滚环式扩增

果蝇棒眼突变的出现被解释为是同源染色体间发生不等交换(unequal crossover，UC)的结果。导致细菌基因扩增的不等交换则发生在已经局部复制了的两个同源区域间(图 10.13a)，结果出现缺失了一个序列和获得了一个额外序列的两个染色体 DNA。分配得到后一染色体的子代细菌便是一个发生了基因扩增的细菌。

在切离环重新插入(circle excision and reinsertion，CER)(图 10.13b)这一机制中重组发生在邻近的两个顺向重复序列间，由此切离下来的环状分子与染色体 DNA 上的同源序列间再次通过重组而插入；结果同样出现了发生序列缺失和序列重复的染色体。游离的环状分子曾在某些转座子的转座过程中发现(参见第四章的转座因子一节)。

另一种基因扩增机制称为滚环式(rolling circle，RC)扩增。在这里重组发生在染色体的环状构象与复制叉位置的同源序列间(图 10.13c)。

在 UC 和 CER 中每一次扩增只增加某一序列的一个拷贝，在 RC 中每一次扩增可增加许多拷贝。

从对生物的影响来讲，基因扩增具有短期、中期或长期效应。短期效应体现在它的剂量效应(dosage effect)上。大肠杆菌在含有氨苄青霉素或磺胺类药物的培养基中培养时某些染色体 DNA 序列便发生扩增，同时对这些药物的抗性也提高了。返回到不含这些药物的培养基中后随着抗性消失扩增序列也消失。基因扩增的剂量效应也表现在代谢作用上。大肠杆菌在含低浓度乳糖的培养基中培养时由于基因扩增而使乳糖利用率提高，其原因可能是由于β-半乳糖苷酶基因 *lacZ* 的扩增而使分解乳糖的酶浓度提高。类似的例子在其他细菌中也有不少。

基因扩增的中长期效应见于寄生或共生细菌。霍乱弧菌(*Vibrio cholerae*)的流行病菌株毒力的增加伴随着它的毒性基因的扩增。从脑膜炎病儿分离的流感嗜血杆菌(*Haemophilus influenzae*)呈现夹膜基因的扩增。根瘤菌 *Rhizobium etli* 固氮能力的提高伴随着其共生质粒上的一部分序列的扩增。

基因扩增的长期效应并不来自它的剂量效应。一些扩增的基因可能在短期内并不显示它的作用，可是它们却为进化中新功能的出现提供了机会。在细菌中一个合成代谢途径中的有关基因常串连在染色体上构成一个操纵子，这一事实暗示这些基因来源于基因扩增。基因扩增的一种形式称为首尾衔接重复(tandem duplication)，它可以通过不等交换产生。不妨设想在

$$\begin{array}{ccccccccc} & a & & b & & c & & d & \\ & \downarrow & & \downarrow & & \downarrow & & \downarrow & \\ \mathrm{A} & \rightarrow & \mathrm{B} & \rightarrow & \mathrm{C} & \rightarrow & \mathrm{D} & \rightarrow & \mathrm{E} \end{array}$$

这一合成代谢途径中的这些基因是发生首尾衔接扩增后通过突变而形成的，基因 *b* 是基因 *c* 发生首尾衔接扩增后通过突变而形成，如此等等。在密码系统进化的讨论中同样设想 tRNA 基因的重复和突变是促成密码系统进化的关键。如果这一臆测符合实际情况，那么基因扩增的长期效应主要不是造成生物形式的多样化，而是使生命形式由低级向高级发展的一种重要的动力。

五、缺失、倒位与生物进化

横向基因传递和基因组扩增都导致生物基因数的增加。然而不论从宏观的角度(即从生物进化角度)或是从微观的角度(即就某一生物物种)来讲，生物的基因数并不会无限制增加。可见必然存在着使生物的基因数在一定范围保持不变的机制，即与扩增相反的过程——缺失(deletion)。

啤酒酵母的全部基因组序列已经测定，栗酒裂殖酵母的基因组到 2000 年为止也有 70%的序列已经测定，因此可以进行两个基因组成分的比较研究。这两种酵母菌亲缘较近，因此可以从它们的核苷酸序列中探索一个物种的某一(或某一族)基因在另一物种中的被清除(eliminated)或被异化(diverged)。

实验结果指出在栗酒裂殖酵母编码的 4344 种蛋白质的基因中大约有 300 个已在啤酒酵母中消失，另外大约 300 个发生异化，总计约占啤酒酵母的基因的 10%。这些消失了和发生异化的基因的功能涉及许多方面，包括生物合成、DNA 复制和修复、转录因子、细胞骨架、信号体(signalosome)、细胞周期、细胞膜、蛋白质折叠和修饰等等。

许多组功能相关基因中只有个别基因消失或异化，但是也有一些组几乎全部基因同时消失或异化了。

微生物中近缘物种间染色体缺失现象早在半个世纪前就曾在脉孢菌中发现。粗糙脉孢菌(*Neurospora crassa*)和好食脉孢菌(*N.sitophila*)是两个近缘物种，能够进行种间杂交。通过杂交曾把一个种的基因引进到另一个物种中，然后在两个物种中分别测定同一基因的着丝粒距离。实验结果说明好食脉孢菌着丝粒两侧的一部分染色体在粗糙脉孢菌中已经缺失(图 10.14)。

基因缺失在细菌的近缘物种间也相当普遍。产气克氏杆菌(*Klebsiella aerogenes*)是一

种能进行固氮作用的细菌，它的固氮基因 *nif* 能通过细胞接合引入大肠杆菌。比较两者的基因排列顺序，可以看到两者差别只在一个 *nif* 基因的缺失：产气克氏杆菌为 *rfb-gnd-his-nif-chiA*，大肠杆菌为 *rfb-gnd-his* – *chiA*。

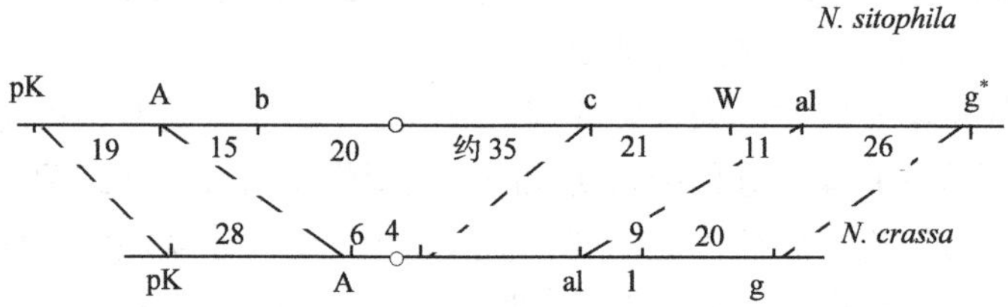

图 10.14 粗糙脉孢菌(*N. crassa*)和好食脉孢菌(*N.sitophila*)的接合型染色体的比较[23]
pK：粉红色；A：接合型；C：卷缩菌丝；W：腺嘌呤和次黄嘌呤缺陷型；
al：白色；l：赖氨酸缺陷型；g：淡赤黄色

染色体除了重复和缺失以外，种间差别还包括倒位(inversion)。大肠杆菌和鼠伤寒沙门氏菌是两个亲缘相近的肠道杆菌。两者具有相同的色氨酸操纵子，可是它们转录方向恰恰相反，大肠杆菌是逆时针方向而沙门氏菌是顺时针方向。造成这一区别的原因是这一操纵子处在两种细菌的一个倒位区域中(图 10.15)。

可以这样说，任何发生在一个物种中的基因组结构变化都可以在近缘物种间发现。那么基因组结构变化是物种形成的原因呢还是结果？回答应是互为因果。基因组结构也可以看作一种性状，是区分近缘种的性状指标。横向基因传递可以使非致病菌变为致病菌，基因重复可以导致生物进化中新功能的出现。

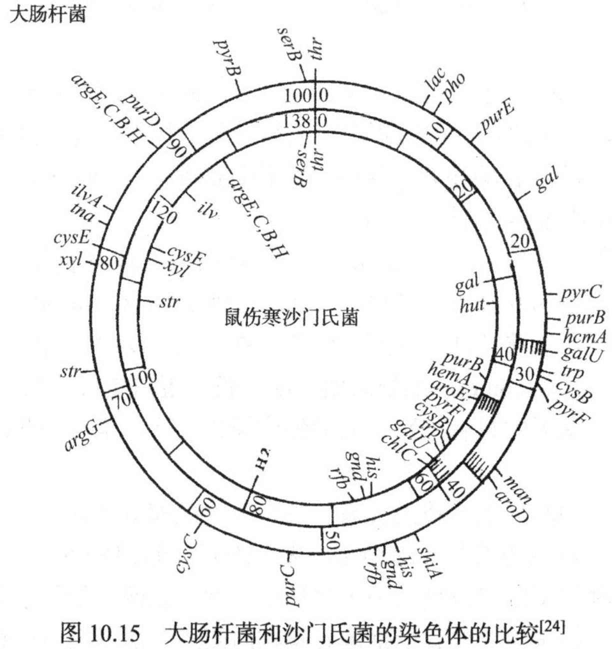

图 10.15 大肠杆菌和沙门氏菌的染色体的比较[24]
平行横线指明倒位区段

六、平行进化与生物的多样性

以上各节中所讨论的生物的多样化都体现在基因组的结构上，生物的多样化也可以体现在它的代谢模式上。回忆退行进化一节的内容，在远古时代当地球上氨基酸 E 日益减少时能由 D 自行合成 E 的生物具有选择优势。通过退行进化在这种生物中建立起来 $A \xrightarrow{a} B \xrightarrow{b} C \xrightarrow{c} D \xrightarrow{d} E$ 合成代谢途径。如果在另一种生物中出现一个编码能由 Z 合成 E 的酶蛋白的基因 z，在这种生物中可能同样地通过退行进化而出现例如 $Z \xrightarrow{x} Y \xrightarrow{y} Z \xrightarrow{z} E$ 这样的合成代谢途径。这两种生物就氨基酸 E 的合成来讲难分优劣。大肠杆菌和粗糙脉孢菌的赖氨酸的生物合成途径便是一个例子(图 10.16)。

不管通过什么途径合成赖氨酸，在一个赖氨酸不足的环境中，能自行合成赖氨酸的生物便处于选择优势。从这一角度来讲，平行进化(parallel evolution)同样为生物带来多样化。同一原理也适用于生物的形态和结构。细菌的鞭毛有少数或多数，着生的位置有一端或四周，不论是哪一种类型，有鞭毛的细菌都能运动。

不妨说，生物进化体现了条条大路通罗马，而不是大家挤在一座独木桥上。

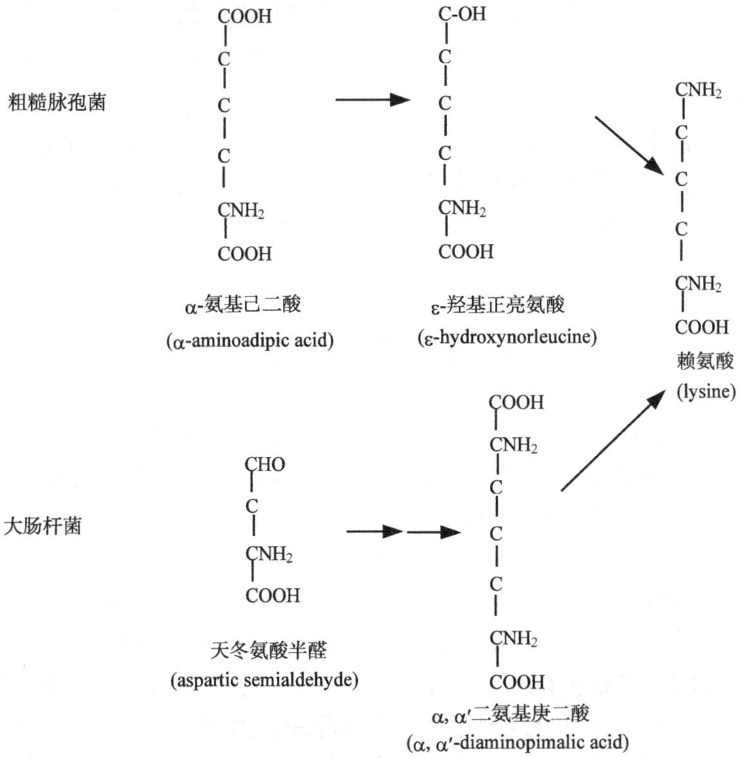

图 10.16　大肠杆菌和粗糙脉孢菌的赖氨酸合成途径

第五节 人力干预下的生物进化

C.Darwin 最早提出，生物的进化依赖于生物体发生的可遗传变异和环境对它所施加的选择作用。在这两种力量的驱使下，生物从原始状态逐渐进化到称为“万物之灵”的人类，而且在每一进化层次都出现无数变化纷呈的物种。

人类在生物进化中出现，又在一定程度上影响着生物的进化。例如，由于人的驯养和种植活动，使一部分动植物演变成为家畜、家禽和作物。然而人类并没有在这一过程中有意识地推动生物进化。

遗传学(确切地说是分子遗传学)发展到 21 世纪，出现了“人工遗传学”(artificial genetics)和“合成生物学”(synthetic biology)这类名词，标志着人类有意识地干预生物进化的时代的到来。

一般的基因突变只涉及一对或少数几对核苷酸的变化，染色体畸变只涉及一两个染色体位点的断裂和连接，因而，靠这些天然的遗传“操作”所得来的生物大分子和生物体都难以尽如人意。在 20 世纪 70 年代，人们已经能够不依赖于分子遗传学操作，只依靠长期施加环境选择压力，在腐臭假单孢菌中取得扩大酶的作用底物范围的菌株(图 5.38)，那么在今天的知识和技术水平上能不能对生物的进化进行更多干预、获得更多前所未有的生物大分子和生物体呢？除了提高酶的活力和底物范围外，能不能创造出全新的催化化学反应的酶？现有的蛋白质都由 20 种氨基酸构成，能不能使蛋白质中参入更多种类的氨基酸而取得前所未有的蛋白质呢？能不能设计新型的蛋白质，然后通过人工合成呢？能不能设计新型的代谢途径而使生物具有新的分解或合成能力呢？能不能按照设计创造前所未有的生物呢？

所谓“人工遗传学”，是凭借非天然的遗传操作而从上述诸多方面促进生物进化的分子生物学分支学科；所谓“合成生物学”，是通过化学合成和其他方法从上述诸多方面促进生物进化的分子生物学分支学科。下面介绍近五年中这些方面取得的研究成果，从中可以窥见发展的前景和存在的问题。

一、新基因的出现

DNA 洗牌法 (DNA shuffling method)是一种获取大量发生多次重组的基因，从而扩大选择余地以取得改进的酶蛋白的离体遗传操作。在减数分裂或准性生殖过程中，每一对染色体间发生的重组十分有限，因此在这些过程中获取催化效率提高或底物范围扩大的重组子酶蛋白的可能性极小。DNA 洗牌法便是一种通过离体操作使两个属于不同细菌的同一基因间发生大规模的、不同位点间的重组，从而取得新基因的方法(图 10.17)。

简单地说，就是首先取得两种细菌属于同一基因的 DNA，然后获取它们的单链，把一个亲本基因的 DNA 单链剪切为很多短片段，与另一亲本基因的完整单链进行分子杂交，消化重叠部分，通过修复合成把短片段连接起来，酶解作为模板的完整单链，以镶嵌单链为模板合成镶嵌双链，再把它进行克隆并输入宿主，测定宿主细菌的相关酶活力及对各种底物的催化作用。

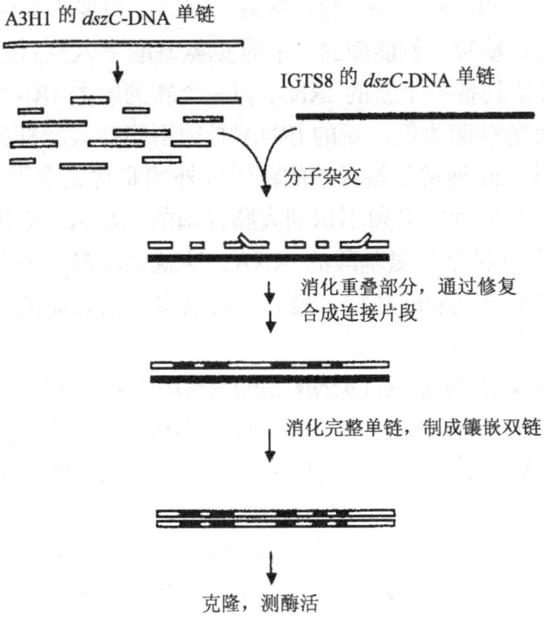

图 10.17　DNA 洗牌法示意图[25]

白色部分：来自红球菌 *Rhodococcus erythropolis* IGTS8 的 *dszC* 基因的 DNA；
黑色部分：来自诺卡氏菌 *Nocardia asteroids* A3HI 的 *dszC* 基因的 DNA

图中洗牌法所处理的基因 *dszC* 来自红球菌 *Rhodococcus erythropolis* 和诺卡氏菌 *Nocardia asteroides*。它编码柴油的生物脱硫代谢过程中的第一个、也是关键性的一个酶，即二苯并噻吩单氧化酶 (dibenzothiophene monooxygenase,DBT-MO)。

通过洗牌法曾获得两个亲本 *dszC* 基因之间发生多次重组的大量克隆。镶嵌双链相当于这一基因中平均通过 14.0 个交换得来。把这些克隆输入受体后测定受体菌株的 DBT-MO 活性以及对多种柴油样品作为反应底物的酶的专一性，发现在 151 个克隆中，约有 1/10 的活性高于两个亲本基因中活性较高的一个(IGTS8)，其中有 3 个高出 50%以上。此外还获得了一些对脱硫作用的底物专一性有所扩大的克隆，即藉以产生靛蓝的吲哚氧化作用较之亲本基因的这一活性提高了 20 倍的菌株。靛蓝产量提高的菌株的 DBT-MO 活性并不相应提高，说明这一现象确实是酶的专一性改变的结果。

二、新蛋白质的出现

在漫长的生物进化过程中，密码很早就“冻结”了，此后一切生物中的蛋白质都由相同的 20 种氨基酸构成，这些蛋白质行使着生命活动中的种种功能。如果能使密码范围扩大，即使蛋白质中参入更多种类的氨基酸，能否获得具有新功能的蛋白质，或出现新的生物功能呢？

这里扼要介绍一种使蛋白质中参入非常见氨基酸的方法[26]，它所根据的基本原理已在第五章有关抑制基因的讨论中涉及：一个不能识别因无义突变而出现的终止密码的

tRNA 如果由于发生突变而改变了它的反密码子，变为能够识别终止密码，于是在终止密码位置上就将出现这一 tRNA 所携带的氨基酸。因此，只要人为地使 tRNA 携带着 20 种氨基酸以外的非常见氨基酸，就能使这一非常见氨基酸参入到蛋白质中。

要取得上述结果必须具备一个新的 tRNA 和一个新的氨酰-tRNA 合成酶 (aminoacyl tRNA synthetase)。以大肠杆菌为例，新的 tRNA 必须不能被大肠杆菌的氨酰-tRNA 合成酶所识别，必须识别编码 20 种常见氨基酸的密码以外的非常见密码，如琥珀突变的无义密码；新的氨酰-tRNA 合成酶则必须不识别大肠杆菌的 tRNA，必须识别要求参入的非常见氨基酸、而不识别 20 种常见氨基酸的 tRNA，这就要求参入的非常见氨基酸必须不是大肠杆菌的氨酰-tRNA 合成酶的底物；最后，要求参入的氨基酸必须容易接触到新的氨酰-tRNA 合成酶。

在一种古细菌甲烷球菌 *Methanococcus jannaschii* 中存在着符合上述要求的酪氨酰 tRNA 合成酶 (tyrosyl-tRNA synthetase,TyrRS)/酪氨酰-tRNA 系统，其中的 $tRNA_{CUA}^{Tyr}$明显不同于大肠杆菌的 $tRNA_{CUA}^{Tyr}$，而合成酶则作用于甲烷球菌的 tRNA 而不作用于大肠杆菌的。

为了进一步降低甲烷球菌的 $tRNA_{CUA}^{Tyr}$为大肠杆菌 TyrRS 所识别的可能性，诱发甲烷球菌的 $tRNA_{CUA}^{Tyr}$基因发生突变，然后对突变型进行负、正两轮选择，即淘汰对于大肠杆菌的琥珀突变具有抑制作用且能为大肠杆菌的 TyrRS 所氨酰化者，而选择能为甲烷球菌的 TyrRS 所作用者。

通过下列活体实验可以证实所选得的突变型-$tRNA_{CUA}^{Tyr}$能有效地为甲烷球菌的合成酶氨酰化而难以为大肠杆菌的合成酶所作用：以对克隆在质粒 pBLAM 上的*β*-内酰胺酶(β-lactamase)基因的琥珀突变的抑制作用为指标，考察 TyrRS 对突变型-tRNA 的氨酰化作用。tRNA 能被氨酰化则对琥珀突变具有抑制作用，从而能使它所携带的氨基酸参入酶蛋白中。*β*-内酰胺酶能使青霉素失活，*β*-内酰胺酶基因的琥珀突变如被抑制，则酶的活性便恢复，于是青霉素失活，宿主细菌对青霉素的耐受性便提高。实验结果表明，将突变型-$tRNA_{CUA}^{Tyr}$输入大肠杆菌后，宿主细菌不能在含高于 12μg/ml 青霉素的培养液中生活，而在输入突变型-$tRNA_{CUA}^{Tyr}$的同时输入甲烷球菌的 TyrRS，则宿主细菌可在含 440 μg/ml 青霉素的培养液中生活，说明甲烷球菌的合成酶能有效地使突变型 $tRNA_{CUA}^{Tyr}$氨酰化，而大肠杆菌的合成酶则不能或效率极低。

为了改变甲烷球菌 *tyrRS* 的底物专一性而使突变型-$tRNA_{CUA}^{Tyr}$携带特定的非常见氨基酸，对 *tyrRS* 基因的酪氨酸结合位点旁的氨基酸位点进行定点诱变，然后对所取得突变型 *tyrRS* 进行两轮筛选。首先以对氯霉素转乙酰酶(chloramphenicol acetyltransferase,CAT)基因的琥珀突变的抑制作用作为指标，将突变型-$tRNA_{CUA}^{Tyr}$以及经诱变的 tyrRS 基因的大肠杆菌转化子在含有酪氨酸衍生物隣甲基-L-酪氨酸 (*o*-methy-L-tyrosine)的培养液中培养，筛选抗氯霉素细菌。为了排除酪氨酸的参入，再用影印培养方法，筛选在含同样浓度的氯霉素而不含这一特定的非常见氨基酸的培养基上不能生活的细菌。从这些细菌分离 *tyrRS* 基因，通过 DNA 洗牌法筛选对氯霉素的抗性进一步提高的基因。最后取得的细菌在含氯霉素的培养液中能否生活完全取决于隣甲基-L-酪氨酸的存在与否，它在含 1mmol/L 的隣甲基-酪氨酸的培养基上能抗 125mg/ml 的氯霉素，在不含隣甲基-L-酪氨酸的培养基上则不能抗 15mg/ml 的氯霉素。

通过对完整的酶蛋白及其胰酶消化物(tryptic digests)的多方面化学测定，证实了酶蛋白中膦甲基-L-酪氨酸的参入，参入率高于 95%。这一非常见氨基酸与常见氨基酸酪氨酸、苯丙氨酸具有近似的结构，而膦甲基-L-酪氨酸能以这样高的精确性参入，说明通过此法使其他非常见氨基酸参入蛋白质中的可能性的存在。据报道，目前已经有 80 种非常见氨基酸参入到各种蛋白质中。

通过向蛋白质中参入非常见氨基酸，预期可以取得具有各种特殊性能的蛋白质，如顺磁标记、金属结合、光敏异构化等蛋白质，也可以取得具有特殊催化性能的酶蛋白，甚至可能藉以构建新的代谢途径。

类似方法也曾于来在酿酒酵母的蛋白质中参入下列多种非常见氨基酸：对-乙酰-L-苯丙氨酸 (*p*-acetyl-L-phenylalanine)、对-苯甲酰-L-苯丙氨酸 (*p*-benzoyl-L-phenylalanine)、对-叠氮-L-苯丙氨酸 (*p*-azido-L-phenylalanine)、膦-甲基-L-酪氨酸 (*o*-methyl-L-tyrosine)、对-碘-L-苯丙氨酸(*p*-iodo-L-phenylalanine)。

三、新的合成代谢途径的出现

生物合成 (biosynthesis)的代谢途径 (metabolic pathway)体现众多基因间的协同作用。本章的开始曾讨论生物进化过程中新的生物合成代谢途径的形成，本节将描述在人力干预下新的生物合成代谢途径的出现。

自然界广泛存在着各种类异戊二烯(isoprenoid)类化合物，它们是以法尼焦磷酸(farnesyl pyrophosphate，FPP)作为前体 (precursor)合成的化合物，例如疟疾治疗药物青蒿酸(artemicic acid)的衍生物青蒿素 (artemicinin)(图 10.18)。

FPP 的生物合成途径有二：甲羟戊酸途径 (mevalonate pathway,MEV)和脱氧木酮糖 5-磷酸途径(deoxyxylulose 5-phosphate pathway，DXP)。前者存在于酿酒酵母中，后者存在于大肠杆菌中。

对于 FPP 的合成，大肠杆菌的 DXP 途径效率极低，而酿酒酵母的 MEV 途径则效率较高。DXP 途径的第一个、也是关键性的一个酶是基因 *ispC* 所编码的 1-脱氧-D-木酮糖 5-磷酸还原异构酶(1-deoxy-D-xylulose 5-phosphate reductoisomerase)。在 *ispC* 发生突变的大肠杆菌中输入来自大肠杆菌和 *Haematococcus pluvialis* 的 DXP 代谢途径的相关基因克隆或来自酿酒酵母的 MEV 代谢途径的有关基因的克隆，便可以看到 DXP 途径和 MEV 途径对于提供 FPP 前体的效率(图 10.18)。

FPP 前体不便于测定，所以实际测定的是 FPP 通过基因 *ads* 的作用所形成的 amorphadiene。*ads* 编码 amorphadiene synthase，这一基因已经按照密码最优选择(codon-optimization)原则，根据已有的酶蛋白的分析数据人工合成。比较天然的和人工合成的基因，发现在相同的 FPP 前体供应的情况下，后者的 amorphadiene 合成效率提高约 10~300 倍。

从图 10.18 可以看到与 DXP 途径和 MEV 途径有关的基因、酶和前体 FPP 的合成途径，及 FPP 前体在 *ads* 基因的作用下形成 amorphadiene 并进一步产生青蒿素的过程。

从图 10.19 可以明显地看到在大肠杆菌中输入有关 DXP 或 MEV 代谢途径的基因克

隆后对 amouphodieme 合成的影响。

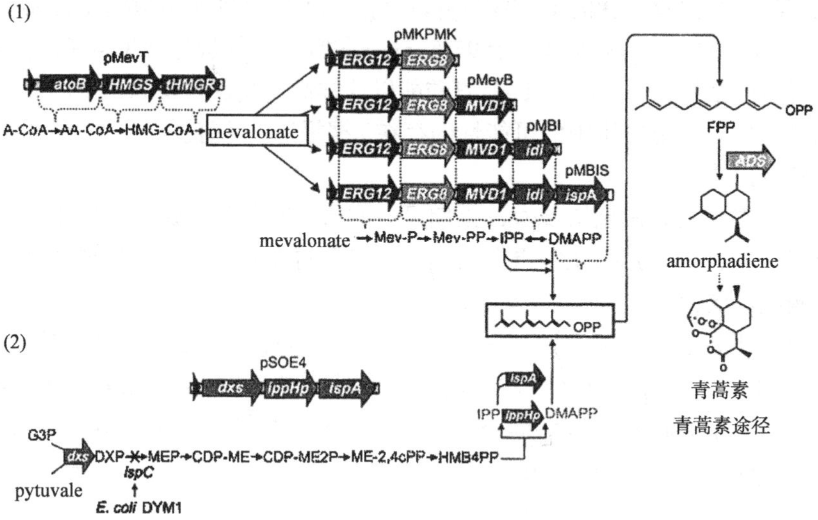

图 10.18　人工构建的青蒿素合成代谢途径[27]

左方：前体 FPP 的合成；右方：青蒿素的合成；(1)：酿酒酵母的 MEV 途径；(2)：大肠杆菌的 DXP 途径。带箭头黑框为基因克隆和酶(除另作说明者以外都来自酿酒酵母)。*atoB*：来自大肠杆菌的乙酰乙酰辅酶 A 硫解酶基因(acetoacetyl-CoA thiolase gene)；*HMGS*：甲基戊二酰辅酶 A 合成酶基因(hydroxymethylglutaryl-CoA synthase gene, HMG-CoA synthase gene)；*tHMGR*：经剪切的 HMG-CoA 还原酶基因(truncated HMG-CoA reductase gene)；*ERG1*：磷酸甲羟戊酸激酶基因 (phosphomevalonate kinase gene)；*MVD1*：甲羟戊酸焦磷酸脱羧酶基因 (mevalonate pyrophosphate decarboxylase gene)；*idi*：来自大肠杆菌的异戊烯焦磷酸(IPP)异构酶基因(isopentenyl pyrophosphate isomerase gene)；*ippHP*：来自 *Haematococcus pluvialis* 的 IPP 异构酶基因(ipp isomerase gene)；*dxs*：1-脱氧-D-木酮糖 5-磷酸合成酶(1-deoxy-D-xylulose 5-phosphate synthase)；*ispC*：1-脱氧-D-木酮糖 5-磷酸还原异构酶基因 (1-deoxy-D-xylulose 5-phosphate reductoisomerase gene)；*ispA*：来自大肠杆菌的法尼焦磷酸合成酶基因(farnesyl pyrophosphate synthase FPP synthase)；*ADS*：amorphadiene 合成酶基因(amorphadiene synthase gene)。代谢途径中间产物包括 G3P：3-磷酸甘油醛(glyceraldehyde 3-phosphate)；DXP：1-脱氧-D-木酮糖 5-磷酸(1-deoxy-D-xylulose 5-phosphate)；MEP：2-C-甲基-D-赤藓糖醇 4-磷酸(2-C-methyl-D-erythritol 4-phosphate)；CDP-ME：4-二磷酸胞苷-2-C-甲基-D-赤藓糖醇(4-diphosphocytidyl-2-C-methyl-D-erythritol)；CDP-ME2P：4-二磷酸胞苷-2-C-甲基-D-赤藓糖醇 2-磷酸(4-diphosphocytidyl-2-C-methyl-D-erythritol 2-phosphate)；ME-2,4-cPP：2-C'-甲基-D-赤藓糖醇 2,4-环焦磷酸(2-C'-methyl-D-eryth-ritol 2,4-cyclopyrophosphate)；HMB4PP：1-羟基-2-甲基-2,4-(E)-丁烯基 4-焦磷酸(1-hydroxy-2-methyl-2, 4(E)-butenyl 4-pyroph-osphate)；IPP：异戊烯基焦磷酸(isopentenyl pyrophosphate)；DMAPP：二甲基烯丙基焦磷酸(dimethylallyl pyrophosphate)；FPP：法尼焦磷酸(farnesyl pyrophosphate)；A-CoA：乙酰辅酶 A(acetyl-CoA)；AA-CoA：乙酰乙酰辅酶 A(acetoacetyl-CoA)；HMG-CoA：羟甲基戊二酰-辅酶 A(hydroxymethylglutaryl-CoA)；Mev-P：甲羟戊酸 5-磷酸(mevalonate 5-phosphate)；MevPP：甲羟戊酸焦磷酸 (mevalonate pyrophosphate)。

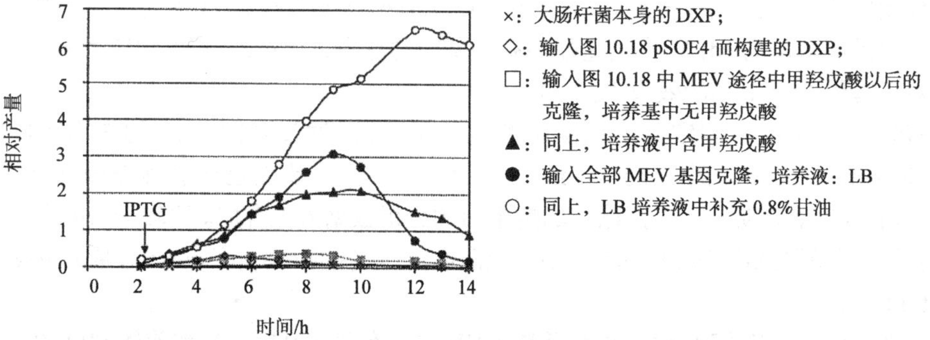

图 10.19　大肠杆菌利用本身具有的 DXP 代谢途径或通过输入 DXP、MEV 途径基因克隆后所合成的 amorphadiene 产量比较[27]

克隆在不加或加甘油的 LB 培养液中的实际产量分别为 22.6mg/L 和 112.2mg/L，估计优化发酵条件后可望达到 g/L 水平，远高于酿酒酵母可以达到的水平。

这一人工构建的合成代谢途径对于大肠杆菌来说是一个新的代谢途径，可是它在自然界中并不是新的代谢途径，因为自然界中广泛存在着各种类异戊二烯类化合物，如类胡萝卜素(carotenoid)和类萜(terpenoid)化合物，它们都从前体 FPP 合成。因此，通过合成其他的合成酶，可望构建合成青蒿素以外的许多其他化合物的生物合成代谢途径，藉以生产自然界中存在或不存在的化合物。

四、新生命的出现

2002 年已有关于人工合成脊髓灰质炎病毒(poliovirus)的报道，所采用的是半化学、半生物化学方法，即首先从一些化合物单体合成病毒的互补 DNA 链(complementary DNA, cDNA)，然后通过 RNA 聚合酶的作用转录成为具有感染活力的病毒。这一工作花了 3 年时间才完成。

2003 年出现了用寡核苷酸合成噬菌体 ΦX 174 的报道。ΦX 174 是一种单链 DNA 噬菌体，长度只有 5386bp，它的合成只花了两周时间。

有生命的物质的人工合成从此开始，然而所合成的都是在自然界早已存在的、最简单的营专性寄生生活且自身没有代谢作用的生物。那么，合成营独立生活的生物前景又如何呢？

简单的、营独立生活的生物，如大肠杆菌，它的基因数已不止五千(表 10.2)，因而要人工合成如此大量的基因并把它们放在一起使进行相互协调的工作，显然超出目前的科学、技术水平。于是便有人设想能否从现有的简单生物出发，研究什么样的基因组可以减小到不能再小的程度，然后在这基础上或是创造出一种前所未有的生物，或是把它作为合成新的生物的蓝图来合成前所未有的生物。随着自动化仪器制作技术的发展，新生物的人工合成或许为期不远了。

总之，人工遗传学和合成生物都是在 21 世纪才兴起，只用了 5 年时间已经有如此成就，所以完全可以不必怀疑今后这方面出现的奇迹。值得关注的倒是这些方面的研究成果在被用来造福人类之前，恐怖分子会不会已经利用它来制造出对全人类造成威胁的新生命，如对一切药物具有抗性且能带来前所未有的病害的病毒。

一切重大的科学研究成就都是双刃剑，原子能便是最好的例子。20 世纪 70 年代遗传工程出现时，在看到它的无限广阔的应用前景的同时也看到了它潜在的危害性。所以，1975 年在美国加州的 Asilomar Conference Center 召开会议，讨论从事遗传工程研究的安全守则和伦理原则。类似的关于合成生物学的讨论当前也在进行中。但这是否足以确保人类不为自己的发明创造所毁灭呢？

国际原子能机构总干事巴拉迪于 2005 年在挪威接受诺贝尔和平奖的典礼上说“假如我们希望逃过自我毁灭的下场，我们的集体良知和安全保障体系内就不该允许核武器存在”，又说“艰难之处在于我们如何创造一种氛围，使人人视核武器为禁忌或历史畸形产物，一如人们看待奴隶制或种族大屠杀。”

当前人类已经开始对生物进化进行干预，是不是接下来将对自身的进化进行干预呢？

在这样的关键时刻不妨倾听一些诺贝尔奖获得者的“金玉良言”(见《百年诺贝尔》，上海远东出版社)：

“进化固然已使人类进步，然而我们仍然在等待人性进化进程的到来”(德国化学家艾根)这是良好的愿望，可是我们不应该寄希望于人类能干预“人性进化”。

“科学家知道，在科学上没有绝对的肯定，科学家也会有错误。如果人人都有这样的认识：也许自己错了，那么一切政治上的、种族上的、道德上的以及宗教上的狂热，就不存在了。”(美国科学家费希尔)。然而狂热分子、偏见分子的头脑不容易一下子冷静下来。

即使如此，生物进化永远向前，人类进步永远向前，螳臂岂能挡车。所以，“哪怕谬误能兴盛一时，但只有真理才能把握住好运，最终赢得胜利。”(美国经济学家科斯)

参 考 文 献

[1] 杨金水. 基因组学. 北京：高等教育出版社，2002

[2] Wilson E O *et al*. Life on Earth. Sunderland: Sinauer Associates,1973

[3] Zubay G L. Genetics. London: Benjamin/Cummings Company,Inc. 1987

[4] Fraser C M *et al*. The minimal gene complement of *Mycoplasma genetalium*. Science, 1995, 270:397~403

[5] Blattner F R *et al*. The complete genome sequence of *Escherichia coli* K12.Science, 1997,277:1453~1462

[6] Horowitz N. On the evolution of biochemical synthesis.Proc.Natl.Acad.Sci.USA, 1945,31:153~157

[7] Mitchell M B, Mitchell H K. The selective advantage of an adeninless double mutant over one of the single mutants involved.Proc.Natl.Acad.Sci.USA, 1950, 36:115~119

[8] Schoffer W H. Plants and Vitamins. Chronica Botanica. 1943

[9] William Schopf J. Earth's Earliest Biosphere:its Origin and Evolution. Princeton University Press, 1983

[10] Stryer L. Biochemistry.3rd New York: Freeman, 1988

[11] Weitzman P P J. Evolution in the citric acid cycle, In: K H, Stackebrandt Evolution of prokaryotes. Schleifer. 1965

[12] Eors S. Coding coenzyme handle:A hypothesis for the origin of the genetic code.Proc.Natl.Acad.Sci.USA, 1993, 90:9916~9920

[13] Strickberger M W. Genetics. 3rd Prentice Hall,1985

[14] Margulis L. Symbiosis in Cell Evolution. 2nd New York: Freeman,1981

[15] Woese C R. The primary line of descent and the universal ancester, In: D.S.Bendal Evolution from Molecules to Men. London: Cambridge University Press, 1983

[16] Woese C R. Why study evolution relationships among bacteria? In: Schleifetr K H, Stackebrandt Evolution of Prokaryotes. Academic Press, 1985

[17] Smith E L. Harry Lectures. 1966~1967, 62: 231

[18] Sogin M L. Early evolution and the origin of eukaryotes.Current Opinion Genet.Devel, 1991, (1) 457~463

[19] Lawrence J G *et al*. Molecular and evolutionary relationships among enteric bacteria.J.Gen.Microbiol, 1991,137: 1911~1921

[20] Aravind L *et al*. Evidence for massive gene exchange between archael and bacterial hyperthermophiles.Trends in Genet, 1998, 14

[21] Groisman E A, Ochman H. Pathogenicity islands:Bacterial evolution in quantum leaps.Cell, 1996, 87:791~794

[22] Romero D, Palacios R. Gene amplification and genomic plasticity in prokaryotes.Ann.Rev.Genet, 1997, 31:91~111

[23] Fincham J R S. A comparative study of the mating type chromosome of two species of *Neurospora*.J.Genet, 1951, 50:221

[24] Sanderson K E. Genetic relatedness in the family Enterobacteriaceae.Ann.Rev.Microbiol, 1976, 30:327

[25] Coco W M *et al*. DNA shuffling method for generating highly recombined genes and evolved enzymes.Nature Biotech. 2001.19:354~359

[26] Lei Wang *et al*. Expanding the genetic code of *Escherichia* coli.Science, 2001, 292:498~500

[27] Martin V J J *et al*. Engineering a mevalonate pathway in *Escherichia coli* for production of terpenoids.Nature Biotech. 2003, 21:796~802

索　　引

D

E

F

J

K

L

R

S

T

W

X

Y